Steinbachs

Großer Pflanzenführer

Steinbachs

Großer Pflanzenführer

2.350 farbige Abbildungen

Weltbild

Inhalt

Die Gewöhnliche Küchenschelle gehört zu den Hahnenfußgewächsen.

212 Sträucher

Die Gewöhnliche Berberitze wächst auf mageren, kalkhaltigen Böden.

Die Rotbuche, hier auf Korsika, ist der häufigste Laubbaum Mitteleuropas.

Zum Buch

Überall teilen wir unseren Lebensraum auch mit Pflanzen. Viele von ihnen sind so klein, dass wir sie kaum beachten – die Algen auf der Mauer, die Moospolster in den Pflasterfugen oder die Gräser und Kräuter zwischen Asphalt und Beton. Bunt blühenden Blumen, Sträuchern und Bäumen schenken wir meist mehr Beachtung. Für manche Menschen sind Pflanzen ein so selbstverständlicher Bestandteil der Umwelt, dass sie die grüne Kulisse schon fast nicht mehr registrieren. Dabei sind Pflanzen außerordentlich interessant. Ihr Wachsen, Blühen und Fruchten überrascht mit erstaunlichen Formen und einer vielstufigen Farbpalette. Mehr noch: Grundsätzlich sind alle Pflanzen lebenswichtig, denn mit ihren grünen Organen verbessern sie ständig unsere Atemluft. Viele Arten liefern uns Nahrung, andere wertvolle Arzneistoffe oder Rohmaterial für die Kleidung und Holz für den Hausbau. Selbst das Papier dieser Buchseite war einmal Stamm oder Stängel einer Blütenpflanze.

Pflanzen draußen aktiv zu erleben ist für viele Naturfreunde ein besonderes Freizeitvergnügen – und sicherlich ein ebenso guter Ausgleich für Bürostress wie das Wirken im eigenen Garten.

Seit der Jungsteinzeit verändert der Mensch die Natur nachhaltig und greift in die natürlichen Artengefüge ein. Erstaunlicherweise hat die Artenvielfalt damit zunächst zugenommen. Während die Naturlandschaft nur ein paar Typen von Wäldern aufweist, besteht die Kulturlandschaft aus Wiesen, Feldern, Gebüschen und vielen anderen Offenfluren.

Auf solchen Standorten konnte sich eine zuvor nicht vorhandene Artenfülle etablieren. Heute ist es kein Problem, auf einer dörflichen oder städtischen Brache Wildpflanzen aus allen fünf Kontinenten zu finden. Dennoch ist mit diesem Artentausch auch eine gewisse Auslese verbunden. Bestimmte Formen der Flächennutzung fördern unter den Arten vor allem die robusten Universalisten, während die Standortspezialisten eher auf der Strecke bleiben, weil sie den neuen Bedingungen nicht gewachsen sind. Ampfer und Melden, Löwenzahn und Brennnesseln waren nie so zahlreich wie heute, Frauenschuh und Ragwurz kaum so selten. Die Vielfalt zu zeigen, die Schätze zu benennen und für ihren Schutz zu werben ist daher ein bevorzugtes Anliegen dieses Buches.

Einführung

Die heimische Flora

Zur natürlichen Artenausstattung der heimischen Lebensräume mit Pflanzen, der Flora, gehören nicht nur zahlreiche Einzelarten, sondern auch eine überraschende Typenfülle: Neben den meist nur wenig wahrgenommenen Algen und Moosen finden sich fast überall auch Farne. Diese drei Verwandtschaftsgruppen setzt man begrifflich von den Blüten- bzw. Samenpflanzen ab – nur diese Pflanzentypen weisen als gemeinsames Merkmal die Fortpflanzung über Samen auf, die nach Bestäubung und Befruchtung aus den Samenanlagen in den Blüten hervorgehen. Die Farne fasst man mit den Blütenpflanzen als Gefäßpflanzen oder Kormophyten zusammen.

Alle diese Pflanzen bestehen aus einem Kormus: Darunter versteht man einen Vegetationskörper aus den drei Grundorganen Wurzel, Sprossachse (Stängel) und Blatt. Dieser vergleichsweise einfache Generalbauplan hat bei den verschiedenen Arten allerdings eine beachtliche Fülle besonderer Abwandlungen und Ausgestaltungen erfahren. Diese erlebbare Bandbreite verdeutlichen die winzige Wasserlinse, eine schlanke Schwertlilie oder ein dickblättriger Mauerpfeffer ebenso wie ein kletternder Efeu oder gar dickstämmige Buchen und Eichen.

Von Kraut bis Baum

Aus praktischen Gründen teilt man die Blütenpflanzen nach ihrer jeweiligen Lebensform in Kräuter, Sträucher und Bäume ein. Kräuter bleiben in allen Teilen unverholzt und entwickeln demnach nur relativ kurzlebige, saftig-grüne Achsenorgane. Bei Sträuchern und Bäumen sind die Wurzeln und Sprossachsen dagegen verholzt und deswegen dauerhafter. Den Unterschied zwischen einem Strauch und einem Baum legt die Verzweigungstechnik fest: Sträucher sind immer mehrstämmig und verzweigen sich unmittelbar über dem Boden, während ein Baum seine Krone auf einem zunächst unverzweigten Einzelstamm trägt. Die Einteilung nach Lebensformen liegt auch diesem Buch zu Grunde: Seine drei Hauptteile stellen jeweils die krautigen Wildblumen, die Sträucher und die Bäume heimischer Lebensräume vor.

Vielfalt in Zahlen

Obwohl als Ergebnis langjähriger Erfassungen zahlreiche Daten vorliegen und man damit die Artenvielfalt einzel-

Artenreichtum für das Auge: Eine Blumenwiese in den Bergen.

ner Teilräume recht gut kennt, ist selbst im Gebiet der Bundesrepublik Deutschland noch kein flächenweit einheitlicher Erhebungsstand erreicht. Wie viele Gefäßpflanzenarten im Bundesgebiet tatsächlich wild wachsend vorkommen, ist angesichts der natürlichen und vom Menschen gelenkten Artendynamik vermutlich ohnehin niemals exakt anzugeben. Die entsprechenden Zahlen erfuhren selbst in jüngerer Zeit häufige Korrekturen, worin sich zunehmende Bearbeitungsgrade ebenso widerspiegeln wie sich ständig fortentwickelnde Verwandtschaftskonzepte. Im »Atlas der Farn- und Blütenpflanzen der Bundesrepublik Deutschland« von 1988 sind 2490 Arten erfasst. Die Datenbank des Bundesamtes für Naturschutz geht von 3319 Sippen aus (3242 Arten Blütenpflanzen sowie 77 Farnpflanzenarten). Die »Standardliste der Farn- und Blütenpflanzen Deutschlands« von 1998 führt 3661 Arten auf, der »Bildatlas der Farn- und Blütenpflanzen Deutschlands« aus dem Jahr 2000 bereits 3914. Damit wären in Deutschland insgesamt knapp 1,6 % der weltweit bekannten Kormophytenarten vertreten.

Die benannten Artensummen betreffen das Gesamtgebiet der Bundesrepublik und damit eine Fläche von 357 021 km^2. Im Mittel kommen hier auf einer Bezugsfläche von 3 × 3 Messtischblättern (etwa 1000 km^2) 1230 Gefäßpflanzenarten vor. Als besonders artenreich, gleichsam als »hot spots«

der Artenvielfalt, erwiesen sich bei den bisherigen Kartierungen die acht Teilregionen unteres Elbtal (Großraum Hamburg), Odertal bei Eberswalde, mitteldeutsches Trockengebiet (nördliches und südliches Harzvorland), Fränkisches Keuperland (um Schweinfurt und Windsheim), Mittelrheintal, südliche Frankenalb/westlicher Bayerischer Wald (Großraum Regensburg) sowie südliches Alpenvorland.

Wildblumen

Die im ersten Teil dieses Buches vorgestellten 436 Wildblumen umfassen alle in Mitteleuropa häufigen und zusätzlich die besonders attraktiven, meist etwas selteneren Arten, die unseres besonderen Schutzes bedürfen. Sie stellen somit eine repräsentative Auswahl der heimischen Flora dar. Aufzunehmen waren auch viele Arten, die irgendwann aus Kulturen verwilderten oder aus anderen Regionen eingeschleppt wurden, sich nun wie Wildpflanzen verhalten und allgemein als solche angesehen werden. Solche Arten nennt man Archäophyten (Beispiel Echte Kamille und Klatsch-Mohn), wenn sie den Weg in die heimische Flora schon in antiker Zeit gefunden haben, oder Neophyten, wenn sie erst nach der Entdeckung Amerikas (1492) nach Mitteleuropa gelangten (wie Knollen-Sonnenblume oder Franzosenkraut). Die hier behandelten Wildblumenarten finden sich in allen Lebensraumtypen, von den Salzwiesen der Küsten über die Randbiotope der Dörfer und Städte bis zu den Bergwäldern der Mittelgebirge sowie in den stehenden oder fließenden Gewässern heimischer Landschaften. Die Alpen mit ihrem in vieler Hinsicht eigenständigen und außerordentlich umfangreichen Artenbestand sind dagegen nicht berücksichtigt. Auch die formenreichen Gräser und grasähnlichen Blütenpflanzen wie Binsen und Seggen werden hier nicht behandelt.

Blüten und Blumen

Obwohl eine Blüte völlig anders aussieht als die beblätterten Abschnitte der Sprossachse, besteht sie – worauf erstmals Goethe hinwies – nur aus umgewandelten und ihrem jeweiligen Spezialauftrag angepassten Blättern. Entsprechend unterscheidet man bei den Blütenblättern von außen nach innen (bzw. unten nach oben) Kelch-, Kron-, Staub- und Fruchtblätter (siehe auch Musterpflanze, vordere Umschlaginnenseite). Nach formalen Kriterien lässt sich eine Blüte somit als unverzweigter Kurzspross definieren, der nur noch wenig in die Länge wächst und seine Blätter in dichter, gestauchter

Folge trägt. Blüten stehen daher am Ende von Sprossachsen oder deren Seitenzweigen. Sie entwickeln sich erst, wenn eine Pflanze ihre Grundmasse aus Wurzeln und Stängeln erreicht und damit die Basis für ihre Vermehrungsphase geschaffen hat.

Blüten sind also buchstäblich ein Höhepunkt im Leben der Pflanzen. Sie erfreuen uns mit leuchtenden Farben, harmonischen Formen und einer geradezu unglaublichen Vielfalt. Blüten sind weitaus mehr als nur eine dekorative Zutat unserer Umwelt. In unserem Empfinden tief verankert, symbolisieren sie Harmonie und Schönheit.

Deutliches Blütensignal für Insekten: Wasserhahnenfuß.

Werbung für wichtige Dienste

Manche Blüten fallen nicht weiter auf, weil sie vom Wind bestäubt werden und daher mit einfachsten Formen auskommen. Die meisten Blütenpflanzen sind für ihre Fortpflanzung und Verbreitung jedoch auf Mithilfe durch Tiere angewiesen – ihre Blüten wurden deshalb zu attraktiven Werbeträgern in eigener Sache und locken tierische Besucher für die erwartete Leistung des Bestäubens an.

Eine Blüte wirbt nicht nur als Farbklecks mit Fernwirkung, sondern bietet darüber hinaus ein komplettes Servicepaket mit Orientierungsplan, Bedienungsanleitung und hochwertiger Nahrung. Eine sicher wirkende Lenk- und Landehilfe für Fluginsekten leistet beispielsweise das Prinzip Zielscheibe – der Farbkontrast zwischen Blütenzentrum und Blütenrand. Nahezu alle von Insekten bestäubten Blüten färben ihre Blütenmitte entweder deutlich heller oder wesentlich dunkler als die umgebenden Randbereiche der Blütenkrone und signalisieren den anfliegenden Insekten damit, wo genau sie nach Nektar und Pollen zu suchen haben. Striche und andere Linienmuster, die auf das Blütenzentrum zulaufen, verstärken diese Wirkung. Außerdem vermitteln viele Blütenkronen auch noch hilfreich orientierende Signale im ultravioletten Licht – eine hochwirksame Farbqualität, die unseren Augen nicht zugänglich ist. Wenn uns eine Blüte also besonders eintönig erscheint, mag es daran liegen, dass wir ihre kräftigen UV-Kontraste einfach nicht wahrnehmen können.

Sträucher

Thema des zweiten Hauptteils dieses Buches sind die heimischen, wild wachsenden Sträucher – nicht das ständig sich vergrößernde Heer ausgefallener gärtnerischer Zuchtformen und Sorten. Im Vergleich zu den weichstieligen Algen, Moosen, Gräsern oder Kräutern verkörpern die Sträucher neben den Bäumen eine ganz besondere pflanzliche Lebensform. Ihr typisches Kennzeichen ist die Verholzung nahezu aller Gewebe im Wurzel- und Sprossachsensystem. Beide Gruppen nennt man daher zutreffend Holzpflanzen oder Gehölze. Krautige Bäume gibt es ebenso wenig wie baumförmige Kräuter, denn mit der Verholzung ist jeweils ein bestimmtes Wuchs- oder Erscheinungsbild verknüpft.

Gekrönte Häupter

Ein Baum ist ein Gehölz mit aufrechtem, kräftigem Hauptstamm und astreicher, verzweigter Krone. Auch wenn Bäume im Freistand bis unten mit Ästen besetzt sein und buschig aussehen können, bleibt der untere Stammteil meist astfrei. Sträuchern fehlt dagegen der aufragende Hauptstamm. Ihre Sprossachse verzweigt sich gleich über dem Boden in mehrere ungefähr gleich starke Stämme und Hauptäste. So bilden die Sträucher schon wenige Handbreit über dem Boden dichte, buschige und oft undurchdringliche Gestalten. Einen Strauch könnte man geradezu als Baumkrone definieren, die unmittelbar dem Boden aufsitzt.

Von den voll verholzten Sträuchern sind die so genannten Halbsträucher zu unterscheiden – Pflanzen mit fließenden Übergängen zu Kräutern bzw. Stauden. Nur ihre Stämmchenbasis und die Hauptäste sind bis ins Mark verholzt. Sie überdauern die Herbst- und Wintermonate, verlängern sich in der neuen Vegetationsperiode durch Spitzenwachstum und verholzen erst im zweiten oder dritten Jahr. Viele bewährte Duft- und Aromapflanzen wie Salbei oder Thymian sind daher keine Gewürz-»Kräuter«, aber auch keine richtigen Strauchgehölze, sondern eben Halbsträucher.

Große Sträucher, kleine Bäume

Einige Gehölzarten können sich sowohl zur Strauch- als auch zur Baumgestalt entwickeln – etwa der Schwarze Holunder, der meist als Hollerbusch vorkommt, aber ebenso auch Holunderbaum sein kann. Unter besonderen Wuchsbedingungen unterliegen selbst sonst festgelegte Gehölzarten einem markanten Gestaltwandel: Die Rot-Buche, die üblicherweise imposante Baumgestalten aufbaut, wird nahe der klimatischen Baumgrenze im Hochgebirge oder an der natürlichen Verbreitungsgrenze in Nordeuropa zu einem breitkronigen Strauch mit bodenanliegendem Astwerk. Überdies bietet der deutsche Name nicht immer zuverlässige Hinweise: Buchs-, Essig-, Faul-, Judas-, Sade- oder Spindelbaum sind durchweg mittelgroße bis große Sträucher.

Während sich einige Gehölzarten in Abhängigkeit von ihren Standortbedingungen zwischen Strauch- oder Baumwuchs entscheiden können, lässt die Natur den Gestaltwechsel vom Halbstrauch zum Strauch oder Baum nicht zu. Ebenso wenig kennt man Halbbäume.

Thema mit Variationen

Lebensstil und Wuchsgestalt der Gehölze bedingen sich gegenseitig. Viele Strauchgehölze stehen unter dem Zwang besonderer ökologischer Umweltbedingungen und weichen vom Normalbild eines sommergrünen Mittelstrauchs ab. Bei den Hartlaubsträuchern fühlen sich die mehrjährigen, immergrünen Blätter derb und lederig an. Eine zusätzliche Wachsimprägnierung der Oberfläche dichtet das Blattgewebe ab und gewährt so einen optimalen Verdunstungsschutz. Immergrüne Arten wie Buchsbaum oder Stechpalme schätzen zwar den trockenwarmen Süden, ertragen aber auch moderaten Frost und reichen weit in die wintermilden Gebiete des westlichen Mitteleuropas hinein. Lorbeer und Rosmarin sind dagegen echte Südländer, die bei uns nur ausnahmsweise im Freien überwintern können.

Rutensträucher zeigen ebenfalls eine beeindruckende Angepasstheit an unzuverlässige oder knappe Wasserversorgung. Ihre Blätter sind kleinflächig und können frühzeitig abfallen. Die lebenserhaltende Aufgabe der vom Licht angetriebenen Stoffproduktion durch Photosynthese fällt hier den schlanken, grünen Ästen und Zweigen zu, beispielsweise bei Besenginster, Flügelginster, Binsenginster und Stechginster. Eine einzigartige Besonderheit finden sich beim Mäusedorn: Hier verbreitern sich gar die Zweige blattartig, um eine größere Auffangfläche für die Energie liefernden Sonnenstrahlen zu erreichen.

Natürliche Bonsais

Oberhalb der Waldgrenze im Hochgebirge oder in der klimatisch vergleich-

Zwergstrauchheide in 2500 m Höhe.

baren arktischen Tundra kommen ungewöhnlich kleinwüchsige Weiden-Arten wie Netz- und Kraut-Weide vor. Von diesen Gehölzen sind oft nur die streichholzlangen Endabschnitte der Stämmchen oder Äste zu sehen, so weit sie aus dem Boden ragen. Man bezeichnet diese Arten als Spaliersträucher. Teppich- oder rasenartig dicht schmiegen sie sich zusammen, entgehen damit dem Angriff des Windes und nutzen in der kalten Jahreszeit den beachtlich isolierenden Schutz der Schneedecke.

Während Spaliersträucher gleichsam natürliche Bodendecker sind und kaum mehr um Fingerlänge aufragen, bilden Zwergsträucher wie Krähenbeere, Preiselbeere, Blaubeere, Heidekraut und Zwerg-Birke eine weitere, eigene Größenklasse. Irgendwo zwischen knöchel- und kniehoch entwickeln sie ebenfalls dichtwüchsige, dem Angriff von Wind und Wetter trotzende Kleingebüsche mit optimaler Nutzung der Bodenwärme und – bei auffälliger Kleinlaubigkeit – einem wirksamen Verdunstungsschutz. Damit können sie Standorte nutzen, an denen andere Laubsträucher scheitern müssten.

Lebendige Festung

Wenn Hemd und Hose am Brombeergebüsch hängen bleiben oder die Hand versehentlich in einen Stechginster langt, fühlt man sich unangenehm berührt. Viele Pflanzen verfügen über eine schmerzhafte Eindringlichkeit, sie wehren sich wirksam. Ohne Pflanzen können Tiere und Menschen nicht bestehen, aber auch die Umkehrung gilt: Zumindest die höheren Pflanzen gäbe es nicht in ihren vertrauten Gestalten, wenn sie sich nicht seit Urzeiten gegen Tiere hätten zur Wehr setzen müssen. Gegen Zudringlichkeiten der Pflanzenfresser entwickelten die potenziellen Opfer immer raffiniertere und variantenreichere Antworten – Gift oder üblen Geschmack, Dornen und Stacheln. Sie wurden buchstäblich bestechend und rundum unfassbar. Rankende Rosen, Berberitze und Schlehe verkörpern solche allseitig geschützten Festungen – sie wehren sich erfolgreich gegen die verletzlichen Lippen der großen Wiederkäuer. Für manche Insektenlarve aber, die aus Eiern an den Gehölztrieben schlüpft und ihr grünes Menü im Dickicht zielstrebig ansteuert, bedeutet die vielspitzige Abwehr kein Hindernis, sondern wirksamen passiven Schutz.

Klettert mit seinen Wurzeln: der Efeu.

Schlingen und Winden

Mit Sonderanpassungen erreichen die Pflanzen oft mehrere Ziele. Die langen, rückwärts gebogenen Stacheln der Brombeeren und Rosen wehren nicht nur erfolgreich Tierfraß ab, sondern bilden auch wirksame Klimmhilfen, die nach dem Spreizhaken- bzw. Klettereisen-Prinzip arbeiten. Brombeergestrüpp und Rosenhecken sind deswegen so undurchdringlich, weil ihre wüchsigen Äste und Zweige sich ineinander verhaken und ebenso mit anderen Unterlagen verketten.

Bemerkenswerte Holzpflanzen sind die nach Lianenart in lichte Höhen steigenden Schlinger und Winder, die Mauerwerk, Drahtzäune oder die Kronenregion anderer Gehölze durchsetzen, vertreten etwa mit dem Wald-Geißblatt, das sich übrigens stets rechtsherum windet, oder der Waldrebe, die mit Hilfe ihrer robusten Blattstiele klettert. An offenen Säumen bilden sie viele Meter hohe, dichte Vorhänge, deren Stängelgewirr an Lianen tropischer Regenwälder erinnern.

Mit unbeschränkter Haftung

Auch unter den eingeführten Ziergehölzen gibt es raschwüchsige Emporkömmlinge: Blauregen und Schlingknöterich sind linkswindende Kettersträucher. Efeu, der Mauern überwächst (»Architektentrost«), an Bäumen stammaufwärts steigt und sich erst in deren Krone quer legt, ist dagegen ein Wurzelkletterer. Manche Jungfernreben entwickeln raffinierte Haftscheiben – damit bewältigen sie sogar völlig

Unsere berühmteste Buche: die Bavaria-Buche bei Denkendorf in Oberbayern.

glatte Hausfassaden. Trotz beachtlicher Wuchshöhen entwickeln gerade diese Holzpflanzen nur ein vergleichsweise dünnes Stängelsystem, denn sie lassen ihr Eigengewicht im Wesentlichen von der Wuchsunterlage tragen. So bildet zwischen Heidekraut und Waldrebe der klassische Busch wie Hasel oder Hartriegel nur eine von vielen Erscheinungsformen der Strauchgehölze – ein weitaus größeres Formenspektrum als bei den heimischen oder eingeführten Baumgehölzen.

Bäume

Im dritten Hauptteil dieses Buches stehen die Bäume im Vordergrund. Baumförmige Pflanzen wachsen auf der Erde seit fast 350 Millionen Jahren. Kaum hatten sich im Devon aus grünen Tangen und wasserbewohnenden Nacktfarnen die ersten Landpflanzen entwickelt, erwies sich die hoch aufragende Pflanzengestalt mit reich verzweigter Krone auf kräftigem Hauptstamm als besonders erfolgreiches Gestaltungsprinzip. Seither beherrschen die Bäume das Pflanzenkleid des Festlandes – zumindest in den erträglichen Klimagürteln. Bereits in der auf das Devon folgenden Karbonzeit gab es kontinentweite Wälder, deren üppige Wüchsigkeit sich in mächtigen Steinkohlelagern niederschlug.

Überragender Erfolg

Auch die größten Bäume fangen ganz klein an – als winzige, krautige Sämlinge mit zunächst nur geringer Überlebenschance. Mit zunehmender Größe sind sie jedoch allen übrigen Pflanzentypen überlegen. Ihr Erfolg zeigt sich in der natürlichen Pflanzendecke: Wo die Klimaverhältnisse es zulassen, endet die ungestörte Entwicklung der Vegetation immer bei Gehölzen bzw. Wäldern. Am Ende der wärmeren Jahreszeit geben viele Pflanzen unserer gemäßigten Klimazone ihre oberirdischen Teile auf oder sterben gänzlich ab. Neue krautige Biomasse bildet sich im folgenden Jahr aus Reserveorganen im Boden oder aus Samenkörnern. Gehölze legen ihre jährliche Zuwachsleistung dagegen in bleibender Holzsubstanz fest und erneuern sich jeweils aus Ruheknospen an den Zweigenden. Damit sind die Bäume langlebiger als jedes andere höhere Lebewesen. So werden die kalifornischen Mammutbäume über 4000 Jahre alt. Die ältesten heute noch lebenden Exemplare keimten zu einer Zeit, als in Mitteleuropa gerade die Bronzezeit zu Ende ging. Aber auch 2000-jährige Eiben oder 1000-jährige Linden haben die abendländische Geschichte buchstäblich miterlebt.

Blickpunkt Baum

Nur wenige Lebewesen bringen dem Menschen so unmittelbaren und vielfältigen Nutzen wie die Bäume. Als fester Bestandteil unseres grünen Lebensraumes sind sie Objekte der täglichen Erfahrung. Bäume spielen im Naturerleben eine herausgehobene Rolle – sie findet in Brauchtum und Sage, in Märchen und Mythen, aber auch in der bildenden Kunst und in der Literatur vielfältigen Ausdruck. Seit ältester Zeit waren Bäume den Menschen Orte der Begegnung, des Schutzes und der Rechtsprechung, aber auch Sinnbilder besonderer Werte, etwa als Freiheits-, Friedens- oder Glücksbaum. Bäume sind Symbole und Kulturgut von weit reichender und überaus vielschichtiger Bedeutung.

»Mit Bäumen kann man wie mit Brüdern reden und tauscht bei ihnen seine Seele um«, schrieb Erich Kästner. Hermann Hesse widmete gerade den alten, vom Lauf der Jahrhunderte gezeichneten Bäumen mehrere Betrachtungen, Essays und Gedichte.

Ansprechende Kulisse

Ohne Bäume wirkt eine offene Kulturlandschaft ausgeräumt und eintönig. Auch in Siedlungen kommt Bäumen eine tragende ästhetische Wirkung zu. Sie imponieren allein schon durch ihre beachtlichen Wuchshöhen und bilden im Freistand mit üppig entwickelten Kronen raumgliedernde Blickfänge. In der Stadt lässt sich die Aufreihung gesichtslos grauer Betonmassen und die Monotonie durchlaufender Fassaden durch Bäume wohltuend unterbrechen. Im ländlichen Raum leisten dorfnahe Baumbestände die Einbindung des gesamten Ortes in die umgebende Landschaft. Auch in der Stadt können Baumgruppen den Übergang der geschlossenen Bebauung in die von anderer Flächennutzung geprägten Bereiche des stadtnahen Umfeldes verschönern. Selbst Industrieanlagen zeigen sich optisch erträglicher, wenn sie von hochwüchsigen Laubgehölzen ummantelt werden.

Vielfalt der Wohltaten

In einer durch Bebauung, Industrie und Verkehr an natürlichen Bestandteilen weithin verarmten Umwelt erfüllen Bäume eine ganze Reihe ökologischer Grundfunktionen. Je nach Form und Größe ihrer Krone beschatten sie ihre Umgebung und mildern die hochsommerliche Erwärmung der Böden. Zugleich verbrauchen sie mit der Wasserabgabe ihrer Blätter eine Menge Verdunstungswärme zu Gunsten des Wohnklimas.

Somit gleichen Bäume die durch die Bebauung bedingte sommerliche Aufheizung der unteren Luftschichten wieder aus. Der gemeinsame Kühlungseffekt von Beschattung und Verdunstung kann mehr als 5 °C ausmachen. Bäume stellen also bemerkenswert leistungsfähige Klimanlagen dar.

Grüne Lungen

So wie man in der freien Landschaft Gehölzzeilen als Windschutzpflanzung einsetzt, bieten Bäume oder Baumgruppen auch in der geschlossenen Siedlung einen bemerkenswert wirksamen Schutz gegen Wind und Wetter. Sie mindern den Winddruck auf Gebäude und verringern die nachteiligen Effekte von Schlagregen. Ein großer Baum bindet im Jahr außerdem rund 100 kg Grob- und Feinstäube, die vom Regen nach und nach abgewaschen und weggespült werden. Bei der Photosynthese wandeln die grünen Blattgewebe der Luft entnommenes Kohlenstoffdioxid in baumeigene organische Substanz um. Für jedes aufgenommene Molekül Kohlenstoffdioxid entlassen sie ein Molekül Sauerstoff in die Luft – das ist jeden Tag der Sauerstoffbedarf mehrerer Personen.

Nachweislich kann ein Baum in städtischen Umfeld seinen Kohlenstoffbedarf bis zu 30 % aus Abgasen decken. Ein großes, hoch aufragendes Gehölz arbeitet als »grüne Lunge« ungleich wirksamer als es Grünflächen vermögen, die nur aus kurz geschorenen Gräsern bestehen.

Das Klima holzte ab

Trotz des relativ hohen Waldanteils (etwa ein Drittel der Bodenfläche) enthält die heimische Baumflora nicht besonders viele Arten. In Mitteleuropa sind von Natur aus nicht einmal drei Dutzend verschiedene Baumarten heimisch (gegenüber mehr als 100 Straucharten). Noch in der Tertiärzeit vor rund 25 Millionen Jahren stellte sich das Artenaufkommen der Wälder ungleich reichhaltiger dar. Fossilfunde beweisen, dass damals bei uns außer Palmen auch Bittereschen-, Lorbeer- und Magnoliengewächse heimisch waren.

Die Verarmung an Arten ist jedoch kein modernes Umweltproblem, sondern eine Folge der letzten Eiszeiten. Nur wenige der ursprünglich heimischen Baumarten konnten vor den Gletscherfronten in süd- bzw. südosteuropäische Refugien ausweichen, weil die ost-westlich verlaufenden Hochgebirge (Pyrenäen, Alpen, Karpaten) unüberwindbare Barrieren bildeten. In Nordamerika dagegen verlaufen die großen Faltengebirge in Nord-Süd-Richtung. Daher konnten dort wärmeliebende Baumarten der Klimaverschlechterung wesentlich erfolgreicher ausweichen – so blieb die neuweltliche Baumflora weit artenreicher als diejenige nördlich der Alpen.

Beeindruckende Riesenmammutbäume, hier im Kings Canyon in Kalifornien, USA.

Aufgestockter Artenreichtum

Viele nordamerikanische und ostasiatische Arten finden hierzulande im heutigen Klima wieder ihnen zusagende Wuchsbedingungen. Daher hat man sie in jüngerer Vergangenheit als Forst- oder Ziergehölze eingeführt. So bereichern fremdländische Baumarten in großer Zahl nicht nur Gärten und Parkanlagen, sondern auch Forstkulturen, Straßenränder und nicht zuletzt Obstbaumanlagen.

Einschließlich vieler busch- oder strauchförmig wachsender Arten gehören heute durch die zahlreichen gärtnerischen und forstlichen Importe wieder mehr als 500 Arten zum festen Bestand des Kulturlandes – gleichsam ein durchaus erfolgreicher Versuch, die beträchtlichen Artenverluste auszugleichen, welche die jüngere Klimageschichte in Mitteleuropa verursacht hat.

Mit fast 180 Baumarten beschreibt der dritte Teil dieses Bandes mehr als nur eine repräsentative Auswahl. Er stellt sämtliche in Mitteleuropa heimischen Arten vor, dazu die häufigsten Nadel- und Laubbaumarten des Mittelmeerraums und außerdem alle bedeutsamen Parkgehölze, denen man heute in Europa begegnen kann.

Merkmale der Artengruppen

Arten sind die kleinste überschaubare systematische Einheit. Mehrere Arten bilden eine Gattung (beispielsweise Taubnessel, *Lamium*), mehrere Gattungen eine Familie, beispielsweise Lippenblütengewächse. In den drei Hauptteilen dieses Bandes werden die einzelnen Arten in der Reihenfolge ihrer Familienzugehörigkeit vorgestellt. Da manche Pflanzenfamilien, darunter beispielsweise die Rosengewächse, krautig, strauchförmig und baumförmig wachsende Arten umfassen, tauchen sie in allen drei Buchteilen auf. Andere Familien bestehen (zumindest in der heimischen Flora) nur aus krautigen (wie die Mohngewächse), strauchigen (wie die Geißblattgewächse) oder baumförmigen Arten (wie die Lindengewächse). Entsprechend sind sie nur in ihrer Hauptgruppe vertreten.

In der botanischen Systematik fasst man mehrere Pflanzenfamilien zu größeren Einheiten zusammen, die man je nach Umfang Ordnungen oder Unterklassen nennt. Allein aus praktischen Gründen der größeren Übersichtlichkeit sind die krautigen, strauchigen und baumförmigen Pflanzen in diesem Band zu Gruppen mit jeweils eigener Leitfarbe zusammengeführt, die nachfolgend kurz umrissen werden.

Hahnenfußgewächse und ihre Verwandten

Die Hahnenfußgewächse und einige weitere Familien bilden eine eigene Unterklasse, die sich durch eine Reihe ursprünglicher Merkmale auszeichnet, weshalb man sie in der modernen Pflanzensystematik als Alt-Bedecktsamer ausgliedert. Gemeinsam ist ihnen der Besitz besonderer Inhaltsstoffe (Alkaloide), weshalb viele Arten zumindest leicht giftig sind. Als Besonderheit zeigen die Blüten mancher Arten dieser Verwandtschaftsgruppe Nektar bildende Blütenhüll- oder Staubblätter (Nektarblätter). Fallweise können diese wie Kronblätter aussehen oder durch Aufgabe der Nektarbildung zu richtigen Kronblättern werden. Zu dieser Gruppe

Die Sumpfdotterblume, ein Hahnenfußgewächs, zeigt mit ihren zahlreichen Blüten- und Staubblättern recht ursprüngliche Blütenmerkmale.

Die Blüten der roten Lichtnelke enthalten Anthocyan-Farbstoffe.

leiten die mit den Magnoliengewächsen in einer gemeinsamen Unterklasse stehenden Seerosengewächse über, mit denen die Artenfolge innerhalb des Wildblumenteils beginnt. Sie zeigen eindrucksvoll, dass die Kronblätter durch fließende Übergänge mit den Staubblättern verbunden sind, was deren Blattnatur unterstreicht.

Eine eigene Unterklasse bildeten bislang die Hanf- und die Brennnesselgewächse, die sekundär zur Windblütigkeit zurückgefunden haben. Man sieht sie heute jedoch zunehmend in der Nähe der folgenden Gruppe, der Nelkenartigen.

Nelkengewächse und ihre Verwandten

Eines der auffälligsten Merkmale der in einer eigenen Unterklasse zusammengefassten Verwandtschaft der Nelkenartigen sind die zahlreichen, im Fruchtknoten an einer zentralen Säule sitzenden Samenanlagen. Während die oft sehr farbintensiven Blüten der Nelkengewächse die bei allen anderen Blütenpflanzen üblichen Anthocyan-Farbstoffe verwenden, gehen ihre nächsten Verwandten, beispielsweise die Gänsefußgewächse, ausnahmsweise eigene Wege. Sie enthalten in Blüten, Blättern und anderen Organen völlig

Die schönsten Schötchen unter den heimischen Kreuzblütengewächsen besitzt das Acker-Hellerkraut.

anders aufgebaute Farbstoffe, die man Betalaine nennt – benannt nach der Roten Bete, einer zu dieser Familie gehörenden Nutzpflanze. Nach dem äußeren Farbeindruck kann man allerdings nicht zuverlässig entscheiden, zu welcher Farbstoffklasse die jeweiligen Pigmente gehören. Während die betont blumigen Nelkengewächse durchweg von Insekten bestäubt werden, sind die Gänsefußgewächse überwiegend windblütig. Diese Familie umfasst zudem einen hohen Anteil ökologischer Spezialisten, von denen etliche an den von Meersalz imprägnierten Schlickböden der Küstenräume vorkommen und andere typische Siedlungsbiotope bevorzugen, deren Böden sich durch einen hohen Gehalt an Stickstoffverbindungen auszeichnen.

Kreuzblütengewächse und ihre Verwandten

Die in diesem Abschnitt behandelten Pflanzenfamilien fasste man innerhalb der Zweikeimblättrigen früher zu einer gemeinsamen Unterklasse, den Dillenienähnlichen, zusammen. Moderne systematische Konzepte verteilen sie dagegen auf mehrere Ordnungsgruppen, wobei nicht mehr nur die klassischen Merkmale des Blütenaufbaus maßgebend sind, sondern zunehmend auch molekulare Daten. Im Mittelpunkt dieser Verwandtschaft steht nach wie vor die große Familie der Kreuzblütengewächse, die sich trotz ihres beachtlichen Artenreichtums auch in der heimischen Flora durch einen erstaunlich einheitlichen Blüten- und Fruchtaufbau auszeichnet. Typisch sind hier die als Schote und Schötchen bezeichneten Früchte.

Den Kreuzblütengewächsen sind die Resedengewächse noch in mancher Beziehung ähnlich. Die Malven-, Hartheu- und Veilchengewächse stellen nach neueren Vorstellungen jeweils eigene Ordnungen dar. Mit einer Besonderheit überraschen die Wolfsmilchgewächse, von denen längst nicht alle Vertreter den namengebenden weißen Milchsaft führen: Die dekorativen Blühorgane der Typgattung Wolfsmilch sind tatsächlich komplex zusammengesetzte Blütenstände mit mehreren männlichen Blüten, die jeweils bis auf ein Staubblatt vereinfacht sind, und je einer weiblichen Gipfelblüte.

Typische Rosengewächsmerkmale, hier bei einer Wein-Rose: radförmige, fünfzählige Blüten und Blätter mit deutlichen Nebenblättern (Stipeln).

Rosengewächse und ihre Verwandten

Innerhalb der zweikeimblättrigen Bedecktsamer bilden die Rosengewächse und ihr verwandtschaftliches Umfeld gleichsam einen besonders artenreichen Mittelbau. Gemeinsames Merkmal sind ihnen die radförmigen fünfzähligen Blüten, deren Blütenhüllblätter im Allgemeinen nicht miteinander verwachsen sind. Zusätzlich zu den Rosengewächsen selbst folgen hier einige kleinere, mit diesen verwandte Familien. Zur Großverwandschaft der Rosengewächse zählen nicht nur zahlreiche bekannte krautige Blütenpflanzen, sondern auch besonders viele Holzgewächse.

Schmetterlingsblütengewächse und ihre Verwandten

Eine für die heimische Flora wichtige, weil besonders artenreiche Familie sind die Schmetterlingsblütengewächse, die man an ihrem recht einheitlichen Blütenbau und der die gesamte Familie kennzeichnenden Fruchtform, der Hülse, leicht erkennen kann. Die am Beginn stehenden Schmetterlingsblütler, wie man sie vereinfacht nennen mag, verlassen mit ihrem Blütenbau ein bisher recht erfolgreiches Konzept: Die Kronblätter sind nicht mehr radförmig ausgebreitet und untereinander gleich groß, sondern lassen sich in Fahne, Schiffchen und Flügel unterscheiden (siehe Seite 588) und erinnern

Der Hornklee zeigt sehr schön den typischen Blütenaufbau der Schmetterlingblütengewächse.

damit entfernt an die Gestalt eines Schmetterlings. Dieser Aufbau ist auch bei den überwiegend baumförmig wachsenden Mimosen- und Johannisbrotgewächsen und den Kreuzblumengewächsen zu beobachten.

Die im Wildblumenteil gegen Ende der Gruppe angeschlossenen Doldenblütengewächse leiten bereits zu den folgenden Ordnungsgruppen über, deren Leitmerkmal die zu einer Röhre miteinander verwachsenen Kronblätter sind.

Innerhalb des Strauchteils dieses Bandes werden an diese Gruppierung einige kleinere Familien angeschlossen, darunter die Sumachgewächse mit ihren im Vergleich eher einfach aufgebauten Blüten, während die wiederum radiärsymmetrischen Malven-, Zistrosen- oder Seidelbastgewächse mit attraktiven Blühsträuchern brillieren. Zu den Mistelgewächsen gehören die ökologisch vielleicht kuriosesten Sträucher der heimischen Flora überhaupt – sie führen eine recht abgehobene Lebensweise als Halbparasiten hoch im Geäst von Wirtsbäumen.

Röhrenblütige und ihre Verwandten

In dieser umfangreichen Verwandtschaftsgruppe sind alle diejenigen Familien zusammengefasst, deren Kelch- und Kronblätter jeweils zu einem einheitlichen Gebilde von glockiger oder röhrenförmiger Gestalt verwachsen sind. Die Anzahl der an der Verwachsung beteiligten Blütenblätter kann man noch an den freien Zipfeln ablesen. Zwei wichtige Entwicklungslinien lassen sich bei den Röhrenblütigen verfolgen. Eine betrifft die Umstellung der Blütensymmetrie: Bei den Braunwurz- bzw. Rachenblütengewächsen lassen sich alle Übergänge von strahliger (Königskerzen) zu zweiseitiger Symmetrie (Leinkraut) beobachten. Bei den Lippenblütengewächsen kommen nur noch Blütenformen mit einer Spiegelungsachse vor.

Einen anderen bemerkenswerten und folgenreichen Trend zeigen die Korbblütengewächse, die artenreichste Familie der heimischen Blütenpflanzenflora überhaupt. Hier sind jeweils viele Einzelblüten zu kompakten Blütenständen, den so genannten Körbchen, zusammengerückt, und diese verhalten

Typische, zygomorphe Röhrenblüten zeigt die Gefleckte Taubnessel, ein Lippenblütengewächs.

Nicht eine Blüte mit vielen Blütenblättern, sondern lauter einzelne Zungenblüten besitzt die Wegwarte, ein Korbblütengewächs, in einem Blütenkörbchen.

sich gestaltlich wie eine besonders üppige Einzelblume (Superblumenprinzip). Ein Körbchen besteht wie bei der Margerite aus flachen Zungen- und kurzen Röhrenblüten, kann aber je nach Gattung auch nur Zungen- oder nur Röhrenblüten enthalten.

Liliengewächse und ihre Verwandten

Die Verwandtschaft der Liliengewächse bildet buchstäblich eine Klasse für sich – sie stellen innerhalb der Bedecktsamer zusammen die Pflanzenklasse der Einkeimblättrigen, deren Bauplanmerkmale sich beispielhaft aus der Gestalt einer Lilie ableiten lassen: Die Blätter sind schmal, lang und streifennervig. Die Blüten zeigen sich dreizählig, während bei den bisher vorgestellten Zweikeimblättrigen überwiegend vier- oder fünfzählige Konstruktionen vorlagen. Die Blütenhülle besteht bei diesen Pflanzen nicht mehr aus grünen Kelch- und bunten Kronblättern, sondern aus ziemlich einheitlichen Hüllblättern, die man neutraler als Blütenhüllblätter bezeichnet. Vielfach sind diese auffällig farbig und somit eine klare Signaladresse für die Bestäuber. Von diesem überschaubaren Grundbauplan lassen sich aber auch die vereinfachten, auf Windbestäubung eingerichteten Blüten der Süß- und Riedgräser ableiten, die hier nicht aufgenommen sind. Ähnlich wie bei den Zweikeimblättrigen finden sich bei manchen Einkeimblättrigen bemerkenswerte Abwandlungen der Blütensymmetrie: Die Orchideen sind geradezu Paradebeispiele für zweiseitige Spiegelbildlichkeit mit zum Teil aufwändigen oder geradezu bizarren Lippenbildungen.

Schlanke, parallelnervige Blätter und dreizählige Blüten: Die Wildtulpe gehört eindeutig zu den Liliengewächsen.

Die Einkeimblättrigen stellen in der heimischen und neu eingebürgerten Flora nur sehr wenige Gehölzpflanzen – bei den Sträuchern ist es der seltsame Mäusedorn, bei den Bäumen sind es die ohnehin nur als Ziergehölze verwendeten Palmen. Sie werden innerhalb der Abschnitte über Gehölze jeweils anderen Gruppen angeschlossen.

Nacktsamer

Die Nacktsamer sind gleichsam die Oldtimer der Samenpflanzen, denn ihren Bauplan gab es schon im Erdaltertum vor über 200 Millionen Jahren. Während bei den Bedecktsamern die Samenanlage, aus der nach der Befruchtung der Samen entsteht, in einem Fruchtknoten eingeschlossenen ist, liegt sie bei den Nacktsamern frei zugänglich an der Basis der Fruchtblätter. Innerhalb dieser Verwandtschaft bilden die Zapfenträger oder Koniferen die bedeutsamste Gruppe. Ihre Fruchtblätter sind zu dichten Fruchtblattständen zusammengerückt, die während der Samenreifung kräftig verholzen und die arttypischen zentimeter- bis dezimetergroßen Zapfen darstellen. Alle Zapfen tragenden Nacktsamer haben Nadelblätter oder zu nadelfeinen Schuppen verkleinerte Blattorgane. Nur für diese Sippen gilt der zusammenfassende Ausdruck Nadelhölzer.

Die meisten heute lebenden Nadelhölzer sind Bäume – als Sträucher wachsende Arten sind eher die Ausnahme. Allerdings sind viele Arten züchterisch zu zwergwüchsigen Gartenformen umgerüstet worden. Diese oft nur schwer bestimmbaren Sorten und Varietäten bleiben in unserer Auswahl unberücksichtigt.

Innerhalb der Nacktsamer sind die Kieferngewächse mit zusammen etwa 250 auf der Nordhemisphäre verbreiteten Arten eine der größten Familien. Tannen und Fichten, deren gemeinsames Merkmal die einzeln an den Zweigen sitzenden Nadelblätter (Nadeln) sind, bilden eine eigene Unterfamilie. Weltweit umfassen sie je etwa 40 Arten neben 7 Arten Douglasien und 14 Arten Hemlock, die überwiegend in Gebirgswäldern beheimatet sind und nördlich bzw. oberhalb des klimatischen Laubwaldgürtels große, zusammenhängende Bestände bilden. Der natürliche mitteleuropäische Artenbestand ist jedoch recht gering. Allerdings sind vor allem in den letzten beiden Jahrhunderten zahlreiche ostasiatische und nordamerikanische Arten als Forstgehölze und Parkbäume überall in Europa eingeführt worden, die heute weithin zum vertrauten Bild der Baumflora gehören. Von vielen Arten verwendet man besonders dekorative, im Erscheinungsbild gegenüber der Wildform deutlich veränderte Rassen.

Mit weltweit knapp 100 Arten stellen die Kiefern die mit Abstand umfangreichste Gattung der Nadelgehölze dar. Von den Tannen und Fichten unterscheiden sie sich vor allem durch die Art der Benadelung: An den Langtrieben sind die Nadelblätter jeweils zu winzigen Schuppen verkleinert, in deren Achsel je ein Kurztrieb mit einem Büschel aus 2 bis 5 Nadeln steht. Die Nadeln eines Büschels bilden im Querschnitt jeweils einen Vollkreis – bei 2 Nadeln einen Halbkreis, bei 5 Nadeln entsprechend schmalere Kreissegmente. Die langen Spaltöffnungsreihen befinden sich fast ausschließlich auf den radialen Flanken.

Jeder kennt Nadelbaumzapfen, hier Fichtenzapfen, als typisches Merkmal der Koniferen, die den Großteil der Nacktsamer ausmachen.

Zusammen mit den Fichten bilden die Kiefern die größten zusammenhängenden Waldgebiete der Erde. Die meisten Arten sind hervorragend an Kälte und/oder Trockenheit angepasst und insofern an ihren Standorten außerordentlich konkurrenzstark. Bei den verwandten Zedern (4 Arten) und Lärchen (10 Arten) stehen die Nadeln immer in größeren Büscheln mit je etwa 30 bis 50 zusammen. Zedern sind immergrün, Lärchen dagegen ausnahmsweise sommergrün. Sie werfen ihr Blattwerk nach zum Teil sehr lebhafter herbstlicher Verfärbung ab.

Die heute weltweit mit 10 Gattungen und 17 Arten verbreiteten Verwandten der Mammutbäume bilden die Familie Sumpfzypressengewächse und sind die Überbleibsel einer noch in der Tertiärzeit weit verbreiteten Gruppe, die heute ein stark zerklüftetes, nur auf kleine und weit getrennte Reste zerstückeltes Areal einnehmen. Insofern stellen diese Arten in besonderem Maße lebende Fossilien dar. Die Zypressen und Lebensbäume bilden die etwa 100 immergrüne Arten umfassende Familie Zypressengewächse, die entweder kurze Nadel- oder breite Schuppenblätter oder sogar nebeneinander beide Blatttypen ausbilden. Sie sind wie alle Nadelgehölze überwiegend auf der Nordhalbkugel verbreitet. Die Eiben sind mit ihren flachen Nadelblättern im Escheinungsbild den Tannen und Douglasien sehr ähnlich, im Unterschied dazu aber meist zweihäusig. Außerdem entwickeln sie keine mehrsamigen Zapfen, sondern einzelne, fleischig ummantelte Samen. Sie gehören zwar zu den Nacktsamern, im Gegensatz zu den übrigen hier zusammengeführten Formen aber streng genommen nicht zu den Koniferen (Zapfenträgern).

Eine buchstäblich einzigartige Besonderheit ist der Ginkgobaum – der einzige Überlebende seiner Verwandtschaftsgruppe und mithin Vertreter einer eigenen Klasse. Seit der frühen Tertiärzeit hat diese Form ihr Aussehen kaum verändert und gilt deswegen zu Recht als »lebendes Fossil«. Obwohl der Ginkgo unzweifelhaft ein Nacktsamer ist, gehört er weder zu den Nadelhölzern, die diese Gruppe beherrschen, noch zu den Zapfenträgern (Koniferen) – seine Sonderstellung begründen unter anderem die flächigen, gabelnervigen Laubblätter und die an Steinfrüchte erinnernden Samen, die zur Reifezeit von einem fleischigen Samenmantel umgeben sind.

In der heimischen Flora stellen die Nacktsamer keine Kräuter – die vorzustellenden Arten finden sich daher nur bei den Sträuchern und Bäumen.

Kätzchenblüher und ihre Verwandten

Während etliche Strauch- und Baumarten der heimischen Flora auffällige oder besonders attraktive Blüten mit viel Farbe und Duft ausbilden, wie man es beispielsweise von den Obstgehölzen kennt, beschränken sich nicht wenige Arten auf geradezu extrem vereinfachte Blüten bzw. Blütenstände. Dazu gehören die hier als Kätzenblüher zusammengefassten Gehölzfamilien. Ihre meist in vielblütigen Kätzchen organisierten Einzelblüten beschränken

Sympathieträger und wertvolle Bienenweide im Frühjahr: Die Kätzchen der Sal-Weide.

sich auf das Notwendigste – die betreffenden Gehölzarten sind nämlich windblütig. Sie versenden ihre Pollenmassen durch die Luft, ähnlich wie es auch sämtliche Nacktsamer handhaben. Daher benötigen sie keine üppige Aufmachung, die Kleintiere in den Dienst der Bestäubung lockt. Viele Arten sind wichtige Waldgehölze. In den von Natur aus großflächigen und entsprechend baumreichen Wäldern würde die Zahl der dienstbaren Pollenüberträger unter den Insekten vermutlich nicht ausreichen, um eine flächendeckende Bestäubung aller Gehölzblüten zu gewährleisten. Die Luftroute erscheint daher ökonomischer und wirksamer. Allerdings erreicht der Pollenversand auf dem Luftweg die weiblichen Blüten nur dann, wenn noch keine störenden Blätter vorhanden sind. Das erklärt, warum die meisten Kätzchen tragenden Gehölzarten bereits deutlich vor dem Laubaustrieb blühen. Die Bezeichnung Kätzchen für die meist grünlichgelblichen oder bräunlichen Blütenstände rührt übrigens von den Weidengewächsen her, bei denen sie während der Knospenöffnung langhaarig und seidig aus der Verpackung drängen. Allgemein versteht man darunter weitgehend schmucklose Ähren mit fester oder schlaffer Achse.

Mit den hier zusammengeführten Familien beginnen die heute als Neu-Bedecktsamer bezeichneten Verwandtschaftsgruppen, welche gleichsam die Hauptachse innerhalb der

Ahorngewächse erkennt man leicht an der typischen Blattform.

höchst entwickelten Blütenpflanzen verkörpern. Die Kätzchenblüher sind dabei eine Ordnungsgruppe, die ihren Blütenbau sekundär vereinfacht hat. Außerdem sind die Blüten jeweils eingeschlechtig und entweder einhäusig (männliche und weibliche getrennt auf dem gleichen Strauch wie bei den Birkengewächsen) oder zweihäusig (auf verschiedenen Individuen wie bei den Weidengewächsen) verteilt. Vermutlich bilden alle diese Familien trotz bemerkenswerter Ähnlichkeiten keine natürliche Verwandtschaftsgruppe.

Ahorne, Rosskastanien, Linden

Die hier zusammengefassten Familien gehören verschiedenen Ordnungen an, von denen die Ahorngewächse und die Rosskastaniengewächse die so genannten Seifenbaumartigen bilden und auf Grund ihres Blütenbaus sowie sonstiger Merkmale den Rosen- und Schmetterlingsblütengewächsen noch recht nahe stehen.

Die Familie der Ahorngewächse umfasst ausschließlich Sträucher oder Bäume und ist weltweit mit etwa 150 Arten vertreten. Ihr charakteristischer Blattschnitt und die gegenständige Blattstellung sind für die Familie typische Merkmale, an denen man die einzelnen Arten ohne weiteres zuordnen kann. Im Vergleich dazu bilden die Rosskastaniengewächse, ebenfalls eine nur aus Gehölzen bestehende Pflanzenfamilie, mit weltweit nur 15 Arten eine unverhältnismäßig kleine Gruppe. Ihr Familienkennzeichen sind die großen, fingerförmig geteilten Blätter und recht auffällige, meist sogar blumige Blütenstände. Die Lindengewächse, zu denen nur ganz wenige krautige Arten gehören, stehen der umfangreichen Verwandtschaft der Rosenähnlichen schon etwas ferner. Sie sind weltweit mit über 700 Arten vertreten und stellen somit zahlreiche auch wirtschaftlich bedeutsame Arten, besonders als Lieferanten von Nutzholz.

Platanen, Eschen und andere

Während beispielsweise die Buchen-, Rosen- oder Weidengewächse in der heimischen Gehölzflora mit einer respektablen Anzahl von Arten vertreten sind, finden sich in dieser abschließenden Gruppe jeweils nur einzelne oder wenige Baumarten aus zahlreichen Pflanzenfamilien. Diese haben ihren Verbreitungsschwerpunkt in den Wärmegebieten der Erde und sind hier auch mit einem größeren Artenbestand zu Hause, darunter etwa die Bittereschen-, Seifenbaum- und Ölbaumgewächse, oder sie bestehen tatsächlich aus vergleichsweise artenarmen Verwandtschaftskreisen wie die Platanengewächse.

Platanen kann man anhand ihrer einzigartigen Rinde auch im Winter leicht identifizieren.

Mit dem schmucken Blauglockenbaum aus der Familie der Braunwurzgewächse (Rachenblütengewächse) wird hier eine Baumart vorgestellt, die bezeichnenderweise einer Familie mit sonst überwiegend krautigen Vertretern angehört. Mit Ausnahme der Gewöhnlichen Esche sind die übrigen Arten der Ölbaumgewächse in Mitteleuropa nicht heimisch. Sie wurden überwiegend wegen ihres dekorativen Werts als Ziergehölze eingeführt.

Zu den Exoten, die schon immer als Bild tropischer Pflanzenpracht galten, gehören die formschönen Palmen, die zumindest im Süden Europas auch im Freiland gedeihen. Als Einkeimblättrige bilden sie eine von den übrigen Laubgehölzen deutlich abgesetzte Verwandtschaftsgruppe mit vielen botanischen Besonderheiten. An Wuchsmerkmalen sind die Arten oft nur schwer unterscheidbar.

Wildblumen

Busch-
Windröschen S.54
Wasser-
Hahnenfuß
S. 56
Weiße Lichtnelke S. 66
Weiße
Fetthenne S. 104
Acker-Hornkraut
S. 64
Große
Sternmiere
S.64
Siebenstern S. 92
Sumpf-Herzblatt S. 106
Bitteres
Schaumkraut
S. 80
Weißer Steinklee S. 110
Weiß-Klee S. 112
Wald-
Erdbeere
S. 102
Knoblauch-
rauke S. 78
Acker-
Hellerkraut S. 82
Acker-Hederich S. 80
Echtes
Mädesüß S. 100

Blütenfarbe Weiß

Trollblume
S. 50
Sonnenwend-
Wolfsmilch S. 98
Schöllkraut
S. 58
Schar-
bocks-
kraut
S. 54
Duftende
Schlüssel-
blume
S. 88
Tüpfel-Johannis-
kraut S. 94
Gew.
Gilbweiderich
S. 90
Echte
Nelkenwurz
S. 100
Gänse-Fingerkraut
S. 102
Gewöhnl.
Odermennig
S. 100
Echtes
Barbarakraut
S. 78
Färber-Waid S. 78
Scharfer
Mauerpfeffer
S. 104
Wechsel-
blättriges
Milzkraut
S. 106

Blütenfarbe Gelb

Blütenfarbe Bräunlich

Blütenfarbe Grün und Grünlich

Gewöhnliche Akelei S. 52
Wiesen-Storchschnabel S. 128
Ausdauernder Lein S. 120
Leberblümchen S. 54
Gewöhnliches Kreuzblümchen S. 124
Vielblättrige Lupine S. 110
Vogel-Wicke S. 116
Wald-Veilchen S. 96
März-Veilchen S. 96
Blauer Gauchheil S. 92

Blütenfarbe Violett

Strand-
Grasnelke
S. 76
Kartäuser-
Nelke S. 68
Korn-Rade
S. 68
Gew. Seifenkraut
S. 66
Mehl-Primel
S. 88
Roter Gauchheil
S. 92
Weg-Malve
S. 94
Gew.
Erdrauch
S.60
Hohler Lerchensporn S. 60
Hasen-Klee
S. 112
Wiesen-
Knöterich
S. 72
Sand-Mohn
S. 58

Blütenfarbe Rot

Weiße Seerose *Nymphaea alba*
FAMILIE SEEROSENGEWÄCHSE

Merkmale: Ausdauernde Schwimmblattpflanze; Blätter rundlich, mit bis zu 3 m langen Stielen, am Stielansatz mit tiefer Kerbe, Blattnerven am Rand miteinander verbunden, Hauptnerven der Basallappen fast gerade, oberseits glänzend dunkelgrün, unterseits rötlich, kahl; Blüten 9-12 cm breit, mit 4 Kelch- und 15-25 weißen Kronblättern, Narbenscheibe flach mit 14-24 Strahlen, Blütezeit VI-VIII.
Standort: Stehende und langsam fließende Gewässer, Altarme von Flüssen.
Verbreitung: Fast überall in EU; in D vom Tiefland bis ins Gebirge; auch angepflanzt. **§!**
Wissenswertes: Die Kronblätter zeigen fließende Übergänge zu den gelben Staubblättern. Die Blüten öffnen sich jeweils am Morgen und schließen sich am späten Nachmittag wieder.

Kleine Seerose *Nymphaea candida*
FAMILIE SEEROSENGEWÄCHSE

Merkmale: Ausdauernde Schwimmblattpflanze; Blätter bis zu 1,6 m lang gestielt, in den Basallappen mit stärker gebogenen Hauptnerven als bei der Weißen Seerose; Blüten 6-8 cm breit, öffnen sich meist nur halb, Kronblätter etwas kürzer als die Kelchblätter, Narbenscheibe deutlich gewölbt, mit 6-12 Strahlen, Blütezeit VI-VIII.
Standort: In stehenden Gewässern, meist in sauren, nährstoffarmen Moorseen.
Verbreitung: Vor allem N- und O-EU, jedoch selten; in D an der SW-Grenze des natürlichen Verbreitungsgebiets; sehr selten angepflanzt. **RL, §!**
Wissenswertes: Bei der K.S. sind die Pollensäcke der inneren Staubblätter oval, bei der Weißen Seerose dagegen immer linealisch. Neben Insekten- kommt auch Selbstbestäubung vor.

Gelbe Teichrose *Nuphar lutea*
FAMILIE SEEROSENGEWÄCHSE

Merkmale: Ausdauernde Schwimmblattpflanze; Blätter bis zu 2,5 m lang gestielt, Spreite bis zu 40 cm lang, Blattstiel im oberen Teil 3-kantig, Blattnerven verzweigen sich gabelig und laufen strahlenförmig zum Blattrand, dort im Gegensatz zur Weißen Seerose unverbunden; Blüten 4-6 cm breit, erheben sich 5-20 cm über die Wasserfläche, mit 5 gelben Blütenblättern und zahlreichen Nektarblättern, Narbenscheibe mit 15-20 Strahlen, Blütezeit VI-VIII.
Standort: Stehende und langsam fließende, wenig oder stärker nährstoffhaltige Gewässer.
Verbreitung: Überall in EU außer dem SW und dem hohen N, stellenweise durchaus häufig; in D von der Ebene bis ins Gebirge. **§!**
Wissenswertes: Schwebfliegen und Käfer bestäuben die duftenden Blüten. Die reifen Früchte sind schwimmfähig, die Samen werden aber auch von Wasservögeln verbreitet.

Zwerg-Teichrose *Nuphar pumila*
FAMILIE SEEROSENGEWÄCHSE

Merkmale: Ausdauernde Schwimmblattpflanze, die jedoch stets auch Unterwasserblätter aufweist; Blätter bis zu 1,5 m lang gestielt, Spreite 5-12 cm lang, Blattstiel im oberen Teil 2-kantig; Blüten nur 1-3 cm breit, leicht duftend, Narbenscheibe sternförmig, flach, mit 8-10 Strahlen, Blütezeit VI-IX.
Standort: Stehende, kalte, nährstoffarme Moor- und Gebirgsseen, meist mit sauren Torfschlammböden, vorzugsweise bei Wassertiefen zwischen 0,5 und 1,5 m; in den Alpen bis in 1000 m Höhe.
Verbreitung: Nördliches EU; in D sehr selten und nur in den Gebirgen sowie im Alpenraum. **RL, §!**
Wissenswertes: Die Z. ist eine nordisch-arktisch verbreitete Art und gilt an ihren wenigen Fundorten in M.-EU als ein Eiszeitrelikt. In Gebieten, in denen sie gemeinsam mit der Gelben Teichrose vorkommt, finden sich auch Bastarde zwischen den beiden Arten.

Frühlings-Adonisröschen

Adonis vernalis HAHNENFUSSGEWÄCHSE

Merkmale: Mehrjährig, bis zu 40 cm hoch; Stängel an der Basis mit bräunlichen Schuppen; Blätter mehrfach gefiedert mit feinen, zipfeligen Endabschnitten; Blüten 4-7 cm breit, mit 10-20 goldgelben Kronblättern, Blütezeit IV-V.
Standort: Trocken- und Steppenrasen, Kiefernwälder auf kalkhaltigen Böden.
Verbreitung: Südöstliches EU und W-Asien; in D sehr selten und an der NW-Grenze seiner Verbreitung; gelegentlich angepflanzt. **RL, §!**
Wissenswertes: Giftig! Die Samen werden von Ameisen verbreitet.

Sommer-Adonisröschen

Adonis aestivalis HAHNENFUSSGEW.

Merkmale: Einjährig, 25-50 cm hoch, Stängel kahl, wenig verzweigt; Blätter mehrfach gefiedert mit schmalen Zipfeln; Blüten 1-3 cm breit, mit 5-8 roten (selten blassgelben) Kronblättern, im Zentrum dunkles Farbmal, Blütezeit V-VII.
Standort: Getreidefelder und Hackfruchtäcker in den Kalkgebieten.
Verbreitung: Südöstliches EU; in D an der NW-Grenze der Verbreitung, fehlt im nördl. Tiefland. **RL**
Wissenswertes: Giftig! Das dunkle Farbmal leitet Blüten besuchende Insekten nach dem Zielscheiben-Prinzip zum reichlich vorhandenen Pollen.

Sumpf-Dotterblume *Caltha palustris*

FAM. HAHNENFUSSGEWÄCHSE

Merkmale: Mehrjährig, bis zu 40 cm hoch, Stängel verzweigt und dicht beblättert, hohl, kahl; Blätter herz- bis nierenförmig, glänzend dunkelgrün; Blüten 2-3 cm breit, mit 5 dottergelben, außen eher grünlichen Kronblättern und zahlreichen Staubblättern, Blütezeit IV-V
Standort: Sumpfwiesen, Quellfluren, Bachauen, Auenwälder, im Gebirge bis in 2400 m Höhe.
Verbreitung: Außer dem S überall in EU.
Wissenswertes: Die für uns einheitlich gelb erscheinende Blüte besitzt ein im UV-Bereich stark absorbierendes Zentrum, das Insekten als dunkel wahrnehmen und davon angelockt werden.

Europäische Trollblume

Trollius europaeus HAHNENFUSSGEW.

Merkmale: Mehrjährig, bis zu 50 cm hoch mit unverzweigtem, aufrechtem Stängel; Blätter handförmig (mehrfach) geteilt, die oberen zunehmend einfacher gebaut; Blüten 3-5 cm breit, mit 5-15 Kronblättern, die sich zu einer Kugel zusammenneigen, Blütezeit V-VI.
Standort: Nasswiesen, Niedermoore, Staudenfluren im Bergland, Quellbereiche.
Verbreitung: M.- und NO-EU; in D ausschließlich östlich des Rheins, zunehmend seltener. **RL**
Wissenswertes: Zwischen den Kron- und den Staubblättern befinden sich schmale, linealische Nektarblätter.

Stinkende Nieswurz *Helleborus foetidus*

F. HAHNENFUSSGEWÄCHSE

Merkmale: Mehrjährig, wintergrün, 20-80 cm hoch; Blätter dunkelgrün, gestielt, handförmig geteilt mit 7-11 gezähnten Abschnitten; Blüten 1-2 cm lang, hellgrün, vorn rot umrandet, unangenehm riechend, glockig, nickend, zu mehreren in lockerer, einseitswendiger Rispe, Blütezeit II-V.
Standort: Trockene, steinige Hänge, Gebüsche, lichte Wälder, überwiegend auf kalkhaltigem Untergrund. Halbschattenpflanze.
Verbreitung: W- und SW-EU, in D an der O-Grenze seiner Verbreitung, nach N zunehmend seltener; gelegentlich als Zierpflanze verwendet.
Wissenswertes: Die in allen Teilen leicht giftige Pflanze ist nur zur Blütezeit auffällig.

Grüne Nieswurz *Helleborus viridis*

FAMILIE HAHNENFUSSGEWÄCHSE

Merkmale: Mehrjährig, bis zu 60 cm hoch, Stängel bis zum Blütenstand unbeblättert; Blätter sommergrün, handförmig geteilt, mit gesägten Abschnitten; Blüten hell- bis gelbgrün, ohne rötliche Umrandung, flach ausgebreitet, ohne unangenehmen Geruch, Blütezeit III-IV.
Standort: Tiefgründige, humusreiche, kalkhaltige Böden in Wäldern und Gebüschen.
Verbreitung: Südliches (M.-)EU; in D vom Tiefland bis in Gebirgsregionen, in den Alpen bis in etwa 1000 m Höhe.
Wissenswertes: Die leicht giftige G.N. wurde früher als Heilpflanze kultiviert und ist aus dieser Zeit stellenweise verwildert.

Gewöhnliche Akelei *Aquilegia vulgaris* FAMILIE HAHNENFUSSGEWÄCHSE

Merkmale: Mehrjährig, bis zu 80 cm hoch; Blätter doppelt 3-teilig mit rundlichen Abschnitten; Blüten blauviolett, hängend, bis 5 cm lang, alle 5 Blütenblätter nach hinten zu gekrümmten Spornen verlängert, Blütezeit V-VII. **Standort:** Bergwiesen, Gebüsche, lichte Wälder, trockene Hänge; auch in Gärten.
Verbreitung: In M.-EU weit verbreitet, in Großbritannien und Skandinavien eingebürgert. **§!**

Feld-Rittersporn *Consolida regalis* FAMILIE HAHNENFUSSGEWÄCHSE

Merkmale: Einjährig, 20-50 cm hoch; Blätter mehrfach geteilt mit schmalen Zipfeln; Tragblätter der Blüten kürzer als die Blütenstiele; Blüten rückwärts mit einfachem, etwa 2 cm langem Sporn, Blütezeit V-VIII.
Standort: Nährstoffreiche Getreideäcker, Wegsäume, Trockenplätze, gern auf Kalk.
Verbreitung: In M.-EU weit verbreitet; früher eine vertraute Begleitart in der Feldflur, jedoch durch Herbizide stark zurückgegangen, meist nur noch in Gebieten mit dem Ackerrandstreifen-Schutzprogramm zu sehen. **RL**

Ähriges Christophskraut *Actaea spicata* HAHNENFUSSGEWÄCHSE

Merkmale: Mehrjährig, bis zu 60 cm hoch mit aufrechtem, wenig verzweigtem Stängel; Blätter wechselständig, lang gestielt, doppelt 3-zählig, riechen beim Zerreiben unangenehm; Blüten 4-zählig, klein, weiß, in dichten Trauben, Blütezeit V-VII; Beeren in der Reife glänzend schwarz, schwach giftig.
Standort: Schattige Schlucht- und Hangwälder.
Verbreitung: M.- und S-EU; in D im Mittelgebirge und in den Alpen.

Akeleiblättrige Wiesenraute *Thalictrum aquilegifolium* HAHNENF.G.

Merkmale: Mehrjährig, bis zu 120 cm hoch mit aufrechtem, verzweigtem Stängel; Blätter wechselständig, gestielt, mehrfach gefiedert; Blüten in endständigen Rispen, Kronblätter fallen frühzeitig ab, Bestäuber werden von den keulig verdickten, hellvioletten Staubblättern angelockt, Blütezeit V-VII.
Standort: Auenwälder, Hochstaudenfluren der Gebirge, Gebüsche, überwiegend auf Kalkböden.
Verbreitung: Südliches und östliches M.-EU.

Gelbe Wiesenraute *Thalictrum flavum* F. HAHNENFUSSGEWÄCHSE

Merkmale: Mehrjährig, bis zu 120 cm hoch, mit aufrechtem, verzweigtem Stängel; Blätter mehrfach gefiedert; Blüten zahlreich in endständigen Rispen mit kopfigen Büscheln, Staubblätter hellgelb, nicht keulig verdickt, wohlriechend, Blütezeit VI-VIII.
Standort: Moorwiesen, Gräben, Auengebüsche, typische Stromtalpflanze, die auf nassen Böden wächst.
Verbreitung: In EU weit verbreitet; in D selten und fast nur in den großen Flusstälern.

Kleine Wiesenraute *Thalictrum minus* F. HAHNENFUSSGEWÄCHSE

Merkmale: Mehrjährig, bis zu 130 cm hoch, mit aufrechtem, ästigem Stängel; Blätter mehrfach gefiedert mit rundlichen bis keilförmigen Abschnitten, bläulich grün bereift; Blüten hellgelb, zahlreich in lockeren Rispen mit abstehenden Ästen, Blütezeit V-VI.
Standort: Sonnige Gebüsche, Waldränder, in lichten Eichenbeständen, meist auf Kalk.
Verbreitung: Im südlichen M.-EU sowie in S-EU; in D ziemlich selten. **RL**

Leberblümchen *Hepatica nobilis* FAMILIE HAHNENFUSSGEWÄCHSE

Merkmale: Mehrjährig, 10-15 cm hoch (ohne Stängel); Blätter grundständig, 3-lappig, erscheinen nach den Blüten, mitunter wintergrün; Blüten einzeln auf langen Stielen, 3 kelchartige Hochblätter, 6-10 blaue, selten rosa oder weiße Kronblätter, Blütezeit III-IV.
Standort: Gebüsche, Laubwälder, auf Kalk.
Verbreitung: M.-EU; in D westlich des Rheins fehlend; ferner O-Asien und N-Amerika.

Winterling *Eranthis hyemalis* FAMILIE HAHNENFUSSGEWÄCHSE

Merkmale: Mehrjährige Pflanze, 5-15 cm hoch; grundständige Blätter meist erst nach der Blüte erscheinend, 5- bis 7-teilig, rundlich, außerdem 3 handförmig geteilte Stängelblätter, die dicht unterhalb der Blüte einen Quirl bilden; Blüte becherförmig, 2-4 cm breit, mit gestielten, röhrigen Nektarblättern zwischen den kräftig gelben Blütenhüllblättern und den zahlreichen Staubblättern, Blütezeit II-III.
Standort: Gebüsche, Obstwiesen, Wälder.
Verbreitung: Stammt ursprünglich aus S-EU, insbesondere SO-EU; in D meist nur in Parks und Gärten oder – selten – verwildert anzutreffen.

Gewöhnliche Küchenschelle *Pulsatilla vulgaris* HAHNENFUSSGEW.

Merkmale: Mehrjährig, 5-40 cm hoch; Blätter nach der Blüte erscheinend, mehrfach gefiedert mit schmalen, etwa 4 mm breiten Abschnitten, anfangs seidig behaart, später kahl; Blüten glockenförmig, aufrecht, 4-6 cm lang gestielt, blauviolett, Blütenblätter länger als die Staubblätter, Blütezeit III-IV; Nussfrüchte mit langem Federschweif, der sowohl der Verbreitung durch den Wind wie auch durch Tiere dient.
Standort: Magerrasen, Trockenwiesen, lichte Gebüsche, Kiefernwälder, meist auf Kalkböden.
Verbreitung: In M.-EU weit verbreitet, insgesamt jedoch selten, wo sie auftritt aber gesellig, durch Rückgang offener Schafweiden gefährdet. **RL §!**

Busch-Windröschen *Anemone nemorosa* F. HAHNENFUSSGEWÄCHSE

Merkmale: Mehrjährig, 5-20 cm hoch; grundständige Blätter gestielt, handförmig geteilt, Stängel mit 3-zähligem Hochblattquirl; Blüten einzeln, 2-4 cm breit, reinweiß oder hellrosa, mit 6 (-8) Kronblättern, Blütezeit II-IV.
Standort: Humusreiche Laubwälder, Gebüsche, Auen, Bergwiesen.
Verbreitung: In EU weit verbreitet, im S nur im Gebirge; in D häufig, stellenweise sogar massenhaft.

Gelbes Windröschen *Anemone ranunculoides* HAHNENFUSSGEW.

Merkmale: Mehrjährig, 10-20 cm hoch; grundständige Blätter erst nach der Blüte erscheinend, Stängelblätter zu 3 quirlständig, tief 3-teilig mit grob gezähnten Abschnitten; Blüten zu 1-2 gleich oberhalb des Blattquirls, Blütezeit III-V.
Standort: Auenwälder, feuchte Gebüsche, tiefgründig humusreiche Laubwälder.
Verbreitung: In M.-EU weit verbreitet, im S jedoch nur im Gebirge; in D ziemlich selten.

Scharbockskraut *Ranunculus ficaria* FAMILIE HAHNENFUSSGEWÄCHSE

Merkmale: Mehrjährig, 5-15 cm hoch, mit liegendem Stängel; Blätter gestielt, herzförmig, gekerbt, glänzend dunkelgrün; Blüten 3-5 cm breit, mit 3 kelchartigen Hüllblättern und 8-12 kronblattartigen Nektarblättern, Blütezeit III-V; oft steril, vermehrt sich durch Brutknospen in den Blattachseln.
Standort: Auenwälder, Feuchtwiesen, Bachufer, Gräben, Obstgärten und Hecken.
Verbreitung: Überall in EU häufig; in D vom Tiefland bis ins Gebirge, in den Alpen bis 1400 m Höhe.

Scharfer Hahnenfuß *Ranunculus acris* F. HAHNENFUSSGEWÄCHSE

Merkmale: Mehrjährig, 30-120 cm hoch; Grundblätter lang gestielt, 3- bis 7-teilig tief gespalten, Stängelblätter sitzend, einfacher; Blüten goldgelb, auf runden Stielen in lockerer Rispe, Blütezeit V-VII (X).
Standort: Nährstoffreiche Wiesen (Düngungsanzeiger) sowie Gebüsche und Wegränder.
Verbreitung: In EU weit verbreitet; in D beinahe überall sehr häufig.

Kriechender Hahnenfuß *Ranunculus repens* HAHNENFUSSGEW.

Merkmale: Mehrjährig, 15-40 cm hoch, mit langen Ausläufern; Grundblätter 3-zählig mit lang gestieltem Endabschnitt; Blüten goldgelb, glänzend, auf langen, gefurchten Stielen, Blütezeit V-VIII.
Standort: Äcker, Brachen, Gartenland, Wegränder; Anzeiger für Lehmböden und Bodenverdichtung.
Verbreitung: In den gemäßigten Breiten durch Verschleppung heute weltweit häufig.

Brennender Hahnenfuß *Ranunculus flammula* HAHNENFUSSG.

Merkmale: Mehrjährige Pflanze, 20-30 cm hoch, mit liegenden oder aufsteigenden Stängeln; grundständige Blätter lanzettlich, in den Blattstiel verschmälert, Stängelblätter sitzend, schmal; Blüten bis 1,5 cm breit, einzeln oder in lockerer Rispe, Blütezeit V-IX. Giftig.
Standort: Ufer, Niedermoore, Sumpfwiesen, Röhrichte; durchwegs auf nährstoffreichen, kalkarmen Böden.
Verbreitung: In D wie in ganz EU weit verbreitet.

Gold-Hahnenfuß *Ranunculus auricomus* F. HAHNENFUSSGEWÄCHSE

Merkmale: Mehrjährige, formenreiche Pflanze, 30-50 cm, meist kahl, grundständige Blätter lang gestielt, wenig geteilt, rundlich nierenförmig, Stängelblätter schmal; Blüten zu wenigen in lockeren Rispen auf runden, behaarten Stielen, kronblattartige Nektarblätter, die frühzeitig abfallen, Blütezeit III-V.
Standort: Auenwälder, lichte Laubwälder, Bergwiesen, Parks und Gärten.
Verbreitung: In D wie in ganz EU weit verbreitet.

Wasser-Hahnenfuß *Ranunculus aquatilis* HAHNENFUSSGEWÄCHSE

Merkmale: Mehrjährige, formenreiche Pflanze, deren flutende Stängel bis zu 2 m Länge erreichen; zweierlei Blätter: Schwimmblätter (Zeichnung) 3-teilig, Wasserblätter in dünne Zipfel zerteilt; Blüten einzeln in den oberen Blattachseln, bis zu 1,5 cm breit und bis 3 cm lang gestielt, weiße, kronblattartige Nektarblätter mit gelbem Saftmal, Blütezeit V-VIII.
Standort: Schwimmblattpflanzengürtel stehender oder träge fließender Gewässer.
Verbreitung: In ganz EU mit Ausnahme des N.

Flutender Hahnenfuß *Ranunculus fluitans* F. HAHNENFUSSGEWÄCHSE

Merkmale: Mehrjährig, mit flutenden Stängeln, die bis zu 5 m lang werden können; Blätter alle untergetaucht, mehrfach zipfelig geteilt, die fadenartig dünnen Endabschnitte bis zu 10 cm lang; Blüten etwa 2 cm breit, mit 5-12 weißen, am Grund gelben Nektarblättern, Blütezeit VI-VIII.
Standort: Kühle, nicht allzu schnell fließende Bäche und Flüsse; vorwiegend mit kiesigem Grund, selten auch in Schlammfluren.
Verbreitung: In M.- und W-EU ziemlich häufig.

Schöllkraut *Chelidonium majus*

FAMILIE MOHNGEWÄCHSE

Merkmale: Mehrjährig, 30-70 cm hoch, mit behaarten, verzweigten Stängeln; Blätter wechselständig, ungleich gelappt bis gefiedert, unterseits bläulich; Blüten zu 2-6 in lockeren Dolden, bis zu 2 cm breit, 4-zählig, Kelchblätter behaart, Narbe 2-lappig, Blütezeit V-IX; Frucht eine dünne, bis zu 5 cm lange Kapsel, Samen schwarz mit weißem, ölhaltigem Anhängsel zur Verbreitung durch Ameisen; alle Pflanzenteile mit gelbem Milchsaft.
Standort: Nährstoffreiche Böden, Gebüsche, Hecken, Wegränder, Gärten, Mauern.
Verbreitung: Fast überall in EU häufig.

Sand-Mohn *Papaver argemone*

FAMILIE MOHNGEWÄCHSE

Kapsel

Merkmale: Einjährig, 10-40 cm hoch, mit anliegend borstig behaartem Stängel; Blätter wechselständig, mehrfach fiedrig geteilt; Blüten lang gestielt, bis zu 5 cm breit, Kronblätter dunkelrot, vergleichsweise schmal, sodass sie sich meist nicht berühren, Pollensäcke nach oben keulig verdickt, Blütezeit V-VII; Samenkapsel viel länger als breit, borstig behaart, deutlich gerippt.
Standort: Wegränder, Getreide- und Hackfruchtäcker, Brachland.
Verbreitung: Ursprünglich im Mittelmeergebiet; in D regional verbreitet bis selten.

Schlaf-Mohn *Papaver somniferum*

FAMILIE MOHNGEWÄCHSE

Kapsel

Merkmale: Einjährige Pflanze, 40-120 cm hoch, meist kahl, mit ästigem, aufrechtem Stängel; Blätter bis zu 12 cm lang, buchtig bis tief eingeschnitten, bläulich bereift; Blüten bis zu 10 cm breit, violett, rosa oder weiß gefärbt, Blütezeit VI-VIII; Kapsel kugelig bis eiförmig, bis zu 5 cm lang. Alle Pflanzenteile giftig.
Standort: An Wegrändern und auf Brachland, meist aus dem Anbau (Ölpflanze) verwildert.
Verbreitung: Stammt vermutlich aus dem Mittelmeerraum; in D gelegentlich in Gärten.

Klatsch-Mohn *Papaver rhoeas*

FAMILIE MOHNGEWÄCHSE

Kapsel

Merkmale: Einjährig, 30-80 cm hoch, mit aufrechtem, ästigem, borstig und abstehend behaartem Stängel; Blätter wechselständig, fiederteilig bis gefiedert; Blüten endständig, bis zu 8 cm breit, feuerrot, am Grund oft mit dunklen Flecken, Kelchblätter fallen frühzeitig ab, Blütezeit V-VII; Frucht eine breit eiförmige Kapsel (Zeichnung).
Standort: Wegränder, Gärten, Ackerland, Schuttstellen; vorzugsweise auf nährstoffreichen Böden.
Verbreitung: S- und M.-EU; in D häufig.

Bastard-Mohn *Papaver hybridum*

FAMILIE MOHNGEWÄCHSE

Kapsel

Merkmale: Einjährig, 20-60 cm hoch, mit ästigem, abstehend steif behaartem Stängel; Blätter mehrfach fiederteilig; Blüten 2,5-4,5 cm breit, ziegel- bis weinrot, im Zentrum mit schwarzem Fleck, auf anliegend behaarten Stielen, Staubbeutel bläulich, Pollensäcke nach oben nicht verdickt, Blütezeit V-VII; Kapsel eiförmig rundlich, dicht mit gelblichen Borsten besetzt.
Standort: Sandige Getreideäcker, Brachland, Schuttstellen, Wegränder.
Verbreitung: M.- und S-EU; in D durch Saatgutreinigung und Herbizideinsatz relativ selten geworden.

Gelber Hornmohn *Glaucium flavum*

FAMILIE MOHNGEWÄCHSE

Merkmale: Zweijährig, bis 80 cm hoch, mit aufrechtem, ästigem Stängel; Blätter dicklich, grundständige bis zu 30 cm lang, fiederteilig, am Stängel kleiner mit umfassendem Grund, bläulich, alle Teile mit gelbem Milchsaft; Blüten bis zu 6 cm breit, Blütezeit VI-VII; Kapsel bis zu 25 cm lang.
Standort: Küstennahe Dünen, Kiesstrände, obere Spülsäume, auch Schuttplätze und Wegränder.
Verbreitung: Küstengebiete in W- und S-EU; anderswo gelegentlich eingebürgert oder verwildert.

Hohler Lerchensporn *Corydalis cava* FAMILIE ERDRAUCHGEWÄCHSE

Merkmale: Mehrjährig, bis 20 cm hoch; Blätter doppelt 3-zählig, kahl, bläulich grün; Blüten zu 10-20 in einer aufrechten Traube, Kronen purpurn, häufig auch weiß, seltener gelblich, Hochblätter zwischen den Blüten ungeteilt, Blütezeit III-V.
Standort: Humusreiche Laubwälder und Auen.
Verbreitung: In M.- und S-EU weit verbreitet, im nordwestlichen D selten, nach S zu häufiger.

Gefingerter Lerchensporn *Corydalis solida* ERDRAUCHGEWÄCHSE

Merkmale: Mehrjährig, 15-30 cm hoch; Blätter ähnlich wie beim Hohlen Lerchensporn; Blüten in aufrechter Traube, Kronen kräftig purpurn, selten hellrot oder weiß, mit geradem Sporn, Hochblätter zwischen den Blüten fingerförmig geteilt, Blütezeit III-V.
Standort: Gebüsche, Hecken, Auenwälder.
Verbreitung: In M.-EU weit verbreitet, in N-EU meist nur eingebürgert.

Gelber Lerchensporn *Pseudofumaria lutea* F. ERDRAUCHGEWÄCHSE

Merkmale: Mehrjährige Pflanze, 10-30 cm hoch mit verzweigtem Stängel und ohne unterirdische Knolle; Blätter 2- bis 3-fach gefiedert, grasgrün, kahl; Blüten zu je 8-15 in end- und seitenständigen Trauben, Kronen goldgelb, Blütezeit V-IX.
Standort: Kalkhaltige, sickerfrische Böden, auch Mauerspalten, Ruinen und Säume.
Verbreitung: Aus S-EU stammende Zierpflanze, in D in wintermilden Gebieten verwildert.

Gewöhnlicher Erdrauch *Fumaria officinalis* ERDRAUCHGEW.

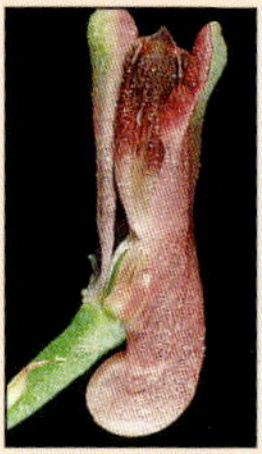

Merkmale: Einjährig, 10-30 cm, mit ästigem, dünnem, oft ausgebreitetem Stängel; Blätter doppelt gefiedert, kahl, beidseits bläulich grün; Blüten zu 20-40 in aufrechten Trauben, Kronen dunkelrot mit grünem Kiel, gespornt, 6-8 mm lang, Blütezeit IV-X. Schwach giftig.
Standort: Nährstoffreiche, lehmige Böden, Hackfruchtäcker, Gärten, Wegsäume, Schuttstellen.
Verbreitung: In EU mit Ausnahme des hohen N weit verbreitet; in D überall häufig.

Gewöhnliche Osterluzei *Aristolochia clematitis* OSTERLUZEIGEW.

Merkmale: Mehrjährig, 30-80 cm hoch, unverzweigt; Blätter wechselständig, lang gestielt, herzförmig; Blüten zu mehreren in den Blattachseln, Krone hellgelb, 3-5 cm lang, tütenförmig, an der Basis bauchig, Blütezeit V-VI.
Standort: Auen, Gebüsche, Weinberge, Mauern.
Verbreitung: Stammt aus dem Mittelmeerraum; in D in den Weinbauregionen verwildert.
Wissenswertes: Die röhrige Blüte ist innen sehr glatt und mit einer Art Reuse aus Haaren versehen. Sie stellt eine Kesselfalle dar für Pollen transportierende Fliegen. Nach der Bestäubung der Narbe welkt die Blüte rasch, sodass die Besucher wieder freikommen.

Haselwurz *Asarum europaeum* FAMILIE OSTERLUZEIGEWÄCHSE

Merkmale: Mehrjährige Pflanze, 5-10 cm hoch, mit dickem, kriechendem, behaartem Stängel; Blätter rundlich nierenförmig, oberseits glänzend, wintergrün; Blüten einzeln, oft dem Boden aufliegend, Kronen urnenförmig, außen bräunlich, innen purpurn gefärbt, Kelch 3-zipfelig, Blütezeit III-V.
Standort: Laub- und Mischwälder, Auen, vorzugsweise auf Kalkböden.
Verbreitung: In M.- und O-EU weit verbreitet; fehlt in D nur westlich des Rheins.

Gewöhnlicher Hopfen *Humulus lupulus*

FAMILIE HANFGEWÄCHSE

Merkmale: Mehrjährige, bis zu 6 m hohe Kletterpflanze (Rechtswinder); Blätter 3- bis 5-teilig gelappt, rau; zweihäusig, ♂ Blüten unscheinbar, in 5-10 cm langen Rispen in den Blattachseln, ♀ Blüten in lang gestielten, hellgrünen, 2-3 cm langen, zapfenähnlichen Scheinähren (»Hopfendolden«), Blütezeit VII-VIII.
Standort: Bevorzugt nährstoffreiche, sickerfeuchte, lockere Böden in Auwäldern und Ufergebüschen.
Verbreitung: In EU weit verbreitet, in D vor allem in den großen Flusstälern; regional auch in Stangenkulturen angebaut (nur ♀ Pflanzen).
Wissenswertes: Auf der Innenseite der Tragblätter der ♀ Blütenstände befinden sich Harzdrüsen, welche die Hopfenbitterstoffe bilden. Die Fruchtstände oder deren Extrakte dienen seit dem Mittelalter zur geschmacklichen Abrundung des Biers.

Hanf *Cannabis sativa*

FAMILIE HANFGEWÄCHSE

Merkmale: Einjährig, 50-220 cm hoch, mit aufrechtem, kurzhaarigem Stängel; Blätter gegenständig, untere lang gestielt, obere sitzend, fingerförmig geteilt mit lanzettlichen, gesägten Abschnitten; zweihäusig, Blüten unscheinbar, ♂ in endständigen Rispen, ♀ in dichten Scheinähren, Blütezeit VII-VIII.
Standort: Äcker, Schuttstellen, Brachland.
Verbreitung: Stammt aus Asien, in D wieder zunehmend als Kulturpflanze oder gelegentlich unbeständig verwildert.
Wissenswertes: Hanf ist eine technisch vielseitig verwendbare Pflanze, die wegen Missbrauchs als Rauschdroge zu Unrecht in Verruf geraten ist. Zum Anbau zugelassen sind in D nur nahezu rauschgiftfreie Sorten, die entweder zur Öl- oder zur Fasergewinnung genutzt werden.

Große Brennnessel *Urtica dioica*

FAMILIE BRENNNESSELGEWÄCHSE

Merkmale: Mehrjährig, 30-200 cm hoch, mit aufrechtem, unverzweigtem, 4-kantigem, faserigem Stängel; Blätter gegenständig, länglich oval, grob gesägt, wie der Stängel mit langen Brennhaaren besetzt; Pflanze zweihäusig, Blüten unscheinbar, grünlich, zahlreich in hellgrünen, aus den Blattachseln herabhängenden Rispen, Pollen werden aus explodierenden Staubbeuteln in kleinen Wolken freigesetzt, Blütezeit VI-X.
Standort: Wegränder, Brachland, Hecken, Schuttstellen, Wälder. Stickstoff-Zeigerpflanze.
Verbreitung: Überall in EU sehr häufig, in gemäßigten Breiten heute weltweit. Wildgemüse-, Heil- und Nutzpflanze (Nesseltuch).

Ähnlich: **Kleine Brennnessel** *Urtica urens*, einjährig, Blätter elliptisch bis eiförmig, mit Brennhaaren; einhäusig, Blütenstände bis 2 cm lang.

Aufrechtes Glaskraut *Parietaria officinalis*

BRENNNESSELGEW.

Merkmale: Mehrjährig, bis 90 cm hoch, mit aufrechtem, einfachem oder wenig verzweigtem Stängel; Blätter wechselständig, gestielt, glattrandig, eiförmig rundlich, vorn spitz, 3-12 cm lang, oberseits dunkelgrün, ohne Brennhaare, meist kahl; Blüten eingeschlechtig ♀ oder zwittrig, unscheinbar grünlich rot getönt, zu kugeligen Büscheln zusammengefasst, Blütezeit VI-X.
Standort: Sonnige, aber sickerfeuchte, humus- und nährstoffreiche Mauerfugen und Mauerfüße, Auenwälder, Flussufer im Siedlungsraum.
Verbreitung: In S- und SW-EU beheimatet, in D in den Wärmegebieten seit langem eingebürgert, im unteren Neckar-, Mittelrhein- und Moseltal stellenweise häufig, sonst ziemlich selten.
Wissenswertes: Das A.G. ist vermutlich ein Alteinwanderer aus der Römerzeit, könnte aber auch aus Gartenkultur verwildert sein.

Niederliegendes Mastkraut
Sagina procumbens NELKENGEWÄCHSE

Merkmale: Mehrjährig, mit liegendem, verzweigtem, 1-5 cm langem Stängel; Blätter gegenständig, bis 1,5 cm lang und um 1 mm breit, schmal linealisch, kahl; Blüten um 2 mm breit, 4- oder 5-zählig, Kelchblätter größer als die Kronblätter, Blütezeit V-X.
Standort: Nährstoffreiche, kalkarme Böden von Pflasterfugen, Äckern, Wegen und Gärten.
Verbreitung: In M.- und S-EU häufig.

Quendelblättriges Sandkraut
Arenaria serpyllifolia NELKENGEWÄCHSE

Merkmale: Ein- bis zweijährige, stark verzweigte, bis zu 20 cm hohe Pflanze; Blätter gegenständig, sitzend, eiförmig, spitz, höchstens 1 cm lang, am Rand gewimpert; Blüten 5-zählig, 6-8 mm breit, mit schmalen, weißen Kronblättern, Blütezeit V-IX.
Standort: Sandige, steinige Böden, Dämme, Gleiskörper, Wege, Plätze und Binnendünen.
Verbreitung: In D wie in ganz EU weit verbreitet.

Vogel-Sternmiere *Stellaria media*
FAMILIE NELKENGEWÄCHSE

Merkmale: Einjährig, Stängel 10-30 cm lang, liegend, verzweigt, zwischen den Blattknoten mit einzelner Haarleiste; Blätter eiförmig, spitz, kurz gestielt bis sitzend; Blüten 4-7 mm breit, Kronblätter weiß, tief 2-spaltig, so lang wie die Kelchblätter, Blütezeit I-XII.
Standort: Nährstoffreiche Böden von Hackfruchtäckern, Gärten, Parkrasen und Rebfluren.
Verbreitung: Die auch als Vogelmiere bekannte Pflanze ist fast überall in EU sehr häufig.

Große Sternmiere *Stellaria holostea*
FAMILIE NELKENGEWÄCHSE

Merkmale: Mehrjährig, 10-40 cm hoch, mit 4-kantigem, ästigem Stängel; Blätter gegenständig, starr, 3-7 cm lang, schmal lanzettlich; Blüten bis 2 cm breit, lang gestielt zu 6-15 in einem mehrfach gabelteiligen Blütenstand, Kronblätter weiß, tief 2-spaltig, Blütezeit IV-VI.
Standort: Sandig-lehmige, mäßig saure Böden in Laub- und Mischwäldern, auf Waldlichtungen, in Gebüschen.
Verbreitung: Überall in EU häufig.

Hain-Sternmiere *Stellaria nemorum*
FAMILIE NELKENGEWÄCHSE

Merkmale: Mehrjährig, etwa 20-50 cm hoch, mit aufrechtem, ringsum behaartem Stängel und Ausläufern; Blätter gegenständig, länglich herzförmig, am Rand bewimpert; Blüten 1-2 cm breit, zu wenigen an den Stängelenden, Kronblätter tief eingeschnitten, 3 Narben, Blütezeit V-IX.
Standort: Feuchte, schattige Hangwälder.
Verbreitung: In EU weit verbreitet, aber weniger häufig als die Große Sternmiere.

Acker-Hornkraut *Cerastium arvense*
FAMLIE NELKENGEWÄCHSE

Merkmale: Mehrjährige, an den Knoten wurzelnde Pflanze mit aufrechten, bis zu 30 cm hohen Blütentrieben und kürzeren sterilen Sprossen, dicht kurzhaarig; Blätter länglich, grün, in den Achseln nicht selten mit ganzen Blattbüscheln; Blüten bis zu 2 cm breit, zu 5-15 in einem gabeligen Blütenstand beieinander stehend, Kronblätter weiß, zu 1/4 eingekerbt, Blütezeit IV-IX.
Standort: Äcker, Wegränder, Trockenwiesen, Dünen, Dämme und Mauern.
Verbreitung: In EU fast überall häufig.

Gewöhnliches Seifenkraut
Saponaria officinalis NELKENGEWÄCHSE

Merkmale: Mehrjährige, kräftige Pflanze mit liegenden bis aufrechten Stängeln, bis 60 cm hoch; Blätter gegenständig, lanzettlich bis breit elliptisch, 5-10 cm lang; Blüten zahlreich in endständigen Büscheln, bis 3 cm breit, Kronblätter weißlich oder rosa, Blütezeit VII-IX.
Standort: Brachland, Wegränder, Flussauen, Ufer, Kiesbänke.
Verbreitung: In M.- und S-EU weit verbreitet.

Kuckucks-Lichtnelke *Lychnis flos-cuculi*
FAMILIE NELKENGEWÄCHSE

Merkmale: Mehrjährig, etwa 30-80 cm hoch, mit aufrechtem, verzweigtem Stängel; grundständige Blätter spatelförmig, Stängelblätter linealisch; Blüten bis zu 4 cm breit, Kelch rötlich, Kronblätter fleischfarben, tief 4-spaltig, Blütezeit IV-VI.
Standort: Wiesen, Waldränder, Gräben, fehlt zumeist in den Kalkgebieten.
Verbreitung: In ganz EU mit Ausnahme des S.

Weiße Lichtnelke *Silene latifolia*
FAMILIE NELKENGEWÄCHSE

Merkmale: Mehrjährige, bis zu 100 cm hohe Pflanze mit aufrechtem, verzweigtem Stängel; Blätter breit lanzettlich; zweihäusig, Blüten bis zu 2 cm breit, weiß oder leicht rosa, öffnen sich erst abends, werden von Nachtfaltern bestäubt (Pflanze daher auch Nachtnelke genannt), Blütezeit VI-IX.
Standort: Äcker, Wegränder, Gebüsche, Säume, auf mäßig trockenen Böden.
Verbreitung: In EU weit verbreitet und häufig.

Gewöhnliche Lichtnelke
Silene vulgaris FAM. NELKENGEWÄCHSE

Merkmale: Mehrjährige, bis zu 50 cm hohe Pflanze mit aufrechtem, nicht klebrigem Stängel; Blätter bläulich grün, kahl, länglich eiförmig bis lanzettlich; Blüten mit stark aufgeblasenem, netzadrigem, rötlichem Kelch (daher auch Taubenkropf-Leimkraut oder Aufgeblasenes Leimkraut genannt), Kronblätter weiß, tief 2-spaltig, Blütezeit VI-VIII.
Standort: Trockenrasen, Felsen, Böschungen, Gebüsche und Wegränder.
Verbreitung: Nahezu überall in EU anzutreffen.

Rote Lichtnelke *Silene dioica*
FAMILIE NELKENGEWÄCHSE

Merkmale: Mehrjährig, bis zu 100 cm hoch, mit aufrechtem Stängel; Blätter gegenständig, schmal eiförmig, behaart; zweihäusig, Blüten bis zu 2,5 cm breit, in gabeligem, endständigem Blütenstand, Kronen rot oder rosa, mit weißer Nebenkrone, Blütezeit IV-IX.
Standort: Gebüsche, Waldränder, Wiesen und Ufer.
Verbreitung: In EU fast überall häufig, fehlt im SO.
Wissenswertes: Anders als die weiß blühenden Arten ist die R.L. ein Tagblüher und wird nicht von Nachtfaltern, sondern von Hautflüglern bestäubt.

Nickende Lichtnelke *Silene nutans*
FAMILIE NELKENGEWÄCHSE

Merkmale: Mehrjährig, bis zu 50 cm hoch, mit unverzweigtem, meist klebrig behaartem Stängel; Grundblätter spatelig, Stängelblätter lanzettlich; Blüten nickend, vor dem Aufblühen in einseitig überhängendem Blütenstand, Kronblätter weiß oder hellrosa, schmal, tief 2-spaltig, Blütezeit VI-VIII.
Standort: Trockene Magerrasen, Felsfluren, lichte Eichenwälder, vor allem auf kalkhaltigen Böden.
Verbreitung: In EU weit verbreitet; in D vor allem im S häufiger, auch in den Alpen.
Wissenswertes: Wegen des klebrigen Stängels wird die Pflanze auch Nickendes Leimkraut genannt. Ihre Blüten öffnen sich erst abends und beginnen dann intensiv zu duften.

Korn-Rade *Agrostemma githago*
FAMILIE NELKENGEWÄCHSE

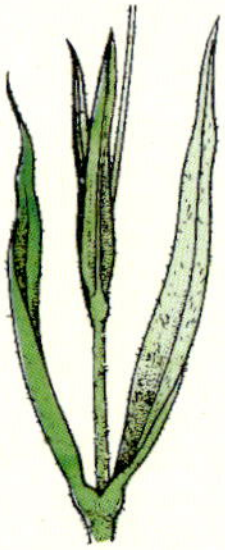

Merkmale: Einjährig, bis 100 cm hoch, Stängel locker verzweigt; Blätter gegenständig, linealisch-lanzettlich, grau behaart; Blüten einzeln, lang gestielt, bis 4 cm breit, Kronblätter purpurrot, von Zipfeln der Kelchblätter überragt, Blütezeit VI-IX.
Standort: Getreideäcker, Brachland, Wegränder, Säume.
Verbreitung: Früher in Äckern häufig, durch Herbizideinsatz stark zurückgedrängt.

Kartäuser-Nelke *Dianthus carthusianorum*
FAMILIE NELKENGEWÄCHSE

Merkmale: Mehrjährig, bis 50 cm hoch, Stängel dünn, kahl; Blätter an der Basis scheidig verwachsen; Blüten bis 2,5 cm breit und 2-3 cm lang, zu 5-10 in endständigen Büscheln, umgeben von schuppenartigen Hochblättern, Kronblätter am Rand gezähnt, Blütezeit VI-IX.
Standort: Trockengebüsche, Halbtrockenrasen, Böschungen.
Verbreitung: In M.-EU weit verbreitet.

Heide-Nelke *Dianthus deltoides*
FAMILIE NELKENGEWÄCHSE

Merkmale: Mehrjährige, bis zu 40 cm hohe Pflanze mit verzweigtem, kurz behaartem Stängel; Blätter am Rand rau; Blüten lang gestielt, bis zu 1,8 cm breit, Außenkelch aus 2 bräunlichen Schuppen, Kronblätter purpurrot, vorn gezähnt, mit weißen Flecken, Blütezeit VI-IX.
Standort: Trockenwiesen, Magerrasen, Heiden, auf Sandböden.
Verbreitung: In EU verbreitet, in D jedoch meist zerstreut bis selten.

Raue Nelke, Büschel-Nelke
Dianthus armeria NELKENGEWÄCHSE

Merkmale: Zweijährige, bis zu 60 cm hohe, verzweigte Pflanze; Blätter schmal lanzettlich, ebenso wie Stängel rau behaart; Blüten bis 1 cm breit, zu 2-10 kurz gestielt in endständigen Büscheln, Kronblätter purpurn, dunkler gepunktet, Blütezeit VI-VII.
Standort: Waldsäume, Trockengebüsche, Magerrasen; meidet Kalkböden.
Verbreitung: In M.- und S-EU, insbesondere in den Mittelgebirgen; fehlt im NW von D.

Pracht-Nelke *Dianthus superbus*
FAMILIE NELKENGEWÄCHSE

Merkmale: Mehrjährige, bis 60 cm hohe Pflanze mit wenig verzweigtem, aufrechtem Stängel; Blätter gegenständig, linealisch-lanzettlich, frischgrün, kahl; Blüten bis zu 6 cm breit, Kronblätter rosa bis hellviolett, bis über die Mitte in lauter schmale, unregelmäßige Zipfel zerschlitzt, Blütezeit VI-IX.
Standort: Heiden, Moorwiesen, lichte Wälder, vorzugsweise auf mäßig saurem Boden, im Gebirge bis in 2400 m Höhe.
Verbreitung: In M.-EU zerstreut; fehlt in D nördlich der Mainlinie weitgehend.

Pfingst-Nelke *Dianthus gratianopolitanus*
FAMILIE NELKENGEWÄCHSE

Merkmale: Mehrjährige, in dichten Rasen wachsende Pflanze, bis zu 25 cm hoch; Blätter gegenständig, blaugrün, spitz; Blüten lang gestielt, einzeln, bis 2,5 cm breit, Kronblätter hellpurpurn bis rosa, vorn unregelmäßig gezähnt, Blütezeit VI-VIII.
Standort: Felsgebüsche, Trockenhänge, lichte Kiefernwälder, auf Kalk- und Silikatfels.
Verbreitung: Hauptsächlich M.-EU, jedoch selten; im nordwestlichen D bis zum Ahrtal. **RL**

Weißer Gänsefuß *Chenopodium album* FAM. GÄNSEFUSSGEWÄCHSE

Merkmale: Einjährige, formenreiche, bis zu 2 m hohe, ästig verzweigte Pflanze mit aufrechtem oder aufsteigendem Stängel; Blätter wechselständig, rautenförmig bis lanzettlich, oft buchtig gelappt, bläulich grün, mehlig überlaufen; Blüten unscheinbar weißlich grün, sehr zahlreich in Rispen, Blütezeit VII-IX.
Standort: Äcker, Gärten, Wegränder, Bahndämme, Brachen, Schuttstellen; Stickstoff-Anzeiger.
Verbreitung: In EU nahezu überall häufig.

Strand-Salzmelde *Atriplex portulacoides* F. GÄNSEFUSSGEWÄCHSE

Merkmale: Mehrjährige, bis zu 50 cm hohe Pflanze mit aufsteigenden, am Grund verholzten Stängeln; Blätter silbrig graugrün, dicklich, unten gegen-, weiter oben wechselständig, eiförmig, bis 5 cm lang; Blüten unscheinbar grünlich, eingeschlechtig, zahlreich in knäueligen Trauben, Blütezeit VII-X.
Standort: Salzige Böden, Salzwiesen, Prielränder.
Verbreitung: NW-Europa; in D nur an der Nordsee.

Strand-Melde *Atriplex littoralis*
FAMILIE GÄNSEFUSSGEWÄCHSE

Merkmale: Einjährige, bis zu 70 cm hohe, stark verzweigte Pflanze mit liegenden oder aufsteigenden Stängeln; Blätter anfangs grauschuppig, später kahl, linealisch-lanzettlich, fleischig, fast glattrandig; Blüten unscheinbar, eingeschlechtig, in grünlichen, dichten Knäueln beieinander sitzend, Blütezeit VII-IX; Früchte nur bis zu 1 mm groß, einsamig.
Standort: Spülsäume, salzige Schlickböden.
Verbreitung: An der Nord- und Ostseeküste.

Spieß-Melde *Atriplex prostrata*
FAMILIE GÄNSEFUSSGEWÄCHSE

Merkmale: Einjährige, etwa 30-90 cm hohe Pflanze mit liegendem oder aufrechtem Stängel; Blätter wechselständig, dreieckig spießförmig, glattrandig oder gezähnt; Blüten eingeschlechtig, grünlich, zahlreich in einer knäueligen Ährenrispe, Blütezeit VI-IX.
Standort: Brachland, Schuttstellen, Müllplätze, Gräben, Spülsäume an der Küste; Stickstoff-Anzeiger.
Verbreitung: Fast überall in EU häufig.

Queller *Salicornia europaea*
FAMILIE GÄNSEFUSSGEWÄCHSE

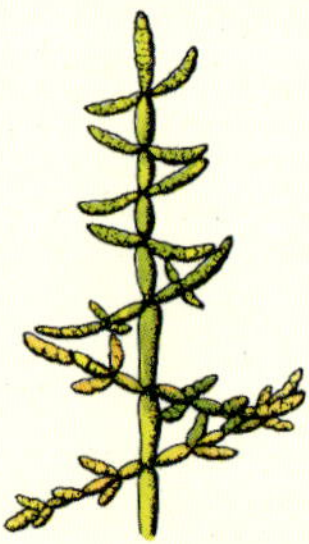

Merkmale: Vielgestaltige, einjährige Pflanze mit verzweigten, liegenden oder aufrechten, dickfleischigen Stängeln, die ab dem Spätsommer prächtig blut- bis karminrot gefärbt sind; Blätter zu kleinen Schuppen reduziert; Blüten unscheinbar und winzig, in kleinen Vertiefungen am Spross versteckt sitzend, Blütezeit VIII-X.
Standort: Stark salzhaltige Schlickböden.
Verbreitung: Meeresküsten von EU, Salzquellen.

Strand-Sode *Suaeda maritima*
FAMILIE GÄNSEFUSSGEWÄCHSE

Merkmale: Einjährige Pflanze mit liegenden oder an den Enden aufsteigenden Stängeln, etwa 10-30 cm hoch; Blätter sitzend, meist wechselständig, linealisch, dickfleischig, 1-4 cm lang, spitz, auf der Oberseite abgeflacht, unten gewölbt, blaugrün; Blüten winzig und unscheinbar, zu wenigen in den Blattachseln, Blütezeit VII-X.
Standort: Salzhaltige Schlickböden.
Verbreitung: Meeresküsten von EU, insbesondere Nord- und Ostseeküste.

Vogel-Knöterich *Polygonum aviculare* FAMILIE KNÖTERICHGEWÄCHSE

Merkmale: Einjährige Pflanze mit 10-50 cm langen, liegenden oder wenig aufgerichteten, dunkel gestreiften Stängeln; Blätter wechselständig, sitzend, elliptisch, 1-3 cm lang, bis 7 mm breit; Blüten zu wenigen in den Blattachseln, rötlich, Blütezeit VI-X.
Standort: Äcker, Gärten, Wege, Schuttstellen, Pflasterfugen; Leitpflanze der sog. Trittvegetation.
Verbreitung: In EU häufig, heute weltweit.

Wiesen-Knöterich *Polygonum bistorta* FAMILIE KNÖTERICHGEWÄCHSE

Blütenstand

Merkmale: Mehrjährig, 50-120 cm hoch, mit aufrechtem Stängel; Grundblätter gestielt, länglich, Stängelblätter sitzend, mit herzförmiger Basis; Blüten zahlreich in walzenförmiger, bis zu 5 cm langer Scheinähre, Kronblätter rötlich weiß, Blütezeit V-VII.
Standort: Bach- u. Grabenränder, Feucht- und Nasswiesen, Niedermoore, Staudenfluren.
Verbreitung: M.-EU, jedoch fast nur im Bergland.

Wasser-Knöterich *Polygonum amphibium* FAM. KNÖTERICHGEWÄCHSE

Merkmale: Mehrjährig, bis 70 cm hoch, im Wasser mit flutendem, an Land mit aufrechtem Stängel; Wasserblätter bis zu 15 cm lang, schmal oval, kahl, Landblätter bis 10 cm, lanzettlich und behaart; Blüten in dichten, aufrechten Scheinähren, Kronen rosa, Blütezeit VI-IX.
Standort: Stehende Gewässer, Nasswiesen, Röhricht.
Verbreitung: Fast überall in EU verbreitet.

Floh-Knöterich *Polygonum persicaria* FAM. KNÖTERICHGEWÄCHSE

Merkmale: Einjährige, bis zu 75 cm hohe Pflanze mit verzweigtem, liegendem oder aufsteigendem Stängel; Blätter mit borstig bewimperter Scheide, lanzettlich, auf der Oberseite oft dunkel gefleckt; Blüten in gestielter Scheinähre, rosa, Blütezeit VII-X.
Standort: Äcker, Gärten, Wegränder, Gräben, Brachland; Stickstoff-Anzeiger.
Verbreitung: Fast überall in EU häufig.

Buchweizen *Fagopyrum esculentum* FAM. KNÖTERICHGEWÄCHSE

Merkmale: Einjährige, bis zu 60 cm hohe Pflanze mit aufrechtem, zumeist rötlichem Stängel; Blätter pfeilförmig mit herzförmiger Basis, Nebenblätter tütenförmig verwachsen; Blüten in Schirmtrauben, nektarreich, Kronen weiß oder rosa, Blütezeit VII-X.
Standort: Äcker, Schuttstellen, Wegränder.
Verbreitung: In M.- und S-EU verbreitet.
Wissenswertes: Die stärkereichen, kantigen Nussfrüchte dieser alten Kulturpflanze sind heute noch in vielen Ländern ein wichtiges Nahrungsmittel.

Japan. Staudenknöterich *Fallopia japonica* KNÖTERICHGEW.

Merkmale: Mehrjährige, bis 3 m hohe Pflanze mit kräftigen, verzweigten, mitunter bogig überhängenden Stängeln; Blätter wechselständig, gestielt, höchstens 20 cm lang, an der Basis gestutzt, vorn spitz, Blattstiele oft rötlich; Blüten weiß, zahlreich in Rispen in den Blattachseln und am Stängelende, Blütezeit VII-IX.
Standort: Waldsäume, Gräben, Ufer, Brachen.
Verbreitung: Stammt aus O-Asien, um 1825 als Zier- und Bienenpflanze sowie zur Wildäsung bei uns eingeführt, breitet sich seit 1950 stark aus.

Knäuel-Ampfer *Rumex conglomeratus* FAMILIE KNÖTERICHGEWÄCHSE

Merkmale: Mehrjährig, bis zu 80 cm hoch, mit aufrechtem, verzweigtem Stängel; Blätter länglich oval, Grundblätter gestielt, bis zu 25 cm lang, obere Stängelblätter sitzend; Blüten unscheinbar grünlich, in quirlständigen, dichten Knäueln mit jeweils eigenem Tragblatt, Blütezeit VII-IX.

Standort: Waldlichtungen, Wegränder, Gräben, auf stickstoffreichen, frischen Böden.

Verbreitung: In EU weit verbreitet, aber nicht besonders häufig, fehlt im Bergland.

Stumpfblättriger Ampfer *Rumex obtusifolius* KNÖTERICHGEW.

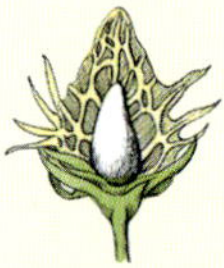

Merkmale: Mehrjährige, bis zu 120 cm hohe Pflanze mit aufrechtem Stängel; Blätter an der Basis herzförmig und vorn stumpf gerundet, bis zu 40 cm lang; Blütenstand ohne Blätter, Blüten unscheinbar grünlich, Blütenhüllblätter fransig gezähnt (Zeichnung), Blütezeit VI-VIII.

Standort: Brachland, Schuttplätze, Wegränder, vorzugsweise auf stickstoffreichen Böden.

Verbreitung: In EU weit verbreitet und beinahe überall ziemlich häufig.

Wiesen-Sauerampfer *Rumex acetosa* KNÖTERICHGEWÄCHSE

Merkmale: Mehrjährige, bis zu 120 cm hohe Pflanze mit aufrechtem Stängel; Grundblätter gestielt, Stängelblätter sitzend, Spreiten mit abwärts gerichteten Spießecken, Blätter werden als Wildgemüse verwendet, schmecken durch Oxalsäure säuerlich; zweihäusig, Blüten rötlich grün in schlanken Rispen, Blütezeit V-VI.

Standort: Wiesen, Weiden, Brachen, Wegränder, vorzugsweise auf lockeren Lehmböden.

Verbreitung: Überall in EU häufig.

Kleiner Sauerampfer *Rumex acetosella* FAM. KNÖTERICHGEWÄCHSE

Merkmale: Mehrjährige, bis zu 30 cm hohe Pflanze mit aufrechtem, wenig verzweigtem Stängel; Blätter schmal lanzettlich mit meist aufwärts gebogenen Spießecken; zweihäusig, Blüten klein, grünlich rot, in schlanken Rispen, Blütezeit V-VII.

Standort: Trockene Sandfluren, Dünen, Trockenwiesen, Wegränder, meidet Kalkböden.

Verbreitung: In EU weit verbreitet; in D überall ziemlich häufig.

Krauser Ampfer *Rumex crispus* FAMILIE KNÖTERICHGEWÄCHSE

Merkmale: Formenreich, mehrjährig, mit aufrechtem, verzweigtem Stängel, 50-120 cm hoch; Blätter gestielt, Spreite ledrig, 6-8 cm breit und bis zu 30 cm lang, zugespitzt, am Rand wellig kraus; Blüten in dichten Knäueln; Blütenhüllblätter wenig gekerbt und ohne Fransen, Blütezeit VI-VIII.

Standort: Gärten, Äcker, Wegränder; auf feuchten, nährstoffreichen, dichten Lehm- und Tonböden; so genannter Rohbodenpionier.

Verbreitung: In EU weit verbreitet, in D fast überall häufig, stellenweise lästiges Wildkraut.

Schild-Sauerampfer *Rumex scutatus* FAMILIE KNÖTERICHGEWÄCHSE

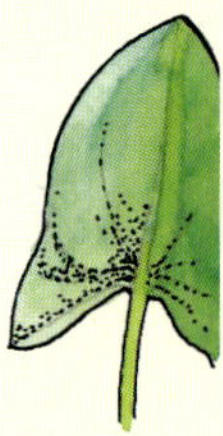

Merkmale: Mehrjährige Pflanze mit liegendem oder reich verzweigtem Stängel, 20-40 cm hoch; Blätter eher rundlich, 2-6 cm lang und fast ebenso breit, bläulich grün, an der Basis mit 2 breiten Spießecken; zweihäusig, Blüten gestielt, ohne Tragblätter, rötlich grün, zu wenigen in lockerer Rispe, Blütezeit V-VIII.

Standort: Offene, besonnte, feinerdearme Steinschutt- und Geröllböden, Mauern, Wegränder.

Verbreitung: In EU weit verbreitet, aber zerstreut, im südlichen Bergland bis in über 2000 m Höhe.

Strand-Grasnelke *Armeria maritima*

FAMILIE BLEIWURZGEWÄCHSE

Merkmale: Formenreiche, mehrjährige Pflanze, die in dichten, horstartigen Polstern wächst; Blätter grasartig, linealisch, ledrig dicklich, dunkelgrün, zahlreich in dichter Rosette; Blütenstand kopfig, auf langem, blattlosem Schaft, bis zu 30 cm lang, unter der Blütenregion mit 2 häutigen Hüllblättern, Köpfchen kugelig, bis zu 3 cm breit, Kronen trichterförmig, rosarot, Blütezeit V-IX.

Standort: Graudünen, Strandrasen und Salzwiesen, Klippen an der Küste; bildet oft ausgedehnte Bestände und prägt zur Blütezeit das Erscheinungsbild großer Küstenabschnitte.

Verbreitung: Im Küstenraum in EU weit verbreitet und häufig. In den Alpen und auf Schwermetallböden kommen eigene, jedoch sehr ähnlich aussehende Sippen dieser Pflanze vor.

Strandflieder *Limonium vulgare*

FAMILIE BLEIWURZGEWÄCHSE

Merkmale: Bis etwa 50 cm hohe, mehrjährige Pflanze; Blätter alle in grundständiger Rosette, immergrün, ledrig, oval, spatelig in den Blattstiel verschmälert, 2-4 cm breit und 5-20 cm lang; Blüten in zahlreichen kleinen Knäueln, diese in einseitswendig verzweigter Rispe, Kronen blauviolett, 3-8 mm lang, Blütezeit VII-IX.

Standort: Salz- und Wattwiesen im gelegentlich überfluteten Außendeichland; ausgedehnte und individuenreiche Bestände in Salzwiesen nahe der (Springtiden-)Hochwassermarke.

Verbreitung: An der Nordsee zerstreut, an der Ostsee sehr selten. **RL, §!**

Wissenswertes: In Nordfriesland wird die Pflanze auch Halligflieder genannt. Ihre Blätter können über spezielle Drüsen aktiv Salz ausscheiden.

Zurückgekrümmter Fuchsschwanz *Amaranthus retroflexus*

Merkmale: Einjährige, bis zu 150 cm hohe Pflanze mit aufrechtem, flaumig behaartem Stängel; Blätter wechselständig, gestielt, Spreite rhombisch, 3-5 cm breit und bis zu 10 cm lang, unterseits nur auf den Blattnerven behaart; Blüten unscheinbar grünlich, zahlreich in dichten, endständigen Ähren, Blütezeit VII-IX.

Standort: Wegränder, Brachen, Schuttstellen, Bahn- und Hafengelände, Warenlager.

Verbreitung: Stammt aus Nordamerika, in den Wärmegebieten des südlichen M.-EU weit verbreitet, aber meist nur unbeständig.

Wissenswertes: Neben der auch unter dem Namen Amarant bekannten Pflanze aus der Familie der Fuchsschwanzgewächse kommen in M.-EU noch weitere Fuchsschwanz-Arten vor, die meist erst im 19. Jh. aus N-Amerika oder dem Mittelmeerraum eingeschleppt wurden.

Tellerkraut *Claytonia perfoliata*

FAMILIE PORTULAKGEWÄCHSE

Merkmale: Einjährige, bis 20 cm hohe Pflanze mit rhizomartigem Stängel; Grundblätter lang gestielt, in einer Rosette stehend, Spreite länglich-eiförmig, bis 1,5 cm breit und 1-3 cm breit, vorn zugespitzt, unterhalb der Blütenstände mit paarweise kreisförmig-tellerähnlich verwachsenen Hochblättern; Blüten unscheinbar grünlich weiß, bis 8 mm breit, in endständigen Rispen, Blütezeit V-VI.

Standort: Gärten, Baumscheiben, Friedhöfe, Parkanlagen, Mauern, überwiegend auf trockenen, nährstoffreichen Böden.

Verbreitung: Die auch Claytonie genannte Art stammt ursprünglich aus dem pazifischen N-Amerika. Sie wurde in M.-EU zeitweise recht häufig als Salatpflanze kultiviert (»Kubaspinat«) und ist in wintermilden Gegenden (vor allem in der nördlichen Weinbauregion) in kleinräumigen, aber individuenreichen Beständen verwildert.

Knoblauchrauke *Alliaria petiolaris* KREUZBLÜTENGEWÄCHSE

Merkmale: Einjährige oder einjährig überwinternde, bis zu 100 cm hohe Pflanze mit aufrechtem, kantigem, unverzweigtem Stängel, der an der Basis abstehend behaart ist; Blätter wechselständig, lang gestielt, duften beim Zerreiben nach Knoblauch; Blüten in endständiger Traube, Kronen bis zu 6 mm breit, reinweiß, Blütezeit IV-VI.
Standort: Waldränder, Waldlichtungen, Parkanlagen, Hecken, Gebüsche, Schuttstellen.
Verbreitung: In EU mit Ausnahme der Mittelmeerländer weit verbreitet; in D meist ziemlich häufig.
Wissenswertes: Das typische Aroma der auch als Lauchhederich bezeichneten Pflanze geht auf Senfölglykoside zurück und ist mit den Inhaltsstoffen des Knoblauchs nicht identisch. Man verwendet die K. als Wildgemüse und -salat.

Färber-Waid *Isatis tinctoria* FAMILIE KREUZBLÜTENGEWÄCHSE

Merkmale: Zweijährig, 50-130 cm hoch, kräftiger, aufrechter Stängel nur an der Basis weich behaart, weiter oben kahl; untere Blätter gestielt, obere sitzend, stängelumfassend, Spreite lanzettlich, bläulich grün; Blüten chromgelb, zahlreich in lockeren, endständigen Rispen, Kronblätter fast doppelt so lang wie die Kelchblätter, Blütezeit V-VI; Schötchen 1-samig, zur Reifezeit schwarzbraun.
Standort: Mauern, Weg- und Straßenränder, Steinbrüche, Dämme, Weinberge, Magerrasen.
Verbreitung: Früher häufig angebaut und aus der Kultur verwildert, in D in vielen Gebieten eingebürgert, im Rheinland häufig.
Wissenswertes: Aus dem F. gewann man früher den Textilfarbstoff Indigo (Bluejeans!), bis dieser von synthetischen Farbstoffen abgelöst wurde.

Echtes Barbarakraut *Barbarea vulgaris* FAM. KREUZBLÜTENGEWÄCHSE

Merkmale: Zweijährige, bis zu 90 cm hohe Pflanze mit aufrechtem Stängel; untere Blätter gestielt, mit 5-9 Paar Fiedern, obere sitzend und tief eingeschnitten; Blüten kräftig gelb, bis zu 12 mm breit, in dichten Trauben beieinander stehend, Blütezeit IV-VII.
Standort: Hecken, Wegränder, Schuttplätze, Böschungen, kiesige Ufer, Sandbänke.
Verbreitung: In EU weit verbreitet; in D in fast allen Gebieten ziemlich häufig.

Ähnlich: **Wilde Sumpfkresse** *Rorippa sylvestris*, bis zu 50 cm hoch, Blätter schmal gefiedert, Blüten um 5 mm breit, Blütezeit VI-IX.

Echte Brunnenkresse *Nasturtium officinale* KREUZBLÜTENGEW.

Merkmale: Mehrjährige Pflanze mit oft liegenden oder untergetauchten, etwa 50-80 cm langen Stängeln; Blätter wechselständig, etwas dicklich, mit meist 2-3 Paar rundlicher Fiedern und deutlich größerer Endfieder, ganzrandig oder leicht gekerbt, dunkelgrün, auch im Winter grün bleibend; Blüten ungefähr 9 mm breit, reinweiß, mit gelben Staubbeuteln, Blütezeit V-VIII.
Standort: Kleinere Flüsse, Bäche, Quellfluren, Gräben, gewöhnlich nicht in stehenden Gewässern; gelegentlich in Gartenkultur.
Verbreitung: In EU weit verbreitet, fehlt jedoch in D außerhalb der Kalkgebiete weitgehend.
Wissenswertes: Die E. B. ist eine alte Heilpflanze mit verdauungsfördernder Wirkung. Sie wird auch als vitaminreicher, pikant schmeckender Wildsalat gesammelt oder kultiviert.

Acker-Senf *Sinapis arvensis*

FAMILIE KREUZBLÜTENGEWÄCHSE

Merkmale: Einjährige, 30-70 cm hohe Pflanze mit aufrechtem, rau behaartem Stängel; Blätter wechselständig, im Umriss oval, tief eingeschnitten oder gefiedert mit grob gezähnten Endlappen; Blüten bis 1,5 cm breit, schwefelgelb, die gelbgrünen Kelchblätter stehen waagrecht ab, Blütezeit V-IX.
Standort: Äcker, Wegsäume, Schuttplätze.
Verbreitung: Überall in EU verbreitet.

Acker-Hederich *Raphanus raphanistrum*

KREUZBLÜTENGEWÄCHSE

Merkmale: Einjährige, bis 60 cm hohe Pflanze mit aufrechtem, meist rau behaartem Stängel; untere Blätter gefiedert, obere ungeteilt; Blüten bis zu 2 cm breit, Kronblätter weiß oder schwefelgelb, immer dunkel geädert, Kelchblätter anliegend, Blütezeit IV-IX.
Standort: Äcker, Gärten und Schuttstellen.
Verbreitung: In EU weit verbreitet.
Wissenswertes: Wildart von Rettich u. Radieschen.

Weg-Rauke *Sisymbrium officinale*

FAMILIE KREUZBLÜTENGEWÄCHSE

Merkmale: Einjährige, bis 60 cm hohe Pflanze mit steifen, aufrechten, sparrig verzweigten Stängeln; Blätter tief fiederteilig; Blüten 2-4 mm breit, blassgelb, zahlreich in endständigen Trauben, Blütezeit V-X; Schoten dem Stängel eng anliegend.
Standort: Wegränder, Brachen, Schuttstellen; gilt als Stickstoff-Anzeiger.
Verbreitung: In EU weit verbreitet; in D fast überall häufig, fehlt aber im Bergland.

Wiesen-Schaumkraut *Cardamine pratensis*

KREUZBLÜTENGEWÄCHSE

Merkmale: Mehrjährig, 20-40 cm hoch, mit aufrechtem, rundem, unverzweigtem Stängel, oft mit den schaumigen Hüllen von Zikadenlarven (Name); Grundblätter rosettig, Stängelblätter wechselständig, schmal gefiedert; Blüten bis zu 2 cm breit, Kronblätter rosa oder hellviolett, selten weiß, Blütezeit IV-V.
Standort: Feuchte, lehmige Böden; Wiesen, Weiden, Brachen und Böschungen.
Verbreitung: Überall in EU häufig.

Bitteres Schaumkraut *Cardamine amara*

KREUZBLÜTENGEWÄCHSE

Merkmale: Mehrjährige, bis zu 40 cm hohe Pflanze mit aufrechtem, kantigem Stängel; Blätter mit 3-5 Fiederpaaren, bitter schmeckend; Blüten bis 1,2 cm breit, Krone weiß, Staubbeutel rotviolett (Unterschied zur ähnlichen Brunnenkresse, ➪S. 78), Blütezeit IV-VI.
Standort: Quellfluren, Gräben, Nasswiesen und Feuchtwälder; verträgt Schatten gut.
Verbreitung: Fast ganz EU, im S nur in den Gebirgen, in M.-EU weit verbreitet.

Zwiebel-Zahnwurz *Dentaria bulbifera*

FAM. KREUZBLÜTENGEWÄCHSE

Merkmale: Mehrjährige, 40-70 cm hohe Pflanze mit unverzweigtem, aufrechtem Stängel; Blätter unpaarig gefiedert, Fiedern gesägt, in den Blattachseln einzelne, dunkelviolette Brutknospen (kleines Foto); Blüten bis zu 2,5 cm breit, Krone rosa bis violett, Blütezeit IV-V.
Standort: Lichte, humusreiche Laubwälder (Buchenwälder) vor allem in Kalkgebieten.
Verbreitung: In M.-EU zerstreut, fehlt in einigen Gebieten; im N bis S-Skandinavien.

Hirtentäschelkraut *Capsella bursa-pastoris* KREUZBLÜTENGEWÄCHSE

Merkmale: Formenreiche, ein- oder zweijährige Pflanze mit aufrechtem, nur wenig verzweigtem, behaartem Stängel, 20-40 cm hoch; Blätter der Rosette buchtig gelappt, Stängelblätter lanzettlich mit pfeilförmigem Grund; Blüten bis zu 5 mm breit, Krone weiß, gestielt, in lockerer, endständiger Traube, Blütezeit II-X, z.T. ganzjährig; Schötchen herzförmig, sitzen mit der Spitze dem Stiel an.

Standort: Lichtpflanze; Gärten, Äcker, Brachen, Schuttstellen, Wegränder; Kulturbegleiter des Menschen seit der Jungsteinzeit.

Verbreitung: Überall in EU verbreitet und selbst mitten in Großstädten häufig.

Wissenswertes: Alte Heilpflanze, vor allem in der Homöopathie. In manchen Gegenden wird das H. auch als Zutat zu Wildsalaten verwendet.

Acker-Hellerkraut *Thlaspi arvense* FAM. KREUZBLÜTENGEWÄCHSE

Merkmale: Einjährige, kahle, bis 40 cm hohe Pflanze mit wenig verzweigtem, aufrechtem, kantigem Stängel; Grundblätter gestielt, Stängelblätter sitzend mit pfeilförmiger Basis, Spreite verkehrt eiförmig, unregelmäßig grob gezähnt, beim Zerreiben charakteristischer lauchähnlicher Geruch; Blüten bis 5 mm breit, weiß, zahlreich in endständiger, Blütezeit V-IX; Schötchen breit geflügelt, etwa münzgroß.

Standort: Äcker, Gärten, Weinberge, Wegränder, Brachflächen, vor allem auf Kalkböden.

Verbreitung: In EU mit Ausnahme des SO fast überall verbreitet; in D häufig, fehlt nur in den höheren Mittelgebirgen.

Wissenswertes: Die ersten, untersten Früchte sind bereits reif, wenn der Blütenstand oben noch immer neue Blüten anlegt.

Echtes Löffelkraut *Cochlearia officinalis* FAM. KREUZBLÜTENGEWÄCHSE

Merkmale: Einjährige, bis zu 50 cm hohe Pflanze mit verzweigtem, aufrechtem, kantigem Stängel; untere Blätter in einer Rosette, lang gestielt, obere sitzend und ansatzweise stängelumfassend, Spreite rundlich bis keilförmig, glattrandig oder gebuchtet; Blüten bis 9 mm breit, weiß, zahlreich in kopfig gedrängter Traube, die sich zur Fruchtzeit verlängert, angenehm duftend, Blütezeit V-VII; Schötchen nach dem Aussamen löffelförmig.

Standort: Salzhaltige Böden im Außendeichbereich, Wattwiesen, auch Salzstellen im Binnenland.

Verbreitung: An allen westeurop. Küsten von N-Spanien bis zu den Nord- und Ostseeküsten.

Ähnlich: **Dänisches Löffelkraut** *Cochlearia danica,* bis 25 cm hoch, auch Stängelblätter gestielt, Blüten bis 5 mm breit; in Salzwiesen, auch entlang von Straßen.

Gewöhnliche Pfeilkresse *Cardaria draba* KREUZBLÜTENGEWÄCHSE

Merkmale: Mehrjährige, bis zu 50 cm hohe Pflanze mit aufrechtem, nach oben stärker verzweigtem Stängel; Blätter länglich eiförmig, buchtig gezähnt, an der Basis herzförmig und stängelumfassend, meist kahl, hellgrün; Blüten bis zu 6 mm breit, weiß, zahlreich in doldig abgeflachten Trauben, Blütezeit VI-VII.

Standort: Stein- und Geröllfluren, Schotter, Wegränder, Dämme, Böschungen, Brachen, fast immer auf trockenen Böden; Rohbodensiedler.

Verbreitung: Stammt aus Vorderasien und SO-EU; in D vor allem in den Kalkgebieten weit verbreitet und fest eingebürgert.

Wissenswertes: Die G.P. ist in unserer heimischen Flora ein so genannter Neophyt: Sie wanderte erst im 18. Jahrhundert nach M.-EU ein, vor allem entlang der großen Verkehrswege. Stellenweise wird sie als Einsaat zur Befestigung von Straßenbanketten verwendet.

Meersenf *Cakile maritima*

FAMILIE KREUZBLÜTENGEWÄCHSE

Merkmale: Einjährige, reich verzweigte Pflanze mit aufrechten oder ausgebreiteten Stängeln, 10-40 cm hoch; Blätter wechselständig, 3-6 cm lang, dicklich fleischig, die unteren doppelt fiederspaltig, die oberen meist ungeteilt, hellgrün, leicht glänzend; Blüten bis zu 1 cm breit, Kronen rosa oder lila, selten auch weiß, zahlreich in einer kopfigen, oben abgeflachten Traube beieinander stehend, angenehm duftend, Blütezeit VII-IX; Schote 1-2,5 cm lang, 2-teilig, in der Reife gelblich, mit einem einzelnen Samen im oberen, leicht abbrechenden Teil.

Standort: Spülsäume, Weißdünen, vom Meerwasser beeinflusste Ruderalflächen.

Verbreitung: An allen europäischen Küsten häufig.

Wissenswertes: Wie alle im unmittelbaren Einflussbereich des Meeres vorkommenden Blütenpflanzen zeigt der M. das Phänomen der Salzsukkulenz: Die Blätter werden dicklich bei gleichzeitiger Verkleinerung der Oberfläche.

Meerkohl *Crambe maritima*

FAMILIE KREUZBLÜTENGEWÄCHSE

Frucht

Merkmale: Mehrjährige, kahle Pflanze mit aufrechtem, reich verzweigtem, kräftigem Stängel, bis zu 70 cm hoch; Blätter lang gestielt, Spreite 30-50 cm lang, lappig gebuchtet bis ungleichmäßig gezähnt, am Rand wellig, bläulich bereift; Blüten bis zu 1,2 cm breit, reinweiß, Kronblätter an der Basis in einen grünlichen Abschnitt verschmälert, Kelchblätter hellhäutig umrandet, Blütezeit V-VII; Schote abgeflacht, im unteren Teil stielartig, im oberen kugelig mit nur 1 Samen.

Standort: Spülsäume, Vordünen; vorwiegend auf salz- und stickstoffhaltigen Böden.

Verbreitung: Küstengebiete von W- und NW-EU, an der Nordsee nahezu fehlend, an der Ostsee selten.

Wissenswertes: M. wurde früher in den Küstengegenden von W-EU als Wildgemüse verzehrt.

Wild-Kohl *Brassica oleracea*

FAMILIE KREUZBLÜTENGEWÄCHSE

Samen

Schote

Merkmale: Zwei- oder mehrjährige Pflanze mit kräftigem, aufrechtem, im oberen Teil ästigem, am Grund leicht verholztem Stängel, bis zu 2 m hoch; Blätter kahl, fleischig, blaugrün bis leicht rötlich, 20-40 cm lang, am Rand wellig, unregelmäßig gebuchtet, die unteren gestielt, die oberen sitzend; Blüten bis zu 2 cm breit, Kronblätter schwefelgelb, vorn verbreitert, an der Basis schmal, Kelchblätter aufrecht, Blütezeit V-X; Schoten reif hellbraun, bis zu 12 cm lang, mit glänzenden, schwarzen Samen.

Standort: Vom Meerwasser beeinflusste Ruderalstellen, Klippen, Küstenfelsen.

Verbreitung: Küsten des westlichen Mittelmeeres, Atlantikküsten bis Frankreich u. Großbritannien; in D nur auf Helgoland, fehlt an der Ostsee.

Wissenswertes: Der W. ist die Stammart sämtlicher kultivierter Kohlsorten vom Weißkohl über den Kohlrabi bis zum Brokkoli.

Glattes Brillenschötchen

Biscutella laevigata KREUZBLÜTENGEW.

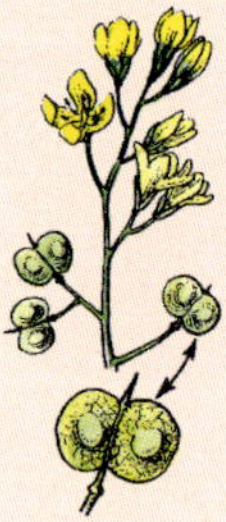

Merkmale: Formenreiche, mehrjährige Pflanze mit grundständiger Rosette; grundständige Blätter lang gestielt, borstig behaart bis kahl, länglich keilförmig, die wenigen Stängelblätter schmal und kurz, sitzend; Blüten bis zu 1 cm breit, kräftig gelb, zahlreich in einer lockeren Traube beieinander stehend, Blütezeit V-VII; Schötchen brillenartig, bis zu 7 mm breit, mit schmalem Hautsaum und bleibendem, etwa 2 mm langem Griffel.

Standort: Steinige Böden, Felsfluren, lückige Matten; vorwiegend auf kalkhaltigen Böden.

Verbreitung: M.-EU; kommt im Alpenvorland und in den Alpen nur zerstreut vor, in den Mittelgebirgen (Harz, Eifel, Hunsrück) selten und nur stellenweise, fehlt im Norddeutschen Tiefland ganz.

Wissenswertes: Das G.B. bildet innerhalb seines zerklüfteten Verbreitungsgebiets mehrere schwer unterscheidbare regionale Unterarten.

Gelbe Resede, Gelber Wau
Reseda lutea FAM. RESEDENGEWÄCHSE

Merkmale: Ein- bis mehrjährige, bis 50 cm hohe Pflanze mit aufrechtem, meist wenig verzweigtem Stängel; Blätter mit schmal geflügelten Stielen, Spreiten fiederteilig, am Rand gewellt; Blüten klein, hellgelb, ohne besonderen Duft, Blütezeit VI-IX.
Standort: Trockenrasen, Mauern, Wege, Brachen.
Verbreitung: Stammt aus dem südöstlichen Mittelmeergebiet; heute überall in M.-EU.

Rotbeerige Zaunrübe *Bryonia dioica*
FAMILIE KÜRBISGEWÄCHSE

Merkmale: Mehrjährige Pflanze mit kletterndem, dünnem Stängel, bis zu 3 m lang, hält sich mit schraubig gewundenen Ranken an der Unterlage fest; Blätter gestielt, handförmig 5-lappig, glattrandig; zweihäusig, Blüten grünlich weiß, einzeln oder zu wenigen in den Blattachseln, Blütezeit VI-IX; Beeren in der Reife scharlachrot. Stark giftig!
Standort: Hecken, Gebüsche und Waldränder.
Verbreitung: In S- und M.-EU weit verbreitet.

Rundblättriges Wintergrün
Pyrola rotundifolia WINTERGRÜNGEW.

Merkmale: Immergrüne, mehrjährige Pflanze mit kurzem Stängel; Blätter in grundständiger Rosette; Blüten bis zu 1 cm breit, gestielt, leicht nickend, zu 10-20 zu einer verlängerten, bis zu 20 cm hohen Traube zusammengefasst, Krone glockig, vom Griffel weit überragt, Blütezeit VI-IX.
Standort: Schattige Wälder und Gebüsche.
Verbreitung: In den Mittelgebirgen von M.- und N-EU, jedoch selten, fehlt im Tiefland. **RL**

Einblütiges Moosauge *Moneses uniflora*
WINTERGRÜNGEWÄCHSE

Merkmale: Mehrjährige, immergrüne Pflanze mit grundständiger Blattrosette; Blätter ledrig, lang gestielt, rundlich; Blüten einzeln am Ende eines bis zu 20 cm langen Stängels, bis zu 2,5 cm breit, weiß oder rötlich, Kronblätter flach ausgebreitet, Griffel auffallend lang, hellgrün, Blütezeit V-VIII.
Standort: Moosige, lichte Nadelwälder, seltener auch bodensaure Eichenwälder.
Verbreitung: Höhere Mittelgebirge von M.- und N-EU, nördliche Kalkalpen. **RL**

Dolden-Winterlieb *Chimaphila umbellata*
FAM. WINTERGRÜNGEWÄCHSE

Merkmale: Mehrjährige, immergrüne Pflanze mit aufsteigendem oder aufrechtem Stängel, 10-20 cm hoch; Blätter lanzettlich oval, ledrig, gesägt, oberseits glänzend dunkelgrün; Blüten bis zu 2 cm breit, Krone hellrosa bis weiß, flach glockenförmig, Blüten zu mehreren in einer endständigen Dolde zusammengefasst, Blütezeit VI-VIII.
Standort: Lichte Misch- und Nadelwälder.
Verbreitung: Vor allem in N- und M.-EU, jedoch selten, fehlt im NW von D. **RL**

Fichtenspargel *Monotropa hypopitys*
FAM. FICHTENSPARGELGEWÄCHSE

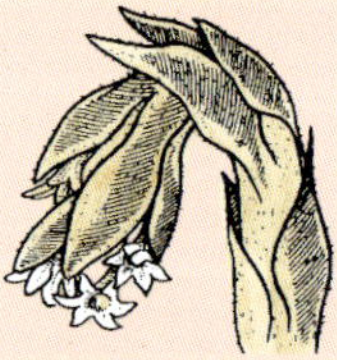

Merkmale: Mehrjährige, in allen Teilen bleichgelbe Pflanze mit aufrechtem, fleischigem, bis zu 30 cm hohem Stängel; Blätter schuppenförmig kurz; Blüten glockig, zu 8-15 in einer nickenden Traube, Blütezeit VI-VII.
Standort: Misch- und Nadelwälder mit moderiger Rohhumusauflage.
Verbreitung: In EU weit verbreitet, in D jedoch fast überall ziemlich selten. **RL**
Wissenswertes: Statt durch Photosynthese ernährt sich der F. mithilfe von Bodenpilzen.

Stängellose Schlüsselblume
Primula vulgaris PRIMELGEWÄCHSE

Blütenschnitt

Merkmale: Mehrjährige Pflanze; Blätter alle in grundständiger Rosette, Spreite oberseits kahl, unterseits behaart, verkehrt eiförmig, zur Basis allmählich verschmälert, ohne deutlichen Blattstiel; Blüten lang gestielt, bis zu 3,5 cm breit, Kronen hellgelb, flach ausgebreitet, zahlreich auf sehr kurzem Schaft oder direkt der Blattrosette entspringend; Blütezeit III-IV.
Standort: Lichte Wälder, Gebüsche, Obst- und Baumwiesen, Gärten.
Verbreitung: Vor allem in W- und SW-EU; selten in Schleswig-Holstein und Mecklenburg, in den S-Alpen bis in 1400 m Höhe. **RL**
Wissenswertes: Die S.S. ist eine der Stammarten der in zahlreichen Farben und Blütenformen gezüchteten Garten-Primeln.

Mehl-Primel *Primula farinosa*
FAMILIE PRIMELGEWÄCHSE

Merkmale: Zierliche, mehrjährige Pflanze; Blätter in grundständiger Rosette, 0,5-2 cm breit und 2-8 cm lang, allmählich in den kurzen, leicht geflügelten Blattstiel verschmälert, fast glattrandig, oberseits kahl und dunkelgrün, unterseits durch feine Behaarung mehlig bepudert (Name); Blüten bis zu 1,5 cm breit, Kronen tief purpurrosa, selten auch weißlich, ausgebreitet, im Schlund gelb, zahlreich auf einem 5-20 cm hohen Schaft, Blütezeit V-VII.
Standort: Feucht- und Nasswiesen, Niedermoore, Steinmatten, Quellfluren.
Verbreitung: Skandinavien, Pyrenäen, Alpen, Teile von SO-EU; fehlt in D nördlich des Mains. **RL, §!**
Wissenswertes: Das heutige Verbreitungsbild lässt vermuten, dass die M. erst während der letzten Eiszeiten nach M.-EU eingewandert ist.

Duftende Schlüsselblume
Primula veris FAMILIE PRIMELGEWÄCHSE

Merkmale: Auch als Wiesen-Primel bekannte, mehrjährige Pflanze; alle Blätter in grundständiger Rosette, 2-8 cm breit und 6-20 cm lang, vorn breit, plötzlich in den breit geflügelten Blattstiel verschmälert, oberseits dunkelgrün, runzelig, unterseits heller und nur auf den Blattnerven behaart; Blüten intensiv duftend, zahlreich in endständiger, leicht einseitswendiger Dolde auf einem 10-20 cm langen Schaft, Kronen dottergelb, um 1 cm breit, mit orangefarbenem Schlundfleck, Kelch bauchig, Blütezeit IV-V.
Standort: Kalkmagerrasen, magere Bergwiesen, Waldränder, Gebüsche.
Verbreitung: EU, im N bis Mittelschweden, im Mittelmeerraum weitgehend fehlend, in D nördlich der Mittelgebirge ziemlich selten.
Wissenswertes: Die dunkleren Schlundflecken sind eine Orientierungshilfe für Blütenbesucher.

Hohe Schlüsselblume
Primula elatior FAM. PRIMELGEWÄCHSE

Merkmale: Auch Wald-Primel genannte, mehrjährige Pflanze mit grundständiger Blattrosette; Blätter 2-8 cm breit und bis zu 20 cm lang, rasch in den nur wenig geflügelten Blattstiel verschmälert, oberseits dunkelgrün, runzelig, unterseits auf den Blattnerven wenig behaart; Blüten bis 2 cm breit, zu 5-20 in deutlich einseitswendiger Dolde auf 5-20 cm langem Schaft, Kronen hellgelb, ohne dunklere Schlundflecken, Blütezeit III-V.
Standort: Lichte, krautreiche Wälder, Wiesen mit lehmigem, nährstoffreichem (nicht gedüngtem!) Boden, Auengebüsche.
Verbreitung: In weiten Teilen von EU verbreitet und häufig; fehlt in D in den nordwestdeutschen Sandgebieten; in den Alpen bis in 2400 m Höhe.
Wissenswertes: Im gemeinsamen Verbreitungsgebiet mit der Duftenden Schlüsselblume finden sich mitunter schwer abgrenzbare Bastarde.

Gewöhnl. Gilbweiderich

Lysimachia vulgaris PRIMELGEWÄCHSE

Merkmale: Mehrjährige, bis 1,3 m hohe Pflanze mit flaumig behaartem Stängel; Blätter gegenständig oder zu 3-4 in Wirteln, unterseits dicht behaart; Blüten bis zu 2,5 cm breit, zahlreich in endständigen Rispen, Kronen goldgelb, kahl, Kelchzipfel rötlich umrandet, Blütezeit VI-VIII.
Standort: Bruchwälder, Hochstaudenfluren an Gewässern, Lichtungen, Gräben, Feuchtwiesen.
Verbreitung: Ganz EU; in D fast überall häufig.
Wissenswertes: Die Blüten bieten den Bestäubern anstelle von Nektar fette Öle als Nahrung an.

Ähnlich: **Drüsiger Gilbweiderich** *Lysimachia punctata,* Stängel schmal geflügelt, Kronblattzipfel drüsig bewimpert, Kelchzipfel grün; SO-EU, bei uns Gartenpflanze, vielfach verwildert.

Straußblütiger Gilbweiderich

Lysimachia thyrsiflora PRIMELGEW.

Merkmale: Mehrjährige Pflanze mit aufrechtem, meist unverzweigtem, mitunter rötlich überlaufenem Stängel, 40-70 cm hoch; Blätter gegenständig, sitzend, schmal lanzettlich, die oberen deutlich größer als die unteren; Blüten bis 9 mm breit, gelb, zahlreich in dichten, gestielten Trauben in der Achsel der mittleren Stängelblätter, Blütezeit V-VII.
Standort: Großseggenrieder, Bruchwälder, Moore, Uferstauden nährstoffarmer stehender oder langsam fließender Gewässer.
Verbreitung: Vor allem in M.- und N-EU; in D im Alpenvorland sowie im nördlichen Tiefland, in den übrigen Gebieten selten. **RL**
Wissenswertes: Die goldgelben, schmal linealischen Kronblätter tragen an der Spitze dunkelrote Drüsenpunkte.

Hain-Gilbweiderich *Lysimachia nemorum*

FAMILIE PRIMELGEWÄCHSE

Merkmale: Mehrjährige Pflanze mit kriechendem oder schwach aufsteigendem, bis zu 25 cm langem Stängel, der an den Blattansatzstellen wurzelt; Blätter gegenständig, Spreite breit eiförmig, 2-3 cm lang, leicht zugespitzt, meist alle in eine Ebene gedreht, kahl; Blüten lang gestielt, einzeln den oberen Blattachseln entspringend, Kronen goldgelb, bis zu 1,5 cm breit, Blütezeit V-VII.
Standort: Auf feuchten, kalkarmen Lehm- und Tonböden in Auenwäldern, Bachgebüschen, Berg- und Schluchtwäldern.
Verbreitung: In EU weit verbreitet; fehlt in D weitgehend im Tiefland und in den trockeneren Gebieten der Mittelgebirge, sonst eher zerstreut.
Wissenswertes: Die dem menschlichen Auge nur leicht dunkler gelb erscheinende Blütenmitte sticht für Insektenaugen kontrastreich hervor und weist damit Bestäubern den Weg.

Pfennigkraut *Lysimachia nummularia*

FAMILIE PRIMELGEWÄCHSE

Merkmale: Mehrjährige Pflanze mit 30-50 cm langen kriechenden Stängeln; Blätter gegenständig, münzartig rundlich, drüsig punktiert, 1,5-3 cm breit, am Grund leicht herzförmig, meist einheitlich flach in einer Ebene ausgerichtet, verfärben sich im Herbst kupferbraun; Blüten lang gestielt, einzeln oder zu wenigen in den vorderen Blattachseln der Triebe, bis zu 2,5 cm breit, Kronen goldgelb, innen durch dunkelrote Drüsen leicht punktiert, Blütezeit V-VIII.
Standort: Wiesen, Weiden, Gebüsche, Gärten, Auenwälder; bevorzugt auf lehmigem, feuchtem, leicht kalkhaltigem Boden.
Verbreitung: In EU mit Ausnahme des Mittelmeergebiets weit verbreitet; in D fast überall häufig.
Wissenswertes: Die Pflanze bildet nur selten Früchte aus, hauptsächlich vermehrt sie sich vegetativ durch bewurzelte Triebe.

Strand-Milchkraut *Glaux maritima*

FAMILIE PRIMELGEWÄCHSE

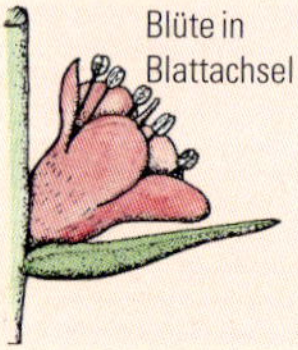

Merkmale: Mehrjährige, 5-25 cm hohe Pflanze mit meist ausgebreiteten, nur an den Enden aufsteigenden Stängeln, die an den Blattknoten wurzeln; Blätter gegenständig, sehr dicht stehend, glattrandig, elliptisch bis verkehrt eiförmig, um 1 cm lang, dicklich, dunkel graugrün, kahl; Blüten kurz gestielt, bis 6 mm breit, einzeln in den Blattachseln, Kronblätter fehlen, Kelch kronblattartig, weinrot, kräftig rosa oder weißlich, am Grund glockig verwachsen mit 5 freien Zipfeln; Blütezeit V-VIII.

Standort: Vom Meerwasser beeinflusste Außendeichbereiche, Salz- und Wattwiesen.

Verbreitung: Nordwest- und nordeuropäische Küsten von der Biskaya bis zur mittleren Ostsee, selten auch an Salzstellen im Binnenland; fehlt am Mittelmeer weitgehend.

Wasserfeder *Hottonia palustris*

FAMILIE PRIMELGEWÄCHSE

Merkmale: Mehrjährige, bis zu 50 cm hohe Wasserpflanze mit verzweigtem, im Bodenschlamm wurzelndem Stängel; Blätter wechsel- bis quirlständig, vorwiegend untergetaucht oder allenfalls knapp über der Wasserfläche, kammförmig bzw. federartig gefiedert mit 5 mm schmalen Zipfeln; Blüten bis zu 2,5 cm breit, Kronen weißlich oder hellrosa, im Schlund orange, zahlreich in Trauben auf 20-30 cm langem Schaft über der Wasseroberfläche, Blütezeit V-VII.

Standort: Kalkarme, nährstoffreiche, stehende oder langsam fließende Gewässer, Altarme, Gräben, Moorseen.

Verbreitung: Vor allem im nördl. M.- und in N-EU; in D meist nur im nördlichen Tiefland, selten. **RL**

Wissenswertes: In den Blattachseln entspringen bündelweise fadendünne Wurzeln. Die Samen

Siebenstern *Trientalis europaea*

FAMILIE PRIMELGEWÄCHSE

Merkmale: Mehrjährige Pflanze mit aufrechtem, dünnem, bis zu 20 cm hohem, unverzweigtem Stängel, der im unteren Drittel immer blattlos bleibt; Blätter lanzettlich, glattrandig, kurz gestielt bis sitzend, unterschiedlich groß, am oberen Stängelabschnitt quirlig genähert; Blüten einzeln auf langen Stielen in den Blattachseln, Kronen bis zu 1,5 cm breit, mit gewöhnlich 7, manchmal auch 6, 8 oder 9 weißen Kronblättern, Blütezeit V-VII.

Standort: Moosige Fichten- u. Kiefernwälder, Laubmischwälder, Birkenmoore, verheidete Moore.

Verbreitung: Vor allem in N-EU; in D meist nur im nördlichen Tiefland und in den angrenzenden Mittelgebirgen, gelegentlich mit Forstpflanzen aus Skandinavien verschleppt.

Wissenswertes: Der S. gilt an seinen heutigen Standorten als Eiszeitrelikt.

Roter Gauchheil *Anagallis arvensis*

FAMILIE PRIMELGEWÄCHSE

Merkmale: Einjährige Pflanze mit liegendem, an den Enden aufsteigendem, bis 30 cm langem, verzweigtem Stängel; Blätter eiförmig, sitzend, 1,5-2 cm lang, unterseits mit dunklen Drüsenpunkten; Blüten lang gestielt, einzeln in den oberen Blattachseln, Kronen ziegelrot, sehr selten auch bläulich, Blütezeit VI-X.

Standort: Äcker, Brachen, Gärten, Wegränder, im Bergland bis in 1600 m Höhe.

Verbreitung: In EU fast überall verbreitet; in D im nordwestl. Tiefland zerstreut, sonst ziemlich häufig.

Ähnlich: **Blauer Gauchheil** *Anagallis coerulea*, Blüten dunkelblau bis blauviolett mit rötlichem Schlundring; fehlt im Tiefland.

Weg-Malve, Käsepappel

Malva neglecta MALVENGEWÄCHSE

Merkmale: Ein- bis mehrjährige Pflanze mit liegendem bis aufsteigendem Stängel von 10-50 cm Länge; Blätter gestielt, im Umriss rundlich, undeutlich handförmig mit 3-5 (-7) ungleich großen Lappen; Blüten gestielt, einzeln in den Blattachseln, Kronen bis zu 2,5 cm breit, hellrosa oder fast weiß, Kelchblätter nur halb so lang wie die Kronblätter, Blütezeit VI-IX (manchmal XI).

Standort: Auf stickstoffhaltigen, nährstoffreichen Böden; Wegränder, Schuttstellen, Bahnanlagen, Mauern, Böschungen, Gärten.

Verbreitung: Fast überall in EU verbreitet, in D stellenweise zerstreut, sonst häufig.

Wissenswertes: Die W. kommt auch mitten in Städten vor und siedelt hier mitunter sogar in Gehweg- und Pflasterfugen.

Wilde Malve, Rosspappel

Malva sylvestris MALVENGEWÄCHSE

Merkmale: Ein- bis mehrjährige Pflanze, 40-120 cm hoch, mit verzweigtem, aufsteigendem oder aufrechtem Stängel; Blätter gestielt, handförmig in 5-7 ungleich große Lappen geteilt, die oberen tief bis zur Basis eingeschnitten; Blüten gestielt, zu mehreren in den oberen Blattachseln; Kronen bis zu 4 cm breit, kräftig rosarot, dunkler gestreift, Kelchblätter nur etwa 1/4 so lang wie die Kronblätter, bis zur Mitte verwachsen, Blütezeit V-IX.

Standort: Schuttstellen, Brachen, Wegränder, Böschungen, Mauern, Gärten; meist auf nährstoffreichen, trockenen Böden.

Verbreitung: Fast überall in M.- und S-EU; in D im nordwestlichen Tiefland selten.

Wissenswertes: Zusätzlich zum Kelch haben Malvenblüten noch einen 3-gliedrigen Außenkelch.

Tüpfel-Johanniskraut *Hypericum perforatum*

F. HARTHEUGEWÄCHSE

Merkmale: Auch Tüpfel-Hartheu genannte, formenreiche, mehrjährige Pflanze mit aufrechtem, deutlich 2-kantigem, aber nicht geflügeltem, 30-80 cm hohem Stängel; Blätter gegenständig, sitzend, breit oval bis linealisch, kahl, stumpf, durchscheinend weiß punktiert, am Rand mit schwärzlichen Drüsen; Blüten bis zu 2,5 cm breit, goldgelb, zahlreich in lockerer, pyramidenförmiger Rispe, Kronblätter leicht unsymmetrisch, gezähnt, beim Zerreiben dunkelrot, Staubblätter in drei Büscheln, Blütezeit VI-VIII.

Standort: Wegränder, Böschungen, Brachen, Magerrasen, Trockenhänge, Waldränder.

Verbreitung: In EU weit verbreitet, in D überall ziemlich häufig.

Wissenswertes: Alte Heilpflanze. Die Gattung umfasst weitere, zum Teil recht ähnliche Arten.

Schönes Johanniskraut

Hypericum pulchrum HARTHEUGEW.

Merkmale: Mehrjährige Pflanze mit aufrechtem, rundem, kahlem, 20-60 cm hohem Stängel; Blätter gegenständig, im Umriss dreieckig, an der Basis herzförmig und halb stängelumfassend, durchscheinend punktiert, jedoch ohne dunklere Drüsen am Blattrand wie beim Tüpfel-Johanniskraut, unterseits blaugrün; Blüten bis zu 2 cm breit, goldgelb, am Rand mit schwarzroten Drüsen, Blütezeit VI-IX.

Standort: Laub- und Mischwälder, Lichtungen, Waldränder, Gebüsche, Heiden; bevorzugt auf sauren Sand- und Lehmböden.

Verbreitung: M.- und W-EU, fehlt im SO und in den Alpen; in D besonders in der Mittelgebirgsregion.

Wissenswertes: Der in den Blüten dieser und anderer Johanniskraut-Arten enthaltene Farbstoff löst bei manchen Personen eine übersteigerte Lichtempfindlichkeit der Haut aus, wobei es in der Sonne zu brandblasenähnlichen Reaktionen kommt.

Hunds-Veilchen *Viola canina*

FAMILIE VEILCHENGEWÄCHSE

Merkmale: Mehrjährig, 5-15 cm hoch, mit aufsteigenden, wenig behaarten Stängeln; Blätter lang gestielt, nicht rosettig gestellt, mit herzförmiger Spreite; Blüten blauviolett mit hellgelbem Sporn, Blütezeit IV-VI.
Standort: Magerrasen und lichte Wälder; meidet kalkhaltige Böden.
Verbreitung: Fast überall in EU mit Ausnahme des SO weit verbreitet, stellenweise aber sehr zerstreut.

März-Veilchen *Viola odorata*

FAMILIE VEILCHENGEWÄCHSE

Merkmale: Mehrjährig, bis zu 10 cm hoch, mit wurzelnden Ausläufern; Blätter rundlich nierenförmig, in grundständiger Rosette; Blüten dunkelviolett mit dunklem Sporn, selten auch rosa oder weiß, intensiv duftend, Blütezeit III-IV.
Standort: Gebüsche, Hecken, Waldränder.
Verbreitung: Ursprünglich nur in S-EU, durch Verwilderung aus Gartenkultur heute auch in M.-EU fast überall verbreitet.

Sumpf-Veilchen *Viola palustris*

FAMILIE VEILCHENGEWÄCHSE

Merkmale: Mehrjährig, bis zu 15 cm hoch, mit unterirdischen Ausläufern; Blätter in grundständiger Rosette, rundlich bis breit herzförmig; Blüten rötlich oder blassviolett, selten auch weiß, unterstes Kronblatt dunkler gestreift, Blütezeit VI-VII.
Standort: Nasswiesen, Niedermoore, Sümpfe, feuchte Gräben, Bruchwälder, Ufer.
Verbreitung: Fast überall in EU verbreitet; in D nicht sehr häufig, durch Biotopzerstörung gefährdet.

Wald-Veilchen *Viola reichenbachiana*

FAMILIE VEILCHENGEWÄCHSE

Merkmale: Mehrjährig, bis zu 20 cm hoch, mit aufrechtem oder aufsteigendem, beblättertem Stängel; Blätter länglich herzförmig, die grundständigen rosettig gestellt; Blüten violettblau mit dunkelviolettem, schlankem Sporn (dieser beim sonst sehr ähnlichen **Hain-Veilchen** *V. riviniana* dick und hell), Blütezeit IV-VI.
Standort: Laub- und Mischwälder; auf lockerem, kalkhaltigem Boden.
Verbreitung: M.- und S-EU; in D häufig.

Wildes Stiefmütterchen

Viola tricolor FAM. VEILCHENGEWÄCHSE

Merkmale: Ein- oder mehrjährig, 10-30 cm hoch; Blätter länglich herzförmig, Nebenblätter gefiedert; Blüten bis zu 2,5 cm breit, weiß, gelb oder 3-farbig mit Violett, die beiden oberen Kronblätter fast immer dunkler bis tiefviolett.
Standort: Äcker, Wiesen (im Bergland bis in 1000 m Höhe), Brachland, Wegränder, Graudünen im Küstengebiet.
Verbreitung: Fast überall in Europa; fehlt in D stellenweise, andernorts hingegen häufig.

Acker-Stiefmütterchen

Viola arvensis VEILCHENGEWÄCHSE

Merkmale: Einjährig, 5-20 cm hoch, mit verzweigtem, kahlem oder wenig behaartem Stängel; Blätter oval bis spatelig, Nebenblätter mit schmaler Endfieder; Blüten höchstens 1-1,5 cm groß, hellgelb, Blütezeit V-XI; kann mit dem Wilden Stiefmütterchen bastardieren.
Standort: Hackfruchtäcker, Wegränder, Schuttplätze, verkrautete Gärten, Brachflächen; zumeist auf nährstoffreichem Boden.
Verbreitung: In ganz EU häufig.

Wald-Bingelkraut *Mercurialis perennis* FAMILIE WOLFSMILCHGEWÄCHSE

Merkmale: Mehrjährig, ohne Milchsaft, mit aufrechtem, unverzweigtem Stängel, 15-35 cm hoch; Blätter gegenständig, im oberen Stängelbereich gedrängt, lanzettlich, dunkelgrün, beim Zerreiben unangenehm duftend; zweihäusig, Blüten unscheinbar grünlich, Blütezeit IV-VI.
Standort: Humusreiche, tiefgründige Laub- und Mischwälder.
Verbreitung: Fast überall in EU verbreitet.

Einjähriges Bingelkraut *Mercurialis annua* WOLFSMILCHGEW.

Merkmale: Einjährig, mit ästigem, 4-kantigem Stängel, ohne Milchsaft, 20-40 cm hoch, auf ganzer Länge beblättert; Blätter hellgrün, lanzettlich; zwei- o. einhäusig, Blüten unscheinbar grünlich, Blütezeit VI-X.
Standort: Gärten, Hackfruchtäcker, Brachen, Wegränder; auf nährstoffreichen, mäßig trockenen Böden.
Verbreitung: Heimat S-EU; in gemäßigten Breiten weltweit verschleppt; in D v.a. in Weinbauregion.

Sonnenwend-Wolfsmilch *Euphorbia helioscopia* WOLFSMILCHGEW.

Merkmale: Einjährig, Stängel aufrecht, 10-40 cm hoch, weißer Milchsaft; Blätter wechselständig, von unten nach oben größer, verkehrt eiförmig, im vorderen Drittel am Rand gesägt; Blüten in einer 5-strahligen Scheindolde, Nektardrüsen des Hüllbechers rundlich oval, Blütezeit IV-XI.
Standort: Äcker, Gärten, Brachen, Säume. **Verbreitung:** In EU weit verbreitet; in D fast überall häufig, nur in den Alpen selten.

Zypressen-Wolfsmilch *Euphorbia cyparissias* WOLFSMILCHG.

Merkmale: Mehrjährig, bis 40 cm hoch; Blätter wechselständig, schmal linealisch, bis zu 3 cm lang; Blüten in vielstrahligen Scheindolden, Hüllblätter zunächst goldgelb, später kräftig rot, Nektardrüsen 2-hörnig, Blütezeit IV-VII.
Standort: Trockenrasen, steinige Böschungen, lichte Gebüsche, Säume, Wegränder.
Verbreitung: In M.- und S-EU häufig; fehlt in D im nordwestlichen Tiefland.

Garten-Wolfsmilch *Euphorbia peplus* FAMILIE WOLFSMILCHGEWÄCHSE

Merkmale: Zarte, einjährige Pflanze mit aufrechtem, etwa 5-30 cm hohem Stängel, führt weißen Milchsaft; Blätter wechselständig, verkehrt eiförmig, vorn stumpf und glattrandig; Blüten in 3-strahligen Scheindolden (deutlicher Unterschied zur ähnlichen Sonnenwend-Wolfsmilch), Nektardrüsen halbmondförmig, in 2 Hörner mit hellen Spitzen auslaufend, Blütezeit VI-X.
Standort: Äcker, Brachen, Gärten, Weinberge.
Verbreitung: In EU fast überall häufig.

Esels-Wolfsmilch *Euphorbia esula* FAMILIE WOLFSMILCHGEWÄCHSE

Merkmale: Formenreiche mehrjährige Pflanze mit aufrechtem, 15-30 cm hohem Stängel; Blätter linealisch, 3-7 mm breit, 3-6 cm lang, in der vorderen Hälfte am breitesten; Blüten in mehrstrahligen, grünlichen Scheindolden, Nektardrüsen 2-hörnig, Blütezeit V-VII.
Standort: Trockene Wiesen, Schuttplätze, Flussufer, Brachen, Böschungen.
Verbreitung: In EU weit verbreitet; in D vor allem in den großen Stromtälern.

Echte Nelkenwurz *Geum urbanum*

FAMILIE ROSENGEWÄCHSE

Merkmale: Mehrjährige, 20-60 cm hohe Pflanze mit aufrechtem, behaartem Stängel; grundständige Blätter lang gestielt, unpaarig gefiedert mit sehr großer, fiederteiliger Endfieder; Stängelblätter 3-zählig oder einfach, gezähnt, mit großen Nebenblättern; Blüten einzeln, lang gestielt in den oberen Blattachseln oder in lockerer Rispe, Kronen bis zu 2,5 cm breit, goldgelb, Blütezeit V-VIII.
Standort: Vorzugsweise auf nährstoff-, vor allem stickstoffreichen, mäßig feuchten Böden; Gebüsche, Hecken, Säume, Waldränder, Mauern, Brachen, Böschungen und Gärten.
Verbreitung: Fast überall in EU häufig.
Wissenswertes: Die bleibenden Griffel krümmen sich an den reifenden Früchten, sodass diese an Tieren hängen bleiben und so verbreitet werden.

Bach-Nelkenwurz *Geum rivale*

FAMILIE ROSENGEWÄCHSE

Merkmale: Mehrjährig, 20-60 cm hoch, Stängel nur wenig verzweigt, im oberen Teil drüsig behaart; Grundblätter abwechselnd mit großen und kleinen Fiedern sowie 3-teiliger Endfieder, grob gezähnt, Stängelblätter gelappt oder einfach; Blüten einzeln oder zu wenigen in endständiger Traube, glockig, bis zu 1,5 cm lang, Kronblätter innen blassgelb, außen rötlich, dunkler geadert, Kelchblätter und Stiele bräunlich rot, Blütezeit IV-VII.
Standort: Feuchtwiesen, Niedermoore, Staudenfluren an Bächen, Feuchtwälder.
Verbreitung: In N- und M.-EU; in D vor allem im Bergland, nach W hin seltener.
Wissenswertes: Hummeln beißen die Blütenglocken oft von von hinten an, um Nektar zu ernten. So werden die Blüten jedoch nicht bestäubt.

Echtes Mädesüß *Filipendula ulmaria*

FAMILIE ROSENGEWÄCHSE

Merkmale: Mehrjährigc, kräftige Pflanze mit aufrechtem, verzweigtem, kantigem, kahlem Stängel, 1-1,5 m hoch; Blätter abwechselnd mit großen und kleinen, ovalen, grob gezähnten Fiedern; Blüten nur 6-9 mm breit, Kronen gelblich weiß, zahlreich in endständigen, vielstrahligen, unregelmäßigen Scheindolden, duften sehr stark (Name!), Blütezeit VI-VIII.
Standort: Feucht- und Nasswiesen, Gräben, Niedermoore, Bachauen, schattige Wegränder, Flussufer und Feuchtwälder.
Verbreitung: Fast überall in N- und M.-EU verbreitet; in D häufig, im Bergland nur bis etwa 1200 m.
Wissenswertes: Inhaltsstoffe des E.M. haben harn- und schweißtreibende Wirkung, die Pflanze fand und findet daher in der Volksmedizin Verwendung. Früher wurde sie auch zur Aromatisierung von Met und Bier verwendet.

Gewöhnlicher Odermennig *Agrimonia eupatoria*

ROSENGEWÄCHSE

Merkmale: Mehrjährige, zur Blütezeit bis zu 60 cm, fruchtend bis zu 100 cm hohe Pflanze mit aufrechtem, rauhaarigem, meist unverzweigtem Stängel; Blätter abwechselnd mit großen und kleinen Fiedern, diese grob gezähnt und unterseits weißfilzig; Blüten bis zu 1 cm breit, Kronen hellgelb, zahlreich in schlanker, verlängerter Traube, Blütezeit VI-IX.
Standort: Trockengebüsche, Feldraine, Waldränder, Halbtrockenrasen, Magerwiesen; bevorzugt auf trockenen, kalkhaltigen Böden.
Verbreitung: Fast überall in EU mit Ausnahme des tiefen S weit verbreitet und häufig, im Bergland bis in 1800 m Höhe.
Wissenswertes: Der G.O. ist eine alte Heilpflanze gegen Magen-, Darm- und Galleleiden. Sein längs gestreifter Kelch wird zur Reifezeit borstig und dient durch Kletthaftung der Fruchtverbreitung.

Wald-Erdbeere *Fragaria vesca*

FAMILIE ROSENGEWÄCHSE

Merkmale: Mehrjährige, etwa 5-25 cm hohe Pflanze mit oberirdischen Ausläufern; Blätter lang gestielt, 3-zählig, gezähnt, oberseits kahl; Blüten bis zu 1,5 cm breit, zu wenigen in endständiger Rispe, Kronblätter weiß, überdecken sich am Rand, Blütezeit V-VI.

Standort: Lichte Wälder, Gebüsche, Säume.

Verbreitung: In EU weit verbreitet und auch in D fast überall ziemlich häufig.

Erdbeer-Fingerkraut *Potentilla sterilis*

FAMILIE ROSENGEWÄCHSE

Merkmale: Mehrjährig, 5-10 cm hoch; Blätter lang gestielt, 3-zählig, leicht bläulich grün, grob gezähnt; Blüten bis zu 1,5 cm breit, Kronen weiß, Kronblätter berühren sich an ihren Rändern nicht, Blütezeit III-V.

Standort: Lichte Laubwälder, Waldränder, Säume, Gebüsche; meidet Kalkböden.

Verbreitung: In EU weit verbreitet und auch in D mit Ausnahme des NW häufig.

Blutwurz, Tormentill

Potentilla erecta F. ROSENGEWÄCHSE

Merkmale: Mehrjährig, 10-30 cm hoch, mit liegendem oder aufsteigendem Stängel u. kriechendem Wurzelstock; Blätter der Rosette lang gestielt, 3-zählig, grob gezähnt, Stängelblätter sitzend; Blüten bis 1 cm breit, Krone gelb, 4-zählig, einzeln lang gestielt in den Blattachseln, Blütezeit V-X. Alte Heilpflanze.

Standort: Mischwälder, Heiden, Magerwiesen, Niedermoore; auf mäßig versauerten Böden.

Verbreitung: Überall in EU häufig.

Gänse-Fingerkraut *Potentilla anserina*

FAMILIE ROSENGEWÄCHSE

Merkmale: Mehrjährig, mit kriechenden, wurzelnden, bis zu 50 cm langen Stängeln; Blätter rosettig, vielpaarig gefiedert, abwechselnd mit großen und kleinen Fiedern, gezähnt, unterseits seidig behaart; Blüten einzeln, lang gestielt, bis zu 2,5 cm breit, goldgelb, Blütezeit V-VIII.

Standort: Brachen, Wegränder, Ufer, Graudünen.

Verbreitung: In EU mit Ausnahme des NW und des SO verbreitet, in den meisten Gegenden häufig.

Kriechendes Fingerkraut

Potentilla reptans ROSENGEWÄCHSE

Merkmale: Mehrjährig, mit kriechenden, an den Knoten wurzelnden, bis zu 1 m langen Stängeln; Blätter lang gestielt, handförmig 5- bis 7-zählig, grob gezähnt, kahl; Blüten lang gestielt, einzeln den Blattachseln entspringend, Kronen bis zu 2,5 cm breit, goldgelb, Blütezeit V-VIII; Früchte von Ameisen verbreitet.

Standort: Lückige Rasen, Wegränder, Raine, Böschungen, Brachen, Schuttstellen.

Verbreitung: Überall in EU verbreitet.

Gewöhnlicher Frauenmantel

Alchemilla vulgaris ROSENGEWÄCHSE

Merkmale: Formenreiche, mehrjährige, meist 15-50 cm hohe Pflanze; Blätter handförmig rund, 7- bis 11-lappig, entlang der Hauptrippen gefaltet, am Rand gezähnt, auf beiden Seiten weichhaarig oder kahl; Blüten unscheinbar grünlich gelb, höchstens 4 mm breit, ohne Kronblätter, ziemlich nektarreich, Blütezeit V-IX.

Standort: Wiesen, Weiden, Waldränder, Gebüsche, überwiegend im Bergland.

Verbreitung: Fast überall in EU verbreitet.

Großer Wiesenknopf *Sanguisorba officinalis* FAM. ROSENGEWÄCHSE

Merkmale: Mehrjährig, 50-90 cm hoch; Blätter unpaarig gefiedert, Fiedern länglich oval, gezähnt, unterseits bläulich grün; Blüten 1-3 mm breit, dunkelrot, zahlreich in 1-3 cm langen, eiförmigen Köpfchen, Kronblätter fehlen, Blütezeit VI-IX; windblütig.
Standort: Feucht- und Nasswiesen, Gräben, Ufer, Niedermoore, Bergwiesen bis in 1200 m Höhe.
Verbreitung: In M.-EU weit verbreitet.

Ähnlich: **Kleiner Wiesenknopf** *Sanguisorba minor*, 20-70 cm hoch, Blattfiedern eher rundlich; Blüten unscheinbar grünlich rot, Blütezeit V-VII.

Scharfer Mauerpfeffer *Sedum acre* FAM. DICKBLATTGEWÄCHSE

Merkmale: Mehrjährige Pflanze mit kriechenden oder aufsteigenden, 5-15 cm langen Stängeln; Blätter bis zu 4 mm lang, im Umriss dreieckig, oberseits abgeflacht, unten rundlich, fleischig, schmecken pfefferartig scharf; Blüten bis zu 1,5 cm breit, zu wenigen in dichten Scheindolden, Kronen goldgelb, Blütezeit VI-VIII.
Standort: Mauern, Bahnschotter, lückige Rasen, Kiesdächer, gern auf Kalk.
Verbreitung: Mit Ausnahme des hohen N überall in EU, im Bergland bis in 2300 m Höhe.

Ähnlich: **Felsen-Fetthenne** *Sedum rupestre*, formenreich, Blätter bis zu 2 cm lang, vorn mit Stachelspitze, an der Basis gespornt; Blüten zitronengelb; Trockenrasen, Mauern, Felsen.

Weiße Fetthenne *Sedum album* FAMILIE DICKBLATTGEWÄCHSE

Merkmale: Mehrjährige, in lockeren Rasen wachsende Pflanze mit aufsteigenden oder aufrechten Stängeln, 5-20 cm hoch; Blätter 6-12 mm lang, rundlich walzenförmig mit stumpfem Ende, grasgrün oder kräftig rötlich bis braunrot getönt; Blüten bis zu 9 mm breit, zahlreich in rispigen, zu Scheindolden abgeflachten Blütenständen zusammengefasst, Kronen reinweiß, seltener hellrosa, Blütezeit VI-IX.
Standort: Sonnig trockene und offene Stellen, Mauern, Bahndämme, Felsbänder, Dächer, Halbtrockenrasen, Steinböden.
Verbreitung: In M.- und S-EU weit verbreitet, in D vor allem in den Weinbauregionen häufig und das Bild der Vegetation bestimmend.
Wissenswertes: Die W.F. ist die alleinige Futterpflanze für die Raupen des seltenen Apollofalters.

Große Fetthenne *Sedum telephium* FAMILIE DICKBLATTGEWÄCHSE

Merkmale: Formenreiche, mehrjährige Pflanze mit kräftigen, aufrechten, bis zu 50 cm hohen Stängeln; Blätter 2-7 cm lang, grasgrün oder bläulich, dickfleischig, flächig, länglich oval, sitzend, ungleichmäßig wenig gezähnt oder glattrandig, stumpf oder leicht glänzend; Blüten 5-8 mm breit, Kronen blassgelb bis purpurrot, zahlreich in flachen bis halbkugeligen, dicht gedrängten Scheindolden, Blütezeit VI-IX.
Standort: Hecken, Gebüsche, lichte Wälder, Magerrasen, Mauern, Gesteinsschutt, gern auf sandigen Böden, im Bergland bis in 900 m Höhe.
Verbreitung: In EU weit verbreitet; in D nur im nordwestlichen Tiefland selten, sonst zerstreut.
Wissenswertes: Nach ihrer Blütenfarbe wird die G.F. auch oft Purpur-Fetthenne genannt. In der Natur stellt sie eine wertvolle Trachtpflanze für Hautflügler und Falter dar.

Wechselblättriges Milzkraut
Chrysosplenium alternifolium

Merkmale: Wenig auffällige, mehrjährige Pflanze aus der Familie der Steinbrechgewächse mit aufrechten, 5-10 cm hohen, 3-kantigen Stängeln; Blätter nierenförmig, wenig gekerbt, borstig behaart, Grundblätter lang gestielt, Stängelblätter wechselständig; Blüten bis zu 4 mm breit, zu wenigen in kurzen Dolden, gelblich grün, Kronblätter fehlen, Blütezeit IV-VI.
Standort: Bachufer, Sümpfe, Quellfluren, feuchte Staudenfluren, Schluchtwälder.
Verbreitung: In EU in Kalkgebieten weit verbreitet; in D im N selten, sonst zerstreut.

Ähnlich: **Gegenblättriges Milzkraut** *Chrysosplenium oppositifolium,* Stängel 4-kantig, Blätter gegenständig, unterseits kahl; bevorzugt auf Silikatböden.

Knöllchen-Steinbrech *Saxifraga granulata*
STEINBRECHGEWÄCHSE

Merkmale: Mehrjährige Pflanze mit aufrechtem, schlankem, kaum beblättertem und behaartem Stängel, etwa 20-50 cm hoch; die grundständigen, in einer Rosette angeordneten Blätter gestielt, rundlich nierenförmig, unregelmäßig gekerbt bis gezähnt, 1-3 cm breit und fast ebenso lang; Blüten bis zu 2,5 cm breit, zu mehreren in einer endständigen, lockeren Rispe, Kelchblätter abstehend behaart, Blütezeit IV-VI.
Standort: Trockene, magere Wiesen, Säume, Gebüsche, Waldränder; meidet Kalkböden.
Verbreitung: In EU weit verbreitet; in D überwiegend in den Mittelgebirgen, fehlt im NW von D sowie in den Alpen. **§!**
Wissenswertes: Die Brutknöllchen am Stängelgrund dienen der vegetativen Vermehrung.

Dreifinger-Steinbrech *Saxifraga tridactylites*
F. STEINBRECHGEWÄCHSE

Merkmale: Einjährige, zierliche Pflanze von nur 2-15 cm Höhe mit aufrechtem, drüsig behaartem, nur im Blütenstand verzweigtem Stängel, der oft rötlich getönt ist; Blätter überwiegend in einer grundständigen Rosette, an der Basis keilförmig verschmälert, vorn schmal 3-lappig (namengebendes Merkmal), zur Blütezeit gewöhnlich bereits vertrocknet, Stängelblätter sitzend und größtenteils einfach; Blüten 5-8 mm breit, Kronen weiß, zu wenigen in einer lockeren Rispe beieinander stehend, Blütezeit IV-VI.
Standort: Mauerkronen, Felsfluren, Dünen, Bahnanlagen, Flachdächer mit Kiesschüttung.
Verbreitung: In EU weit verbreitet; in D meist zerstreut vorkommend und nur stellenweise häufig.
Wissenswertes: Der D. ist die einzige einjährige Art seiner Gattung und eine der wenigen, die auch außerhalb der Alpen auftreten.

Sumpf-Herzblatt *Parnassia palustris*
FAMILIE HERZBLATTGEWÄCHSE

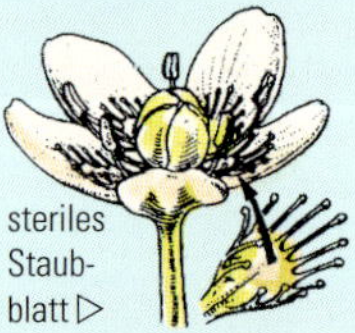

Merkmale: Mehrjährige, zierliche Pflanze, bis zu 40 cm hoch; die grundständigen Blätter lang gestielt, 1-4 cm lang und fast ebenso breit, herzförmig; das einzige Stängelblatt im unteren Drittel des Stängels sitzend, umfasst die leicht kantige Achse mit seiner herzförmigen Basis; Blüten einzeln endständig auf langem Stiel, bis zu 3 cm breit, Kronblätter weiß, grünlich gestreift, 5 fruchtbare und 5 gelbe sterile Staubblätter mit Drüsenköpfen, die aber keinen Nektar absondern, Blütezeit VII-IX.
Standort: Niedermoore, Sumpfwiesen, lichte Quellfluren, auch trockenere Kalkmagerrasen.
Verbreitung: In N- und M.-EU weit verbreitet; in D nur zerstreut, in den Alpen bis in 2500 m Höhe. **RL, §!**
Wissenswertes: Die sterilen Staubblätter sehen wie reiche Pollen- und Nektarquellen aus; die meisten Blütenbesucher (vor allem Käfer und Fliegen) lassen sich davon täuschen.

Rundblättriger Sonnentau
Drosera rotundifolia SONNENTAUGEW.

Merkmale: Mehrjährige, sehr kleine und wenig auffällige Pflanze; Blätter sämtlich in grundständiger, dem Boden anliegender Rosette, lang gestielt, mit kreisrunder, knapp fingernagelgroßer Spreite, grünlich rot bis hochrot, auf der Oberseite mit lang gestielten Drüsen, die einen glitzernden, klebrigen Schleim absondern; Blüten 3-7 mm breit, weiß, zu wenigen an einer bogig überhängenden Traube, nur jeweils eine einzige Blüte geöffnet, Blütezeit VI-VIII.
Standort: Hoch- und Übergangsmoore, seltener auch in Nieder- und Heidemooren oder auf nackten Sandböden.
Verbreitung: In den Moorgebieten von ganz EU weit verbreitet. **RL, §!**

Langblättriger Sonnentau
Drosera anglica SONNENTAUGEWÄCHSE

Merkmale: Mehrjährig; Blätter in grundständiger Rosette, lang gestielt, meist aufgerichtet; Blüten auf einem 10-30 cm hohen Schaft, der in der Rosettenmitte entspringt, Kronen weiß, 3-7 mm breit, Blütezeit VI-VIII.
Standort: Nieder- und Hochmoore, auch auf zeitweise überschwemmten Böden.
Verbreitung: N- und M.-EU; in D fast überall selten, im Alpenvorland zerstreut. **RL! §!**
Wissenswertes: An den glitzernden Klebtropfen von Sonnentau-Blättern bleiben überwiegend auf dem Boden laufende Kerbtiere hängen. Zu deren Verdauung rollt sich das Blatt ein und besondere Drüsen der Blattoberseite (nicht die Fangtentakel!) geben spezielle Enzyme ab, welche die Eiweißstoffe der Beute zerlegen.

Mittlerer Sonnentau *Drosera intermedia*
FAM. SONNENTAUGEWÄCHSE

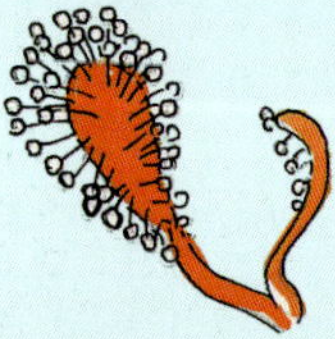

Merkmale: Mehrjährige, kleine Pflanze; Blätter in einer Rosette, meist aufgerichtet, gestielt, Spreiten 7-10 mm lang, klebrige Fangtentakel meist nur am Rand ausgebreitet; Blüten an einem 4-10 cm hohen Blütenschaft, der seitlich bogig von der Rosette aufsteigt, Kronen 3-7 mm breit, weiß, Blütezeit VII-VIII.
Standort: Nasse, oft überflutete Stellen von Übergangs- und Hochmooren.
Verbreitung: In N- und M.-EU selten, im Alpenvorland zerstreut. **RL! §!**
Wissenswertes: Sobald ein Beutetier mit den klebrigen Tentakeln von Sonnentau-Blättern in Kontakt gekommen ist, biegen sich die benachbarten Tentakel zur Mitte und das Blatt krümmt sich langsam über dem Opfer zusammen. Mit der Verdauung des tierischen Eiweißes erschließen sich die Pflanzen an ihrem nährstoffarmen Standort eine ergiebige Quelle für Stickstoffverbindungen.

Wasserfalle *Aldrovanda vesiculosa*
FAMILIE SONNENTAUGEWÄCHSE

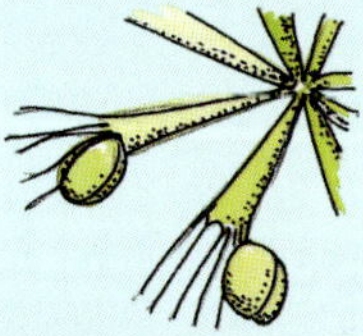

Merkmale: Mehrjährige Wasserpflanze, die frei und ohne Wurzeln dicht unter der Wasseroberfläche schwimmt; Stängel nicht oder wenig verzweigt, 10-20 cm lang; Blätter zu 6-9 quirlständig, im unteren, stängelartigen Teil etwa 2 mm breit, im oberen Teil rundlich und 0,5-1 cm breit, in der Mitte längs gefaltet, am Rand mit langen Fühlborsten; Blüten unscheinbar grünlich, 5-8 mm breit, auf langen Stielen, Blütezeit VII-VIII.
Standort: Nährstoffreiche, stehende, sommerwarme Gewässer.
Verbreitung: Von W-EU über Indien bis O-Asien; in M.-EU nur an wenigen Stellen, in D überaus selten (Mecklenburg, Bodenseegebiet). **RL! §!**
Wissenswertes: Bei Berührung durch kleine Wassertiere klappen die beiden Blatthälften schlagartig zusammen. Verdauungsenzyme zerlegen dann die gefangene Beute.

Vielblättrige Lupine *Lupinus polyphyllus* SCHMETTERLINGSBLÜTENGEW.

Merkmale: Mehrjährig; Stängel aufrecht, unverzweigt, bis zu 1,2 m hoch; Blätter lang gestielt, Spreite handförmig 9- bis 17-teilig, Fiedern lanzettlich, bis zu 15 cm lang, ungestielt, glattrandig, behaart; Blüten bis 1,5 cm lang, zahlreich in dichter, verlängerter Traube, Krone blau oder blauviolett, selten weißlich, Flügel miteinander verbunden, Schiffchenspitze daher nicht sichtbar, Blütezeit VI-IX.
Standort: Böschungen, Waldlichtungen, Säume.
Verbreitung: Stammt aus dem westlichen N-Amerika, bei uns als Rohbodenpionier oder Wildäsung angesät und stellenweise eingebürgert.
Wissenswertes: Mithilfe von Bakterien in ihren Wurzelknöllchen kann die V. L. wie viele andere Vertreter der Familie Luftstickstoff binden und in mineralischen Pflanzennährstoff umwandeln.

Weißer Steinklee *Melilotus alba* FAMILIE SCHMETTERLINGSBLÜTENGEWÄCHSE

Merkmale: Zweijährige, bis zu 1,2 m hohe Pflanze mit verzweigtem, aufrechtem Stängel; Blätter wechselständig, 3-zählig gefiedert, Fiedern kurz gestielt, grob gezähnt, kahl; Blüten bis zu 7 mm lang, Kronen weiß, zahlreich in 5-8 cm langer, schlanker, aufrechter Traube, Blütezeit V-VIII.
Standort: Brachen, trockene Böschungen, Wegränder, lückige Rasen, Säume; auf nährstoffreichen, leicht kalkhaltigen, steinigen Böden.
Verbreitung: In EU weit verbreitet, in D fast überall häufig.
Wissenswertes: Beim Trocknen entwickeln die Steinklee-Arten das Waldmeister-Aroma Cumarin, welches dem Heu seinen typischen süßlichen Duft verleiht. In größeren Mengen ist diese Substanz giftig – auch für Weidetiere.

Echter Steinklee *Melilotus officinalis* SCHMETTERLINGSBLÜTENGEW.

Merkmale: Zweijährige, bis zu 1,2 m hohe Pflanze mit verzweigtem Stängel; Blätter 3-zählig gefiedert, Fiedern gezähnt, Nebenblätter glattrandig; Blüten 5-7 mm lang, zahlreich in lang gestielten, schlanken Trauben in den oberen Blattachseln, Kronen goldgelb, Fahne und Flügel deutlich länger als das Schiffchen, Fruchtknoten und Hülse kahl, Blütezeit VI-IX.
Standort: Brachen, Bahndämme, Steinbrüche, Wegränder; bevorzugt an sonnigen Stellen.
Verbreitung: Überall in EU verbreitet und häufig.

Ähnlich: **Hoher Steinklee** *Melilotus altissimus,* Fahne, Flügel und Schiffchen gleich lang, Fruchtknoten und Hülse anliegend behaart, runzelig; feuchte Standorte.

Saat-Luzerne *Medicago sativa* FAMILIE SCHMETTERLINGSBLÜTENGEWÄCHSE

Merkmale: Mehrjährige, 30-90 cm hohe Pflanze mit verzweigtem, aufrechtem Stängel; Blätter 3-zählig gefiedert, Fiedern fein gezähnt, vorn mit Stachelspitze, Endfieder gestielt, die beiden übrigen ungestielt; Blüten bis zu 1,2 cm lang, zahlreich in gestielten kopfigen Trauben in den Blattachseln, Kronen lila, violett oder violett-purpurn, Blütezeit VI-IX; Hülse schraubig gewunden.
Standort: Äcker, sonnige Wiesen, lichte Gebüsche, Böschungen, Wegränder, vom Tiefland bis in mittlere Gebirgslagen.
Verbreitung: Stammt aus Vorderasien, wird in EU schon seit der Antike als wertvolle Futterpflanze angebaut und ist vielfach verwildert.
Wissenswertes: Die auch als Blaue Luzerne bezeichnete Pflanze bildet mit der rein gelb blühenden, in allen übrigen Merkmalen aber sehr ähnlichen **Sichel-Luzerne** *Medicago falcata* fruchtbare Bastarde, deren Blüten eigenartig mischfarbig violettgrün sind. Man findet diese häufig in Halbtrockenrasen, an sonnigen Wegrändern oder Säumen.

Gewöhnlicher Wundklee
Anthyllis vulneraria SCHMETTERLINGSBL.

Merkmale: Formenreiche, mehrjährige Pflanze mit aufsteigendem Stängel, 15-50 cm hoch; Blätter mit 1-6 Paar länglich elliptischer, nach vorn vergrößerter Seitenfiedern, Endfieder mitunter größer als das ganze übrige Blatt; Blüten 1-2 cm lang, in kugeligen Köpfen, Kronen gelb, orange oder rötlich, Kelch dicht zottig behaart, nach der Blüte bauchig aufgetrieben, Blütezeit V-IX.
Standort: Magerrasen, Böschungen, Steinbrüche, Trockenhänge, Gebüsche, Wegränder, vorzugsweise auf kalkhaltigem Boden.
Verbreitung: In EU weit verbreitet; in NW-D selten.

Hopfenklee, Gelbklee *Medicago lupulina*
SCHMETTERLINGSBLÜTENG.

Merkmale: Ein- bis mehrjährige Pflanze mit liegenden oder aufsteigenden, bis zu 30 cm langen Stängeln; Blätter 3-zählig gefiedert, Fiedern vorn meist leicht ausgerandet, mit kurzem Spitzchen; Blüten etwa 3 mm lang, in kleinen Köpfchen, Kronen gelb, Blütezeit V-IX.
Standort: Wiesen, Wegränder, Trockenrasen, Gebüsche, Äcker, im Bergland bis in 1500 m Höhe.
Verbreitung: In EU weit verbreitet, in ganz D häufig.

Wiesen-Klee, Rot-Klee *Trifolium pratense*
SCHMETTERLINGSBLÜT.

Merkmale: Formenreiche, mehrjährige Pflanze mit aufsteigenden Stängeln; Blätter lang gestielt, 3-zählig gefiedert, Fiedern oval, glattrandig, heller oder purpurn gefleckt; Blüten purpurn oder rosa, in 2-3 cm breiten, kugeligen Köpfchen, diese meist zu zweien, Kelch 10-nervig, behaart, Blütezeit V-VIII.
Standort: Weiden, Fettwiesen, Wegsäume.
Verbreitung: In EU weit verbreitet und häufig; vielfach als Futterpflanze angebaut.

Weiß-Klee, Kriech-Klee *Trifolium repens*
SCHMETTERLINGSBLÜTENG.

Merkmale: Formenreiche, mehrjährige Pflanze mit weit kriechenden, an den Knoten wurzelnden Stängeln; Blätter 3-zählig gefiedert, breit oval, fein gezähnt; Blüten 1 cm lang, weiß, duftend, in eiförmigen, 1-2 cm breiten Köpfen, Kronen nach dem Abblühen braun und herabhängend, Blütezeit V-IX.
Standort: Fettweiden, Wiesen, Parkrasen, Äcker; vorzugsweise auf stickstoffhaltigem Boden.
Verbreitung: Überall in EU häufig.

Schweden-Klee *Trifolium hybridum*
SCHMETTERLINGSBLÜTENGEW.

Merkmale: Formenreich, mehrjährig, mit aufsteigendem, nicht wurzelndem Stängel, 20-40 cm hoch; Blätter 3-zählig gefiedert, Fiedern breit oval; Blüten um 1 cm lang, zahlreich in länglich kugeligen, bis zu 2,5 cm langen Köpfen, Kronen anfangs weiß, dann rosa, Kelch 5-nervig, Blütezeit V-VIII.
Standort: Fett- und Nasswiesen, Wegränder, Böschungen; auf nährstoffreichen Böden.
Verbreitung: In EU weit verbreitet; häufig auch zusammen mit anderen Arten angebaut.

Hasen-Klee *Trifolium arvense*
FAMILIE SCHMETTERLINGSBLÜTENGEWÄCHSE

Merkmale: Einjährige Pflanze, 5-30 cm hoch, mit aufrechtem, verzweigtem Stängel; Blätter 3-zählig, Fiedern linealisch, graugrün, bis zu 3 cm lang; Blüten etwa 3 mm lang, zahlreich in walzenförmig gestreckten, 1-2 cm langen Köpfen beieinander stehend, Kronen anfangs weiß, später rosa getönt, Kelch dicht und lang behaart, Blütezeit V-VII.
Standort: Offene Sandfluren, Graudünen, Wegränder, Hackfruchtäcker, Brachflächen.
Verbreitung: Fast überall in EU häufig.

Zwerg-Klee, Faden-Klee

Trifolium dubium SCHMETTERLINGSBL.

Merkmale: Einjährig, 10-20 cm hoch, mit liegenden, dünnen Stängeln; Blätter 3-zählig, Fiedern bläulich grün, bis zu 1 cm lang, vorn buchtig gezähnt, Endfieder länger gestielt als die seitlichen; Blüten zu 5-10 in 5-8 mm großen Köpfen, Kronen hellgelb, später hellbraun, Blütezeit V-X.
Standort: Parkrasen, Wiesen, Weiden und Wege.
Verbreitung: Überall in EU ziemlich häufig.

Acker-Klee, Feld-Klee *Trifolium campestre*

SCHMETTERLINGSBLÜTENGEW.

Merkmale: Einjährig, mit liegenden, 5-30 cm langen Stängeln; Blätter 3-zählig, Endfieder länger gestielt als die seitlichen; Blüten rund 5 mm lang, zu 20-30 in bis zu 1,2 cm langen Köpfchen, Kronen goldgelb, nach dem Abblühen hellbraun, Blütezeit VI-IX.
Standort: Wiesen, Äcker, Brachen, Waldwege.
Verbreitung: In EU weit verbreitet; in D vor allem in den tieferen Lagen.

Gold-Klee *Trifolium aureum*

FAMILIE SCHMETTERLINGSBLÜTENGEWÄCHSE

Merkmale: Einjährige Pflanze mit aufrechtem, 10-40 cm hohem Stängel; Blätter 3-zählig, Fiedern schmal oval, alle gleich lang gestielt; Blüten um die 6 mm lang, zu 20-40 in eiförmigen Köpfen, Kronen goldgelb gefärbt, nach dem Abblühen hellbraun, Blütezeit VI-VIII.
Standort: Heiden, Halbtrockenrasen, Weg- und Waldränder, Säume, Böschungen.
Verbreitung: In EU fast überall häufig.

Gewöhnlicher Hornklee

Lotus corniculatus SCHMETTERLINGSBL.

Merkmale: Mehrjährige Pflanze mit liegendem oder aufsteigendem Stängel, bis zu 30 cm hoch; Blätter 3-zählig, mit sehr großem Nebenblattpaar, kahl; Blüten bis zu 1,3 cm lang, zu 3-8 in halbkugeligen Köpfchen, Kronen goldgelb, Schiffchenspitze rechtwinklig nach oben gebogen und rötlich überlaufen, Blütezeit V-VIII.
Standort: Trockenrasen, Fettwiesen, Waldränder, Gebüschsäume; Lehm anzeigende Pflanze.
Verbreitung: Überall in EU verbreitet.

Bunte Kronwicke *Coronilla varia*

SCHMETTERLINGSBLÜTENGEWÄCHSE

Merkmale: Mehrjährige Pflanze mit liegenden, verzweigten, bis über 1 m langen Stängeln; Blätter unpaarig gefiedert, die 11-25 Fiederblättchen schmal oval, bis 2 cm lang; Blüten 1,2 cm lang, zu 12-30 in halbkugeligen Köpfen, Fahne rosarot, Schiffchen und Flügel weißlich, Schiffchen mit violetter Spitze, Blütezeit V-VI. In allen Teilen schwach giftig!
Standort: Trockenrasen, Gebüsche, Säume und Böschungen; vor allem auf Kalkböden.
Verbreitung: Insbesondere in M.-EU verbreitet.

Hufeisenklee *Hippocrepis comosa*

SCHMETTERLINGSBLÜTENGEW.

Merkmale: Mehrjährige Pflanze mit liegenden oder aufsteigenden Stängeln, 10-30 cm hoch; Blätter lang gestielt, unpaarig gefiedert, mit 9-15 ovalen, etwa 1 cm langen Fiedern, bläulich grün; Blüten 1 cm lang, zu 4-10 in kopfigen Dolden, Kronen goldgelb, Blütezeit V-IX; Frucht (Hülse) gegliedert, mit hufeisenförmigen Abschnitten.
Standort: Trockenrasen, Steinbrüche, lichte Laubwälder; vorzugsweise auf Kalkböden.
Verbreitung: W-, M.- und S-EU; in D relativ selten.

Futter-Esparsette *Onobrychis viciifolia*

SCHMETTERLINGSBLÜTENGEW.

Merkmale: Mehrjährige Pflanze mit aufrechtem, verzweigtem Stängel, 30-70 cm hoch; Blätter unpaarig gefiedert, die 13-27 schmal linealischen Fiedern mit kurzer, aufgesetzter Stachelspitze; Blüten bis 1,5 cm lang, zahlreich in verlängerten, pyramidenförmigen, lang gestielten Trauben in den oberen Blattachseln, Kronen hellrot, dunkler purpurn geädert, Schiffchen etwa so lang wie die Fahne, Flügel kürzer als der dicht behaarte Kelch, Blütezeit V-VII.

Standort: Trockenwiesen, Böschungen, Wegränder, lichte Gebüsche; bevorzugt auf tiefgründigem, kalkhaltigem Boden.

Verbreitung: Stammt aus SO-EU, vielerorts in EU aus Futteranbau verwildert und fest eingebürgert; in D zerstreut in den Wärmegebieten.

Bärenschote, Süß-Tragant *Astragalus glycyphyllos*

Blatt und Hülse

Merkmale: Mehrjährige Pflanze mit liegenden, an den Enden aufsteigenden, verzweigten, bis zu 1,5 m langen Stängeln; Blätter bis zu 20 cm lang, unpaarig gefiedert, die 9-15 Fiedern 2-4 cm lang, glattrandig; Blüten bis 1,5 cm lang, zu mehreren in gestielten Trauben in den Blattachseln, Kronen gelblich grün, Blütezeit V-VII; Hülse mit Schnabelfortsatz.

Standort: Waldränder, lichte Gebüsche, Kahlschläge; gewöhnlich auf kalkhaltigen Lehmböden.

Verbreitung: Vor allem in M.-EU verbreitet, fehlt in weiten Gebieten von S-EU; in D nur zerstreut, im NW des Landes ganz fehlend.

Wissenswertes: In ihren Blättern und Wurzeln enthält die B. süß schmeckende Stoffe, die auch Bestandteil von Lakritze sind.

Zaun-Wicke *Vicia sepium*

FAMILIE SCHMETTERLINGSBLÜTENGEWÄCHSE

Merkmale: Mehrjährige Pflanze mit liegenden oder aufsteigenden, bis über 1 m langen Stängeln, klettert häufig auch an anderen Pflanzen hoch; Blätter gestielt, mit 4-7 glattrandigen, länglich ovalen, weich behaarten Fiederpaaren, Endfiedern gewöhnlich zu verzweigten Ranken umgebildet; Blüten ca. 1-1,5 cm lang, zu 2-6 in kurz gestielten Trauben in den oberen Blattachseln, Kronen schmutzig bläulich violett, Blütezeit V-VII.

Standort: Gebüsche, Wegränder, Gärten, Zäune, Waldsäume, Fettwiesen.

Verbreitung: In EU nahezu überall verbreitet, in D vom Tiefland bis ins Gebirge häufig.

Wissenswertes: Die Nebenblätter tragen auf ihrer Unterseite in dunkelpurpurnen Vertiefungen Nektardrüsen, die vor allem bei feuchtwarmem Wetter eine zuckerhaltige Flüssigkeit ausscheiden. Diese wird gern von Ameisen eingesammelt.

Vogel-Wicke *Vicia cracca*

FAMILIE SCHMETTERLINGSBLÜTENGEWÄCHSE

Merkmale: Formenreiche, mehrjährige Pflanze mit dünnen, verzweigten, bis über 1 m langen, kantigen Stängeln; Blätter kahl oder anliegend behaart, 6-10 Paar Fiedern je 2-4 mm breit und bis zu 3 cm lang, die vorderen fast immer zu langen Ranken umgebildet, Nebenblätter mit abstehenden Zipfeln; Blüten um 1 cm lang, zahlreich in lang gestielten, verlängerten, einseitswendigen, bis 10 cm langen Trauben in den Blattachseln, Kronen einheitlich blauviolett, Blütezeit VI-VIII.

Standort: Wälder, Wegränder, Getreideäcker, Gebüsche, Zäune; vor allem auf tiefgründigen, nährstoffreichen Lehmböden.

Verbreitung: In EU weit verbreitet und in den meisten Gegenden ziemlich häufig.

Wissenswertes: In Getreidefeldern gilt die V. als lästiges Wildkraut. Ihre Samen sind schwach giftig.

Wald-Wicke *Vicia sylvatica*

FAMILIE SCHMETTERLINGSBLÜTENGEWÄCHSE

Merkmale: Mehrjährig, mit kantigen, aufsteigenden oder kletternden Stängeln, 50-150 cm hoch; Blätter mit 6-8 Fiederpaaren, Endfiedern meist zu Ranken umgebildet; Blüten um 1,5 cm lang, zu mehreren in verlängerten, einseitswendigen Trauben, Kronen weißlich, blauviolett geädert, Blütezeit VI-VIII.

Standort: Wälder, Gebüsche und Säume.

Verbreitung: M.- und SO-EU, fehlt westl. des Rheins.

Saat-Wicke *Vicia sativa*

FAMILIE SCHMETTERLINGSBLÜTENGEWÄCHSE

Merkmale: Einjährige Pflanze mit aufrechtem oder aufsteigendem Stängel, 30-70 cm hoch; Blätter mit meist 5 Fiederpaaren; Blüten zu 1-2 in den oberen Blattachseln, bis 2,5 cm lang, Fahne rotviolett, Flügel satt purpurn oder gleichfarbig mit der Fahne, Blütezeit V-VII.

Standort: Gärten, Äcker, Brachen, Wegränder. Gelegentlich als Futterpflanze angebaut.

Verbreitung: In EU weit verbreitet.

Wiesen-Platterbse *Lathyrus pratensis*

SCHMETTERLINGSBLÜTENGEW.

Merkmale: Mehrjährig, mit kantigem, behaartem, meist liegendem Stängel, 20-90 cm lang; Blätter mit nur 1 Fiederpaar und 1 Endranke, pfeilförmige Nebenblätter; Blüten 1-2 cm lang, zu 3-12 in lockeren Trauben, Kronen goldgelb, Blütezeit VI-VIII.

Standort: Fett- und Nasswiesen, Ufer, Gebüsche, Wälder, Waldlichtungen, Staudenfluren.

Verbreitung: In EU fast überall häufig, so auch in D, hier stellenweise aber auch selten oder fehlend.

Berg-Platterbse *Lathyrus linifolius*

SCHMETTERLINGSBLÜTENGEWÄCHSE

Merkmale: Mehrjährige, nicht rankende Pflanze, 15-30 cm hoch, Stängel schmal geflügelt, liegend oder aufsteigend; Blätter mit 2-3 Fiederpaaren, unterseits bläulich; Blüten zu 4-6 in lang gestielten, lockeren Trauben, Kronen anfangs hellpurpurn, dann zunehmend trüb blau, zuletzt hellbraun gefärbt, Blütezeit IV-VI.

Standort: Lichte Laubwälder, Heiden, Magerrasen.

Verbreitung: In ganz M.-EU weit verbreitet.

Frühlings-Platterbse *Lathyrus vernus*

SCHMETTERLINGSBLÜTENGEWÄCHSE

Merkmale: Mehrjährig, mit aufrechtem Stängel, 30-80 cm hoch; Blätter gefiedert, Fiedern breit oval, spitz, anstelle der Endfieder häufig nur eine schlanke Spitze; Blüten bis zu 2 cm lang, in lockerer Traube, Kronen anfangs rot, dann violett und zuletzt weißlich mit grünlich blauem Ton, Blütezeit IV-V.

Standort: Lichte Laub- und Mischwälder, im Bergland bis in 1900 m Höhe.

Verbreitung: Fast überall in EU verbreitet, fehlt jedoch im N und NW von D.

Wald-Platterbse *Lathyrus sylvestris*

SCHMETTERLINGSBLÜTENGEW.

Merkmale: Formenreiche, mehrjährige Pflanze, Stängel bis zu 2 m lang, breit geflügelt; Blätter mit 1 Paar lanzettlicher, bis zu 12 cm langer Fiedern und 1 (verzweigten) Ranke, Blattstiele ebenfalls geflügelt; Blüten bis 2 cm lang, zu 3-10 in lockeren, einseitswendigen Trauben, Fahnen hellpurpurn, Flügel dunkler, Schiffchen cremeweiß, Blütezeit VII-IX.

Standort: Laub- und Mischwälder sowie Hecken.

Verbreitung: In EU weit verbreitet.

Echtes Springkraut *Impatiens noli-tangere* F. BALSAMINENGEWÄCHSE

Kapsel, (unten: aufgesprungen)

Merkmale: Einjährige, 30-100 cm hohe Pflanze mit aufrechtem, glasig erscheinendem Stängel; Blätter bis zu 10 cm lang; Blüten an langen Stielen, Kronen 2-3 cm lang, gelb, innen weinrot gepunktet, mit langem, gekrümmtem Sporn, Blütezeit VI-X; reife Kapselfrucht springt bei Berührung explosionsartig auf und schleudert die Samen weg.
Standort: Feuchte Laub-und Nadelwälder, Gebüsch.
Verbreitung: In EU fast überall häufig.

Ähnlich: **Kleinblütiges Springkraut** *Impatiens parviflora,* bis 60 cm hoch, Blüten etwa 1 cm lang, blassgelb, mit geradem Sporn; in Parks und Hecken.

Drüsiges Springkraut *Impatiens glandulifera* F. BALSAMINENGEWÄCHSE

Merkmale: Mehrjährige, stattliche Pflanze mit aufrechtem, fleischigem Stängel (kleines Foto), bis zu 2,5 m hoch; Blätter 10-25 cm lang, gegenständig oder zu 3 wirtelig, eiförmig lanzettlich, scharf gezähnt, an den Zähnen und am Blattstiel mit zahlreichen rötlichen Drüsen; Blüten 2,5-4 cm lang, hängen an langen Stielen in lockeren Trauben, Kronen mit kurzem Sporn, Blütezeit VI-X.
Standort: Bachbegleitende Gebüsche, Auenwälder, Brachen, Waldwege, Lichtungen; meist auf nährstoffreichen, feuchten Böden.
Verbreitung: In M.-EU weit verbreitet.
Wissenswertes: Das D.S. stammt aus SW-Asien (Himalaja-Gebiet), ist um 1920 vermutlich im südlichen D aus Gartenkultur verwildert und hat sich seither vielerorts eingebürgert. In Ausbreitung.

Wiesen-Lein, Purgier-Lein *Linum catharticum* F. LEINGEWÄCHSE

Merkmale: Einjährige, zarte Pflanze mit gabelig verzweigtem, aufrechtem, schlankem Stängel, 5-20 cm hoch; Blätter im unteren Stängelbereich gegenständig, im Blütenstand wechselständig, sitzend, schmal linealisch, etwa 1 cm lang, 1-nervig; Blüten lang gestielt in lockerer Rispe, als Knospen nickend, Kronen weiß, 5-9 mm breit, 5-zählig, Kronblätter nicht eingekerbt, am Grund mit einem gelben Fleck, Blütezeit V-VIII. Leicht giftig!
Standort: Halbtrockenrasen, Feucht- und Moorwiesen, Niedermoore, Sandfluren, lichte Gebüsche; vorzugsweise auf dichtem, kalkhaltigem Boden, gilt als Anzeiger für Böden mit Tongehalt.
Verbreitung: In EU weit verbreitet, in D meist im Bergland, in den Alpen bis in 2300 m Höhe.
Wissenswertes: Der W. ist eine alte Heilpflanze, die früher als Abführmittel (zweiter Name!) sowie gegen Wurmbefall verwendet wurde.

Ausdauernder Lein *Linum perenne* FAMILIE LEINGEWÄCHSE

Merkmale: Formenreiche, mehrjährige, etwa 30-70 cm hohe Pflanze mit aufrechten, schlanken, wenig verzweigten Stängeln; Blätter wechselständig, lanzettlich, graugrün, mit 1-3 Hauptnerven, etwa 2-4 mm breit und um 2 cm lang, am Rand leicht rau; Blüten bis 3 cm breit, zahlreich in lockeren Trauben, kurzlebig, Kronen himmelblau, Kronblätter decken sich randlich auf der gesamten Länge, Kelchblätter stumpf, die inneren breiter und länger als die äußeren, Blütezeit VI-VIII.
Standort: Lichte Kiefernwälder, Trockenrasen, Steinfluren; gelegentlich auch in Gartenkultur.
Verbreitung: Hauptsächlich in SO- und M.-EU; in D nur sehr zerstreut. **RL, §!**
Wissenswertes: Die Blüten des A.L. zeigen die Erscheinung der Heterostylie – sie entwickeln entweder lange Staubblätter und kurze Griffel oder umgekehrt. Anders als der einjährige **Saat-Lein** oder **Flachs** *Linum usitatissimum*, der als alte Kulturpflanze sowohl Flachsfasern als auch Leinsamen und Leinöl liefert, wird der A.L. bei uns als Zierpflanze für naturnahe Gärten eingesetzt.

Schmalblättriges Weidenröschen *Epilobium angustifolium*

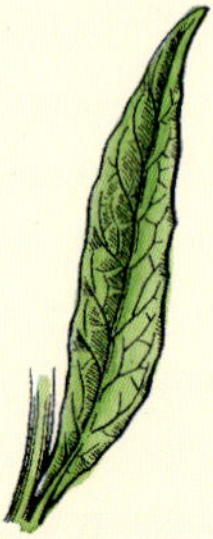

Merkmale: Mehrjährige Pflanze mit aufrechtem, unverzweigtem Stängel, 50-150 cm hoch; Blätter wechselständig, im oberen Stängelteil oft angenähert gegenständig, kurz gestielt, Spreite schmal lanzettlich, 9-12 cm lang, spitz, oberseits dunkel-, unterseits bläulich grün, am Rand umgebogen; Blüten 2-3 cm breit, zahlreich in endständigen, lockeren Trauben, Kronen 4-zählig, purpurrot, Blütezeit VI-VIII; Kapseln schlank.

Standort: Waldränder, Gebüsche, Böschungen, Brachflächen, Bahnschotter, Felsschutt.

Verbreitung: Überall in EU verbreitet und meist sehr häufig, tritt gewöhnlich truppweise auf.

Wissenswertes: Wie auch bei den übrigen Weidenröschen enthalten die dünnen Samenkapseln eine enorme Zahl winziger Samen mit Flughaaren.

Kleinblütiges Weidenröschen *Epilobium parviflorum*

Merkmale: Mehrjährige, 20-80 cm hohe Pflanze mit aufrechtem, nur im oberen Teil wenig ästigem, kurz behaartem Stängel; Blätter im unteren Stängelteil gegenständig, weiter oben wechselständig, sehr kurz gestielt oder sitzend, lanzettlich, 1-2,5 cm breit und 4-7 cm lang, umfassen mit ihrer Basis den Stängel nicht und laufen daran auch nicht herab, am Rand mit wenigen Drüsen; Blüten lang gestielt in den Achseln der oberen Blätter, 1-1,8 cm breit, Kronen tiefrosa bis rotviolett, zur Mitte hin dunkler, vorn herzförmig ausgerandet, etwas trichterförmig, Blütezeit VI-IX.

Standort: Gräben, Ufer, Bachauen, vernässte Waldwege, meist auf feuchten Lehm- oder Tonböden.

Verbreitung: In EU weit verbreitet und fast überall häufig, so auch in D.

Zottiges Weidenröschen
Epilobium hirsutum NACHTKERZENGEW.

Merkmale: Mehrjährige Pflanze mit reich verzweigtem, aufrechtem, dicht behaartem Stängel, 50-150 cm hoch; Blätter wechselständig, teilweise auch angenähert gegenständig, sitzend und halb stängelumfassend oder mit der Basis am Stängel leicht herablaufend, lanzettlich, 1-2 cm breit und 6-12 cm lang, scharf gesägt; Blüten 2-4 cm breit, lang gestielt in den Achseln der oberen Blätter, Kronen 4-zählig, rosenrot, Narben hellrosa, mit 4 weit ausgebreiteten Ästen, Blütezeit VII-VIII.

Standort: Hochstaudenfluren an Gewässern, Nasswiesen, Auenwälder, Gräben, Ufer.

Verbreitung: In EU mit Ausnahme des N weit verbreitet; in D im nördlichen Tiefland zerstreut, in den Alpen bis in 1250 m Höhe.

Wissenswertes: Das Z.W. wurde früher in Bauerngärten oft als Zierpflanze kultiviert.

Gewöhnliches Hexenkraut
Circaea lutetiana NACHTKERZENGEW.

Merkmale: Mehrjährige, eher zierliche Pflanze mit aufrechtem, unverzweigtem, im oberen Teil flaumig behaartem Stengel, etwa 20-50 cm hoch; Blätter gegenständig, kurz gestielt, oval bis breit lanzettlich, an der Basis abgerundet oder angedeutet herzförmig, gezähnt, mattgrün, auf den Blattnerven behaart; Blüten 4-7 mm breit, zahlreich in lockeren, verlängerten Trauben, Kronen weiß oder hellrosa, mit nur 2 verkehrt herzförmigen, vorn tief eingekerbten Kronblättern, die eine 4-Zähligkeit vortäuschen, Kelchblätter drüsig behaart, Blütezeit VI-VII; kleine Nussfrüchte mit borstigen Hakenhaaren (Kletteverbreitung).

Standort: Feuchte Laub- und Mischwälder, Auengebiete, vor allem im Bergland.

Verbreitung: In EU weit verbreitet; in D häufig.

Wissenswertes: Nach altem Aberglauben gilt das H. als Zauberpflanze – mit ungesicherter Wirkung.

Gewöhnliche Nachtkerze
Oenothera biennis NACHTKERZENGEW.

Merkmale: Zweijährige Pflanze mit meist unverzweigtem, aufrechtem, 50-150 cm hohem Stängel; grundständige Blätter in einer Rosette, Stängelblätter sitzend, lanzettlich, glattrandig oder fein gezähnt, unbehaart; Blüten 3-6 cm breit, einzeln in der Achsel der oberen Blätter, öffnen sich gegen Abend mit vernehmlichem Knistern, verwelken im Lauf des Folgetags, Blütezeit VI-IX.
Standort: Steinbrüche, Bahndämme, Brachen, Wegränder, Böschungen, Gärten.
Verbreitung: Stammt aus N-Amerika, fast überall in EU verwildert, in D außer in Gebirgen häufig.

Ähnlich: **Kleinblütige Nachtkerze** *Oenothera parviflora*, Blüten bis 4 cm breit; Sandfluren, Dünen; in D vor allem im NW häufig.

Gewöhnliches Kreuzblümchen
Polygala vulgaris

Merkmale: Mehrjährige, formenreiche Pflanze mit aufrechtem oder aufsteigendem, ästigem Stängel, meist 10-25 cm hoch; Blätter wechselständig, kurz gestielt, schmal elliptisch bis linealisch, etwas ledrig; Blüten um 8 mm lang, zu mehreren in endständiger Traube, kronblattartige Kelchblätter sowie Kronen dunkelblau bis violett, selten auch weiß oder rötlich, Blütezeit V-VIII.
Standort: Hecken, Böschungen, Sandfluren, Halbtrockenrasen, Wiesen, Heiden.
Verbreitung: In weiten Teilen von EU verbreitet, in den meisten Gegenden von D zerstreut.

Ähnlich: **Bitteres Kreuzblümchen** *Polygala amara*, untere Blätter rosettenartig, schmecken beim Zerkauen stark bitter; Steinfluren.

Diptam *Dictamnus albus*
FAMILIE KREUZBLUMENGEWÄCHSE

Merkmale: Mehrjährige, zumeist sehr stattliche Pflanze mit aufrechtem, verzweigtem, bis über 1 m hohem, dicht drüsig behaartem Stängel; Blätter wechselständig, unpaarig gefiedert, Fiedern durchscheinend punktiert, gezähnt, duften beim Abstreifen aromatisch nach Zitrone; Blüten 2-3 cm breit, 2-seitig symmetrisch, zu mehreren in endständiger, lockerer Traube, Kronblätter ungleich groß, weißlich, purpurn bis violett geädert, Blütezeit V-VI.
Standort: Lichte Trockenwälder, Gebüsche, Waldsäume, Felsfluren, Halbtrockenrasen; meist auf Kalk.
Verbreitung: In S-EU sowie im südlichen M.-EU; in D sehr zerstreut, nordwärts nur bis zum Mittelrhein- und Moselgebiet. **RL, §!**
Wissenswertes: Die heute nicht mehr verwendete Heil- und Aromapflanze wurde früher vielfach in Bauerngärten angepflanzt.

Blut-Weiderich *Lythrum salicaria*
FAMILIE WEIDERICHGEWÄCHSE

Merkmale: Mehrjährige Pflanze mit 4-kantigem, aufrechtem, meist unverzweigtem, 50-150 cm hohem, im oberen Teil behaartem Stängel; Blätter gegenständig, seltener auch zu 3 in Wirteln, bis zu 10 cm lang, lanzettlich, an der Basis leicht gerundet; Blüten um 2 cm breit, zahlreich in dichter, endständiger Ähre, Kronblätter meist 6, weinrot bis kräftig purpurviolett, Blütezeit VI-IX.
Standort: Gräben, Ufer, Nasswiesen, Röhrichte, Bruchwälder; erträgt Überflutung.
Verbreitung: In fast allen Teilen von EU mit Ausnahme des hohen N weit verbreitet; in D stellenweise häufig.
Wissenswertes: Vom B. gibt es 3 verschiedene Varianten, die sich äußerlich in der Länge der Staubblätter und der Griffel sowie in der Pollengröße und -farbe unterscheiden. Eine erfolgreiche Bestäubung und Befruchtung ist nur zwischen den jeweils passenden Typen möglich.

Wald-Sauerklee *Oxalis acetosella*

FAMILIE SAUERKLEEGEWÄCHSE

Merkmale: Mehrjährige, zarte Pflanze von 5-15 cm Höhe; Blätter allesamt grundständig, lang gestielt, kleeähnlich 3-zählig gefiedert, Fiedern falten und senken sich bei Dunkelheit (Zeichnung), saurer Geschmack; Blüten einzeln, lang gestielt, Kronen weiß mit dunkleren Streifen, Blütezeit IV-V.

Standort: Frische bis feuchte Laub- und Mischwälder, Gebüsche; Schattenpflanze.

Verbreitung: In EU fast überall verbreitet.

Aufrechter Sauerklee *Oxalis fontana*

FAMILIE SAUERKLEEGEWÄCHSE

Merkmale: Ein- bis mehrjährige Pflanze mit aufrechtem, ästigem Stängel, 15-40 cm hoch; Blätter 3-zählig gefiedert; Blüten in lockerer Traube, bis zu 1,5 cm breit, Kronen gelb, Blütezeit IV-X; reife Kapseln schleudern die Samen explosiv aus.

Standort: Äcker, Gärten, Parks, Gehwegränder.

Verbreitung: Stammt aus N-Amerika; in D seit dem vorigen Jh. an vielen Stellen fest eingebürgert.

Wassernuss *Trapa natans*

FAMILIE WASSERNUSSGEWÄCHSE

Merkmale: Einjährige Schwimmpflanze mit Rosetten von rautenförmigen, vorn grob gezähnten Blattspreiten und blasig aufgetriebenen Blattstielen, oft rötlich überlaufen; Blüten einzeln in den Blattachseln, 4 Kronblätter, Kelch mit 4 hornförmigen Fortsätzen, Blütezeit VI-VIII.

Standort: Warme, stehende Gewässer, Altarme; wird gelegentlich für Gartenteiche gehandelt.

Verbreitung: Weltweit; in D sehr vereinzelt. **RL, §!**

Ähriges Tausendblatt *Myriophyllum spicatum*

TAUSENDBLATTGEW.

Merkmale: Mehrjährige Wasserpflanze mit verzweigten, untergetauchten oder flutenden Stängeln, bis zu 120 cm lang; Blätter zu 4 in Quirlen, Spreiten 2-5 cm lang, mit zahlreichen, borstenartigen Seitenfiedern; Blüten winzig, unscheinbar, in einer aus dem Wasser ragenden Ähre, Blütezeit VI-VIII.

Standort: Stehende oder langsam fließende, meist nährstoffreiche Gewässer.

Verbreitung: In M.- und S-EU; in D relativ verbreitet.

Tannenwedel *Hippuris vulgaris*

FAMILIE TANNENWEDELGEWÄCHSE

Merkmale: Mehrjährige Wasserpflanze mit 20-50 cm langen, bogig aus dem Wasser aufsteigenden und aufragenden Stängeln; Blätter zu 4-20 quirlständig, steif abstehend, linealisch, höchstens 3 mm breit und bis zu 2 cm lang; Blüten unscheinbar, Blütezeit VI-VIII.

Standort: Röhrichte nährstoffreicher, stehender oder langsam fließender Gewässer.

Verbreitung: In EU weit verbreitet; in D meist nur zerstreut, gelegentlich angepflanzt.

Wassernabel *Hydrocotyle vulgaris*

FAMILIE WASSERNABELGEWÄCHSE

Merkmale: Mehrjährige, zarte Pflanze mit fadendünnen, kriechenden, bis zu 1 m langen Stängeln; Blätter 4-20 cm lang gestielt, mit schildförmiger, rundlicher Spreite; Blüten in kopfigen Dolden unterhalb der Blätter, Kronen rötlich weiß, Blütezeit VII-VIII.

Standort: Feuchte Wiesen, Gräben, Ufer, Niedermoore, Verlandungszonen von Gewässern.

Verbreitung: In M.-EU besonders im NW, u.a. in der Norddt. Tiefebene, sonst zerstreut, fehlt in den Alpen.

Stinkender Storchschnabel
Geranium robertianum STORCHSCHNA.

Merkmale: Auch Ruprechtskraut genannt; einjährig, mit aufrechtem, verzweigtem, meist karminrotem, dicht behaartem Stängel, Höhe 10-50 cm; Blätter 3- bis 5-zählig gefiedert, beim Zerreiben unangenehm riechend; Blüten 1-2 cm breit, lang gestielt, Kronen rosa mit hellen Streifen, Blütezeit V-X.
Standort: Gebüsche, Zäune, Mauern, Wälder.
Verbreitung: In EU fast überall häufig.

Wald-Storchschnabel *Geranium sylvaticum* STORCHSCHNABELG.

Merkmale: Mehrjährig, 30-60 cm hoch, mit aufrechtem, behaartem Stängel; Blätter nicht ganz bis zur Spreitenbasis handförmig; Blüten bis zu 3,5 cm breit, kräftig rotviolett, Blütezeit VI-VII, Blütenstiele bleiben nach dem Abblühen aufrecht.
Standort: Wald- und Gebüschsäume, Bergwiesen, Staudenfluren, Mischwälder.
Verbreitung: In EU weit verbreitet; in D vor allem im Bergland, sonst nur zerstreut.

Weicher Storchschnabel
Geranium molle STORCHSCHNABELGEW.

Merkmale: Ein- bis zweijährige Pflanze mit aufsteigenden, reich verzweigten, bis zu 30 cm hohen, weich und zottig behaarten Stängeln; Blätter im Umriss rundlich, bis zur Mitte 5- bis 9-teilig, weich behaart; Blüten zu jeweils 2 in den oberen Blattachseln, bis zu 1,5 cm breit, Kronblätter hellrot bis hellviolett, tief ausgerandet, Blütezeit V-IX.
Standort: Wegränder, besonnte Mauern, Halbtrockenrasen, Schuttstellen.
Verbreitung: Fast überall in EU häufig.

Wiesen-Storchschnabel
Geranium pratense STORCHSCHNABELG.

Merkmale: Mehrjährig, bis zu 60 cm hoch, mit aufrechtem, verzweigtem, behaartem Stängel; Blätter handförmig 5- bis 7-teilig, kurzborstig behaart; Blüten 2-4 cm breit, in Rispen, Kronen blauviolett, dunkler geädert, Blütezeit VI-VIII, abgeblühte Stiele senken sich.
Standort: Nährstoffreiche, feuchte Wiesen, Gebüsche; vorwiegend auf Kalkböden.
Verbreitung: M.- und O-EU; in D nur im N selten.

Schlitzblättriger Storchschnabel *Geranium dissectum*

Merkmale: Einjährige, bis zu 50 cm hohe Pflanze mit aufrechtem, ästigem, behaartem Stängel; Blätter gestielt, Spreite bis zur Basis geteilt mit linealischen Abschnitten; Blüten meist zu 2 in den oberen Blattachseln, etwa 1 cm breit, Kronblätter rot, ausgerandet, Blütezeit V-X.
Standort: Wegränder, Äcker, Schuttstellen.
Verbreitung: Stammt aus dem Mittelmeergebiet; in EU weithin eingebürgert, in D nach S zu häufiger.

Gewöhnlicher Reiherschnabel
Erodium cicutarium STORCHSCHNABELG.

Merkmale: Formenreiche einjährige Pflanze mit 15-30 cm langen, meist liegenden, oft rot überlaufenen Stängeln; Blätter unpaarig gefiedert, Fiedern oval, tief fiederspaltig; Blüten zu 3-8 in offener Dolde, Kronen bis 2 cm breit, rotviolett oder rosa, an der Basis dunkler, Blütezeit IV-X.
Standort: Äcker, Wegränder, Brachflächen, Dünen, Trockenwiesen, Parkrasen.
Verbreitung: In EU weit verbreitet; in D eher selten, nur in manchen Gegenden häufig.

Feld-Mannstreu *Eryngium campestre*

F. DOLDENBLÜTENGEWÄCHSE

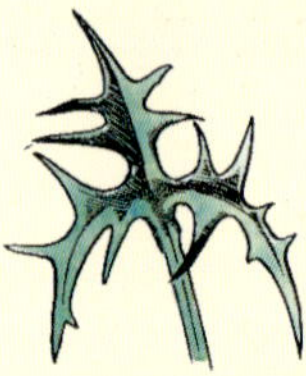

Merkmale: Mehrjährige, sparrig verzweigte Pflanze mit aufrechten oder ausgebreiteten Stängeln, 15-70 cm hoch; Blätter ungeteilt oder handförmig fiederteilig, am Rand mit dornigen Spitzen, die unteren gestielt, die oberen sitzend, ledrig derb, weißlich grün; Blüten weiß oder grünlich, zahlreich in bis zu 1,5 cm breiten kugeligen Köpfchen mit lanzettlichen, dornigen Hüllblättern, Blütezeit VII-IX.

Standort: Trockenrasen, Felsfluren, Wegränder, sonnige Gebüsche, Kiesgruben; meist auf kalkhaltigen Lehm- oder Lößböden.

Verbreitung: M.- und S-EU; in D nur zerstreut.

Wissenswertes: Mit seiner Disteltracht ist der F. ein ungewöhnlicher Vertreter der Familie. Seine trockenen Fruchtstände werden vom Wind als so genannte »Steppenhexen« verdriftet.

Stranddistel *Eryngium maritimum*

FAMILIE DOLDENBLÜTENGEWÄCHSE

Merkmale: Zwei- bis mehrjährige, sparrig verzweigte, bis zu 60 cm hohe Pflanze, oft als halbkugeliger Busch wachsend; grundständige Blätter lang gestielt, Stängelblätter sitzend, Spreite derb, starr, im Umriss rundlich nierenförmig bis lappig gebuchtet, am Rand mit langen dornigen Spitzen, grauweiß, meist graublau überlaufen; Blüten klein, zahlreich in dichten, von bläulichen Hochblättern umgebenen Köpfchen, diese zu mehreren in lockeren, wenigstrahligen Scheindolden, Blütezeit VI-X.

Standort: Weiß- und Graudünen an der Küste oberhalb der Hochwasserlinie.

Verbreitung: Küsten vom Mittelmeer bis zur Ostsee, stellenweise selten; fehlt im Binnenland. **RL! §!**

Wissenswertes: Die derben Blätter der S. ertragen problemlos den feinen Flugsand, der am Standort wie ein Sandstrahlgebläse wirkt.

Wald-Sanikel *Sanicula europaea*

FAMILIE DOLDENBLÜTENGEWÄCHSE

Merkmale: Mehrjährige, bis zu 50 cm hohe Pflanze mit aufrechtem, wenig verzweigtem Stängel, in allen Teilen kahl; grundständige Blätter lang gestielt, im Umriss rundlich, etwas ledrig, immergrün, tief handförmig geteilt mit gezähnten Lappen, Stängelblätter sehr kurz gestielt, fehlen oft ganz; Blüten klein, zu mehreren in kopfigen Döldchen, Kronen weiß oder rosa, außen meist rein ♂, innen überwiegend zwittrige Blüten, Blütezeit V-VII.

Standort: Krautreiche, humose Laub- und Mischwälder; meist auf kalkhaltigen Böden.

Verbreitung: In EU weit verbreitet; in D zerstreut, im Norddeutschen Tiefland ausgesprochen selten, im Bergland bis in etwa 1600 m Höhe.

Wissenswertes: Früher war die Pflanze als angeblich universelles Heilmittel sehr geschätzt, heute wird sie jedoch medizinisch nicht mehr verwendet.

Große Sterndolde *Astrantia major*

FAMILIE DOLDENBLÜTENGEWÄCHSE

Merkmale: Mehrjährige Pflanze, 30-100 cm hoch, mit aufrechtem, wenig verzweigtem, kahlem Stängel; Blätter 5- bis 7-teilig, Lappen grob gezähnt, die beiden seitlichen oft miteinander verwachsen, Grundblätter lang gestielt, 10-20 cm breit, Stängelblätter kleiner; Blüten sehr klein, weißlich, zahlreich in einer dichten, köpfchenartigen, lang gestielten Dolde beieinander stehend, deren Hüllblätter lanzettlich bis oval, grünlich oder rötlich, Blütezeit VII-VIII.

Standort: Bergwiesen, Bergwälder, Gebüsche, Hochstaudenfluren; vorwiegend auf kalkhaltigem Lehmboden.

Verbreitung: Im südlichen M.- sowie in S-EU, fehlt in D im N und NW, im Gebirge bis in 2000 m Höhe.

Wissenswertes: Die sternförmig ausgebreiteten Hüllblätter lassen die Blütendolde wie eine besonders üppige Einzelblüte erscheinen.

Hecken-Kälberkropf *Chaerophyllum temulum* DOLDENBLÜTENGEW.

Merkmale: Zweijährige Pflanze, 30-150 cm hoch, mit aufrechtem, rundem, steifhaarigem und vor allem im unteren Teil rot geflecktem Stängel, der unterhalb der Blattknoten deutlich verdickt ist; Blätter doppelt gefiedert, Fiedern am Rand gekerbt, graugrün; Blüten weiß, zahlreich in zusammengesetzten Dolden, die Dolden ohne Hüllblätter, die einzelnen Döldchen hingegen jeweils mit einem Hüllchen aus 4-8 schmalen, bewimperten Blättern, Blütezeit V-VII.
Standort: Parkanlagen, Gebüsche, Gärten, Waldränder, Schuttstellen; vorzugsweise auf stickstoffreichen Böden.
Verbreitung: In EU weit verbreitet; in D vor allem im Tiefland, im Bergland nur bis in 600 m Höhe.
Wissenswertes: Die Pflanze ist in allen Teilen giftig, nicht nur für den Menschen, sondern auch für Weidetiere. Beim Verzehr ruft sie Lähmungen hervor, worauf ihr weiterer Name Taumel-Kälberkropf Bezug nimmt.

Gefleckter Schierling *Conium maculatum* F. DOLDENBLÜTENGEWÄCHSE

Merkmale: Ein- oder zweijährige Pflanze mit 1-2 m hohem, reich verzweigtem Stängel, der fein gerillt und bläulich bereift sowie an der Basis auffällig rotbraun gefleckt ist; Blätter 2- bis 4-fach gefiedert, oberseits dunkelgrün, unterseits graugrün, beim Zerreiben unangenehm riechend; Blüten bis zu 2 mm breit, weiß, zahlreich in aus 8-20 kleinen Döldchen zusammengesetzten Dolden mit vielblättriger Hülle, Blütezeit VI-VIII.
Standort: Brachen, Hecken, Gärten, Wegränder, Schuttstellen, Mauern.
Verbreitung: In EU weit verbreitet, nordwärts bis S-Skandinavien; in D nur stellenweise häufig.
Wissenswertes: Alle Teile dieser Pflanze sind tödlich giftig. Im Altertum wurden damit Todesurteile vollstreckt (Sokrates).

Gift-Wasserschierling *Cicuta virosa* FAMILIE DOLDENBLÜTENGEWÄCHSE

Merkmale: Mehrjährige Pflanze mit kräftigem Wurzelstock und aufrechtem, bis zu 120 cm hohem, kahlem Stängel; Blätter 2- bis 3-fach gefiedert, Fiedern schmal lanzettlich, scharf gezähnt, bis zu 8 cm lang; Blüten weiß, zahlreich in zusammengesetzten Dolden mit wenigen (mitunter fehlenden) Hüll- und vielen Hüllchenblättern, Blütezeit VI-VIII.
Standort: Gräben, Ufer, Röhrichte, Sümpfe, Altarme von Flüssen; bevorzugt auf staunassen und zeitweise überschwemmten Böden.
Verbreitung: In M.- und N-EU weit verbreitet; in D meist nur zerstreut, in vielen Gebieten fehlend.
Wissenswertes: Der G. gehört zusammen mit dem Gefleckten Schierling zu den gefährlichsten Vertretern seiner Familie und zu den giftigsten heimischen Pflanzenarten. Schon der Verzehr von 2-3 g der frischen Pflanze kann tödlich sein.

Hundspetersilie *Aethusa cynapium* FAMILIE DOLDENBLÜTENGEWÄCHSE

Merkmale: Formenreiche, einjährige Pflanze mit aufrechtem, 20-100 cm hohem Stängel, der bläulich bereift und oft rötlich überlaufen ist; Blätter 2- bis 3-fach gefiedert, mit meist schmalen, zipfeligen Abschnitten, oberseits auffallend glänzend dunkelgrün (bei der Garten-Petersilie matt); Blüten weiß, zahlreich in einer zusammengesetzten Dolde mit 10-20 Strahlen, ohne Hüllblätter, an der Außenseite der einzelnen Döldchen jeweils 3 herabhängende Hüllchenblätter, Blütezeit VI-X.
Standort: Brachen, Hackfruchtäcker, Weinberge, Gärten, Schutt- und Abfallstellen; meist auf nährstoffreichem, lehmigem Boden.
Verbreitung: In M.-EU weit verbreitet; in D nur stellenweise häufig, im S eher zerstreut, im Alpenraum ziemlich selten.
Wissenswertes: Die H. zählt zu den sehr giftigen Vertretern der Doldenblütengewächse. Eine Verwechslung mit glattblättrigen Sorten der Garten-Petersilie kann zu tödlichen Vergiftungen führen. Die Symptome reichen von Mundbrennen und Erbrechen über Schüttelkrämpfe bis zur Atemlähmung.

Wiesen-Kerbel *Anthriscus sylvestris* F. DOLDENBLÜTENGEWÄCHSE

Merkmale: Formenreiche, zwei- oder mehrjährige Pflanze, 50-150 cm hoch, der aufrechte, verzweigte Stängel gerillt, nur an der Basis rau behaart und niemals rötlich gefleckt; Blätter 2- bis 3-fach gefiedert, Fiedern lanzettlich, oberseits glänzend dunkelgrün, unterseits hellgrün, kahl; Blüten weiß, zahlreich in zusammengesetzten Dolden, (meist) ohne Hülle, Döldchen mit 4-8 schmalen Hüllchenblättern, Blütezeit IV-VII.
Standort: Waldränder, Gebüsche, Säume, Böschungen, Brachen; v.a. auf nährstoffreichen Böden, auf überdüngten Wiesen oft massenhaft.
Verbreitung: In M.- und N-EU weit verbreitet, in S-EU selten; in D überall sehr häufig.
Wissenswertes: Der Hautkontakt mit frisch geschnittenen Pflanzenteilen kann die so genannte Wiesendermatitis auslösen.

Große Bibernelle *Pimpinella major* FAMILIE DOLDENBLÜTENGEWÄCHSE

Merkmale: Mehrjährige, 40-90 cm hohe Pflanze mit aufrechtem, kantig gefurchtem und bis oben beblättertem Stängel; Blätter unpaarig einfach gefiedert, Fiedern bis zu 4 cm lang, gezähnt, Endfieder eventuell schwach gelappt; Blüten weiß oder hellrosa, zahlreich in einer 3-6 cm breiten, zusammengesetzten Dolde mit 10-15 dünnen Strahlen und ohne Hüll- und Hüllchenblätter, Blütezeit VI-IX.
Standort: Hochstaudenfluren, Wiesen, Gebüsche, Waldsäume; meist auf feuchten und nährstoffreichen, aber nicht überdüngten Lehmböden.
Verbreitung: In EU weit verbreitet; fehlt in D im nordwestl. Tiefland, sonst fast überall häufig.
Wissenswertes: Die G.B. enthält in allen Teilen ätherisches Öl und scharf schmeckende Stoffe, die auch medizinisch genutzt werden.

Wiesen-Bärenklau *Heracleum sphondylium* DOLDENBLÜTENGEWÄCHSE

Frucht

Merkmale: Mehrjährige, kräftige Pflanze, 80-160 cm hoch, mit aufrechtem, borstig steif behaartem, kantig gefurchtem Stängel; Blätter grob gefiedert oder stark gelappt, oberseits dicht steifhaarig, grob gezähnt, ziemlich derb, mit auffälliger, gestreifter Blattscheide; Blüten weiß, zahlreich in 5-15 cm breiten, zusammengesetzten Dolden mit fehlender oder höchstens 6-teiliger Hülle und zahlreichen Hüllchenblättern, Blütezeit VI-IX.
Standort: Fettwiesen, Wegränder, Gebüsche, Schuttstellen, Brachflächen, Gärten.
Verbreitung: Überall in EU verbreitet; in D in den meisten Gebieten sehr häufig.
Wissenswertes: Die Randblüten der Dolde sind nach außen hin stark vergrößert und lassen den Blütenstand als übergroße Blume erscheinen.

Riesen-Bärenklau *Heracleum mantegazzianum* DOLDENBLÜTENGEW.

Merkmale: Stattliche, zwei- bis mehrjährige Pflanze, 1-3,5 m hoch, mit aufrechtem, kantig gefurchtem, am Grund armdickem Stängel; Blätter sehr groß, Grundblätter mit Stiel bis über 2 m lang, Stängelblätter mit auffälliger Blattscheide, tief 3- bis 5-teilig mit fiederteiligen, spitzen Abschnitten, unterseits kurz behaart; Blüten weiß, in 10-50 cm breiten Dolden mit 50-100 Strahlen ohne Hülle, aber mit zahlreichen Hüllchenblättern, Blütezeit VI-IX.
Standort: Weg- und Waldränder, Staudenfluren, Böschungen, Brachflächen, Gärten.
Verbreitung: Stammt aus dem Kaukasus, wurde als Bienenweide und Zierpflanze nach M.-EU eingeführt, inzwischen vielerorts eingebürgert.
Wissenswertes: Der Saft aus Stängel, Blättern und Haaren des R. enthält Giftstoffe, die bei Hautkontakt, insbesondere mit anschließender Sonnenbestrahlung, oft schwere, schmerzhafte Entzündungen mit brandblasenähnlichen Symptomen oder zumindest dunkle, lange bleibende Verfärbungen der Haut hervorrufen.

Breitsame *Orlaya grandiflora*

FAMILIE DOLDENBLÜTENGEWÄCHSE

Merkmale: Einjährige, 10-30 cm hohe Pflanze mit aufsteigendem oder aufrechtem, meist verzweigtem Stängel; Blätter einfach gefiedert mit schmalen Zipfeln; Blüten weiß, in zusammengesetzter Dolde mit stark vergrößerten Randblüten, Blütezeit VI-VIII.
Standort: Äcker, Brachen, Wegränder.
Verbreitung: Vor allem in S-EU; in D nur in ausgesprochenen Wärmegebieten.

Wiesen-Kümmel *Carum carvi*

FAMILIE DOLDENBLÜTENGEWÄCHSE

Merkmale: Zweijährige Pflanze mit ästigem Stängel, 30-80 cm hoch; Blätter 2- bis 3-fach gefiedert mit schmalen Zipfeln, beim Zerreiben duftend; Blüten weiß, in zusammengesetzten Dolden mit ungleich langen Strahlen, meist ohne Hülle und Hüllchen, Blütezeit IV-VI.
Standort: Wiesen, Weiden, Wegränder.
Verbreitung: In EU nahezu überall verbreitet; in D nur im Tiefland selten.

Giersch, Geißfuß *Aegopodium podagraria*

F. DOLDENBLÜTENGEWÄCHSE

Merkmale: Mehrjährige, bis zu 1 m hohe Pflanze mit kantigem, verzweigtem Stängel; Blätter doppelt 3-zählig gefiedert, Fiedern oval, gezähnt, bis zu 4 cm breit und 10 cm lang; Blüten weiß in zusammengesetzten Dolden ohne Hülle und Hüllchen, Blütezeit V-VII.
Standort: Waldränder, Gebüsche, Zäune; gern auf nährstoffreichen Böden, z.B. in Gartenbeeten.
Verbreitung: Überall in EU; in D allerorten häufig.

Wilde Möhre *Daucus carota*

FAMILIE DOLDENBLÜTENGEWÄCHSE

Merkmale: Zweijährige, bis zu 90 cm hohe Pflanze mit aufrechtem, borstigem Stängel; Blätter mehrfach gefiedert mit schmalen Endzipfeln, beim Zerreiben nach Mohrrübe duftend; zentrale Blüte schwarzpurpurn, die übrigen weiß, zahlreich in zusammengesetzten Dolden mit schmal fiederteiligen Hüll- und Hüllchenblättern, Blütezeit V-IX.
Standort: Wiesen, Halbtrockenrasen, Raine.
Verbreitung: M.- und S-EU; in D häufig.

Pastinak *Pastinaca sativa*

FAMILIE DOLDENBLÜTENGEWÄCHSE

Merkmale: Zweijährige Pflanze, 30-100 cm hoch, mit aufrechtem, kantig gefurchtem, behaartem Stängel; Blätter unpaarig gefiedert, Fiedern bis zu 2 cm breit und 5 cm lang, gekerbt, beim Zerreiben aromatisch duftend; Blüten gelb, stark duftend, in zusammengesetzten Dolden ohne Hülle oder Hüllchen, Blütezeit VII-IX.
Standort: Wiesen, Wegränder, Brachflächen.
Verbreitung: In EU weit verbreitet; in D fast überall häufig. Alte Kulturpflanze.

Wald-Engelwurz *Angelica sylvestris*

F. DOLDENBLÜTENGEWÄCHSE

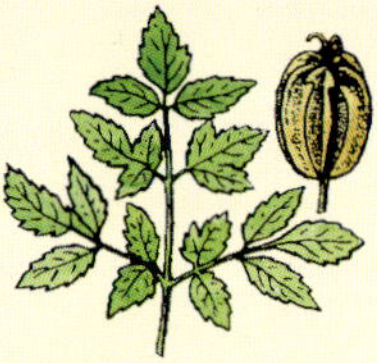

Merkmale: Stattliche, zweijährige Pflanze mit aufrechtem, rundem, weißlich bereiftem Stängel; Blätter bis zu 3-fach gefiedert, mit großer, bauchiger Blattscheide, Fiedern oval, gezähnt; Blüten weiß oder rötlich, in großen, zusammengesetzten Dolden ohne Hülle, aber mit vielzähligem Hüllchen, Blütezeit VII-IX.
Standort: Wälder, Auen, Nasswiesen, Ufer.
Verbreitung: Fast überall in EU; in D weit verbreitet, im Bergland bis in etwa 1700 m Höhe.

Schwalbenwurz *Vincetoxicum hirundinaria* SEIDENPFLANZENGEWÄCHSE

Merkmale: Mehrjährig, 40-70 cm hoch, mit aufrechtem Stängel; Blätter gegenständig, länglich, an der Basis herzförmig, glattrandig, dunkel bläulich grün; Blüten in kleinen Trauben in den Blattachseln, Kronen weiß, 5-7 mm breit, trichterförmig, Blütezeit V-VIII.
Standort: Lichte Wälder, Halbtrockenrasen, Steinbrüche, Steinhalden; zumeist auf Kalk.
Verbreitung: In EU weit verbreitet; in D zerstreut.

Fieberklee *Menyanthes trifoliata* FAMILIE FIEBERKLEEGEWÄCHSE

Merkmale: Mehrjährig, 15-30 cm hoch, mit aufrechtem Stängel; Blätter lang gestielt, 3-zählig gefiedert, etwas fleischig; Blüten 1-1,6 cm breit, zu mehreren in aufrechter Traube, Kronblätter anfangs rötlich, dann weiß, am Rand bärtig behaart, Blütezeit V-VII.
Standort: Sümpfe, Moore, Verlandungsgürtel.
Verbreitung: N- und M.-EU; in D weit verbreitet, aber in den meisten Regionen selten. **RL, §!**

Seekanne *Nymphoides peltata* FAMILIE FIEBERKLEEGEWÄCHSE

Merkmale: Mehrjährige Wasserpflanze mit kriechender Grundachse und langen, flutenden Stängeln; Schwimmblätter lang gestielt, rundlich, ähneln denen einer Seerose, aber nur 4-8 cm breit, unterseits drüsig punktiert; Blüten bis zu 3 cm breit, Kronen kräftig gelb, gewimpert, Blütezeit VII-IX.
Standort: Nährstoffreiche, stehende oder langsam fließende Gewässer, Altarme.
Verbreitung: N- und M.-EU; in D selten. **RL, §!**

Echtes Tausendgüldenkraut *Centaurium erythraea* ENZIANGEW.

Merkmale: Zweijährige Pflanze mit aufrechtem, 10-40 cm hohem Stängel; Rosettenblätter elliptisch eiförmig, Stängelblätter länglich lanzettlich, 5-nervig; Blüten zahlreich in lockerer, endständiger Scheindolde, Kronen rosarot, Blütezeit VII-IX.
Standort: Halbtrockenrasen, Waldränder, Gebüsche, vorzugsweise auf Kalkböden.
Verbreitung: Fast überall in EU verbreitet, in D jedoch meist nur zerstreut. **§!**

Gefranster Enzian *Gentianella ciliata* FAMILIE ENZIANGEWÄCHSE

Merkmale: Mehrjährige, 8-20 cm hohe Pflanze mit kantigem, meist unverzweigtem, aufsteigendem Stängel; Blätter überwiegend wechselständig, schmal lanzettlich, 1-nervig; Blüten meist einzeln, 2-4,5 cm lang, Krone dunkelblau, Kronzipfel eingeschnitten bis lang gefranst, Blütezeit VII-X.
Standort: Trockenrasen, Gebüsche, lichte Wälder; meist auf Kalkböden, im Gebirge bis in über 2200 m Höhe.
Verbreitung: M.- und S-EU; in D selten, fehlt hier nördlich der Mittelgebirge. **RL, §!**

Feld-Enzian *Gentianella campestris* FAMILIE ENZIANGEWÄCHSE

Merkmale: Formenreiche zweijährige Pflanze mit ästigem, aufrechtem, bis zu 35 cm hohem Stängel; Blätter spatelförmig bis oval, 1-3 cm lang; Blüten bis zu 3 cm lang, Krone 4-zipfelig, im Schlund bärtig gefranst, lila, selten auch weiß, Kelchzipfel sehr ungleich groß, die beiden breiten äußeren bedecken die beiden schmalen inneren weitgehend, Blütezeit V-X.
Standort: Magerrasen, Trockenwiesen, Heiden, Gebüschsäume; oft auch auf Silikatböden.
Verbreitung: Fast überall in EU; in D von den Mittelgebirgen bis in die Alpen. **§!**

Gewöhnliche Zaunwinde *Calystegia sepium* F. WINDENGEWÄCHSE

Merkmale: Mehrjährige Kletterpflanze mit 1-3 m langem, windendem Stängel; Blätter wechselständig, bis zu 15 cm lang; Blüten weiß, Kronen bis zu 5 cm lang und breit, schließen sich nachts und bei trübem Wetter, Kelchblätter klein, 2 grüne, herzförmige Vorblätter, Blütezeit VI-IX.
Standort: Hecken, Zäune, Gärten, Gebüsche.
Verbreitung: In EU verbreitet; in D häufig.

Strand-Zaunwinde *Calystegia soldanella* FAMILIE WINDENGEWÄCHSE

Merkmale: Mehrjährige Pflanze mit liegendem, 10-50 cm langem Stängel; Blätter rundlich nierenförmig, etwas fleischig, dunkelgrün; Blüten gestielt in den Blattachseln, Kronen rosa mit weißen Streifen, bis zu 5 cm lang und ebenso breit, Blütezeit VII-VIII.
Standort: Weißdünen, Strandwälle.
Verbreitung: Mittelmeer- und Atlantikküste, an der Nordsee sehr selten. **RL! §!**

Acker-Winde *Convolvulus arvensis* FAMILIE WINDENGEWÄCHSE

Merkmale: Mehrjährige Kletterpflanze mit 20-100 cm langem, meist kriechendem Stängel; Blätter wechselständig, pfeil- bis spießförmig; Blüten gestielt in den Blattachseln, Kronen 2,5-4 cm breit, weiß mit rosa Streifen, blühen nur 1 Tag, Vorblätter unter dem Kelch klein, Blütezeit VI-IX.
Standort: Nährstoffreiche Äcker, Weinberge.
Verbreitung: Fast überall in EU; in D außerhalb der Gebirge ziemlich häufig.

Himmelsleiter *Polemonium coeruleum* F. HIMMELSLEITERGEWÄCHSE

Merkmale: Mehrjährig, 30-80 cm hoch, mit aufrechtem, kantig gefurchtem Stängel; Blätter unpaarig gefiedert, Fiedern lanzettlich, bis zu 4 cm lang, aber nur bis zu 5 mm breit; Blüten bis zu 3 cm breit, Kronen himmelblau, seltener weiß, Staubblätter weit vorragend, Blütezeit VI-IX.
Standort: Feuchtwiesen, Niedermoore, Erlengebüsche, Schuttfluren, Gärten.
Verbreitung: N- und M.-EU; in D ausschließlich im Bergland, westwärts nur bis zum Rhein.

Europäische Seide *Cuscuta europaea* FAMILIE SEIDENGEWÄCHSE

Merkmale: Kletternde parasitische Pflanze mit fadendünnen, bis zu etwa 1 m langen, gelblichen bis rötlichen Stängeln, ohne Wurzeln; Blätter schuppenförmig, bleich; Blüten winzig, weißlich bis rötlich, zahlreich in rund 1 cm großen, kugeligen Köpfchen beieinander stehend, Blütezeit VI-IX.
Standort: Schmarotzt meist auf Brennnesseln, Weiden oder Beifuß an Ufern und in Hecken.
Verbreitung: In EU weit verbreitet; in D meist nur zerstreut, in den Alpen bis in 1200 m Höhe.

Phacelie *Phacelia tanacetifolia* FAMILIE WASSERBLATTGEWÄCHSE

Merkmale: Auch unter den dt. Namen Büschelschön oder Bienenfreund bekannte einjährige Pflanze, 50-70 cm hoch, mit aufrechtem Stängel; Blätter wechselständig, behaart, gestielt, fiederschnittig; Blüten in vielblütigen Wickeln, Kronen 5-zipfelig, hellblau, Staubblätter weit vorragend, Blütezeit VI-X.
Standort: Äcker, Gärten, Schuttstellen.
Verbreitung: Stammt aus dem westl. N-Amerika, bei uns als Bienenfutter und Gründünger angebaut, stellenweise unbeständig verwildert.

Wiesen-Labkraut *Galium album*

FAMILIE RÖTEGEWÄCHSE

Merkmale: Mehrjährig, 30-100 cm hoch, mit kantigem, kahlem, aufsteigendem Stängel; Blätter im mittleren Stängelbereich zu je 6-9 in Wirteln, linealisch; Blüten 2-4 mm breit, weiß, zahlreich in lockeren, endständigen Rispen, Kronzipfel spitz, ausgebreitet, Blütezeit V-IX.

Standort: Fettwiesen, Gebüsche, Wald- und Wegränder.

Verbreitung: Überall in EU, so auch in D häufig.

Waldmeister *Galium odoratum*

FAMILIE RÖTEGEWÄCHSE

Merkmale: Mehrjährig, 10-30 cm hoch, mit aufrechten, dünnen, glatten Stängeln aus einem kriechenden Wurzelstock; Blätter 1-nervig, bis zu 4 cm lang, fein gezähnt, beim Welken intensiv duftend; Blüten zahlreich in endständigen Scheindolden, Krone weiß, trichterförmig, bis zu 5 mm breit, Blütezeit IV-V; Früchte mit Hakenhaaren.

Standort: Krautreiche Laub- und Mischwälder.

Verbreitung: In M.- und W-EU weit verbreitet.

Echtes Labkraut *Galium verum*

FAMILIE RÖTEGEWÄCHSE

Merkmale: Mehrjährige, meist etwa 15-50 cm hohe Pflanze mit aufrechtem, festem, stumpfkantigem Stängel; Blätter zu 8-12 in Wirteln stehend, linealisch, bis zu 2,5 cm lang, dabei aber nur 2 mm breit; Blüten sehr zahlreich in endständigen Rispen, zitronengelb, Kronen um die 3 mm breit, angenehm duftend, Blütezeit VI-IX.

Standort: Trockenrasen, Gebüsche, Dünen.

Verbreitung: Fast überall in EU verbreitet; in D gebietsweise nur zerstreut, sonst häufig.

Kletten-Labkraut, Klebkraut

Galium aparine FAMILIE RÖTEGEWÄCHSE

Merkmale: Einjährig, 30-150 cm hoch, mit kantigem, rauem, aufsteigendem oder spreizklimmendem Stängel; Blätter linealisch, stachelspitzig, meist zu 6-8 in Wirteln; Blüten unscheinbar grünlich weiß, zu 2-7 rispig in den oberen Blattachseln, Blütezeit V-X; Früchte kugelig, mit Hakenhaaren besetzt.

Standort: Äcker, Brachen, Gärten, Gebüsche, Wälder.

Verbreitung: In EU überall häufig.

Wald-Labkraut *Galium sylvaticum*

FAMILIE RÖTEGEWÄCHSE

Merkmale: Mehrjährig, 30-120 cm hoch, mit kahlem, aufrechtem, drehrundem Stängel; Blätter bis zu 1 cm breit und 4 cm lang, leicht bläulich bereift; Blüten cremeweiß, etwa 2 mm breit, zahlreich in lockeren, endständigen Rispen, Blütezeit VI-IX.

Standort: Laubwälder, Gebüsche, Kahlschläge.

Verbreitung: In M.-EU weit verbreitet, vor allem in den Mittelgebirgen; fehlt in der Norddeutschen Tiefebene weitgehend.

Kreuzlabkraut *Cruciata laevipes*

FAMILIE RÖTEGEWÄCHSE

Merkmale: Mehrjährige, 20-50 cm hohe Pflanze mit aufrechtem, 4-kantigem, dicht behaartem Stängel; Blätter elliptisch, zu je 4 im Wirtel, 3-nervig, hellgrün, etwa 3-8 mm breit und 1-2 cm lang; Blüten in Scheinquirlen in den Blattachseln, angenehm duftend, Kronen zitronengelb, Blütezeit IV-VI.

Standort: Wälder, Auen, feuchte Gebüsche, Hecken, Zäune, Ufer, Brachflächen.

Verbreitung: In EU weit verbreitet; in D stellenweise häufig, im N von D nur in den großen Flusstälern.

Moschuskraut *Adoxa moschatellina* FAM. MOSCHUSKRAUTGEWÄCHSE

Merkmale: Zarte, mehrjährige Pflanze, 5-15 cm hoch, mit aufrechtem, rundem Stängel; grundständige Blätter lang gestielt, am Stängel etwa in der Mitte 1 gegenständiges Blattpaar, Spreite 3-zählig, hellgrün, beim Zerreiben schwacher Moschusduft; Blüten zu 5 in einem würfelförmigen Köpfchen, Gipfelblüte mit 4-teiliger Krone und 2-teiligem Kelch, Kronen der Seitenblüten 5-teilig über einem 3-teiligen Kelch, grünlich, Blütezeit III-V.

Standort: Humusreiche, lockergründige Laub- und Mischwälder, Auengebüsche; vorzugsweise auf nährstoffreichen, lehmigen Böden.

Verbreitung: In EU weit verbreitet; in D nur gebietsweise häufig.

Wissenswertes: Die Familie Moschuskrautgewächse umfasst weltweit nur 3 Arten.

Gewöhnlicher Feldsalat *Valerianella locusta* BALDRIANGEWÄCHSE

Merkmale: Formenreiche, einjährige Pflanze mit bodenanliegender Blattrosette und aufrechtem, meist gabelig verzweigtem, 5-20 cm hohem Stängel; Blätter spatelförmig bis verkehrt eiförmig, hell- oder dunkelgrün, glattrandig oder unregelmäßig gekerbt, Stängelblätter gegenständig; Blüten klein, zahlreich in endständigen Scheindolden mit kurzen Tragblättern, Kronen um 2 mm breit, bläulich weiß, Blütezeit IV-V.

Standort: Äcker, Wegränder, Weinberge, Hecken, Mauern, Gärten, Halbtrockenrasen.

Verbreitung: In EU weit verbreitet; in den meisten Gegenden von D häufig, oft auch aus Gartenkultur verwildert und an Schuttstellen eingebürgert.

Wissenswertes: Der auch Rapunzel genannte G.F. wurde vermutlich schon in der Jungsteinzeit aus dem Mittelmeergebiet bei uns eingeschleppt.

Rote Spornblume *Centranthus ruber* FAMILIE BALDRIANGEWÄCHSE

Merkmale: Mehrjährige Pflanze mit aufrechtem, rundem, kahlem, unverzweigtem Stängel, 20-70 cm hoch; Blätter gegenständig, am Grund gestielt, am Stängel sitzend, Spreite 1-4 cm breit und 3-8 cm lang, bläulich grün, glattrandig oder undeutlich gezähnt; Blüten zahlreich in dichten rispigen, in mehreren Etagen angeordneten Blütenständen, Kronen rosarot, selten auch weiß, in 5 etwas ungleich große, 2-3 mm lange Zipfel geteilt, Kronröhre sehr eng, mit einem 2 mm langen Sporn, Blütezeit V-VII.

Standort: Felsspalten, Mauern und Steinschuttfluren sowie Gärten.

Verbreitung: Stammt aus S- und W-EU; in D meist aus Gartenkultur verwildert und in den Weinbauregionen stellenweise eingebürgert.

Wissenswertes: Aus dem Kelch entwickelt sich der fedrige Flugapparat der Früchte.

Echter Baldrian, Arznei-B. *Valeriana officinalis* BALDRIANGEW.

Merkmale: Mehrjährige, stattliche Pflanze mit aufrechtem, etwas gefurchtem Stängel, bis zu 1,5 m hoch; Blätter gegenständig, unpaarig gefiedert, Fiedern glattrandig oder gesägt; Blüten zahlreich in dichten, halbkugeligen, rispigen Scheindolden am Stängelende oder in den oberen Blattachseln, Kronen 2-4 mm breit, weiß oder rosa, Blütezeit VI-VIII.

Standort: Wiesen, Waldränder, Gebüsche, Ufer, Gräben, vorzugsweise auf feuchten Böden.

Verbreitung: In EU weit verbreitet, so auch in D.

Ähnlich: **Kleiner Baldrian** *Valeriana dioica*, mehrjährig, nur bis zu 30 cm hoch, Grundblätter ungeteilt, Stängelblätter unpaarig gefiedert, glattrandig; zweihäusig, ♂ Blüten rötlich, ♀ Blüten weiß, in dichten Rispen; Nasswiesen, Gräben und Ufer; in EU weit verbreitet.

Wilde Karde *Dipsacus fullonum*

FAMILIE KARDENGEWÄCHSE

Merkmale: Zweijährig, stattlich, mit aufrechtem, bestacheltem Stängel, 80-180 cm hoch; grundständige Blätter rosettig, Stängelblätter gegenständig und an der Basis tütenförmig verwachsen; Blüten lila, zahlreich in einer eiförmigen, dichten Ähre, ringweise aufblühend, Blütezeit VII-VIII.

Standort: Brachen, Wegränder, Böschungen.

Verbreitung: M.- und S-EU, in D ziemlich zerstreut.

Acker-Witwenblume *Knautia arvensis*

FAMILIE KARDENGEWÄCHSE

Merkmale: Mehrjährig, etwa 30-100 cm hoch, mit aufrechtem, wenig verzweigtem, behaartem Stängel; Blätter tief fiederteilig, graugrün; Blüten in lang gestielten, halbkugeligen, bis zu 4 cm breiten Köpfen, Kronen hell- bis blauviolett, Randblüten mit stark vergrößerten Zipfeln, Blütezeit V-IX.

Standort: Wiesen, Trockenrasen, Raine.

Verbreitung: In EU fast überall, in D gebietsweise häufig.

Teufelsabbiss *Succisa pratensis*

FAMILIE KARDENGEWÄCHSE

Merkmale: Mehrjährige, bis 1 m hohe Pflanze mit aufrechtem oder aufsteigendem Stängel; Blätter gegenständig, glattrandig, oval-elliptisch bis lanzettlich; Blüten in kugeligen, bis zu 2 cm breiten Köpfchen, Kronen blauviolett, gelegentlich auch rosa oder weiß, Blütezeit VII-IX.

Standort: Wiesen, Niedermoore, Heiden, bis in 1400 m Höhe.

Verbreitung: In EU weit verbreitet, in D allerdings stellenweise selten.

Tauben-Skabiose *Scabiosa columbaria*

FAMILIE KARDENGEWÄCHSE

Merkmale: Formenreiche, mehrjährige, 20-60 cm hohe Pflanze mit aufrechtem, verzweigtem, wenig behaartem Stängel; Blätter gegenständig, fiederteilig; Blüten in flachen 2-3,5 cm breiten Köpfchen, Kronen lila, 5-zipfelig, bei randlichen Blüten strahlenförmig vergrößert, Kelchborsten schwarz, Blütezeit VI-X.

Standort: Trockenrasen, Wiesen, Kiefernwälder, Gebüsche, Dämme. **Verbreitung:** M.- und S-EU; in D vor allem im südlicheren Teil, im N von D selten.

Gewöhnlicher Beinwell *Symphytum officinale*

RAUBLATTGEWÄCHSE

Merkmale: Mehrjährig, 40-100 cm hoch, rau behaart, mit aufrechtem, kantigem Stängel; Blätter schmal lanzettlich, die unteren bis zu 25 cm lang, die oberen kleiner und mit der Basis am Stängel herablaufend; Blüten in Scheindolden, Kronen cremeweiß, rötlich oder bläulich bis tiefviolett, Blütezeit V-IX.

Standort: Wiesen, Ufer, Gräben, Wegränder.

Verbreitung: Fast überall in EU verbreitet.

Wissenswertes: Die alte Heilpflanze wurde früher u.a. bei Knochenbrüchen und Wunden eingesetzt.

Blauroter Steinsame

Lithospermum purpurocaeruleum

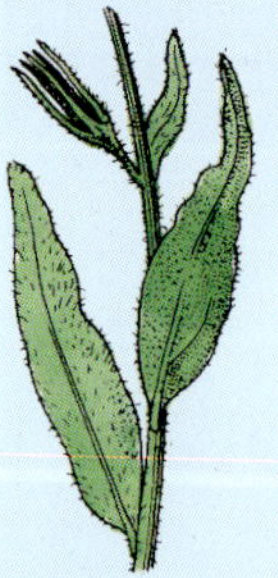

Merkmale: Mehrjährig, etwa 30-60 cm hoch, mit aufrechtem, wenig verzweigtem Stängel, stark behaart; Blätter wechselständig, lanzettlich, bis 8 cm lang; Blüten zu 2-12 in Wickeln, Kronen bis 1,5 cm breit, anfangs rötlich, später tiefblau, Blütezeit IV-V; Früchte glänzend weiß.

Standort: Lichte, trockene Laubwälder, Gebüsche.

Verbreitung: S- und M.-EU; in D selten, überhaupt nur in den Wärmegebieten (Weinbauregion).

Gewöhnlicher Natternkopf

Echium vulgare RAUBLATTGEWÄCHSE

Merkmale: Zweijährige, 60-90 cm hohe Pflanze mit kräftigem, aufrechtem Stängel, an allen oberirdischen Teilen starr borstig behaart; Blätter wechselständig, länglich lanzettlich; Blüten zahlreich in lockerer, beblätterter Traube, Kronen trichterförmig 2-lippig, 1-2 cm lang, anfangs rot, später blau, selten auch weiß, Blütezeit VI-IX.

Standort: Böschungen, Bahndämme, Mauern, Trockenrasen, Steinbrüche, Schotter- und Felsfluren, Brachflächen, Wegränder.

Verbreitung: In EU weit verbreitet; in D fast überall vorkommend, nur gebietsweise seltener.

Wissenswertes: Zunächst ragen nur die Staubblätter aus der Krone, nach wenigen Tagen auch der 2-spaltige Griffel. In diesem Zustand erinnert die Blüte an einen Schlangenkopf (Name!).

Echtes Lungenkraut *Pulmonaria officinalis*

FAM. RAUBLATTGEWÄCHSE

Merkmale: Formenreiche, mehrjährige Pflanze mit aufrechtem, 15-30 cm hohem Stängel; Blätter borstig behaart, meist mit helleren Punkten, bei manchen Kleinarten auch einheitlich hell graugrün oder samtweich behaart; die Grundblätter lang gestielt, oval bis herzförmig, an der Basis plötzlich verschmälert, die Stängelblätter sitzend; Blüten zu mehreren in Wickeln, Kronen anfangs rosarot, später violettblau, im gleichen Blütenstand verschieden farbig getönte, Blütezeit III-V.

Standort: Krautreiche Laub- und Laubmischwälder, Gebüsche, Auen; vorzugsweise auf nährstoffreichen, kalkhaltigen Lehmböden.

Verbreitung: Fast überall in EU verbreitet; in D nach N zu recht häufig, im S ziemlich selten.

Wissenswertes: Die hier als Kleinarten aufgefassten Formen des E.L. mit unterschiedlicher Ausbildung der Blätter werden mitunter auch als selbstständige Arten aufgelistet. Ihre genauere gegenseitige Abgrenzung ist schwierig.

Echte Hundszunge *Cynoglossum officinale*

RAUBLATTGEWÄCHSE

Merkmale: Zweijährige Pflanze mit aufrechtem, verzweigtem Stängel, 30-80 cm hoch; Blätter wechselständig, bis zu 15 cm lang, die unteren elliptisch, die oberen lanzettlich und sitzend, dünn graufilzig behaart; Blüten zu mehreren in lang gestielten Wickeln in den oberen Blattachseln, Kronen 1-1,5 cm lang, zunächst bräunlich rot, später dunkel braunviolett, am Eingang zur Kronröhre mit 5 dunklen Schlundschuppen, Blütezeit V-IX. Insbesondere die Samen giftig!

Standort: Wegränder, Brachflächen, Böschungen; vorzugsweise auf kalkarmen, trockenen Lehm- bzw. Sandböden.

Verbreitung: In M.-EU weit verbreitet, aber meist nur vereinzelt, im Gebirge bis in 1200 m Höhe.

Wissenswertes: Die Schlundschuppen versperren den Blüteneingang, sodass nur langrüsselige Hautflügler und Schmetterlinge die Nektarvorräte erreichen können.

Wald-Vergissmeinnicht

Myosotis sylvatica RAUBLATTGEWÄCHSE

Merkmale: Ein- oder mehrjährige, meist reichästige Pflanze mit ausgebreiteten oder aufrechten Stängeln, 15-45 cm hoch; Blätter wechselständig, Rosettenblätter gestielt, Stängelblätter sitzend, kurz behaart; Blüten jeweils zu mehreren in aufrechten Scheinrispen, Kronen anfangs rötlich violett, später himmelblau, Eingang zur Kronröhre durch gelbe Schlundschuppen verengt; Kelchblätter mit 1 mm langen, abstehenden Haaren, Blütezeit IV-IX. **Standort:** Waldränder, verkrautete Säume, Bergwiesen, Staudenfluren.

Verbreitung: In EU weit verbreitet; in D vor allem im südlichen Teil häufig; auch als Zierpflanze in Gärten verwendet.

Wissenswertes: Innerhalb der Gattung gibt es weitere, zum Teil recht ähnliche Arten. Die leuchtend gelben Schlundschuppen sind eine wichtige Orientierungshilfe für anfliegende Bestäuber.

Tollkirsche *Atropa belladonna*

FAMILIE NACHTSCHATTENGEWÄCHSE

Merkmale: Mehrjährige, strauchartig wachsende Pflanze mit reich verzweigtem, aufrechtem, stumpfkantigem Stängel, 60-180 cm hoch; Blätter wechselständig, drüsig behaart, breit lanzettlich, in der Blütenregion scheinbar gegenständig; Blüten auf gebogenen Stielen, einzeln in den oberen Blattachseln, Krone glockig, 5-zipfelig, außen braunviolett, innen grünlich gelb mit dunkleren Adern, Blütezeit VI-VIII; Beerenfrucht kugelig, bis zu 1,5 cm dick, saftig, in der Reife tiefschwarz glänzend.

Standort: Waldränder, Lichtungen; nur auf nährstoffreichen Lehmböden.

Verbreitung: Insbesondere S- und M.-EU; fehlt in D im Tiefland, im Gebirge bis in 1600 m Höhe.

Wissenswertes: Die Früchte enthalten stark giftige Alkaloide von lähmender Wirkung.

Bilsenkraut *Hyoscyamus niger*

FAMILIE NACHTSCHATTENGEWÄCHSE

Merkmale: Einjährige, 30-80 cm hohe Pflanze mit aufrechtem, stumpfkantigem, einfachem oder verzweigtem Stängel; Blätter wechselständig, oval, buchtig gezähnt bis fiederteilig, auf den Nerven behaart; Blüten einzeln in den Achseln der mittleren und oberen Blätter, Krone glockig, 1-3 cm lang und bis 2 cm breit, undeutlich 2-lippig, trübgelb, violett geädert, im Schlund dunkelviolett, Blütezeit VI-IX; Kapselfrucht unauffällig.

Standort: Brachflächen, Schuttstellen, Siedlungen, Mauern; meist auf nährstoffreichen Böden.

Verbreitung: Vor allem in S- und M.-EU, in D jedoch ziemlich selten und meist nur unbeständig.

Wissenswertes: Das B. riecht unangenehm. Es ist durch Alkaloide stark giftig und wurde früher für Giftmorde verwendet (siehe im »Hamlet«). Der Name der Stadt Pilsen und des Pilsbiers leiten sich vom gleichen Wortstamm ab.

Schwarzer Nachtschatten

Solanum nigrum NACHTSCHATTENGEW.

Merkmale: Einjährig, 20-80 cm hoch, Stängel aufrecht, im Gegensatz zu dem des verwandten Bittersüßen Nachtschattens (*S. dulcamara* ⇨S. 382) auch an der Basis krautig; Blätter wechselständig, breit lanzettlich, glattrandig oder buchtig, 3-8 cm lang; Blüten zu 5-10 in doldigen Trauben in den oberen Blattachseln; Kronen weiß, um die 1,5 cm breit, Staubblätter goldgelb, als zentraler Kegel aufgestellt, Blütezeit VI-X; Beeren kugelig, etwa 1 cm dick, in der Reife glänzend schwarz.

Standort: Hackfruchtäcker, Brachflächen, Gärten, Schuttstellen, Ruinengelände, Siedlungen.

Verbreitung: In EU fast überall verbreitet und stellenweise, auch in D, ziemlich häufig.

Wissenswertes: Die noch unreifen Früchte enthalten größere Mengen giftiger Alkaloide.

Stechapfel *Datura stramonium*

FAMILIE NACHTSCHATTENGEWÄCHSE

Merkmale: Einjährige, 30-120 cm hohe Pflanze mit aufrechtem, kahlem, einfachem oder ästigem Stängel; Blätter wechselständig, gestielt, meist sehr ungleich groß, 4-15 cm lang und fast ebenso breit, oval bis rundlich, an der Basis unsymmetrisch keilförmig, grob buchtig gezähnt; Blüten gestielt, einzeln in den oberen Blattachseln, Krone trichterförmig, 6-10 cm lang, mit 5 lang auslaufenden Zipfeln, weiß, Blütezeit VI-X; Kapselfrucht oval, derb bestachelt, 4-5 cm lang.

Standort: Brachflächen, Abfall- und Schuttstellen, Gärten, Wegränder, Siedlungen.

Verbreitung: In EU weit verbreitet; in D eher zerstreut und nur unbeständig.

Wissenswertes: Der überaus giftige S. stammt ursprünglich aus Mittelamerika (Mexiko) und ist heute auch im Mittelmeerraum ziemlich häufig. Von dort wird er gelegentlich eingeschleppt. Die in allen Pflanzenteilen, besonders aber in den Samen angereicherten Giftstoffe sind nervenwirksam und können bei Verzehr schon in kleinen Mengen tödlich wirken.

Großblütige Königskerze
Verbascum densiflorum BRAUNWURZG.

Merkmale: Zweijährige, meist stattliche Pflanze bis über 1,5 m Höhe mit kräftigem, aufrechtem, dicht wollig behaartem Stängel; Blätter länglich oval, vorn spitz, gekerbt, am Stängel herablaufend, wodurch dieser geflügelt aussieht; Blüten gestielt, zahlreich in einer langen, ährenartigen Traube, 2-4 cm breit, Kronen hellgelb, etwas unangenehm riechend, Blütezeit VII-IX.
Standort: Brachflächen, Bahngelände, Schotterfluren, Steinbrüche, Waldlichtungen.
Verbreitung: Hauptsächlich M.-EU, daneben auch S-EU; in D vor allem im südlichen Teil weit verbreitet, gegen N zu seltener; auch oft angepflanzt.
Wissenswertes: Die dichte Behaarung der Staubblattstielchen täuscht den bestäubenden Insekten ein enormes Pollenangebot nur vor.

Schwarze Königskerze
Verbascum nigrum BRAUNWURZGEWÄCHSE

Merkmale: Zweijährige, 50-120 cm hohe Pflanze mit aufrechtem, meist unverzweigtem Stängel; Blätter nicht am Stängel herablaufend, Spreite an der Basis herzförmig, gekerbt, unterseits filzig behaart; Blüten kurz gestielt, zahlreich in einer schlanken, ährenartigen Traube, Kronen 1,5-2,5 cm breit, gelb, Staubbeutel orange, Staubblattstielchen violett behaart, Blütezeit V-IX.
Standort: Wegränder, Böschungen, Brachen, Waldsäume, Trockenwiesen; auf lockeren Böden.
Verbreitung: Vor allem in M.-EU weit verbreitet; in D fast überall, aber meist nur zerstreut; gelegentlich als Zierpflanze in Gärten verwendet.
Wissenswertes: Lange Zeit wurden die Haare an den Staubblättern als zusätzliche Insektennahrung angesehen. Tatsächlich dienen sie wohl lediglich als Pollenattrappe.

Purpur-Königskerze
Verbascum phoeniceum BRAUNWURZGEWÄCHSE

Merkmale: Formenreiche, zweijährige Pflanze mit aufrechtem, zumeist unverzweigtem, 30-90 cm hohem Stängel, der im unteren Teil dicht wollig, im oberen drüsig behaart ist; grundständige Blätter gestielt, 4-16 cm lang, eiförmig, weitbuchtig gezähnt, oberseits kahl, dunkelgrün, Stängelblätter sitzend, nicht am Stängel herablaufend; Blüten lang gestielt, einzeln in den Achseln von kleinen Tragblättern in einer lockeren Traube, Kronen dunkelviolett bis dunkelpurpurn, Staubblätter violett wollig behaart, Blütezeit V-VII.
Standort: Trockenrasen, Trockengebüsche, Säume; auf kalkhaltigen, sonnigen Lehmböden.
Verbreitung: Vor allem S- und SO-EU; in D nur zerstreut in den östlichen Bundesländern; häufiger als Zierpflanze zu sehen.
Wissenswertes: Die Art stammt aus Vorderasien und verwildert in M.-EU gelegentlich aus Gärten.

Knotige Braunwurz
Scrophularia nodosa F. BRAUNWURZGEWÄCHSE

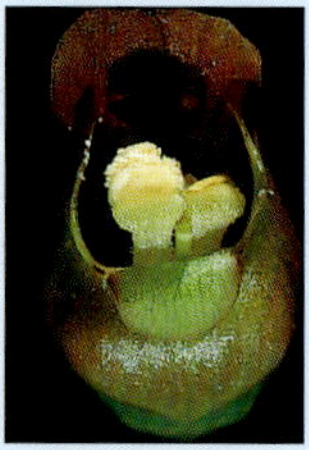

Merkmale: Mehrjährige, bis zu 120 cm hohe Pflanze mit kantigem, ungeflügeltem, aufrechtem Stängel; Blätter gegenständig, gestielt, oval, spitz, an der Basis herzförmig, grob gezähnt, dunkelgrün, kahl; Blüten zu mehreren in einer lockeren Rispe, Kronen um 1 cm lang, an der Basis grünlich, vorn braunrot, mit gelben Staubblättern am Eingang der Kronröhre, Blütezeit VI-VIII.
Standort: Krautreiche Laub- und Mischwälder, Lichtungen, Gebüsche, Hecken, Staudenfluren, meist an schattigen, feuchten Stellen auf nährstoffreichen, kalkarmen Böden.
Verbreitung: In EU weit verbreitet, fehlt in N-Skandinavien und S-Italien; in D fast überall häufig.
Wissenswertes: In M.-EU kommen weitere, zum Teil recht ähnliche Arten vor. Die ziemlich unauffälligen Blüten werden überwiegend von Fliegen und Wespen bestäubt.

Mauerleinkraut, Zimbelkraut
Cymbalaria muralis BRAUNWURZGEW.

Merkmale: Mehrjährige, kleine Pflanze mit dünnen, 5-25 cm langen, ausgebreiteten oder hängenden Stängeln, die an den Knoten wurzeln; Blätter wechselständig, gestielt, im Umriss herzförmig, grob 5- bis 7-zähnig oder andeutungsweise gelappt; Blüten lang gestielt, einzeln in den Blattachseln, Krone 2-lippig, Oberlippe lila, Unterlippe mit 2 großen gelben Flecken, Blütezeit VI-VIII.
Standort: Bevorzugt auf kalkhaltigem, lockerem, sickerfeuchtem Boden, in Mauerfugen und Felsfluren; außerdem in Steingärten angepflanzt.
Verbreitung: Mittelmeergebiet; an vielen Stellen in M.-EU eingebürgert.
Wissenswertes: Die reifenden Kapseln wenden sich vom Licht ab und dringen in Untergrundsspalten ein. So werden die Samen optimal platziert.

Gewöhnliches Leinkraut
Linaria vulgaris BRAUNWURZGEWÄCHSE

Merkmale: Mehrjährig, 20-60 cm hoch, mit aufrechten, verzweigten, kahlen Stängeln; Blätter dem Lein (⇨S. 120) ähnlich (daher der 2. Name der Pflanze: Frauenflachs), überwiegend wechselständig, linealisch, 2-8 cm lang und nur 1-5 mm breit, oberseits graugrün und kurz behaart; Blüten gestielt, zahlreich in einer dichten, endständigen Traube, Krone 2-3,5 cm lang, hellgelb, mit langem, geradem Sporn und orangegelbem Fleck, Blütezeit VI-IX.
Standort: Trockene, sonnige, sandige und steinige Böden, z.B. Bahndämme, Schotterfluren, Steinbrüche, Brachflächen, Abfallstellen.
Verbreitung: In EU weit verbreitet; in D häufig.
Wissenswertes: Nur große Hautflügler wie Hummeln können die Rachenblüte des G.L. öffnen, um zu den Nektarvorräten im Sporn vorzudringen.

Gewöhnlicher Augentrost
Euphrasia rostkoviana BRAUNWURZG.

Merkmale: Formenreich, gewöhnlich einjährig, mit aufrechtem, verzweigtem Stängel, 5-25 cm hoch, im oberen Teil drüsig behaart; Blätter gegenständig, Spreite etwa 1 cm lang, länglich oval, grob gezähnt; Blüten in beblätterten Trauben an den Zweigenden, Kronen 0,8-1,2 cm lang, vielzipfelig, mit dottergelbem Schlund und violetten Streifen. Die Krone verlängert sich während der Blühphase und überragt zuletzt den Kelch deutlich. Blütezeit IV-IX.
Standort: Bergwiesen, Halbtrockenrasen, Raine, Wegränder, Gebüsche.
Verbreitung: In EU weit verbreitet; fehlt in D im Tiefland, in südl. Landesteilen stellenweise ausgesprochen häufig, in den Alpen bis in 2500 m Höhe.
Wissenswertes: Der kräftig gelbe Fleck und die Streifen auf den Kronzipfeln sind ein wichtiges Signal für die bestäubenden Insekten. Sie finden dadurch rascher den Eingang zur Kronröhre. Der G.A. ist eine alte Heilpflanze gegen Augenleiden.

Roter Zahntrost *Odontites rubra*
FAMILIE BRAUNWURZGEWÄCHSE

Merkmale: Formenreiche, einjährige, bis zu 40 cm hohe Pflanze mit aufrechten, verzweigten Stängeln; Blätter gegenständig, um 1 cm breit und 2-4 cm lang, schmal oval, grob gezähnt; Blüten in einseitswendigen, beblätterten Trauben an den Zweigenden, etwa 1 cm lang, Kronen fleisch- oder weinrot bis purpurrosa, 2-lippig, filzig behaart, Oberlippe helmförmig, Unterlippe gerade, Blütezeit VII-X.
Standort: Lichtungen, Gebüsche, Weiden, Wege, Sandtrockenrasen, Äcker, Salzwiesen; vorzugsweise auf Tonböden.
Verbreitung: In M.-EU weit verbreitet; in D eher zerstreut vorkommend.
Wissenswertes: Der R.Z. gehört, wie z.B. auch der Augentrost, zu den Halbschmarotzern; mit seinen Wurzeln zapft er das Wurzelwerk seiner Wirtspflanzen an, ernährt sich aber sonst mit seinen grünen Blättern völlig selbstständig. Da er seiner Wirtspflanze nur Wasser und die darin gelösten mineralischen Stoffe entnimmt, hält sich deren Schädigung in Grenzen.

Gamander-Ehrenpreis *Veronica chamaedrys* F. BRAUNWURZGEWÄCHSE

Merkmale: Mehrjährig, Stängel 15-30 cm hoch, 2-zeilig behaart; Blätter gegenständig, kurz gestielt bis sitzend, oval, gekerbt, behaart; Blüten in lang gestielten Trauben in den oberen Blattachseln, Kronen bis 1,2 cm breit, tiefblau, dunkler geädert, Blütezeit IV-VI.
Standort: Gebüsche, lichte Wälder, Wiesen; meist auf lockerem, nährstoffreichem Lehmboden.
Verbreitung: Fast überall in EU häufig.

Faden-Ehrenpreis *Veronica filiformis* FAM. BRAUNWURZGEWÄCHSE

Merkmale: Mehrjährig, Stängel dünn, liegend, an den Knoten wurzelnd, 5-30 cm lang; Blätter gestielt, im Umriss rundlich, gekerbt; Blüten lang gestielt, einzeln in den Blattachseln, Kronen um 1 cm breit, blass blaulila, dunkler geädert, Blütezeit IV-V.
Standort: Wiesen, Parkrasen, Friedhöfe.
Verbreitung: Stammt aus Vorderasien; in D und im übrigen M.-EU an vielen Stellen eingebürgert

Wald-Ehrenpreis *Veronica officinalis* FAM. BRAUNWURZGEWÄCHSE

Merkmale: Mehrjährig, 15-20 cm hoch, mit liegendem, behaartem Stängel und aufrechtem Blütenstand; Blätter gegenständig, kurz gestielt, behaart, verkehrt eiförmig, am Rand gekerbt, bis zu 2,5 cm breit und 4 cm lang; Blüten in dichten, lang gestielten Trauben in den Blattachseln, Kronen hellviolett, bis zu 8 mm breit, Blütezeit VI-VIII.
Standort: Trockene Wälder, Gebüsche, Säume.
Verbreitung: In EU weit verbreitet, so auch in D.

Persischer Ehrenpreis *Veronica persica* F. BRAUNWURZGEWÄCHSE

Merkmale: Einjährige, 10-40 cm hohe Pflanze mit liegendem oder aufsteigendem, behaartem Stängel; Blätter gestielt, bis zu 2,5 cm lang, eiförmig, grob gekerbt; Blüten einzeln gestielt in den oberen Blattachseln, Kronen um 1 cm breit, himmelblau, dunkler geädert, Blütezeit III-XII.
Standort: Äcker, Brachen, Gärten, Weinberge.
Verbreitung: Stammt aus Vorderasien; heute fast überall in EU eingebürgert und häufig.

Efeublättriger Ehrenpreis *Veronica hederifolia* BRAUNWURZGEW.

Merkmale: Einjährige, 5-20 cm hohe Pflanze mit liegenden oder aufsteigenden, vor allem im oberen Teil behaarten, von der Basis an verzweigten Stängeln; Blätter gegenständig, zum Blütenstand hin zunehmend wechselständig, sitzend, breit oval, gekerbt; Blüten lang gestielt, einzeln in den oberen Blattachseln, um die 3-7 mm breit, Kronen hell lilablau, Blütezeit III-V.
Standort: Hackfruchtäcker, Brachen, Gärten.
Verbreitung: In ganz M.- und S-EU recht häufig.

Bachbungen-Ehrenpreis *Veronica beccabunga* BRAUNWURZG.

Merkmale: Mehrjährige, 10-50 cm hohe, kahle Pflanze mit aufsteigenden, an den Knoten wurzelnden Stängeln; Blätter gegenständig, etwas fleischig, 1-2,5 cm breit und bis 5 cm lang, gekerbt; Blüten in lockeren, lang gestielten Trauben in den Blattachseln, Kronen 5-7 mm breit, blass- oder dunkelblau, geädert, nur bei Sonne ausgebreitet, Blütezeit V-IX.
Standort: Gräben, Bachufer, Quellsümpfe; oft auch an Gartenteichen gepflanzt.
Verbreitung: Fast überall in EU verbreitet.

Roter Fingerhut *Digitalis purpurea*

FAMILIE BRAUNWURZGEWÄCHSE

Merkmale: Zweijährige, bis zu 1,5 m hohe Pflanze mit meist unverzweigtem, aufrechtem, graufilzig behaartem Stängel; grundständige Blätter in einer Rosette, 20-30 cm lang, gestielt, lanzettlich, oberseits flaumig behaart, Stängelblätter meist sitzend, runzelig; Blüten in schlanker, einseitswendiger Traube, Kronen bis zu 5 cm lang, purpurrot, seltener auch rosa oder weiß, innen mit langen Haaren und zahlreichen dunklen, weißlich umrandeten Flecken, Blütezeit VI-VIII.

Standort: Kahlschläge, Waldränder, Lichtungen, Gebüsche; meidet Kalkböden.

Verbreitung: Hauptsächlich W- und S-EU; in D vor allem in den Mittelgebirgen, fehlt in den Alpen.

Wissenswertes: Der giftige R. F. enthält herzwirksame Glykoside, die arzneilich verwendet werden.

Großblütiger Fingerhut

Digitalis grandiflora BRAUNWURZGEW.

Merkmale: Zwei- bis mehrjährige Pflanze mit 40-120 cm hohem, aufrechtem, meist unverzweigtem, kahlem Stängel; Blätter länglich elliptisch bis lanzettlich, glatt, oberseits glänzend, fein gesägt, am Rand und auf den Hauptnerven fein behaart; Blüten zahlreich in schlanker, langer, einseitswendiger Traube, Kronen glockig, bis zu 4 cm lang, schwefelgelb, innen bräunlich gefleckt oder geädert, Blütezeit VI-IX.

Standort: Sonnige Waldsäume, Schläge, Lichtungen; bevorzugt auf kalkhaltigem Boden.

Verbreitung: W- und M.-EU; in D zerstreut in der Mittelgebirgsregion bis in etwa 1500 m Höhe. **§!**

Wissenswertes: Auch der G. F. enthält starke Giftstoffe, wird aber im Gegensatz zu seinen Verwandten nicht medizinisch genutzt.

Gelber Fingerhut *Digitalis lutea*

FAMILIE BRAUNWURZGEWÄCHSE

Merkmale: Mehrjährige Pflanze mit aufrechtem, meist unverzweigtem, 50-100 cm hohem, kahlem Stängel; Blätter schmal lanzettlich, glänzend dunkelgrün, mit glatter Oberfläche; Blüten bis zu 2,5 cm lang, zahlreich in dichten, schlanken, endständigen Trauben, Kronen röhrenförmig, hellgelb, innen ohne auffällige Zeichnung, Oberlippe spitz 2-zipfelig, Blütezeit VI-VIII. Alle Teile der Pflanze stark giftig!

Standort: Lichte Laub- und Mischwälder, Kahlschläge, Gebüsche, Wegränder, bevorzugt auf kalkhaltigem, lockerem Boden.

Verbreitung: Südliches M.-EU und S-EU; in D eher vereinzelt, fehlt im Tiefland. **§!**

Wissenswertes: Früher wurde der G. F. wie sein rotblühender Verwandter als Heilpflanze verwendet. Heute gewinnt man die wertvollen Arzneistoffe vor allem aus dem Wolligen Fingerhut *(Digitalis lanata)*, der im Balkan beheimatet ist.

Acker-Wachtelweizen

Melampyrum arvense BRAUNWURZGEW.

Merkmale: Einjährige, bis zu 30 cm hohe, wenig verzweigte Pflanze mit aufrechtem Stängel; Blätter gegenständig, schmal lanzettlich, die unteren glattrandig, zum Blütenstand hin etwas breiter und mit langen Zähnen, die obersten purpurn überlaufen; Blüten zu mehreren in einer zylindrischen Ähre, Kronen etwa 2 cm lang, im Lippenbereich und an der Basis der Kronröhre überwiegend purpurrot, sonst weißlich oder gelb, Oberlippe helmförmig gewölbt, Blütezeit V-VIII.

Standort: Äcker, Wegränder, Brachflächen, Halbtrockenrasen, Offenland; vorzugsweise auf basen- und kalkreichem Boden.

Verbreitung: In EU weit verbreitet, in D fast nur in der Mittelgebirgsregion.

Wissenswertes: Durch Veränderung der Anbaumethoden und Herbizideinsatz ist der A. stark zurückgegangen. Er zählt zu den Halbschmarotzern, da er die Wurzeln von Getreide u. Gräsern anzapft.

Zottiger Klappertopf
Rhinanthus alectorolophus

Merkmale: Formenreiche, einjährige, 10-50 cm hohe Pflanze mit einfachem oder verzweigtem, dicht zottig behaartem Stängel; Blätter gegenständig, länglich-lanzettlich, gekerbt; Blüten in der Achsel der oberen Stängel- und bleichgrüner, zottig behaarter Tragblätter, Krone 1,8-2,5 cm lang, hellgelb, Oberlippe mit blauviolettem Zahn, Kelch kraus behaart, Blütezeit V-IX. **Standort:** Trockene Wiesen, bevorzugt auf lockeren, mageren Kalkböden.
Verbreitung: M.-EU; in D nach S zu häufiger.

Ähnlich: **Kleiner Klappertopf** *Rhinanthus minor,* Blüten höchstens 1,6 cm lang, Oberlippenzahn weißlich blau; Wiesen, Niedermoore, meidet Kalk.

Sumpf-Läusekraut *Pedicularis palustris*
FAMILIE BRAUNWURZGEWÄCHSE

Merkmale: Formenreiche, zweijährige Pflanze mit 30-50 cm hohen, aufrechten, meist unverzweigten, kahlen Stängeln; Blätter wechselständig, sitzend, bis zur Mittelrippe tief fiederteilig, 2-4 cm lang, unbehaart; Blüten jeweils zu mehreren in kopfig gedrängten Ähren, die sich im Lauf der Zeit etwas strecken, Kronen bis zu 2,2 cm lang, hell purpurn, Oberlippe sichelförmig gebogen, an der Spitze mit 2 stumpfen, abgewinkelten Zähnen, Kelch tief 2-teilig, Blütezeit V-VI.
Standort: Nasswiesen, Feuchtheiden, Nieder- und Zwischenmoore; erträgt Überflutung.
Verbreitung: Vor allem in M.- und dem südlichen N-EU; in D nur in den Moorgebieten verbreitet, zumeist jedoch sehr selten. **RL, §!**
Wissenswertes: Das S. ist ein Halbschmarotzer auf Riedgrasgewächsen und entnimmt deren Wurzeln mineralische Nährstoffe.

Schuppenwurz *Lathraea squamaria*
FAMILIE BRAUNWURZGEWÄCHSE

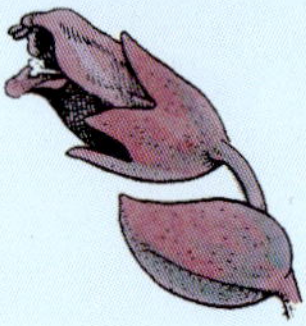

Merkmale: Mehrjährige Pflanze ohne Blattgrün mit liegenden, an den Enden aufsteigenden, fleischigen Stängeln, 10-25 cm hoch; Blätter wechselständig, schuppenförmig klein, bleich; Blüten in dichter, einseitswendiger Ähre, Krone rund 1 cm lang, hellrosa bis weißlich violett, Unterlippe stets etwas heller, Blütezeit III-V.
Standort: Auenwälder, Ufergebüsche.
Verbreitung: In EU weit verbreitet; in D fast überall nur zerstreut.
Wissenswertes: Die S. schmarotzt auf den Wurzeln von Haselsträuchern, Pappeln und Erlen und entwickelt einen mehrere Kilogramm schweren Wurzelstock. Als Vollparasit entnimmt sie mit besonderen Saugwurzeln ihrer jeweiligen Wirtspflanze sämtliche mineralischen und organischen Nährstoffe, die sie zum Wachstum benötigt.

Gamander-Sommerwurz
Orobanche teucrii SOMMERWURZGEW.

Merkmale: Ein- bis mehrjährige Pflanze ohne Blattgrün, mit aufrechtem, unverzweigtem, ziemlich gedrungenem Stängel, 10-30 cm hoch; Blätter schuppenförmig, von dreieckigem Umriss, bleich, drüsig behaart, etwa 0,5-1,5 cm lang; Blüten in einer nach oben dichter werdenden Ähre, Kronen 2-3 cm lang, 2-lippig, weißlich, gelblich bräunlich, mitunter leicht rötlich überhaucht, drüsig behaart, Oberlippe tief 2-spaltig mit abstehenden Zipfeln, Blütezeit VI-VIII.
Standort: Lückige Trockenrasen, lichte Gebüsche; vorzugsweise auf kalkhaltigen Löß- und Lehmböden ohne Stickstoffanreicherung.
Verbreitung: Vor allem S-EU; in D vereinzelt im Oberrheingebiet und in der Pfalz.
Wissenswertes: Die G. ist ein Vollschmarotzer, der ausschließlich auf Gamander-Arten (⇨ S. 136) lebt. Die Gattung umfasst in M.-EU etwa 20 größtenteils nur sehr schwer unterscheidbare Arten.

Großer Wegerich, Breit-W.

Plantago major F. WEGERICHGEWÄCHSE

Merkmale: Mehrjährig, 10-40 cm hoch; alle Blätter in einer grundständigen Rosette, kahl, Spreite im Umriss breit oval, 10-15 cm lang, mit 3-9 deutlichen parallelen Nerven, plötzlich verschmälert in den kräftigen Stiel; Blüten unscheinbar grünlich, zahlreich in einer schlanken, bis 15 cm langen Ähre, Blütezeit VI-X.
Standort: Wege, Wegränder, Plätze, Abfallstellen.
Verbreitung: Überall in EU häufig.

Mittlerer Wegerich *Plantago media*

FAMILIE WEGERICHGEWÄCHSE

Merkmale: Mehrjährig, 15-40 cm hoch, alle Blätter kurz gestielt, locker behaart und in grundständiger Rosette, Spreite länglich oval; Blüten weißlich mit hellpurpurnen Staubblättern, zahlreich in einer 2-6 cm langen, walzenförmigen Ähre, Blütezeit V-IX.
Standort: Magerwiesen, Halbtrockenrasen, Wegränder.
Verbreitung: In EU weit verbreitet; in D stellenweise aber durchaus selten.

Spitz-Wegerich *Plantago lanceolata*

FAM. WEGERICHGEWÄCHSE

Merkmale: Mehrjährig, 10-50 cm hoch; alle Blätter grundständig, zerstreut behaart, schmal lanzettlich, 2-4 cm breit und 10-30 cm lang; Blüten bräunlich, mit langen Staubfäden, zahlreich in einer zylindrisch ovalen Ähre auf 5-kantigem Schaft, ringweise aufblühend, Blütezeit IV-X.
Standort: Wiesen, Weiden, Wegränder, Säume, Schuttplätze.
Verbreitung: In ganz EU weit verbreitet; in D überall sehr häufig, im Gebirge bis in rund 1750 m Höhe.

Strand-Wegerich *Plantago maritima*

FAMILIE WEGERICHGEWÄCHSE

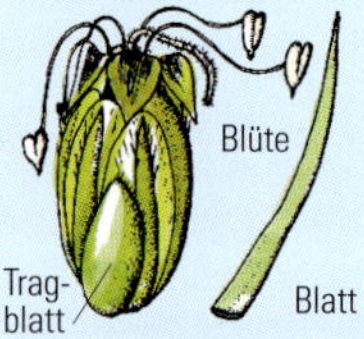

Merkmale: Mehrjährig, 15-30 cm hoch, sämtliche Blätter grundständig, schmal linealisch, 2-6 mm breit, 5-15 cm lang, dickfleischig, oberseits mit Rinne, fein gezähnt; Blüten bräunlich, mit hellgelben Staubblättern, zahlreich in schlanker, zylindrischer Ähre, diese länger als ihr Schaft, Blütezeit VII-VIII.
Standort: Salzwiesen, Deichvorland, Felsspalten in der Spritzwasserzone.
Verbreitung: Sämtliche Küstengebiete in EU.

Krähenfuß-Wegerich *Plantago coronopus*

FAM. WEGERICHGEWÄCHSE

Merkmale: Ein- bis mehrjährig, 4-25 cm hoch; Blätter alle in flacher Rosette, Spreite 4-8 cm lang, tief fiederspaltig mit linealischen Zipfeln, behaart; Blüten unscheinbar bräunlich, zahlreich in schlanker, 3-8 cm langer Ähre, Tragblatt mit langer Spitze, Blütezeit VI-IX.
Standort: Salzwiesen, Deichgrünland, Klippen oberhalb der Spritzwasserzone; vorzugsweise auf nährstoffreichen Böden.
Verbreitung: Sämtliche Küstengebiete in EU.

Sand-Wegerich *Plantago indica*

FAMILIE WEGERICHGEWÄCHSE

Merkmale: Einjährige, 20-40 cm hohe Pflanze mit einfachem oder verzweigtem Stängel; Blätter nicht in grundständigen Rosetten wie bei den anderen Wegerich-Arten, sondern gegenständig am Stängel, schmal linealisch, kaum gezähnt, wenig behaart; Blüten unscheinbar grünlich, in lang gestielten, kugeligen Ähren in den Achseln der oberen Blätter, Blütezeit VI-IX.
Standort: Dünen, Sandwege, Bahnschotter.
Verbreitung: In EU zerstreut; in D vor allem östlich der Elbe sowie am Rhein.

Kriechender Günsel *Ajuga reptans* FAM. LIPPENBLÜTENGEWÄCHSE

Merkmale: Mehrjährige, 15-30 cm hohe Pflanze mit aufrechtem Stängel und langen oberirdischen Ausläufern; grundständige Blätter als Rosette, spatelig, mit geflügeltem Blattstiel, Stängelblätter gegenständig, länglich oval, fast glattrandig, dunkelgrün; Blüten zu 2-6 in den oberen Blattachseln in dichten Scheinähren, Kronen blau, seltener rosa oder weiß, Oberlippe fehlt, Unterlippe ziemlich lang, 3-zipfelig, Blütezeit V-VII.

Standort: Feuchte Wiesen, Gebüsche, lichte Wälder, Säume, Wegränder, Gärten; auf Lehmböden.

Verbreitung: Im südlichen N- sowie in M.-EU fast überall verbreitet; in D häufig.

Wissenswertes: Die Tragblätter der Blüten sind an ihrer Basis meist blauviolett verfärbt und verstärken so die optische Wirkung des Blütenstands.

Salbei-Gamander *Teucrium scorodonia* F. LIPPENBLÜTENGEWÄCHSE

Merkmale: Mehrjährige Pflanze mit 30-70 cm hohem, 4-kantigem, aufrechtem, meist verzweigtem Stängel, am Grund mit Ausläufern; Blätter gegenständig, gestielt, herzförmig, 1-2 cm breit und 3-6 cm lang, leicht runzelig, weich behaart, am Rand gekerbt, beim Abstreifen unangenehm riechend; Blüten zahlreich in einer schlanken, einseitswendigen Scheinähre, Kronen blass grünlich gelb, um 1 cm lang, ohne deutliche Oberlippe, Kelch helmförmig, Blütezeit VII-IX.

Standort: Eichenwälder, Heiden, Waldsäume, Wege; vorzugsweise auf sauren Böden.

Verbreitung: M.- und S-EU, in D vor allem im Mittelgebirge verbreitet.

Wissenswertes: Der S. benötigt, um optimal zu gedeihen, eine relativ hohe Luftfeuchtigkeit.

Echter Gamander, Edel-G. *Teucrium chamaedrys* LIPPENBLÜTENG.

Merkmale: Mehrjährige, 15-30 cm hohe Pflanze mit liegenden oder aufsteigenden, an der Basis leicht verholzenden Stängeln und unterirdischen Ausläufern; Blätter gegenständig, gestielt, Spreite 1-2,5 cm lang, breit oval, an der Basis keilförmig, am Rand grob gekerbt, auf der Unterseite mit stark hervortretenden Nerven; Blüten zu jeweils 1-6 in den oberen Blattachseln, meist einseitswendig, Kronen bis zu 1,5 cm lang, rosa bis purpurn, ohne deutliche Oberlippe, Kelch abstehend behaart, Blütezeit VII-IX.

Standort: Trockenrasen, Felsgebüsche, lichte Wälder; bevorzugt auf Kalkböden.

Verbreitung: S- und M.-EU; in D fast überall ziemlich selten; auch als Gartenpflanze kultiviert.

Wissenswertes: Von den jährlich aus dem Wurzelstock austreibenden Stängeln entwickelt nur die zweite Staffel Blüten.

Gewöhnliche Braunelle *Prunella vulgaris* LIPPENBLÜTENGEW.

Merkmale: Mehrjährige, mcist klcinc Pflanze von 10-25 cm Höhe mit verzweigtem, aufrechtem Stängel und oberirdischen Ausläufern; Blätter gegenständig, gestielt, länglich oval, überwiegend glattrandig; Blüten in einer kopfigen Scheinähre unmittelbar oberhalb des obersten Blattpaars, Kronen bis zu 2 cm lang, blauviolett, mit gewölbter Ober- und flacher Unterlippe, Kelch tief 2-lippig, Tragblätter der Blütenquirle lang bewimpert und bräunlich violett, Blütezeit V-X.

Standort: Wiesen, Rasen, Wegränder, lichte Wälder, Weiden, bevorzugt auf nährstoffreichen und frischen Lehmböden.

Verbreitung: Überall in EU ziemlich häufig.

Wissenswertes: Die hübschen Lippenblüten werden hauptsächlich von Hummeln angeflogen. Das Kraut wurde früher arzneilich verwendet, die jungen Blätter schmecken in Kräutersuppen gut.

Weiße Taubnessel *Lamium album* FAMILIE LIPPENBLÜTENGEWÄCHSE

Merkmale: Mehrjährige, bis zu 50 cm hohe Pflanze mit aufrechtem, einfachem, 4-kantigem Stängel; Blätter gegenständig, gestielt, grob gezähnt wie bei der Brennnessel, kurz behaart, daher leicht graugrün erscheinend, beim Abstreifen etwas unangenehm riechend; Blüten zu mehreren in Scheinquirlen in den oberen Blattachseln, Kronen 2-2,5 cm lang, cremeweiß bis reinweiß, Kronröhre aufgebogen, innen mit Haarring, Oberlippe stark gewölbt, Blütezeit IV-VIII.
Standort: Gebüsche, Hecken, Wegränder, Wiesen, Staudenfluren, Abfallstellen, Brachflächen; vorzugsweise auf nährstoffreichen Lehmböden.
Verbreitung: In EU überall verbreitet.
Wissenswertes: Um an den Nektar in der Tiefe der Blüte zu gelangen, beißen Hummeln mit zu kurzem Rüssel die Kronröhre oft »von hinten« an.

Rote Taubnessel *Lamium purpureum* FAM. LIPPENBLÜTENGEWÄCHSE

Merkmale: Einjährige, 15-30 cm hohe Pflanze mit aufsteigenden oder aufrechten Stängeln; Blätter gegenständig, Spreite 1-1,5 cm breit und fast ebenso lang, meist im oberen Stängeldrittel gehäuft, runzelig, weichhaarig, beim Abstreifen unangenehm riechend; Blüten in Scheinquirlen, Kronen 1-1,5 cm lang, tiefrosa bis purpurn, Unterlippe dunkler gezeichnet, Blütezeit III-X, mitunter bis XII.
Standort: Äcker, Gärten, Weinberge, Brachen.
Verbreitung: In D wie fast überall in EU häufig.

Ähnlich: **Stängelumfassende Taubnessel** *Lamium amplexicaule*, Stängelblätter rundlich, sitzend, Kronen schlank, hellpurpurn; in D nicht allzu häufig.

Gefleckte Taubnessel *Lamium maculatum* LIPPENBLÜTENGEW.

Merkmale: Formenreiche, mehrjährige Pflanze mit aufrechtem, 4-kantigem Stängel; Blätter gegenständig, lang gestielt, breit oval, zugespitzt, grob gezähnt; Blüten zu 2-8 in Scheinquirlen in den oberen Blattachseln, bilden hier 3-8 Etagen, Kronen 2-2,5 cm lang, tiefrosa bis purpurn, Kronröhre aufgebogen, Oberlippe helmförmig, Unterlippe 3-zipfelig, mit auffälligem Fleckenmuster, Blütezeit IV-IX.
Standort: Wälder, Gebüsche, Hecken, Zäune, Gärten, Böschungen, Ufer; auf stickstoffangereicherten, nährstoffhaltigen, meist frischen Böden.
Verbreitung: Fast überall in EU häufig, im Bergland bis in etwa 2000 m Höhe.
Wissenswertes: Die Samen (Klausen) werden gewöhnlich von Ameisen verschleppt, die gern deren nahrhafte Anhängsel verzehren.

Goldnessel *Galeobdolon luteum* FAMILIE LIPPENBLÜTENGEWÄCHSE

Merkmale: Formenreiche, mehrjährige Pflanze, 20-60 cm hoch, mit spärlich behaartem Stängel und oberirdischen Ausläufern; Blätter gegenständig, breit eiförmig bis lanzettlich, grob gezähnt oder gekerbt, oberseits mitunter hell gefleckt; Blüten zu 6-10 als Scheinquirle in den oberen Blattachseln, Kronen goldgelb, 1,5-2,5 cm lang, Unterlippe 3-zipfelig, bräunlich gefleckt, Blütezeit IV-VI.
Standort: Laubwälder, Gebüsche, Säume, Hochstaudenfluren; vorzugsweise auf lockeren, tiefgründigen, humusreichen Böden.
Verbreitung: In EU weit verbreitet; in D nahezu überall häufig.
Wissenswertes: Die G. stellt eine so genannte Kleinartengruppe dar, wobei die genaue gegenseitige Abgrenzung und Benennung der verschiedenen Formen zurzeit noch nicht eindeutig feststeht.

Wald-Ziest *Stachys sylvatica*

FAMILIE LIPPENBLÜTENGEWÄCHSE

Merkmale: Mehrjährige, 30-100 cm hohe Pflanze mit behaartem, aufrechtem, im oberen Teil verzweigtem Stängel; Blätter gegenständig, gestielt, die oberen sitzend, 4-9 cm lang, breit oval, grob gezähnt, ähneln denen einer Brennnessel, beim Abstreifen unangenehm riechend; Blüten meist zu 6 in den Achseln der obersten Blätter, bilden zusammen mit diesen eine Scheinähre, Kronen 1-1,3 cm lang, dunkel- bis weinrot gefärbt, Oberlippe nur wenig gewölbt, Unterlippe 3-zipfelig mit helleren Flecken, Blütezeit VI-VIII.

Standort: Waldwege, Lichtungen, Ufer, Säume, Gebüsche, Staudenfluren; bevorzugt auf feuchten, basenreichen, tiefgründigen Böden.

Verbreitung: In EU weit verbreitet; in D vor allem in der Mittelgebirgsregion häufig.

Wiesen-Salbei *Salvia pratensis*

FAMILIE LIPPENBLÜTENGEWÄCHSE

Merkmale: Mehrjährige, 30-80 cm hohe Pflanze mit aufrechtem, hohlem, ästig verzweigtem Stängel; Blätter gegenständig, gestielt, Spreite bis 12 cm lang, breit oval, an der Basis herzförmig, grob und unregelmäßig gezähnt bis wenig gelappt, runzelig; Blüten zahlreich in endständiger, lockerer Ähre, Kronen 2-2,5 cm lang, blauviolett, seltener auch hellblau oder rosa, Oberlippe breit, sichelförmig gekrümmt, Blütezeit V-VIII.

Standort: Halbtrockenrasen, Dämme, Böschungen, meist auf kalkhaltigem Boden.

Verbreitung: Vor allem in M.-EU verbreitet, nordwärts bis zum nördlichen D und England.

Wissenswertes: Wenn Bienen oder Hummeln mit ihrem Rüssel in die Kronröhre vordringen, stoßen sie an die gelenkig aufgehängten Staubblätter, die daraufhin herunterklappen und den Pollen auf den pelzigen Insektenrücken abladen.

Bunter Hohlzahn *Galeopsis speciosa*

FAM. LIPPENBLÜTENGEWÄCHSE

Merkmale: Einjährig, bis zu 1 m hoch, mit aufrechtem, nur an den Knoten abstehend behaartem Stängel; Blätter gegenständig, gestielt, länglich eiförmig, 3-12 cm lang, am Rand gesägt; Blüten zu mehreren quirlartig gehäuft in den Achseln der oberen Blätter, Kronen 2-3,5 cm lang, gelb, nur der Mittellappen der 3-zipfeligen Unterlippe violett gezeichnet oder ganz violett, Kelch mit borstigen Zipfeln, Blütezeit VI-X.

Standort: Wälder, Lichtungen, Gebüsche, Hecken, Säume, Äcker, Brachen, Schuttstellen.

Verbreitung: In EU weit verbreitet; in D im NW ausgesprochen selten, sonst nur zerstreut.

Wissenswertes: Die Gattung Hohlzahn umfasst mehrere gelb oder rötlich blühende Arten. Alle haben 2 zahnartige Ausstülpungen der Unterlippe.

Acker-Minze *Mentha arvensis*

FAMILIE LIPPENBLÜTENGEWÄCHSE

Merkmale: Formenreiche, mehrjährige Pflanze mit aufrechtem oder aufsteigendem Stängel, 10-40 cm hoch; Blätter elliptisch bis oval, wenig gekerbt, beim Zerreiben angenehm aromatisch duftend; Blüten in dichten, etagenartig angeordneten Scheinquirlen im oberen Stängelbereich, der jedoch mit einem Blattschopf endet, Kronen etwa 5 mm lang, rosa bis helllila, Blütezeit VII-IX.

Standort: Gräben, nasses Brachland, Äckerränder, Wegsäume, Waldlichtungen.

Verbreitung: Vor allem in M.-EU; in D fast überall häufig, im NW des Landes nur zerstreut.

Ähnlich: **Wasser-Minze** *Mentha aquatica,* Blüten in Etagen und einem endständigen Schopf, stark duftend.

Ross-Minze *Mentha longifolia* (Bild), Stängel zottig behaart, Blätter länglich, Blüten in langen zylindrischen Blütenständen.

Schwarznessel *Ballota nigra*
FAMILIE LIPPENBLÜTENGEWÄCHSE

Merkmale: Mehrjährige, 50-120 cm hohe Pflanze mit verzweigtem, aufrechtem, 4-kantigem Stängel, meist dicht behaart und rötlich überlaufen; Blätter gegenständig, überwiegend kurz gestielt, Spreite bis zu 8 cm lang, breit lanzettlich bis oval, vorn zugespitzt, an der Basis gestutzt, runzelig; Blüten zu wenigen in den Achseln der oberen Blätter, Kronen 1-1,5 cm lang, trübrot, Oberlippe flach gewölbt, auf der Außenseite dicht behaart, Unterlippe heller geädert, mit eingekerbtem Mittellappen, Blütezeit VI-VI.

Standort: Siedlungsnahes Brachland, Wegränder, Gebüsche, Zäune; bevorzugt auf nährstoff- und stickstoffangereicherten Böden.

Verbreitung: M.- und S-EU; in D von W nach O zunehmend häufig, in vielen Gebieten nur zerstreut.

Ufer-Wolfstrapp *Lycopus europaeus*
FAM. LIPPENBLÜTENGEWÄCHSE

Merkmale: Mehrjährige, 30-100 cm hohe, kaum oder wenig verzweigte Pflanze mit aufrechtem, kantigem, leicht behaartem Stängel; Blätter gegenständig, 6-10 cm lang, im Umriss breit lanzettlich, grob gezähnt, an der Basis mitunter fiederspaltig, hellgrün; Blüten in dichten, halbkugeligen Scheinquirlen in den Achseln der oberen Stängelblätter, Kronen weiß, um die 5 mm lang, undeutlich 2-lippig, angedeutet 4-zipfelig, wie die übrigen Teile ohne besonderen Duft, Blütezeit VII-IX.

Standort: Sumpf- und Nasswiesen, Ufer, Gräben, Röhrichte langsam fließender oder stehender Gewässer, bevorzugt auf nassen, nährstoffreichen Schlamm- oder Torfböden.

Verbreitung: In EU weit verbreitet und regional häufig; in D nahezu überall.

Gundermann, Gundelrebe
Glechoma hederacea LIPPENBLÜTENGEW.

Merkmale: Mehrjährige Pflanze mit kriechenden, 30-80 cm langen, an den Knoten wurzelnden Stängeln, die sich nur in der Blütenregion bis zu 20 cm hoch aufrichten; Blätter gegenständig, gestielt, im Umriss rundlich, 1-2 cm breit und ebenso lang, am Rand gekerbt, unterseits mit vortretenden Blattnerven, glänzend dunkelgrün, mitunter rötlich überlaufen; Blüten zu 1-3 einseitswendig in den Achseln der oberen Blätter, Kronen 1-2 cm lang, blau bis blauviolett, Oberlippe kurz, Unterlippe breit, 3-zipfelig mit großem, geflecktem Mittelteil, Blütezeit IV-VI.

Standort: Wiesen, Auenwälder, Gärten, Mauern, vorzugsweise auf stickstoffreichen Böden.

Verbreitung: In EU überall ziemlich häufig.

Wissenswertes: Der G. ist eine alte Heilpflanze, die jedoch heute noch in der Homöopathie verwendet wird. In der Küche machen sich seine frischen Blätter gut als Gewürz und in Salaten.

Echter Dost *Origanum vulgare*
FAMILIE LIPPENBLÜTENGEWÄCHSE

Merkmale: Mehrjährige, 40-70 cm hohe Pflanze mit festem, aufrechtem, oft verzweigtem Stängel; Blätter gegenständig, kurz gestielt, oval, behaart, glattrandig oder schwach gezähnt, Tragblätter im Bereich des Blütenstands meist rötlich überlaufen, beim Abstreifen würzig nach Pizza duftend; Blüten zahlreich in endständigen Doldenrispen, Kronen um 6 mm lang, blass rosa, Oberlippe aufrecht, Unterlippe 3-zipfelig, Kelch purpurn, Blütezeit VII-IX.

Standort: Halbtrockenrasen, Wegränder, Dämme, Böschungen, Mauern, Gebüsche.

Verbreitung: In EU weit verbreitet; in D vor allem in den Wärmeregionen häufig.

Wissenswertes: Der auch als Wilder Majoran bezeichnete E.D. wird oft als Würzpflanze in Gärten kultiviert. Er lockt viele Schmetterlinge an.

Rundblättrige Glockenblume
Campanula rotundifolia

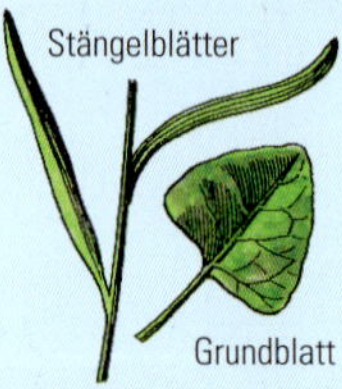

Merkmale: Mehrjährig, 10-30 cm hoch, Stängel aufrecht; grundständige Blätter rundlich, zur Blütezeit meist nicht mehr vorhanden, Stängelblätter linealisch; Blüten 1,5-2 cm lang, zu 2-8 in lockeren Rispen, blauviolett, Blütezeit VI-IX. **Standort:** Magerrasen, Felsfluren, Dämme, Mauern, lichte Wälder, Dünen.
Verbreitung: In EU fast überall häufig.

Wiesen-Glockenblume *Campanula patula* GLOCKENBLUMENGEWÄCHSE

Merkmale: Formenreich, zweijährig, Stängel aufrecht, 20-60 cm hoch; grundständige Blätter schmal oval, Stängelblätter wechselständig, lanzettlich, sitzend; Blüten zu 3-10 in lockerer Rispe, Kronen 1,5-2,5 cm lang, helllila bis blauviolett, Blütezeit V-VIII.
Standort: Wiesen, Wegränder, lichte Wälder, Gebüsche.
Verbreitung: In EU fast überall; in D nur im nördlichen Tiefland selten, sonst häufig.

Pfirsichblättrige Glockenblume *Campanula persicifolia*

Merkmale: Mehrjährige Pflanze mit aufrechtem Stängel, 50-80 cm hoch; grundständige Blätter länglich oval, Stängelblätter wechselständig, lanzettlich, um 1 cm breit; Blüten zu 3-8 in einer lockeren Traube, Kronen 2,5-4 cm lang, blau bis blauviolett, selten auch reinweiß, Kronzipfel breit dreieckig, Blütezeit VI-VIII.
Standort: Lichte Wälder, Gebüschsäume. **Verbreitung:** In EU weit verbreitet, ebenso in D; oft auch in Gartenkultur anzutreffen.

Nesselblättrige Glockenblume *Campanula trachelium*

Merkmale: Mehrjährig, mit kantigem, borstig behaartem Stängel, 30-90 cm hoch; Blätter wechselständig, grob und unregelmäßig gezähnt, die unteren gestielt, die oberen sitzend; Blüten zu 5-12 in lockerer, einseitswendiger Traube, Kronen 3-4 cm lang, blauviolett bis blaulila, Kronzipfel am Rand bewimpert, Blütezeit VII-IX.
Standort: Lichte Wälder, Säume, Gebüsche; vorzugsweise auf kalkhaltigem Boden.
Verbreitung: Fast überall in EU.

Ährige Teufelskralle *Phyteuma spicatum* GLOCKENBLUMENGEWÄCHSE

Merkmale: Mehrjährige, bis zu 60 cm hohe Pflanze mit aufrechtem, unverzweigtem Stängel; grundständige Blätter lang gestielt, herzförmig, am Rand gesägt, Stängelblätter schmaler, die oberen sitzend; Blüten zahlreich in einer walzenförmigen Ähre, Kronen cremeweiß, selten hell bläulich, krallenförmig gebogen, Blütezeit V-VII.
Standort: Wälder, Gebüsche, Bergwiesen.
Verbreitung: Vor allem in M.-EU; in D westlich des Rheins nur zerstreut, sonst häufig.

Schwarze Teufelskralle
Phyteuma nigrum GLOCKENBLUMENGEW.

Merkmale: Mehrjährig, Stängel 20-80 cm hoch, unverzweigt; Blätter länglich herzförmig, grob gezähnt, die unteren lang gestielt; Blüten zahlreich in einer dichten Ähre, vor dem Aufblühen gekrümmt, Kronen dunkelviolett, an der Spitze mitunter grünlich, Blütezeit V-VII.
Standort: Wälder, Gebüsche, Bergwiesen bis in 1200 m Höhe.
Verbreitung: Nur in M.-EU nördlich der Alpen, östliche Grenze in Niederösterreich; in D vor allem in den Mittelgebirgen, im Tiefland seltener.

Gänseblümchen *Bellis perennis*

FAMILIE KORBBLÜTENGEWÄCHSE

Merkmale: Mehrjährig, alle Blätter grundständig, spatelförmig bis verkehrt eiförmig, Stängel behaart, 5-10 cm hoch; Blütenkörbchen außen mit weißen, an den Spitzen rötlichen Zungenblüten, innen mit gelben Röhrenblüten, Blütezeit II-XII, hauptsächlich aber III-VI.

Standort: Fettwiesen, Weiden, Rasen, im Gebirge bis in über 2000 m Höhe.

Verbreitung: Überall in EU sehr häufig.

Echte Kamille *Matricaria recutita*

FAMILIE KORBBLÜTENGEWÄCHSE

Merkmale: Einjährig, 15-45 cm hoch, Stängel aufrecht, verzweigt; Blätter wechselständig, mehrfach gefiedert; Blütenkörbchen am Rand mit weißen Zungen-, innen mit goldgelben Röhrenblüten, Körbchenboden kegelig, hohl, Blütezeit V-IX.

Standort: Getreideäcker, Wegränder, Schuttstellen, bevorzugt auf kalkfreiem Lehmboden.

Verbreitung: Fast überall in EU häufig.

Strahlenlose Kamille *Matricaria discoidea*

FAM. KORBBLÜTENGEWÄCHSE

Merkmale: Einjährig, 5-30 cm hoch, Stängel kräftig, zäh, aufrecht, reich verzweigt; Blätter mehrfach gefiedert, mit schmalen Zipfeln; Blütenkörbchen oval, ohne Zungenblüten, nur mit grüngelben Röhrenblüten, beim Zerreiben aromatisch duftend, Blütezeit VI-VIII.

Standort: Äcker, Brachen, Wegränder, Schuttstellen, Trittrasen.

Verbreitung: Stammt ursprünglich aus O-Asien, heute überall in EU verbreitet und häufig.

Strandkamille *Tripleurospermum maritimum*

FAM. KORBBLÜTENGEWÄCHSE

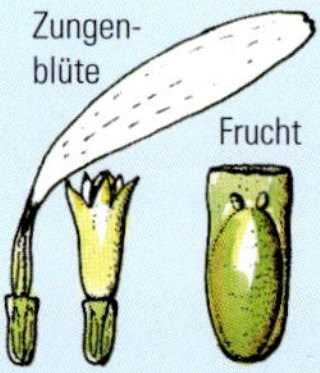

Merkmale: Ein- oder zweijährige, 10-40 cm hohe Pflanze, Stängel liegend oder aufsteigend; Blätter wechselständig, mehrfach gefiedert; Blütenkörbchen 2-5 cm breit, halbkugelig, nicht hohl, Zungenblüten weiß, Röhrenblüten goldgelb, beim Zerreiben geruchlos, Blütezeit VI-X.

Standort: Salzwiesen, Spülsäume, Dünen, Schuttstellen mit salzhaltigem Boden.

Verbreitung: Küsten von W- und NW-EU.

Acker-Hundskamille *Anthemis arvensis*

FAM. KORBBLÜTENGEWÄCHSE

Merkmale: Einjährige, 10-50 cm hohe Pflanze mit verzweigten, ausgebreiteten oder aufrechten Stängeln; Blätter wechselständig, mehrfach gefiedert, beim Zerreiben ohne besonderen Duft; Blütenkörbchen nur flach gewölbt, 2-3,5 cm breit, außen weiße Zungenblüten, im Inneren gelbe Röhrenblüten, Blütezeit VI-IX.

Standort: Äcker, Brachflächen, Wegränder; besonders auf kalkfreien, sauren Böden.

Verbreitung: In D wie fast überall in EU häufig.

Färber-Hundskamille *Anthemis tinctoria*

FAM. KORBBLÜTENGEWÄCHSE

Merkmale: Zwei- oder mehrjährig, 20-70 cm hoch, Stängel fest, aufrecht, verzweigt; Blätter wechselständig, doppelt fiederspaltig; Blütenkörbchen 2-4 cm breit, Zungen- und Röhrenblüten leuchtend gelb, Blütezeit VI-IX.

Standort: Trockenrasen, Gebüsche, Felsfluren, Brachen.

Verbreitung: Hauptsächlich in M.- und S-EU; in D in milden Lagen.

Wissenswertes: Aus den Blüten der auch Färberkamille genannten Art wurde früher ein gelber Textilfarbstoff gewonnen.

Wiesen-Wucherblume, Margerite *Leucanthemum vulgare*

Merkmale: Mehrjährig, 20-90 cm hoch, Stängel aufrecht, meist unverzweigt, leicht kantig; Blätter wechselständig, spatelförmig, zur Basis hin grob gezähnt; Blütenkörbchen 4-6 cm breit, einzeln endständig, flach, Zungenblüten weiß, Röhrenblüten goldgelb, Blütezeit V-IX.
Standort: Wiesen, Halbtrockenrasen, Wegränder, Brachen, Gebüsche, Gärten.
Verbreitung: In EU weitverbreitet; in D überall häufig.

Saat-Wucherblume *Chrysanthemum segetum* KORBBLÜTENGEW.

Merkmale: Einjährig, 20-60 cm hoch, Stängel aufrecht, kräftig, im oberen Teil wenig verzweigt; Blätter grob gesägt bis fiederspaltig; Blütenkörbchen 2-5 cm breit, flach, Zungen- und Röhrenblüten einheitlich gelb, Blütezeit VII-IX.
Standort: Äcker, Schuttplätze, Wege; meidet Kalk.
Verbreitung: In M.- und S-EU verbreitet, in D jedoch fast überall selten geworden.

Rainfarn *Tanacetum vulgare*

FAMILIE KORBBLÜTENGEWÄCHSE

Merkmale: Mehrjährige Pflanze mit aufrechtem, kräftigem, gerilltem Stängel, 60-120 cm hoch, beim Zerreiben kampferartiger Geruch; Blätter fiederteilig, Fiedern gesägt; Blütenkörbchen 0,5-1 cm breit, zu mehreren in einer Doldenrispe, Zungenblüten fehlen, Röhrenblüten gelb, Blütezeit VII-IX.
Standort: Brachen, Wegränder, Hecken, Schuttflächen, Dämme, Ufer.
Verbreitung: In ganz EU weit verbreitet und häufig.

Gewöhnliche Schafgarbe *Achillea millefolia* KORBBLÜTENGEW.

Merkmale: Mehrjährige Pflanze mit aufrechtem Stängel, 15-60 cm hoch; Blätter wechselständig, doppelt fiederteilig mit feinen, zipfeligen Abschnitten; Blütenkörbchen etwa 6-8 mm breit, zahlreich in Doldenrispen, Zungenblüten weiß oder rötlich, Röhrenblüten cremefarben, Blütezeit VI-X.
Standort: Wiesen, Wegränder.
Verbreitung: In EU weit verbreitet; in D fast überall häufig, im Gebirge bis in 2500 m Höhe.

Sumpf-Schafgarbe *Achillea ptarmica* FAM. KORBBLÜTENGEWÄCHSE

Merkmale: Mehrjährige Pflanze mit aufrechtem, kantigem, behaartem Stängel, 30-90 cm hoch; Blätter linealisch lanzettlich, sitzend, fein gezähnt; Blütenkörbchen flach, um 1,5 cm breit, zu mehreren in Doldenrispen, am Rand je 5-12 weiße Zungenblüten, innen weißliche Röhrenblüten, Blütezeit VII-IX.
Standort: Ufer, Gräben, Nasswiesen, Auen, Flachmoore.
Verbreitung: Hauptsächlich in M.-EU; in D weit verbreitet bis zerstreut.

Salz-Aster *Aster tripolium*

FAMILIE KORBBLÜTENGEWÄCHSE

Merkmale: Zweijährige, 15-70 cm hohe Pflanze mit aufrechtem, kräftigem Stängel, der leicht gerillt und oft rötlich ist; Blätter lanzettlich, glattrandig, etwas fleischig; Blütenkörbchen flach, 2-3 cm breit, zahlreich in lockeren Doldenrispen beieinander stehend, die randlichen Zungenblüten ♀, lilablau, die Röhrenblüten zwittrig, gelb, Blütezeit VI-IX.
Standort: Strandwiesen, Prielränder.
Verbreitung: Fast alle Küstengebiete von EU, selten auch an Salzstellen des Binnenlands.

Kanadische Goldrute *Solidago canadensis* F. KORBBLÜTENGEWÄCHSE

Merkmale: Mehrjährige, stattliche Pflanze bis zu 2,5 m Höhe mit aufrechtem, einfachem, im oberen Teil kurzhaarigem, erst im Blütenstand verzweigtem Stängel; Blätter wechselständig, lanzettlich, 7-15 cm lang, im vorderen Drittel gesägt; Blütenkörbchen goldgelb, etwa 5 mm lang, zylindrisch, zahlreich in einseitswendigen, mehr oder weniger aufrecht abstehenden Rispenästen, die unscheinbaren Zungenblüten ungefähr so lang wie die Röhrenblüten, Blütezeit VII-X.
Standort: Flussauen, Gebüsche, Brachen, Schuttstellen, Waldränder, Gartenland.
Verbreitung: Stammt aus N-Amerika, bei uns aus Gartenkultur verwildert; in den meisten Gebieten von EU inzwischen eingebürgert und auch in D vom Tiefland bis ins Gebirge ziemlich häufig.

Echte Goldrute *Solidago virgaurea* FAM. KORBBLÜTENGEWÄCHSE

Merkmale: Mehrjährige, bis zu 80 cm hohe Pflanze mit aufrechtem, nur wenig verzweigtem, kahlem oder zerstreut behaartem Stängel; Blätter wechselständig, länglich elliptisch, zugespitzt, gekerbt, verschmälern sich an der Basis in den schwach geflügelten Blattstiel, die oberen Blätter sitzend und zunehmend glattrandig; Blütenkörbchen 1-2 cm breit, gelb, zahlreich in schlanker Traube oder Rispe, meist mit 6-12 ausgebreiteten Zungenblüten, Blütezeit VII-X.
Standort: Gebüsche, lichte Wälder, Böschungen, Weiden, Bergwiesen; bevorzugt auf trockenem Boden.
Verbreitung: In EU mit Ausnahme des Mittelmeerraums weit verbreitet; in D gebietsweise nur zerstreut, im Bergland bis in etwa 2500 m Höhe.
Wissenswertes: Die E.G. ist eine alte Heilpflanze.

Gewöhnlicher Beifuß *Artemisia vulgaris* KORBBLÜTENGEW.

Merkmale: Mehrjährige, bis zu 1,5 m hohe Pflanze mit aufrechtem, starrem, etwas kantigem Stängel, der meist braunrot überlaufen ist; Blätter wechselständig, grob gezähnt bis fiederteilig mit schmalen, spitzen Zipfeln, oberseits dunkelgrün und fast kahl, unterseits dicht grauweiß behaart, die unteren lang gestielt, die oberen sitzend; Blütenkörbchen nur 2-3 mm breit, unscheinbar grünlich- bis gelbbraun, zahlreich in langen Rispen, ausschließlich mit Röhrenblüten, die äußeren rein ♀, die inneren zwittrig, Blütezeit VII-IX.
Standort: Brachflächen, Wegränder, Böschungen; zeigt nährstoffreichen Lehmboden an.
Verbreitung: Fast überall in EU verbreitet und ziemlich häufig.
Wissenswertes: Der G.B., früher wie heute als Würz- und Heilpflanze genutzt, enthält Bitterstoffe und aromatisch duftendes ätherisches Öl.

Wasserdost, Wasserhanf *Eupatorium cannabinum* KORBBLÜTENG.

Merkmale: Mehrjährige Pflanze mit aufrechtem, unverzweigtem, rundlichem, dicht behaartem Stängel, der bis oben beblättert und oft rötlich überlaufen ist, 70-150 cm hoch; Blätter fast gegenständig, kurz gestielt, handförmig 3- bis 5-teilig, die mittlere Fieder am größten, schmal lanzettlich, unregelmäßig grob gezähnt, 8-15 cm lang; Blütenkörbchen klein, nur mit 4-6 Röhrenblüten, Zungenblüten fehlen, Kronen an der Basis weißlich, nach oben hin hellrosa, Blütezeit VII-IX.
Standort: Feuchte Wälder, Ufer, Auengebüsche, Hochstaudenfluren, Gräben.
Verbreitung: In EU weit verbreitet; in D häufig, meist in großen Beständen auftretend.
Wissenswertes: Der Name Wasserhanf bezieht sich auf die Laubblätter, die denen des Hanfs ähneln. Wegen der relativen späten Blütezeit ist der W. eine wichtige Nahrungsquelle für Schmetterlinge.

Kanadisches Berufskraut

Conyza canadense KORBBLÜTENGEW.

Merkmale: Einjährig, Stängel aufrecht, meist unverzweigt; Blätter wechselständig, schmal lanzettlich, um 1 cm breit, kurz gestielt bis sitzend; Blütenkörbchen klein, etwa 2 mm breit, zahlreich in einer Rispe, Zungenblüten weiß, Röhrenblüten gelb, Blütezeit VI-IX.

Standort: Brachflächen, Wegränder, Schuttstellen.

Verbreitung: Stammt aus N-Amerika; fast überall in EU eingebürgert und häufig, so auch in D.

Huflattich *Tussilago farfara*

FAMILIE KORBBLÜTENGEWÄCHSE

Merkmale: Mehrjährig; alle Blätter grundständig, rundlich herzförmig, 10-30 cm lang, unterseits graufilzig behaart, erscheinen erst nach der Blüte; Blütenschaft 5-15 cm hoch, Körbchen 2-2,5 cm breit, Zungen- und Röhrenblüten gelb, Blütezeit II-IV.

Standort: Brachen, Wegränder, Schuttstellen, Bahndämme, Kiesgruben, lichte Wälder.

Verbreitung: In D wie fast überall in EU häufig.

Rote Pestwurz *Petasites hybridus*

FAMILIE KORBBLÜTENGEWÄCHSE

Merkmale: Mehrjährig, alle Blätter grundständig und lang gestielt, Spreiten bis zu 60 cm breit und 100 cm lang, oberseits graugrün, unterseits graufilzig behaart, erscheinen erst nach der Blüte; Blütenkörbchen 0,5-1 cm breit, zahlreich in einer dichten Traube, Kronen purpurn bis blassrosa, Blütezeit II-V.

Standort: Gräben, Bachufer, Feuchtwälder.

Verbreitung: Vor allem in M.- und S-EU; in D nahezu überall verbreitet.

Kleinblütiges Franzosenkraut *Galinsoga parviflora*

Merkmale: Einjährig, Stängel aufrecht, verzweigt, kahl oder nur sehr zerstreut behaart, 20-60 cm hoch; Blätter gegenständig, oval, vorn spitz, am Rand gezähnt; Blütenkörbchen 3-5 mm breit, in lockeren Doldentrauben, die jeweils 5 Zungenblüten weiß, die Röhrenblüten gelb, Blütezeit VI-X.

Standort: Äcker, Gärten, Brachen, Wegränder.

Verbreitung: Stammt aus M.- und S-Amerika; in EU überall eingebürgert und verbreitet.

Behaartes Franzosenkraut

Galinsoga ciliata KORBBLÜTENGEWÄCHSE

Merkmale: Einjährige, 10-70 cm hohe Pflanze, Stängel aufrecht, verzweigt, im oberen Teil abstehend zottig behaart; Blätter gegenständig, länglich oval, vorn spitz, am Rand gezähnt; Blütenkörbchen um 5 mm breit, mit gelben Röhrenblüten und 4-5 weißen Zungenblüten, Blütenstiele mit roten Drüsen besetzt, Blütezeit IV-X.

Standort: Äcker, Gärten, Brachflächen, Plätze.

Verbreitung: Stammt aus Mittel- und S-Amerika; in D wie fast überall in EU eingebürgert.

Nickender Zweizahn *Bidens cernua*

FAMILIE KORBBLÜTENGEWÄCHSE

Merkmale: Einjährig, Stängel kahl, aufrecht, 15-80 cm hoch; Blätter gegenständig oder zu 3 in Wirteln, ungeteilt, oval-lanzettlich, gezähnt; Blütenkörbchen endständig, 2,5-4 cm breit, kugelig, anfangs aufrecht, später nickend, mit 6-9 gelben Zungenblüten (können auch fehlen) und braungelben Röhrenblüten, Blütezeit VII-IX.

Standort: Ufer, Gräben, Niedermoore.

Verbreitung: In EU mit Ausnahme des S weit verbreitet; in D meist nur vereinzelt oder zerstreut.

Hain-Greiskraut *Senecio nemorensis* F. KORBBLÜTENGEWÄCHSE

Merkmale: Mehrjährig, 50-150 cm hoch, Stängel aufrecht, kantig; Blätter wechselständig, 5-20 cm lang, oberseits kahl, unterseits meist behaart, gezähnt; Blütenkörbchen 2,5-3 cm breit, zahlreich in einer breiten Doldenrispe, gelb, meist mit 5 Zungenblüten, Blütezeit VII-IX.
Standort: Wälder, Gebüsche, Lichtungen.
Verbreitung: In M.- und S-EU; in D vor allem in den Mittelgebirgen häufig.

Gewöhnliches Greiskraut *Senecio vulgaris* KORBBLÜTENGEWÄCHSE

Merkmale: Einjährig, 10-40 cm hoch, Stängel aufrecht, verzweigt, anfangs flockig behaart; Blätter wechselständig, buchtig gelappt bis fiederteilig, unterseits wie mit Spinnweben überzogen; Blütenkörbchen um 5 mm breit, gelb, ohne Zungenblüten, häufig nickend, Außenhülle schwarzgrün, Blütezeit III-X.
Standort: Äcker, Gärten, Schuttstellen.
Verbreitung: In D wie überall in EU sehr häufig.

Klebriges Greiskraut *Senecio viscosus* FAMILIE KORBBLÜTENGEWÄCHSE

Merkmale: Einjährige Pflanze, 15-60 cm hoch, Stängel aufrecht bzw. hin- und hergebogen, verzweigt, klebrig behaart; Blätter wechselständig, tief fiederteilig, drüsig-klebrig behaart, anfangs wie mit Spinnweben überzogen; Blütenkörbchen in einer unebenen Doldenrispe, mit 11-15 gelben Zungenblüten, Außenhülle locker, Blütezeit VI-X.
Standort: Bahndämme, Felsschutt, Wegränder.
Verbreitung: In EU weit verbreitet; in D häufig.

Schmalblättriges Greiskraut *Senecio inaequidens* KORBBLÜTENGEW.

Merkmale: Mehrjährig, Stängel aufrecht, stark verzweigt, etwas kantig, 30-100 cm hoch; Blätter wechselständig, 2-6 cm lang, schmal lanzettlich, ungleichmäßig gezähnt (lateinischer Artname: Ungleichzähniges Greiskraut); Blütenkörbchen gelb, 1-1,5 cm breit, zahlreich in Doldenrispen, Blütezeit VII-XII.
Standort: Bahngelände, Kiesgruben, Wegränder.
Verbreitung: Aus S-Afrika in EU eingebürgert; im Weser- und Rheingebiet stellenweise häufig.

Jakobs-Greiskraut *Senecio jacobaea* FAMILIE KORBBLÜTENGEWÄCHSE

Merkmale: Ein- bis mehrjährige, 30-120 cm hohe Pflanze mit aufrechtem, kantigem, oft bräunlichem Stängel; Blätter wechselständig, tief fiederteilig mit zipfeligen Öhrchen, unterseits behaart; Blütenkörbchen 1,7-2 cm breit, gelb, zahlreich in einer flachen Doldenrispe, je 11-15 Zungenblüten, Außenhülle mit 1-2 Blättern, Blütezeit VI-X.
Standort: Trockenwiesen, Gebüsche, Wegränder.
Verbreitung: In D wie in ganz EU fast überall häufig.

Topinambur, Erdbirne *Helianthus tuberosus* KORBBLÜTENGEWÄCHSE

Merkmale: Mehrjährige, 1-3 m hohe Pflanze mit aufrechtem, verzweigtem, rau behaartem Stängel, Ausläufer bildend; Wurzelknollen (kleines Foto) gekocht essbar; Blätter gegenständig oder zu 3, länglich oval, gezähnt, rau, dunkelgrün; Blütenkörbchen 5-8 cm breit, flach, leuchtend gelb, mit 12-20 sterilen Zungenblüten, Blütezeit VIII-XI.
Standort: Flussufer, Brachflächen, Waldränder.
Verbreitung: Aus N-Amerika in EU eingebürgert, regional verwildert; in D v.a. in großen Flusstälern.

Kohl-Gänsedistel *Sonchus oleraceus* FAM. KORBBLÜTENGEWÄCHSE

Merkmale: Ein- oder zweijährig, bis zu 1 m hoch, Stängel verzweigt, alle Teile mit viel Milchsaft; Blätter weich, grob gesägt, stachelig gezähnt, bläulich grün, an der Basis geöhrt; Blütenkörbchen 2-2,5 cm breit, hellgelb, Blütezeit VI-X.
Standort: Äcker, Gärten, Brachflächen, Wegränder.
Verbreitung: Fast überall in EU und auch in D ziemlich häufig; früher als Gemüse genutzt.

Dornige Gänsedistel *Sonchus asper* FAM. KORBBLÜTENGEWÄCHSE

Merkmale: Einjährig, Stängel aufrecht, verzweigt, 30-120 cm hoch; Blätter derb, dunkelgrün, leicht glänzend, meist ungeteilt oder wenig fiederspaltig, stachelig gezähnt, an der Basis mit rundlichen Öhrchen; Blütenkörbchen bis 2,5 cm breit, nur mit Zungenblüten, sattgelb, Blütezeit VI-X.
Standort: Äcker, Gärten, Brachflächen, Wege.
Verbreitung: In EU sehr weit verbreitet, in D häufig.

Acker-Gänsedistel *Sonchus arvensis* FAMILIE KORBBLÜTENGEWÄCHSE

Merkmale: Formenreich, mehrjährig, 50-120 cm hoch, Stängel aufrecht, meist einfach, im oberen Teil drüsig; Blätter wechselständig, tief buchtig, stachelig gezähnt; Blütenkörbchen nur mit Zungenblüten, gelb, 3-4,5 cm breit, zu mehreren in einer lockeren Doldenrispe, nur bei sonnigem Wetter geöffnet, Blütezeit VII-X.
Standort: Äcker, Gärten, Weinberge, Wegränder, Schuttplätze und Dünen.
Verbreitung: In EU fast überall verbreitet.

Golddistel *Carlina vulgaris* FAMILIE KORBBLÜTENGEWÄCHSE

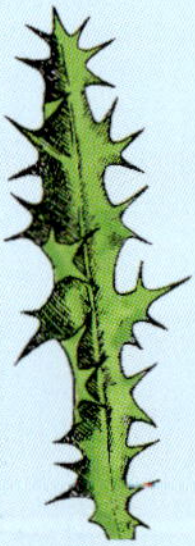

Merkmale: Vorwiegend zweijährig, 20-70 cm hoch, Stängel aufrecht, verzweigt, starr, stachelig; Blätter wechselständig, ungeteilt oder schwach gelappt, stachelig; Blütenkörbchen 2,5-4 cm breit, nur mit braungelben Röhrenblüten, die äußeren Hüllblätter strohgelb, Blütezeit VII-IX.
Standort: Trockenrasen, lichte Wälder, Gebüsche; meist auf Kalk.
Verbreitung: In EU weit verbreitet; in den meisten Gegenden von D nur zerstreut vorkommend.

Löwenzahn, Kuhblume *Taraxacum officinale* KORBBLÜTENGEW.

Merkmale: Mehrjährige, sehr formenreiche Pflanze, alle Teile mit Milchsaft; sämtliche Blätter in einer grundständigen Rosette, gelappt, grob gesägt, fiederspaltig oder gezähnt, kahl; Blütenkörbchen 3-6 cm breit, einzeln endständig auf einem 10-50 cm hohen, rötlichen, hohlen Schaft, gelb, Blütezeit IV-VI.
Standort: Fettwiesen, Weiden, Wegränder, Äcker, lichte Wälder, alpine Matten.
Verbreitung: In D ebenso wie im ganzen übrigen EU überall sehr häufig.

Rauer Löwenzahn *Leontodon hispidus* FAMILIE KORBBLÜTENGEWÄCHSE

Merkmale: Mehrjährig, 10-50 cm hoch, Stängel unverzweigt, aufrecht, schwach behaart, blattlos; Blätter in einer grundständigen Rosette, buchtig bis fiederteilig, kahl oder wenig behaart; Blütenkörbchen einzeln endständig, gelb, 2,5-3,5 cm breit, vor dem Aufblühen nickend, Blütezeit VII-IX.
Standort: Nährstoffreiche, frische Böden von Wiesen, Weiden, Parkrasen, auch Feldwege; oft auf Ton- und Lehmböden.
Verbreitung: In EU weit verbreitet; in D jedoch nur stellenweise häufig.

Kohl-Kratzdistel *Cirsium oleraceum* FAMILIE KORBBLÜTENGEWÄCHSE

Merkmale: Mehrjährig, Stängel aufrecht, verzweigt, 30-150 cm hoch; Blätter wechselständig, weich, die unteren fiederspaltig, die oberen einfach, stachelig umrandet, nicht am Stängel herablaufend; Blütenkörbchen von bleichen Hochblättern umgeben, 3-4 cm breit, nur mit gelblichen Röhrenblüten, Blütezeit VI-IX.
Standort: Nasswiesen, Bachufer, Auen, Gräben.
Verbreitung: Vor allem in M.-EU verbreitet.

Acker-Kratzdistel *Cirsium arvense* FAMILIE KORBBLÜTENGEWÄCHSE

Merkmale: Mehrjährig, Stängel aufrecht, stark verzweigt, nicht geflügelt, 50-150 cm hoch; Blätter wechselständig, buchtig gezähnt oder ungeteilt, zumeist gewellt, nicht am Stängel herablaufend; Blütenkörbchen zu 1-5 in lockeren Rispen, 1 cm breit, blassrosa, Hüllblätter mit schwarzer Spitze, Blütezeit VII-IX.
Standort: Äcker, Gärten, Brachflächen, Wegränder.
Verbreitung: In D wie überall in EU sehr häufig.

Sumpf-Kratzdistel *Cirsium palustre* FAMILIE KORBBLÜTENGEWÄCHSE

Merkmale: Ein- oder zweijährige, 30-180 cm hohe Pflanze, Stängel aufrecht, durch herablaufende Blattränder stachelig geflügelt; Blätter wechselständig, fiederlappig, wie mit feinen Spinnweben überzogen; Blütenkörbchen zu 2-8 in kopfartigen Doldenrispen, um 1,5 cm lang, dunkelpurpurn, Blütezeit VII-IX.
Standort: Nasswiesen, Niedermoore, Gräben.
Verbreitung: In D wie in ganz EU weit verbreitet.

Gewöhnliche Kratzdistel *Cirsium vulgare* KORBBLÜTENGEWÄCHSE

Merkmale: Zweijährige, kräftige Pflanze, 60-120 cm hoch, Stängel aufrecht, durch herablaufende Blattränder stachelig kraus geflügelt; Blätter wechselständig, unterseits graufilzig, grob buchtig, enden jeweils mit einem langen, gelben Stachel; Blütenkörbchen kopfig, bis 4 cm breit und 8 cm lang, purpurn bis violettrot, Blütezeit VII-X.
Standort: Brachflächen, Wegränder, Böschungen.
Verbreitung: Überall in EU verbreitet.

Krause Distel *Carduus crispus* FAMILIE KORBBLÜTENGEWÄCHSE

Merkmale: Zweijährige Pflanze, 50-120 cm hoch, Stängel aufrecht, verzweigt, breit kraus und stachelig geflügelt; Blätter wechselständig, fiederspaltig, stachelig, unterseits filzig behaart; Blütenkörbchen um 1,5 cm breit, zu 3-5 endständig in kopfigen Rispen, hellrosa bis purpurn, Blütezeit VI-IX.
Standort: Auenwälder, Ufer, Gräben, Gebüsche, Wege. **Verbreitung:** In M.-EU verbreitet; im N von D nur zerstreut, nach S hin häufiger.

Große Klette *Arctium lappa* FAMILIE KORBBLÜTENGEWÄCHSE

bis zu 50 cm lang

Merkmale: Zweijährig, 50-150 cm hoch, Stängel aufrecht, verzweigt, kantig, oft rötlich überlaufen; Blätter gestielt, herzförmig, unterseits filzig behaart; Blütenkörbchen 3-4 cm breit, rötlich, Hüllblätter kahl, Blütezeit VII-IX.
Standort: Wegränder, Brachen, Schuttstellen.
Verbreitung: Fast überall in EU verbreitet.
Wissenswertes: Die Früchte der G.K. und weiterer, sehr ähnlicher Kletten-Arten werden durch Tiere verbreitet, an deren Fell oder Federn sie mithilfe von Widerhaken haften bleiben.

Kornblume *Centaurea cyanus*
FAMILIE KORBBLÜTENGEWÄCHSE

Merkmale: Einjährig, 50-80 cm hoch, mit kantigem, weich behaartem Stängel; Blätter wechselständig, lanzettlich, die untersten an der Basis fiederspaltig, graugrün; Blütenkörbchen 2-3,5 cm breit, flach, mit tiefblauen, am Rand vergrößerten Röhrenblüten, Blütezeit VI-IX.
Standort: Getreideäcker, Brachen, Wegränder, Gärten; vorwiegend auf nährstoffreichen Böden.
Verbreitung: In EU fast überall verbreitet, jedoch seit Jahren stark zurückgehend.
Wissenswertes: Seit der Jungsteinzeit ist die K. ein Kulturbegleiter. Zusammen mit dem Klatsch-Mohn prägte sie das Bild sommerlicher Getreideäcker. Durch Herbizideinsatz wurde die Art weitgehend zurückgedrängt und überlebt heute fast nur noch durch besondere Schutzmaßnahmen.

Gewöhnliche Flockenblume
Centaurea jacea KORBBLÜTENGEWÄCHSE

Merkmale: Auch Wiesen-Flockenblume genannte, mehrjährige, 30-70 cm hohe Pflanze mit aufrechtem, verzweigtem Stängel; Blätter wechselständig, lanzettlich, meist glattrandig, rau behaart; Blütenkörbchen 2-4 cm breit, nur mit violetten Röhrenblüten, von denen die randlichen stark vergrößert und steril sind, Blütezeit VI-X.
Standort: Trockenwiesen, Magerrasen, Feldraine.
Verbreitung: In EU fast überall verbreitet.

Ähnlich: **Skabiosen-Flockenblume** *Centaurea scabiosa,* Blätter tief fiederspaltig, Hüllblätter mit schwärzlichem Rand; Standorte und Verbreitung wie die Gewöhnl. F.

Blauer Lattich *Lactuca perennis*
FAMILIE KORBBLÜTENGEWÄCHSE

Merkmale: Mehrjährige Pflanze mit 40-70 cm hohem, im oberen Teil verzweigtem, kahlem Stängel; Blätter wechselständig, tief fiederteilig, bläulich grün, mit viel Milchsaft, die oberen sitzend und mit der Basis den Stängel umfassend; Blütenkörbchen 2,5-4 cm breit, flach, zu mehreren in endständigen Rispen, nur mit 12-20 hellblauen, seltener blaulila Zungenblüten, Blütezeit V-VII.
Standort: Trockenrasen, Mauern, sonnige, trockene Felsfluren, Böschungen, Weinberge; vorzugsweise auf kalkhaltigen Böden.
Verbreitung: Hauptsächlich im südlichen M.- und in S-EU; in D fast nur in den Wärmegebieten, im Bergland bis in etwa 1700 m Höhe.
Wissenswertes: Der B.L. gehört zur selben Gattung, der auch die Kulturpflanzen Kopfsalat, Eissalat und Römischer Salat entstammen.

Wegwarte *Cichorium intybus*
FAMILIE KORBBLÜTENGEWÄCHSE

Merkmale: Mehrjährige, 30-150 cm hohe Pflanze mit aufrechtem, sparrig verzweigtem und leicht rauhaarigem Stängel; Grundblätter rosettig, Stängelblätter wechselständig, grob gesägt bis fiederteilig, die oberen zunehmend schmaler und nur noch wenig geteilt; Blütenkörbchen 3-4 cm breit, hellblau, seltener auch rosa oder weißlich, nur mit Zungenblüten, Blütezeit VII-IX.
Standort: Wegränder, Brachen, Wiesen, Schuttstellen; bevorzugt auf trockenem Boden.
Verbreitung: In EU weit verbreitet; im N von D nur zerstreut, fehlt außerdem in den Alpen.
Wissenswertes: Die Blütenköpfe öffnen sich nur bei sonnigem Wetter und sind sehr kurzlebig: Bereits am frühen Nachmittag des Aufblühtages verwelken sie wieder. Die W. ist die Stammpflanze von (Kaffee-)Zichorie und Chicorée.

Wiesen-Pippau *Crepis biennis*

FAMILIE KORBBLÜTENGEWÄCHSE

Merkmale: Zweijährig, Stängel aufrecht, verzweigt, mit Milchsaft, 30-120 cm hoch; Blätter wechselständig, tief buchtig gezähnt bis fiederteilig, an der Basis verschmälert; Blütenkörbchen 2-3,5 cm breit, gelb, nur mit Zungenblüten, in einer lockeren Rispe, Hülle behaart, Blütezeit V-IX.
Standort: Fettwiesen, Weiden, Wegränder, Äcker.
Verbreitung: Überall in D wie in ganz EU verbreitet.

Wiesen-Bocksbart *Tragopogon pratensis*

FAM. KORBBLÜTENGEWÄCHSE

Merkmale: Ein- bis mehrjährig, formenreich, 30-70 cm, Stängel aufrecht, verzweigt; Blätter wechselständig, bläulich grün, glattrandig, schmal lanzettlich, kahl; Blütenkörbchen 3,5-5 cm breit, flach, nur mit gelben Zungenblüten, die nur vormittags aufblühen, Blütezeit V-VIII.
Standort: Fettwiesen, Brachen.
Verbreitung: In EU weit verbreitet; in manchen Gegenden von D nur zerstreut.

Rainkohl *Lapsana communis*

FAMILIE KORBBLÜTENGEWÄCHSE

Merkmale: Einjährige, 30-120 cm hohe Pflanze mit aufrechtem, verzweigtem Stängel, alle Teile mit Milchsaft; Blätter wechselständig, gestielt, weit buchtig bis fiederteilig mit großem Endlappen; Blütenkörbchen 1,5-2 cm breit, nur mit hellgelben Zungenblüten, zahlreich in lockeren Rispen beieinander stehend, Blütezeit V-IX.
Standort: Äcker, Brachflächen, Gärten, Gebüsche.
Verbreitung: In D wie fast überall in EU häufig.

Mauerlattich *Mycelis muralis*

FAMILIE KORBBLÜTENGEWÄCHSE

Merkmale: Mehrjährig, Stängel aufrecht, rundlich, im oberen Teil verzweigt, 25-150 cm hoch, alle Teile mit Milchsaft; Blätter wechselständig, buchtig fiederteilig mit eckigen End- und Seitenlappen, dünn, bläulich grün; Blütenkörbchen um 1,5 cm breit, nur mit 5 (manchmal 7) blassgelben Zungenblüten, Blütezeit VII-IX.
Standort: Feuchte Mischwälder, Gebüsche, Mauern.
Verbreitung: In D wie in ganz EU überall häufig.

Wald-Habichtskraut *Hieracium sylvaticum*

F. KORBBLÜTENGEWÄCHSE

Merkmale: Mehrjährig, 20-50 cm hoch, überaus formenreich, Stängel aufrecht, ganz ohne oder höchstens unten mit 1-2 kleinen Blättern; Grundblätter in einer Rosette, länglich oval, unregelmäßig gezähnt; Blütenkörbchen 2,5-3 cm breit, nur mit gelben Zungenblüten, zu mehreren in einer Doldenrispe, Blütezeit V-IX.
Standort: Laub- und Mischwälder, Gebüsche, schattige Mauern.
Verbreitung: In EU fast überall häufig; im Gebiet außerdem weitere, z. T. sehr ähnliche Arten.

Kleines Habichtskraut *Hieracium pilosella*

KORBBLÜTENGEWÄCHSE

Merkmale: Mehrjährig, 5-20 cm hoch, formenreich, Ausläufer bildend; Blätter allesamt grundständig, schmal oval, oberseits langhaarig, unterseits graufilzig behaart, mit Milchsaft; Blütenkörbchen einzeln endständig, 2-3 cm breit, nur mit schwefelgelben Zungenblüten, diese außen oft rot gestreift, Blütezeit V-X.
Standort: Trockenrasen, Mauern, Felsfluren, Wegränder.
Verbreitung: In D wie in ganz EU überall häufig, im Gebirge noch in 3000 m Höhe anzutreffen.

Wiesen-Gelbstern *Gagea pratensis*
FAMILIE LILIENGEWÄCHSE

Merkmale: Mehrjährige Zwiebelpflanze, 5-20 cm hoch, meist nur mit 1 grundständigen, gekielten und bewimperten Blatt von etwa 4 mm Breite, an der Basis oft rötlich; je 1-5 Blüten, 2-3 cm breit, mit 6 gelben, außen grünlichen Blütenblättern, Blütezeit III-IV.
Standort: Äcker, Wiesen, Gebüsche; meist auf lockerem Lehm- und Lößboden.
Verbreitung: In M.-EU zerstreut; in D relativ selten.

Schachblume *Fritillaria meleagris*
FAMILIE LILIENGEWÄCHSE

Merkmale: Mehrjährige Zwiebelpflanze, 20-30 cm hoch, mit rundem, einfachem Stängel; Blätter wechselständig, schmal lanzettlich, graugrün; Blüten einzeln endständig, 3-4 cm lang, nickend, die 6 Blütenblätter purpurbraun, fleckig gescheckt, mitunter auch heller oder gar ganz weiß, Blütezeit IV-V.
Standort: Feuchtwiesen, Niedermoore, Gräben.
Verbreitung: In M.- und SO-EU sehr zerstreut. **RL, §!**

Beinbrech, Moorlilie *Narthecium ossifragum*
FAMILIE LILIENGEWÄCHSE

Merkmale: Mehrjährig, 10-30 cm hoch, mit kriechendem Wurzelstock und aufrechten Stängeln; Blätter überwiegend grundständig, grasartig, etwas gebogen; Blüten bis zu 1,5 cm breit, in lockerer Traube, Blütenblätter innen goldgelb, außen grünlich, Staubblätter wollig behaart, Blütezeit VII-VIII.
Standort: Nasswiesen, Feuchtheiden, Moore.
Verbreitung: W- und NW-EU; in D nur bis zum nördlichen Mittelgebirge. **RL, §!**

Herbst-Zeitlose *Colchicum autumnale*
FAMILIE LILIENGEWÄCHSE

Merkmale: Mehrjährige Pflanze mit tief sitzender Knolle; Blätter breit lanzettlich, glänzend grün, kahl, glattrandig, etwas fleischig; Blüten 3-5 cm lang mit bis zu 25 cm langer Röhre, lila, Blütezeit VIII-X, d.h. lange vor dem Laubaustrieb im folgenden Frühjahr; Kapselfrüchte im Hochsommer. Ganze Pflanze stark giftig!
Standort: Feuchtwiesen, grasige Hänge.
Verbreitung: Vor allem in M.-EU; in D stellenweise recht selten (geworden).

Ästige Graslilie *Anthericum ramosum*
FAMILIE LILIENGEWÄCHSE

Merkmale: Mehrjährig, 30-90 cm hoch, mit aufrechtem, im Blütenstand rispig verzweigtem Stängel; Blätter wechselständig, grasartig, dunkelgrün, 2-6 mm breit; Blüten weiß, 1,5-2,5 cm breit, die 3 inneren Blütenblätter deutlich breiter als die 3 äußeren, Staubbeutel gelb, Blütezeit VI-VIII.
Standort: Trockenrasen, lichte Wälder, vor allem auf kalkhaltigen Böden.
Verbreitung: M.- und S-EU; in D nur zerstreut.

Astlose Graslilie *Anthericum liliago*
FAMILIE LILIENGEWÄCHSE

Merkmale: Mehrjährig, 30-60 cm hoch, Stängel blattlos, aufrecht, unverzweigt; sämtliche Blätter in einer grundständigen Rosette, grasartig, schmal linealisch, 2-5 mm breit, spitz ; Blüten weiß, 2-4 cm breit, alle Blütenblätter gleich breit, in einer lockeren Traube, Blütezeit V-VII.
Standort: Trockenrasen, lichte Wälder, Steppenheiden; meidet kalkhaltige Böden.
Verbreitung: S- und M.-EU; in D nur zerstreut, vor allem im N des Landes selten.

Wilde Tulpe *Tulipa sylvestris*

FAMILIE LILIENGEWÄCHSE

Merkmale: Mehrjährige Zwiebelpflanze mit rundlichem, aufrechtem, unverzweigtem Stängel, 30-60 cm hoch; Blätter schmal lanzettlich, graugrün, flach, 1-2 cm breit und bis zu 30 cm lang; Blüten einzeln endständig, Blütenblätter gelb, spitz, die inneren an der Basis behaart, Blütezeit IV-V.
Standort: Gebüsche, Hecken, (aufgelassene) Weinberge; auf lockeren, warmen, mäßig nährstoffreichen Böden; früher auch häufig als Zierpflanze verwendet.
Verbreitung: M.- und S-EU; in D selten, durch Herbizideinsätze im Weinbau stark gefährdet. **RL, §!**

Dolden-Milchstern *Ornithogalum umbellatum*

FAM. LILIENGEWÄCHSE

Merkmale: Mehrjährige, formenreiche Zwiebelpflanze, 10-30 cm hoch; Blätter grundständig, schmal linealisch, nur 2-3 mm breit, rinnig, mit hellem Mittelstreifen; Blüten 2-3,5 cm breit, weiß, außen mit grünlichem Streifen, zu 3-12 in einer Doldentraube, Blütezeit V-VI.
Standort: Wiesen, Weinberge, Gebüsche, Böschungen.
Verbreitung: S- und M.-EU; in D hauptsächlich in den Mittelgebirgen und im NW.

Bär-Lauch *Allium ursinum*

FAMILIE LILIENGEWÄCHSE

Merkmale: Mehrjährige Zwiebelpflanze, 20-40 cm hoch; 2 grundständige Blätter, elliptisch lanzettlich, glattrandig, dunkelgrün, alle Teile nach Knoblauch duftend; Blüten 1-2 cm breit, weiß, zahlreich in einer endständigen Scheindolde beieinander stehend, Blütezeit IV-VI.
Standort: Lichte Laubwälder, Gebüsche, Auen, schattige Bachufer; vorzugsweise auf tiefgründigen, kalkhaltigen Böden.
Verbreitung: In D wie fast überall in EU verbreitet.

Zweiblättriger Blaustern *Scilla bifolia*

FAMILIE LILIENGEWÄCHSE

Merkmale: Formenreiche, mehrjährige Zwiebelpflanze, 10-20 cm hoch; nur 2 grundständige Blätter, bis zu 10 cm lang, schmal lanzettlich, den Blütenstandsschaft umfassend; Blüten um 1,5 cm breit, hell- bis leuchtend blau, seltener auch rosa oder weiß, Blütezeit III-IV.
Standort: Lichte Laubwälder, Auen, Gebüsche.
Verbreitung: M.- und S-EU; in D zerstreut im SW. **§!**

Schopfige Traubenhyazinthe *Muscari comosum*

F. LILIENGEWÄCHSE

Merkmale: Mehrjährige Zwiebelpflanze, 30-70 cm, Stängel aufrecht, einfach; nur 2-4 grundständige Blätter, 1-2,5 cm breit; Blüten zahlreich in einer verlängerten Traube, diese oben mit einem Schopf glockiger, tiefblauer, steriler Blüten, untere Blüten bräunlich, abstehend, Blütezeit V-VI.
Standort: Weinberge, Magerrasen, Steppen.
Verbreitung: S-EU; in D selten. **RL, §!**

Gekielter Lauch *Allium carinatum*

FAMILIE LILIENGEWÄCHSE

Merkmale: Mehrjährige Zwiebelpflanze, 30-60 cm hoch; Blätter linealisch, 2-4 mm breit, flach, rinnig, am Rand gerippt, unterseits gekielt; Blüten mit lilapurpurnen Blütenblättern, Blütenstiele 4- bis 6-mal so lang wie diese, Staubblätter weit aus der Blüte ragend, zahlreiche Blüten in Scheindolden beieinander stehend, fast immer mit Brutzwiebeln, Blütezeit VI-VII.
Standort: Halbtrockenrasen, Moorwiesen.
Verbreitung: S- und M.-EU; in D nur zerstreut.

Schattenblume *Maianthemum bifolium*

FAMILIE LILIENGEWÄCHSE

Merkmale: Mehrjährige Rhizompflanze, 5-20 cm hoch, Stängel geknickt aufrecht; zur Blütezeit nur mit 2 wechselständigen, horizontal ausgebreiteten, breit herzförmigen Blättern, sonst nur mit 1 Blatt; Blüten um 5 mm breit, weiß, zahlreich in lockerer Rispe, Blütezeit IV-V. Giftig!
Standort: Schattige Laub- und Mischwälder, im Küstengebiet auch in Dünen.
Verbreitung: In EU fast überall verbreitet, im Gebirge (alpine Matten) bis in 1800 m Höhe.

Maiglöckchen *Convallaria majalis*

FAMILIE LILIENGEWÄCHSE

Merkmale: Mehrjährige Rhizompflanze, 5-20 cm hoch, meist nur mit 2 Blättern, diese aufrecht, breit lanzettlich, glattrandig; Blüten glockig, um 5 mm breit, weiß, zu 3-9 in einer lockeren, einseitswendigen Traube, stark duftend, Blütezeit V-VI. Alle Teile der Pflanze sind stark giftig!
Standort: Lichte Laubwälder, Gebüsche.
Verbreitung: In EU weit verbreitet, im Gebirge (alpine Matten) bis in etwa 1800 m Höhe.

Quirlblättrige Weißwurz *Polygonatum verticillatum*

LILIENGEW.

Merkmale: Mehrjährig, 30-80 cm hoch, Stängel aufrecht, kräftig, kantig; Blätter schmal lanzettlich, glattrandig, kahl, zu 3-8 quirlständig; Blüten um 1 cm lang, grünlich weiß, zu 2-6 an kurzen, hängenden Stielen in den Blattachseln, Blütezeit V-VI.
Standort: Schattige Laub-, Misch- und Nadelwälder; oft auf kalkhaltigem Boden.
Verbreitung: In EU weit verbreitet; in D meist nur im Bergland oberhalb von 500 m Höhe.

Ähnlich: **Wohlriechende Weißwurz** *Polygonatum odoratum*, nur 30- 40 cm hoch, Stängel kantig, jeweils 1-2 Blüten in den Blattachseln.

Vielblütige Weißwurz *Polygonatum multiflorum*

LILIENGEWÄCHSE

Merkmale: Mehrjährige Rhizompflanze, 30-80 cm hoch, mit bogig überhängendem, rundem Stiel; Blätter oval, spitz, 2-reihig wechselständig; Blüten engglockig, bis 1,5 cm lang, weiß, zu 2-5 den Blattachseln entspringend, Blütezeit V-VI. Wie auch die anderen Weißwurz-Arten ist die V. W. in allen Teilen giftig, vor allem die Beeren enthalten starke Giftstoffe!
Standort: Laub- und Mischwälder, Gebüsche.
Verbreitung: In D wie im übrigen EU weit verbreitet.

Türkenbund-Lilie *Lilium martagon*

FAMILIE LILIENGEWÄCHSE

Merkmale: Mehrjährig, 30-100 cm hoch, Stängel aufrecht, unverzweigt, rund, meist rotfleckig; Blätter bis zu 15 cm lang, in der Stengelmitte zu 5-9 quirlständig, sonst wechselständig, schmal oval, glattrandig, kahl; Blüten 3-6 cm breit, trübrosa, dunkler gepunktet, Blütenblätter zurückgekrümmt, Staubblätter zimtbraun, Blütezeit VI-VIII.
Standort: Tiefgründige, humushaltige Böden in lichten Laubwäldern, erträgt jedoch auch Schatten; nur im Bergland in Grasfluren und auf Wiesen. Die Pflanzen werden nicht selten vom Wild verbissen. Auch in Gartenkultur sieht man sie oft.
Verbreitung: M.- und SO-EU; in D zerstreut, fehlt im Norddeutschen Tiefland völlig. **RL, §!**

Einbeere *Paris quadrifolia*

FAMILIE EINBEERENGEWÄCHSE

Merkmale: Mehrjährige, 10-30 cm hohe Rhizompflanze mit aufrechtem, unverzweigtem Stängel; Blätter (meist) zu 4 quirlständig, netznervig; Blüten lang gestielt, endständig, 2-3 cm breit, die 4 äußeren Blütenblätter hellgrün, die 4 inneren kürzer und gelblich, Blütezeit V-VI. Alle Teile der Pflanze, besonders aber die Beere giftig!
Standort: Lichte Wälder; vorzugsweise auf nährstoffreichem, humosem, lockerem Boden.
Verbreitung: Fast ganz EU, vor allem aber in M.-EU.

Schneeglöckchen *Galanthus nivalis* FAMILIE NARZISSENGEWÄCHSE

Merkmale: Mehrjährige Zwiebelpflanze, 5-20 cm hoch; Blätter bis zu 10 cm lang, schmal, bläulich bereift; Blüte einzeln, hängend, die 3 äußeren Blütenblätter um 1,5 cm lang, die 3 inneren um 1 cm, mit grünem Farbmal, Blütezeit II-III.
Standort: Laubmischwälder, Auengebüsche.
Verbreitung: M.- und S-EU; in D nur noch wenige natürliche Vorkommen. **RL, §!**

Frühlings-Knotenblume *Leucojum vernum* NARZISSENGEWÄCHSE

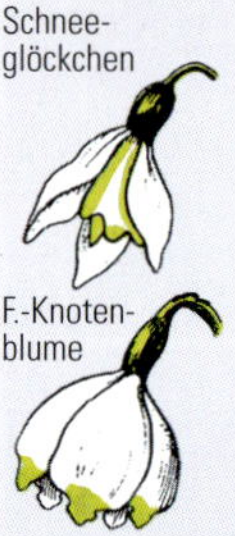

Merkmale: Auch Märzenbecher genannte, mehrjährige Zwiebelpflanze, 10-30 cm hoch; Blätter etwa 1 cm breit, unbereift; Blüten einzeln endständig auf blattlosem Stängel, hängend, 1-1,5 cm lang, Blütenblätter alle an der Spitze mit gelbgrünem Farbmal, Blütezeit II-IV. Giftig!
Standort: Laubmisch- und Auenwälder, Wiesen.
Verbreitung: M.-EU, in D nur zerstreut. **RL, §!**

Gelbe Narzisse *Narcissus pseudonarcissus* FAM. NARZISSENGEWÄCHSE

Merkmale: Mehrjährig, 15-40 cm hoch, alle Blätter grundständig, 1-2 cm breit, rinnig, blaugrün; Blüten einzeln endständig, nickend, 5-7 cm breit, Blütenblätter hellgelb, an der Basis röhrig verwachsen, Nebenkrone dottergelb, kraus, Blütezeit III-IV.
Standort: Feuchtwiesen, Waldränder, Auen, Bachufer.
Verbreitung: W.-EU; in D nur in den nordwestl. Mittelgebirgen (Eifel, Hunsrück) und in den südl. Gebirgen bis in 2000 m Höhe. **RL!**

Sumpf-Schwertlilie, Gelbe S. *Iris pseudacorus* SCHWERTLILIENGEW.

Merkmale: Mehrjährige, 50-150 cm hohe Pflanze mit aufrechtem Stängel; Blätter bis zu 90 cm lang, 1-3 cm breit, grün, mit deutlicher Mittelrippe; Blüten bis zu 10 cm breit und hoch, gelb, nicht bärtig, die äußeren Blütenblätter dunkler geädert und größer als die inneren, Blütezeit V-VII.
Standort: Gräben, Sümpfe, Ufer, Röhrichte.
Verbreitung: In EU außer in den Hochgebirgen weit verbreitet; in D nur stellenweise häufig. **§!**

Sibirische Schwertlilie *Iris sibirica* FAM. SCHWERTLILIENGEWÄCHSE

Merkmale: Mehrjährige, 40-80 cm hohe Pflanze mit aufrechtem, rundem, im Bereich des Blütenstands ein wenig verzweigtem Stängel; die grundständigen Blätter bis zu 60 cm lang, 2-6 mm breit, bläulich grün; Blüten lang gestielt, zu 1-4 (meist 2) endständig, blauviolett, an der Basis weißlich und dunkel geädert, Blütezeit V-VI.
Standort: Sumpfwiesen, Ufer, Röhrichte.
Verbreitung: Südliches M.- und S-EU; in D nur zerstreut bis selten. **RL, §!**

Sumpf-Siegwurz *Gladiolus palustris* FAM. SCHWERTLILIENGEWÄCHSE

Merkmale: Mehrjährige Knollenpflanze, 30-70 cm hoch, Stängel aufrecht, mit 2-3 Blättern; Grundblätter schmal linealisch, 4-9 mm breit; Blüten 3 cm lang, hellpurpurn, mit hellen und dunklen Längsstreifen auf den unteren Blütenblättern, zu 2-6 in einer einseitswendigen Ähre aufgereiht, Blütezeit V-VII.
Standort: Nass- und Moorwiesen, Niedermoore; bevorzugt auf kalkhaltigem Boden.
Verbreitung: M.- und SO-EU; in D zerstreut bis selten, in den Alpen bis in 1700 m Höhe. **RL! §!**

Frauenschuh *Cypripedium calceolus* FAM. KNABENKRAUTGEWÄCHSE

Merkmale: Mehrjährig, 20-70 cm hoch, Stängel aufrecht, rund, wenig beblättert und behaart; Blätter breit oval, glattrandig, kahl, spitz; Blüten zu 1-4, der zentrale Teil als gelbe, aufgeblähte, bis zu 4 cm breite Lippe mit schwachen Längsstreifen ausgebildet, die äußeren Blütenblätter braunviolett bis rotbraun, schmal, meist etwas verdreht, Blütezeit V-VI.

Standort: Lichte Laubwälder, Gebüsche; bevorzugt auf kalkreichem Lockerboden.

Verbreitung: Vor allem in M.-EU, fehlt im Mittelmeerraum weitgehend; in D von der Mittelgebirgsregion südwärts nur zerstreut. **RL! §!**

Wissenswertes: Der große, auffällige Lippenteil wirkt als Fliegenkesselfalle: Die Besucher stürzen ab, können nur an Staubgefäßen und Narben vorbei entkommen und sichern damit die Bestäubung.

Weißes Waldvöglein *Cephalanthera damasonium* KNABENKRAUTG.

Merkmale: Mehrjährige Pflanze mit aufrechtem, leicht kantigem, im Blütenstand etwas geschlängeltem Stängel, 20-50 cm hoch; Blätter länglich oval, spitz, glattrandig; Blüten mit Tragblättern, bis zu 3 cm breit, cremeweiß, ohne Sporn, zu 3-8 in einer lockeren Traube vereint, Blütezeit V-VI.

Standort: Lichte Laubwälder, hauptsächlich Buchenwälder, gelegentlich auch Gebüsche auf Halbtrockenrasen; vorzugsweise auf Kalkböden.

Verbreitung: M.- und S-EU; in D im mittleren und südlichen Teil zerstreut, sonst ziemlich selten. **RL!**

Wissenswertes: Die Blüten bleiben in der Regel geschlossen und sind somit auf Selbstbestäubung angewiesen. Mitunter finden sich nahezu blattgrünfreie Exemplare dieser Pflanzenart.

Rotes Waldvögelein *Cephalanthera rubra* KNABENKRAUTGEWÄCHSE

Merkmale: Mehrjährige Pflanze mit aufrechtem, meist etwas kurvig gewachsenem oder geschlängeltem, im oberen Teil behaartem Stängel mit Blättern, 20-60 cm hoch; Blätter wechselständig, breit oval, 2-3 cm breit und 5-12 cm lang, glattrandig, spitz; Blüten zu 2-7 in einer lockeren Traube beieinander stehend, 2,5-4 cm breit, meist geöffnet, rosaviolett, Lippe ohne Sporn, mit gelblichen Längsleisten, Blütezeit VI-VII.

Standort: Laub- und Nadelmischwälder, auf humosem, meist kalkhaltigem Lockerboden.

Verbreitung: M.-, O- und Teile von S-EU; in D vor allem in der Mittelgebirgsregion und im Alpenvorland, fehlt im Tiefland. **RL, §!**

Wissenswertes: Die Blüten werden gewöhnlich von großen Fliegen und Bienen bestäubt, doch kommt auch Selbstbestäubung vor.

Nestwurz *Neottia nidus-avis* FAMILIE KNABENKRAUTGEWÄCHSE

Merkmale: Mehrjährige, 20-40 cm hohe Pflanze mit aufrechtem, unverzweigtem, rundem Stängel, gesamte Pflanze bleichbraun, ohne erkennbares Blattgrün; sämtliche Laubblätter zu bleichen Schuppen zurückgebildet; Blüten zahlreich in einer dichten, allseitswendigen Ähre, bis zu 1,5 cm groß, bräunlich, seltener strohgelb, ohne Sporn, Blütezeit V-VI.

Standort: Hauptsächlich in Buchenwäldern.

Verbreitung: In M.-EU weit verbreitet; in ganz D zerstreut vorkommend. **§!**

Wissenswertes: Die auf den ersten Blick einer Sommerwurz-Art (⇨z.B. S. 160) sehr ähnliche N. ernährt sich mithilfe eines großen, nestähnlichen Wurzelgeflechts, das Kontakt zu den Wurzelpilzen von Rotbuchen unterhält. Diese beziehen ihrerseits die organischen Nährstoffe aus den Wurzeln der Baumpartner.

Großes Zweiblatt *Listera ovata*

FAMILIE KNABENKRAUTGEWÄCHSE

Merkmale: Mehrjährig, 20-60 cm hoch, mit aufrechtem, behaartem, unverzweigtem Stängel, im Erscheinungsbild sehr unauffällig; gewöhnlich nur 2 gegenständige Blätter, breit oval, ziemlich derb, sitzen am Stängel kurz über dem Boden; Blüten bis zu 2 cm lang, grünlich, Lippe grünlich gelb, bis zur Hälfte gespalten und mit eingetiefter Nektarrinne, ohne Sporn, Blütezeit V-VI.

Standort: Laub- und Auenwälder, Feuchtwiesen, Gebüsche; vorzugsweise auf nährstoffreichem und kalkhaltigem Lehmboden.

Verbreitung: Fast überall in EU verbreitet; in D vom Tiefland bis ins Gebirge, in den Alpen bis in etwa 1600 m Höhe.

Wissenswertes: Die unscheinbar grünlichen Blüten werden vor allem von Fliegen bestäubt.

Zweiblättrige Waldhyazinthe

Platanthera bifolia KNABENKRAUTGEW.

Merkmale: Mehrjährig, 20-60 cm hoch, mit aufrechtem, leicht kantigem Stängel; am Grund 2 breit ovale, glänzende Blätter, weiter oben einige kleine, schmal lanzettliche Stängelblätter; Blüten zahlreich in verlängerter, lockerer Ähre, 1,5-3 cm breit, cremeweiß, angenehm duftend, Sporn etwa doppelt so lang wie der gedrehte Fruchtknoten, Lippe ungeteilt, Staubblätter stehen parallel und eng nebeneinander, Blütezeit V-VII.

Standort: Lichte Wälder, Magerrasen, Heiden.

Verbreitung: In EU weit verbreitet; in D größtenteils nur zerstreut. **RL, §!**

Ähnlich: **Berg-Waldhyazinthe** *Platanthera chlorantha,* Blüten grünlich weiß, kaum duftend, Sporn sackartig verdickt. **RL, §!**

Mücken-Händelwurz *Gymnadenia conopsea*

KNABENKRAUTGEW.

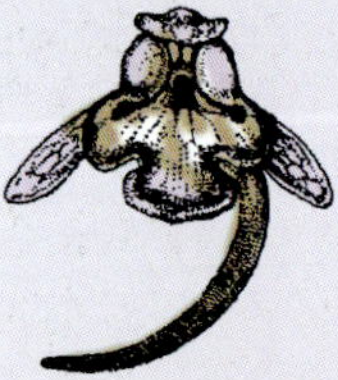

Merkmale: Mehrjährig, 20-60 cm hoch, Stängel rund, aufrecht; grundständige Blätter 0,5-3 cm breit, bis zu 20 cm lang, hellgrün, rinnig gefaltet, ohne Flecken, Stängelblätter schmal lanzettlich, kurz; Blüten zahlreich in einer walzenförmigen, dichten Ähre, 1-1,5 cm breit, rosa bis hell purpurviolett, seltener weiß, duften wenig angenehm, Lippe breit 3-lappig, Sporn dünn, abwärts gebogen, Blütezeit VI-VIII.

Standort: Lichte Laub- und Kiefernwälder, Trockenwiesen, Heiden; stets auf Kalk.

Verbreitung: In EU weit verbreitet; im nördl. D sehr selten, nach S zu zerstreut, in den Alpen bis in 2400 m Höhe. **RL, §!**

Wissenswertes: Die Blüten der auch Große Händelwurz genannten Art werden überwiegend von langrüsseligen Insekten besucht. Der Name Händelwurz rührt von der handförmig geteilten Knolle.

Bocks-Riemenzunge *Himantoglossum hircinum*

KNABENKRAUTGEW.

Merkmale: Mehrjährige, ziemlich auffällige Pflanze mit 30-90 cm hohem, aufrechtem, kräftigem, beblättertem Stängel; Blätter breit lanzettlich, bis zu 15 cm lang, glattrandig, bläulich grün, beginnen bereits zur Blütezeit zu welken; Blüten zu 20-60 in einer langen Ähre, Einzelblüten 5-7 cm lang, blass grünlich, mitunter rötlich überlaufen, wenig angenehm duftend (Bocksgeruch!), mit kurzem, sackartigem Sporn, Lippe tief 3-teilig, Seitenlappen kraus, Mittellappen sehr lang und mehrfach gedreht, Blütezeit V-VII.

Standort: Trockenrasen, lichte Gebüsche; meist auf lockerem, kalkhaltigem Lößboden.

Verbreitung: Vor allem in S.-EU; in D sehr vereinzelt, erreicht hier ihre Nordgrenze. **RL, §!**

Wissenswertes: Die B. blüht nicht jedes Jahr. Die Gründe dafür sind noch unbekannt.

Geflecktes Knabenkraut
Dactylorhiza maculata KNABENKRAUTG.

Merkmale: Mehrjährig, formenreich, 20-60 cm hoch, Stängel im oberen Teil manchmal rötlich; Blätter lanzettlich, zugespitzt, meist dunkel gefleckt, auch am Stängel; Blüten zu 20-60 in einer anfangs pyramidalen, später walzenförmigen Ähre, 1-2 cm breit, hellpurpurn bis hellviolett, Lippe dunkel gezeichnet, schwach 3-lappig, Blütezeit VI-VIII.
Standort: Nass- und Bergwiesen, Gebüsche.
Verbreitung: In EU verbreitet; in D stellenweise häufig.

Breitblättriges Knabenkraut
Dactylorhiza majalis KNABENKRAUTG.

Merkmale: Mehrjährig, mit aufrechtem, kräftigem, bis oben beblättertem Stängel, 20-60 cm hoch; Blätter breit lanzettlich, fast immer purpurn gefleckt; Blüten zu 10-40 in einer mäßig dichten Ähre, 1,2-2 cm breit, tief purpurn bis purpurviolett, Lippe breit, 3-lappig, Seitenlappen gezähnt, nach unten weisend, dunkler gezeichnet, Blütezeit V-VI.
Standort: Nasswiesen, Gräben, Auenbereiche.
Verbreitung: In EU und D verbreitet. **RL, §!**

Fleischfarbenes Knabenkraut *Dactylorhiza incarnata*

Merkmale: Mehrjährige, 20-60 cm hohe Pflanze mit aufrechtem, kräftigem Stängel; Blätter grundständig, hellgrün, ungefleckt, stehen aufrecht und reichen bis zum Blütenstand empor; Blüten zu 20-50 in einer dichten Ähre, 1,2-1,7 cm breit, fleischrot, selten auch gelblich, Lippe schwach 3-lappig, dunkler gezeichnet, Blütezeit VI-VII.
Standort: Nasswiesen, Niedermoore.
Verbreitung: M.- und N-EU; in D zerstreut. **RL, §!**

Helm-Orchis *Orchis militaris*
FAMILIE KNABENKRAUTGEWÄCHSE

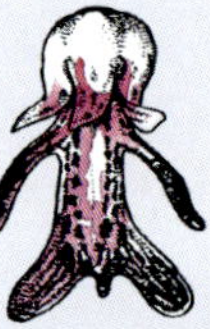

Merkmale: Mehrjährige, 30-50 cm hohe Pflanze mit hellgrünem, schwach kantigem Stängel; Blätter bis zu 15 cm lang, länglich oval; Blüten zu 20-50 in einer dichten Ähre, mit Ausnahme der 3-lappigen, violett gepunkteten Lippe alle Blütenblätter nach oben zu einem Helm zusammengeneigt, außen hell-, innen dunkler rosa, Blütezeit V-VI.
Standort: Trockenwiesen, Gebüsche, Wälder.
Verbreitung: M.- und S-EU; in D zerstreut. **RL, §!**

Purpur-Knabenkraut *Orchis purpurea*
FAM. KNABENKRAUTGEWÄCHSE

Merkmale: Mehrjährige, 30-80 cm hohe Pflanze, Stängel nach oben purpurn überlaufen; Blätter länglich oval, oberseits glänzend, ungefleckt, überwiegend zu einer Rosette angeordnet; Blüten zu 20-70 in einer dichten Ähre, 2-3 cm breit, die 5 obersten Blütenblätter neigen sich zu einem außen braunroten Helm zusammen, Lippe hellrosa, Mittellappen 2-teilig, Blütezeit V-VI.
Standort: Wälder und Gebüsche auf Kalkboden.
Verbreitung: S- und M.-EU; in D zerstreut. **RL, §!**

Stattliches Knabenkraut
Orchis mascula KNABENKRAUTGEW.

Merkmale: Mehrjährige, 20-50 cm hohe Pflanze mit kräftigem, aufrechtem Stängel; Blätter breit linealisch, oft mit feinen purpurnen Punkten und Strichen; Blüten zu 15-30 in einer lockeren Ähre, um 2 cm breit, hellrosa bis rotviolett, 2 Blütenblätter helmförmig zusammengeneigt, 3 abstehend, Lippe (undeutlich) 3-lappig, dunkel gepunktet, Blütezeit V-VI.
Standort: Bergwiesen, lichte Wälder.
Verbreitung: S- und M.-EU; im südlichen D zerstreut, im übrigen D nur selten. **RL, §!**

Breitblättrige Stendelwurz
Epipactis helleborine KNABENKRAUTG.

Merkmale: Mehrjährige Pflanze mit kräftigem, rundem, aufrechtem, unverzweigtem Stängel, 30-90 cm hoch; Blätter wechselständig, sitzend, breit oval, nach oben eher lanzettlich, zugespitzt, dunkelgrün, glattrandig, kahl; Blüten zu 20-70 in einer lockeren, verlängerten Ähre, 2-2,5 cm breit, ohne Sporn, Blütenblätter abstehend, eher unauffällig grünlich, in den meisten Fällen jedoch leicht rötlich überlaufen, Lippe spitz herzförmig, rötlich oder leicht hellviolett, Blütezeit VI-IX.

Standort: Laubwälder, Gebüsche, Parkanlagen, Friedhöfe; schattenverträgliche Pflanze.

Verbreitung: In EU weit verbreitet, in D die häufigste Art unter den heimischen Orchideen, gebietsweise jedoch fehlend. **RL, §!**

Braunrote Stendelwurz
Epipactis atrorubens KNABENKRAUTG.

Merkmale: Mehrjährig, 20-70 cm hoch, Stängel schlank, nur im unteren Teil beblättert, mitunter rotviolett überlaufen, im oberen Teil flaumig behaart; Blätter breit lanzettlich, zugespitzt, steif abstehend, umfassen an der Basis den Stängel; Blüten zu 3-20 in einer lockeren Ähre, etwa 1,5 cm breit, dunkel purpurrot bis violettbraun, Lippe 2-gliedrig, Blütezeit VI-VIII.

Standort: Lichte Wälder, Waldränder, Gebüsche, Dünen im Küstenbereich, meist auf kalkhaltigen Sand- und Lehmböden.

Verbreitung: Fast überall in M.- und S-EU, aber gewöhnlich nur sehr zerstreut. **RL, §!**

Wissenswertes: Nach ihrem (früheren) Vorkommen in Graudünen und dem charakteristischen Blütenduft nennt man die B.S. auch Strandvanille.

Fliegen-Ragwurz *Ophrys insectifera*
FAMILIE KNABENKRAUTGEWÄCHSE

Merkmale: Mehrjährige, schlanke, 20-40 cm hohe Pflanze mit aufrechtem, dünnem Stängel; Blätter lanzettlich, leicht bläulich grün, nach oben kürzer und schmaler; Blüten zu 3-10 in einer lockeren, gestreckten Ähre, 5-8 mm breit, 1,2-1,8 cm lang, samtig behaart, rotbraun, mit graublauem Fleck auf der Unterlippe, äußere Blütenblätter grün, Blütezeit V-VI.

Standort: Trockenrasen, Trockengebüsche; bevorzugt auf kalkhaltigem, lockerem Boden.

Verbreitung: M.-EU; in D selten. **RL, §!**

Wissenswertes: Die Blüte gleicht einem Insekt und funktioniert auch tatsächlich als Weibchenattrappe: Die Lippe stellt den Insektenkörper dar, 2 der inneren Blütenblätter die Fühler. Zusätzlich gibt die Blüte den Sexuallockstoff bestimmter Insektenarten ab. Adressaten sind allerdings keine Fliegen, sondern männliche Zweiflügler.

Bienen-Ragwurz *Ophrys apifera*
FAMILIE KNABENKRAUTGEWÄCHSE

Merkmale: Mehrjährige, 20-50 cm hohe Pflanze mit schlankem Stängel; Blätter lanzettlich, lang zugespitzt, die oberen umfassen den Stängel wie eine Scheide; Blüten zu 2-7 in einer lockeren, einseitswendigen Ähre, 2-2,5 cm breit und fast ebenso lang, äußere Hüllblätter oval, blass bis intensiv rosa, Lippe mit zwei gewölbten, außen behaarten Höckern und gelblich grüner Fleckenzeichnung, am unteren Ende mit einem nach hinten gebogenen, gelbgrünen Anhängsel, Blütezeit V-VII.

Standort: Trockenrasen und Gebüsche, fast nur auf lockeren, sonnigen Kalkböden.

Verbreitung: Vor allem in S-EU; in D wie im übrigen M.-EU nur sehr zerstreut. **RL! §!**

Ähnlich: **Hummel-Ragwurz** *Ophrys holosericea,* Lippe mit dreiteiligem, nach oben gerichtetem, gelblichem Anhängsel. **RL! §!**

Schwanenblume *Butomus umbellatus* SCHWANENBLUMENGEW.

Merkmale: Mehrjährig, 50-180 cm hoch, Stängel aufrecht, rund, unverzweigt; Blätter grundständig, grasartig, bis zu 1 m lang, rinnig, 3-kantig, an der Basis als Scheide; Blüten zahlreich in Dolden, die 6 Blütenblätter rosa und dunkler geädert, die 3 äußeren oft grünlich, Blütezeit VI-VIII.

Standort: Röhrichte, Ufer stehender oder langsam fließender Gewässer.

Verbreitung: In ganz M.-EU zerstreut bis selten.

Gewöhnlicher Froschlöffel *Alisma plantago-aquatica* FROSCHLÖFFELG.

Merkmale: Mehrjährig, 30-100 cm hoch, mit aufrechtem, rundem Stängel; Blätter löffelförmig, lang gestielt, meist über die Wasserfläche aufragend; Saft schmeckt brennend scharf; Blüten zahlreich in pyramidaler Rispe, 0,7-1,3 cm breit, weiß, mitunter rötlich, in der Mitte mit gelbem Fleck, Blütezeit VI-IX.

Standort: Röhrichte, Ufer, Gräben.

Verbreitung: In EU fast überall häufig, so auch in D.

Gewöhnliches Pfeilkraut *Sagittaria sagittifolia* FROSCHLÖFFELG.

Merkmale: Mehrjährige, 20-100 cm hohe Pflanze mit aufrechtem, 3-kantigem Stängel; alle Blätter grundständig, unter Wasser bandförmig, über Wasser gestielt und mit pfeilförmiger Spreite; Blüten einhäusig verteilt, in einer lockeren Rispe, ♂ oben, ♀ unten, 1,5-2,5 cm breit, die 3 Blütenblätter weiß, an der Basis rötlich, Blütezeit VI-VIII.

Standort: Ufer stehender Gewässer, Teiche.

Verbreitung: Überall in EU verbreitet.

Krebsschere *Stratiotes aloides* FAMILIE FROSCHBISSGEWÄCHSE

Merkmale: Mehrjährige, meist halb untergetauchte Schwimmpflanze; alle Blätter in einer Rosette, schwertförmig, im unteren Teil 3-kantig, im oberen flach, gezähnt, 10-50 cm lang; Blüten zweihäusig verteilt, gestielt, weiß, 2-4 cm breit, Blütezeit V-VII.

Standort: Auf stehenden oder langsam fließenden Gewässern und Altarmen von Flüssen.

Verbreitung: EU; in D vor allem im nördlichen Tiefland; auch in Gartenteichen. **RL, §!**

Froschbiss *Hydrocharis morsus-ranae* FAMILIE FROSCHBISSGEWÄCHSE

Merkmale: Mehrjährige Schwimmpflanze mit Ausläufern, sieht wie eine kleine Version der Seerose aus; Blätter in Rosetten, lang gestielt, von rundlichem Umriss, an der Basis herzförmig; Blüten zweihäusig verteilt, ♂ zu 1-5, ♀ einzeln stehend, 2-4 cm breit, weiß, Blütezeit V-VIII.

Standort: Auf stehenden und langsam fließenden Gewässern schwimmend.

Verbreitung: M.-EU; in D vor allem im nördlichen Tiefland anzutreffen, sonst selten. **RL**

Schwimmendes Laichkraut *Potamogeton natans* LAICHKRAUTGEW.

Merkmale: Mehrjährige Schwimmblattpflanze, etwa 50-200 cm lang, mit flutendem Stängel; schwimmende Blätter lang gestielt, Spreite länglich oval, zugespitzt, 2-7 cm breit und 4-12 cm lang, an der Basis leicht herzförmig; untergetauchte Blätter linealisch, zur Blütezeit verfault; Blüten unscheinbar grünlich, ohne Blütenhülle, in einer aufrechten Ähre dicht beieinander stehend, Blütezeit V-VIII.

Standort: Stehende, nährstoffreiche Gewässer.

Verbreitung: In EU weit verbreitet; in D recht häufig.

Kleine Wasserlinse *Lemna minor*

FAMILIE WASSERLINSENGEWÄCHSE

Merkmale: Mehrjährige Schwimmpflanze mit rundlichen, blattähnlichen, 2-3 mm breiten Gliedern und einfacher, fädiger Wurzel, meist 2-5 Exemplare zusammenhängend; Blüten unscheinbar, sehr einfach, oft fehlend, Blütezeit V-VIII; Vermehrung überwiegend vegetativ, Verbreitung durch Wasservögel.

Standort: Nährstoffreiche Stillgewässer.

Verbreitung: Fast überall in EU häufig, so auch in D.

Zwergwasserlinse *Wolffia arrhiza*

FAMILIE WASSERLINSENGEWÄCHSE

Merkmale: Mehrjährige Schwimmpflanze ohne Wurzel, nur mit sprossendem, blattähnlichem Schwimmglied, etwa 1 mm breit und lang, unterseits leicht gewölbt und weißlich, oberseits grasgrün; gilt als kleinste Blütenpflanze der Welt, Vermehrung jedoch überwiegend vegetativ.

Standort: Stehende, sommerwarme Gewässer.

Verbreitung: In M.-EU selten im Tiefland.

Aronstab *Arum maculatum*

FAMILIE ARONSTABGEWÄCHSE

Merkmale: Mehrjährig, 15-50 cm hoch; alle Blätter grundständig, lang gestielt, Spreite pfeilförmig, netznervig (eine Ausnahme unter den einkeimblättrigen Pflanzen), glänzend dunkelgrün, meist mit schwarzroten Flecken; kolbenförmiger Blütenstand von einem bleichgrünen, tütenförmig gefalteten Hochblatt eingeschlossen, ♂ Blüten an dessen Basis über den ♀, Blütezeit III-V; Früchte rot. Alle Teile des A. sind giftig!

Standort: Laubwälder, Gebüsche und Auen.

Verbreitung: M.- und S-EU; in D vor allem im Mittelgebirgsraum.

Wissenswertes: Das hellgrüne Hochblatt ist unten zu einer Kesselfalle erweitert. Der obere, purpurbraune Teil des Kolbens verströmt Wärme sowie einen unangenehmen Geruch und lockt damit Schmetterlingsfliegen an. Diese stürzen in die Falle, deren Ausgang mit Reusenborsten versperrt ist. Erst nach erfolgter Bestäubung wird der Weg nach draußen wieder frei, weil die Reuse verwelkt.

Kalmus *Acorus calamus*

FAMILIE ARONSTABGEWÄCHSE

Merkmale: Mehrjährige, 50-150 cm hohe Pflanze mit dickem, aromatisch duftendem Wurzelstock und aufrechtem, unverzweigtem Stängel; Blätter schwertförmig, am Rand fein gewellt; der vom Tragblatt überragte, kolbenförmige Blütenstand scheinbar seitenständig, weil das Tragblatt wie ein fortgesetzter Stängel erscheint, Einzelblüten klein, grünlich, Blütezeit VI-VII.

Standort: Röhricht stehender Gewässer; früher oft als Aromapflanze in Bauerngärten kultiviert.

Verbreitung: Der K. stammt aus SW-Asien. Er wurde durch Alexander d. Gr. nach Kleinasien gebracht und gelangte von dort nach M.-EU, wo er heute an vielen Stellen eingebürgert ist.

Drachenwurz *Calla palustris*

FAMILIE ARONSTABGEWÄCHSE

Merkmale: Mehrjährige, 10-40 cm hohe Pflanze mit bogig kriechendem Wurzelstock; Blätter lang gestielt, aufrecht, herzförmig, glänzend dunkelgrün, etwas ledrig; Blüten grünlich, an einem dicken, 2-4 cm langen Kolben, der von einem weißen Hochblatt umschlossen ist, oben mit ♂, unten mit zwittrigen Blüten, Blütezeit V-VII. Giftig, brennend scharfer Geschmack!

Standort: Bruchwälder, Waldsümpfe, Moore.

Verbreitung: N- und M.-EU; in D zerstreut. **RL, §!**

Sträucher

Strauchgehölze in der Übersicht

Strauchtypen, Wuchstypen, Strauchgestalten

Mittel- und Großsträucher sind anhand ihrer Wuchsgestalt klar erkennbar. Zwerg- und Spaliersträucher fallen zwischen krautiger Vegetation oft kaum auf. Eine bemerkenswerte Sonderform sind die nach Lianenmanier kletternden Sträucher.

Zweige, Stacheln, Dornen und Rinden

Die Rinde kann auffällig gefärbt sein und Sonderentwicklungen aufweisen, beispielsweise Korkleisten, Atemporen (Lentizellen), Filzbehaarung oder Stacheln, die sich aus der äußersten Zellschicht entwickeln. Dornen sind im Unterschied zu Stacheln immer umgewandelte Blätter oder Sprossachsen.

Nadeln und (Beeren-) Zapfen

Die wenigen Arten strauchförmiger Nacktsamer sind an der Gestalt ihrer Nadeln und erst recht an ihren holzigen oder beerenartig fleischigen Zapfen zu bestimmen. Eiben entwickeln keine Zapfen, sondern Einzelsamen mit fleischigem Samenmantel.

Laubblätter

Die Blattgestalten der Sträucher sind gleichsam ihre Visitenkarten und bieten wenigstens im Sommer zuverlässige Bestimmungsmerkmale. Zur besseren Unterscheidung der einzelnen Arten dient neben Umriss und Art der Zusammensetzung vor allem die Ausgestaltung des Blattrandes.

Strauchblüten

Die windbestäubten Arten, darunter die Nacktsamer und viele Kätzchenblüher, benötigen keine tierische Hilfe und können deshalb auf üppig herausgeputzte Blüten(-stände) verzichten. Die Arten mit farbigem Blütenschmuck richten einladende Werbesignale an ihre tierischen Bestäuber.

Strauchfrüchte

Die Samen der einfachen Kapselfrüchte werden durch Wind und Wasser verbreitet. Farbenfroher Fruchtschmuck lockt Nahrung suchende Tiere an – die Samenverbreitung geht in diesem Fall durch den Magen. Vorsicht: Manche fruchtige Verführung ist für den Menschen ungenießbar oder sogar stark giftig!

Echter Thymian S.386,
bis 40 cm, **Halbstrauch**

Kraut-Weide S.256,
2 bis 5 cm,
Zwergstrauch, teppichbildendes Spaliergehölz

Gewöhnliche Waldrebe S.232,
über 10 m, **Kletterstrauch, Liane**

Besenginster S.320,
1-2 m, weitgehend ohne Laubblätter, **Rutenstrauch**

Glocken-Heide S.356,
20-60 cm, **Zwergstrauch**

Mistel S.344,
30-100 cm, **Halbparasit**

Lorbeerbaum S.238, 1-8 m,
immergrüner Strauch/Kleinbaum

Efeu S.370,
bis 20 m,
mit Wurzeln kletternder Strauch

Gewöhnlicher Wacholder
S.226, 1-5 m, **Säulenform**

Weißdorn S.264,
3-10 m,
Laub abwerfender Großstrauch

Behaarter Ginster S.312 (Behaarung an Zweigen)

Hecken-Rose S.282 (Bestachelung)

Runzel-Rose S.282 (Bestachelung)

Brombeere S.290 (Bestachelung)

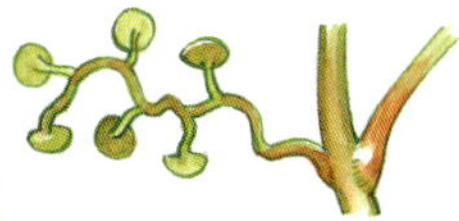

Gewöhnliche Jungfernrebe S.306 (Blattranke mit Füßen)

Gewöhnliche Berberitze S.236 (Nebenblattdornen)

Purgier-Kreuzdorn S.300 (Sprossdornen)

Schlehe S.264 (Sprossdornen)

Sanddorn S.310 (Sprossdornen)

Gew.Stechginster S.318 (grüne Sprossdornen)

Mäusedorn S.386 (blattartige Zweige)

Tatarischer Hartriegel S.362 (rote Rinde)

Heidelbeere, Blaubeere S.352 (grüne Zweige)

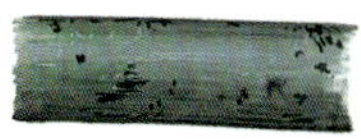

Reif-Weide S.252 (wachsiger Belag der jüngeren Zweige)

Schwarzer Holunder S.378 (warzenartige Lentizellen)

Flügel-Spindelbaum S.342 (Korkleisten an den Zweigen)

Purpur-Weide S.250 (lichtseitige Rötung der Zweige)

Nadeln und (Beeren-)Zapfen

Berg-Kiefer S.224

Gewöhnlicher Wacholder S.226

Virginischer Wacholder S.228

Zwerg-Wacholder S.228

Chinesischer Wacholder S.228

Sadebaum S.228

Eibe S.230

Laubblätter

Laubblätter

Gebuchtete/Gelappte

Strauchblüten

Strauchblüten

Essbare Strauchfrüchte

Ungenießbare und giftige Strauchfrüchte

Merkmale: Formenreicher, immergrüner Nadelstrauch, ein- oder (häufiger) mehrstämmig, 1-5 m hoch, als Baum bis 25 m; Rinde rötlich grau bis grauschwarz mit kleinen Schuppen; Äste liegend oder aufsteigend, unregelmäßig angeordnet und ungleich lang.
Nadeln steif und gerade oder leicht sichelförmig, nicht oder kaum gedreht, 2-8 cm lang und 2-3 mm breit, beiderseits leicht glänzend dunkelgrün, am Rand rau, zu je 2 in einer 1 cm langen, aschgrauen Nadelscheide; bleiben jeweils etwa 8-10 Jahre lang an den Zweigen.
Blüten einhäusig verteilt, ♂ Blüten hellgelb als dichte, gedrängte Manschette an der Basis der neuen Jahrestriebe, mit zahlreichen, spiralig angeordneten Staubblättern; ♀ Blütenstände karminrot, um 1 cm lang, fleischig, zu 1-4 unmittelbar unterhalb der Langtriebspitzen; Blütezeit VI.
Zapfen geschlossen bis 3 cm, geöffnet etwa 6 cm breit und fast ebenso lang; reifen erst im 2. Jahr.
Standort: Auf flach- oder tiefgründigen, basischen oder mäßig sauren, nährstoffarmen und meist etwas feuchten Böden der oberen Gebirgsstufe; gewöhnlich in Reinbeständen.
Verbreitung: Gebirge von M.- und S-EU (Abruzzen, Balkan), im N bis zum Fichtel-, Erz- und Riesengebirge, im bayerischen Alpenvorland stellenweise auch unter 500 m Höhe; steigt in den Nordalpen bis auf 2200 m und im schweizerischen Graubünden bis 2450 m hoch, bildet in der alpinen Region oberhalb des Waldgürtels die sog. Krummholzregion. Gärtnerisch ist die B. auch außerhalb ihres natürlichen Areals weit verbreitet.

Wissenswertes: Die B. ist eine außerordentlich vielgestaltige Art, zu der auch in Baumgestalt wachsende Formen wie die Haken-Kiefer gehören. Auch innerhalb der als Leg-Föhre, Latsche, Knieholz oder Krummholz (regional und lokal sind weitere Namen üblich) bezeichneten Strauchformen mit ihrem bemerkenswert elastischen Astwerk werden mehrere geographische Sippen unterschieden, von denen sich wiederum zahlreiche Gartenformen mit unklarer Merkmalsabgrenzung ableiten. Außerhalb des Hochgebirges angepflanzt, verlieren die Latschen-Kiefern ihre charakteristische Gestalt mit liegenden Ästen und entwickeln statt dessen Gestalten mit nahezu senkrecht wachsenden Stämmen. Die Wildformen sind mit ihren elastischen Ästen gegen Schneebedeckung bestens gewappnet, tragen auf Steilhängen wirksam zur Bodenbefestigung bei und schützen das Terrain zudem vor Steinschlag und Lawinenabgängen. Man pflanzt sie daher als Erosionsschutz auch gern in tiefer gelegenen Bereichen an. An ihren alpinen Standorten ist die B. eine Kalk liebende Art, die besonders reichlich auf den harten Wetterstein- und Dachsteinkalken sowie auf Dolomit vorkommt. Andererseits ist sie jedoch nicht unbedingt an die basische Reaktion des Bodens gebunden. Immerhin wurde sie ebenso auf den sauren, mageren Heideböden im N von D sowie in den Dünengebieten Jütlands vielfach zur Aufforstung verwendet. Zudem besiedeln einige ihrer zahlreichen Formen auch die sauren Moorböden des Alpenraums, sofern dort eine Konkurrenz durch rascher wachsende Gehölze fehlt. Aus den aromatisch duftenden Nadeln der B. gewinnt man durch Destillation das Latschenkiefernöl für verschiedene kosmetisch-medizinische Produkte.

Merkmale: Immergrüner, aufrecht säulenförmig oder breitbuschig wachsender, meist mehrstämmiger Nadelstrauch von 1-5 m Höhe, selten auch mehrstämmiger und bis zu 15 m hoher Baum; Rinde dünn, längsstreifig, bräunlich.
Blätter einheitlich nadelförmig in abstehenden 3-zähligen Wirteln, 1-2 cm lang und 1-2 mm breit, am Grund breit, sehr steif, stechend spitz; oberseits rinnenförmig, graugrün getönt mit breitem, hellerem Mittelband; unterseits leicht gekielt und glänzend grün.
Blüten zweihäusig, nur ausnahmsweise auch einhäusig verteilt, in den Nadelachseln vorjähriger Zweige; ♂ Blüten gelblich, mit zahlreichen Staubblättern; ♀ Blüten mit mehreren Wirteln von Schuppenblättern, von denen die 3 obersten bei der Reife fleischig werden und einen saftigen Beerenzapfen bilden; Blütezeit IV-VI.
Beerenzapfen kurz gestielt, 5-6 mm dick, reifen im 2. oder 3. Jahr nach der Blüte, rotschwarz und fast immer stark bläulich bereift, beim Zerreiben aromatisch duftend; Zapfenreife ab VII-IX.
Standort: Licht liebendes Gehölz auf nährstoffarmen, flachgründigen, mäßig sauren oder kalkhaltigen Böden in Heiden, Magerweiden, Halbtrockenrasen und im Saum lichter Wälder. Der G.W. gilt als ausgesprochen genügsame Art, die tiefe Kälte und anhaltende Sommerhitze gleichermaßen gut erträgt und außerdem eine denkbar große Bandbreite von Bodeneigenschaften von sandig bis flachgründig-steinig akzeptiert.
Verbreitung: In EU von der Ebene bis ins Gebirge weit verbreitet, von der Iberischen Halbinsel bis nach Skandinavien, ostwärts bis zur Türkei, im Mittelmeerraum auch auf dem Peloponnes und auf Sizilien; häufig und in vielen Sorten als Ziergehölz in Parks und Gärten verwendet.

Wissenswertes: Die einstige Weidewirtschaft vor allem mit Schafen hat den G.W. in seiner Verbreitung stark gefördert, denn die stachelspitzigen Zweige werden von den Weidetieren kaum verbissen. An offenen Standorten ist diese Art daher gegenüber allen anderen Holzpflanzen klar im Konkurrenzvorteil, kümmert aber, sobald sie bei nachlassender oder fehlender Beweidung von rascher wachsenden Gehölzen buchstäblich in den Schatten gestellt wird. In Gebieten mit historisch stark verbreiteter Weidewirtschaft, in denen eine sonstige landwirtschaftliche Nutzung aus klimatischen Gründen oder wegen der Nährstoffarmut der Böden nicht möglich war, wurde der G.W. zur Leitart der traditionellen Schafhutungen. Damit stellt er ein eindrucksvolles wirtschaftsgeschichtliches Dokument dar, das ganze Kulturlandschaften geprägt hat, etwa das Münsterland, die Lüneburger Heide oder Hoge Veluwe (Niederlande), aber auch viele Regionen der Mittelgebirge (Eifel, Bergisches Land, Schwäbische Alb, Westerwald). Als Kennart solcher Heidegebiete nannte man die Art auch einfach Heide-Wacholder. Derartige Heidegebiete weisen oftmals viele seltene Pflanzen- und Kleintierarten auf. Daher wurden viele von ihnen als Naturschutzgebiete ausgewiesen, die in ihrem Artengefüge jedoch nur zu erhalten sind, wenn der ursprüngliche Beweidungsrhythmus beibehalten bzw. wieder aufgenommen wird.
Die reifen Beerenzapfen des G.W. sind in sehr kleinen Mengen durchaus genießbar, in größeren dagegen gesundheitsschädlich. Sie werden medizinisch sowie als Aromatisierungsmittel verwendet, z.B. in Spirituosen. Die Produktbezeichnungen Gin (engl.) und Genever (niederl.) leiten sich vom Gattungsnamen *Juniperus* ab.

Zwerg-Wacholder *Juniperus sibirica*
FAMILIE ZYPRESSENGEWÄCHSE

Merkmale: Immergrüner, lediglich 30-50 cm hoher Strauch mit liegenden Ästen und kurzen, dicken und dicht benadelten Zweigen. Nadeln 4-8 mm lang, 1-2 mm breit, deutlich aufwärts gekrümmt, oberseits tief rinnig, kaum stechend; Blütezeit V-VII. Beerenzapfen 7-8 mm dick.

Standort: Silikatische Steinböden, trockene, flachgründige Lehm- und Tonböden in der subalpinen und alpinen Stufe der Hochgebirge.

Verbreitung: Himalaja, Vorderasien, Südgrönland, Rocky Mountains; in EU in den Alpen bis in 3500 m Höhe; gelegentlich als Bodendecker mit kriechenden Ästen auch gärtnerisch verwendet.

Wissenswertes: Die Art wird auch als Alpen-Wacholder bezeichnet. Manche Fachleute fassen sie nur als Unterart des Gewöhnlichen W. auf.

Sadebaum *Juniperus sabina*
FAMILIE ZYPRESSENGEWÄCHSE

Merkmale: Immergrüner Strauch mit liegenden, besenartigen Ästen, 1-2 m hoch. Blätter in der Jugend nadelförmig in 3-zähligen Wirteln, 5 mm lang und bis 1 mm breit; Folgeblätter schuppenförmig, 2-4 mm lang, beim Zerreiben unangenehm riechend. Blüten eingeschlechtig, ein- oder zweihäusig verteilt; Blütezeit III-V. Beerenzapfen erbsengroß, anfangs grünlich, reif blauschwarz, heller bereift. Pflanze in allen grünen Teilen giftig!

Standort: Kalkhaltige Böden offener Felshänge, Trockenfluren, lichte Kiefern- und Lärchenwälder.

Vorkommen: Hochgebirge in EU, Kaukasus, Sibirien; in D nur in den Ammergauer und Berchtesgadener Alpen; in schuppen- oder nadelblättrigen Sorten auch als Parkgehölz angepflanzt.

Wissenswertes: Wegen des unangenehmen Geruchs nennt man den S. auch Stink-Wacholder.

Chinesischer Wacholder
Juniperus chinensis ZYPRESSENGEW.

Merkmale: Immergrüner, zumeist reichästiger Strauch mit aufrecht stehenden oder ausgebreiteten Ästen, 2-3 m hoch, gelegentlich dickstämmiger Baum mit kegelförmiger Krone. Blätter von verschiedener Gestalt: Jugendblätter nadelförmig in 3-zähligen Wirteln, spitzwinkelig abstehend, stechend spitz, Folgeblätter hingegen schuppenförmig in 4 eng anliegenden Längszeilen, stumpf, 2 mm lang. Nadel- und Schuppenblätter duften beim Zerreiben angenehm aromatisch nach Harz. Blüten eingeschlechtig; ♂ Blüten zahlreich, gelb, endständig an kurzen Zweigen sitzend; ♀ Blütenstände unscheinbar; Blütezeit IV-V. Beerenzapfen bis zu 8 mm dick, anfangs blaugrün, in der Reife braun, mehlig bereift. Die Pflanze ist in allen grünen Teilen giftig!

Standort: Heimisch in bewaldeten Gebirgsregionen Japans, Chinas, der Mongolei und Koreas.

Verbreitung: In zahlreichen Sorten von kegeligsäuligem bis niedrig-strauchigem Wuchs in Gärten und Parks angepflanzt; für die heimische Tierwelt ziemlich bedeutungslos.

Virginischer Wacholder *Juniperus virginiana*
ZYPRESSENGEWÄCHSE

Merkmale: Immergrüner, meist säulig wachsender Strauch bis 5 m Höhe oder schmalkroniger Baum bis zu 30 m Wuchshöhe; Rinde rötlich braun, löst sich in schmalen Streifen ab. Blätter meist schuppenförmig, spitz, bläulich grün, an der Triebspitze etwas abstehend, beim Zerreiben aromatisch duftend. Blüten winzig und unauffällig, eingeschlechtig, einhäusig oder zweihäusig verteilt; Blütezeit III-V. Beerenzapfen bis zu 7 mm dick.

Standort: Gebüsche auf flachgründigen, teilweise nassen Böden.

Verbreitung: Ursprünglich im atlantischen und zentralen N-Amerika, heute auch in EU in vielen, meist schmalkronigen Sorten angepflanzt.

Wissenswertes: Der gärtnerisch auch als Rotzeder bezeichnete V. W. ist die größte Art der Gattung. Aus seinem Holz fertigt man Bleistifte. Alle grünen Teile dieses Gehölzes sind giftig.

Gewöhnliche Eibe *Taxus baccata*

Gelbmantelige Gartenform der Eibe, Sorte 'Lutea'

Merkmale: Immergrüner, breitbuschiger Nadelstrauch bis zu 7 m Höhe oder kegelförmig wachsender Baum bis zu 15 m Höhe mit zunehmend unregelmäßiger Krone.
Nadeln 2-4 cm lang und bis zu 3 mm breit, abgeflacht, biegsam, ledrig, allmählich zugespitzt, an aufrechten Zweigen allseits schraubig abstehend, sonst 2-zeilig gescheitelt oder sichelförmig aufgebogen, oberseits glänzend dunkelgrün.
Blüten zweihäusig verteilt, ♂ Blüten kugelig bis oval, zahlreich an der Unterseite vorjähriger Zweige, beim Stäuben hellgelb; ♀ Blüten einzeln, unauffällig bräunlich gelb; Blütezeit II-III.
Samen einzeln, zugespitzt, bläulich schwarz, zur Reifezeit von einem fleischigen, karminroten Samenmantel umgeben.
Standort: Tiefgründige, lockere, nährstoffreiche Böden, jeweils einzeln oder gruppenweise im Unterwuchs von Buchen- und Mischwäldern, von der Ebene bis in etwa 1500 m Höhe.
Verbreitung: Portugal, Madeira, W-Frankreich, Britische Inseln, S-Skandinavien, Baltikum, Mittelgebirge in M.-EU, Alpen, Karpaten, Korsika, Sardinien und nördlicher Balkan, ferner in einzelnen Verbreitungsinseln in Vorderasien. **RL, §!**
In zahlreichen Gartenformen wird die E. als Ziergehölz angepflanzt, häufig beispielsweise als Säulen-E. oder Irische E. mit dichten, aufrechten Zweigen und horizontal abstehenden Nadeln. Daneben gibt es Sorten mit überhängenden oder weit ausgebreiteten Zweigen.
Wissenswertes: Da die Nadeln der Eiben keine Harzkanäle aufweisen, verströmen sie beim Zerreiben keinen besonderen Duft. Die ♀ Blüten enthalten nur eine einzige Samenanlage und sind nicht wie bei den Kieferngewächsen als Blütenstände mit Deck- und Samenschuppe organisiert.
Demnach sind die Eibengewächse zwar Nadelhölzer, zählen aber nicht zu den Koniferen.
Alle Teile der Pflanze mit Ausnahme des Samenmantels sind durch nervenwirksame Alkaloide stark giftig. Insbesondere für Pferde sind Eibenzweige sehr schädlich. Die roten Samenmäntel schmecken süßlich und werden gern von Drosseln und verschiedenen Kleinsäugern verzehrt.
Die sehr langsam wachsenden E. werden bis über 1000 Jahre alt, sind jedoch als Wildpflanzen in den heutigen Wirtschaftswäldern extrem selten geworden. Ihr hartes, dabei aber sehr elastisches Holz wurde seit germanischen Zeiten für die Fertigung von Bögen und anderen Waffen genutzt.
In Parks und Gärten eignen sich E. wegen ihrer ausgesprochenen Schattenverträglichkeit auch für dunklere Bereiche, vertragen aber ebenso gut das Starklicht des Freistands.

Gewöhnliche Waldrebe *Clematis vitalba* FAMILIE HAHNENFUSSGEWÄCHSE

Merkmale: Sommergrüner, dicht verzweigter Kletterstrauch (Liane) mit langen, biegsamen, linkswindenden Ästen, klettert bis über 10 m hoch und bildet dichte, lang herabhängende Schleier; Stämme bis 2 cm dick; Rinde hell graubraun, löst sich in langen, schmalen Streifen ab; junge Zweige regelmäßig sechskantig und längsstreifig.
Blätter bis zu 25 cm lang, gegenständig, lang gestielt, unpaarig gefiedert, die 5-7 Fiederblättchen weit voneinander entfernt, jeweils bis zu 5 cm lang, glattrandig oder gesägt, kahl, auf der Oberseite matt dunkelgrün, unterseits heller getönt. Blüten zu mehreren in blattachselständigen, lockeren Rispen, lang gestielt, mit 4 schmalen, cremeweißen, kronblattartigen Hüllblättern. Blütezeit VI-IX. Bei der Reife der Früchte (ab X) entwickelt sich der Griffel zu einem silbrig weißen, fedrig behaarten Flugorgan, das der Windverbreitung der leichten Nussfrüchte dient.
Standort: Häufig in so genannten Schleiergesellschaften an Bach- und Flussufern, Waldsäumen, Feldgebüschen und Bahndämmen.
Verbreitung: In W- und M.-EU weit verbreitet, vom Tiefland bis in Höhen über 1500 m.
Wissenswertes: Die G.W. ist eine der wenigen heimischen Lianen und eine der seltenen Holzpflanzen innerhalb der Hahnenfußgewächse. Ihre gegenständigen Fiederblätter sind eher untypisch für diese Familie. Die silbrigen Fruchtstände sehen besonders im Gegenlicht recht dekorativ aus. Dichte Gebüsche der G.W. bieten Kleinvögeln ausgezeichnete Nist- und Versteckmöglichkeiten.

Alpen-Waldrebe *Clematis alpina* FAMILIE HAHNENFUSSGEWÄCHSE

Merkmale: Sommergrüner, linkswindender Kletterstrauch mit dünnen, nach Lianenart seilförmigen und biegsamen Stämmen und Ästen, klettert meist nur 2-3 m hoch.
Blätter lang gestielt, unpaarig gefiedert, einfach bis doppelt 3-zählig; Fiedern kurz gestielt oder sitzend, bis zu 5 cm lang und 2 cm breit, lanzettlich, zugespitzt, am Grund keilförmig, grob gesägt, unterseits wenig behaart; Blattstiele starr und oft rankenförmig um die Wuchsunterlage gekrümmt. Blüten auffallend groß, 2-4 cm breit, lang gestielt, hängend, einzeln an Kurztrieben in den Blattachseln der Zweigenden, Blütenhülle mit 4 (selten 5) glockig gewölbten oder sternförmig ausgebreiteten Hüllblättern, hellblau oder violett, selten auch weiß; Blütezeit V-VII. Griffel zur Zeit der Fruchtreife (ab IX) fedrig behaart (kleines Foto).
Standort: Auf sauren, kalkfreien Böden in halbschattigen, krautreichen Bergwäldern, in Alpenrosen- und Latschengebüschen sowie auf bewachsenen Steinschutthalden mit dichten Hochstauden.
Verbreitung: In den Alpen und Karpaten bis in ungefähr 2400 m Höhe, selten als so genannter Abschwemmling auch im Alpenvorland; ferner in N-EU (hier jedoch mit gelblichen bis blassblauen Blütenblättern).
Wissenswertes: Innerhalb der blauen Blütenhülle befindet sich ein Kreis mit etwa 10 weißen, tütenförmigen Nektarblättern, die umgewandelte Staubblätter darstellen. Im Unterschied zur häufigeren Gewöhnlichen Waldrebe sind die Blüten der A. also nicht nur eine ergiebige Pollen-, sondern auch eine attraktive Nektarquelle, die gern von Hautflüglern, etwa Bienen oder Wespen, sowie von Schmetterlingen besucht wird. **RL, §!**

Berg-Waldrebe *Clematis montana*

Blattranken

Merkmale: Sommergrüner Kletterstrauch, umschlingt die Unterlage mithilfe seiner kräftigen Blattstiele, die zu Ranken umgebildet sind, und klettert mit seinen dünnen, kahlen Trieben bis etwa 7 m hoch; bildet dichte Gebüsche.
Blätter lang gestielt, immer 3-zählig gefiedert, an Kurztrieben auch rosettenartig angeordnet; Fiedern 3-10 cm lang, vorn zugespitzt, an der Basis abgerundet, gesägt, selten ganzrandig, mitunter tief lappig eingeschnitten, beidseitig kahl.
Blüten bei der Wildform (linkes großes Foto) etwa 3-6 cm breit, bei Gartenformen (z.B. rechtes großes Foto) bis zu 8 cm breit, zu 1-5 an vorjährigen Trieben, mit 4 weißen oder rosa überlaufenen, weit auseinander gespreizten Hüllblättern, die außen spärlich behaart sein können; Blütezeit V-VI. Früchte (Nüsschen) kahl, mit kurzem, fedrig behaartem Griffel; Fruchtzeit ab X.

Standort: Wälder und Gebüsche in den unteren Höhenstufen des Himalaja; in EU ausschließlich in Gartenkultur.

Vorkommen: In verschiedenen, z.T. sehr reich blühenden Sorten als dekorativer Zierstrauch weit verbreitet und häufig angepflanzt.

Wissenswertes: Wie bei allen *Clematis*-Arten besteht die auffällig gestaltete Blütenhülle nicht aus Kronblättern, sondern aus kronblattartig ausgebildeten Kelchblättern – ein Merkmal, das ähnlich auch bei krautigen Vertretern der Hahnenfußgewächse vorkommt. Honigblätter, wie sie bei der Alpen-Waldrebe (➪S. 232) vorhanden sind, fehlen dagegen. Die umfangreichen Büschel hellgelber Staubblätter kennzeichnen die Blüte als ergiebige Pollenblume. Besucher sind überwiegend Hautflügler wie Bienen und Hummeln.

Jackman-Waldrebe *Clematis* x *jackmanii*

F. HAHNENFUSSGEWÄCHSE

Merkmale: Sommergrüner Kletterstrauch mit rotbraunen, längsstreifigen Trieben, erreicht bis zu 4 m Höhe. Blätter 3-zählig gefiedert, Fiedern ganzrandig, nur unterseits wenig behaart. Blüten etwa 10-12 cm breit, dunkel purpurn bis violett mit 4 (selten auch 6) großen, verkehrt eiförmigen Hüllblättern; Blütezeit VII-VIII.

Verbreitung: Als dekoratives Ziergehölz häufig angepflanzt und in EU weit verbreitet.

Wissenswertes: Die gärtnerisch gern verwendete J. ist eine Kreuzung aus der ostasiatischen **Wolligen Waldrebe** *C. lanuginosa* und der von S-EU bis Vorderasien beheimateten **Italienischen Waldrebe** *C. viticella*. Nur die europäische Elternart mit doppelt 3-zähligen Blättern wird ebenfalls in Sorten als Ziergehölz angepflanzt. Ihre Blüten werden 3-5 cm breit, die flach ausgebreiteten Hüllblätter sind purpurrosa bis violett.

Brennende Waldrebe *Clematis flammula*

F. HAHNENFUSSGEWÄCHSE

Blütenstand

Merkmale: Sommergrüner Kletterstrauch, der mit seinen kräftigen, aber biegsamen Trieben bis etwa 5 m hoch emporklettert.
Blätter meist doppelt gefiedert mit gewöhnlich 5 Fiedern, die unteren Fiedern breit oval, oft 3-zählig oder mehrlappig, an der Basis gerundet, sonst gezähnt, oberseits glänzend, die oberen Fiedern meist einfach.
Blüten weiß, 2-3 cm breit, zahlreich in großen, bis zu 25 cm breiten Rispen in den oberen Blattachseln; Blütezeit VII-IX.

Standort: Wälder und Gebüsche im trockenwarmen Tieflandbereich.

Verbreitung: Vom Mittelmeerraum bis zum zentralen Vorderasien; wird gelegentlich als Ziergehölz angepflanzt, in M.-EU aber nicht winterfest.

Wissenswertes: Die dekorativen Blüten duften intensiv nach Bittermandel, wonach man die Art auch Mandel-Waldrebe genannt hat.

Wildform

Gartenform

Gewöhnliche Berberitze *Berberis vulgaris* FAM. BERBERITZENGEWÄCHSE

Merkmale: Sommergrüner, bedornter Strauch mit aufrechten Stämmchen und bogig überhängenden Ästen, 1-3 m; Triebe kantig-längsstreifig; Rinde älterer Äste hell grüngrau. Blätter gestielt, büschelig angeordnet und daher manchmal scheinbar gegenständig, länglich elliptisch, am Grund lang keilförmig, vorn gerundet oder zugespitzt, scharf dornig gezähnt, oberseits dunkelgrün, unterseits heller, kahl, bis 4 cm lang, mit kräftiger Mittelrippe.
Blüten mit hellgelben Kelch- und Kronblättern, halbkugelig gewölbt, in hängenden, vielblütigen Trauben; stark duftend; Blütezeit IV-VI.
Früchte (Beeren) länglich, bis 1 cm groß, leuchtend rot, sehr sauer schmeckend; Fruchtreife ab IX.
Standort: Gebüsche, Flurhecken, Waldsäume, Lichtungen und Trockenhänge; gern auf kalkhaltigen, sonnigen Magerböden.
Verbreitung: Fehlt in N-EU, im übrigen EU weit verbreitet, vom Tiefland bis in etwa 2000 m Höhe.
Wissenswertes: Die Blätter der Langtriebe sind in mehrteilige, bis 2 cm lange Dornen umgewandelt, in deren Achsel die Kurztriebe stehen. Die 6 gelben Staubblätter krümmen sich nach Berührung ihrer Basis schlagartig zur Blütenmitte.
Als Zwischenwirt des Getreideschwarzrosts hat man die G.B. in vielen Gegenden ausgerottet. Für Kleintiere ist sie ökologisch besonders wertvoll.

Verwandt: **Julianes Berberitze** *Berberis julianae* stammt aus China, ist immergrün und trägt 3-teilige Blattdornen; häufiges Ziergehölz.

Thunbergs Berberitze *Berberis thunbergii* FAM. BERBERITZENGEWÄCHSE

Merkmale: Sommergrüner, dicht verzweigter Zierstrauch, 1-1,5 m hoch; Zweige kantig, braunrot berindet; Blätter büschelig in den Achseln langer, einfacher Blattdornen, oval bis spatelförmig, bis zu 3 cm lang, wenig gezähnt, bei der Wildform frischgrün mit bläulicher Unterseite, bei der am häufigsten verwendeten Gartenvarietät purpurrot überlaufen, im Herbst prächtig scharlachrot. Blüten gelb, halbkugelig, in hängenden Trauben, Kelchblätter auf der Außenseite oft rötlich; Blütezeit V-VI. Früchte (Beeren) länglich oval, bis zu 1 cm groß, scharlachrot, ungenießbar; ab VII.
Standort: Lichte Wälder und Gebüsche.
Vorkommen: Heimisch in O-Asien (Japan); bei uns häufig als Ziergehölz in Parks und Gärten.
Wissenwertes: Die T.B. erträgt Industrie- und Verkehrsabgase weitgehend schadlos, ist ausgesprochen frosthart und schnittverträglich, weshalb sie oft zu monotonen Hecken geformt wird.

Mahonie *Mahonia aquifolium* FAMILIE BERBERITZENGEWÄCHSE

Merkmale: Immergrüner, unbedornter, mäßig verzweigter Zierstrauch, 0,5-1,5 m hoch. Blätter lang gestielt, unpaarig gefiedert, mit 5-9 elliptischen Fiedern, 4-8 cm lang, die Seitennerven in scharfe, dornige Blattrandzähne auslaufend, ledrig derb, oberseits glänzend dunkelgrün, unterseits matt hellgrün. Blüten bis zu 1 cm breit, goldgelb, in hängenden Trauben; Blütezeit IV-V. Früchte (Beeren) reif blauschwarz und bereift, Fruchtreife ab IX.
Standort: Schattige, luftfeuchte Gebüsche und Bergwälder.im nordwestlichen N-Amerika.
Vorkommen: Häufig als Ziergehölz verwendet, zunehmend in Gebüschen verwildert und eingebürgert. Außer für Insekten auch für Singvögel eine wertvolle Nahrungsquelle.

Lorbeerbaum *Laurus nobilis* FAMILIE LORBEERGEWÄCHSE

Blätter bis 10 cm lang

Merkmale: Immergrüner, meist von Grund an reich verzweigter Großstrauch oder kleiner Baum, anfangs mit kegelförmiger, später mit rundlicher Krone, 1-8 m. Blätter wechselständig, ledrig derb, 3-5 cm lang gestielt, Spreite bis 10 cm lang und 4 cm breit, lanzettlich, am Rand etwas wellig oder undeutlich gekerbt, oberseits glänzend dunkelgrün, unterseits matt hellgrün, Blattnerven in der unteren Spreitenhälfte oft rötlich; beim Zerreiben angenehm aromatisch duftend. Blüten zweihäusig verteilt, klein und unauffällig, hell grünlich gelb, jeweils zu mehreren in den Blattachseln, ♂ Blüten mit etwa 10 Staubblättern, ♀ Blüten mit nur wenigen verkümmerten Staubblättern und einem oberständigen Fruchtknoten; Blütezeit III-V. Früchte (Beeren) kugelig, um 1 cm groß, anfangs grün, reif glänzend schwarz; Fruchtreife ab IX.

Standort: Lichte Mischgehölze auf lockeren, humosen Böden, felsige Abhänge, Trockenhänge.

Vorkommen: Ursprünglich nur auf dem Balkan und in Kleinasien beheimatet, heute im gesamten Mittelmeergebiet als Kultur- und Zierpflanze weit verbreitet.

Wissenswertes: Der L. ist eine der Kennarten der immergrünen mediterranen Hartlaubvegetation. Im Ursprungsgebiet vermehrt er sich außer durch Samen auch durch Wurzelsprosse. Im Altertum war er dem Apoll geweiht und wurde in dessen Tempelhainen angepflanzt. Aus den Zweigen wand man Siegerkränze, und bis heute nennt man mit Preisen ausgezeichnete Personen »Laureaten«. Obwohl der L. leichten Frost erträgt, ist er nicht zuverlässig winterhart. Man kultiviert ihn daher in M.-EU überwiegend als Topf- oder Kübelpflanze, die im Kalthaus überwintert wird. Frische Lorbeerblätter schmecken stark bitter. Beim Trocknen verliert sich der Bittergeschmack, während das feine Aroma erhalten bleibt.

Chinesischer Klebsame *Pittosporum tobira* FAM. KLEBSAMENGEWÄCHSE

Frucht

Blatt glattrandig

Merkmale: Immergrüner, mäßig verzweigter Strauch, etwa 2-3 m hoch; junge Zweige grau behaart, Rinde später kahl und schwärzlich. Blätter wechselständig, anfangs behaart, später kahl, 1-2 cm lang gestielt, 5-10 cm lang und 2-4 cm breit, vorn rundlich oder ausgerandet, glattrandig, oberseits glänzend grün. Blüten stark nach Orange duftend, zahlreich in endständigen, büscheligen Doldentrauben, mit 5 kurzen, dreieckigen, grünen Kelchblättern und stumpfen, anfangs cremeweißen und später gelblichen, bis zu 1,5 cm langen, nach außen gebogenen Kronblättern; Blütezeit III-V.

Standort: Gebüsche und Hecken in Küstennähe.

Vorkommen: Stammt aus O-Asien (China und Japan), im Mittelmeergebiet seit langem eingebürgert und häufig als dekoratives Garten- oder Parkgehölz kultiviert; in M.-EU nicht winterhart und deshalb nur als Kübelpflanze verbreitet, die im Kalthaus überwintert wird.

Wissenswertes: Die ledrige, gelbbraune Kapselfrucht enthält in eine ölige Flüssigkeit eingebettete und deswegen klebrige Samen. Danach heißt die Art auch Pechsamenstrauch.

Die Klebsamengewächse sind eine rund 250 Arten umfassende Familie immergrüner Gehölze, die überwiegend in den Tropen der Alten Welt beheimatet sind und viele Zierpflanzen stellen.

Ähnlich: Der **Gewelltblättrige Klebsame** *Pittosporum undulatum* ist ein bis zu 5 m hoher Strauch oder ein Baum bis etwa 20 m Höhe. Seine dünnen, bis zu 12 cm langen und 5 cm breiten, immergrünen Blätter sind lanzettlich oval und am Rand gewellt. Die stark duftenden, weißen Blüten entwickeln sich zu orangefarbenen Kapselfrüchten. Ursprünglich in Australien beheimatet, ist der G.K. heute auch im Mittelmeergebiet weit verbreitet.

Buchsbaum *Buxus sempervirens*

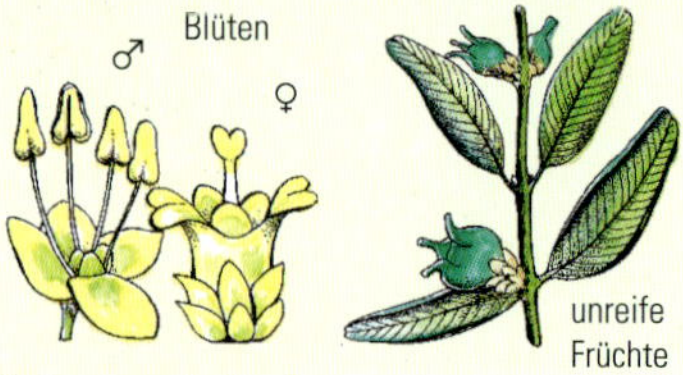

Merkmale: Immergrüner Strauch, gelegentlich auch kleiner Baum, dicht verzweigt, mit aufrechten, im Alter überhängenden Ästen und Zweigen, bis zu 7 m hoch; Triebe kantig, grün. Blätter gegenständig, kurz gestielt, oval bis rundlich, stumpf oder leicht ausgerandet, 1-2 cm lang, oberseits glänzend dunkelgrün, unterseits hellgrün, ledrig und fest. Blüten klein, unauffällig, gelblich; Blütezeit III-IV. Kapselfrüchte bräunlich, unauffällig; ab VIII. Alle Teile der Pflanze sind leicht giftig!
Standort: Sonnige Abhänge, Felsgebüsche und lichte Wälder auf steinigem, zumindest zeitweise trockenem Boden.
Vorkommen: SW- und westliches M.-EU, ferner N-Afrika und W-Asien; nördlichstes Wildvorkommen in D an der unteren Mosel; häufig und in verschiedenen Sorten als Gartengehölz. **RL, §!**
Wissenswertes: Der B. ist eine alte Kloster- und Bauerngartenpflanze, die gern in Form sehr niedriger Schnitthecken als Beetumfassung gezogen wurde. In der französischen Gartenkunst wurde sie durch Schnitt auch in allerhand Phantasieformen gebracht. Die Blüten bieten reiche Nektartracht. In Hecken oder als Einzelpflanze stellt der B. ein wertvolles Nistgehölz dar.
Schon seit dem Altertum schätzt man das feste, gelbliche Holz, das zu den härtesten und dichtesten der in EU heimischen Gehölze zählt. Man fertigte daraus Weberschiffchen, Pfeifenköpfe, Messlatten, Kämme, Spielfiguren und Schmuckkästchen, aber auch Musikinstrumente wie z.B. Klarinetten und Flöten. Die Verwendung für Schäfte von Gewehren (Büchsen) hat der Art vermutlich ihren Namen eingetragen.

Chinesische Zaubernuss
Hamamelis mollis ZAUBERNUSSGEW.

Merkmale: Sommergrüner, meist sehr breiter Strauch, 2-5 m hoch; Zweige anfangs dicht weichhaarig. Blätter kurz gestielt, breit oval, zugespitzt, am Grund schief herzförmig, bis zu 16 cm lang und 12 cm breit, beidseitig behaart, unterseits dicht graufilzig, im Herbst kräftig orangegelb gefärbt. Blüten erscheinen lange vor den Blättern, 4-zählig, duftend, Kelchblätter schmal, innen weinrot, Kronblätter goldgelb, am Grund rötlich, nicht gerollt; Blütezeit I-III. Früchte holzige Kapseln; ab VI.
Standort: Sonnige Gebüsche und lichte Wälder der unteren Höhenlagen; auf lockeren Böden.
Vorkommen: Heimisch in China; seit langem in mehreren Gartenformen als besonders früh blühendes Ziergehölz (Großstrauch in Einzelpflanzung) verwendet.

Japanische Zaubernuss
Hamamelis japonica ZAUBERNUSSGEW.

Merkmale: Sommergrüner, meist breitwüchsiger Strauch, 1-4 m hoch, Zweige abstehend, fahlgrau, mit Sternhaaren besetzt. Blätter kurz gestielt, breit oval bis rundlich, 5-8 cm lang, unterseits nur auf den Hauptnerven wenig behaart, ungleich gekerbt, kurz zugespitzt, mit schiefem Blattgrund, unterseits hellgrün, im Herbst kräftig gelb umgefärbt. Blüten zu mehreren büschelig, 4-zählig, Kelchblätter dreieckig, braunviolett, zurückgekrümmt, Kronblätter bandförmig, bis 2 cm lang, lebhaft goldgelb; Blütezeit I-III. Früchte holzige Kapseln; Reife ab VI.
Standort: Lichte Wälder und Gebüsche des Tieflands sowie der unteren Bergstufe.
Vorkommen: Heimisch in Japan; häufig in Sorten als dekorativer Großstrauch verwendet.
Wissenswertes: Die schmalen Kronblätter strecken sich bei der Entfaltung nicht vollständig, sodass sie auch in voller Blüte zerknittert aussehen.

'Rubra elite'

Gagelstrauch, Torf-Gagel *Myrica gale*

FAMILIE GAGELGEWÄCHSE

Merkmale: Sommergrüner, stark verzweigter Strauch mit aufrechten, rutenförmigen Ästen und Zweigen, 0,5-1 m hoch, bildet meist größere Bestände; Zweige dicht mit Harzdrüsen besetzt, duften beim Abstreifen oder Zerreiben intensiv und angenehm aromatisch. Blätter kurz gestielt, 2,5-6 cm lang, etwas ledrig, länglich oval, im vorderen Teil dornig gezähnt, zugespitzt, am Grund keilförmig, oberseits glänzend grün, unterseits grasgrün, auf beiden Seiten dünn anliegend behaart. Blüten zweihäusig verteilt, in aufrechten, gedrungenen, achselständigen Kätzchen, öffnen sich lange vor dem Laubaustrieb; Blütezeit III-V. Steinfrucht bräunlich und unauffällig. Alle Teile der Pflanze sind giftig!

Standort: Nasse, moorige Sand- und Torfböden von Heidemooren und Feuchtheiden, im Saum von Nieder- und Hochmooren, entlang von Gräben.

Vorkommen: Atlantisches W- und N-EU von Portugal bis Norwegen, atlantisches und pazifisches N-Amerika; in D nur im nördlichen Tiefland. **RL**

Wissenswertes: Im N von D verwendete man zeitweilig Zweige des G. oder Extrakte daraus anstelle von Hopfen zum Aromatisieren des Biers. Die toxischen Inhaltsstoffe des ätherischen Öls erhöhten dabei die berauschende Wirkung des Getränks. Blattextrakte des G. spielten in der Volksmedizin auch eine Rolle als Mittel gegen Hautausschläge. In Irland werden die aromatisch duftenden Zweige gegen Ungeziefer aufgehängt. Von den Blatt- und Blütenknospen des Strauchs ernähren sich im Winter die Birkhühner.

Grün-Erle *Alnus viridis*

FAMILIE BIRKENGEWÄCHSE

Merkmale: Sommergrüner, reichästiger Strauch mit meist breit ausladenden Ästen und Zweigen, 0,5-2,5 m hoch, oft in dichten Beständen, selten auch als kleiner Baum; junge Triebe behaart.
Blätter wechselständig, lang gestielt, 5-8 cm lang, oval, zugespitzt, am Grund breit keilförmig oder abgerundet, scharf doppelt gesägt, oberseits kahl, nach dem Austrieb klebrig, unterseits glänzend grün mit bräunlichen Achselbärten.
Blüten einhäusig verteilt, öffnen sich mit dem Laubaustrieb; ♂ Kätzchen weißlich behaart, hängend, 3-6 cm lang; ♀ Kätzchen um 1 cm lang, aufrecht an den Zweigenden, rötlich; Blütezeit IV-V. Fruchtstand zapfenförmig, zunächst grün, verbleiben bis zum nächsten Frühjahr an den Zweigen, dann schwarzbraun und holzig.

Standort: Bildet in der subalpinen Höhenstufe im Bereich der Waldgrenze große Reinbestände auf Lawinenbahnen, in Rieselfluren und entlang von Bachläufen, in tieferen Lagen auch an Waldrändern und in Auengehölzen.

Vorkommen: Hochgebirge in EU (Alpen, Karpaten, Balkan) bis in 2400 m Höhe, stellenweise als Abschwemmlinge auch im Alpenvorland.

Wissenswertes: In den Alpen erfüllt die G. wichtige Schutzfunktionen, weil sie Hangrutschflächen stabilisiert bzw. den Abtrag von Boden verringert. Dagegen kann die G. den Abgang von Lawinen allenfalls einschränken (vor allem bei geringer Schneehöhe), aber nicht grundsätzlich verhindern. Im Schutz von Erlengebüschen siedeln sich häufig weitere Gehölzarten des Bergwalds an, darunter beispielsweise Vogelbeere und Berg-Ahorn. Für das Gamswild und etliche andere Tierarten bieten die dichten Gebüsche hervorragende Nahrung und Deckung.

Zwerg-Birke *Betula nana*

Merkmale: Sommergrüner, ästiger Zwergstrauch mit liegenden oder aufsteigenden, ziemlich knorrigen Ästen, meist um 50 cm hoch; Rinde schwarzgrau, Triebe anfangs filzig, später kahl und dunkel rotbraun gefärbt.

Blätter wechselständig, kurz gestielt, fast kreisrund, um 1 cm breit, kahl, grob gekerbt, oberseits dunkelgrün, unterseits heller und netznervig, nach dem Austrieb etwas klebrig, im Herbst kräftig goldgelb bis intensiv karminrot verfärbt.

Blüten einhäusig verteilt, in aufrechten, kugeligen bis länglichen Kätzchen, ♂ Kätzchen 0,5-1,5 cm lang, mit gelben Staubblättern, ♀ Kätzchen hellbraun, 7-10 mm lang; Blütezeit IV-V.

Standort: Auf staunassen Torfböden von Hoch- und Niedermooren, in Moorwiesen und an Rändern von Erlenbrüchen.

Vorkommen: Arktische Tundra von Norwegen bis Sibirien, ferner Schottland (dort meist bestandsbildend); in M.-EU vereinzelt im nördlichen Tiefland, im Harz, Böhmerwald und Erzgebirge sowie sehr selten auch im Alpenvorland. **RL, §!**

Wissenswertes: Die Z. ist neben der Silberwurz (⇨S. 262) ein Beispiel für Pflanzen mit arktisch-alpiner Verbreitung. Vor der nacheiszeitlichen Wiederbewaldung von M.-EU entwickelte sich zwischen der nordischen Eisrandlage und den europäischen Hochgebirgen ein breiter Zwergbirkengürtel wie in der Tundra. Später wurde dieses Verbreitungsgebiet in Teilareale aufgespalten.

In Finnland kommt eine strauchig wachsende, bis zu 3 m hohe Form vor, die als Kreuzung der Z. mit der gewöhnlichen Hänge- oder Weiß-Birke gilt, da ihre Merkmale ziemlich genau zwischen denen der Elternarten liegen.

FAMILIE BIRKENGEWÄCHSE

Strauch-Birke *Betula humilis*

Merkmale: Sommergrüner, reichästiger Strauch mit aufrechten Ästen und Zweigen, 0,5-2 m hoch; Rinde braun, Triebe anfangs schwach behaart und mit warzigen Drüsen besetzt. Blätter wechselständig, 2-5 mm lang gestielt, breit oval oder rundlich, 1-3,5 cm lang, stumpf oder ganz kurz zugespitzt, ungleichmäßig grob gesägt, an der Basis breit keilförmig, kräftig grün, beidseits kahl oder unterseits nur in den Blattnervenwinkeln mit kleinen Haarbüscheln. Blüten einhäusig verteilt, in aufrechten grünlichen, walzenförmigen Kätzchen in den Blattachseln, öffnen sich erst mit dem Laubaustrieb; Blütezeit IV-V. Einsamige Nussfrüchte, nur schmal geflügelt; Fruchtreife IX-X.

Standort: Moorwiesen, Moorrandgebüsche und Weiden-Erlen-Bruchwälder, torfige Gräben.

Vorkommen: In M.-EU nur an wenigen Stellen im Alpenvorland sowie isoliert davon im nördlichen Tiefland; ferner in weiteren, räumlich weit getrennten Verbreitungsinseln von NO-EU bis zum Ural und Altai. **RL, §!**

Wissenswertes: Die S. wurde von dem bayerischen Botaniker Franz von Schrank in einem Moor bei Trauchgau entdeckt und 1789 als neue Art unter der Bezeichnung »Morastbirke« beschrieben. An ihren Moorstandorten hat sie, ähnlich wie die Zwerg-B., Reliktcharakter. Damit gibt sie einen letzten Hinweis auf das Aussehen der spät- bzw. nacheiszeitlichen Pflanzendecke in M.-EU. Ihre Nussfrüchte sind auch als Fossilien erhalten und dienen der Rekonstruktion einstiger Verbreitungsgebiete. Für die Erhaltung der wenigen heutigen Standorte ist gezielte Pflege erforderlich.

Von jüngeren Exemplaren der Hänge-Birke *Betula pendula* und der nahe verwandten Moor-Birke *B. pubescens* (beide ⇨S. 468) ist die S. durch die rundlichen, nicht schlank zugespitzten Blätter leicht zu unterscheiden. Gärtnerisch wird die Art kaum verwendet.

unreife Fruchtstände

Herbstfärbung

unreife Fruchtstände

Herbstfärbung
Fruchtstände und Knospen

Gewöhnliche Hasel, Wald-Hasel *Corylus avellana* BIRKENGEWÄCHSE

Merkmale: Großer, meist recht breitwüchsiger Strauch, 2-6 m hoch, Triebe feinfilzig und rotbraun drüsig behaart; Rinde älterer Äste glänzend dunkelbraun mit helleren Korkwarzen. Blätter wechselständig, kurz gestielt, 7-10 cm lang und bis zu 6 cm breit, im Umriss rundlich bis verkehrt-oval, mit schlanker Spitze und leicht schiefem Blattgrund, doppelt gesägt und schwach gelappt, unterseits besonders auf den Hauptnerven behaart. Blüten einhäusig verteilt, erscheinen lange vor dem Laubaustrieb, ♂ Blüten zahlreich in hellgelben, 3-8 cm langen Kätzchen, ♀ Blüten in wenig verdickten Knospen verborgen, mit 1-2 mm langen, intensiv karminroten Narben; Blütezeit I-IV. Nussfrüchte in einer anliegenden, bleichen Hülle, die kaum länger ist als die Nuss; Fruchtreife ab IX.

Standort: Mäßig trockene Stellen im Saum von Wäldern, in Gebüschen, Feldgehölzen und entlang von Fließgewässern, vom Tiefland bis in etwa 1400 m Höhe in den Alpen, im Schwarzwald nur bis 1350 m. Die früher allgemein üblichen forstwirtschaftlichen Betriebsformen der Nieder- und Mittelwaldbewirtschaftung haben die Verbreitung der Art stark gefördert.

Vorkommen: In EU von Skandinavien und den Orkney-Inseln bis zum Balkan weit verbreitet; häufig angepflanzt und auch gärtnerisch verwendet, u.a. als Korkenzieher-Hasel mit bizarr gewundenen Zweigen (Strahlenmutante).

Wissenswertes: Haselnüsse spielten, wie Funde ausweisen, schon bei den Menschen der Steinzeit eine bedeutende Rolle. Später verwendete man Haselzweige als Wünschelrute oder als Schutz gegen Blitzschlag. Haselnussöl ist ein wertvolles Speiseöl, das reich an ungesättigten Fettsäuren ist. Außerdem nimmt man es gern zum Anrühren von Malfarben, da es nach dem Aushärten nicht nachdunkelt.

Als Frühestblüher ist die G.H. eine wichtige Bienenfutterpflanze, die große Mengen proteinreicher Pollen liefert. Die Bienen fliegen an wärmeren, sonnigen Wintertagen allerdings nur die ♂ Kätzchen an und leisten keine Bestäubung. Die Pollenübertragung auf die ♀ Blüten, die weder duften noch Nektar anbieten, übernimmt in jedem Fall der Wind. Die G.H. ist zudem bedeutsam als Nistgehölz und Nahrungslieferant für Vögel und Kleinsäuger. Eichelhäher, Tannenhäher und Eichhörnchen verbreiten die Art durch ihre vergessenen Depots. Die Nuss bleibt nur bis zum folgenden Frühjahr keimfähig. Ihre Keimung erfolgt unterirdisch, der Samen sprengt dabei die harte Schale.

Ähnlich: Die in SO-EU und Kleinasien beheimatete **Lamberts-Hasel** oder **Lambertsnuss** *Corylus maxima* trägt bis zu 15 cm lange und fast ebenso breite, nur kurz gestielte Blätter. Ihre ♂ Kätzchen erreichen 10 cm Länge. Die bis zu 2,5 cm lange Nussfrucht steckt in einer samtig behaarten, röhrenförmigen, tütenartig geschlossenen und vorne verengten Fruchthülle. Sie liefert die marktüblichen und in mehreren Fruchtsorten angebotenen Haselnüsse und ist auch in M.-EU an vielen Stellen in Kultur. In Parks und Gärten sieht man häufig eine als **Blut-Hasel** bezeichnete Varietät (*C. maxima* var. *purpurea*, siehe Bild) mit dekorativen, tief schwarzroten Blättern.

Sal-Weide *Salix caprea*

Merkmale: Sommergrüner Großstrauch bis etwa 5 m Höhe oder kleiner Baum bis etwa 10 m Höhe; Triebe und Zweige biegsam, dünn, anfangs grüngrau behaart, später rotbraun glänzend.
Blätter wechselständig, gestielt, 4-12 cm lang und bis 6 cm breit, breit elliptisch, am Grund rundlich, vorn spitz, gewellt bis unregelmäßig gezähnt, oberseits dunkelgrün und etwas runzelig, unterseits graugrün und bleibend dicht flaumig behaart; Nebenblätter unauffällig.
Blüten zweihäusig verteilt, Blütenstände erscheinen lange vor den Laubblättern; ♂ Kätzchen oval, bis 3 cm lang, zunächst silbrig fellhaarig (Weiden-»kätzchen«), beim Stäuben hellgelb, mit 1 Nektardrüse; ♀ Kätzchen unscheinbar grünlich, Fruchtknoten behaart; Blütezeit III-IV, Fruchtreife ab V.
Standort: Häufiges Pioniergehölz auf Brachflächen, an Weg- und Waldrändern oder in Steinbrüchen, häufig auch in Gesellschaft anderer Baum- und Strauchweiden im Saum von Stillgewässern; Lichtholz mit rascher Jugendentwicklung.
Verbreitung: Ganz EU außer Portugal, in den Alpen bis in etwa 2000 m Höhe, in S-EU nur in Gebirgslagen; außerdem in W- und NO-Asien.
Wissenswertes: Wenngleich die S. nur recht unscheinbare Blüten hat, ist sie doch auf Insektenbestäubung eingerichtet. Sowohl die ♂ wie die ♀ Blüten besitzen nämlich eine Nektardrüse und bieten den Besuchern Flüssignahrung an. Bei den ♂ Blüten sind zusätzlich die proteinreichen Pollen zu sammeln, die klebrig sind und nicht vom Wind verbreitet werden. In der Nähe der S. findet man am Boden häufig die Neströhren von Weiden-Sandbienen (*Andrena vaga*, ⇨ Band »Insekten«), die zur Aufzucht ihrer Brut auf den Pollen und Nektar der S. angewiesen sind.

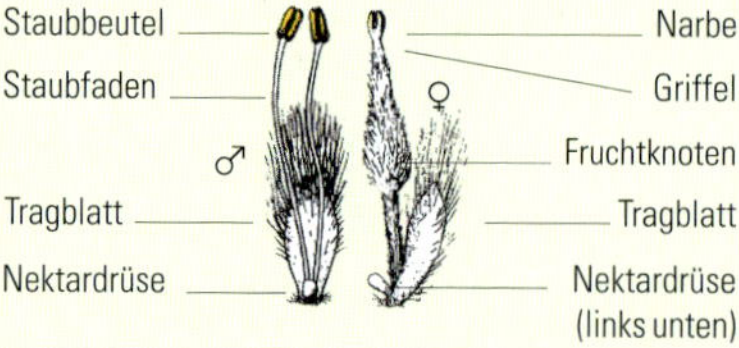

△ *Die Organe aller ♂ und ♀ Weidenblüten eignen sich – unter einer Lupe betrachtet – als Bestimmungshilfen.*

▽ *Weidenkätzchen vor dem Öffnen ihrer Staubgefäße*

Öhrchen-Weide *Salix aurita*

FAMILIE WEIDENGEWÄCHSE

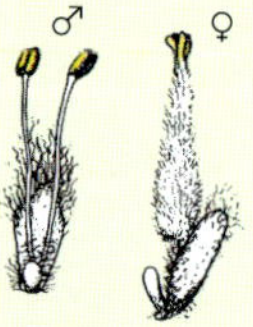

Merkmale: Sommergrüner, sparrig verzweigter, ziemlich gedrungener Strauch mit aufrechten oder abstehenden Ästen, etwa 1-3 m hoch. Blätter 1 cm lang gestielt, oval, in der Vorderhälfte am breitesten, 2-5 cm lang, mit schlanker, zur Seite gedrehter oder zurückgebogener Spitze, am Rand gewellt, beidseits behaart, oberseits etwas runzlig, unterseits bläulich grün filzig, zuletzt kahl. Blüten zweihäusig verteilt, erscheinen vor den Blättern in sitzenden, 0,5-3 cm langen Kätzchen; Blütezeit III-V.
Standort: Ufer, Grabenränder, Nasswiesen, Niedermoore, vom Tiefland bis ins Gebirge.
Verbreitung: Von EU bis W-Asien weit verbreitet und stellenweise häufig. Gärtnerisch wird die Ö. nur wenig verwendet.
Wissenswertes: Besonders kennzeichnend sind die namengebenden, großen, nierenförmigen, gezähnten Nebenblätter, die nicht frühzeitig abfallen wie bei den meisten anderen Weidenarten.

Öhrchen-Weide

Purpur-Weide *Salix purpurea*

FAMILIE WEIDENGEWÄCHSE

Merkmale: Sommergrüner, reich verzweigter Großstrauch, bis zu 6 m hoch, seltener auch kleiner Baum; Zweige dünn und biegsam, Rinde glänzend, auf der Lichtseite meist purpurrot oder dunkelgelb überlaufen. Blätter 5-10 cm lang, lanzettlich, breiteste Stelle oberhalb der Mitte, oberseits matt dunkelgrün, unterseits bläulich. Blüten zweihäusig verteilt, Kätzchen um 5 cm lang, vor dem Laubaustrieb; Blütezeit III-IV.

Standort: Entlang von Gewässern und in Auengehölzen, eignet sich bestens für Uferbefestigungen in Hochwassergebieten.

Verbreitung: M.- und S-EU; Vorder- bis O-Asien.

Wissenswertes: Die Rinde weist einen hohen Gehalt an Salicinsäure auf und wurde früher arzneilich genutzt (als Acetylsalicylsäure = Aspirin).

Korb-Weide *Salix viminalis*

FAMILIE WEIDENGEWÄCHSE

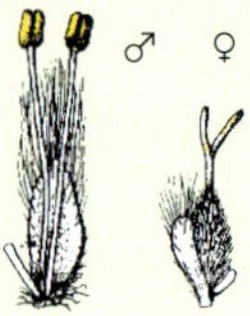

Merkmale: Sommergrüner Großstrauch mit aufrechten, schlanken Ästen und Zweigen, bis 6 m hoch, seltener auch baumförmig wachsend. Blätter gestielt, schmal lanzettlich, 5-15 cm lang und bis zu 1,5 cm breit, lang zugespitzt, Blattrand nach unten eingerollt, Spreite oberseits mattgrün, unterseits dicht seidig behaart und silbrig glänzend. Blüten zweihäusig verteilt, Kätzchen bis 3 cm lang, vor dem Laubaustrieb; Blütezeit III-IV.

Standort: Auf Schwemmböden an Ufern und Gräben in der Ebene und in der Hügelregion.

Verbreitung: Ursprünglich vor allem in O-EU, durch Anbau auch nach M.- und W-EU gebracht.

Wissenswertes: Die gelbbraunen Zweige sind sehr biegsam und wurden in großem Umfang als Flechtmaterial verwendet. Für forstliche Zwecke existieren zahlreiche Anbaurassen und Bastarde.

Grau-Weide, Asch-Weide *Salix cinerea*

FAMILIE WEIDENGEWÄCHSE

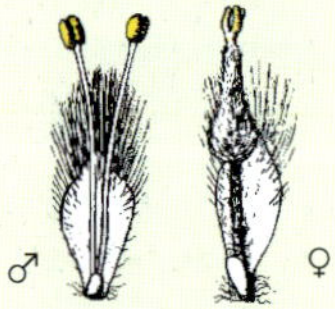

Merkmale: Sommergrüner, dichter, sparrig verzweigter, meist halbkugelig abgeflachter oder kuppelförmiger Strauch mit derben Zweigen, zumeist 3-5(6) m hoch; Triebe bis zum 2. Jahr dicht graufilzig. Blätter mit kurzen, weichhaarigen, gelben Blattstielen, Spreite länglich oval, bis 10 cm lang und 4 cm breit, vorne rund, anfangs stark graufilzig, später verkahlend, oberseits graugrün, unterseits bläulich, Nebenblätter nierenförmig. Blüten zweihäusig verteilt, Kätzchen ähnlich der Sal-W., sitzend, aufrecht, bis 5 cm (♂) bzw. 9 cm (♀) lang, erscheinen vor den Blättern; Blütezeit III-IV.

Standort: Staunässezeiger an Gräben, in Quellsümpfen, Feuchtwiesen und Erlenbrüchen mit sauren bis basenreichen Böden, vom Tiefland bis etwa 700 m Höhe im Gebirge.

Verbreitung: EU, Vorderasien und N-Afrika.

Wissenswertes: Wie fast alle Weiden neigt auch die G. zur Bastardierung mit anderen Arten und bildet auf diese Weise schwer durchschaubare Formenschwärme. Häufig wird sie zur Uferbefestigung an stehenden Gewässern angepflanzt, seltener als Ziergehölz. Ihre reichlich produzierten Flugsamen (unteres kleines Bild) gehen oft schon vor der Laubentfaltung auf die Luftreise.

Lavendel-Weide *Salix elaeagnos*

FAMILIE WEIDENGEWÄCHSE

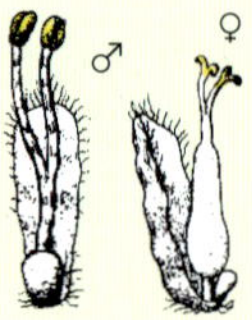

Merkmale: Sommergrüner, reichästiger Großstrauch, 3-6 m hoch, selten auch als Baum; Zweige dünn, oberseits kantig. Blätter kurz gestielt, Spreite schmal lanzettlich oder linealisch, bis 15 cm lang, höchstens 2 cm breit, an beiden Enden spitz, anfangs beidseits dicht weißfilzig, später auf der Oberseite kahl und dunkelgrün, Blattrand nach unten eingerollt; meist ohne Nebenblätter. Blüten zweihäusig verteilt, Kätzchen bis zu 2,5 cm (♂) bzw. 3-5 cm (♀) lang, erscheinen kurz vor oder während des Laubaustriebs; Blütezeit IV-V.

Standort: Offene, zeitweilig trockene Schotter- und Kiesschwemmböden alpiner Flüsse sowie Bergheiden oberhalb der Krummholzzone.

Verbreitung: Pyrenäen, Alpen, Karpaten, Abruzzen, Balkan, im Oberrheingebiet nur bis Karlsruhe. Die L. wird auch als Ziergehölz verwendet.

Mandel-Weide *Salix triandra*

FAMILIE WEIDENGEWÄCHSE

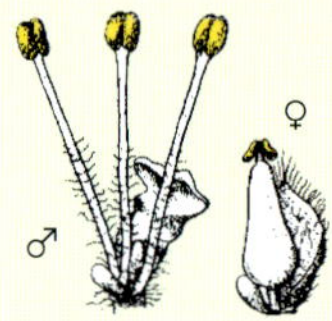

Merkmale: Sommergrüner, dicht verzweigter und oft halbkugeliger Großstrauch, 1-4 (6) m; Triebe anfangs wenig behaart, später rotbraun, Zweige brechen leicht ab; Rinde löst sich in Platten ab. Blätter gestielt, länglich elliptisch, breiteste Stelle in der Mitte, am Rand fein gezähnt, beidseits kahl, oberseits glänzend dunkelgrün, unterseits bläulich grün; bleibende Nebenblätter nieren- bis halbherzförmig. Blüten zweihäusig verteilt, Kätzchen 6-8 cm lang, erscheinen mit dem Laubaustrieb; Blütezeit IV-V.

Standort: Häufig an Bach- und Flussufern (Strauchweidenaue), von der Ebene bis ins Hochgebirge.

Vorkommen: Von EU bis O-Asien weit verbreitet.

Wissenwertes: Die ♂ Blüten dieser Art haben ausnahmsweise 3 Staubblätter. (Bei den anderen Weiden-Arten sind es gewöhnlich 2 oder 5.)

Reif-Weide *Salix daphnoides*

FAMILIE WEIDENGEWÄCHSE

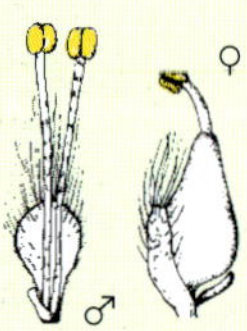

Merkmale: Sommergrüner, raschwüchsiger Großstrauch von 4-8 m Höhe oder kleiner Baum bis etwa 10 m; Triebe dick, zunächst behaart, später kahl, auffällig bläulich weiß bereift, nach dem Abwischen rotbraun. Blätter 4-12 cm lang, länglich elliptisch, fein gesägt bis fast ganzrandig, oberseits glänzend dunkelgrün, unterseits blaugrün; Nebenblätter halbherzförmig. Blüten zweihäusig verteilt, Kätzchen sitzend, bis 5 cm lang, erscheinen vor dem Laubaustrieb; Blütezeit III-IV.

Standort: Kiesbänke alpiner Flüsse, Kennart des bachbegleitenden Weidengebüschs und des Grauerlenwalds, meidet Staunässe; von etwa 1800 m als Abschwemmling bis weit ins Vorland.

Verbreitung: N-EU sowie Gebirge M.- und SO-EU, ferner Asien bis NO-China; häufig angepflanzt.

Wissenswertes: In alpinen Dörfern werden die grauweißen Kätzchen der auch Schimmel-Weide genannten R. oft als Palmkätzchen verwendet.

Kriech-Weide *Salix repens*

FAMILIE WEIDENGEWÄCHSE

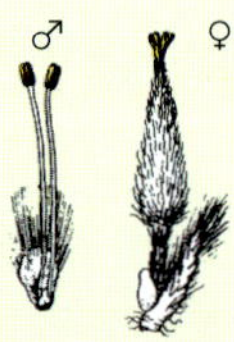

Merkmale: Sommergrüner, dichtbuschiger und formenreicher Kleinstrauch mit kriechendem Stamm und liegenden bis aufsteigenden Ästen, meist 0,5-1 m hoch. Blätter etwa 3 mm lang gestielt, elliptisch oder lanzettlich, bis 5 cm lang, spitz, am Grund rundlich, mit 4-6 Seitennerven, graugrün, später nur unterseits dicht seidig behaart, ganzrandig. Blüten zweihäusig verteilt, Kätzchen öffnen sich kurz vor dem Laubaustrieb, ♂ bis 1,5 cm lang, ♀ um 1 cm; Blütezeit IV-V.

Standort: Niedermoore, Streu-, Nass- und Magerwiesen, Küstendünen (Graudünen).

Verbreitung: N-, W- und M.-EU, ferner Vorderasien und Sibirien, im Gebirge bis in 1700 m Höhe; außerhalb der Küstendünen heute selten.

Wissenswertes: Die K. erträgt ohne weiteres die Übersandung durch Wanderdünen und wächst dann mit unterirdischem Stamm weiter. Regional nennt man die Art auch Moor-Weide.

Großblättrige Weide *Salix appendiculata* FAMILIE WEIDENGEWÄCHSE

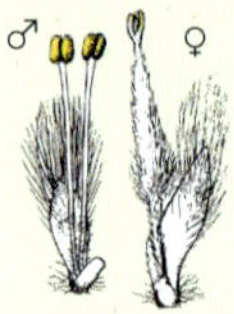

Merkmale: Sommergrüner, sparrig verzweigter Großstrauch von 2-6 m Höhe, gelegentlich auch als kleiner Baum wachsend; Rinde grau, glatt. Blätter 5-18 cm lang und bis zu 5 cm breit, verkehrt eiförmig, glattrandig, oder grob gezähnt, oberseits kahl, durch eingesenkte Blattnerven runzelig, unterseits zerstreut behaart; Nebenblätter herz- bis nierenförmig. Blüten zweihäusig verteilt, Kätzchen sitzend, etwa 3 cm lang, erscheinen unmittelbar vor dem Laubaustrieb; Blütezeit IV-V.

Standort: Feuchte, lockere bis steinige, meist kalkhaltige Böden, Hochstaudengebüsche, alpine Wälder, Lawinenbahnen, bis in etwa 2100 m Höhe.

Verbreitung: Alpen und Alpenvorland, Jura, Balkangebirge, Reliktvorkommen im Schwarzwald und im Böhmerwald. Forstlich oder gärtnerisch wird die G.W. nicht verwendet.

Alpen-Weide *Salix alpina* FAMILIE WEIDENGEWÄCHSE

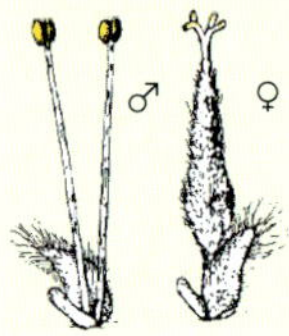

Merkmale: Niedrige Strauchweide mit meist liegenden Stämmen und Ästen, aber bogig aufgerichteten Zweigen, selten über 50 cm hoch. Blätter kurz gestielt, 1-3 cm lang und bis 1 cm breit, oval bis lanzettlich, glattrandig, anfangs behaart, später kahl und beidseits glänzend grün. Blüten zweihäusig verteilt, Kätzchen erscheinen gleichzeitig mit den Blättern, ♂ bis 2 cm lang, Staubbeutel vor dem Stäuben rot, ♀ etwa 3 cm lang, Fruchtknoten bräunlich behaart; Blütezeit VI-VII.

Standort: Trockene Felshänge, Geröllhalden, alpine Rasen, gewöhnlich nur auf Kalkböden.

Verbreitung: Nur in den Ostalpen, ferner in den Karpaten und in der Tatra, bis in etwa 2000 m Höhe.

Wissenswertes: Die A. steht mit den übrigen Arten dieser Seite stellvertretend für weitere, z.T. sehr ähnliche, meist alpine Kleinstrauchweiden.

Schweizer Weide *Salix helvetica* FAMILIE WEIDENGEWÄCHSE

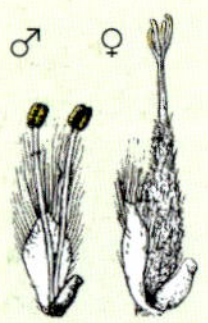

Merkmale: Sommergrüner Kleinstrauch bis 1 m Wuchshöhe, mit kurzen, dicken, meist stark gekrümmten Ästen und Zweigen; Triebe weißfilzig behaart. Blätter bis 5 cm lang, verkehrt oval, kurz zugespitzt, nahezu ganzrandig oder fein gezähnt, oberseits dunkelgrün und behaart, unterseits bleibend weißfilzig; Nebenblätter klein. Blüten zweihäusig verteilt, Kätzchen erscheinen vor den Blättern, 3-5 cm lang, dicht behaart, Blütezeit V-VI.

Standort: Feuchter, kalkfreier Blockschutt, schattige Hänge in Nordlage, meist zwischen 1700 und 2300 m, oft in Reinbeständen.

Verbreitung: Pyrenäen, Alpen, Karpaten, Sudeten, ferner Französisches Zentralmassiv, nicht selten auch in Gärten angepflanzt.

Ähnlich: Die S.W. kommt oft in Gesellschaft der ähnlichen, kleinstrauchig wachsenden **Spieß-Weide** *S. hastata* und der ebenfalls ähnlichen Seiden-Weide (siehe rechts) vor.

Arktische Grau-Weide *Salix glauca* FAMILIE WEIDENGEWÄCHSE

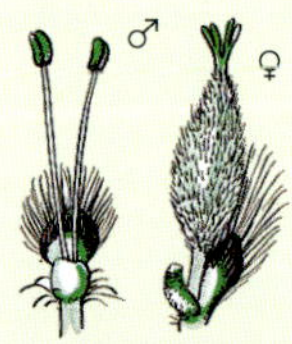

Merkmale: Sommergrüne, meist niedrige und sparrig verzweigte Strauchweide mit aufrechten Ästen und kurzen Zweigen, nur selten über 1 m hoch; Triebe lang seidig hellgrau behaart, Zweige später kahl und glänzend braun. Blätter gestielt, 3-8 cm lang, lanzettlich und an beiden Enden spitz, glattrandig, beidseits seidig bis weißfilzig behaart, zuletzt jedoch kahl, oberseits matt grün, unterseits bläulich. Blüten zweihäusig verteilt, Kätzchen erscheinen mit den Blättern, 2-5 cm lang, dicht behaart; Blütezeit VI-VII.

Standort: Bestandsbildende Art in der nordischen Zwergstrauchtundra auf moorigen, sandigen oder felsigen Böden.

Verbreitung: Tundrengebiete von EU, N-Amerika und N-Asien, ferner Island und Grönland.

Ähnlich: Die **Seiden-Weide** *S. glaucosericea* ist eng mit der A.G. verwandt. Sie sieht ihr zwar sehr ähnlich, ist aber ausschließlich alpin verbreitet.

Kraut-Weide, Zwerg-Weide

Salix herbacea FAM. WEIDENGEWÄCHSE

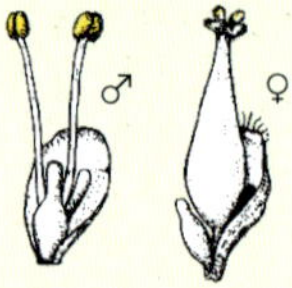

Merkmale: Sommergrüner Spalierstrauch mit kriechenden, meist unterirdischen Stämmchen und liegenden bis aufsteigenden Ästen, nur 2-5 cm hoch. Blätter gestielt, fast kreisrund oder oval, 8-20 mm lang, kerbig gesägt, beidseits kahl und glänzend mittelgrün, besonders auf der Unterseite netznervig. Blüten zweihäusig verteilt, Kätzchen wenigblütig, erscheinen mit oder nach den Blättern, ♂ kugelig, um 5 mm groß, ♀ kopfig, wenigblütig und bis 1 cm lang; Blütezeit VII-VIII.

Standort: Auf sickerfeuchten, kalkfreien Böden in Schneetälchen, bis in etwa 3300 m Höhe.

Verbreitung: Rein arktisch-alpine Pflanze: N-EU, Schottland, Grönland, Spitzbergen, Island, Alpen, Jura, Riesengebirge, Pyrenäen und Zentralmassiv.

Wissenswertes: Von den Trieben dieses Gehölzes ragen meist nur die Blätter über den Boden.

Netz-Weide *Salix reticulata*

FAMILIE WEIDENGEWÄCHSE

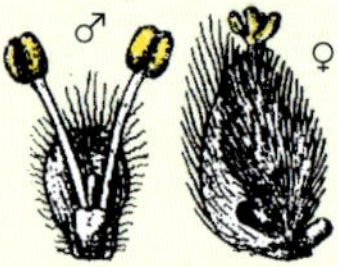

Merkmale: Sommergrüner Spalierstrauch mit kriechenden Stämmchen und liegenden, wurzelnden Ästen, 5-15 cm hoch; Triebe dick, olivbraun, schwach behaart. Blätter gestielt, 2-5 cm lang, rundlich, vorn leicht ausgerandet, derb, oberseits dunkelgrün und auffällig runzelig, unterseits graugrün, mit stark vortretendem Adernetz und weißgrauer Behaarung; Nebenblätter fehlen. Blüten zweihäusig verteilt, Kätzchen wenigblütig, bis 3 cm lang, purpurn; Blütezeit VII-VIII.

Standort: Arktisch-alpine Pflanze in den Hochgebirgen oberhalb der Waldgrenze bis in 2800 m Höhe.

Verbeitung: Alpen, Pyrenäen, Jura, Schottland, Balkan; Hochgebirge Asiens und N-Amerikas.

Wissenswertes: Blattfunde in eiszeitlichen Ablagerungen zeigen, dass die N. während der Kaltzeiten auch in den Niederungen von M.-EU vorkam.

Stumpfblättrige Weide *Salix retusa*

FAMILIE WEIDENGEWÄCHSE

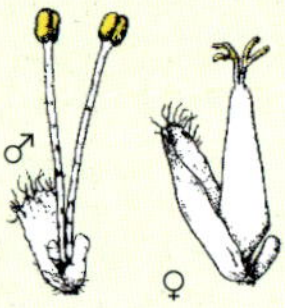

Merkmale: Sommergrüner, rasenbildender Spalierstrauch mit oberirdisch kriechenden Stämmchen und liegenden, wurzelnden Ästen, bis 30 cm lang; Triebe kahl und olivbraun. Blätter kurz gestielt, 8-20 mm lang und bis 8 mm breit, länglich bis breit oval, an der Spitze oft eingekerbt, im Herbst intensiv goldgelb. Blüten zweihäusig verteilt, Kätzchen vor oder mit dem Laub erscheinend, 1,5-2 cm lang; Blütezeit VI-VIII.

Standort: Kalkhaltige Stein- und Schuttböden mit langer Schneebedeckung, auch auf blankem Fels (Spaltenwurzler), bis in etwa 3000 m Höhe.

Verbreitung: Europäische Hochgebirge, d.h. Pyrenäen, Alpen, Apennin, Karpaten und Balkan.

Wissenswertes: Die zwergwüchsigen alpinen Weiden bilden eine Pflanzengesellschaft, die man als Gletscherweidenspalier bezeichnet. Oft wirken sie hier mit ihrem dicht verwundenen Zweigwerk auch als Schuttstauer.

Quendelblättrige Weide

Salix serpyllifolia F. WEIDENGEWÄCHSE

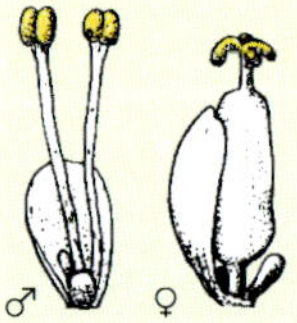

Merkmale: Sommergrüner Spalierstrauch mit kriechenden Stämmchen und reich verzweigten, der Unterlage dicht angedrückten Ästen. Blätter wechselständig, aber an den Sprossenden rosettenartig gehäuft, bis 1 cm lang und nur 4 mm breit, oval oder elliptisch, vorn stumpf oder leicht ausgerandet, ledrig, meist kahl, oberseits glänzend dunkelgrün; Nebenblätter fehlen. Blüten zweihäusig verteilt, Kätzchen etwa 5 mm lang, erscheinen nach dem Laubaustrieb, ♂ Kätzchen kugelig mit höchstens 7 Blüten, ♀ Kätzchen, meist 3- bis 5-blütig; Blütezeit VII-VIII.

Standort: Polster- bzw. rasenbildende Pionierpflanze auf basenreichen, humusarmen Rohböden, Graten und Kalkschutthalden, bis etwa 3100 m.

Verbreitung: Ausschließlich in den Kalkalpen.

Wissenswertes: Die Q.W. ähnelt der Stumpfblättrigen W. und wurde lange als deren Unterart angesehen, unterscheidet sich aber in den Blättern.

Myrte *Myrtus communis*

FAMILIE MYRTENGEWÄCHSE

Beeren

Merkmale: Immergrüner, reich verzweigter Strauch bis 5 m Höhe, Triebe drüsig behaart. Blätter gegenständig oder manchmal in 3-zähligen Wirteln, kurz gestielt, 1-5 cm lang, derb, glattrandig, spitz oval, durchscheinend punktiert, dunkelgrün, duften beim Zerreiben aromatisch. Blüten meist einzeln gestielt in den Blattachseln, reinweiß, bis zu 2 cm breit, Kronblätter ausgebreitet, Staubblätter sehr zahlreich; Blütezeit VI-VIII. Früchte (Beeren) wohlschmeckend, bis 12 mm dick, blauschwarz, mit Kelchzipfeln, Fruchtreife ab IX.
Standort: Felsgebüsche, Macchien, Auengehölze.
Verbreitung: Im gesamten Mittelmeerraum meist küstennah von der Iberischen Halbinsel bis nach Vorderasien; häufig in Gärten gepflanzt.
Wissenswertes: Myrtensträuße oder -kränze stellen einen traditionellen Brautschmuck dar.

Kapernstrauch *Capparis spinosa*

FAMILIE KAPERNSTRAUCHGEWÄCHSE

Merkmale: Sommergrüner, meist liegender oder kriechender Strauch mit kurzen Stämmchen und zahlreichen rutenförmigen Zweigen, 0,3-1 m hoch. Blätter wechselständig, derb, kurz gestielt, 2-6 cm lang und bis 4 cm breit, rundlich bis breit oval, vorn stumpf oder ein wenig ausgerandet, graugrün; Nebenblätter zu Dornen umgewandelt. Blüten lang gestielt, einzeln in den Blattachseln, 4-7 cm breit, 4 Kronblätter, reinweiß, Staubblätter hellviolett oder weißlich; Blütezeit IV-IX.
Standort: Felsige Abhänge, Mauern, trockene Ruderalstandorte, sonnige, offene Böden.
Verbreitung: Mittelmeergebiet, Halbinsel Krim, Kanarische Inseln, SW-Asien; häufig auch angebaut oder als Zierpflanze gezogen.
Wissenswertes: Die noch nicht geöffneten, kugeligen, etwa erbsengroßen Blütenknospen werden nach besonderer Aufbereitung in einer gesalzenen Weinessiglösung und sodann in Olivenöl eingelegt in der Küche als Kapern verwendet.

Granatapfelbaum *Punica granatum*

FAMILIE GRANATAPFELGEWÄCHSE

Frucht, geöffnet

Merkmale: Sommergrüner, stark ästiger, mitunter bedornter Strauch oder krummstämmiger kleiner Baum, 2-6 m hoch, Zweige kantig, graubraun.
Blätter gegenständig, an Langtrieben auch wechselständig, manchmal büschelig gehäuft, kurz gestielt, Spreite 2-8 cm lang, breit oval, derb, glänzend grün, glattrandig, mit kräftigem Mittelnerv.
Blüten bis zu 4 cm breit, zu 1-3 auf kurzen Stielen in den oberen Blattachseln; fleischiger Kelch und Achsenbecher leuchtend rot; 5-8 Kronblätter, glockig zusammenneigend, etwas zerknittert, kräftig orangerot; Staubblätter zahlreich; Blütezeit V-IX.
Früchte apfelähnlich, mit derber, ledriger, braunroter Schale, bis zu 9 cm groß; Fruchtreife ab VIII.
Standort: Trockene, meist felsige Hänge, Mauern, Ruinen, aufgelassenes Gartengelände.
Verbreitung: Ursprünglich nur im östlichen Mittelmeer- und im Schwarzmeergebiet, heute im gesamten Mittelmeerraum verbreitet, nordwärts

bis zur S-Schweiz und N-Tirol; häufig als Zier- oder Fruchtgehölz angepflanzt.
Wissenswertes: Der geleeartige Samenmantel, in den die zahlreichen eckigen, steinharten Samen eingebettet sind, schmeckt angenehm säuerlich und liefert einen erfrischenden Getränkezusatz (Grenadine), den man auch verschiedenen klassischen Cocktails zumischt. Die Fruchtschale verwendete man früher zum Färben von Leder, die Wurzelrinde als Bandwurmmittel. Das harte, beständige Holz des G. wurde für Werkzeuge oder kleine Schnitzarbeiten genutzt.

Rispelstrauch *Myricaria germanica* FAMILIE TAMARISKENGEWÄCHSE

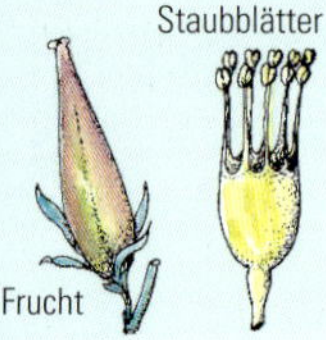

Merkmale: Sommergrüner Strauch mit straffen, aufrechten, rutenförmigen, braunroten Ästen, 0,5-2 m hoch. Blätter pfriemförmig, sitzend, wechselständig, 2-5 mm lang, spitz, dachziegelartig anliegend, kahl, bläulich grün. Blüten 5-zählig, weiß oder rötlich, kurz gestielt, etwa 8 mm breit, zu mehreren in aufrechten, endständigen Trauben; Blütezeit VII-VIII.
Standort: Kies- und Schotterböden von Fließgewässerauen, Kiesgruben, Wegränder.
Verbreitung: Pyrenäen, Balkan, Skandinavien. In M.-EU nur in den Alpen und im Alpenvorland.

Französische Tamariske *Tamarix gallica* TAMARISKENGEWÄCHSE

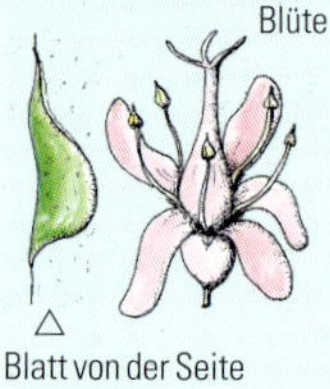

Merkmale: Sommergrüner, stark ästiger Strauch oder kleiner Baum mit rutenförmigen, bogig ausgebreiteten Ästen und Zweigen, 2-4 m hoch; Rinde purpurbraun. Blätter wechselständig, schuppenförmig, dicht, schraubig angeordnet, 2-4 mm lang und 1 mm breit, am Rand immer leicht durchscheinend, dunkel- bis bläulich grün. Blüten winzig, 5-zählig, rosa, kurz gestielt, zahlreich in dichten, 3-5 cm langen, zylindrischen Ährentrauben, diese zum rispenförmigen Gesamtblütenstand gruppiert; Blütezeit VI-VIII.
Standort: Felsige Böschungen, trockenes Brachland, Küstendünen und Flussufer.
Verbreitung: Von NW-Frankreich (Bretagne) bis ins östliche Mittelmeergebiet; nur selten als Ziergehölz angepflanzt.

Viermännige Tamariske *Tamarix tetrandra* TAMARISKENGEW.

Merkmale: Sommergrüner, stark ästiger Strauch oder kleiner Baum mit dunkelbraunen bis schwärzlichen, rutenförmigen, bogig überhängenden Zweigen, 2-3 m hoch. Blätter nur 1-2 mm lang, spitz, an der Basis verschmälert, am Rand etwas durchscheinend, grasgrün, mit eingetieften Drüsen besetzt. Blüten 4-zählig, hellrosa, zahlreich in büscheligen, 4-5 cm langen Trauben entlang der vorjährigen Triebe, Kronblätter nach dem Verblühen rasch abfallend; Blütezeit IV-V.
Standort: Offene, feuchte, eventuell salzbelastete Böden an Küsten und in Steppen.
Verbreitung: SO-EU, vom Balkan bis Vorderasien und zur Krim; häufig als Zierpflanze, in S- und W-EU auch zur Festlegung von Sandböden verwendet.
Wissenswertes: Über die feinen, grubig versenkten Blattdrüsen vermag die Pflanze auf küstennahen, versalzten Böden aktiv Salz auszuscheiden.

Fünfmännige Tamariske *Tamarix pentandra* TAMARISKENGEW.

Merkmale: Sommergrüner, locker verzweigter Strauch oder kleiner Baum mit rutenförmigen, bogig überhängenden Ästen, 3-5 m hoch; Zweige anfangs purpurn, später braunrot. Blätter wechselständig, schuppenförmig, 2-3 mm lang, lanzettlich oval, blassgrün bis bläulich, am Rand nicht durchscheinend, decken sich dachziegelartig. Blüten 5-zählig, rosarot bis dunkelrosa, zahlreich in 3-8 cm langen, zylindrischen Trauben, diese zu großen, endständigen Rispen vereint, Kronblätter nach dem Verblühen nicht abfallend; Blütezeit VII-IX.
Standort: Steppen, Trockenhänge, Brachland.
Verbreitung: SO-EU bis Mittelasien; häufig als Ziergehölz in Parks und Gärten.
Wissenswertes: Die Tamarisken bilden eine Gattung mit fast 60 recht ähnlichen Arten, die von W-EU bis O-Asien verbreitet, aber heute als Ziersträucher in vielen Teilen der Welt eingebürgert sind.

Silberwurz *Dryas octopetala*

FAMILIE ROSENGEWÄCHSE

Merkmale: Immergrüner, nur etwa 10 cm hoher Zwergstrauch mit niederliegenden, weithin kriechenden, etwa 0,5-1 m langen Ästen und Zweigen, bildet als Spalierstrauch flächig ausgedehnte Matten oder Rasen.

Blätter wechselständig, aber rosettig gehäuft, lang gestielt, bis zu 3 cm lang und um 1 cm breit, elliptisch, am Grund herzförmig, vorn spitz, stark gekerbt, ledrig, oberseits runzelig, kräftig grün, unterseits dicht silbrig behaart, Blattrand meist eingerollt; Nebenblätter weit mit Blattstiel verwachsen.

Blüten einzeln, lang gestielt, bis zu 4 cm breit, mit meist 8 reinweißen oder cremeweißen Kronblättern, die außen braunfilzig sind; Blütezeit V-VIII. Die Griffel verlängern sich zur Fruchtzeit zu fedrig behaarten Schwänzen, die der Windverbreitung der Früchte dienen (kleines Foto); Fruchtreife ab VII.

Standort: Zwergstrauchbestände der arktischen Tundren, Moränenschutt, Felsfluren, Matten und Kalkschuttfluren oberhalb der Waldgrenze, in N-EU eher auf sauren Böden.

Verbreitung: Arktisch-alpine Art, Hochgebirge EU, N-Asiens und N-Amerikas. Nicht selten auch als Zierpflanze in Steingärten der Niederungen.

Wissenswertes: Hinsichtlich ihres Standorts ist die S. ausgesprochen genügsam, sofern sie ausreichend Licht bekommt. Nur wenige Wochen im Jahr stoffwechselaktiv, kann die Pflanze über 100 Jahre alt werden. Die 8-zählige, auffällige Blütenkrone ist mit keiner anderen Art zu verwechseln. Sie wird während des kurzen arktischen bzw. Hochgebirgssommers der Sonne im Tageslauf wie eine Parabolantenne nachgeführt und stellt als Wärmekollektor einen attraktiven Landeplatz für Blüten besuchende Insekten dar.

Fingerstrauch *Potentilla fruticosa*

FAMILIE ROSENGEWÄCHSE

Merkmale: Sommergrüner, aufrechter, reich verzweigter und dichter Wild- oder Zierstrauch mit braunroter Rinde, die sich an den Stämmchen in schmalen Fetzen ablöst, bis etwa 1 m hoch.

Blätter kurz gestielt, handförmig 3- bis 5-zählig gefiedert, Fiedern um 1 cm lang, sitzend, länglich lanzettlich, vorn spitz, am Grund keilförmig, glattrandig, oberseits dunkelgrün, unterseits etwas heller, nur wenig oder gar nicht behaart.

Blüten 5-zählig, einzeln oder zu 2-3 endständig, bis zu 3 cm breit, mit goldgelben Kronblättern, welche die nach dem Abblühen noch lange bleibenden und eventuell ausgefärbten Kelchblätter deutlich überragen; zusätzlich zum eigentlichen Kelch mit breit elliptischen Kelchblättern ein Außenkelch mit lanzettlichen Blättern; Blütezeit VI-IX.

Standort: Lichte Wälder, felsige Hänge und Auengehölze entlang von Bach- und Flussufern, von der Ebene bis auf 2000 m Höhe im Gebirge.

Verbreitung: SW- bis SO-EU, ferner Baltikum, N- und O-Asien, küstennahe Gebiete in N-Amerika. Sehr häufig wird der F. in Kultursorten mit abweichender Blütenfarbe (weiß, kupferrot) oder mit dichten, besonders großblumigen Blütenständen angepflanzt. Stellenweise ist er verwildert oder wurde erfolgreich eingebürgert.

Wissenswertes: Der F., auch Strauch-Fingerkraut genannt, lässt sich durch Stecklinge recht leicht vermehren und stellt in Kultur keine besonderen Ansprüche an den Boden. Dank der zahlreichen Staubblätter sind seine Blüten ergiebige Pollenspender. Sie führen zudem Nektardrüsen und werden daher außer von Hautflüglern auch gern von Schmetterlingen besucht. Die dem Menschenauge einheitlich gelb erscheinende Blütenhülle präsentiert den Insektenaugen im UV-Licht der Sonne ein kräftig kontrastierendes Farbmal. Aus den oberständigen Fruchtknoten entwickeln sich behaarte Nüsschenfrüchte.

Sorte 'Ochroleuca'

Eingriffeliger Weißdorn *Crataegus monogyna* FAMILIE ROSENGEWÄCHSE

Merkmale: Sommergrüner, dicht verzweigter, mittelgroßer, bedornter Großstrauch von 3-5 m Höhe oder kleiner Baum; junge Triebe filzig behaart, im Lauf des Sommers zunehmend kahl; Sprossdornen gerade, bis zu 2 cm lang.

Blätter lang gestielt, im Umriss rautenförmig, tief 3- bis 7-lappig, die Einschnitte reichen weit über die Spreitenmitte hinaus, die einzelnen Spreitenlappen spitz, nur im vorderen Bereich fein gesägt, oberseits dunkelgrün, kahl, unterseits bläulich, in den Nervenwinkeln mit Haarbüscheln.

Blüten weiß, 8-15 mm breit, zu je 5-6 in Schirmrispen, unangenehm nach Fisch riechend, zahlreiche Staubblätter mit roten Staubbeuteln, Fruchtknoten mit nur einem langen Griffel; Blütezeit V-VI.

Frucht eine Apfelfrucht, etwa erbsengroß, mit Steinkern, rot, ungenießbar; Fruchtreife ab IX.

Standort: Hecken, Gebüsche, Flurgehölze, Waldsäume, felsige Hänge, von der Ebene bis etwa 1500 m Höhe im Gebirge.

Verbreitung: M- und S-EU, südliches Skandinavien, Vorderasien, N-Afrika; häufig als Ziergehölz angepflanzt.

Wissenswertes: Extrakte aus Blättern, Blüten und Früchten werden medizinisch als Herz stärkende Mittel und gegen Bluthochdruck verwendet. Das relativ harte Holz wurde früher oft zu Werkzeugstielen und Drechselarbeiten verwendet.

Mit der folgenden Art bildet der E.W. fruchtbare Hybriden, die in ihren (Blatt-)Merkmalen zwischen den Elternarten stehen.

Zweigriffeliger Weißdorn *Crataegus laevigata* FAM. ROSENGEWÄCHSE

Merkmale: Sommergrüner, sparrig verzweigter Großstrauch oder kleiner Baum bis etwa 10 m Höhe; Sprossdornen bis zu 2,5 cm lang.

Blätter wechselständig, verkehrt eiförmig, 3-5 cm lang, im vorderen Teil unregelmäßig 3- bis 5-lappig oder nur tief gekerbt, Lappen reichen kaum bis zur Spreitenmitte, oberseits kahl, dunkelgrün, unterseits bläulich, nur anfangs auf den Nerven etwas behaart.

Blüten gestielt, reinweiß, mit unangenehmem Duft, zahlreich in Doldenrispen, stets mit 2-3 langen Griffeln; Blütezeit V-VI.

Frucht eine Apfelfrucht, scharlachrot, etwas kantig, mit mindestens 2 Steinkernen; Fruchtreife ab VIII.

Standort: Hecken, Gebüsche, Laub- und lichte Nadelwälder, Flurgehölze, Gärten.

Verbreitung: NW-, NO- und M.-EU, südlich bis zum Balkan und zum Apennin; häufig als Ziergehölz angepflanzt.

Wissenswertes: Eine beliebte Gartenform des Z.W. ist der Rotdorn. Er zeichnet sich durch gefüllte, pollensterile Blüten aus, deren üppig vermehrte Kronblätter karminrot sind und die in sehr reichhaltigen Doldenrispen beieinander stehen.

Beide Weißdorn-Arten sind hervorragende Heckengehölze, die auch Schnitt sehr gut vertragen. Mit ihrem üppigen Blüten- und Fruchtschmuck wirken sie nicht nur dekorativ, sondern sind auch ein bedeutsamer Nahrungsspender und Lebensraum für zahlreiche heimische Kleintiere (Insekten, Singvögel, Kleinsäuger). Die meist reichlich entwickelten Früchte werden von den Tieren im Herbst oft noch nicht geerntet, sondern bleiben als Wintersteher am Geäst und stellen dann im Frühjahr eine willkommene Nahrung dar.

Gewöhnliche Felsenbirne *Amelanchier ovalis* FAMILIE ROSENGEWÄCHSE

Merkmale: Sommergrüner, gewöhnlich reich verzweigter und dichtkroniger Strauch mit dünnen, langen Stämmchen, 1-3 m hoch; junge Triebe filzig behaart, später glänzend olivbraun.
Blätter wechselständig, lang gestielt, 2,5-5 cm lang, breit oval, an beiden Enden abgerundet, oberseits mattgrün und kahl, unterseits gelblich und zunächst filzig, später auch hier kahl und nur noch mit Achselbärten.
Blüten zu 3-6 in endständigen Trauben zusammenstehend, erscheinen unmittelbar vor dem Laubaustrieb, 5-zählig, mit langen, schmalen, reinweißen Kronblättern; Blütezeit IV-VI.
Früchte typische Apfelfrüchte, blauschwarz bereift, mit ausgebreiteten Kelchblattresten, essbar, angenehm schmeckend; Fruchtreife ab VIII.
Standort: Felsgebüsche, sonnige, trockene Steilhänge, Säume von Halbtrockenrasen sowie lichte Eichen- und Kiefernwälder, gern auf Kalk, auf Fels auch Spaltenwurzler und Rohbodenpionier.
Verbreitung: M.-, S- und O-EU, in den südlichen Alpen bis auf 2000 m Höhe, in D nördlich bis zum Mittelgebirgsrand (Siebengebirge); im größten Teil des Mittelmeergebiets und in Kleinasien.
Wissenswertes: Die G.F. zählt zu den wertvollen Vogelgehölzen (Nahrung und Nistraum). Ihre bläulich bereiften Früchte wirken für Vogelaugen äußerst anziehend. Die Früchte verzehrenden Vögel, allen voran Drosseln, tragen ihrerseits wirksam zur Verbreitung der Art bei, weil sie die Samen weit vertragen, bevor sie sie mit dem Kot unverdaut wieder ausscheiden.
Wegen der großen, ausgebreiteten Blüten, die vor der Laubentfaltung besonders auffallen, nennt man die Art regional auch Edelweißstrauch.

Kupfer-Felsenbirne *Amelanchier lamarckii* FAMILIE ROSENGEWÄCHSE

Merkmale: Sommergrüner Großstrauch oder mehrstämmiger Baum bis etwa 10 m Wuchshöhe; junge Triebe seidig behaart.
Blätter wechselständig, Blattstiel bleibend behaart, Spreite 4-10 cm lang, länglich elliptisch, an der Basis rundlich oder schwach herzförmig eingebuchtet, im oberen Drittel verschmälert, fein gesägt, im Austrieb kupferrot und unterseits seidig behaart, später kahl und matt dunkelgrün, im Herbst leuchtend gelb bis karminrot verfärbt.
Blüten mit dem Laub erscheinend, zu mehreren in meist hängenden Trauben, Kronblätter reinweiß, behaart, 9-14 mm lang; Blütezeit IV-V.
Früchte typische Apfelfrüchte, um 1 cm dick, reif tief purpurn bis blauschwarz, bereift, essbar, wohlschmeckend, Kelchblattreste aufrecht, ab VI.
Standort: Wälder und Gebüsche, Saumgehölze auf lockeren, mäßig trockenen bis frischen und nährstoffreichen Böden.
Verbreitung: Ursprünglich im östlichen N-Amerika; in M.-EU seit langem als beliebtes Ziergehölz angepflanzt, im NW von D verwildert und stellenweise eingebürgert.
Wissenswertes: Die Unterscheidung von der sehr ähnlichen **Kanadischen Felsenbirne** *A. canadensis* ist unsicher. Sie gründet sich vor allem auf deren unbehaarte Triebe, den eher elliptischen Umriss und die geringere Durchschnittsgröße der Blätter (nur 3-5 cm lang) sowie die größere Zahl an Blattseitennerven.
Die angepflanzte bzw. eingebürgerte K. stellt ein wertvolles Nahrungs- und Nistgehölz für die heimische Vogelwelt dar. Ihre reifen Früchte werden vor allem von Drosselarten geerntet. Das abgefallene Laub verrottet schnell und eignet sich daher im Garten gut zum Kompostieren.

Herbstfärbung

Felsen-Zwergmispel *Cotoneaster integerrimus* F. ROSENGEWÄCHSE

Merkmale: Sommergrüner, kleiner und dicht verzweigter Strauch mit aufrechten und abstehenden Zweigen, bis zu 1 m hoch; junge Triebe filzig behaart. Blätter wechselständig, fast 2-zeilig angeordnet, 2-5 cm lang und meist nur halb so breit, an beiden Enden verschmälert, oberseits dunkelgrün und kahl, unterseits dicht weiß- bis graufilzig behaart. Blüten 5-zählig, ziemlich klein, glockig, einzeln oder zu wenigen in endständigen Trauben, mit blassroten, rundlichen Kronblättern; Blütezeit IV-V. Früchte etwa erbsengroß, scharlachrot, rundlich, kahl, ungenießbar; Fruchtreife ab VIII.

Standort: Felsen, steinige Hänge, trockene Böden und Geröllhalden in sonniger Lage.

Verbreitung: Von SW-EU bis zum Kaukasus und Schwarzen Meer, in den Alpen bis in 2000 m Höhe.

Filz-Zwergmispel *Cotoneaster tomentosa* FAMILIE ROSENGEWÄCHSE

Merkmale: Sommergrüner, aufrechter, ästiger Strauch mit überhängenden und abstehenden Zweigen, etwa 0,5-2 m hoch. Blätter wechselständig, kurz gestielt, 2-6 cm lang und bis 4 cm breit, oval, stumpf abgerundet, glattrandig, oberseits anfangs filzig, später nur noch schwach behaart, unterseits bleibend grünlich graufilzig. Blüten gestielt, 5-zählig, zu wenigen in Doldentrauben, Kronblätter weißlich, aufrecht; Blütezeit IV-V. Früchte etwa erbsengroß, hochrot, leicht glänzend oder behaart, ungenießbar; Fruchtreife ab IX.

Standort: Waldränder, Gebüschstreifen, strauchreiche Laubmischbestände in trockenen, warmen Lagen, meist auf Kalkuntergrund.

Verbreitung: S-EU und südliches M.-EU, Alpen, Apennin, Balkan; mitunter auch angepflanzt.

Fächer-Zwergmispel *Cotoneaster horizontalis* FAMILIE ROSENGEWÄCHSE

Merkmale: Halb immergrüner (wintergrüner) Zierstrauch mit flach ausgebreiteten Ästen und fischgrätig horizontal ausgebreiteten Zweigen, um 50 cm hoch. Blätter wechselständig und 2-zeilig angeordnet, kurz gestielt bis sitzend, 5-12 mm lang, breit elliptisch mit sehr kurzem Spitzchen, oberseits dunkelgrün und glänzend, unterseits nur schwach behaart, im Herbst meist intensiv scharlachrot verfärbt. Blüten kurz gestielt, cremeweiß oder blassrosa, zu 1-2 in den Blattachseln, Kronblätter aufrecht; Blütezeit V-VI. Früchte scharlachrot, schwach giftig; Fruchtreife ab VIII.

Standort: Sonnige Gebüsche, Felshänge, Offenfluren auf mäßig trockenem Boden.

Verbreitung: Heimisch in O-Asien (W-China); in EU in vielen Gebieten seit langem und häufig als pflegeleichter Bodendecker angepflanzt und auch in D zunehmend in Gebüschen oder an sonnigen Ruderalstandorten verwildert.

Wissenswertes: Wie bei allen Zwergmispel-Arten duftet die Rinde beim Zerreiben leicht nach Marzipan, weil sie Blausäure abspaltende Glykoside enthält. Derartige Stoffe kommen auch in den Früchten vor, weshalb diese für den Menschen ungenießbar bzw. leicht giftig sind. Die nektarreichen Blüten werden gern von Hautflüglern (Feldwespen, Honigbienen) besucht. Die zur Reifezeit leuchtend roten Früchte bieten verschiedenen Vogelarten, insbesondere den Drosseln, eine willkommene Winternahrung. Ansonsten ist die Art unter ökologischen Gesichtspunkten als Gartengehölz eher kritisch zu bewerten, weil sie an ihren Standorten jeglichen artenreicheren Wildkrautaufwuchs unterdrückt.

Ähnlich: Bei den Blüten der immergrünen **Teppich-Zwergmispel** *C. dammeri* sind die weißen Kronblätter flach ausgebreitet.

Robusta'

Chinesische Scheinquitte *Chaenomeles speciosa* F. ROSENGEWÄCHSE

Blatt mit Nebenblatt

Merkmale: Sommergrüner, aufrechter, dicht buschig verzweigter Zierstrauch, 1-2 m hoch, oft sehr breit und ausladend; junge Triebe kahl. Blätter wechselständig, kurz gestielt, 3-8 cm lang, elliptisch, scharf gesägt, an beiden Enden zugespitzt, oberseits glänzend grün, auch unterseits kahl; auffällige Nebenblätter, bis zu 4 cm breit, nierenförmig.
Blüten einzeln oder zu mehreren an Kurztrieben, 3-4 cm breit, weit geöffnet, 5 Kronblätter, breit, scharlachrot, Staubblätter sehr zahlreich, 5 Griffel, am Grund verwachsen; Blütezeit III-IV.
Früchte typische Apfelfrüchte, rundlich-länglich, wohlriechend; Fruchtreife ab VI.

Standort: Wälder und Gebüsche auf nährstoffreichen, lockeren Böden.
Verbreitung: Ursprünglich nur in China; in Japan eingebürgert, in EU nur in Gartenkultur und in vielen Sorten angepflanzt.
Wissenswertes: Die rechts abgebildete Sorte 'Eximia' zeichnet sich gegenüber der kräftiger gefärbten Wildform durch rosafarbene Kronblätter aus. Daneben existieren Gartenformen mit karmin- und dunkelroten sowie mit cremeweißen, gelegentlich auch halb gefüllten Blüten. Neben der Chin. Sch., die mitunter auch Zierquitte genannt wird, findet man in Parks und Gärten häufig auch die **Japanische Scheinquitte** *C. japonica*, deren Triebe stets zottig behaart sind. Außerdem zeichnet sie sich durch warzige Zweige sowie breiter ovale, grob kerbig gesägte Blätter aus. Die Blüten sind ziegelrot, die duftenden Früchte werden im Ursprungsland verzehrt. Als Zierform gibt es auch eine Kreuzung der beiden Arten, die in ihren Merkmalen zwischen den Elternarten steht.

Quitte *Cydonia oblonga*

FAMILIE ROSENGEWÄCHSE

Merkmale: Sommergrüner Großstrauch oder Baum bis 8 m Höhe mit sparrigen Ästen; junge Triebe filzig. Blätter wechselständig, elliptisch, an der Basis abgerundet, stumpf, 7-10 cm lang und bis 7 cm breit, glattrandig, oberseits dunkelgrün, unterseits filzig. Blüten zu 1-2, bis zu 6 cm breit, weiß oder rosa geadert; Blütezeit V-VI. Früchte (Scheinfrüchte) grünlich gelb, dunkler punktiert, angenehm duftend; roh ungenießbar, enthalten stets viele Steinzellen; Fruchtreife IX-X.
Standort: Gebüsche auf kalkhaltigem, lockerem Boden in warmem Klima.
Verbreitung: Ursprünglich in W-Asien; in der Türkei und in N-Afrika eingebürgert, in M.-EU vor allem in der Weinbauregion kultiviert, nur selten und unbeständig verwildert.
Wissenswertes: Die Q. verwendet man auch als Pfropfunterlage für Birnensorten, die als Nieder- oder Halbstämme gezogen werden sollen.

Mispel *Mespilus germanica*

FAMILIE ROSENGEWÄCHSE

Merkmale: Sommergrüner, 3-5 m hoher Strauch oder kleiner Baum; junge Triebe filzig behaart, Rinde anfangs graubraun, glatt. Blätter wechselständig, kurz gestielt bis sitzend, 5-12 cm lang, länglich oval bis elliptisch, an der Basis keilförmig, kurz zugespitzt, glattrandig oder fein gezähnt, leicht runzelig, oberseits glänzend dunkelgrün, unterseits filzig. Blüten weiß, bis zu 6 cm breit; Blütezeit V. Früchte (Scheinfrüchte) ähnlich kleinen Äpfeln oder Birnen; Fruchtreife IX-X.
Standort: Nährstoffreiche, tiefgründige, lockere Böden in Gebüschen und an Waldrändern.
Verbreitung: Von W-Asien bis nach S-Europa; in M.-EU als dekoratives Obstgehölz kultiviert und stellenweise verwildert.
Wissenswertes: Wegen ihres hohen Gerbstoffgehalts wurden die unreifen Früchte früher auch zum Ledergerben verwendet. Die unter der Bezeichnung »Mespile« gehandelten Früchte stammen von der verwandten ostasiatischen **Wollmispel** *Eriobotrya japonica*, die im Mittelmeergebiet häufig angebaut wird.

'Eximia'

Wild-Birne, Holz-Birne *Pyrus pyraster*

FAMILIE ROSENGEWÄCHSE

Merkmale: Sommergrüner Großstrauch bis 7 m Höhe oder kleinerer Baum mit sparrigen Ästen und Zweigen, Kurztriebe häufig in längeren Sprossdornen endend; junge Triebe feinfilzig oder nahezu kahl; Rinde anfangs glatt graubraun, später schuppig gefeldert. Blätter wechselständig, bis zu 7 cm lang gestielt, Spreite breit elliptisch, kurz gespitzt, an der Basis abgerundet oder herzförmig, fein gesägt, oberseits glänzend dunkelgrün, unterseits leicht bläulich. Blüten lang gestielt auf dicht filzigen Stielen, zu 3-7 in Trugdolden an den Zweigenden, geöffnet etwa 3 cm breit, Kronblätter weiß oder leicht rosa, 5 Griffel, bis zur Basis frei; Blütezeit IV-V. Früchte holzige, gelblich braune, bis zu 4 cm langen Birnen, im botanischen Sinn sind es aus Achsengewebe hervorgehende Apfelfrüchte; Fruchtreife IX-X.

Standort: Sonnige Lagen, oft in lockeren Mischbeständen mit anderen Laubgehölzen, vom Tiefland bis in etwa 1000 m Höhe.

Verbreitung: In EU mit Ausnahme des N weit verbreitet, aber nirgendwo häufig; oft als Wildäsung angepflanzt, sonst selten verwendet.

Wissenswertes: Die heimische W. lässt sich anhand der besonders dünnstieligen und recht kleinen, wenig schmackhaften Früchte von verwilderten Exemplaren der Kultursorten unterscheiden. Die Früchte der Wildform sind jedoch i. A. rundlicher und kompakter als kleine Kulturbirnen. Die W. gehört zu etwa 30 *Pyrus*-Arten, die von EU bis nach O-Asien vorkommen. An den modernen Birnensorten sind davon mit Sicherheit mehrere Arten mit ihrem Erbgut beteiligt.

Wild-Apfel, Holz-Apfel *Malus sylvestris*

FAMILIE ROSENGEWÄCHSE

Merkmale: Sommergrüner Großstrauch bis 7 m oder kleiner Baum, die nicht blühenden Zweige enden meist in Sprossdornen; Rinde anfangs graubraun und glatt, später borkig, rissig und unregelmäßig gefeldert. Blätter wechselständig, 2-4 cm lang gestielt, breit oval bis beinahe rundlich, 4-10 cm lang und bis 6 cm breit, vorn spitz, an der Basis abgerundet oder breit keilförmig, gekerbt bis fein gezähnt, nach dem Austrieb dicht behaart, später nur noch auf den Blattnerven der Unterseite wenig behaart. Blüten zu mehreren endständig an Kurztrieben, gestielt, bis 4 cm breit, Kronblätter außen tiefrosa, innen reinweiß oder zartrosa, 5 Griffel, an der Basis miteinander verwachsen; Blütezeit IV-V. Apfelfrüchte 2-4 cm dick, kugelig, grüngelblich, auf der Sonnenseite etwas gerötet, holzig und säuerlich; Fruchtreife IX-X.

Standort: Nährstoffreiche, lockere Lehm- und Steinböden in besonnten Lagen.

Verbreitung: Von EU bis W-Asien weit verbreitet, in D zerstreut von der Ebene bis auf etwa 1000 m in den Alpen, nirgendwo häufig.

Wissenswertes: Von verwilderten Exemplaren der Kultursorten ist der heimische W. schwer zu unterscheiden, am ehesten anhand der nur wenig behaarten Laubblätter.

Ähnlich: **Reichblütiger Apfel** *Malus floribunda*, sommergrüner Zierstrauch, 2-3 m hoch; Blätter bis zu 3 cm lang, elliptisch, zugespitzt; Blüten 5-zählig, zahlreich in einfachen Dolden an Kurztrieben; als Knospe tiefrot, nach der Entfaltung außen tiefrosa und innen fast reinweiß; Apfelfrucht nur etwa 1 cm dick, orangerot, ungenießbar; Wildform unbekannt, wurde in EU bereits als Kulturpflanze aus Japan eingeführt.

Schlehe, Schwarzdorn *Prunus spinosa*

Merkmale: Sommergrüner, sehr dichtästiger und sparrig verzweigter Wildstrauch, 1-4 m hoch, selten auch höher, die abstehenden oder aufrechten Äste und Zweige mit bis zu 5 cm langen, kräftigen Kurztriebdornen besetzt; junge Triebe zunächst behaart, später kahl und rötlich; Rinde an stärkeren Ästen und am Stamm schwarzbraun bis schwarz (namengebendes Merkmal!), zerreißt im Alter in schmale Längsstreifen.

Blätter 1-2 cm lang gestielt, wechselständig, aber an den Kurztriebenden büschelig gehäuft, 3-4 cm lang und bis zu 2 cm breit, elliptisch bis verkehrt eiförmig, zugespitzt oder stumpf, am Grund keilförmig, fein gesägt bis gekerbt, nur spärlich und sehr kurz behaart, oberseits matt dunkelgrün, runzelig, unterseits anfangs stärker behaart, später weitgehend kahl und hell graugrün, an der Spreitenbasis mit kleinen, unauffälligen Nektardrüsen.

Blüten 5-zählig, erscheinen geraume Zeit vor dem Blattaustrieb, einzeln an den zahlreichen Kurztrieben, der Strauch erscheint daher überaus reichblütig; Kelchblätter dreieckig, drüsig gezähnt, Krone 1-1,5 cm breit, Kronblätter reinweiß, länglich oval, stumpf, ungefähr 20 Staubblätter mit gelben oder rötlichen Staubbeuteln, Fruchtknoten am Grund eines becherförmigen Achsengebildes; Blütezeit III-IV.

Früchte kugelige Steinfrüchte, 1-1,5 cm groß, anfangs bläulich grün, zuletzt blauschwarz, stark bereift, Fruchtfleisch grünlich, essbar, aber vor den ersten strengeren Frösten sehr gerbstoffreich und wenig angenehm, nach dem Gefrieren erfrischend säuerlich; Fruchtreife ab X.

Standort: Am Saum von Wäldern und Gebüschen, in Feldgehölzen und Flurhecken, am Rand von Weinbergen, an Wegrändern und in nicht allzu feuchten Flussauen.

Verbreitung: In EU von Portugal bis zum mittleren Skandinavien; ferner in N-Afrika und Vorderasien; vom Tiefland bis in mittlere Gebirgslagen um die 1500 m Höhe.

Wissenswertes: S. fassen als Pioniergehölze auf Trockenrasen sehr rasch Fuß, sobald die regelmäßige Beweidung der Grasfluren aussetzt. Weil sie sich nicht nur über die Samen, sondern auch über Wurzelsprosse vermehren, drängen sie die krautige Vegetation stark zurück. Da Trockenrasen zahlreiche seltene Pflanzenarten beherbergen (darunter auch viele heimische Orchideen-Arten) und oft als Naturschutzgebiete ausgewiesen sind, versucht man hier durch vorsichtige Biotoppflege, die Ansiedlung von S. unter Kontrolle zu halten.

Ansonsten sind S. in der Kulturlandschaft wertvolle Gehölze, weil sie vielen Kleintieren Nahrung und Schutz gewähren. Bereits im Frühjahr bieten die zahlreichen Blüten eine ergiebige Tracht für Bienen und Hummeln, obwohl die pro Blüte abgegebenen Nektar- und Pollenmengen relativ gering sind. Außerdem leben an S. beispielsweise die Raupen des selten gewordenen Segelfalters. Das dichte Gezweig ist Nistraum für viele Vogelarten. Drosseln ernten ab Spätherbst die reifen Früchte. Teilweise bleiben diese auch als so genannte Wintersteher bis zum nachfolgenden Frühjahr am Geäst und dienen dann den heimkehrenden Sommervögeln als willkommene Nahrung.

Die Früchte der S. sind offenbar schon von den Menschen der mittleren Jungsteinzeit gesammelt und verzehrt worden, denn die charakteristischen Steinkerne fand man vielfach in deren Pfahlbausiedlungen rund um die Alpen. Das besondere Aroma der Schlehenfrüchte entfaltet sich erst, wenn die Gerbstoffe chemisch gebunden sind. Die dazu notwendigen Frostnächte kann man mit der Tiefkühltruhe simulieren: Beim Gefrieren werden die Safträume im Fruchtfleisch zerstört und die darin enthaltenen Gerbstoffe freigesetzt. Durch Anschlussreaktionen mit den übrigen Zellbestandteilen werden sie gebunden – der Fruchtgeschmack verliert an Herbheit. Schlehenfrüchte verwendet man in Fruchtschnäpsen, als Saft und zu Wildbeerenkompotts.

Medizinisch nutzt man die abführende sowie harntreibende Wirkung der getrockneten Blüten.

Weichsel-Kirsche, Stein-Weichsel *Prunus mahaleb* ROSENG.

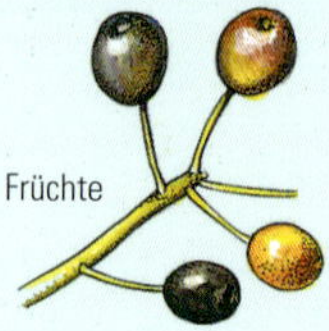

Merkmale: Sommergrüner, sparrig verzweigter Wildstrauch oder kleiner Baum, 1-3 m hoch. Blätter lang gestielt, rundlich oval, 2-4 cm lang und fast ebenso breit, am Grund rundlich und mit grünlicher Nektardrüse, vorn kurz zugespitzt, oberseits glänzend dunkelgrün. Blüten erscheinen mit den Blättern, zu mehreren in gestielten, hängenden oder abstehenden Trauben, Kronen reinweiß, von angenehmem Duft; Blütezeit IV-V. Früchte etwa erbsengroße Steinfrüchte, anfangs rötlich, in der Reife schwarz, leicht glänzend; Fruchtreife ab VIII.
Standort: Lichte Felsgebüsche und Wälder, auf trockenen, besonnten und steinigen Hängen.
Verbreitung: Von der Iberischen Halbinsel bis ins östliche Mittelmeergebiet, in D nördlich nur bis zum Mittelgebirgssaum.

Kirsch-Pflaume *Prunus cerasifera* FAMILIE ROSENGEWÄCHSE

Merkmale: Sommergrüner, sehr breiter Strauch oder kleiner Baum, 4-8 m. Blätter lang gestielt, länglich oval bis elliptisch, bis 7 cm lang, gekerbt oder ungleichmäßig gesägt, oberseits glänzend dunkelgrün, kahl. Blüten reinweiß, um 2 cm breit, einzeln an Kurztrieben; Blütezeit III-IV. Steinfrüchte 2-3 cm groß, kugelig, in der Reife gelb, rötlich oder braunrot, essbar; Fruchtreife ab VIII.
Standort: Sonnige Felsgebüsche und Hänge.
Verbreitung: Vom Balkan bis nach Vorderasien, in den Südalpen vielfach verwildert.
Wissenswertes: Die K. ist vermutlich die Stammart der Mirabelle, einer gelbfrüchtigen Pflaume.

Zwerg-Kirsche *Prunus fruticosa* FAMILIE ROSENGEWÄCHSE

Merkmale: Sommergrüner, unbedornter, sparrig verzweigter Strauch von 0,5-1 m Höhe. Blätter gestielt, oval bis elliptisch, mehr o. weniger zugespitzt, gesägt oder gekerbt, fühlen sich fest an, 3-5 cm lang, oberseits glänzend, unterseits kahl. Blüten lang gestielt, etwa 1,5 cm breit, weiß, zu mehreren in gedrängten Dolden und am Zweig in dichter Folge, Kronblätter etwas ausgerandet; Blütezeit IV-V. Steinfrüchte kugelig, bis zu 1 cm groß, reif meist korallenrot, gelegentlich auch schwarzrot, essbar; Fruchtreife ab VI.
Standort: Trockengebüsche, trockene Hänge, Wegsäume, aufgelassene Steinbrüche, Hohlwege.
Verbreitung: M.- und O-EU, vom südlichen Rheintal über den Ostalpenrand bis zum Kaukasus, stellenweise auch in Thüringen.
Wissenswertes: Regional nennt man die Art auch Steppen-Kirsche oder Zwerg-Weichsel. Ihre Früchte sind ein beliebtes Wildobst.

Zwerg-Mandel *Prunus tenella* FAMILIE ROSENGEWÄCHSE

Merkmale: Sommergrüner, dichtlaubiger Strauch mit rutenförmigen, aufrechten Ästen, 0,5-1 m hoch, bildet zahlreiche Wurzelsprosse; Triebe kahl. Blätter länglich oval, zugespitzt, scharf gesägt, 4-7 cm lang, fast ungestielt und steif aufrecht, beidseits hellgrün. Blüten meist schon vor dem Laubaustrieb, einzeln oder zu 2-3 in den Blattachseln, sehr dicht sitzend, kräftig rosarot, etwa 2 cm breit; Blütezeit III-V. Steinfrüchte kirschgroß, graufilzig behaart, fest, nicht saftig, ungenießbar; Fruchtreife ab VIII.
Standort: Lichte Wälder, Trockengebüsche, Saum von Trockenrasen und Weinbergen.
Verbreitung: Von SO-EU (Niederösterreich) bis Sibirien, außerhalb des natürlichen Verbreitungsgebiets als Ziergehölz in Gärten.
Wissenswertes: Die Samen der Früchte sind durch erhebliche Mengen an Blausäureglykosiden (starkes Bittermandelaroma) sehr giftig.

Lorbeer-Kirsche *Prunus laurocerasus*

FAMILIE ROSENGEWÄCHSE

Blätter ebenso wie die Früchte giftig!

Merkmale: Immergrüner Strauch mit aufrechten, kräftigen Ästen und Zweigen, 1-5 m hoch. Blätter wechselständig, gestielt, 5-15 cm lang, breit lanzettlich, glattrandig oder unauffällig gewellt, oberseits glänzend dunkelgrün, unterseits heller mattgrün, beidseits kahl, ledrig, am Rand leicht umgebogen oder eingerollt, Mittelrippe sehr kräftig. Blüten zahlreich in aufrechten, bis zu 10 cm langen Trauben, reinweiß; Blütezeit IV-V (manchmal zusätzlich IX-X). Früchte kugelige Steinfrüchte, erbsengroß, schwarz, giftig; Fruchtreife ab VII.

Standort: Unterwuchs lichter Laubwälder und Gebüsche an felsigen Hängen; ausgesprochene Schattenpflanze.

Verbreitung: Von SW-EU bis Vorderasien; häufig gepflanzt, in D stellenweise verwildert.

Ranunkelstrauch *Kerria japonica*

FAM. ROSENGEWÄCHSE

Merkmale: Sommergrüner, reichverzweigter Zierstrauch mit langen, aufrechten, rutenförmigen Ästen, 0,5-2 m hoch; Zweige auffallend frischgrün berindet, mit weißlichem Markgewebe. Blätter gestielt, länglich oval, am Grund breit keilförmig oder herzförmig, lang zugespitzt, oberseits kahl und kräftig grün, unterseits etwas heller und leicht behaart. Blüten einzeln oder zu wenigen in den Blattachseln am Triebende, bis 3 cm breit, leuchtend goldgelb, 5 flach ausgebreitete Kronblätter; Blütezeit V-VI, mitunter nochmal IX-X.

Standort: Unterwuchs lichter Laubwälder.

Verbreitung: Stammt aus O-Asien (China); in EU sehr häufig als Ziergehölz angepflanzt.

Wissenswertes: Die sterile, gefülltblütige Gartenform des R. verwildert nicht.

Feuerdorn *Pyracantha coccinea*

FAMILIE ROSENGEWÄCHSE

Merkmale: Wintergrüner, dicht verzweigter Strauch mit abstehenden Ästen und verdornten Kurztrieben, 1-3 m hoch. Blätter kurz gestielt, länglich oval, an Langtrieben 5-8 cm, an Kurztrieben 2-4 cm lang, ledrig, stumpf oder mit kurzer Stachelspitze, gezähnt, oberseits glänzend dunkelgrün, unterseits heller. Blüten zahlreich in gestielten, meist aufrechten Schirmtrauben, um 1 cm breit, cremeweiß bis rötlich gelb; Blütezeit V-VI sowie IX-X. Früchte erbsengroße, kugelige Apfelfrüchte, rotorange oder hochrot, genießbar; Fruchtreife ab IX.

Standort: Waldsäume, Gebüsche, Flurhecken.

Verbreitung: SO-EU von Italien über den Balkan bis ins Schwarzmeergebiet; häufig in Sorten als Ziergehölz in Gärten gepflanzt.

Wissenswertes: Die Blätter bleiben den Winter über ohne Umfärben am Strauch und werden erst im nachfolgenden Frühjahr abgestoßen.

Zwerg-Mehlbeere *Sorbus chamaemespilus*

FAMILIE ROSENGEWÄCHSE

Blätter 3-7 cm lang

Merkmale: Sommergrüner, locker verzweigter Kleinstrauch, 1-2 m hoch. Blätter kurz gestielt, 3-7 cm lang, elliptisch bis länglich eiförmig, am Grund breit keilkörmig oder rundlich, vorn stumpf oder stachelspitzig, gesägt, oberseits kahl und glänzend, unterseits bläulich grün und dünn behaart. Blüten um 1 cm breit, rosa bis rötlich, in dichten, weißfilzigen Schirmrispen; Blütezeit VI-VII. Früchte im botanischen Sinn Apfelfrüchte, länglich, tief orangerot oder braunrot, essbar, aber sehr mehlig; Fruchtreife ab VIII.

Standort: Nadelwälder, Legföhrengürtel, Alpenrosengebüsche, Grünerlenfluren.

Verbreitung: Hochgebirge in EU, Schwarzwald, Vogesen, Jura; selten als Ziergehölz verwendet.

Wissenswertes: Die Z. kommt zusammen mit der auch als Großstrauch wachsenden **Berg-Mehlbeere** *S. mougeotii* vor, im gemeinsamen Areal bildet sie mit ihr fruchtbare Bastarde.

Sorte 'Pentiflora'

Weidenblättriger Spierstrauch *Spiraea salicifolia* ROSENG.

Merkmale: Sommergrüner, meist stark verzweigter Strauch mit schlanken, aufrechten oder bogig überhängenden, dicht beblätterten Ästen und kantigen Trieben, 1-2 m hoch. Blätter gestielt, länglich lanzettlich, stumpf oder spitz zulaufend, mit kleinen Nebenblättern, ungleich gesägt, kahl, oberseits mattgrün, unterseits etwas heller. Blüten zahlreich in aufrechten, bis zu 10 cm langen, endständigen, weichhaarigen Rispen, Kelchblätter zurückgeschlagen, Kronen 5-zählig, rötlich weiß; Blütezeit VI-VII.

Standort: Waldränder, Gebüschsäume, Graben- und Flussufer, Ufergehölze von Gebirgsbächen.

Verbreitung: Stammt aus O-Asien; oft gepflanzt, in D an vielen Stellen verwildert.

Wissenswertes: Durch starkes Wurzelwachstum eignet sich der W.S. gut zur Befestigung von Böschungen.

Gamander-Spierstrauch *Spiraea chamaedryfolia* ROSENGEWÄCHSE

Merkmale: Sommergrüner, aufrechter, meist reichästiger Strauch bis etwa 1,5 m Höhe, Triebe kantig. Blätter wechselständig, 4-6 cm lang, elliptisch bis oval, spitz, an der Basis breit keilförmig, in der vorderen Hälfte grob doppelt gesägt, beidseits fast kahl. Blüten 6-8 mm breit, weiß, zahlreich in leicht gewölbten, etwa 4 cm breiten Doldentrauben an den Enden von Kurztrieben, Kelchblätter zurückgeschlagen, Kronblätter kreisrund; Blütezeit V-VI.

Standort: Wälder und Gebüsche im kühlfeuchten Bergland mittlerer Höhenlage.

Verbreitung: SO-Alpen, Karpaten, Balkan; häufig in verschiedenen Sorten angepflanzt.

Ähnlich: Im gleichen Gebiet wächst der nur bis zu 0,5 m hohe **Kärntner Spierstrauch** *S. decumbens*. Seine Blüten stehen immer am Ende von Langtrieben.

Japanischer Spierstrauch *Spiraea japonica* FAM. ROSENGEWÄCHSE

Merkmale: Sommergrüner, buschiger Strauch mit aufrechten Ästen und Zweigen, 0,5-1,5 m hoch. Blätter wechselständig, kurz gestielt, elliptisch, stumpf, bei manchen Gartenformen auch schlank zugespitzt, am Grund keilförmig, scharf doppelt gesägt, oberseits mattgrün, unterseits bläulich, kahl. Blüten um 7 mm breit, in flachen, bis zu 15 cm breiten Schirmrispen an den Zweigenden, kräftig rosa oder purpurn gefärbt; Blütezeit VI-VIII.

Standort: Sandbänke, Kiesflächen, Dünen.

Verbreitung: Stammt aus Japan; häufig und in vielen Sorten angepflanzt, stellenweise verwildert und zunehmend auch bewusst eingebürgert.

Wissenswertes: Der J.S. erträgt Halbschatten gut und erweist sich als bemerkenswert frosthart. Außer für Blüten besuchenden Insekten wie Fliegen, Schwebfliegen und Wildbienen ist er jedoch für die heimische Tierwelt kaum von Bedeutung.

Virginia-Blasenspiere *Physocarpus opulifolia* FAM. ROSENGEWÄCHSE

Merkmale: Sommergrüner, aufrecht wachsender Strauch mit auffälliger Streifenborke, Wuchshöhe bis etwa 3 m, Triebe bräunlich, kahl. Blätter wechselständig, lang gestielt, 2-8 cm lang, rundlich oval, meist 3- bis undeutlich 5-lappig, Lappen stumpf, kerbig gesägt, unterseits fast kahl. Blüten rund 1 cm breit, weiß oder blassrosa, zahlreich in etwa 5 cm breiten Doldenrispen, Stiele und Kelch nur wenig behaart, Staubblätter sehr zahlreich, purpurn; Blütezeit V-VI.

Standort: Unterwuchs in lichten Laubwäldern, an Waldsäumen und in feuchten Auengebüschen.

Verbreitung: Ursprünglich in N-Amerika von Quebec bis Arkansas; häufig als Ziergehölz gepflanzt.

Wissenswertes: Trotz eines reichen Fruchtansatzes ist die V. bisher nirgends verwildert oder eingebürgert worden. Die Gattung der Blasenspieren hat auch Vertreter in der ostasiatischen Flora.

Hecken-Rose, Hunds-Rose *Rosa canina*

FAMILIE ROSENGEWÄCHSE

Merkmale: Sommergrüner, im Freistand rundlicher, sonst mit wenig verzweigten Ästen kletternder Wildstrauch mit Ausläufern, 1-3 m hoch; Stacheln der Zweige gleich groß, kräftig, meist nach rückwärts gekrümmt und länger als die Breite ihrer Grundfläche. Blätter gestielt, 8-12 cm lang, 5- bis 7-zählig unpaarig gefiedert, Fiedern fühlen sich dünnhäutig an, kurz gestielt, elliptisch, 2-4 cm lang und 2 cm breit, gleichmäßig einfach oder doppelt scharf gesägt, oberseits dunkel- oder kräftig grün, matt, unterseits leicht bläulich, kahl oder fein seidig behaart, Nebenblätter schmal. Blüten zu 1-3 auf kurzen Stielen in den oberen Blattachseln, 4-6 cm breit, blassrosa oder rötlich, selten auch reinweiß, schwach duftend; Blütezeit VI-VII. Früchte (Hagebutten) bis zu 2,5 cm lang, korallenrot, kahl, essbar (allerdings nur ohne die mit Widerhaken besetzten Kerne); Fruchtreife ab IX.

Standort: Wegränder, Gebüsche, Feldgehölze, Heckenzeilen, Waldränder und Magerweiden; bevorzugt auf tiefgründigen, nährstoffreichen und eventuell auch kalkhaltigen Böden.

Verbreitung: In M.-EU die mit Abstand häufigste Wildrose, in EU mit Ausnahme des nördlichen Skandinaviens überall anzutreffen, ferner in N-Afrika und W-Asien; oft angepflanzt.

Wissenswertes: Die zahlreichen Griffel der H.-Blüte sind nicht zu einer gemeinsamen Griffelsäule verwachsen. Bei den Hagebutten handelt es sich, botanisch gesehen, um Sammelscheinfrüchte. Das vitaminreiche Fruchtfleisch entsteht nämlich nicht wie üblich aus der Fruchtknotenwand, sondern aus dem verdickten Achsenbecher des Blütenbodens. Die darin eingebetteten behaarten »Kerne« sind in Wirklichkeit lauter kleine Nussfrüchtchen.

Die Art ist außerordentlich formenreich und wird heute in mehrere Dutzend Kleinarten gegliedert, die nur schwer unterscheidbar und in ihrer genauen Verbreitung noch nicht genügend erforscht sind. Von der Blüte bis zur Fruchtreife bietet die H. der heimischen Kleintierwelt viel Nahrung und Lebensraum. Auffällig sind auch die filzig verzweigten, bleichgrünen Gallen der Rosengallwespe (Foto oben), die allerdings auch an anderen heimischen Wildrosen auftreten können.

Runzel-Rose, Kartoffel-Rose *Rosa rugosa*

FAMILIE ROSENGEWÄCHSE

Merkmale: Sommergrüner, sehr reichästiger, dichtlaubiger Zier- und Wildstrauch mit dicken, aufrechten Ästen, Wuchshöhe 1-1,5 m. Blätter gestielt, 5- bis 9-zählig unpaarig gefiedert, Fiedern elliptisch bis oval, grob gesägt, derb, oberseits durch eingesenkte Blattnerven runzelig; Nebenblätter breit, gesägt, mit abgespreizten Öhrchen. Blüten zu 1-3, tiefrosa oder purpurrosa, mitunter auch reinweiß, bis 8 cm breit, Kelchblätter kahl, aufgerichtet, ungeteilt, ganzrandig; Blütezeit V-VIII. Früchte (Hagebutten) 2-3 cm groß, kugelig, breiter als hoch, fleischig und weich, scharlachrot, essbar (ohne Kerne); Fruchtreife ab VIII.

Standort: Gebüsche, Wegränder, Braundünen.

Verbreitung: Stammt aus O-Asien; in M.-EU vielfach als Zierstrauch angepflanzt und regional verwildert bzw. bereits eingebürgert, beispielsweise auf Küstendünen oder -heiden.

Wissenswertes: Die R. wurde um 1850 nach M.-EU eingeführt und ist seither in mehreren Sorten in Gärten und Parks anzutreffen. Als sehr windfestes Gehölz wird sie auch in Schutzpflanzungen verwendet. Sie zählt zu den für die heimischen Kleintiere besonders wertvollen Gehölzen.

Acker-Rose *Rosa agrestis*

FAMILIE ROSENGEWÄCHSE

Merkmale: Sommergrüne, 1-2 m hohe Wildrose mit dünnen, rutenförmig verlängerten Zweigen, Stacheln sehr kräftig. Blätter mit behaartem Blattstiel, 5- bis 7-zählig unpaarig gefiedert, Fiedern 1,5-5 cm lang und 1-2 cm breit, elliptisch bis oval, an beiden Enden verschmälert, fein gezähnt, glänzend grün, unterseits mit hellbraunen Drüsen, die nach Zerreiben ein feines Apfelaroma verströmen. Blüten einzeln oder zu 2-5, blassrosa bis weiß, 3-4 cm breit; Blütezeit VI. Früchte (Hagebutten) bis zu 1,5 cm lang, kugelig oder länglich, ledrig, orangerot; ab VIII.
Standort: Gebüsche, Ackerränder, Wegsäume; erträgt Halbschatten, benötigt aber Wärme.
Verbreitung: Von N-Afrika und der Iberischen Halbinsel bis Irland, in D vor allem in den Kalkgebieten verbreitet, aber nicht häufig.

Feld-Rose *Rosa arvensis*

FAMILIE ROSENGEWÄCHSE

Merkmale: Sommergrüne, kletternde Wildrose mit bogig überhängenden Trieben, 0,5-2 m. Blätter unpaarig gefiedert, mit 5-7 elliptischen Fiedern, oberseits glänzend und kahl, unterseits matt, einfach bis doppelt gesägt. Blüten einzeln, lang gestielt mit kahlen Blütenstielen, 3-5 cm breit, ohne besonderen Duft, immer reinweiß, Kelchblätter zurückgeschlagen, fallen bald nach der Blüte ab; Blütezeit VI-VIII. Früchte (Hagebutten) kugelig oval, bis 2 cm lang, hellrot; Fruchtreife ab IX.
Standort: Unterwuchs von naturnahen Laubwäldern, Waldsäume, Gebüsche, Wegränder, gern auf tiefgründigen Lehm- und Kalkböden.
Verbreitung: S-, W- und M.-EU, von Spanien bis zum Balkan, im N bis Irland, im Gebirge bis in etwa 1500 m Höhe; selten als Ziergehölz angepflanzt.

Essig-Rose *Rosa gallica*

FAMILIE ROSENGEWÄCHSE

Merkmale: Sommergrüne (ansatzweise auch wintergrüne), aufrechte Wildrose mit bogig überhängenden Ästen, grünen Zweigen und weit reichenden Ausläufern, 0,5-1 m hoch, Stacheln ungleich groß, oft gerade. Blätter 3- bis 5-zählig unpaarig gefiedert, Fiedern derb, rundlich elliptisch, am Grund herzförmig, oberseits glänzend, unterseits heller. Blüten meist einzeln auf dicken, drüsigen Stielen, bis 6 cm breit, hellrot bis dunkelpurpurn, angenehm duftend, Kelchblätter stark gefiedert; Blütezeit VI-VII. Früchte (Hagebutten) kugelig-birnenförmig, ziegel- bis braunrot, vor der Reife borstig; Fruchtreife ab IX.
Standort: Gebüsche, lichte Wälder, Säume von Mager- und Trockenrasen.
Verbreitung: M.- und S-EU, Kleinasien, in den Alpen bis 1500 m, in D vor allem südl. des Mains. **RL**
Wissenswertes: Die E. ist eine wichtige Stammform vieler kultivierter Gartenrosenzüchtungen.

Hecht-Rose *Rosa glauca*

FAMILIE ROSENGEWÄCHSE

Merkmale: Aufrechte, sommergrüne Wildrose mit schlanken, auffallend rötlich bis hechtblau bereiften Trieben, nur wenig bestachelt, meist nur an der Basis der Langtriebe, 1-3 m hoch. Blätter 7-12 cm lang, (5-)7- bis 9-zählig unpaarig gefiedert, Fiedern elliptisch, gezähnt, 1,5-4,5 cm lang und bis 2,5 cm breit, kahl, bläulich grün, nicht selten purpurrot überlaufen. Blüten bis 3,5 cm breit, karminrosa, zum Zentrum hin weißlich, mit schwachem Duft, Kronblätter 1,5 cm lang, kürzer als die vorwiegend ungefiederten Kelchblätter; Blütezeit VI-VII. Früchte (Hagebutten) länglich kugelig, tief orange- bis scharlachrot; Fruchtreife ab IX.
Standort: Gebüsche, Schutt- und Geröllfluren.
Verbreitung: Gebirge in M.- und S-EU, von den Pyrenäen, Alpen und Karpaten bis zum Balkan (Albanien), auch Jura und Vogesen; häufig in Parks und Gärten als Zierstrauch verwendet. **RL**

Bibernell-Rose, Dünen-Rose *Rosa pimpinellifolia* FAM. ROSENGEWÄCHSE

Merkmale: Sommergrüne, auffallend kleinstrauchige Wildrose mit Ausläufern und wenigen aufrechten Ästen, Zweige dicht mit geraden Stacheln und Stachelborsten besetzt, Wuchshöhe nur um 50 cm.
Blätter gestielt, 4-6 cm lang, unpaarig gefiedert, mit 5-11, meist aber 7 oder 9 Fiedern, diese nur etwa 1 cm lang, rundlich-elliptisch, einfach gesägt, stumpf, beidseits kahl, oberseits mattgrün oder bronzefarben überlaufen, mit kaum sichtbaren Blattnerven; Nebenblätter klein und spitz.
Blüten einzeln, eventuell an gedrängten, kurzen Seitentrieben, lang gestielt, 4-6 cm breit, cremeweiß, in der Mitte mehr gelblich, sehr selten auch blassrosa, Kelchblätter ungeteilt; Blütezeit V-VI.
Früchte (Hagebutten) mit fleischig verdicktem Stiel, kugelig, aber gewöhnlich leicht abgeflacht, um 1 cm groß, tiefschwarz oder schwarzbraun gefärbt; Fruchtreife ab VIII.
Standort: Bevorzugt auf trockenen, lockeren oder steinigen, eventuell kalkhaltigen Böden; Trockengebüsche, Unterwuchs lichter Wälder, Braundünen, Zwergstrauchbestände.
Verbreitung: EU, Mittelmeergebiet, W-Asien; in D verbreitet in den Dünengebieten der großen Nordseeinseln sowie in den sommerwarmen Felsgebüschen der Mittelgebirge in der Weinbauregion, in den Alpen stellenweise bis in etwa 2000 m Höhe; in großwüchsigen Sorten mit bis zu 10 cm breiten Blüten auch gärtnerisch angepflanzt.
Wissenswertes: Die B. ist eine der kleinsten heimischen Wildrosen und die einzige mit schwarzen Hagebutten. In den Küstendünen ist sie Kennart der bereits weitgehend festgelegten und verheideten Braundüne.

Apfel-Rose *Rosa villosa*

FAMILIE ROSENGEWÄCHSE

Merkmale: Sommergrüne, dicht verzweigte Wildrose, meist mit langen Ausläufern, junge Triebe oft samtig, Zweige mit schlanken, geraden Stacheln, Wuchshöhe 0,8-2 m. Blätter 8-9 cm lang, 5- bis 7-(9-)zählig gefiedert, Fiedern 3-5 cm lang, elliptisch, oberseits graugrün, unterseits filzig und mit harzig duftenden Drüsen. Blüten zu 1-3 auf stacheligen, drüsenborstigen Stielen, 3-6 cm breit, kräftig rosa bis karminrot; Blütezeit VI-VII. Früchte (Hagebutten) bis 2,5 cm lang, weichstachelig; Fruchtreife ab VIII.
Standort: Felsige Hänge, Hecken, Gebüsche, bevorzugt auf kalkhaltigem Boden.
Verbreitung: In EU fast überall verbreitet; vor allem in Großbritannien oft als Ziergehölz gepflanzt.

Mai-Rose, Zimt-Rose

Rosa majalis FAMILIE ROSENGEWÄCHSE

Merkmale: Sommergrüne Wildrose mit zahlreichen Ausläufern und langen, rutenförmigen, braunroten, oft auch unbestachelten Trieben, Wuchshöhe um 1-1,5 m.
Blätter 4-9 cm lang, mit flaumigem Blattstiel, 5- bis 7-zählig unpaarig gefiedert, Fiedern 2-3 cm lang, 1-1,15 cm breit, elliptisch, dünn, einander genähert und teilweise überdeckend, oberseits stumpf- bis leicht bläulich grün und anliegend behaart, unterseits graugrün und dichthaarig. Blüten einzeln, rosaweiß bis karminrot gefärbt, bis zu 6 cm breit, Blütezeit V-VI. Früchte (Hagebutten) kugelig, dunkelrot; Fruchtreife ab VIII.
Standort: Auengehölze, Gebüsche an Ruinen.
Verbreitung: Von S-Skandinavien bis zum nördlichen Balkan; in D vor allem an den Alpenflüssen, Reliktvorkommen im Harz.
Wissenswertes: Die Art wurde von weißen Siedlern im östlichen N-Amerika eingebürgert.

Wein-Rose *Rosa rubiginosa*

FAMILIE ROSENGEWÄCHSE

Merkmale: Sommergrüne, dicht verzweigte Wildrose mit zunächst aufrechten, später bogig überhängenden Zweigen, dicht mit hakenförmig gekrümmten Stacheln auf scheibenförmiger Basis besetzt, Höhe 1-3 m. Blätter 6-8 cm lang, 5- bis 7-zählig unpaarig gefiedert, Fiedern 2-3 cm lang und etwa 1,5 cm breit, oval bis rundlich, kurz zugespitzt, oberseits blassgrün, unterseits dicht mit dunklen Drüsen besetzt, die beim Zerreiben charakteristisch apfel- bis weinartig duften, auf den Hauptnerven behaart. Blüten meist einzeln oder zu wenigen in den Blattachseln, 3-5 cm breit, hell- oder lebhaft rosa, selten auch weiß, von angenehmem Duft; Blütenstiele und Achsenbecher mit Stieldrüsen, Kelchblätter geteilt; Blütezeit V-VI. Früchte (Hagebutten) kugelig-flaschenförmig, scharlachrot, etwas ledrig; Fruchtreife ab VIII.

Standort: Gebüsche, Hecken, Trockensäume, gern auf kalkhaltigem, sandig-steinigem Boden.

Verbreitung: In EU von der Iberischen Halbinsel bis zu den Britischen Inseln und S-Skandinavien weit verbreitet, ferner in den Alpen, auf dem Balkan, im Schwarzmeergebiet und in W-Asien; in N-Amerika eingebürgert; in verschiedenen Gartensorten angepflanzt.

Wissenswertes: Diese heimische Wildrose wurde bereits im 16. Jahrhundert in Kultur genommen und war Kreuzungspartner zahlreicher Züchtungen von Edelrosen. Sie ist gebietsweise auch unter dem Namen Schottische Zaun-Rose oder Marien-Rose bekannt.

Alpine Rose *Rosa pendulina*

FAMILIE ROSENGEWÄCHSE

Merkmale: Sommergrüne, aufrechte, meist locker verzweigte Wildrose mit zahlreichen Ausläufern, Triebe grünlich rot, spärlich oder gar nicht bestachelt (Stacheln finden sich meist nur im unteren Bereich), Wuchshöhe 0,5-2 m.

Blätter gestielt, 10-12 cm lang, 7- bis 11-zählig unpaarig gefiedert, Fiedern 2-6 cm lang, zur Blattspitze deutlich an Größe zunehmend, scharf gesägt, dünn, oberseits matt bläulich grün, unterseits heller und spärlich behaart; Nebenblätter nach vorn verbreitert.

Blüten fast immer einzeln, bis 5 cm breit, kräftig rosarot bis rosapurpurn gefärbt, in der Mitte heller; Kelchblätter ungeteilt; Blütezeit V-VII.

Früchte (Hagebutten) flaschenförmig, bis zu 2,5 cm lang, hell- oder hochrot getönt; Fruchtreife ab VIII.

Standort: Offene Gebüsche in sonniger Lage, Felsfluren, Hochstaudenbestände, Zwergstrauchheiden, alpine Grasmatten.

Verbreitung: Gebirge in M.- (Vogesen) und S-EU, ferner Balkan bis N-Griechenland, fehlt in D, in den Alpen bis 2000 m im Bereich der Baumgrenze.

Wissenswertes: Trotz der Namensähnlichkeit mit der Alpenrose (Gattung *Rhododendron*, ⇨ S. 348) sind Verwechslungen ausgeschlossen. Wie bei allen Rosen gilt auch die Blüte der A.R. als typische Pollenblume: Mit ihrer großen Zahl von Staubblättern bietet sie anfliegenden Insekten als hochwertiges Futter nur ihren Pollen, jedoch keinen Nektar an. Für dieses Angebot wirbt sie mit ihrer großen, farbigen und fallweise auch duftenden Blütenkrone. Die durch Absammeln und Verzehr entstehenden Verluste an Pollen gleicht die Blüte durch überreiche Produktion aus – für die Bestäubung der nächsten angeflogenen Blüte bleibt stets genug Pollen übrig. Pollenblumen erkennt man also zuverlässig an der großen Staubblattzahl.

Gewöhnliche Brombeere *Rubus fruticosus* — FAMILIE ROSENGEWÄCHSE

Merkmale: Sommer- und teilweise auch wintergrüner, kräftiger Strauch mit kantigen, bogig überhängenden, bis zu 2 m langen, bestachelten Ästen. Sprossenden, die Bodenkontakt erhalten, bilden erneut Wurzeln. Blätter lang gestielt, meist 5-zählig gefiedert, Fiedern 5-10 cm lang, gestielt, breit elliptisch, vorn zugespitzt, am Grund abgerundet, grob und ungleichmäßig gezähnt, oberseits matt oder leicht glänzend dunkelgrün, unterseits hellgrün, Blattstiele und Mittelrippe bestachelt. Blüten 5-zählig, weiß oder hellrosa, zahlreich in endständigen Rispen an den vorjährigen Zweigen; Blütezeit VI-VIII. Früchte (Brombeeren) sind Sammelsteinfrüchte, saftig, schwarzrot, lösen sich leicht mitsamt der Blütenachse ab, essbar; Fruchtreife ab VII.

Standort: Wegränder, Brachland, Waldsäume, Hecken, Gebüsche, Kahlschläge und Feldgehölze, vorwiegend in relativ wintermilden Gebieten.

Verbreitung: Überall in EU häufig; in mehreren großfrüchtigen Sorten auch gärtnerisch und im Erwerbsobstbau verwendet.

Wissenswertes: Die G.B. ist eine so genannte Sammelart, die sich nach verschiedenen Feinmerkmalen allein in M.-EU in mehrere hundert Sippen untergliedern lässt. Zu den Unterscheidungsmerkmalen gehört beispielsweise auch, ob die Pflanzen im Herbst eine lebhafte Laubumfärbung zeigen (Foto rechts). Die genauere Bestimmung der Kleinarten, die sich aufgrund natürlicher Entwicklungsvorgänge offenbar in weiterer Aufspaltung befinden, ist meist schwierig.

Mittelmeer-Brombeere *Rubus ulmifolius* — FAMILIE ROSENGEWÄCHSE

Merkmale: Wintergrüner, kräftiger Strauch, 1-2 m hoch, mit bis zu 4 m langen, bogig überhängenden, rötlich violetten, bereiften Trieben; Stacheln gerade oder leicht gekrümmt, bis über 1 cm lang.
Blätter 3- bis 5-zählig gefiedert, Fiedern in ihrer Form recht variabel, oberseits dunkelgrün und meist kahl, unterseits leicht graufilzig, Endfieder stets mit kurzer Spitze.
Blüten bis zu 2 cm breit, rosarot oder leicht violettrot, Kelch graufilzig, zahlreich in verlängertem, meist unbeblättertem Blütenstand; Blütezeit V-VII.
Früchte (Brombeeren) sind Sammelfrüchte, groß, schwarz; Fruchtreife ab VIII.

Standort: Waldsäume, Feldhecken, Brachland, Gebüsche, Geröllhalden, Felsfluren, Ufer.

Verbreitung: Vor allem im Mittelmeergebiet, ferner im gemäßigten W-EU, in D im Rheinland.

Wissenswertes: Diese kräftige und recht gut unterscheidbare Brombeer-Sippe gehört zum großen Formenkreis der Gewöhnlichen B. (s. oben). Sie bildet oft undurchdringliche, über mannshohe Hecken. Vermutlich stellte sie auch die schon in der Bibel mehrfach erwähnten Dornsträucher dar.

Ähnlich: Die **Geschlitztblättrige Brombeere** *Rubus laciniatus*, die bis zu 4 m lange Triebe bildet, ist eine nur aus der Kultur bekannte Form unbekannter Herkunft. Ihre rosaweißen Blüten stehen in endständigen Rispen, die bis zu 2 cm langen Kelchblätter sind wollig behaart, die Kronblätter vorn gezähnt, die rundlichen Früchte bis zu 1,5 cm dick. In EU und N-Amerika wurde die G.B. vielerorts eingebürgert.

Kratzbeere, Acker-Brombeere *Rubus caesius* FAM. ROSENGEWÄCHSE

Merkmale: Sommergrüner Strauch mit langen, bestachelten, liegenden oder kletternden, bläulich bereiften Trieben, um 1 m hoch; Stacheln ziemlich gerade und kurz, dünn, zerstreut. Blätter zumeist 3-zählig gefiedert, Fiedern bis zu 9 cm lang und 5 cm breit, Endfieder gestielt, im Umriss rautenförmig, grob gezähnt, angedeutet 3-lappig, Seitenfiedern fast sitzend, hellgrün; Nebenblätter schmal lanzettlich. Blüten 2,5 cm breit, weiß, in wenigblütigen Doldentrauben, Kelchblätter grauweiß; Blütezeit V-VI. Früchte (Brombeeren) sind so genannte Sammelsteinfrüchte, saftig, aus nur wenigen (manchmal nur 2) relativ großen Einzelfrüchten bestehend, auffallend bläulich bereift, essbar, schmecken jedoch säuerlich und wenig aromatisch; Fruchtreife ab VIII.

Standort: Waldränder, Flurhecken, Gebüsche, Weinbergsbrachen, Ufer, Staudenfluren. Die K. erträgt längere Staunässe im Boden und bildet in gelegentlich überfluteten Bach- und Flussauen oft undurchdringliche Dickichte.

Verbreitung: In EU weit verbreitet und überall häufig, ferner in N-Asien bis zum Altaigebirge, fehlt in Kleinasien.

Wissenswertes: Triebspitzen, die den Boden berühren, bewurzeln sich und bilden den Ausgangspunkt einer neuen Pflanze. Auf diese Weise entwickeln sich mit der Zeit weitflächige und recht unübersichtliche Gebüsche.
Häufig kommt es zur Bastardierung mit Kleinarten aus dem Formenkreis der Gewöhnlichen Brombeere (⇨S. 290). Die für uns nur wenig schmackhaften Früchte sind bei Vögeln sehr beliebt. Die kräftige Reifschicht auf den Fruchtschalen reflektiert den UV-Anteil des Tageslichts und lässt die Früchte für Vogelaugen besonders grell und auffällig erscheinen.

Himbeere *Rubus idaeus* FAMILIE ROSENGEWÄCHSE

Merkmale: Sommergrüner Strauch mit zahlreichen Ausläufern (Wurzelsprosse) und rutenförmigen, aufrechten (einjährigen) sowie bogig überhängenden (zweijährigen) Trieben, Wuchshöhe 0,5-1,5 m, Triebe schwach bereift und nur im unteren Teil mit kurzen, geraden, oft schwarzroten Stacheln besetzt. Blätter meist 3-, seltener 5- oder 7-zählig gefiedert, Fiedern 5-10 cm lang, Endfieder am größten, gestielt, seitliche Fiedern sitzend, alle oberseits kahl, unterseits auffällig weißfilzig behaart, scharf gesägt, am Grund abgerundet, vorn stets schlank zugespitzt.
Blüten weiß, meist etwas nickend, zu mehreren in lockeren, aufrechten oder abstehenden Trauben, Kelchblätter filzig, werden nach dem Abblühen zurückgeschlagen; Blütezeit V-VII.
Früchte (Himbeeren) sind Sammelsteinfrüchte aus zahlreichen rundlichen Einzelfrüchten, fleischrot (selten auch gelblich), samtig behaart, lösen sich leicht von der kegelförmigen Blütenachse, essbar, meist recht aromatisch; Fruchtreife ab VII.

Standort: Lichte Wälder und Gebüsche, Waldschläge, Hochstaudenfluren, Böschungen, Ufer, Felsschuttflächen, aber auch aufgelassene Kiesgruben und Steinbrüche.

Verbreitung: Fast überall in EU häufig, fehlt nur im äußersten N und SW; ferner im gemäßigten Asien; im östlichen N-Amerika eingebürgert, häufig in ertragreichen Fruchtsorten in Gärten oder in Plantagen angepflanzt.

Wissenswertes: Am Sortenbild der Kultur-Himbeeren, unter denen es auch mehrere gelbfrüchtige gibt, sind verschiedene nordamerikanische Wild-Himbeeren beteiligt, u.a. die von Alaska bis Kalifornien vorkommende Lachs-Himbeere *R. spectabilis*.

Die verbreitete Gartensorte 'Meeker' hat mittelgroße, kegelförmige Früchte.

Alpen-Johannisbeere *Ribes alpinum*

FAMILIE STACHELBEERGEWÄCHSE

Merkmale: Sommergrüner, aufrechter, dicht verzweigter Strauch, 1-2 m hoch; Triebe hellgrau, kahl, ohne Stacheln oder Dornen, Rinde löst sich von älteren Teilen in Streifen ab. Blätter wechselständig, an Kurztrieben in dichten Büscheln, gestielt, Blattstiele mit langen Drüsenhaaren bewimpert, Spreite im Umriss dreieckig bis rundlich, 3-5 cm breit, 3- bis 5-lappig, grob gezähnt, oberseits mattgrün, unterseits etwas glänzend, kahl, treibt im Frühjahr sehr früh aus. Blüten überwiegend zweihäusig verteilt, grünlich gelb, 4- oder 5-zählig, 5-9 mm breit, in aufrechten, unscheinbaren, gelbgrünen Trauben, ♂ Blütenstände 2-3 cm lang, 10- bis 30-blütig, ♀ Blütenstände kürzer, höchstens 5-blütig, Kronblätter deutlich kürzer als die Kelchblätter; Blütezeit IV-V. Beerenfrüchte kugelig, scharlachrot, schmecken recht fade; Fruchtreife ab VIII.

Standort: Gebüsche, lichte oder schattige Wälder, Schluchten, Waldsäume, Auenwälder des Tieflands und steinige Abhänge der Gebirge, auf lockeren, feuchten Böden.

Verbreitung: M.- und N-EU, Gebirge von SW- und S-EU, ferner N- und O-Asien. Der deutsche Name – regional nennt man die Art auch Berg-Johannisbeere – ist insofern etwas irreführend, als sie zerstreut auch im Tiefland vorkommt. **RL**

Wissenswertes: Die A. erträgt Halbschatten und bemerkenswerterweise auch Abgase gut. In verschiedenen, teils buntlaubigen, teils kleinwüchsigen Sorten wird sie daher oft für Heckenpflanzungen im Straßenbegleitgrün von Großstädten und Industriegebieten verwendet.

In ihrer Anlage sind die Blüten dieser Art stets zwittrig, und in seltenen Fällen können sie auch tatsächlich funktionell zwittrig bleiben. Normalerweise werden aber bei der weiteren Entwicklung entweder die Staubblattkreise oder die Fruchtknoten unterdrückt.

Felsen-Johannisbeere *Ribes petraeum*

FAMILIE STACHELBEERGEWÄCHSE

Merkmale: Sommergrüner, aufrecht wachsender, zumeist stark verzweigter Strauch, Wuchshöhe 1-2 m; Triebe kräftig, ohne Stacheln oder Dornen, graubraun, kahl, beim Zerreiben ohne auffallenden Geruch. Blätter wechselständig, an Kurztrieben jedoch büschelig gedrängt, lang gestielt, im Umriss rundlich, bis 10 cm breit, mit 3 großen und 2 kleineren, manchmal jedoch nur undeutlich ausgeprägten Lappen, gesägt, unterseits (vor allem auf den Hauptnerven) ein wenig behaart, am Rand bewimpert, auf der Oberseite ziemlich runzelig. Blüten überwiegend 5-zählig, 4-9 mm breit, durchwegs zwittrig, zu 10-15 in dichten, lang gestielten, abstehenden oder auch hängenden Trauben, immer rötlich gefärbt, die vergleichsweise kurzen Kronblätter werden von den längeren Kelchblättern glockig überragt; Blütezeit IV-V. Beerenfrüchte kugelig, rot, essbar, jedoch sehr sauer schmeckend; Fruchtreife ab VI.

Standort: Bergwälder, Bachschluchten, Blockhalden, Hochstaudenfluren; meist auf sickerfeuchten, lockeren, schwach sauren Böden.

Verbreitung: Von den Pyrenäen über die Alpen bis zu den Karpaten, ferner in N-Afrika (Atlas) und ostwärts bis O-Sibirien; in den Mittelgebirgen und im Tiefland sehr selten, in den Alpen stellenweise bis über 2000 m Höhe.

Wissenswertes: Die F. selbst wird als Ziergehölz nur wenig verwendet. Mit ihrem Erbgut ist sie jedoch vermutlich an vielen Zuchtsorten der Garten-Johannisbeeren beteiligt.

Nach ihrem Verbreitungsbild gilt sie in den höheren nördlichen Mittelgebirgen (Vogesen, Schwarzwald) als Eiszeitrelikt. Im Unterschied zur Alpen-Johannisbeere, die ihr in manchen Merkmalen recht ähnlich ist, sind die Blüten dieser Art stets zwittrig. Die optisch nur wenig auffälligen Blüten bieten anfliegenden Insekten reichlich Nektar als Nahrung an und werden vor allem von kleineren Hautflüglern und Zweiflüglern, seltener auch von nachtaktiven Schmetterlingen aufgesucht, die dabei die Bestäubung übernehmen.

Rote Johannisbeere *Ribes rubrum*

FAMILIE STACHELBEERGEWÄCHSE

Merkmale: Sommergrüner, buschiger Strauch mit aufrechten Ästen, 1-2 m hoch; Triebe kahl, ohne Stacheln oder Dornen. Blätter wechselständig, lang gestielt, 3- bis 5-lappig, am Grund herzförmig oder gestutzt, bis 7 cm breit, grob gesägt, Lappen spitz, unterseits zunächst flaumhaarig, später kahl.
Blüten grünlich gelb oder rötlich, zu 10-20 in anfangs aufrechten, später bogig herabhängenden Trauben, Staubbeutelhälften durch ein breites Mittelstück getrennt, Blütenboden mit 5-eckigem Ringwulst; Blütezeit IV-V.
Früchte kugelige, erbsengroße Beerenfrüchte, scharlachrot, essbar, saftig, von säuerlichem Geschmack; Fruchtreife ab VI.
Standort: Auenwälder, Schluchtgehölze und Ufergebüsche von Bächen auf nass-feuchten, tonigen, nährstoffreichen Böden.

Verbreitung: W- und westliches M.-EU, fehlt jedoch im Tiefland weitgehend; in vielen Gartensorten angebaut und als Beerenobst weit verbreitet.
Wissenswertes: Die R. J., auch Garten-Johannisbeere genannt, gilt als überaus formenreich und wird daher heute gewöhnlich als Artengruppe mit mehreren Kleinarten aufgefasst, zu der beispielsweise die westeuropäische **Wald-Johannisbeere** *Ribes sylvestris* sowie die in Skandinavien und in O-EU vorkommende **Ährige** oder **Nordische Johannisbeere** *R. spicatum* gehören. Beide haben ihr Erbgut zu den zahlreichen Sorten rotfrüchtiger Kultur-Sorten (kl. Foto) beigetragen. Deren häufig verwilderte Exemplare lassen sich nicht sicher von den echten Wildformen unterscheiden.

Schwarze Johannisbeere *Ribes nigrum*

FAMILIE STACHELBEERGEWÄCHSE

Merkmale: Sommergrüner Strauch mit kräftigen, aufrechten Zweigen ohne Stacheln oder Dornen, 1-2 m hoch; junge Triebe flaumig; alle Teile der Pflanze riechen beim Zerreiben sehr stark und fast unangenehm.
Blätter wechselständig, an den Kurztrieben büschelig gehäuft, lang gestielt, bis zu 10 cm breit, im Umriss rundlich oder eckig, mit 3 großen und 2 kleineren Lappen, oberseits kahl, unterseits mit gelben Drüsen (kleines Foto).
Blüten unscheinbar grünlich gelb, meist 5-zählig, Kronblätter nur halb so lang wie die Kelchblätter, 4-9 mm breit, zu 4-10 in abstehenden oder herabhängenden Trauben; Blütezeit IV-V.
Früchte bis zu 1 cm große, kugelige Beerenfrüchte, schwarz, saftig, essbar; Fruchtreife ab VI.
Standort: Auengehölze, Bruchwälder, feuchte Gebüsche an Gewässerufern, bevorzugt wechselfeuchte bis nasse, humushaltige Ton- und Lehmböden, erträgt zeitweilige Staunässe.

Verbreitung: M.- und O-EU, ferner N- und O-Asien, in N- und NW-EU vermutlich erst recht spät eingebürgert; heute in vielen Gartensorten als Obstgehölz gepflanzt und stellenweise (unbeständig) verwildert.
Wissenswertes: Wegen ihres starken und oft als aufdringlich empfundenen Geruchs wird die S. J. gebietsweise auch als Wanzenbeere bezeichnet. Sie ist seit dem 16. Jahrhundert in Kultur. Ihre Früchte sind außerordentlich vitaminreich und werden auch medizinisch verwendet. Verwilderte Gartenexemplare lassen sich nicht leicht von der echten Wildform unterscheiden.

Gold-Johannisbeere *Ribes aureum* FAMILIE STACHELBEERGEWÄCHSE

Merkmale: Sommergrüner, aufrechter, dornenloser Zierstrauch, 1-2 m hoch. Blätter lang gestielt, im Umriss rundlich, 3-5 cm lang, tief 3-lappig, kahl, matt glänzend, im Herbst weinrot. Blüten (Kron- und Kelchblätter) goldgelb, im Zentrum rötlich, zu 5-15 in aufrechten oder abstehenden Trauben, angenehm duftend; Blütezeit IV-V; Beerenfrüchte erbsengroß, schwarz, essbar; Fruchtreife ab VI.

Standort: Auengebüsche, Uferfluren, Gehölze an Bachläufen, auf lockeren, humosen Böden.

Verbreitung: Stammt aus dem pazifischen N-Amerika (Kalifornien); häufig als Ziergehölz gepflanzt und stellenweise verwildert.

Blut-Johannisbeere *Ribes sanguineum* FAMILIE STACHELBEERGEWÄCHSE

Merkmale: Sommergrüner, aufrechter, bis zu 4 m hoher Zierstrauch; junge Triebe (drüsig) behaart, rötlich braun berindet. Blätter wechselständig, im Umriss oval, an der Basis herzförmig, 5-10 cm lang und ebenso breit, 3- bis 5-lappig, oberseits etwa runzelig, unterseits dicht graufilzig, beim Zerreiben charakteristisch duftend. Blüten zwittrig, kräftig rosa, zu 10-20 in bis zu 7 cm langen, aufrechten oder überhängenden Trauben, Blütenstiele drüsig; Blütezeit IV-V. Beerenfrüchte schwarz, stark bläulich bereift, bis 1 cm dick, ungenießbar; Reife ab VI.

Standort: Gebüschreiche Gebirgslaubwälder, lichte Gehölze auf Abhängen.

Verbreitung: Stammt aus dem pazifischen N-Amerika (vor allem Kalifornien); in EU häufig und in verschiedenen Sorten angepflanzt.

Gewöhnliche Stachelbeere *Ribes uva-crispa* STACHELBEERGEWÄCHSE

Merkmale: Sommergrüner, aufrechter, ziemlich ästiger Wildstrauch mit bestachelten Zweigen, 0,5-1,5 m hoch; Stacheln 1- bis 3-teilig, sehr spitz, bis zu 1 cm lang; Triebe behaart. Blätter wechselständig, meist in der Achsel der langen Stacheln, oft auch in kleinen Büscheln, im Umriss rundlich, an der Basis herzförmig, 3- bis 5-lappig, tief gekerbt oder gezähnt, unterseits weich behaart. Blüten überwiegend zwittrig, mitunter auch eingeschlechtig, meist zu 1-3 in Trauben, unscheinbar grünlich oder grünpurpurn; Blütezeit IV-V. Früchte rundliche Beerenfrüchte, bis zu 2 cm groß, grünlich, borstig behaart, durchscheinend längsstreifig; Fruchtreife ab VII.

Standort: Auenwälder, lichte Gebüsche, Wildhecken, trockene, sonnige Hänge, meist auf stickstoffangereicherten Böden, im Gebirge bis etwa 1400 m.

Verbreitung: S-, W- und M.-EU, fehlt im nördlichen Skandinavien, in vielen Gebieten eingebürgert, ferner in N-Afrika und von Vorderasien bis NO-China; häufig in etlichen Sorten als Beerenobst mit grünlich gelben oder etwas rötlichen Früchten angepflanzt.

Wissenswertes: Die zahlreichen Sorten der in allen Merkmalen sehr ähnlichen und als Obstgehölz beliebten **Garten-Stachelbeere** entstanden seit dem 17. Jahrhundert durch Einkreuzen verschiedener amerikanischer *Ribes*-Arten. Diese Gartenform wird bisweilen unter einem eigenen wissenschaftlichen Namen *R. grossularia* geführt, abgeleitet von der frühesten bekannten Erwähnung unter dem Namen 'groselier' in einem französischen Psalmenbuch des 12. Jahrhunderts. Von diesem alten Namen leitet sich wiederum die moderne Familienbezeichnung *Grossulariaceae* für die Stachelbeergewächse ab. Verwilderte Exemplare der Kultursorten sind von der – allerdings nicht allzu häufig auftretenden – heimischen Wildpflanze dieses Formenkreises nicht immer sicher zu unterscheiden.

Faulbaum, Pulverholz *Frangula alnus*

FAMILIE KREUZDORNGEWÄCHSE

Merkmale: Sommergrüner, aufrechter, meist recht schlankwüchsiger, dornenloser, 1-3 m hoher Strauch oder kleiner Baum bis 6 m Höhe; junge Triebe rostrot behaart; Rinde an Zweigen und Ästen braunrot, mit länglichen, hellbraunen Korkwarzen, am Stamm graubraun, etwas längsrissig. Blätter wechselständig, gestielt, oval bis elliptisch, im vorderen Drittel am breitesten, kurz zugespitzt, mit 7-8 Paar bogig nach vorn verlaufender Seitennerven. Blüten 5-zählig, unscheinbar, grünlich weiß, zu 1-3 in den Blattachseln; Blütezeit V-VI. Früchte kugelige Steinfrüchte, zunächst grün, dann in verschiedenen Gelbtönen, schließlich kräftig rot, zuletzt glänzend schwarz, giftig; Fruchtreife ab VIII.

Standort: Waldwege, Gehölzsäume, Ufer, Auengebüsche, Nadelmischbestände, vorzugsweise auf staunassen, sauren Böden.

Verbreitung: In EU weit verbreitet, vom Tiefland bis in 1500 m Höhe im Gebirge.

Wissenswertes: Die Blätter des F. sind die Nahrung der Raupen von Zitronenfalter (Foto unten) und Faulbaumbläuling, die nektarreichen Blüten ernähren Bienen, Fliegen und Käfer, die reifen Steinfrüchte vor allem Drosseln. Die gut abgelagerte Rinde wird medizinisch verwendet. Aus dem Holz stellte man früher hochwertige Holzkohle her, die, fein gemahlen, Bestandteil von Spreng- und Schießpulver (Schwarzpulver) war.

Purgier-Kreuzdorn *Rhamnus cathartica*

FAMILIE KREUZDORNGEWÄCHSE

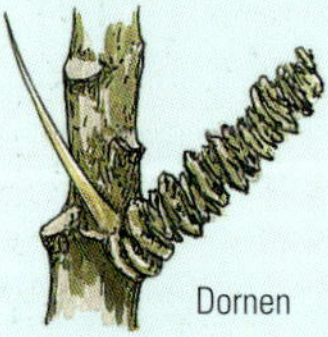

Dornen

Merkmale: Sommergrüner, mittelgroßer, sparrig verzweigter Wildstrauch bis 3 m Höhe oder kleiner Baum bis 8 m; junge Triebe schwach behaart, Zweige graubraun, nahezu rechtwinklig abstehend, enden gewöhnlich in langen Sprossdornen. Blätter gegenständig (beim ähnlichen Faulbaum wechselständig!), lang gestielt, elliptisch mit kurzer Spitze, an der Basis abgerundet, 2-7 cm lang, bis 5 cm breit, etwas gewellt, fein gesägt (beim Faulbaum immer glattrandig!), mit 3-4 Paaren stark gebogener, leicht behaarter Seitennerven. Blüten 4-zählig, nur um 5 mm breit, unscheinbar grünlich bis gelblich, zu 2-7 büschelig in den Blattachseln, angenehm duftend; Blütezeit IV-VI. Früchte etwa erbsengroße Steinfrüchte, schwarz, schwach glänzend, giftig; Fruchtreife ab IX.

Standort: Säume, Auengehölze, Gebüsche, Laubwälder, Flurhecken, meist an sonnigen, offenen Stellen, gern auf Kalkböden, im Gebirge bis in etwa 1300 m Höhe.

Verbreitung: In EU weit verbreitet, von der Iberischen Halbinsel bis Norwegen, ferner Balkan und Eurasien bis W-Sibirien; gelegentlich als Ziergehölz angepflanzt.

Wissenswertes: Der P. zählt zu den ausgesprochen dekorativen Strauchgehölzen und eignet sich sehr für Wildhecken und Vogelschutzpflanzungen. Er ist Nahrungspflanze vieler Insekten, beispielsweise für die Raupen des Kreuzdornspanners, der Kreuzdorn-Zwergmotte und des Zwergwicklers. Allerdings ist er auch obligater Zwischenwirt des Kronenrosts, einer Pilzerkrankung des Hafers. Die für den Menschen ungenießbaren Früchte haben stark abführende (= purgierende) Wirkung und werden ausschließlich medizinisch genutzt. Für Früchte verzehrende Vogelarten stellen sie eine wichtige und ungefährliche Nahrung dar. Aus dem Holz des P. fertigte man früher Drechslerwaren und Intarsien.

Alpen-Kreuzdorn *Rhamnus alpina*

Früchte

Merkmale: Sommergrüner, meist schlanker, wenig verzweigter, dornenloser Wildstrauch, 1-3 m hoch; junge Triebe fein behaart bis kahl; Winterknospen mit deckenden Knospenschuppen. Blätter wechselständig, bis zu 10 cm lang, elliptisch bis breit oval, an beiden Enden gerundet oder an der Basis leicht herzförmig, fein gezähnt, vorn oft mit kurzem Spitzchen, oberseits dunkelgrün, unterseits heller und auf den Adern schwach behaart, mit 7-20 Paaren leicht bogig verlaufender Seitennerven. Blüten meist zweihäusig verteilt, 4-zählig, grünlich gelb, büschelig in den Blattachseln; Blütezeit V-VII. Früchte blauschwarze Steinfrüchte, giftig; Samen glänzend gelb; Fruchtreife ab VII.

Standort: Gebüsche, Waldränder, Gehölzsäume an Fließgewässern, trockene, sonnige Felshänge.

Verbreitung: Gebirge in NW-Afrika und S-EU von den Pyrenäen über Italien und Österreich bis zum Balkan, fehlt im deutschen Alpengebiet; gelegentlich als Ziergehölz gepflanzt.

Wissenswertes: Der deutsche Gattungsname Kreuzdorn geht auf die besondere Stellung der bei vielen Arten vorkommenden Sprossdornen zurück. Diese bilden mit den geraden Ästen ein rechtwinkliges Kreuz. Der wissenschaftliche Gattungsname *Rhamnus* greift dagegen einen Begriff auf, unter dem der antike Arzt und Naturforscher Dioskurides (1. Jahrhundert n. Chr.) verschiedene Dornsträucher des Mittelmeergebiets zusammenfasste. Hier kommen in der Macchie auch einige immergrüne Arten vor, beispielsweise der rundliche, besonders kleine Blätter tragende **Ölbaum-Kreuzdorn** *R. oleoides* oder der **Stechpalmen-Kreuzdorn** *R. alaternus* mit ledrigen, stachelspitzigen Blättern.

Zwerg-Kreuzdorn *Rhamnus pumila* FAMILIE KREUZDORNGEWÄCHSE

Merkmale: Liegender oder kriechender, stark verzweigter, kleiner und dornenloser Zwergstrauch (Spalierstrauch) mit knorrigen Stämmchen, Wuchshöhe bis 20 cm. Blätter wechselständig, gestielt, 1-3 cm lang, an den Zweigenden büschelig gehäuft, lanzettlich oval, vorn rundlich, an der Basis keilförmig. Blüten 4-zählig, unscheinbar grünlich gelb, zwittrig oder eingeschlechtig; Blütezeit V-VII. Früchte kugelige, blauschwarze Steinfrüchte, leicht glänzend, giftig; Fruchtreife ab VII.

Standort: Feinerdearme Felsspalten, sonnige Kalkfelsen, in den Alpen bis in 2350 m Höhe.

Verbreitung: Hochgebirge von N-Afrika (Atlas), Pyrenäen, Alpen, Apennin, Balkan; mitunter in Steingärten angepflanzt.

Felsen-Kreuzdorn *Rhamnus saxatilis* FAMILIE KREUZDORNGEWÄCHSE

Blütenstand

Merkmale: Sommergrüner, sparrig verzweigter, bedornter, meist klein bleibender Wildstrauch, 0,5-2 m hoch; junge Triebe fein behaart, Rinde braunrot. Blätter (fast) gegenständig, 1-3 cm lang (d.h. deutlich kleiner als beim Purgier-K. ⇨S.94), elliptisch, zugespitzt, oberseits hellgrün, leicht glänzend. Blüten 4-zählig, hellgelb, büschelig in den Blattachseln; Blütezeit IV-V. Früchte glänzend schwarze Steinfrüchte, giftig; Fruchtreife VII-IX.

Standort: Felsige Kalk- und Dolomithänge, Schotterböden alpiner Flüsse, Gebüsche, Waldränder, lichte Kiefernbestände.

Verbreitung: Europäischer Faltengebirgsgürtel von den Pyrenäen bis zum Balkan, stellenweise auch Alpenvorland, Hegau und Schwäbische Alb.

Echte Weinrebe *Vitis vinifera*

Merkmale: Sommergrüner, mit Hilfe verzweigter Ranken (= umgebildete Blütenstände) kletternder Strauch, Wuchshöhe 10-20 m; junge Triebe behaart; Ranken oder Blütenstände an jedem 3. Sprossknoten fehlend.
Blätter lang gestielt, im Umriss rundlich bis herzförmig, 3- bis 5-lappig, scharf gezähnt, oberseits kahl, unterseits dicklich behaart, im Herbst je nach Sorte goldgelb oder intensiv rot.
Blüten unscheinbar, grünlich gelb, schwach duftend, zahlreich in aufrechten oder bogig abstehenden Rispen (= Gescheine) an der Basis jüngerer Triebe, Kelch- und Kronblätter sehr frühzeitig abfallend; Blüten der Wildform eingeschlechtig (zweihäusig verteilt), bei Kulturreben überwiegend zwittrig; Blütezeit VI.
Früchte kugelige bis längliche Beeren, bei der Wildform nur ungefähr erbsengroß und schwärzlich blau, von saurem Geschmack, bei den Kulturreben sortenabhängig gelbgrün, rotbraun oder blauviolett; Fruchtreife ab IX.

Standort: Die Wildform der W. ist eine auch im Halbschatten gedeihende Liane in strukturreichen Auenwäldern und bevorzugt tiefgründige, basenreiche Lehm- und Tonböden.

Verbreitung: SO- und südliches M.-EU, vor allem Mittelmeergebiet, in D als Wildpflanze sehr selten, nur im Oberrheingebiet und an der Donau; ansonsten in zahlreichen Kultursorten angebaut. Für die heimische Wildform gilt: **RL, §!**

Wissenswertes: Die häufig auch als eigene Art aufgefasste und dann als *V. sylvestris* bezeichnete Wildform ist heute nördlich der Alpen extrem selten geworden, weil zum einen ihre natürlichen Standorte verschwunden sind, zum anderen die im 19. Jahrhundert von N-Amerika eingeschleppten Schädlinge (Mehltau-Pilze, Reblaus) auch die wild vorkommenden Restpopulationen beeinträchtigten.
Schon die Menschen der Jungsteinzeit sammelten und verwerteten die Beeren, wie Traubenkernfunde in entsprechenden Siedlungshorizonten selbst im nördlichen M.-EU beweisen. Die

heimische Rebe ist eine der wichtigsten Stammarten im heutigen komplexen Sortenbild der Kulturreben, die in veredelter Form schon seit der frühen Vorantike angebaut werden, beispielsweise in Kleinasien. Im Vergleich zur Wildrebe entwickeln die Kulturreben, die meist als Unterarten aufgefasst werden, dickere Zweige, stärker behaarte Blätter und vor allem größere, saftreichere Beeren in vielen Farbnuancen. In den heutigen Weinbaulandschaften hat fast jedes Anbaugebiet seine bewährten Leitreben, etwa Riesling, Sylvaner, Müller-Thurgau, Gutedel, Trollinger, Portugieser oder Spätburgunder.

Verwandt: **Fuchs-Weinrebe** *Vitis labrusca,* junge Triebe auffallend flockig behaart, Blattranken bzw. Blütenstände ohne Unterbrechung an mehreren aufeinander folgenden Sprossknoten, Blätter im Umriss rundlich, bis 16 cm breit, undeutlich 3- bis 5-lappig bis 3-zipfelig, fein gezähnt, an der Basis mit enger Stielbucht, oberseits matt dunkelgrün, unterseits zunächst grau-, zuletzt braunfilzig; Früchte dunkelviolett, bei manchen Kulturformen auch grünlich. Als Kreuzungspartner wichtige Wildrebe aus dem östlichen N-Amerika, in Sorten weltweit verbreitet und auch in EU gelegentlich angepflanzt.

Dreispitzige Jungfernrebe *Parthenocissus tricuspidata* WEINREBENG.

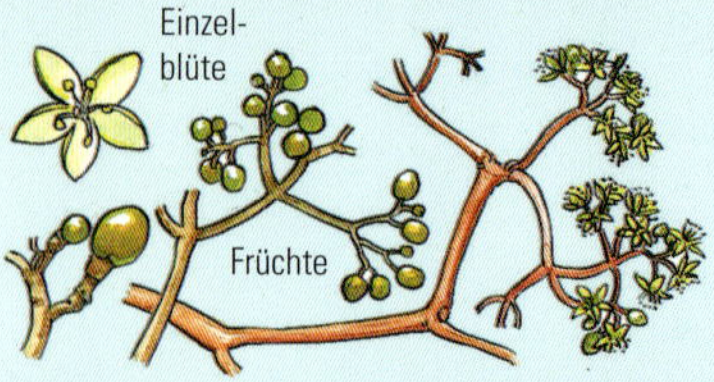

Merkmale: Sommergrüner Kletterstrauch, reicht an senkrechten Mauern oder Wänden bis über 20 m hoch; Ranken nur 2-3 cm lang, mit 6-10 an der Unterlage befestigten Haftscheiben.
Blätter lang gestielt, 10-20 cm lang, entweder ungeteilt und breit eiförmig, oder vorn 3-lappig mit spitz zulaufenden, grob gezähnten Lappen oder aber 3-zählig mit kurz gestielten Fiedern, wovon die beiden seitlichen schief oval sind, die mittlere einen verkehrt-eiförmigen Umriss aufweist; Spreiten oberseits glänzend, kahl, unterseits mattgrün und lediglich auf den Blattnerven ein wenig behaart, im Austrieb zunächst bronzefarben bis rötlich grün, im Herbst dann prächtig orangegelb bis intensiv scharlachrot gefärbt.
Blüten klein, unscheinbar, in Schirmrispen end- oder achselständig an wenigblättrigen Kurztrieben, grünlich getönt; Blütezeit VII VII.
Früchte blauschwarze Beerenfrüchte, bis 8 mm dick, bläulich bereift, ungenießbar; Fruchtreife ab X.
Standort: Auengebüsche, flussbegleitende Gehölze, feuchte Bergmischwälder.
Verbreitung: Heimisch in O-Asien (Japan, China, Korea); häufig in Sorten zur Fassadenbegrünung angepflanzt, gedeiht auch in Großstädten gut.
Wissenswertes: Bei den aus Aussaat heranwachsenden Pflanzen sind nur die Primärblätter 3-zählig gefingert, während alle Folgeblätter gelappt oder (sortenabhängig) ungelappt sind. Obwohl die Pflanzen an ihren Standorten im Siedlungsraum reichlich fruchten und die Früchte vor allem von Singvögeln verzehrt werden, kommt es nur relativ selten zur Verwilderung oder gar Einbürgerung dieser Art.

Gewöhnliche Jungfernrebe *Parthenocissus inserta* WEINREBENGEW.

Merkmale: Sommergrüner Kletterstrauch, erreicht meist nur 6-10 m Höhe, Ranken mit jeweils 2-5 verlängerten, windenden Seitenzweigen, ohne oder nur mit sehr schwach entwickelten Haftscheiben. Die dünnen Verzweigungsenden verkrallen sich in feine Unebenheiten der Wuchsunterlage oder schwellen darin geringfügig an, wodurch eine belastbare Verbindung hergestellt wird.
Blätter wechselständig, 5-zählig fingerförmig gefiedert, Fiedern sehr kurz oder undeutlich gestielt, bis zu 10 cm lang, 3 cm breit, elliptisch, lang zugespitzt, an der Basis keilförmig verschmälert, grob bis kerbig gesägt, kahl, beidseits glänzend, oberseits stumpfgrün, unterseits etwas bläulich, im Herbst leuchtend karminrot.
Blüten unscheinbar, grünlich; Blütezeit VI-VII.
Früchte erbsengroße Beerenfrüchte, blauschwarz, bereift, wegen größerer Mengen an Oxalsäure ungenießbar und leicht giftig; Fruchtreife X.
Standort: In Schleiergesellschaften an Waldsäumen, Flussufern und Bahndämmen, ferner an Mauern und in Ruinengelände, vorzugsweise auf wenig verfestigten, lehmig-tonigen und relativ nährstoffreichen Böden.
Verbreitung: Stammt aus dem westlichen N-Amerika; als Zierpflanze verwendet und in Auen verwildert, stellenweise eingebürgert.
Wissenswertes: Die reifen Früchte werden gern von Singvögeln (Drosseln) und Tauben verzehrt.

Ähnlich: Die **Selbstkletternde Jungfernrebe** *P. quinquefolia*, eine im östl. N-Amerika beheimatete Kleinart, wird häufig in verschiedenen Varietäten als deckender Fassadenkletterer angepflanzt. Die 5-12 Verzweigungen ihrer Blattranken sind regelmäßig 2-zeilig angeordnet und tragen meist gut entwickelte Haftscheiben, die Blätter sind oberseits etwas rau, unterseits mattgrün. Gelegentlich wird die S.J. mit der oft nur schwer unterscheidbaren Gewöhnl. J. zu einer Sammelart **Fünfblättrige J.** (*P. quinquefolia* i.w.S.) zusammengefasst.

Schmalblättrige Ölweide *Elaeagnus angustifolia* ÖLWEIDENGEWÄCHSE

Merkmale: Sommergrüner, mittelgroßer bis großer, dicht sparrig verzweigter und bedornter Strauch oder kleiner Baum mit meist breiter Krone, Wuchshöhe 2-5 m (selten auch höher); junge Triebe und Knospen dicht schülfrig mit silbrigen Schildhaaren besetzt; Zweige und Äste dünn berindet, rötlich braun, mit verdornten Kurzsprossen. Blätter wechselständig, gestielt, schmal lanzettlich, ledrig, etwa 4-8 cm lang und bis 2 cm breit, vorn spitz oder stumpf gerundet, am Grund keilförmig, oberseits graugrün und kahl, unterseits silbergrau, dicht mit weißlichen Sternhaaren besetzt. Blüten bis etwa 1 cm breit, zwittrig oder rein männlich, Kronblätter fehlen, Kelchblätter innen hellgelb, außen silbrig behaart, angenehm nach Leder duftend, kurz gestielt, einzeln oder zu jeweils 2-4 in den Blattachseln im unteren Bereich der Zweige; Blütezeit V-VII.
Früchte 1-2 cm lange, ovale bis zylindrische Scheinbeeren, hellgelb, mehlig, essbar, Geschmack sehr aromatisch; Fruchtreife ab VII.
Standort: Ufergehölze an Seen und Flüssen, Waldsäume, Gebüsche sonniger Hänge, bevorzugt auf lockeren, etwas feuchten Böden.
Verbreitung: Heimisch im zentralen Asien, im 17. Jh. in den Mittelmeerraum eingeführt und dort heute weit verbreitet; in M.-EU oft als Parkgehölz verwendet und stellenweise verwildert.
Wissenswertes: Die S.Ö. erträgt formenden Schnitt, bildet dann sehr dichte Hecken und eignet sich insofern hervorragend als Windschutz. Für Bienen und andere Hautflügler sind die Blüten eine ergiebige Tracht. Im Orient werden die getrockneten, nussartig schmeckenden Früchte der S.Ö. als Nahrungsmittel verzehrt.

Breitblättrige Ölweide *Elaeagnus commutata* ÖLWEIDENGEWÄCHSE

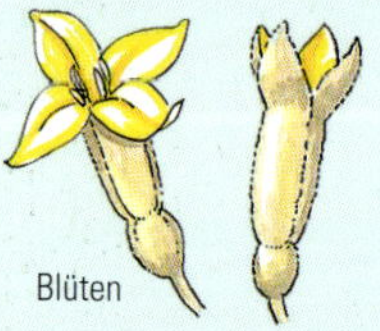

Merkmale: Sommergrüner, aufrechter, dicht verzweigter Strauch oder kleiner Baum mit Ausläufern, 2-5 m hoch; Zweige ohne Dornen, braun. Blätter wechselständig, breit oval, 4-8 cm lang und 2-4 cm breit, oberseits graugrün, unterseits grauweißlich, beidseits mit einzelnen silbrig bräunlichen Sternhaaren besetzt, die auch ohne Lupe gut zu erkennen sind. Blüten zylindrisch, außen silbrig, innen goldgelb, einzeln oder zu wenigen auf kurzen Stielen in den Blattachseln, angenehm duftend; Blütezeit V-VII. Früchte trocken, silbrig; Fruchtreife ab VIII.
Standort: Flussufer, Ufergehölze, Gebüsche.
Verbreitung: Heimisch in N-Amerika (Quebec bis Utah), häufig als Parkgehölz angepflanzt.
Wissenswertes: Die B.Ö., auch Silber-Ölweide genannt, eignet sich für dichte Windschutzpflanzungen in Grau- und Braundünen. Ihre Blüten liefern Bienen und Hummeln wertvolle Nahrung.

Reichblütige Ölweide *Elaeagnus multiflora* FAM. ÖLWEIDENGEWÄCHSE

Merkmale: Sommergrüner, dichtästiger, meist breiter Strauch bis 3 m Höhe; junge Triebe bräunlich schülfrig; Äste und Zweige ohne Sprossdornen. Blätter wechselständig, kurz gestielt, länglich oval bis elliptisch, zugespitzt, an der Basis abgerundet, 2,5-6 cm lang, bis 3 cm breit, oberseits dunkelgrün, anfangs dicht, später zerstreut mit silbrig grauen bis braunen Sternhaaren besetzt. Blüten 1-1,5 cm breit, weiß, beim Verblühen gelblich, röhriger Anteil etwa so lang wie die freien Zipfel, zu 1-2 in den Blattachseln; Blütezeit IV-V. Früchte länglich, saftig, 1-1,5 cm lang, an 2-3 cm langen, dünnen Stielen, kräftig rötlich bis rötlich braun, säuerlich; Fruchtreife ab VIII.
Standort: Trockenwarme Hänge mit lichten Gebüschen, Säume; benötigt wintermildes Klima.
Verbreitung: Stammt aus O-Asien (China, Japan, Korea); häufig als Ziergehölz (auch im Wege- und Straßenbegleitgrün) verwendet.
Wissenswertes: Die saftigen Steinfrüchte der R.Ö. sind essbar und werden in O-Asien konsumiert. In EU ist die R.Ö. bisher noch nicht verwildert.

Wacholderdrosseln im Sanddornstrauch

Merkmale: Sommergrüner, dicht verzweigter, buschiger Wildstrauch, teilweise mit zahlreichen Ausläufern, Wuchshöhe 2-3 m, seltener auch kleiner, breitkroniger Baum bis 6 m Höhe; zahlreiche Kurztriebe in 3-6 cm lange, spitze Dornen umgewandelt.

Blätter wechselständig, kurz gestielt, schmal lanzettlich, bis zu 7 cm lang, aber höchstens 1 cm breit, spitz oder abgestumpft, am Grund keilförmig, oberseits graugrün, unterseits silbrig grau, auf beiden Seiten mit großen, auch ohne Lupe erkennbaren Sternhaaren besetzt.

Blüten eingeschlechtig, zweihäusig verteilt, unauffällig grünlich braun, erscheinen schon vor dem Laubaustrieb, zu mehreren dicht gedrängt büschelig an vorjährigen Zweigen, ♂ Blüten mit 2 länglichen, etwa 3 mm breiten Kelchblättern und 4 Staubblättern, ♀ Blüten mit röhrenförmigem Kelchbecher und kurz herausragenden Griffeln, Windbestäubung; Blütezeit (III)IV-V.

Scheinfrüchte zur Reifezeit leuchtend orangegelb, beerenartig saftig, mit großem Steinsamen (der die eigentliche Frucht, eine Nuss, darstellt), essbar; Fruchtreife ab IX.

Standort: Schotterauen alpiner Fließgewässer und Felsgrushalden, in den Alpen bis in 1900 m Höhe, außerdem in Binnen- und Küstendünen (Braundünen, Dünentäler).

Verbreitung: In EU an den Küsten von Nord- und Ostsee, ferner Alpen, N-Italien, Balkan, Kaukasus und Vorderasien; in reich fruchtenden Sorten häufig als Ziergehölz verwendet, wegen der ausgeprägten Salzverträglichkeit auch in Straßenbegleitpflanzungen (z.B. an Autobahnen).

Wissenswertes: Der S. weist in M.-EU ein eigenartig zweigeteiltes Verbreitungsareal auf, wobei sich die jeweiligen Wildformen im Aussehen etwas unterscheiden: Die in den Alpen und im Alpenvorland als Pioniere auf Bachschotterfluren vorkommenden Exemplare sind nur schwach bedornt und recht locker verzweigt, während die an den Küsten vorkommende (und hier auch Seebeere genannte) Form kräftiger wird und außerdem stark bedornt ist. Die Pflanze gehört zu den windhärtesten heimischen Gehölzen und ist ausgesprochen lichtbedürftig. Eine Beschattung durch höherwüchsige Bäume erträgt sie nicht.

Die einladend orangeroten Sanddorn-»Beeren«, die säuerlich schmecken und ein wenig nach Buttersäure duften, entwickeln sich nicht wie üblich aus dem Fruchtknoten, sondern wie bei allen Vertretern der Ölweidengewächse ausnahmsweise aus dem Blütenkelch. Sie weisen ein Vielfaches vom Vitamin C-Gehalt der Zitrusfrüchte sowie zusätzlich Vitamine der A- und B-Gruppe auf. Für den Anbau als Vitaminspender gibt es besonders großfrüchtige und auch im Geschmack verbesserte Sorten (jeweils rein weibliche Pflanzen!), die zum Fruchtansatz allerdings einen geeigneten Pollenspender benötigen. Den Saft verwendet man in Saftmixgetränken, aus den Früchten lässt sich eine schmackhafte Marmelade bereiten.

Auch für die heimische Tierwelt ist der S. ein wertvolles Wildobst, das nicht nur Nahrung bereitstellt (beispielsweise Blätter für die Raupen des Sanddornschwärmers, Früchte für Dohlen, Stare und Fasane), sondern auch vielerlei Nist- und Versteckmöglichkeiten bietet.

Englischer Ginster *Genista anglica* SCHMETTERLINGSBLÜTENGEW.

Merkmale: Sommergrüner, sparrig verzweigter, kleiner, oft liegender Wildstrauch mit dünnen, vor allem im unteren (verholzten) Teil stark bedornten Zweigen, bis zu 50 cm hoch. Blätter kurz gestielt, einfach, elliptisch-lanzettlich, bis zu 8 mm lang und 3 mm breit, blaugrün, ohne Nebenblätter. Blüten kräftig gold- oder zitronengelb, kahl, bis zu 1 cm lang, zu 3-10 in endständigen, gedrängten, rundlichen Trauben; Blütezeit V-VII. Früchte rundliche Hülsen, kahl, hellbraun, bis zu 2 cm lang, leicht blasig verdickt; Fruchtreife VIII.

Standort: Lichte Eichen-Birken- und Kiefernwälder, Heiden, Moore, Trockenrasen.

Verbreitung: W- und M.-EU, SW-Italien, nördlich bis S-Schweden; in D fast nur im nördlichen Tiefland.

Wissenswertes: Der E.G. ist recht frostempfindlich und wird daher kaum als Ziergehölz verwendet.

Deutscher Ginster *Genista germanica* SCHMETTERLINGSBLÜTENGEW.

Merkmale: Sommergrüner, stark dorniger Wildstrauch mit liegenden, aufsteigenden oder aufrechten Ästen und Zweigen, bis zu 60 cm hoch; Triebe zottig behaart, Dornen bis 1,5 cm lang. Blätter wechselständig, sehr kurz gestielt bis sitzend, 1-2 cm lang und bis 7 mm breit, einfach, lanzettlich-elliptisch, grasgrün, vor allem am Rand lang bewimpert bis rauhaarig. Blüten goldgelb, etwa 1 cm lang, zahlreich in endständigen, lockeren, aufrechten, 1-5 cm langen Trauben; Blütezeit V-VIII. Früchte schwarzbraune Hülsen, dicht behaart, wenigsamig; Fruchtreife ab VII.

Standort: Magerwiesen, Heiden, lichte Wälder, Säume, lockere Gebüsche; auf kalkarmen Böden.

Verbreitung: M.- und O-EU, von S-Schweden bis NO-Italien, südöstlich bis Bulgarien; selten als Ziergehölz angepflanzt.

Behaarter Ginster *Genista pilosa* F. SCHMETTERLINGSBLÜTENGEWÄCHSE

Merkmale: Sommergrüner, reichästiger, dichtbuschiger Wildstrauch mit liegenden und aufsteigenden Ästen, bis zu 30 cm Höhe; jüngere Zweige rundlich, anliegend behaart, ältere langsstreifig und knotig, dornenlos. Blätter wechselständig, einfach, an Langtrieben einzeln, sonst in Büscheln, bis 1 cm lang und 4 mm breit, lanzettlich oval, entlang der Mittelrippe gefaltet, dunkelgrün, unterseits dicht seidig behaart. Blüten goldgelb, etwa 1 cm lang, zu 1-3 in den Blattachseln an vorjährigen Trieben; Blütezeit V-VIII. Früchte hellbraune Hülsen, bis 2,5 cm lang, seidig, abgeflacht, gerade; Fruchtreife ab VII.

Standort: Sonnige, trockenwarme, kalkarme Säume von Gebüschen und Wäldern, in Heiden und Magerwiesen.

Verbreitung: M.-, S- und SW-EU, in D vor allem im nordwestlichen Tiefland, fehlt südlich der Donau.

Wissenswertes: Der B.G. zeigt versauerte Böden an.

Skorpion-Ginster *Genista scorpius* SCHMETTERLINGSBLÜTENGEWÄCHSE

Merkmale: Sommergrüner, sparrig verzweigter, bis zu 1,6 m hoher Strauch; Zweige und Äste graubraun, längs gestreift, mit spitzen Sprossdornen. Blätter wechselständig, meist sitzend, einfach, lanzettlich oval, um 1 cm lang, bis 2 mm breit, spitz, graugrün, oberseits kahl, unterseits anliegend behaart. Blüten goldgelb, bis 1,5 cm lang, zu 1-4 in Blattachseln, kahl; Blütezeit IV-VI. Früchte (Hülsen) bis 4 cm lang, leicht gekrümmt, hellbraun; Fruchtreife ab VIII.

Standort: Felsige Hänge, steinige Säume, lichte Gebüsche und Wälder, v.a. auf kalkhaltigen Böden.

Verbreitung: W-EU sowie von der Iberischen Halbinsel bis S-Frankreich, vereinzelt auch in den unteren Höhenlagen der W-Alpen.

Färber-Ginster *Genista tinctoria* FAMILIE SCHMETTERLINGSBLÜTENGEWÄCHSE

Merkmale: Sommergrüner, ästiger Wildstrauch mit rutenförmigen, aufrechten, seltener auch liegenden Ästen und etwas kantig gefurchten Zweigen ohne Dornen, Wuchshöhe 0,3-1 m.
Blätter wechselständig, sitzend, einfach, bis zu 4,5 cm lang und um 0,5 cm breit, lanzettlich, kahl oder dünn seidig behaart, an der Basis mit 2 kleinen, schmalen Nebenblättern.
Blüten goldgelb, bis 1,5 cm lang, zahlreich in den oberen Blattachseln in aufrechten, schlanken Trauben, diese zu einem reichblütigen, rispigen Gesamtblütenstand vereinigt; Blütezeit VI-VII.
Früchte 2-3 cm lange Hülsen, kahl, flach, am Rand gewellt; Fruchtreife ab IX.

Standort: Heiden, trockene Magerwiesen, Heidemoore, lichte Eichen- und Kiefernwälder; fast immer auf nährstoffarmen, teilweise auf leicht kalkhaltigen und wechselfeuchten Böden.

Verbreitung: In EU vom Mittelmeergebiet bis nach S-Skandinavien weit verbreitet, ferner bis nach Kleinasien; fehlt in D im nordwestlichen Tiefland weitgehend; in den Alpen bis in 1500 m Höhe. Außerhalb des natürlichen Verbreitungsgebiets wird die Art häufig als dekoratives Ziergehölz (auch in gefülltblütigen Sorten) angepflanzt und ist stellenweise verwildert.

Wissenswertes: Zweige, Blätter und Blüten wurden früher wegen ihres Gehalts an Luteolin und Genestein zum Gelbfärben von Leinen und Wolle verwendet. Außerdem gewann man aus der Pflanze die mit Schlämmkreide und Alaun pastös angerührte Malfarbe »Schüttgelb«. Medizinisch nutzt man die in allen Pflanzenteilen enthaltenen Alkaloide, meist jedoch nur noch in homöopathischen Zubereitungen.

Strahlen-Ginster, Kugel-Ginster *Genista radiata* SCHMETTERLINGSBLÜT.

Merkmale: Sommergrüner, aufrechter, breitbuschiger Strauch mit liegenden, aufsteigenden oder aufrechten, mitunter allseits abstehenden, dunkelgrünen Ästen und gegenständig bis quirlig angeordneten Zweigen, ohne Dornen, Wuchshöhe bis etwa 80 cm.
Blätter gegenständig (Ausnahme innerhalb der Gattung!), kurz gestielt, 3-zählig gefiedert, Fiedern 0,5-2 cm lang und bis 4 mm breit, schmal lanzettlich, spitz, oberseits kahl, unterseits seidig behaart, fallen bisweilen schon frühzeitig wieder ab.
Blüten kräftig gelb, bis 1,5 cm lang, zu 2-15 in kopfig verdichteten, endständigen Trauben, Kelch becherförmig, behaart, Kronblätter außenseits nur spärlich behaart; Blütezeit V-VII.
Früchte 1-1,5 cm lange, behaarte Hülsen, ab VIII.

Standort: Lichte Laub- und Nadelwälder, Waldsäume, Gebüsche, trockenwarme, steinige Hänge und Trockenwiesen, meist auf Kalk.

Verbreitung: Südwest- und südosteuropäische Gebirge, vom südlichen Frankreich bis zum Peloponnes; außerhalb seines natürlichen Areals häufig als Zierstrauch angepflanzt.

Wissenswertes: Die Art wird wegen der grünen und nicht selten frühzeitig kahlen Äste auch Ruten-Ginster genannt und aufgrund der abweichenden gegenständigen Beblätterung gelegentlich in eine eigene Gattung gestellt.

Ähnlich: **Salzmanns Ginster** *Genista salzmannii* ist 30-70 cm hoch, allseits dicht verzweigt und alle Hauptäste enden in kräftigen, 1-2 cm langen Sprossdornen. Die einfachen Blätter sind bis 7 mm lang und 3 mm breit, die Blüten meist zu 2 in den Blattachseln. Die Art wächst nur im Mittelmeergebiet, in Kugelbuschheiden (Garigues) von der Küste bis ins Gebirge.

Spanischer Ginster *Genista hispanica* SCHMETTERLINGSBLÜTENGEW.

Merkmale: Sommergrüner, aufrechter, überaus dicht verzweigter Strauch mit allseits abstehenden Trieben, im Umriss daher rundlich bis halbkugelig, 30-70 cm hoch; junge Triebe dicht abstehend behaart; in den Blattachseln etwa 1 cm lange, verdornte Kurztriebe, nur blühende Triebe ohne Dornen. Blätter wechselständig, bis 1 cm lang, lanzettlich, vorn abgestumpft, kräftig grün, unterseits behaart, nur an den diesjährigen Trieben. Blüten goldgelb, 1 cm lang, zu 2-12 in kopfigen Trauben am Ende beblätterter Triebe; Blütezeit V-VI. Früchte behaarte Hülsen, mittelbraun; Fruchtreife ab VIII.
Standort: Offene Gebüsche, Steinfluren, küstennahe Felsabhänge, Macchie, meist auf Kalkböden.
Verbreitung: SW-EU von N-Spanien bis S-Frankreich; selten auch als Ziergehölz angepflanzt.

Wald-Ginster *Genista sylvestris* FAMILIE SCHMETTERLINGSBLÜTENGEWÄCHSE

Merkmale: Sommergrüner, dicht verzweigter, meist liegender Zwergstrauch, bis 20 cm hoch; Triebe silbrig behaart, ältere dornig bewehrt und bogig aufsteigend. Blätter wechselständig, linealisch-lanzettlich, um 1 cm lang, kahl oder sehr spärlich behaart. Blüten kräftig gelb, etwa 1 cm lang, Kelch seidig behaart, mit langen, schmalen Zähnen; zu 4-10 in lockeren oder kopfigen, end- und seitenständigen Trauben; Blütezeit V-VI. Früchte 1-samige, braune Hülsen mit aufwärts gebogenem Ende; Fruchtreife ab VIII.
Standort: Offene Felsfluren, küstennahe Abhänge, Trockengebüsche, Brachland.
Verbreitung: Nur an der mittleren Adria auf küstennahen Felsen; selten auch in Gärten gepflanzt.
Wissenswertes: Nach ihrem Verbreitungsbild wird die Art auch Dalmatinischer G. genannt.

Stacheliger Dornginster *Calicotome spinosa* SCHMETTERLINGSBLG.

Merkmale: Sommergrüner, aufrechter, sparrig verzweigter Strauch mit kräftigen Sprossdornen, 1-2 m hoch; junge Triebe schwach behaart, später kahl. Blätter wechselständig, gestielt, 3-zählig gefiedert, Fiedern bis 1,5 cm lang, oval, fallen im Frühsommer ab, werden beim Trocknen schwarz. Blüten goldgelb, rund 1,5 cm lang, zu 1-4 in den Blattachseln, Kelch zur Blütezeit ohne Zähne; Blütezeit III-IV. Früchte bis 4 cm lange, kahle Hülsen, reif glänzend schwarz; ab VIII.
Standort: Strauchdickichte, Macchien, Garigues, Felsgebüsche, Schlagfluren oder Brandflächen.
Verbreitung: Nur westliches Mittelmeergebiet, gelegentlich auch gärtnerisch verwendet.
Wissenswertes: Sehr ähnlich ist der auch im östlichen Mittelmeergebiet an vergleichbaren Standorten vorkommende **Behaarte Dornginster** *C. villosa*, dessen junge Zweige, Blattunterseiten und Kelche dicht seidig behaart sind.

Flügelginster *Chamaespartium sagittale* SCHMETTERLINGSBLÜTENGEW.

Merkmale: Dornenloser, teppichbildender Zwergstrauch mit kriechenden, wurzelnden Ästen und aufrechten, unverholzten Stängeln, bis 25 cm hoch, Stängel breit geflügelt, durch Einkerbungen in 3-6 Abschnitte gegliedert. Blätter spärlich, wechselständig, sitzend, einfach, rundlich oval oder leicht zugespitzt, bis zu 2 cm lang und um 6 mm breit, frühzeitig abfallend; Blüten goldgelb, bis 1,5 cm lang, zahlreich in endständigen, aufrechten Trauben; Blütezeit V-VII. Früchte zusammengedrückte, bis 2 cm lange, bräunliche Hülsen; ab VIII.
Standort: Magerrasen, Trockenwiesen, Heiden, Wegränder, lichte Gebüsche und Wälder.
Verbreitung: S-EU und südl. M.-EU von der Iberischen Halbinsel bis zum Balkan; in D nordwärts nur bis zum Mittelrhein.
Wissenswertes: Die breit geflügelten, z.T. wintergrünen Stängel übernehmen statt der meist fehlenden Blätter die Aufgabe der Photosynthese.

Genista sylvestris ssp. dalmatica

Gewöhnlicher Stechginster *Ulex europaeus* SCHMETTERLINGSBLÜTENG.

Merkmale: Immergrüner, dicht und sparrig verzweigter Strauch mit dunkelgrünen, etwas gerillten, aufrechten bis allseits abstehenden Zweigen, die in spitzen, starren Sprossdornen enden, 0,5 -2 m hoch. Laubblätter nur an Keimpflanzen, 3-zählig gefiedert, spätere Blätter zu stechenden, festen, aber biegsamen, gefurchten, etwa 1 cm langen Blattdornen umgewandelt. Blüten goldgelb, kurz gestielt, angenehm süßlich duftend, bis zu 2 cm lang, zu 1-3 in den Achseln langer Dornen oder winziger Schuppenblätter entlang der Äste und Zweige; Blütezeit (II)III-VII. Früchte ovale, schwarzbraune Hülsen, bis 2 cm lang, dicht behaart, länger als der Kelch; Fruchtreife VII-VIII.

Standort: Bestandsbildend in küstennahen Heidegebieten, außerdem lichte Laubwälder, Säume, Abhänge, auf wärmeren Sand- und Steinböden.

Verbreitung: Atlantisches W-EU, von N-Spanien über Frankreich bis zu den Brit. Inseln, in D auf den Nordseeinseln sowie in S-Skandinavien vermutlich nur eingebürgert; mancherorts als Windschutz oder zur Dünenbefestigung angepflanzt.

Wissenswertes: Die glänzend braunen Samen weisen ein zitronen- bis goldgelbes, fetthaltiges Anhängsel auf (kleines Foto links oben). Ameisen sammeln und verschleppen die Samen wegen dieser Leckerbissen und tragen so wirksam zur Verbreitung der Art bei.

Alle Teile der auch Gaspeldorn genannten Pflanze sind für den Menschen giftig. Früher gewann man aus den Blüten den gelben Farbstoff zum Färben von Textilien. Die zu Dornen umgewandelten Blätter werden als Fraßschutz gegen größere Tiere gedeutet. Sie halten zwar Schafe und Rinder ab, nicht jedoch Kaninchen, Pferde oder Ziegen.

Kleiner Stechginster *Ulex minor* SCHMETTERLINGSBLÜTENGEWÄCHSE

Merkmale: Sommergrüner, mäßig verzweigter Strauch mit liegenden oder aufrechten Ästen, bis 30-80 cm hoch; Zweige braunrot behaart, mit Längsrillen; fast alle Seitenzweige als Sprossdornen. Blätter in spitze, biegsame, wenig stechende, 1-1,5 cm lange Blattdornen umgewandelt. Blüten hell- bis zitronengelb, um 11 mm lang, zu 1-2 in den Achseln der Blattdornen, Blütenstiel und Kelch behaart, Flügel gerade, ebenso lang wie das Schiffchen; Blütezeit VII-X. Früchte 7-8 mm lange Hülsen, stark behaart, etwas kürzer als der Kelch, meist 4-samig; Fruchtreife erst ab III des folgenden Jahres.

Standort: Küstenfelsen, küstennahe Heiden, Trockengebüsche, Brachen, Wegsäume.

Verbreitung: Westliches Mittelmeergebiet, Iberische Halbinsel, W-Frankreich, Kanalinseln und westliche Britische Inseln; nur selten angepflanzt.

Wissenswertes: Der K. S. heißt auch Zwerg-S.

Gallischer Stechginster *Ulex gallii* F. SCHMETTERLINGSBLÜTENGEWÄCHSE

Merkmale: Sommergrüner, kleinerer, meist aufrechter Strauch mit dunkelgrünen, starren Zweigen, 0,5-1 m hoch; Sprossdornen bis 4 cm lang, gebogen, gerillt oder nur leicht gestreift. Blätter alle in biegsame, dicht stehende Blattdornen umgewandelt. Blüten orangegelb, um 1,2 cm lang, Flügel gebogen, etwas länger als das Schiffchen; Blütezeit VIII-XII. Früchte behaarte Hülsen, ungefähr so lang wie der Kelch, gewöhnlich 6-samig; Fruchtreife im nachfolgenden Frühjahr.

Standort: Mäßig trockene Heiden, Abhänge, Küstenfelsen, Wegsäume; nur auf sauren Böden.

Verbreitung: Nur NW-EU, genauer gesagt mittleres W-Frankreich, westliche Britische Inseln bis S-Schottland, Kanalküste östlich bis Belgien.

Besenginster *Cytisus scoparius* FAMILIE SCHMETTERLINGSBLÜTENGEWÄCHSE

Merkmale: Sommergrüner, reichästiger Strauch mit kantigen, grünen, rutenförmigen, meist aufrechten Zweigen, 1-2 m hoch; junge Triebe leicht seidig behaart, später kahl. Blätter wechselständig oder in Kurztriebbüscheln, 3-zählig gefiedert, Fiedern etwa 1 cm lang, oval-lanzettlich, anliegend behaart, z.T. schon frühzeitig abfallend, an den oberen Langtrieben auch einfach und länger bleibend. Blüten 1 cm lang gestielt, goldgelb, bis 2,5 cm lang, einzeln oder zu 2 in den Blattachseln, zusammen einen traubigen Blütenstand ergebend; Blütezeit V-VII. Früchte bis zu 5 cm lange, abgeflachte Hülsen, reif schwarz; Fruchtreife ab VII.
Standort: Wegränder, Böschungen, Waldsäume, Steinbrüche; fehlt auf Kalkuntergrund; dient als zuverlässiger Säureanzeiger, da immer auf mäßig saurem Boden.
Verbreitung: In W- und M.-EU weit verbreitet, von der Iberischen Halbinsel bis zum Balkan, in D vor allem in den atlantisch beeinflussten westlichen Landesteilen; in vielen als »Edelginster« bezeichneten Gartensorten mit lachsfarbenen, karminroten oder elfenbeinweißen Blüten angepflanzt.
Wissenswertes: Der B. friert in strengen Wintern stark zurück und regeneriert sich dann aus Sämlingen. Die rutenförmigen Zweige verwendete man früher zum Besenbinden.
Die Staubblätter dieser Art sind uhrfederartig zusammengerollt. Drückt ein landendes Insekt das Schiffchen herab, springen sie aus der Blüte hervor und verteilen ihren Pollen über das Insekt.

Purpur-Zwergginster *Chamaecytisus purpureus* SCHMETTERLINGSBLG.

Merkmale: Sommergrüner, kleiner Strauch mit liegenden oder bogig aufsteigenden Ästen sowie unterirdisch kriechenden Sprossen, 30-60 cm hoch; junge Triebe leicht behaart, später kahl, kantig längsstreifig; Zweige graugrün. Blätter wechselständig, gestielt, 3-zählig gefiedert, Fiedern elliptisch, dunkelgrün, bis zu 2 cm lang, kahl. Blüten bis 2,5 cm lang, Krone purpurrot, Fahne in der Mitte dunkler als am Rand; zu 1-3 in Blattachseln an vorjährigen Trieben; Blütezeit V-VI. Früchte schmale Hülsen, kahl; ab VIII.
Standort: Zwergstrauchbestände, Heiden, magere Offenfluren, Felshänge, Kiefernwälder.
Verbreitung: S- und SO-Alpen, Balkan, häufig in Gärten als Zierstrauch angepflanzt.
Wissenswertes: Gärtnerisch wird die Art auch Purpurginster, Rosenginster oder Purpur-Geißklee genannt, wissenschaftlich manchmal auch der Gattung *Cytisus* zugeordnet.

Kopf-Zwergginster *Chamaecytisus supinus* SCHMETTERLINGSBLG.

Merkmale: Sommergrüner, dichtästiger, meist breiter Strauch mit liegenden bis aufsteigenden Ästen und aufrechten Zweigen ohne Dornen, 15-50 cm hoch; Triebe rund, zottig weißlich behaart. Blätter wechselständig, gestielt, 3-zählig gefiedert, Fiedern elliptisch, stumpf oder kurz stachelspitzig, bis 4 cm lang, meist beidseits dicht abstehend behaart. Blüten sattgelb, 1,5 cm lang, Fahne mit braunrotem Fleck, zu 2-8 in kopfigen Trauben an den Zweigenden oder zu 1-2 in den Blattachseln; Blütezeit V-VI(VIII). Früchte dicht behaarte Hülsen; ab VIII.
Standort: Offene, felsige Hänge, Brachen, Ufergebüsche, lichte Wälder, Magerweiden, meist auf trockenem, kalkhaltigem, lehmigem Boden.
Verbreitung: S-EU und südliches M.-EU, von Frankreich über den Balkan bis zum Schwarzmeergebiet, in D nur im Donauraum; vielfach als Ziergehölz gepflanzt, verwildert aber kaum.

Regensburger Zwergginster
Chamaecytisus ratisbonensis SCHM.

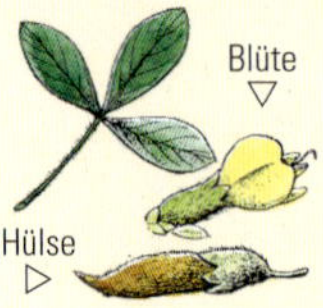

Merkmale: Sommergrüner, unbedornter Strauch mit liegenden oder aufgerichteten, rundlichen Ästen, bis 50 cm hoch; junge Triebe anliegend grauhaarig. Blätter wechselständig, lang gestielt, 3-zählig gefiedert, Fiedern 1-2 cm lang, v.a. unterseits dicht behaart. Blüten hellgelb, Fahne mit bräunlichem Fleck, deutlich länger als Schiffchen und Flügel, einzeln oder in seitenständigen Büscheln im oberen Teil der Zweige; Blütezeit IV-VI, mitunter ein 2. Mal IX-X. Früchte dunkelbraune Hülsen, dicht behaart; ab VIII.
Standort: Trockenwarme Gebüsche und Wälder, Trockenrasen, Bahndämme und Steinbrüche; zeigt nährstoffarme, magere Böden an.
Verbreitung: Südliches M.- und SO-EU bis Ural; in D nur in Bayern außerhalb der Alpen; selten auch als Ziergehölz (= Seidenhaar-Geißklee) gepflanzt.

Blattstielloser Zwergginster
Chamaecytisus sessilifolius SCHM.

Merkmale: Sommergrüner, buschig verzweigter Strauch mit aufrechten, kantigen, grünen, kahlen Zweigen, 0,3-1,2 m hoch. Blätter wechselständig, sehr kurz gestielt oder sitzend, Fiedern bis 2 cm lang, rundlich oval, mit kurzer Stachelspitze, beim Vertrocknen grün bleibend. Blüten gelb, um 1 cm lang, Schiffchen etwas kürzer als die Fahne, aufwärts gekrümmt; zu 2-8 am Ende der Jahrestriebe, Blütezeit IV-VII. Früchte schmal sichelförmige Hülsen, braungrau; ab VIII.
Standort: Trockene, sonnige Gebüsche, lichte Laubwälder, felsige Abhänge und Säume.
Verbreitung: Westliches Mittelmeergebiet von Spanien bis Italien; mitunter Ziergehölz.
Wissenswertes: Der B.Z. wird auch Italienischer Geißklee genannt. Im Mittelmeergebiet kommen viele weitere Arten dieser großen Gattung vor.

Schwarzwerdender Geißklee
Cytisus nigricans SCHMETTERLINGSBLG.

Merkmale: Sommergrüner, unbedornter kleiner Strauch mit kurzen, verzweigten, verdickten Ästen, von denen aufrechte, rutenförmige Zweige ausgehen, 0,3 -1 m hoch. Blätter wechselständig, dünn gestielt, 3-zählig gefiedert, Fiedern bis 3 cm lang und 1 cm breit, anliegend behaart. Blüten goldgelb, etwa 1 cm lang, Fahne, Flügel u. Schiffchen ungefähr gleich lang, angenehm duftend, zahlreich in aufrechten, endständigen, bis 30 cm langen Trauben; Blütezeit VI-VIII. Früchte (Hülsen) gerade, 2-3 cm lang und bis 5 mm breit, dicht anliegend behaart; Fruchtreife ab IX.
Standort: Lichte Wälder, Wegsäume, Felshänge.
Verbreitung: Südliches M.- und S-EU, in D in den Mittelgebirgen; wird auch gärtnerisch verwendet.
Wissenswertes: Alle Teile der Pflanze verfärben sich im Herbst (oder beim Trocknen in der Pflanzenpresse) schwärzlich.

Dornige Hauhechel *Ononis spinosa* SCHMETTERLINGSBLÜTENGEW.

Merkmale: Sommergrüner, kleiner Strauch mit liegenden oder aufsteigenden, bedornten Ästen, 20-60 cm hoch; Zweige im mittleren Teil meist 2-reihig, weiter oben allseitig behaart, rötlich braun. Blätter wechselständig, kurz gestielt oder sitzend, 3-zählig gefiedert, im oberen Stängelbereich auch einfach, Fiedern bis zu 3 cm lang, vorn rundlich oder spitz, gezähnt. Blüten kurz gestielt, bis zu 1,5 cm breit, zu 1-3 an verdornten Kurztrieben, Kronen rosarot, Fahne dunkler geadert, Schiffchen sichelförmig aufgebogen; Blütezeit VI-VIII. Früchte (Hülsen) 1 cm lang, ab VIII.
Standort: Magerwiesen, Halbtrockenrasen, extensiv genutzte Weiden, Wegränder.
Verbreitung: In EU vor allem in den Mittelgebirgen weit verbreitet, aber regional nur vereinzelt auftretend; ferner N-Afrika und W-Asien.
Wissenswertes: Die einzelnen Kleinarten innerhalb dieser formenreichen Sippe sind oft nur schwer unterscheidbar.

Binsenginster *Spartium junceum* FAM. SCHMETTERLINGSBLÜTENGEWÄCHSE

Merkmale: Sommergrüner, reich verzweigter Strauch, 0,5-3 m hoch; Äste und Zweige aufrecht, rutenförmig, biegsam, rund, fein gerippt, grün, kahl. Blätter wechselständig, sitzend, einfach, lanzettlich, etwa 3 cm und bis 3 mm breit, unterseits nur auf der Mittelrippe leicht behaart, fallen meist schon frühzeitig ab.

Blüten kräftig gelb, stark und angenehm duftend, bis 2,5 cm lang, Fahne aufrecht und meist etwas zurückgeschlagen, Flügel kürzer als das Schiffchen; zahlreich in langen, vielblütigen Trauben am Ende jüngerer Zweige; Blütezeit IV-VIII.

Früchte schwarzbraune, bis 8 cm lange, behaarte Hülsen; giftig; ab IX am Strauch.

Standort: Macchien und Garigues, Trockenhänge und Felsen, Wegränder, Brachen, meist auf Kalk.

Verbreitung: Gesamtes Mittelmeergebiet und SW-EU, außerdem auf Madeira und den Kanarischen Inseln, in wintermilden Gebieten gelegentlich als Ziergehölz angepflanzt und auch in M.-EU zunehmend verwildert anzutreffen.

Wissenswertes: Der B., auch Pfriemenginster oder »Spanischer Ginster« genannnt, ist ein Beispiel für so genannte Rutensträucher, zu denen auch der heimische Besenginster (⇨S. 320) gehört. Diese Gehölze verzichten an ihren sommertrockenen Standorten z.T. schon ab Frühsommer auf die kleinen Blätter und erledigen die photosynthetische Stoffproduktion allein mit den grünen, wegen des günstigen Verhältnisses von Volumen zu Oberfläche äußerst wasserökonomisch arbeitenden Zweigen. Die für unsere Augen einheitlich gelbe Fahne der B.-Blüten zeigt für Insektenaugen dunkle Streifen, welche die Bestäuber als »Leitplanken« in das Blütenzentrum locken.

Strauch-Kronwicke *Coronilla emerus* SCHMETTERLINGSBLÜTENGEW.

Merkmale: Sommergrüner, dornenloser, reichästiger und aufrechter Strauch, 0,5-2 m hoch; junge Triebe leicht behaart, grün, längsstreifig. Blätter wechselständig, gestielt, 7- bis 9-zählig unpaarig gefiedert, Fiedern kurz gestielt oder sitzend, bis zu 2 cm lang, stumpf, aber stachelspitzig, graugrün, anfangs anliegend behaart. Blüten blassgelb, angenehm duftend, etwa 2 cm lang, zu 1-2 auf in lang gestielten Trauben in den oberen Blattachseln, in der Knospe nickend, nach dem Aufblühen schräg aufgerichtet; Blütezeit IV-VI. Frucht eine bis 10 cm lange, aber nur 3 mm breite Hülse, in einzelne Glieder zerfallend; Fruchtreife ab VIII.

Standort: Lichte Wälder und Gebüsche.

Verbreitung: S-EU von der Iberischen Halbinsel bis zum Balkan, ferner N-Afrika; in D fast ausschließlich im Oberrheingebiet.

Wissenswertes: Die S. ist in allen Teilen leicht giftig.

Blasenstrauch *Colutea arborescens* SCHMETTERLINGSBLÜTENGEWÄCHSE

Merkmale: Sommergrüner, reich verzweigter, unbedornter Strauch, 1-4 m hoch; Triebe anfangs behaart, später kahl und hohl; Rinde fasert in Längsstreifen von Ästen und Stämmen ab. Blätter wechselständig, lang gestielt, 5- bis 11-zählig unpaarig gefiedert, Fiedern breit elliptisch, bis 3,5 cm lang, mit kurzer Stachelspitze. Blüten goldgelb, bis zu 2 cm lang, mit dunkelrot gestreifter Fahne, zu wenigen in lang gestielten Trauben in den Blattachseln; Blütezeit V-VIII. Frucht eine 5-8 cm lange Hülse, bei der Reife blasig aufgetrieben mit pergamentartig durchscheinenden Wänden; Fruchtreife ab VII.

Standort: Trockene Hänge, Felsfluren, lichte Laubwälder, meist auf trockenen Kalkböden.

Verbreitung: S-EU und südliches M.-EU, N-Afrika, W-Asien, in D nur im Oberrheingebiet; häufig an Straßenrändern oder als Zierstrauch gepflanzt.

Wissenswertes: Frucht u. Samen des B. sind giftig.

Erbsenstrauch *Caragana arborescens* SCHMETTERLINGSBLÜTENGEW.

Merkmale: Sommergrüner, ästiger, aufrechter Strauch, 4-6 m hoch; Triebe anfangs noch fein behaart, später kahl; Rinde olivgrün bis braungrau. Blätter wechselständig, an Kurztrieben büschelig, 8- bis 12-zählig paarig gefiedert, Fiedern 1-2,5 cm lang, elliptisch, mit kurzer Stachelspitze, anfangs beidseitig behaart, später oberseits kahl, gelbgrün; Nebenblätter klein, mitunter verdornt. Blüten bis zu 5 cm lang gestielt, hellgelb, zu 1-4 büschelig an den Kurztrieben, bis 2,2 cm lang; Blütezeit V-VI. Früchte (Hülsen) bis 5 cm lang, wenig behaart; Fruchtreife ab VIII. Alle Teile der Pflanze sind leicht giftig!

Standort: Waldsäume, lichte Gebüsche.

Verbreitung: Stammt aus dem nordöstlichen Asien (Sibirien, Mandschurei); häufig in Sorten als Parkgehölz oder im Straßenbegleitgrün.

Gewöhnlicher Goldregen *Laburnum anagyroides* SCHMETTERLG.

Merkmale: Sommergrüner Strauch oder (mehrstämmiger) Baum mit auffallend glatter, grüner, längsstreifiger Rinde, 3-7 m hoch; junge Triebe auffallend seidig behaart. Blätter an Langtrieben wechselständig, an Kurztrieben büschelig, lang gestielt, 3-zählig gefiedert, Fiedern bis 8 cm lang, länglich oval, oberseits matt dunkelgrün, unterseits graugrün und anfangs anliegend behaart. Blüten hellgelb, bis 2 cm groß, zahlreich in hängenden, 10-25 cm langen Trauben; Blütezeit V-VI. Früchte abgeflachte Hülsen, hellbraun, zwischen den Samen eingeschnürt; ab VIII. Alle Pflanzeteile stark giftig!

Standort: Sonnige Felsen, Eichengebüsche.

Verbreitung: Von SO-Frankreich über die Südalpen bis zum Balkan; in D wohl nur eingebürgert; häufig in Gärten angepflanzt.

Alpen-Goldregen *Laburnum alpinum* F. SCHMETTERLINGSBLÜTENGEWÄCHSE

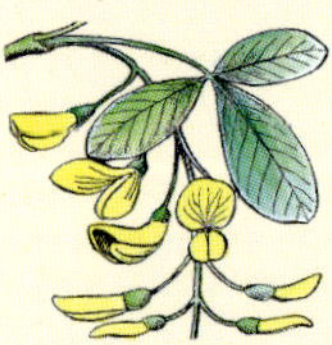

Merkmale: Sommergrüner Strauch mit aufrechten Ästen und später überhängenden Zweigen, 1-5 m (in Kultur bis zu 8 m) hoch; junge Triebe anfangs spärlich behaart, bald völlig kahl. Blätter wechselständig, an Kurztrieben büschelig, lang gestielt, 3-zählig gefiedert, Fiedern bis 7 cm lang, oval-elliptisch, vorn rundlich mit kurzer Stachelspitze, hellgrün und etwas glänzend, anfangs seidig, später nur noch unterseits auf dem Mittelnerv behaart, ohne Nebenblätter. Blüten gestielt, goldgelb, angenehm süßlich duftend, 1,5 cm groß, Unter- und Oberlippe des Kelchs gleich lang (beim Gewöhnl. G. Unterlippe länger); zahlreich (zu 20-40) in hängenden, schmalen, etwa 30 cm langen Trauben; Blütezeit V-VII. Früchte (Hülsen) bis 6 cm lang und 1 cm breit, hellbraun, kahl, deutlich gekielt; ab VIII.

Standort: Sonnige Hänge, lichte Wälder, Kahlschläge, Wegränder, Säume, gewöhnlich auf steinigen, etwas feuchten, lockeren Böden.

Verbreitung: Südliches M.-EU und Gebirge in S-EU vom Schweizer Jura bis zu den Karpaten und zum Balkan, in den Alpen bis etwa 2000 m Höhe; häufig angepflanzt und gelegentlich verwildert.

Wissenswertes: Wie alle Goldregen enthält der A. starke Giftstoffe, vor allem in den Samen!

Ähnlich: **Bastard-Goldregen** *Laburnum* x *watereri*, fruchtbarer Kreuzungsbastard zwischen dem Gewöhnl. Goldregen und dem Alpen-Goldregen mit aufstrebenden Ästen und schmaler Krone; Blattstiele bis 10 cm lang, Blattunterseiten und Blütenstiele spärlich behaart; Blüten in auffallend reichblütigen, bis über 40 cm langen, hängenden Trauben. Dieser Bastard bildet die Grundlage für die starkwüchsigen und neben den Elternarten sehr häufig verwendeten Gartensorten. Verwilderte Exemplare sind von den Elternarten oder deren Gartensorten nur schwer unterscheidbar, zumal fruchtbare Rückkreuzungen vorkommen können und auf diese Weise recht unübersichtliche Formenschwärme entstehen.

Chinesischer Blauregen, Glyzinie *Wisteria sinensis* SCHMETT.

Merkmale: Sommergrüner, stattlicher, linkswindender Schlingstrauch (Liane) mit bis zu armdicken Stämmen und dünnen Ästen, bis über 10 m Höhe. Blätter wechselständig, lang gestielt, bis 30 cm lang, 7- bis 13-zählig unpaarig gefiedert, Fiedern 5-8 cm lang, glattrandig, kurz gestielt, länglich elliptisch, an der Basis keilförmig, vorn schlank zugespitzt, mitunter leicht buchtig gewellt, Endfieder wenig größer als die Seitenfiedern, anfangs anliegend behaart, zuletzt völlig kahl; Nebenblätter nur kurzlebig. Blüten an Kurztrieben, vor dem Laubaustrieb erscheinend, 1-2 cm lang, sehr angenehm duftend, Kelch glockig mit 5 ungleich langen Zähnen, Krone hellblau bis blauviolett (bei Sorten auch in abweichender Färbung), Flügel sichelförmig, Schiffchen leicht aufgebogen, zahlreich in langen, hängenden Trauben, alle Blüten eines Blütenstands ungefähr gleichzeitig aufblühend; Blütezeit V-VI. Früchte derbe Hülsen, samtig grau behaart, zwischen den Samen verengt; Fruchtreife VII-VIII.
Standort: Auenwälder, Ufergebüsche.
Verbreitung: Stammt ursprünglich aus O-Asien (China); häufig in Sorten zur Bekleidung von Mauern, Fassaden oder Pergolen angepflanzt.
Wissenswertes: Der Windungssinn der Pflanzen ist genetisch festgelegt: Die wachsende Sprossspitze führt in Wachstumsrichtung kreisende Bewegungen gegen den Uhrzeigersinn aus (Linkswinder). Der C. B. enthält in allen Teilen Giftstoffe, vor allem in Rinde (kl. Foto) und Samen.

Ähnlich: Der **Japanische Blauregen** *W. floribunda*, ebenfalls oft als Fassadenschmuck gepflanzt, ist rechtswindend, hat deutlich behaarte Blattstiele und bis 50 cm lange Trauben, deren Blüten allmählich zur Spitze hin aufblühen. Seine Blattfiedern sind undeutlich zugespitzt.

Bleibusch, Bastardindigo *Amorpha fruticosa* SCHMETTERLINGSBLÜTENG.

Frucht (Nuss)

Merkmale: Sommergrüner, aufrechter, sparrig verzweigter Strauch von 1-3 m Höhe; junge Triebe weich behaart, später zunehmend kahl. Blätter wechselständig, 2-4 cm lang gestielt, bis 30 cm lang, 9- bis 25-zählig unpaarig gefiedert, Fiedern 1,5-4 cm lang, länglich oval bis elliptisch, vorn mit sehr kurzer Stachelspitze, glattrandig, unterseits anfangs hellgrau behaart, bald verkahlend; Nebenblätter schmal linealisch, schon kurz nach der Blattentfaltung abfallend. Blüten klein, zahlreich in 7-15 cm langen, aufrechten, endständigen Trauben oder Doppeltrauben, von den Kronblättern der typischen Schmetterlingsblüte nur die breite Fahne vorhanden, purpurblau bis blauviolett, die lebhaft gelben Staubbeutel wegen der fehlenden Kronenteile gleichsam im Freien stehend und damit Bestandteil des attraktiven Erscheinungsbilds der Blüten; Blütezeit VI-VIII, manchmal auch bis IX. Früchte 7-9 mm lang, gebogen, kahl, ab VIII.
Standort: Lichte Laubwälder, Säume, Prärien, Trockengebüsche, gern auf trockenem Boden.
Verbreitung: Ursprünglich nur in den kontinentalen Gebieten N-Amerikas (Kanada bis Florida und Mexiko), in M.-EU in klimatisch trockenwarmen Gebieten vielfach als resistentes und dekoratives Straßenbegleitgehölz angepflanzt, in S-EU stellenweise eingebürgert; in D bisher nur unbeständig verwildert, da recht frostempfindlich.
Wissenswertes: Der B. nimmt innerhalb der Familie eine bemerkenswerte Sonderstellung ein: Zum einen zeigt er eine eigenartig geformte Blüte, der die beiden seitlichen Flügel und das Schiffchen fehlen, zum anderen entwickelt er nicht die familientypische Hülsenfrucht, sondern seitlich abgeflachte, ziemlich derbwandige, runzelige und 1-samige Nüsse.
Außer dem B. werden vor allem in S-EU noch 2 weitere dekorative, untereinander recht ähnliche nordamerikanische Arten der Gattung als Ziergehölze verwendet. Sie zeichnen sich gegenüber dem B. durch nahezu ungestielte Blätter mit sehr kleinen Fiederblättchen aus.

Judasbaum *Cercis siliquastrum* JOHANNISBROTGEWÄCHSE

Merkmale: Sommergrüner Großstrauch oder kleiner Baum bis 10 m Höhe; Triebe kahl. Blätter wechselständig, gestielt, Spreite zum Blattstiel hin stark abgewinkelt, einfach, glattrandig, im Umriss annähernd kreisrund, an der Basis herzförmig, bis zu 10 cm lang und ebenso breit, kahl, oberseits matt dunkelgrün, unterseits leicht bläulich grün, am Rand etwas gewellt. Blüten vor dem Laub erscheinend, gestielt, zu je 2-8 in kleinen Büscheln am Stamm oder an den größeren Ästen, Kronen rosarot getönt, 1-2 cm lang, obere 3 Kronblätter deutlich schmaler als die beiden unteren; Blütezeit III-IV. Früchte (Hülsen) 5-9 cm lang, spitz, stark abgeflacht, ledrig, braun bis rotbraun, bleiben lange geschlossen am Baum; Fruchtreife ab VIII.
Standort: Auenwälder, Gebüsche, auf mäßig trockenem, meist kalkhaltigem Boden.

Verbreitung: Östliches Mittelmeergebiet von der Adria bis W-Asien; häufig als Ziergehölz angepflanzt und verwildert; in D fast nur in den Weinbauregionen als Park- und Gartengehölz.
Wissenswertes: Der J. zeigt die sonst vor allem bei tropischen und subtropischen Gehölzen vorkommende Stamm- oder Astblütigkeit (Kauli- bzw. Ramiflorie): Seine auffälligen Blütenstände entwickeln sich ausschließlich am mehr- bis vieljährigen Holz.

Ähnlich: **Chinesischer Judasbaum** *Cercis chinensis,* Blätter an der Basis tief herzförmig und plötzlich zugespitzt, am Rand etwas knorpelig und umgebogen; Blüten violettrot; selten als Ziergehölz gepflanzt.

Alpen-Zwergbuchs *Polygala chamaebuxus* FAM. KREUZBLUMENGEWÄCHSE

Merkmale: Immergrüner, kleiner Halbstrauch mit liegenden oder bogig aufsteigenden, verzweigten, nur im unteren Teil verholzten Stängeln, 10-30 cm hoch; junge Triebe abstehend behaart, im Alter zunehmend kahl und braun.
Blätter wechselständig, meist sitzend oder kurz gestielt, ledrig, dunkelgrün, glattrandig, schmal eiförmig, mit kleiner, aufgesetzter Spitze, kahl.
Blüten bis 2-3 cm lang, zu 1-3 in den Achseln der mittleren und oberen Blätter oder am Ende des Stängels; 5 Kelchblätter, sehr ungleich gestaltet, das oberste gespornt, die beiden unteren klein, die beiden seitlichen groß und blütenblattartig, gewöhnlich aufwärts gerichtet oder etwas zurückgeschlagen, entweder cremeweiß, gelblich oder intensiv purpurn; 3 Kronblätter, das untere groß, schiffchenartig und mit fransigem Anhängsel, weißlich bis gelborange, beim Verblühen zunehmend dunkler bis braunorange; 8 Staubblätter, zu einer oben offenen Röhre verwachsen; Blütezeit III-V, nicht selten ein zweites Mal IX-X. Früchte fleischige, rundlich-herzförmige, abgeflachte Kapseln mit dunkelbraunen Samen; ab VIII.
Standort: Kiefernwälder, Legföhrengebüsche, steinige Matten und Magerrasen, meist auf Kalk, nicht selten auch auf Granitverwitterungsböden.
Verbreitung: In den Alpen von S-Frankreich bis zu den Ostalpen, vereinzelt auch Bayerischer Wald, Fränkischer, Schwäbischer und Schweizer Jura, Baar, Alpenvorland, bis in etwa 2000 m Höhe.
Wissenswertes: Diese Art wird auch Buchsblättrige Kreuzblume genannt. Sie ist in M.-EU die einzige Holzpflanze innerhalb der artenreichen Gattung und fällt an ihren Standorten durch den teppichartigen Wuchs und die meist zahlreichen, äußerst attraktiven Blüten auf. Diese erinnern in ihrem Grundmuster an eine typische Schmetterlingsblüte, beziehen in die werbewirksam aufgemachte Blütenhülle jedoch auch die vergrößerten Kelchblätter ein. Die Farbveränderung der Kronenspitze beim Abblühen geht an die Adresse der Bestäuberinsekten und signalisiert, dass in der Blüte nun nichts mehr zu holen ist.

Perückenstrauch *Cotinus coggygria* FAMILIE SUMACHGEWÄCHSE

Merkmale: Sommergrüner, reich verzweigter Mittelstrauch mit rundlicher, oft sehr breiter Krone, 2-5 m hoch; Triebe mit zahlreichen hellen Korkwarzen. Blätter wechselständig, 3-8 cm lang gestielt, breit oval bis rundlich elliptisch, 3-7 cm lang und bis 6 cm breit, vorn stumpf, rundlich oder leicht ausgerandet, dünn, glattrandig, oberseits hell- oder kräftig grün, unterseits bläulich, beidseits kahl. Blüten 5-zählig, etwa 2-4 mm breit, unscheinbar, zwittrig oder eingeschlechtig, größtenteils jedoch steril, gelblich weiß, überaus zahlreich zu lockeren, bis 20 cm langen, endständigen, reichästigen Rispen angeordnet; Blütezeit V-VII. Die Blütenstiele strecken sich zur Reifezeit im Herbst und entwickeln einen dichten Besatz mit fiedrigen Haaren, die dem Fruchtstand das Merkmal einer Perücke verleihen. Sie verfärben sich wie die Blätter kräftig rötlich bis purpurrot.

Standort: Sonnige Felsgebüsche, Trockenwälder, meist auf kalkhaltigen, steinigen, trockenen Böden; sehr lichtbedürftiges Gehölz.

Verbreitung: Vom östlichen Mittelmeergebiet und der Balkanhalbinsel über Vorderasien bis nach Zentralchina; häufig in Sorten mit abweichender Laubfärbung als Ziergehölz in Parks und Gärten angepflanzt, jedoch kaum verwildert.

Wissenswertes: Die stark gerbstoffhaltigen Blätter wurden früher medizinisch als blutstillendes Mittel genutzt, haben jedoch heute keine arzneiliche Bedeutung mehr. Das Holz verwendete man zur Gewinnung von Farbstoffen für Seide und Wolle. Zu diesem Zweck wurde der P. im Elsass und in S-Tirol sogar eigens angebaut.

Ähnlich: Ebenso dekorativ ist der **Amerikanische Perückenstrauch** *C. obovatus*. Er unterscheidet sich von der europäischen Art durch die anfangs seidige Behaarung der Blattunterseite und den keilförmigen Blattgrund.

Essigbaum, Hirschkolben-Sumach *Rhus typhina* SUMACHGEWÄCHSE

Blätter unpaarig gefiedert

Merkmale: Sommergrüner, wenig verzweigter Strauch mit dicken Ästen und zahlreichen Ausläufern oder kleiner Baum, 3-5 m hoch; junge Zweige dicht samtig behaart (Unterschied zum sehr ähnlichen **Kahlen Sumach** *R. glabra*). Blätter wechselständig, lang gestielt, 30-60 cm lang, 11- bis 31-zählig unpaarig gefiedert, Fiedern 5-12 cm lang, länglich-lanzettlich, zugespitzt, grob gesägt, anfangs behaart, sattgrün, unterseits hellgrau, im Herbst prachtvoll karmin- bis scharlachrot. Blüten klein, unscheinbar, grünlich, zwittrig oder eingeschlechtig, zahlreich in aufrechten, endständigen, bis 20 cm langen, auffallend kolbenartig verdickten Rispen; Blütezeit VI-VII. Früchte (Steinfrüchte) rot behaart, daher intensiv rötlich- oder rostbraun; Fruchtreife ab IX.

Standort: Waldsäume, Wegränder, Offenland.

Verbreitung: Stammt aus dem östlichen N-Amerika; in EU häufig als Ziergehölz gepflanzt und an Bahndämmen, auf Schuttplätzen oder in nährstoffreichen Krautfluren verwildert.

Wissenswertes: Der E. wird in Europa schon seit dem 17. Jh. als Ziergehölz angepflanzt. Heute gibt es Gartenformen mit tief fiederschnittigen, farnartig zerteilten oder zerschlitzten Fiederblättchen. Der Blütenstand kann von tief eingeschnittenen Hochblättern durchsetzt sein.

Verschiedene Gartenformen des Essigbaums weisen unterschiedlich stark abgewandelte Blätter auf.

Herbstfärbung

Feld-Ahorn *Acer campestre*

FAMILIE AHORNGEWÄCHSE

Merkmale: Sommergrüner, mehrstämmiger Großstrauch oder kleiner Baum bis 10 m Höhe; Zweige manchmal mit Korkleisten. Blätter gegenständig, Blattstiel mit Milchsaft, bis zu 6 cm lang, grün, Spreite 5-9 cm lang, 5-lappig buchtig geteilt, wenig gekerbt oder undeutlich gezähnt, an den Enden gerundet. Blüten mit dem Laub erscheinend; Blütezeit V. Früchte (Spaltfrüchte aus 2 geflügelten Nüssen) mit geraden Flügeln; Fruchtreife ab IX.
Standort: Mischwälder, Feldgehölze, Hecken.
Verbreitung: Von N-Afrika bis W-Asien, in M.-EU überall verbreitet, in D vor allem in der Mittelgebirgsregion, in den Alpen bis in 1000 m Höhe.

Burgen-Ahorn *Acer monspessulanum*

FAMILIE AHORNGEWÄCHSE

Merkmale: Sommergrüner, großer Strauch oder kleiner Baum. Blätter gegenständig, Blattstiele 3-6 cm lang, rötlich, Spreite bis 6 cm lang und 8 cm breit, mit 3 etwa gleich großen, rundlich ovalen, glattrandigen Lappen, an der Basis leicht herzförmig, kahl, im Herbst kräftig gelb bis dunkelrot. Blüten mit dem Laub erscheinend, Blütezeit IV-V. Früchte geflügelte Nussfrüchte, Flügel überlappend; Fruchtreife ab IX.
Standort: Felsgebüsche, Trockenhänge.
Verbreitung: Vor allem S-EU und Mittelmeergebiet; in D nur isolierte Vorkommen im Nahe-, Mittelrhein- und Moseltal; selten auch als Ziergehölz.

Tataren-Ahorn *Acer tataricum*

FAMILIE AHORNGEWÄCHSE

Merkmale: Sommergrüner Großstrauch oder kleiner Baum bis 7 m Höhe; Blätter gegenständig, lang gestielt, Spreite eiförmig, 6-10 cm lang und 4-8 cm breit, meist ungelappt oder mit 1-2 undeutlichen randlichen Lappen, an der Basis abgerundet oder v-förmig eingeschnitten, stumpf oder kurz zugespitzt, im Herbst leuchtend orangerot. Blüten nach dem Laub erscheinend, zahlreich in aufrechten oder ausgebreiteten Rispen, weißlich, angenehm duftend; Blütezeit IV-V. Die roten Flügel der Nussfrüchte schließen einen spitzen Winkel ein, sodass die Außenkanten parallel verlaufen; ab VIII.
Standort: Flussufer, felsige Hänge.
Verbreitung: Vom südöstlichen EU bis zum Ural; nördlich der Alpen häufig als Parkgehölz.
Wissenswertes: Hinsichtlich der Blattgestalt bildet der T. in seiner umfangreichen Verwandtschaft eine bemerkenswerte Ausnahme.

Pimpernuss *Staphylea pinnata*

FAMILIE KLAPPERNUSSGEWÄCHSE

Merkmale: Sommergrüner, wenig verzweigter Strauch mit aufrechten Ästen, 2-5 m hoch; Zweige anfangs grünlich, später rötlich braun mit hellen Rindenporen. Blätter gegenständig, lang gestielt, bis 25 cm lang, 5- bis 7-zählig unpaarig gefiedert, Fiedern elliptisch, zugespitzt. Blüten 5-zählig, Kelchblätter gelblich weiß, leicht rötlich überlaufen, von den nur wenig größeren Kronblättern nicht zu unterscheiden, zahlreich in hängenden, endständigen Rispen; Blütezeit V-VI. Kapselfrüchte blasig aufgetrieben, häutig, blassgrün, bis 4 cm lang; Fruchtreife ab IX.
Standort: Krautreiche Mischwälder, Säume, Schläge, gern auf kalkreichen Böden.
Verbreitung: Südliches M.-EU, Schweizer Jura Alpennordrand, Karpaten, Balkan; in D selten in der Oberrheinebene, sonst nur angepflanzt.
Wissenswertes: Die P. heißt auch Klappernuss, da die reifen Samen in den Früchten klappern.

Herbstfärbung

Strauch-Eibisch *Hibiscus syriacus*

FAMILIE MALVENGEWÄCHSE

Merkmale: Sommergrüner Strauch mit steil aufrechten Ästen und meist kurzen Zweigen, 2-3 m hoch; junge Triebe weich behaart, später zunehmend kahl, hellgrau.
Blätter wechselständig, 2-5 cm lang gestielt, 5-10 cm lang und bis zu 6 cm breit, im Umriss rautenförmig, meist jedoch undeutlich 3-lappig mit stumpfen Zipfeln, graugrün, unterseits mit einzelnen Sternhaaren, überwiegend aber kahl.
Blüten 4-6 cm breit, einzeln in der Achsel von Laubblättern an den Zweigenden, Außenkelch glockig, Kelch 7- bis 9-teilig, Krone weit trichterförmig mit 5 freien Kronblättern, weiß, rosa, bläulich oder violett; Blütezeit VI-X.
Standort: Ufergehölze an Flüssen, Wälder.
Verbreitung: Stammt aus S- und O-Asien (nicht aus Syrien); vielfach in Gartensorten angepflanzt, in S-EU stellenweise eingebürgert.

Wissenswertes: Das zarte Streifenmuster und der dunklere Fleck im Blütenzentrum sind Orientierungshilfen für die Blütenbesucher (meist Hummeln), die das reichhaltige Pollenangebot der Blüte nutzen. Wie bei allen Malvengewächsen sind die zahlreichen Staubblätter zu einer zentralen Säule verwachsen. Die Blüte ist vormännig, d.h. die Staubbeutel stäuben, während der Griffel mit der mehrteiligen Narbe noch in der Säule verborgen ist. Erst später streckt sich der Griffel. Auf diese Weise ist die Selbstbestäubung sehr erschwert. Der S., auch Strauch-Hibiscus genannt, ist in M.-EU der einzige zuverlässig frostharte Strauch seiner artenreichen Verwandtschaft.

Salbeiblättrige Zistrose *Cistus salvifolius*

FAMILIE ZISTROSENGEWÄCHSE

Merkmale: Immer- oder zumindest wintergrüner, reichästiger, aufrechter Strauch, 0,3-1 m hoch; junge Triebe und Zweige dicht mit vielteiligen Sternhaaren besetzt.
Blätter wechselständig, gestielt, gegenständig, einfach, 1-4 cm lang und bis 2 cm breit, breit oval bis elliptisch, vorn spitz oder stumpf gerundet, an der Basis keilförmig verschmälert oder leicht herzförmig, runzelig, beidseits dicht mit Sternhaaren besetzt und daher graugrün.
Blüten 1-10 cm lang gestielt, 4-5 cm breit, einzeln oder zu wenigen in den Achseln laubblattähnlicher Tragblätter an den Zweigenden, Kelchblätter ungleich, 2 größere, herzförmige umhüllen die beiden ovalen kleineren; 5 Kronblätter, reinweiß, bis 2 cm lang, vorn rundlich oder leicht ausgerandet, Staubblätter sehr zahlreich; Blütezeit IV-VI.
Früchte 5-kantige Kapseln; Fruchtreife ab VIII.
Standort: Gebüsche, Garigues, Macchien.
Verbreitung: Gesamtes Mittelmeergebiet bis zum Kaukasus, ferner S-Frankreich und SW-Schweiz.
Wissenswertes: Das reiche Pollenangebot der Blüten wird von urtümlichen Schmetterlingen wie den Langhornmotten (kleines Foto links) genutzt, die noch kauende Mundwerkzeuge besitzen. Die Zistrosen sind die Charakterpflanzen der sonnig-trockenen Macchien und Garigues entlang der Mittelmeerküsten. In ihrer Heimat werden sie zusätzlich gärtnerisch verwendet, während sie in M.-EU nicht ausreichend frostbeständig sind. Die Gattung *Cistus* ist im Mittelmeerraum mit insgesamt 20 Arten vertreten.

> *Ähnlich:* Die **Pappelblättrige Zistrose** *C. populifolius* lässt sich vor allem an ihren spitzen, am Grund herzförmigen Blättern von der Salbeiblättrigen Z. unterscheiden. Die **Lorbeerblättrige Zistrose** *C. laurifolius* weist dagegen eher rautenförmige Blätter auf.

Gewöhnlicher Seidelbast *Daphne mezereum* F. SEIDELBASTGEWÄCHSE

Merkmale: Sommergrüner, wenig verzweigter Kleinstrauch mit rutenförmigen, biegsamen, aufrechten oder abstehenden Ästen und Zweigen, 0,4-1,5 m hoch; Triebe und Zweige dicht mit kleinen Korkwarzen besetzt. Blätter wechselständig, kurz gestielt, an den Zweigenden büschelig gehäuft, 3-8 cm lang, länglich-lanzettlich, stumpf oder leicht zugespitzt, an der Basis keilförmig, oberseits lebhaft grün, unterseits einheitlich graugrün oder bläulich. Blüten an tieferen Seitenknospen älterer Äste, büschelig zusammen, vor dem Laubaustrieb erscheinend, stark und angenehm duftend; Krone fehlt, statt dessen kronblattartig ausgefärbte Kelchblätter, rosapurpurn bis karminrot; Blütezeit II-IV. Steinfrüchte korallenrot; Fruchtreife ab VI. **Standort:** Schattige Gebüsche und Laubmischwälder auf wechselfeuchten Böden.

Verbreitung: In EU weit verbreitet, vor allem in den höheren Mittelgebirgen, in den Alpen bis in 2000 m Höhe, fehlt im Tiefland; auch in Sorten als Ziergehölz in Gärten und Parks gepflanzt. **§!**
Wissenswertes: Alle Teile der Pflanze sind stark giftig! Schon der Verzehr weniger Früchte kann z.B. für Kinder lebensgefährlich sein. Allerdings wirken die Giftstoffe des G.S. nur bei Säugern, für Vögel etwa sind die lebhaft gefärbten Früchte völlig ungefährlich. Trotz ihrer Giftigkeit schätzt man die Pflanze schon seit langem wegen ihres dekorativen Aussehens. An Schulhöfen und Spielplätzen darf sie jedoch nicht gepflanzt werden.

Verwandt: **Gestreifter Seidelbast** *Daphne striata*, Zwergstrauch bis 30 cm, Blüten kopfig, endständig; alpine Zwergstrauchheiden.

Lorbeer-Seidelbast *Daphne laureola* FAMILIE SEIDELBASTGEWÄCHSE

Merkmale: Immergrüner, wenig verzweigter Kleinstrauch mit aufrechten Ästen, bis 1 m hoch. Blätter wechselständig, gestielt, 3-10 cm lang, ledrig, lanzettlich, zugespitzt, kahl, oberseits matt dunkelgrün, unterseits gelblich, mit kräftigem Mittelnerv. Blüten gelblich grün, schwach duftend, büschelig in hängenden, kurz gestielten Trauben in den Blattachseln nahe der Zweigspitze; Blütezeit II-V. Steinfrüchte eiförmig, blauschwarz; Fruchtreife ab VII. In allen Pflanzenteilen sehr giftig!
Standort: Lichte Mischwälder und Gebüsche, meist auf kalkhaltigen, mäßig trockenen Lockerböden, im Bergland nur bis in etwa 1000 m Höhe.
Verbreitung: W- und S-EU, Mittelmeergebiet, N-Afrika; in D lediglich im S-Schwarzwald sowie am Mittelrhein natürlich vorkommend; gelegentlich gärtnerisch in Steingartenpflanzungen verwendet, selten verwildert. **RL!**

Rosmarin-Seidelbast, Steinröschen *Daphne cneorum* SEIDELB.

Merkmale: Immergrüner, locker verzweigter, oft sehr breiter Kleinstrauch von 10-30 cm Höhe; Triebe anliegend grau behaart; Blätter wechselständig, an den Zweigenden schopfig gehäuft, sitzend, 1-2 cm lang und 3-5 mm breit, länglich bis spatelförmig, ledrig, kahl, oberseits dunkelgrün, unterseits bläulich. Blüten zu mehreren in endständigen Köpfen, stark nach Nelken duftend; ohne Kronblätter, statt dessen kronblattartige, leuchtend rosarote Kelche mit ausgebreiteten Zipfeln; Blütezeit IV-V. Steinfrüchte gelb oder rötlich; Fruchtreife VIII. Alle Pflanzenteile sind sehr giftig!
Standort: Kalk liebende Art in Gebüschen, Kiefernwälder, Trockenrasen und Felsfluren.
Verbreitung: Gebirge in M.- und S-EU, von den Pyrenäen bis zum Balkan; häufig in Sorten als Steingartenpflanze verwendet. **RL, §!**

Alpen-Seidelbast, Berg-Seidelbast *Daphne alpina* SEIDELBASTGEW.

Merkmale: Sommergrüner, reich verzweigter, dichter Kleinstrauch mit liegenden bis bogig aufsteigenden Ästen, 20-50 cm hoch; Triebe behaart, Äste mit vereinzelten Korkwarzen. Blätter wechselständig, an den Zweigenden büschelig gehäuft, 1-4 cm lang und bis zu 2 cm breit, verkehrt eiförmig, nicht ledrig, oberseits graugrün, unterseit etwas heller. Blüten kurz gestielt, bis 1,8 cm breit, zu 6-10 büschelig in den oberen Blattachseln, angenehm nach Vanille duftend, Kelchröhre bis 1 cm lang, außen seidig, Kelchzipfel ebenso lang und weit zurückgeschlagen, weiß; Blütezeit V-VI. Früchte (Steinfrüchte) rotorange; Fruchtreife ab VIII. Alle Teile der Pflanze, vor allem das Holz und die Samen, enthalten starke Giftstoffe!
Standort: Felsgrate, Felsspalten, Steinfluren, Grobschutt, auch Mauern; auf Kalk.
Verbreitung: Europäische Hochgebirge, von den Pyrenäen bis zu den Karpaten, ferner N-Afrika; in den Alpen bis in 1900 m Höhe, fehlt in D; in Steingartenpflanzungen gärtnerisch verwendet.
Wissenswertes: Wie bei allen Seidelbast-Arten ist die Blütenhülle nur einfach, die Kronblätter fehlen. Die Werbewirkung übernehmen in diesem Fall die kronblattartig gestalteten Kelchblattzipfel.

Verwandt: **Ölbaum-Seidelbast** *Daphne oleoides*, immergrüner, sparriger Strauch, bis zu 50 cm hoch, Blätter 2-3 cm lang, ledrig, spatelig, unterseits schwarz punktiert, Blüten gelblich weiß, gehäuft an den Zweigenden, Kelchröhre außen behaart; Felsfluren, steinige Hänge; in den Gebirgen des Mittelmeergebiets, selten auch als Ziergehölz angepflanzt.

Mannsblut *Hypericum androsaemum* FAMILIE JOHANNISKRAUTGEWÄCHSE

Merkmale: Immergrüner, dicht verzweigter Strauch mit kriechenden oder aufsteigenden Ästen und 2-kantigen Trieben, 30-80 cm hoch. Blätter sitzend, kahl, 4-12 cm lang, breit eiförmig, ledrig, glattrandig, unterseits auffallend blaugrün, mit großen Öldrüsen durchscheinend punktiert. Blüten hellgelb, bis 3 cm breit, lang gestielt, Staubblätter sehr zahlreich, länger als die 5 Kronblätter; Blütezeit VI-VIII. Beerenfrucht anfangs rotbraun, später glänzend schwarz, ungenießbar; Fruchtreife ab VIII.
Standort: Lichte Wälder, schattige Gebüsche.
Verbreitung: W- und S-EU, von der Iberischen Halbinsel bis nach Kleinasien, nördlich bis Irland, ferner N-Afrika; fehlt in D; gärtnerisch häufig als Bodendecker verwendet.
Wissenswertes: Der eigentümliche Artname leitet sich vom intensiv roten Saft der Knospen, Kronblätter und Beeren ab.

Immergrünes Johanniskraut *Hypericum calycinum* JOHANNISKRAUTG.

Merkmale: Immergrüner, dicht verzweigter und buschiger Strauch mit zahlreichen Ausläufern, 20-60 cm hoch; Triebe scharf 4-kantig. Blätter gegenständig, kurz gestielt bis sitzend, 4-9 cm lang und bis 4 cm breit, stumpf elliptisch, glattrandig, derb, ledrig, oberseits dunkelgrün, kahl, unterseits leicht bläulich, durch zahlreiche Öldrüsen durchscheinend punktiert. Blüten 5-7 cm breit, lang gestielt, einzeln an den Zweigenden, Kelchblätter ungleich groß, Kronblätter leuchtend gelb, Staubblätter sehr zahlreich, mit rötlichen Staubbeuteln; Blütezeit VII-IX. Kapselfrüchte braunrot, hängend, ab VIII.
Standort: Lichte Wälder, steinige Böschungen.
Verbreitung: SO-EU (Bulgarien, Türkei), in S- und W-EU stellenweise eingebürgert; häufig als Bodendecker in Parks angepflanzt.
Wissenswertes: Das I. J. stellt eine ergiebige Pollenquelle für Bienen dar.

Gewöhnlicher Spindelbaum, Pfaffenhütchen
Euonymus europaea FAMILIE SPINDELBAUMGEWÄCHSE

Merkmale: Sommergrüner Strauch oder kleiner Baum, dicht und sparrig verzweigt, 2-6 m hoch; Triebe grünlich, rundlich oder etwas kantig, mitunter mit schmalen Korkleisten. Blätter gegenständig, gestielt, 5-8 cm lang, oval-lanzettlich, zugespitzt, kahl, glattrandig oder schwach gekerbt, im Herbst kupferrot. Blüten unauffällig, 4-zählig, grünlich, um 1 cm breit, lang gestielt, zu 3-9 traubig in den Blattachseln, schwach duftend; Blütezeit V-VI. Früchte (Kapseln) 4-klappig, reif karminrot, Samen groß, weißlich, in der Kapsel von einem kontrastreich orangeroten Samenmantel umgeben; Fruchtreife ab IX. Alle Pflanzenteile giftig!

Standort: Feldgehölze, Wald- und Wegränder.

Verbreitung: In EU weit verbreitet.

Wissenswertes: Das gelbliche Holz wurde früher zu hochwertiger Zeichenkohle und verschiedenen Drechslerprodukten (u.a. Spindeln, Instrumentenbauteile) verarbeitet. Die Früchte werden von Elstern, Staren (Foto unten), Drosseln, Rotkehlchen und anderen Singvögeln gern verzehrt – die darin enthaltenen Alkaloide wirken nur auf Säugetiere giftig, für Vögel sind sie ungefährlich.

Breitblättriger Spindelbaum
Euonymus latifolia SPINDELBAUMGEW.

Merkmale: Sommergrüner Strauch mit aufrechten, etwas sparrigen, aschgrau berindeten Ästen, bis 5 m hoch; Äste und Zweige glatt und rutenförmig, rund oder leicht zusammengedrückt. Blätter gegenständig, kurz gestielt, länglich oval, fein zugespitzt, 6-12 cm lang, bogennervig, dunkelgrün, sehr fein gesägt. Blüten 5-zählig, bis 1 cm breit, Kronblätter grünlich, an den Rändern rot; Blütezeit V-VI. Früchte (Kapseln) 5-klappig, kantig mit schmalem Flügelsaum, Samen weiß, mit orangerotem Samenmantel; Fruchtreife ab IX. Pflanze giftig!

Standort: Krautreiche Mischwälder, Säume, schattige Gebüsche, Kahlschläge.

Verbreitung: Gebirge M.-EU, Pyrenäen, Alpen, Apennin, Cevennen, Balkan, ferner Karpaten und Kaukasus; nicht selten auch angepflanzt.

Wissenswertes: Das harte, feste Holz wurde ähnlich verwendet wie das vom Gewöhnlichen S.

Warzen-Spindelbaum *Euonymus verrucosa* SPINDELBAUMGEWÄCHSE

Merkmale: Sommergrüner Strauch mit abstehenden Ästen, bis 2 m hoch; Triebe dicht mit großen, dunkelbraunen Korkwarzen besetzt. Blätter bis 6 cm lang, oval-lanzettlich, zugespitzt. Blüten grünlich, 4-zählig, 6-10 mm breit, dunkel rötlich punktiert, zu 2-3 in lang gestielten Trauben; Blütezeit V-VI. Früchte (Kapseln) gelbrot, Samen schwarz, nur unvollständig vom roten Samenmantel umhüllt; Fruchtreife ab IX. Ganze Pflanze giftig!

Standort: Felsgebüsche, Wälder, Säume.

Verbreitung: O-EU und südöstliches M.-EU, von Polen und Österreich bis zum Ural, nicht selten auch als Zierstrauch angepflanzt.

Ähnlich: **Flügel-Spindelbaum** *Euonymus alata*, bis 4 m hoher Strauch, Zweige mit je 4 schmalen, flügelartigen Korkleisten, Blätter elliptisch; ursprünglich in O-Asien, häufig angepflanzt.

Laubholz-Mistel *Viscum album*

Merkmale: Immergrüner, meist sehr reich und regelmäßig gabelig verzweigter, kugeliger Strauch, bis 1 m Durchmesser, parasitiert auf Laubbäumen; Zweige gelblich grün, biegsam, kahl, rundlich. Blätter gegenständig, sitzend, um 5 cm lang und bis 1 cm breit, ledrig derb, länglich-zungenförmig, vorn gerundet, beidseitig gleichfarben gelblich grün, nach etwa 15 Monaten »Betriebsdauer« ohne Umfärben abfallend; Blüten zweihäusig verteilt, unscheinbar, gelblich, einzeln oder zu 3-5 in den Achseln winziger Hochblätter an den Sprossenden; Blütezeit III-V. Früchte weißliche, kugelige Scheinbeeren, bestehen aus einem stark klebrigen Fruchtfleisch und mehreren darin eingebetteten Samen mit der eigentlichen Fruchthülle; Fruchtreife ab XI. Pflanze giftig!
Standort: Geäst von Pappeln, Weiden, Birken, Hainbuchen, Robinien, Kastanien und Obstgehölzen (besonders auf Apfelbäumen), nicht dagegen auf Buchen oder Eichen.
Verbreitung: M.- und S-EU, nördlich bis Skandinavien, ferner bis Vorderasien; vom Tiefland bis ins Bergland, dort bis in etwa 1300 m Höhe.
Wissenswertes: Die L. ist ein Halbparasit, der seiner Wuchsunterlage lediglich Wasser und die darin gelösten Mineralsalze entnimmt, nicht dagegen organische Baustoffe aus der Produktion der Wirtspflanze. Die Schädigung des Trägerbaums hält sich daher meist in Grenzen. Nur massiver Befall ist problematisch. Die Verbreitung der Samen erfolgt gewöhnlich durch Vögel (Misteldrossel!). Darüber hinaus können die Samen sich am extrem klebrigen Fruchtfleich regelrecht abseilen und sich auf tiefer gelegenen Ästen ansiedeln. Die Keimung verläuft jedoch sehr langsam.

Nadelholz-Mistel *Viscum laxum*

FAMILIE MISTELGEWÄCHSE

Merkmale: Immergrüner, kugeliger Strauch bis zu 1 m Durchmesser, in allen wichtigen Merkmalen der Laubholz-Mistel sehr ähnlich. Giftig!
Standort: Im Geäst heimischer Nadelbaum-Arten, vor allem Tanne und Wald-Kiefer.
Verbreitung: In mittleren und höheren Gebirgslagen in EU weit verbreitet.
Wissenswertes: Im Unterschied zur Laubholz-M. lassen sich die Nadelholz bewohnenden Misteln in 2 verschiedene Unterarten von ausgeprägter Wirtsspezifität trennen: Tannen-Misteln besetzen nahezu ausschließlich die Weiß-Tanne. Ihre weißen Früchte sind länglich-eiförmig. Die Kiefern-Mistel hingegen entwickelt kleinere, gelbliche Früchte und kommt vor allem auf der Wald-Kiefer, seltener auch auf der Schwarz-Kiefer vor. Die Europäische Lärche bleibt stets mistelfrei, die in EU forstlich kultivierte Japanische Lärche kann dagegen beide Formen der N. tragen. Nur selten finden sich Exemplare auch auf Fichten. Manche Fachleute vereinen die Nadelholz- mit der Laubholz-Mistel in einer Art.

Riemenblume, Eichenmistel

Loranthus europaeus MISTELGEWÄCHSE

Blattlänge 2-4 cm

Merkmale: Sommergrüner Strauch auf Laubbäumen mit braunen, gabelig verzweigten, leicht brüchigen Ästen und Zweigen, 20-50 cm hoch. Blätter gegenständig, kurz gestielt, verkehrt eiförmig, an der Basis schmal keilförmig, glattrandig, dünn, dunkelgrün. Blüten zwittrig oder eingeschlechtig, in endständigen Trauben; Blütezeit V-VI. Beerenartige Scheinfrüchte kugelig, gelb, 1 cm dick; Fruchtreife ab IX.
Standort: Fast ausschließlich auf verschiedenen Eichen-Arten, vor allem auf Flaum- und Zerr-Eiche, weniger auf Stiel- und Trauben-Eiche, seltener auch auf Edel-Kastanie und Ölbaum.
Verbreitung: SO-EU, westlich bis Italien, im N bis ins östliche D (Sachsen).
Wissenswertes: Ähnlich wie die verwandten Misteln entzieht auch die R. als Halbparasit ihrem Wirtsbaum nur Wasser- und Nährsalze, während die Blätter eigenständig Photosynthese betreiben.

Immergrüne Bärentraube
Arctostaphylos uva-ursi HEIDEKRAUTG.

Merkmale: Immergrüner, dicht verzweigter Zwerg- oder Spalierstrauch mit liegenden, teppichbildenden Ästen und Zweigen. Blätter wechselständig, dicklich, fest, sitzend oder kurz gestielt, 3-5 cm lang und bis zu 1 cm breit, oval, stumpf gerundet oder leicht ausgerandet, am Rand und auf der Mittelrippe schwach behaart, oberseits glänzend, nur unterseits netznervig. Blüten krugförmig, weißlich, grünlich oder rötlich, in meist hängenden Trauben; Blütezeit III-VI. Früchte saftige Beeren, kugelig, hochrot, ungenießbar; Fruchtreife IX.
Standort: Zwergstrauchheiden, lichte Kiefernwälder, vorwiegend auf kalkhaltigem, eher trockenem Untergrund.
Verbreitung: Arktische Tundra, Alpen, Pyrenäen, Zentralapennin, südlicher Balkan, im Gebirge bis in etwa 2700 m Höhe. **RL, §!**

Alpen-Bärentraube *Arctostaphylos alpina*
F. HEIDEKRAUTGEWÄCHSE

Merkmale: Sommergrüner, kriechender und ausgedehnte Teppiche bildender Zwerg- und Spalierstrauch mit aufgebogenen Zweigen. Blätter nahezu gegenständig, 2-5 cm lang, oval, am Grund keilförmig, scharf gezähnt, nicht ledrig, beidseits netznervig, oberseits hellgrün, unterseits grasgrün. Blüten grünlich weiß oder rötlich, zu 2-5 in endständigen Trauben; Blütezeit V-VI. Früchte (Beeren) zunächst rötlich, reif blauschwarz, ungenießbar; Reife ab IX.
Standort: Lichte Zwergstrauchbestände, Latschengebüsche, Lärchenwälder.
Verbreitung: Arktische Tundra, Pyrenäen, Alpen, Schottland, Teile des Balkans.
Wissenswertes: Im Gegensatz zur Immergrünen Bärentraube färben sich die Blätter der A. im Herbst intensiv karminrot um.

Zwergalpenrose *Rhodothamnus chamaecistus*
HEIDEKRAUTGEWÄCHSE

Merkmale: Immergrüner, reich verzweigter, locker buschiger, recht langsam wachsender Zwergstrauch, bis zu 40 cm Höhe. Blätter kurz gestielt oder sitzend, etwa 10 mm lang und bis 3 mm breit, an den Zweigenden gehäuft, ledrig, spitz-oval, beidseits glänzend dunkelgrün, am Rand abstehend borstig bewimpert. Blüten lang gestielt, bis 3 cm breit, meist zu 1-3 auf vorjährigen Trieben, Kronen auffallend hellrosa mit dunkleren Strichen und Flecken, Kronzipfel radförmig ausgebreitet; Blütezeit V-VII. Kapselfrüchte kugelig und hart, ab VIII.
Standort: Steinige Hänge, Schutthalden und Felsspalten in Kalkgestein.
Verbreitung: Nur in den Ostalpen bis 2200 m. **§!**
Wissenswertes: Die Blüten sind bei der Z. radiärsymmetrisch, bei den echten Alpenrosen dagegen andeutungsweise zweiseitig symmetrisch.

Alpenazalee, Gamsheide
Loiseleuria procumbens HEIDEKRAUTG.

Merkmale: Immergrüner, reich verzweigter Spalierstrauch mit knorrigen Zweigen in ausgedehnten, niedrigen und dichten Teppichen. Blätter überwiegend gegenständig, kurz gestielt, nur 4-7 mm lang und bis 2 mm breit, kahl, glänzend dunkelgrün, ganzrandig. Blüten knapp 1 cm breit, Kronen rosarot, mit 5 breit dreieckigen Zipfeln, zu 2-5 in endständigen Trauben; Blütezeit VI-VII. Kapselfrüchte kugelig, ab VIII.
Standort: Überwiegend auf Urgestein oder oberflächlich versauerten Rohböden; schneearme Windkanten, Grate, blanker Fels.
Verbreitung: Arktisch-alpine Pflanze: Pyrenäen, Alpen, Karpaten, N-EU, ferner N-Amerika, N-Asien, Island, Grönland und Spitzbergen.
Wissenswertes: Die A. gilt an ihren isolierten Hochgebirgsstandorten als Eiszeitrelikt. Im dichten Spalier der Äste und Zweige herrscht oft ein günstiges Kleinstklima mit deutlich geringerer Windbelastung und etwas höherer Temperatur.

Herbstfärbung

Rostblättrige Alpenrose *Rhododendron ferrugineum* HEIDEKRAUTGEW.

Frucht = Kapsel

Merkmale: Immergrüner, reich verzweigter Kleinstrauch mit kräftigen, aufrechten Ästen und Zweigen, bis zu 1,3 m hoch; junge Triebe rotbraun beschuppt, Äste und Stämme grau berindet.
Blätter wechselständig, zu den Zweigenden hin gehäuft, 2-4 cm lang und etwa 1 cm breit, länglich lanzettlich, vorn zugespitzt bis stachelspitzig, ledrig, fest, am leicht umgeschlagenen Blattrand fein gezähnt, oberseits glänzend dunkelgrün und kahl, unterseits dicht rostrot schuppenhaarig, nur etwa 2 Jahre am Strauch bleibend.
Blüten 5-8 mm lang gestielt, zu mehreren in gedrängten, endständigen Trauben, Kelchblätter verwachsen, Krone tiefrosa bis kräftig rot, bis 2 cm lang und ebenso breit, trichterförmig geöffnet, innen kurz behaart, 10 Staubblätter, die Krone nicht überragend, am Grund wollig behaart; Blütezeit V-VII.
Früchte holzige Kapseln, bräunlich, Samen extrem leicht, werden vom Wind verfrachtet; ab VIII.
Standort: Lichte Gebüsche, Wälder, Zwergstrauchbestände, meidet kalkhaltigen Untergrund, kommt daher nur auf sauren und silikatischen Böden vor; zusammen mit dem Zwerg-Wacholder (⇨ S. 228) wichtiger Rohbodenpionier.
Verbreitung: Pyrenäen, Alpen, Jura, Apennin, Karpaten, Balkangebirge, bis in etwa 2800 m Höhe, gelegentlich auch außerhalb des natürlichen Verbreitungsgebiets in Gartenkultur. **§!**
Wissenswertes: Die R.A. kommt fast nie mit der folgenden Art zusammen vor, bildet damit aber gelegentlich Bastarde.

Behaarte Alpenrose *Rhododendron hirsutum* FAM. HEIDEKRAUTGEWÄCHSE

Frucht = Kapsel ▷

Merkmale: Immergrüner, dicht verzweigter und stark buschiger Strauch mit aufrechten, kräftigen Ästen und Zweigen, um 1 m hoch; junge Triebe zerstreut behaart und nur wenig beschuppt.
Blätter wechselständig, kurz gestielt, 1-3 cm lang und bis 1,5 cm breit, ledrig, im Aussehen etwas an Lorbeer erinnernd, oberseits glänzend hellgrün und kahl, auf der Unterseite zerstreut mit Drüsenschuppen besetzt, am Rand ebenso wie auf dem Blattstiel lang und etwas borstig bewimpert.
Blüten bis zu 1,5 cm lang gestielt, an den Zweigenden in kopfig gedrängten Trauben, Kronen glockig-trichterförmig, leuchtend hellrot, bis 1,5 cm lang und fast ebenso breit, außen mit Drüsenschuppen, innen behaart, Staubblätter ungleich lang und am Grund behaart; Blütezeit V-VII(X).
Früchte ovale, holzige Kapseln, die von der Spitze her mit 5 Klappen aufspringen und zahlreiche sehr kleine, hellbraune Samen freigeben; Fruchtreife ab VIII.
Standort: Latschengürtel und andere Gebüsche im Bereich der Waldgrenze, in tieferen Lagen auch feuchte Schluchten, in erster Linie auf Kalkgestein.
Verbreitung: Nördliche und südliche Ostalpen, in den Bergketten der Zentralalpen nur stellenweise; außerhalb des natürlichen Verbreitungsgebiets angepflanzt, aber kaum eingebürgert. **§!**
Ähnlich: In den Karpaten kommt die **Myrtenblättrige Alpenrose** *Rhododendron myrtifolium* mit kleineren, unterseits grünlich beschuppten Blättern und unbewimperten Blatträndern vor.

Gelbe Azalee *Rhododendron luteum*

Merkmale: Sommergrüner, dicht verzweigter und buschiger Mittelstrauch mit Wurzelsprossen, bis zu 4 m hoch; junge Triebe zottig behaart.
Blätter wechselständig, kurz gestielt, 6-12 cm lang und bis 4 cm breit, länglich lanzettlich, vorn stumpf, aber mit aufgesetzter Spitze, am Grund keilförmig in den kurzen, behaarten Blattstiel verschmälert, am Rand kaum wahrnehmbar gezähnt und dicht bewimpert, oberseits und auf den Hauptnerven der Unterseite borstig behaart.
Blüten 3-5 cm breit, öffnen sich vor dem Blattaustrieb, duften intensiv, zu 7-12 endständig an den Zweigen in dicht gedrängten, doldenähnlichen Trauben, Kronen satt goldgelb, trichterförmig, außen etwas klebrig, 5 Staubblätter, die Krone deutlich überragend; Blütezeit V.
Standort: Schattige Nadel- und Moorwälder.
Verbreitung: Mittlerer und westlicher Kaukasus, N-Türkei, Teile des östlichen M.-EU (Polen), in Großbritannien eingebürgert; häufig gärtnerisch angepflanzt, Stammform vieler Gartenzüchtungen.
Wissenswertes: Die sommergrünen Arten der Gattung *Rhododendron* bezeichnet man gärtnerisch meist als Azaleen. Die G.A. wird häufig auch Pontische Alpenrose (Pontische Azalee) genannt.

Ähnlich: **Pontischer Rhododendron** *Rhododendron ponticum,* immergrün, Blätter bis zu 15 cm lang, dunkelgrün, elliptisch, kahl; Blüten 4-5 cm breit, violett, purpurrosa oder lila, innen mit grünlichem Muster; heimisch im Kaukasus, Schwarzmeergebiet, Vorderasien, vor allem in SW- (Portugal) und W-EU (Großbritannien) verwildert und eingebürgert.

Rosmarinheide, Torfmyrte
Andromeda polifolia HEIDEKRAUTGEW.

Merkmale: Immergrüner, spärlich verzweigter Zwergstrauch mit kriechenden, wurzelnden Sprossachsen und dünnen Zweigen, Höhe 20-40 cm. Blätter wechselständig, kurz gestielt, 2-4 cm lang und bis 8 mm breit, linealisch bis schmal lanzettlich, ledrig, Blattränder eingerollt, oberseits glänzend dunkelgrün, mit eingesenktem Mittelnerv, kahl, unterseits weißlich behaart. Blüten auf rötlichen, gebogenen, bis 1,5 cm langen Blütenstielen, Kelchblätter klein, rötlich, Kronen krugförmig, bis 8 mm lang, hellrosa bis weißlich; Blütezeit V-VII.
Standort: Hoch- und Zwischenmoore.
Verbreitung: Moore N- und M.-EU, stellenweise in den Karpaten und in Weißrussland, in alpinen Mooren nur spärlich, ferner Grönland und N-Amerika; mitunter in Heidegärten angepflanzt. **RL**
Wissenswertes: Die Pflanze wird auch Lavendelheide, Gränke oder Torfrosmarin genannt.

Sumpf-Porst *Ledum palustre*
FAMILIE HEIDEKRAUTGEWÄCHSE

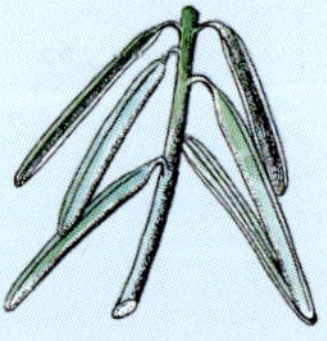

Merkmale: Immergrüner, verzweigter Strauch mit aufrechten bis abstehenden Ästen und Zweigen, 1-1,5 m hoch; junge Triebe filzig rostrot behaart. Blätter gestielt, ledrig, lanzettlich bis linealisch, bis zu 4 cm lang, oberseits matt olivgrün, unterseits rostrot wolligfilzig, Blattränder stark eingerollt, sodass die Ränder sich fast berühren. Blüten zahlreich in endständigen, aufrechten, kopfig zusammengezogenen Trauben, Krone 5-zählig, sternförmig ausgebreitet, reinweiß, bis zu 1,5 cm breit, von den langen weißen Staubblättern überragt; Blütezeit V-VI. Früchte unauffällige, bräunliche Kapseln; Fruchtreife ab VIII. Die ganze Pflanze ist giftig!
Standort: Hoch-, Übergangs- und Waldmoore.
Verbreitung: M.-EU östlich der Weser, im N von D vereinzelt, auch Skandinavien, N-Amerika. **RL, §!**
Wissenswertes: Alle Teile der Pflanze duften beim Abstreifen stark aromatisch.

Rauschbeere *Vaccinium uliginosum* FAMILIE HEIDEKRAUTGEWÄCHSE

Merkmale: Sommergrüner, verzweigter Zwergstrauch mit liegenden Stämmchen und aufrechten Zweigen, Höhe bis 75 cm. Blätter wechselständig, gestielt, bis 2,5 cm lang und um 1 cm breit, länglich oval, oberseits mattgrün, unterseits blaugrün. Blüten 4- oder 5-zählig, Kronen glockig-krugförmig, cremeweiß, am Grund intensiv rötlich, zu 1-5 in den oberen Blattachseln; Blütezeit V-VII. Beeren bis 1 cm groß, kugelig, mit farblosem Saft, blau bereift, essbar, aber wenig schmackhaft; Fruchtreife ab VIII.
Standort: Hochmoore, Moorwälder, lichte Nadelwälder, Zwergstrauchheiden.
Verbreitung: Gebirge in N- und M.-EU.
Wissenswertes: In größeren Mengen sollen die auch Moor- oder Trunkelbeeren genannten Früchte eine leicht berauschende Wirkung haben.

Preiselbeere *Vaccinium vitis-idaea* FAMILIE HEIDEKRAUTGEWÄCHSE

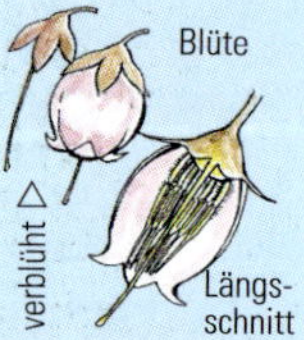

Merkmale: Immergrüner Zwergstrauch mit kriechenden Sprossachsen und aufsteigenden, mäßig verzweigten Ästen, bis 30 cm hoch. Blätter wechselständig, mitunter 2-zeilig, kurz gestielt, bis 2 cm lang, elliptisch bis oval, glattrandig, oberseits glänzend dunkelgrün, unterseits hellgrün mit dunkleren Punkten. Blüten 4- oder 5-zählig, zahlreich in hängenden Trauben, Krone krugförmig, cremeweiß, rosa überlaufen; Blütezeit V-VII. Beeren kugelig, bis 1 cm groß, anfangs weißlich, reif scharlachrot, essbar; Fruchtreife ab VIII.
Standort: Moorränder und lichte Nadelwälder, Zwergstrauchheiden.
Verbreitung: N- und M.-EU, stellenweise auf dem Apennin und Balkan, außerdem Kauskasus, Grönland, N-Amerika von Neufundland bis Alaska.
Wissenswertes: Die Blätter der ähnlichen Bärentrauben-Arten (⇨S.346) sind unterseits netznervig. Regional wird die P. auch Kronsbeere genannt.

Heidelbeere *Vaccinium myrtillus* FAMILIE HEIDEKRAUTGEWÄCHSE

Merkmale: Sommergrüner, reich verzweigter Zwergstrauch, bis 50 cm hoch; Äste nur an der Basis verholzt, Zweige biegsam, kantig, grün. Blätter wechselständig, kurz gestielt, 2-3 cm lang, länglich oval, zugespitzt, fein gesägt, matt hellgrün, im Herbst oft prächtig goldgelb bis karminrot. Blüten 4- oder 5-zählig, glockig, grünlich weiß oder rötlich, zu 1-2 in den oberen Blattachseln; Blütezeit V-VI. Beeren saftig, blauschwarz, heller bereift, essbar; Fruchtreife ab VII.
Standort: Lichte Nadelwälder, Heiden, Moore.
Verbreitung: M.- und N-EU, im S nur in den Gebirgen, ferner arktische Tundren.
Wissenswertes: Die Art wird auch Blaubeere oder Bickbeere genannt. Für die Gartenkultur wird die aus N-Amerika stammende, bis 2 m hohe **Strauch-Heidelbeere** *V. corymbosum* angeboten.

Gewöhnliche Moosbeere *Vaccinium oxycoccos* HEIDEKRAUTGEW.

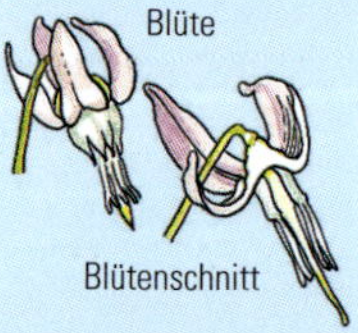

Merkmale: Immergrüner, kriechender Zwergstrauch mit fadendünnen Ästen, bis 80 cm lang. Blätter wechselständig, kurz gestielt, 10 mm lang, länglich oval, eingerollt, oberseits dunkelgrün und glänzend, unterseits blaugrün bereift. Blüten zu 1-5 in lockeren, endständigen Trauben, 4-zählig, Kronen blassrosa oder kräftiger rötlich, Kronzipfel bis zum Grunde frei, weit zurückgeschlagen; Blütezeit V-VII. Beeren bis 1 cm dick, gelb- oder hochrot, saftig, essbar; Fruchtreife ab VIII.
Standort: Auf Torfmoospolstern in Hochmooren.
Verbreitung: N- und M.-EU, selten im SW, von der Niederungslandschaft bis etwa 1300 m. **RL**
Ähnlich: Die **Großfrüchtige M.** oder **Krannbeere** *V. macrocarpon* hat bis zu 2 cm dicke Beeren. Sie stammt aus N-Amerika und wurde in M.-EU mancherorts eingeschleppt (Nordseeinseln, Schwarzwald, Bayern, Schweiz).

Besenheide, Heidekraut *Calluna vulgaris* FAMILIE HEIDEKRAUTGEWÄCHSE

Merkmale: Immergrüner, dichtästiger Zwergstrauch mit liegenden, aufsteigenden oder aufrechten Zweigen, 20-50 cm hoch; junge Zweige deutlich 4-kantig. Blätter vor allem an den kurzen Seitenzweigen in 4 geraden Längszeilen, 1-3 mm lang und um 1 mm breit, decken sich dachziegelartig, umfassen an der Basis den Stängel mit 2 zipfeligen Öhrchen, Blattränder weit umgebogen, sodass auf der Unterseite nur noch schmaler Berührungsschlitz, im Sommer dunkelgrün, im Winter bronzefarben braunrötlich. Blüten 4-zählig, nickend, etwa 4 mm lang, mit rosafarbenen oder hellvioletten (selten auch weißen) Kron- und deutlich längeren, etwas strohigen Kelchblättern, in endständigen, ein wenig einseitswendigen, 5-15 cm langen Trauben; Blütezeit VII-VIII.

Standort: Lichte Kiefern- und Eichenwälder, Heiden, Heidemoore, Magerwiesen, Braundünen, gern auf nährstoffarmen, sauren, meist etwas sandigen Böden (zeigt Bodenarmut an).

Verbreitung: In EU von N-Norwegen bis nach Kleinasien, fehlt in größeren Gebieten der Mittelmeerregion, in den Alpen bis in 2600 m Höhe.

Wissenswertes: Die Blätter der B. sind Nahrungsgrundlage für viele Schmetterlingsarten, die Blüten bilden eine ergiebige Tracht für Bienen (Honigertrag bis zu 30 kg/ha). Frühere Schafbeweidung hat in Gebieten mit ansonsten ertragsarmen Böden die Ausbreitung der B. stark gefördert und großflächige Heidelandschaften entstehen lassen (z.B. Lüneburger Heide).

Schnee-Heide *Erica carnea* FAMILIE HEIDEKRAUTGEWÄCHSE

Merkmale: Immergrüner, reichästiger, kriechender Zwergstrauch, 25 cm hoch; junge Zweige dünn und biegsam, kahl, 4-kantig und etwas längsfurchig. Blätter zu 3-4 in Wirteln, linealisch, bis zu 1 cm lang und 1 mm breit, spitz, aber nicht stechend, an den Rändern weit umgerollt mit filzig weißem Mittelstreif unterseits, im Sommer dunkelgrün, im Winter eher schmutzig grün bis braunrot gefärbt. Blüten fleischfarben rosa, seltener auch reinweiß, leicht abwärts geneigt, zahlreich in endständigen, einseitswendigen Trauben, mit kurzem Kelch und röhrenförmiger, nach vorn verengter Krone mit kurzen Zipfeln; 8 Staubblätter, dunkelpurpurn, hängen aus der Kronröhre fast vollständig heraus und öffnen sich zur Pollenabgabe jeweils mit einem seitlichen Spalt in der Spitzenregion; Blütezeit III-V, in günstigen Lagen und im S schon ab XII.

Standort: Sonnige Latschengebüsche, Säume lichter Nadelwälder, Felshänge, Flussauen; meist auf kalkreichen Böden.

Verbreitung: Südliches M.-EU, S-EU von Mazedonien bis Spanien, ferner Alpenvorland, selten auch im Fichtelgebirge und in Böhmen, in den Alpen bis in 2400 m Höhe; vielfach auch in Sorten als Zierpflanze in Heidegärten und Parks.

Wissenswertes: Die Vorfahren der S. wanderten bereits im Tertiärzeitalter in die europäischen Gebirge ein. Daher gelten die *Erica*-Arten in der heimischen Flora als Relikte. Die S. zählt zu den Pionierpflanzen auf offenen Felsfluren und trägt wirksam zur flächigen Festigung des Bodens bei. Als besonders früh blühendes Gewächs ist sie eine wichtige Nahrungspflanze von Bienen und anderen Blüten besuchenden Insekten. Ihre Blüten werden bereits im Spätsommer angelegt, halten aber bis zum Aufblühen im Frühjahr Knospenruhe.

Glocken-Heide *Erica tetralix*

FAMILIE HEIDEKRAUTGEWÄCHSE

Merkmale: Immergrüner, liegender oder aufrechter Zwergstrauch, 20-60 cm hoch; Zweige dünn und anfangs dicht graufilzig behaart. Blätter zu 4 in Wirteln, kurz gestielt, bis 6 mm lang, nadelförmig linealisch, meist behaart, Ränder umgerollt. Blüten 4-zählig, hellrosa, mit bauchiger Krone und kurzen, zurückgeschlagenen Zipfeln, zu mehreren in kopfig gedrängten, endständigen, einseitswendigen Trauben oder Dolden, verfärben sich beim Abblühen auffällig rostbraun; Blütezeit VII-VIII.

Standort: Feuchtheiden, Hochmoore und saure, feuchte Kiefernwälder.

Verbreitung: Atlantisches EU von Portugal bis zum Baltikum, in D südlich bis zur Niederrheinischen Bucht; selten auch mit Forstkulturen anderweitig verschleppt, gärtnerisch häufig in mehreren Sorten für Heidegärten verwendet.

Graue Heide *Erica cinerea*

FAMILIE HEIDEKRAUTGEWÄCHSE

Merkmale: Immergrüner, reichästiger Zwergstrauch, 30-70 cm hoch; junge Zweige kantig, graufilzig. Blätter kurz gestielt, 4-7 mm lang, nadelförmig, zu 3 in Wirteln, oberseits glänzend dunkelgrün, spitz, aber nicht stechend, Ränder nach unten umgebogen. Blüten 4-zählig, in gedrängten Trauben oder Dolden, Kronen bauchig, bis 7 mm lang, purpurviolett bis fleischrot; Blütezeit VI-IX.

Standort: Kalkarme, trockene, sandige oder felsige Böden, lichte Gehölze. Foto: Schott.Highlands.

Verbreitung: Atlant. Küstenheiden von Portugal (auch Madeira) bis S-Norwegen; in D nur vereinzelt im äußersten NW; häufig in Sorten gepflanzt.

Wimper-Heide *Erica ciliaris*

FAMILIE HEIDEKRAUTGEWÄCHSE

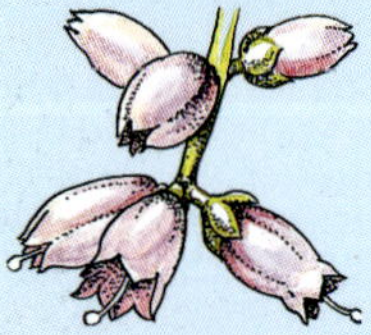

Merkmale: Immergrüner, locker verzweigter Zwergstrauch mit liegenden und aufsteigenden Ästen, 30-60 cm hoch; Triebe drüsig behaart. Blätter zu 3 in Wirteln, 3-4 mm lang, länglich oval, spitz, oberseits dunkelgrün, am Rand herabgebogen, unterseits lang drüsig bewimpert. Blüten 8-10 mm lang, in endständigen, bis 12 cm langen, aufrechten Trauben, Kelch und Teile der Krone lang bewimpert, Kronen kräftig rosarot; Blütezeit VII-IX.

Standort: Mäßig trockene, oft sandig-steinige oder felsige Böden, lichte Gebüschsäume, Heiden, Küstenfelsen.

Verbreitung: W-EU, atlantische Küstenheiden von Portugal bis zu den Britischen Inseln; fehlt in D.

Wissenswertes: Die äußerst dekorative W. wird gärtnerisch kaum verwendet, weil sie in den meisten Teilregionen von M.-EU nicht ausreichend winterfest ist.

Cornwall-Heide *Erica vagans*

FAMILIE HEIDEKRAUTGEWÄCHSE

Merkmale: Immergrüner, buschiger Zwergstrauch mit liegenden, aufsteigenden und aufrechten Zweigen, 30-80 cm hoch; Triebe kahl, gelblich braun. Blätter zu 4-5 in Wirteln, nadelförmig linealisch, 5-10 mm lang, dunkelgrün, spitz, aber nicht stechend, kahl, am Rand umgerollt. Blüten etwa 8 mm lang gestielt, meist zu je 2 in den oberen Blattachseln, bilden zusammen eine etwa 8-12 cm lange, schlanke Traube, Krone breit glockig-urnenförmig, weißlich rosa oder blasslila, Staubbeutel dunkelpurpurn, den Kronenrand mit weniger als der Hälfte ihrer Länge überragend; Blütezeit VII-IX.

Standort: Küstennahe Felsheiden, Gebüschsäume, auf sandig-steinigen, meist kalkarmen, nicht allzu trockenen Böden.

Verbreitung: Atlantische Küstenheiden der Britischen Inseln, vereinzelt bis Portugal; in Sorten mit weißen bis kirschroten Blüten auch angepflanzt.

Westlicher Erdbeerbaum *Arbutus unedo* FAMILIE HEIDEKRAUTGEWÄCHSE

Merkmale: Immergrüner Großstrauch von 3-5 m Höhe oder kleiner Baum mit gekrümmtem Stamm bis 10 m; Rinde anfangs rötlich braun, später eher graubraun, im Alter auffällig schuppig zerrissen.
Blätter wechselständig, an den Zweigenden büschelig gedrängt, Blattstiel rötlich und behaart, Spreite 5-10 cm lang und bis 5 cm breit, länglich elliptisch, glattrandig bis fein gezähnt, kahl, ledrig, oberseits glänzend dunkelgrün, unterseits blasser gefärbt.
Blüten gestielt, Kelch kurz, grünlich, Kronen maiglöckchenähnlich krugförmig, cremeweiß, mit kurzen, zurückgeschlagenen Zipfeln, zu mehreren in hängenden Rispen; Blütezeit X-III.
Beeren etwa 2 cm dick, auffallend warzig, kräftig rot gefärbt; essbar; Fruchtreife ab VII.
Standort: Trockene, flachgründige, steinige, kalkarme Böden, immergrüne Wälder und Macchien, oft in Küstennähe; im natürlichen Verbreitungsgebiet auch als Ziergehölz angepflanzt.
Verbreitung: Westliches Mittelmeergebiet, lichte Eichenwälder, Macchien, entlang der Atlantikküste nördlich bis nach Irland.
Wissenswertes: Der W.E. bildet zusammen mit Stein-Eiche, Ölbaum, Baum-Heide und anderen Gehölzen eine wichtige Leitart der mediterranen Hartlaubvegetation. Er blüht eigenartigerweise im Winter. Ab Sommer reifen die anfangs orangegelben, später hochroten Beerenfrüchte, die an Erdbeeren erinnern. Ihre Reifezeit überschneidet sich gegen Saisonende mit dem Blühbeginn. Wenngleich sie mit ihrem faden, säuerlichen Geschmack nicht besonders überzeugen (Artbezeichnung *unedo* = »ich esse nur eine«), bereitet man daraus mancherorts Marmelade oder Likör.

Östlicher Erdbeerbaum *Arbutus andrachne* FAM. HEIDEKRAUTGEWÄCHSE

Merkmale: Immergrüner, dichter, reichästiger Strauch von 3-5 m Höhe oder kleiner, meist krummschäftiger Baum bis 10 m; Rinde an jüngeren Ästen glatt, auffallend kakaofarben bräunlich bis fuchsrot, löst sich im Alter in langen, breiten Streifen flächig ab.
Blätter wechselständig, etwa 1-1,5 cm lang gestielt, 5-10 cm lang und (etwa in der Mitte) bis 6 cm breit, länglich oval, kurz zugespitzt, regelmäßig gezähnt oder fast glattrandig, fest, nur an jüngeren Trieben behaart, sonst einheitlich graugrün.
Blüten zahlreich in meist aufrechten Rispen, Kronen kugelig-krugförmig, cremeweiß; Blütezeit II-IV.
Beeren bis zu 1,5 cm dick, in der Reife tief orangegelb, mit warzig-netzgrubiger Oberfläche; essbar; Fruchtreife ab VII.

Fruchtstand

Standort: Immergrüne Gebüsche, Macchien, lichte Waldsäume, Brachland, Wegränder, felsige Abhänge, meist auf kalkhaltigem Untergrund.
Verbreitung: Östliches Mittelmeergebiet, Kreta, westlich bis Albanien; gelegentlich auch als Ziergehölz angepflanzt.
Wissenswertes: Im gemeinsamen Verbreitungsgebiet bilden der Ö.E. und sein westmediterraner Vertreter einen fruchtbaren Bastard mit orangebauner Rinde, wobei auch die übrigen Merkmale zwischen denen der Elternarten stehen.
Aus dem festen Holz des Ö.E. fertigte man früher in Griechenland Flöten, heute dient es zur Herstellung von Holzkohle und für Kunsttischlerarbeiten. Die fade süßlich schmeckenden Früchte werden ähnlich verwendet wie beim Westlichen E. Regional stellt man daraus einen Branntwein her.

Torfgränke *Chamaedaphne calyculata* FAMILIE HEIDEKRAUTGEWÄCHSE

Merkmale: Immer- oder wintergrüner, bis 50 cm hoher, dicht verzweigter Kleinstrauch; Äste und Zweige abstehend oder bogig überhängend; Triebe dicht mit rostbraunen Schuppen besetzt. Blätter wechselständig, kurz gestielt, 4-5 cm lang und um 1 cm breit, länglich elliptisch, an der Basis rundlich, vorn stumpf, ledrig, derb, glattrandig oder undeutlich gekerbt, meist leicht nach unten eingerollt, oberseits mattgrün, unterseits gelblich grün und dicht schülfrig mit rostbraunen Schildhaaren besetzt. Blüten 5-zählig, 6-8 mm lang und ebenso breit, nickend, zu mehreren in 4-10 cm langen, belaubten, einseitswendigen Trauben an den Zweigenden, Krone weiß, maiglöckchenartig krugförmig mit kurzen Zipfeln, von den 10 Staubblättern nicht überragt, Kelchblätter bis 3 mm lang, bräunlich beschuppt; Blütezeit III-VI, eventuell noch ein zweites Mal IX-X. Früchte (Kapseln) hängend, abgeflacht kugelig; Fruchtreife ab VIII.

Standort: Feuchte, torfige, mineralarme Böden in Moorrandwäldern und Hochmooren.

Verbreitung: NO-EU, Polen, Baltische Staaten, Skandinavien, Finnland, N-Russland, ferner N-Asien, Japan und N-Amerika von Neufundland bis Britisch Kolumbien; fehlt in D; gärtnerisch in einer zwergwüchsigen Form gelegentlich zur Grabbepflanzung und in Heidegärten verwendet.

Wissenswertes: Die in der Natur recht seltene T. ist monotypisch, d.h. sie stellt eine Gattung dar, aus der nur eine einzige Art bekannt ist. Der für die Entwicklung der systematischen Botanik so bedeutsame Carl von Linné, der die Art bei seinen ausgedehnten Reisen durch Lappland entdeckte und als erster beschrieb, stellte sie in die Gattung *Andromeda* (➪S. 350, Rosmarinheide). Von dieser unterscheidet sie sich jedoch vor allem durch die schuppig behaarten Laubblätter und den Aufbau der Blütenstände.

Alpen-Krähenbeere *Empetrum hermaphroditum* KRÄHENBEERENGEWÄCHSE

Merkmale: Immergrüner Zwergstrauch mit liegenden, jedoch nicht wurzelnden, sowie aufsteigenden Ästen und Zweigen, Wuchshöhe 20-30 cm, Zweige selten länger als 50 cm; junge Triebe grünlich gefärbt.
Blätter wechselständig oder zu wenigen in unregelmäßigen Wirteln, kurz gestielt, bis 8 mm lang und damit etwa 2- bis 4-mal so lang wie breit, parallelrandig, kahl, glänzend dunkelgrün, stumpf, weich, nicht stechend, Blattränder nach unten eingerollt bis auf eine schmale, mit weißem Haarstreifen verschlossene Rinne.
Blüten zwittrig, unscheinbar, grünlichrot, mit getrennten Kelch- und Kronblättern; Blütezeit V-VI.
Früchte beerenartige mehrsamige Steinfrüchte, kugelig, bis 8 mm groß, schwarz, leicht glänzend; genießbar, aber nicht wohlschmeckend; Fruchtreife ab VIII.

Standort: Lichte Felsgebüsche, Steinschutt, Moränen, Rohhumusböden, Zwergstrauchheiden.

Verbreitung: Gebirge in EU, von den Pyrenäen bis zum Kaukasus, in den Alpen bis in 2200 m Höhe, ferner Sibirien, nördliches N-Amerika, Grönland; auch in Heidegärten angepflanzt.

Wissenswertes: Die A. ist Teil einer formenreichen Sammelart und wird häufig auch nur als Unterart aufgefasst.

Ähnlich: **Gewöhnliche Krähenbeere** *Empetrum nigrum*, die liegenden Äste wurzelnd, bis 1,2 m lang, ausgedehnte Teppiche bildend, junge Triebe rötlich gefärbt; Blätter bis zu 5-mal so lang wie breit; Blüten eingeschlechtig und zweihäusig verteilt; wächst auf Sand- und Moorböden, im Küstenbereich von Nord- und Ostsee, selten auch in Eifel, Harz, Rhön, Fichtelgebirge, Schwarzwald und Erzgebirge, ferner im arktischen N-EU und in N-Amerika; fehlt jedoch in den Alpen völlig.

Gelber Hartriegel, Kornelkirsche *Cornus mas* HARTRIEGELGEWÄCHSE

Merkmale: Sommergrüner, sparrig verzweigter Strauch von 3-6 m Höhe oder kleiner Baum bis 8 m; Triebe grün, anliegend behaart, später kahl und bräunlich; Borke schuppig abblätternd.
Blätter gegenständig, bis zu 1 cm lang gestielt, 8-10 cm lang und bis zu 5 cm breit, oval bis elliptisch, an der Basis breit keilförmig bis rundlich, schlank zugespitzt, glattrandig, kahl, beidseits gleichfarben, oberseits glänzend, unterseits nur in den Nervenwinkeln behaart, mit zumeist 3-4 Bogennerven beidseits der Mittelrippe.
Blüten öffnen sich lange vor den Blättern, etwa 5 mm lang gestielt, zahlreich in gedrängten Dolden mit 4 gelblich grünen Hüllblättern, Kelchblätter kurz, spitz, Kronblätter 2-3 mm lang, lanzettlich, hellgelb bis goldgelb; Blütezeit II-IV.
Früchte (Steinfrüchte) Kirschen ähnlich, herabhängend, in der Reife glänzend scharlachrot, essbar; Fruchtreife ab VII.
Standort: Lichte, trockene Laubwälder, Waldränder, Säume, Flurhecken, Gebüsche.
Verbreitung: M.- und S-EU, in D nördlich bis zum Rheinland, ferner Kleinasien bis Kauskasus; häufig als Straßen- und Fruchtgehölz oder wegen des frühen Blühtermins in Parks angepflanzt.
Wissenswertes: Die zunächst noch bleibenden, bis 1 cm langen, gelben Knospenschuppen verleihen den sonst unscheinbaren Blütenständen ihre Attraktivität. Regional nennt man den G.H. auch Herlitze oder Dürlitze. Das außerordentlich feste Holz (Name Hartriegel!) verwendete man früher für Schäfte, Speere und Werkzeugstiele. Die Früchte sind genießbar, wenn sie von selbst zu fallen beginnen. Vorher schmecken sie aufgrund ihres hohen Gerbstoffgehalts sehr herb.

Roter Hartriegel *Cornus sanguinea* FAMILIE HARTRIEGELGEWÄCHSE

Merkmale: Sommergrüner, reichästiger, mittelgroßer Strauch oder kleiner Baum, bis 5 m hoch; Triebe dicht behaart. Blätter kurz gestielt, 4-8 cm lang, elliptisch, zugespitzt, mit meist 3 Bogennervenpaaren, glattrandig, im Herbst prächtig weinrot. Blüten erscheinen nach dem Blattaustrieb, Kronen reinweiß, in dichten Schirmrispen; Blütezeit V-VI. Steinfrüchte kugelig, matt schwarzblau, weißlich punktiert, ungenießbar; Fruchtreife ab IX.
Standort: Flurhecken, Auengebüsche, Laubwälder, Straßenbegleitgrün, Steinböden.
Verbreitung: Von N- bis S-EU weit verbreitet; häufig als Ziergehölz angepflanzt.
Wissenswertes: Die Lichtseite der Zweigrinde ist – vor allem im Winter – stark gerötet.

Tatarischer Hartriegel *Cornus alba* FAMILIE HARTRIEGELGEWÄCHSE

Merkmale: Sommergrüner, dichtlaubiger Strauch bis 3 m Höhe; Zweige straff aufrecht, mit blutroter, glatter Rinde. Blätter gegenständig, 1-2,5 cm lang gestielt, mit 5-6 Paar Bogennerven, elliptisch-oval, glattrandig, oberseits kräftig grün, unterseits bläulich. Blüten klein, gelblich weiß, zahlreich in 3-5 cm breiten Schirmrispen, Blütezeit V-VI. Steinfrüchte hellblau oder weißlich, ungenießbar; Fruchtreife ab VII.
Standort: Artenreiche Mischwälder.
Verbreitung: Stammt aus O-Asien (Sibirien bis N-Korea), in N-EU eingebürgert; vielfach in Sorten mit panaschierten (= hell gezeichneten) Blättern oder abweichend gefärbter Rinde gepflanzt.
Wissenswertes: Der T.H. fällt durch frühzeitigen Laubaustrieb und eine eindrucksvolle Herbstfärbung der Blätter auf. Seine Früchte werden gern von Singvögeln verzehrt.

Gewöhnl. Pfeifenstrauch
Philadelphus coronarius HORTENSIENG.

Merkmale: Sommergrüner Strauch mit aufrechten Ästen und rutenförmigen Zweigen, 1-3 m hoch; Winterknospen nicht sichtbar. Blätter gegenständig, kurz gestielt, 4-8 cm lang, oval, zugespitzt, unregelmäßig gezähnt, oberseits dunkelgrün und kahl, unterseits heller und auf den Nerven behaart. Blüten 4-zählig, gestielt, zu 5-7 in achselständigen, aufrechten Trauben; Kronen reinweiß, 3-4 cm breit; Blütezeit V-VI.

Standort: Waldränder, Wärme liebende, lichte Gebüsche, besonnte Berghänge.

Verbreitung: S-EU, vom Gardaseegebiet und der Toskana bis nach W-Asien; vielfach als Ziergehölz angepflanzt, aber nur selten verwildert.

Wissenswertes: Die vor allem gegen Abend intensiv duftenden Blüten haben der Pflanze den Namen Falscher Jasmin eingetragen.

Zierliche Deutzie *Deutzia gracilis*
FAMILIE HORTENSIENGEWÄCHSE

Merkmale: Sommergrüner, buschiger und raschwüchsiger Strauch mit bogig überhängenden, etwas kantigen, hohlen Zweigen, um 1 m hoch. Blätter gegenständig, gestielt, 3-7 cm lang, länglich oval, am Grund keilförmig, lang zugespitzt, unregelmäßig gesägt, oberseits deutlich, unterseits nur schwach behaart. Blüten 5-zählig, zahlreich in aufrechten Rispen, Krone weiß, Kronblätter sternförmig ausgebreitet, schmal oval; Blütezeit V-VI.

Standort: Artenreiche Laubmischwälder.

Verbreitung: Heimisch in O-Asien (Japan); häufig als Ziergehölz in Parks und Gärten. Zahlreiche weitere, meist schwer unterscheidbare Arten und Hybriden der Gattung werden in verschiedenen Sorten, darunter auch solche mit rosa oder gefüllten Blüten, gärtnerisch verwendet.

Kletter-Hortensie *Hydrangea petiolaris*
FAMILIE HORTENSIENGEWÄCHSE

Merkmale: Sommergrüner, wirr verzweigter Kletterstrauch, befestigt sich ähnlich wie Efeu mit Haftwurzeln, Wuchshöhe bis 10 m. Blätter 2-8 cm lang gestielt, breit oval, 5-10 cm lang und fast ebenso breit, an der Basis herzförmig oder abgerundet, kurz zugespitzt, gesägt, oberseits glänzend dunkelgrün, kahl, unterseits nur in den Blattachseln behaart. Blüten weiß, zahlreich in flachen, bis zu 25 cm breiten Schirmrispen, angenehm duftend, sterile Randblüten deutlich größer, bis zu 3 cm breit; Blütezeit VI-VII.

Standort: Artenreiche Wälder, Auengehölze.

Verbreitung: Heimisch in O-Asien (Japan bis Korea); vielfach als Ziergehölz angepflanzt, gedeiht auch an sehr schattigen Stellen.

Echte Hortensie *Hydrangea macrophylla*
F. HORTENSIENGEWÄCHSE

Merkmale: Sommergrüner, dicht buschiger Strauch mit aufrechten, ziemlich dicken Zweigen, meist um 1 m hoch. Blätter gegenständig, kurz gestielt, 10-20 cm lang und bis 8 cm breit, lanzettlich bis oval, gezähnt, oberseits leicht glänzend. Blüten in halbkugeligen Doldenrispen, Kronen 4-zipfelig, bis 5 cm breit, reinweiß bis bläulich oder purpurn; Blütezeit VI-VIII.

Standort: Lichte Gebüsche und Auengehölze.

Verbreitung: Stammt aus O-Asien (Japan und China); vor allem in W-EU vielfach in Sorten angepflanzt, daher auch oft Garten-Hortensie genannt. Reinerbige Exemplare mit den Merkmalen der Wildpflanze sind in Parkanlagen und Gärten nicht zu erwarten.

Verwandt: **Rispen-Hortensie** *Hydrangea paniculata*, sommergrün, 1-4 m, Blüten gelblich weiß in endständigen Rispen.

Stechpalme, Hülse *Ilex aquifolium*

FAMILIE STECHPALMENGEWÄCHSE

Blüte

Merkmale: Immergrüner, meist stark verzweigter und dichtlaubiger Strauch mit aufrechten Ästen und Zweigen, 1-5 m hoch, seltener auch Baum bis 10 m Wuchshöhe; Triebe grün, kahl, längs gerieft; Rinde an Ästen und Stämmen glatt, grau gefärbt.
Blätter wechselständig, gestielt, 5-9 cm lang, ledrig derb, länglich oval, an jeder Seite mit 5 oder mehr langen, dornigen Stachelspitzen, dazwischen seicht oder tief gebuchtet (bei alten Pflanzen Wellung und Wehrhaftigkeit oft abnehmend), vorn spitz, am Grund abgerundet, oberseits glänzend dunkelgrün, Unterseite matt hellgrün.
Blüten zweihäusig verteilt, 4-zählig, unauffällig, mit weißer, mitunter auch rötlich überlaufener Krone; Blütezeit V-VI.
Früchte erbsengroße, kugelige Steinfrüchte, scharlachrot, mehrsamig, giftig; Fruchtreife ab X.

Standort: Lichte Laubwälder und Gebüsche.

Verbreitung: Atlantisches W-EU, westliches und zentrales Mittelmeergebiet, N-Afrika, Vorderasien; in D im Bereich des Mittelgebirgsgürtels vor allem westlich des Rheins, im nördlichen Tiefland und im Alpenvorland auch weiter östlich. **§!** Häufig in Sorten mit abweichender Blattform als Ziergehölz in Parks und Gärten angepflanzt.

Wissenswertes: Die S. ist das einzige heimische immergrüne Laubgehölz. Die Baumform entwickelt sich meist nur im Freistand. Die Blüten liefern Nektar für Hautflügler, die Früchte werden gern von Drosseln verzehrt. Trotz seiner Wehrhaftigkeit wird das feste Laub vor allem im Winter oft vom Wild verbissen.
Das dichte, schwere, aber gut polierfähige Holz wurde früher zu Messerfurnieren, Intarsien oder Druckstöcken für Holzschnitte verarbeitet, manchmal auch zu Musikinstrumenten oder Spazierstöcken. In der Feintischlerei diente es als Ebenholzersatz, da es dunkle Lacke sehr gut annimmt.

Gewöhnlicher Liguster *Ligustrum vulgare*

FAMILIE ÖLBAUMGEWÄCHSE

Merkmale: Sommer- und teils wintergrüner Strauch bis 3 m (manchmal 5-7 m) Höhe; junge Triebe spärlich behaart, später kahl; Zweige rutenförmig, dünn, biegsam. Blätter gegenständig, kurz gestielt, etwas ledrig, glattrandig, oberseits dunkelgrün, unterseits heller, mit kräftiger Mittelrippe. Blüten 4-zählig, zahlreich in lockerer, kegelförmiger, bis 8 cm langer, aufrechter Rispe an den Zweigenden, Kronzipfel länger als Kronröhre, weiß, angenehm duftend; Blütezeit VI-VII. Früchte beerenartige, glänzend schwarze Steinfrüchte, ungenießbar und giftverdächtig; Fruchtreife ab VIII.

Standort: Flurhecken, Feldgehölze, Waldsäume, Ufer, Auengebüsche, Mauern, Ruinen.

Verbreitung: In EU weit verbreitet, ferner in N-Afrika und W-Asien; in D vor allem im mittleren und südlichen Teil, häufig (auch in Sorten) angepflanzt und vielfach verwildert.

Wissenswertes: Der G.L., verbreitet auch Rainweide genannt, ist ein ökologisch wertvolles Nist-, Deckungs- und Nahrungsgehölz für Singvögel. Sein festes Holz verwendete man früher für Holznägel beim Fachwerkbau oder für landwirtschaftliche Geräte (Holzrechen).

Ähnlich: **Wintergrüner Liguster** *Ligustrum ovalifolium,* wintergrüner, durch Schnitt stark verdichteter und häufig in Hecken verwendeter Zierstrauch, 1-3 m; Blätter eiförmig-elliptisch, 3-8 cm lang, oberseits glänzend dunkelgrün, kahl; Blüten cremeweiß, in gedrungenen, bis zu 10 cm langen, endständigen Rispen, Blütezeit VI-VII; stammt aus O-Asien (Japan, Korea).

Flieder *Syringa vulgaris*
FAMILIE ÖLBAUMGEWÄCHSE

Merkmale: Sommergrüner, Großstrauch oder kleiner Baum, 2-6 m hoch; Zweige rundlich, Rinde grau oder braungrün, glatt, an Ästen und am Stamm längsrissig. Blätter gegenständig, 1-3 cm lang gestielt, 5-12 cm lang, herzförmig, lang zugespitzt, glattrandig. Blüten 4-zählig, in dichten, endständigen Rispen, Krone trichterförmig, blau, violett, rötlich oder weiß, stark duftend; Blütezeit IV-V. Früchte (Kapseln) 2-klappig, bräunlich, holzig; Fruchtreife ab IX.

Standort: Lichte Wälder und Gebüsche.

Verbreitung: SO-EU und Vorderasien; häufig in zahlreichen Gartensorten angepflanzt, vielfach an Felshängen oder Bahndämmen eingebürgert.

Wissenswertes: Der F. ist schon seit 1560 in M.-EU bekannt. Seine Blüten können nur von langrüsseligen Insekten ausgebeutet werden.

Winter-Jasmin *Jasminum nudiflorum*
FAMILIE ÖLBAUMGEWÄCHSE

Merkmale: Sommergrüner, locker verzweigter Kletterstrauch mit kantigen, bogig überhängenden, dunkelgrünen Zweigen, 1-3 m hoch. Blätter gegenständig, 3-zählig gefiedert, Fiedern 1-3 cm lang, tiefgrün, bewimpert. Blüten einzeln in den Blattachseln an vorjährigen Trieben, lange vor dem Blattaustrieb erscheinend, Kronen hellgelb, bis 3 cm breit, mit langer, schlanker Kronröhre und 5 ausgebreiteten Zipfeln, wenig duftend; Blütezeit XII-IV.

Standort: Auengehölze, lichte Gebüsche.

Verbreitung: Heimisch in N-China; seit langem als auffälliger Winterblüher in Kultur.

Ähnlich: Der aufrecht wachsende **Strauch-Jasmin** *J. fruticans* blüht ebenfalls gelb. Seine Blätter sind jedoch wechselständig und immergrün. Er ist im Mittelmeerraum weit verbreitet, in den Südalpen (Tessin, Südtirol) stellenweise verwildert.

Forsythie, Goldglöckchen
Forsythia x *intermedia* ÖLBAUMGEW.

Merkmale: Sommergrüner Strauch mit hohlen Ästen und gekammertem Mark, 2-5 m hoch. Blätter gegenständig, ungeteilt, länglich oval bis lanzettlich, 8-10 cm lang, glattrandig oder fein gesägt. Blüten 4-zählig, Kronen kräftig gelb, bis 4 cm breit; Blütezeit IV.

Standort: Artenreiche Laubgehölze.

Verbreitung: Durch Kreuzung aus den ostasiatischen Arten Hänge-F. *F. suspensa* und Grüne F. *F. viridissima* hervorgegangen; in EU häufig angepflanzt, von anderen Arten oder hybriden Gartenformen nur schwer unterscheidbar.

Wissenswertes: Die Wildformen der F. bilden 2 verschiedene Blütentypen mit unterschiedlicher Griffellänge aus (Narbe überragt Staubbeutel oder umgekehrt). Die Gartenformen tragen entweder nur lang- oder nur kurzgriffelige Blüten.

Schmalblättrige Steinlinde
Phillyrea angustifolia ÖLBAUMGEW.

Merkmale: Immergrüner, sparrig verzweigter und dicht belaubter Strauch, 1-3 m hoch; Zweige und Äste rutenförmig, glatt, hellgrau, kahl. Blätter gegenständig, kurz gestielt, einfach, 2-6 cm lang, um 1 cm breit, lanzettlich-linealisch, an beiden Enden spitz, ledrig, mit undeutlichen Seitennerven, kahl, beiderseits glänzend grün. Blüten 4-zählig, in kurzen, wenigblütigen Trauben in den Blattachseln, Kronen grünlich weiß bis gelblich, Kronzipfel ausgebreitet, angenehm duftend; Blütezeit V-VI. Früchte etwa erbsengroße Steinfrüchte, matt blauschwarz, ungenießbar; Fruchtreife ab VIII.

Standort: Trockengebüsche, Macchien, lichte Wälder, meist auf Kalkböden.

Verbreitung: Westliches und zentrales Mittelmeergebiet sowie Portugal und Kanarische Inseln; selten als Ziergehölz außerhalb des natürlichen Verbreitungsgebiets angepflanzt.

Efeu *Hedera helix*

Blüte

Blatt von blühendem Trieb

Merkmale: Immergrüner, kriechender oder an Mauern und Bäumen mit Haftwurzeln kletternder Strauch, Wuchshöhe bis etwa 20 m; Triebe mit 4- bis 12-strahligen Sternhaaren; oft mit klar erkennbarem Hauptstamm, sonst buschig mit überhängenden Zweigen. Blätter an nicht blühenden Trieben 3- bis 5-lappig, am Grund herzförmig, oberseits glänzend dunkelgrün mit weißlichem Adernetz, an blühenden Trieben dagegen eher rautenförmig bis elliptisch, leicht gewellt, spitz, am Grund keilförmig, glänzend dunkelgrün, im Winter oberseits schwarzgrün, unterseits rötlich. Blüten 5-zählig, klein und unscheinbar, zahlreich in kopfigen, gestielten Dolden zusammenstehend, Kronen gelblich grün, zwischen Staubblättern und Griffel ein breiter Ring, der reichlich Nektar absondert; Blütezeit IX-X. Früchte kugelige Beeren, vorn abgeplattet, mattschwarz, giftig; Fruchtreife im folgenden Frühjahr.

Standort: Wälder und Gebüsche, Auengehölze, Steinbrüche und Ruinen, Friedhöfe und Gärten.

Verbreitung: In W-, M.- und S-EU von der Ebene bis in mittlere Gebirgslagen (etwa 1800 m) weit verbreitet, im Norden nur bis S-Schweden.

Wissenswertes: Der E. verfügt über zweierlei Wurzeln: Das übliche Wurzelwerk besorgt die mineralische Ernährung und Wasseraufnahme aus dem Boden, während die Kletterwurzeln sprossbürtige Sonderentwicklungen darstellen. Der ungewöhnlich späte Blühtermin sichert den Insekten auch im Herbst eine ergiebige Tracht. Die für den Menschen giftigen Früchte werden gern von Singvögeln verzehrt. E. kann ein Alter von über 400 Jahren erreichen.

Sommerflieder, Schmetterlingsstrauch *Buddleja davidii* BUDDL.

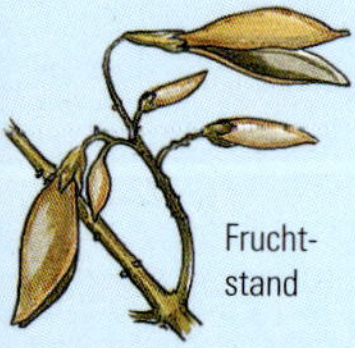

Fruchtstand

Merkmale: Sommergrüner, mittelgroßer, im Freistand breiter, dicht und buschig wachsender Strauch mit aufrechten Ästen und Zweigen, bis zu 4 m hoch; junge Triebe behaart, rutenförmig, später leicht bogig überhängend.

Blätter gegenständig, gestielt, 6-25 cm lang und 2-7 cm breit, fiedernervig, elliptisch bis lanzettlich, spitz, schwach gezähnt, oberseits matt dunkelgrün, unterseits grau- oder weißfilzig.

Blüten 4-zählig, mit etwa 1 cm langer, enger Kronröhre und ausgebreiteten Kronzipfeln, im Bereich des Röhreneingangs kräftig gelb, sonst bei der Wildform blaulila, bei den Gartenformen sortenabhängig blauviolett oder rötlich getönt, seltener auch reinweiß; zahlreich in endständigen, aufrechten, 10-30 cm langen Rispen; Blütezeit VII-IX. Früchte bräunliche Kapseln; Fruchtreife ab IX.

Standort: Lockere Auengehölze und lichte, offene Felsgebüsche auf trockenem Boden.

Verbreitung: Ursprünglich nur in O-Asien (China und Japan), überall in EU fast nur in zahlreichen Gartensorten häufig angepflanzt, auf Schuttgelände, Trümmergelände, Brachen und entlang von Bahnanlagen sowie Flussufern verwildert; auch in Teilen der USA eingebürgert.

Wissenswertes: Die engröhrigen, stark und angenehm duftenden Blüten werden vor allem von Tagfaltern (Admiral, Tagpfauenauge, Kleiner Fuchs, Distelfalter) besucht, die das reiche Nektarangebot nutzen. Der S. kann in strengeren Winter stärker zurückfrieren, treibt aber nach kräftigem Rückschnitt immer wieder neu aus.

Die Art, die zur überwiegend in den Tropen verbreiteten Familie der Buddlejagewächse zählt, ist nach dem englischen Geistlichen Adam Buddle (1660-1715) sowie nach dem französischen Missionar Armand David (1826-1900) benannt.

Gewöhnl. Schneeball, Wasser-Schneeball *Viburnum opulus*

Merkmale: Sommergrüner, ziemlich buschiger Wildstrauch mit ausgebreiteten, etwas überhängenden Ästen, 1-4 m hoch; Triebe graubraun, stumpfkantig bis rinnig, kahl. Blätter gegenständig, 2-3 cm lang gestielt, im Umriss breit oval, 3- bis 5-lappig, bis zu 10 cm lang und 8 cm breit, ungleichmäßig gezähnt, oberseits dunkelgrün und kahl, unterseits graugrün und schwach behaart, im Herbst tief weinrot verfärbt. Blüten zahlreich in endständigen, bis zu 10 cm breiten Schirmrispen, Randblüten mit großer, sternförmiger, bis zu 2,5 cm breiter, ungleichlappiger Krone und steril, Zentralblüten kleiner mit glockiger, nur 3-4 mm breiter Krone und fruchtbar; Blütezeit V-VI. Steinfrüchte leuchtend rot, schwach giftig; Fruchtreife ab VIII.

Standort: Frische bis feuchte, überwiegend nährstoff- und basenreiche Lehm- und Tonböden (Feuchtezeiger); halbschattige Gebüsch- und Wegsäume, Waldränder, Auengebüsche, Bachufer.

Verbreitung: In EU weit verbreitet, vom Tiefland bis in die Gebirgsstufe, in den Alpen bis in 1700 m Höhe, ferner N-Afrika, N- und W-Asien; häufig in verschiedenen Sorten in Gärten und im Straßenbegleitgrün angepflanzt, gerade für Städte und Industriegebiete geeignet, da ziemlich rauchfest.

Wissenswertes: Die großen, sterilen Randblüten der Wildform lassen den Blütenstand als Superblume erscheinen, die für Blütenbesucher besonders attraktiv aussehen soll. Die Blütenstände der üblichen Gartensorten bestehen ausschließlich aus solchen sterilen Blüten; nur für sie gilt streng genommen die volkstümliche Gattungsbezeichnung Schneeball. An den Blattstielen fallen große, etwas wulstige, grüne Nektardrüsen auf. Die Blattspreiten werden häufig von den Larven des Schneeball-Blattkäfers löchrig zerfressen. Die Früchte bleiben als so genannte Wintersteher oft bis zum nächsten Frühjahr am Geäst.

Wolliger Schneeball *Viburnum lantana*

FAMILIE GEISSBLATTGEWÄCHSE

Merkmale: Sommergrüner, kräftiger Strauch mit aufrechten Ästen, Wuchshöhe 1-4 m; Triebe braun, durch Sternhaare dicht filzig. Blätter gegenständig, 1-3 cm lang gestielt, 5-12 cm lang und bis zu 6 cm breit, dicklich, aber weich, scharf gesägt, mattgrün, unterseits graufilzig. Blüten zahlreich in 5-10 cm breiten, meist 7-strahligen, filzigen, leicht gewölbten Schirmrispen, etwas unangenehm duftend, Kronen cremeweiß, ohne vergrößerte Randblüten; Blütezeit IV-VI. Steinfrüchte anfangs leuchtend rot, in der Reife glänzend schwarz, giftig; Fruchtreife ab IX.

Standort: Lichte Laubwälder, Gebüsche, Wegränder; gern auf mäßig trockenen Kalkböden.

Verbreitung: In M.- und S-EU, von den Britischen Inseln bis ins Mittelmeergebiet; fehlt in D im nordwestlichen Tiefland; häufig auch entlang von Straßen angepflanzt.

Reichblütige Weigelie *Weigelia floribunda*

F. GEISSBLATTGEWÄCHSE

Merkmale: Sommergrüner Strauch mit aufrechten Ästen, 1-2 m hoch. Blätter gegenständig, kurz gestielt, bis zu 9 cm lang, länglich, zugespitzt, fein gesägt, oberseits (fast) kahl, unterseits auf den Nerven behaart; Blüten 5-zählig, Krone trichterförmig, bis 5 cm lang, weißlich, rosa oder kräftiger rötlich bis tief karminrot; Blütezeit V-VI.

Standort: Lichte Wälder und Gebüsche, Säume.

Verbreitung: Heimisch in O-Asien; in M.-EU in vielen Sorten als Ziergehölz verwendet.

Wissenswertes: Meist sieht man in M.-EU nicht die reine Art, sondern eine der zahlreichen Garten-Hybriden (so auch im Foto rechts).

Verwandt: **Runzelblättriger Schneeball** *Viburnum rhytidophyllum*, Blätter immergrün, bis 20 cm lang, dichtfilzig; Steinfrüchte schwarz, giftig, Blütezeit V-VI; stammt aus O-Asien.

rbstfärbung

Blaue Heckenkirsche *Lonicera caerulea* FAMILIE GEISSBLATTGEWÄCHSE

Merkmale: Sommergrüner, stark sparrig verzweigter Strauch, 1-2 m hoch; Triebe rotbraun, bläulich bereift. Blätter gegenständig, kurz gestielt, 2-8 cm lang, rundlich oval, spitz oder leicht abgestumpft, anfangs behaart, später kahl. Blüten paarweise kurz gestielt in den Blattachseln, Krone bis zu 2 cm lang, gelblich weiß, trichterförmig, fast radiär; Blütezeit IV-VI. Früchte elliptische Doppelbeeren, schwarz, bläulich bereift, giftig; Fruchtreife ab VII.

Standort: Bergmisch- und -nadelwälder, Grünerlen- und Legföhrengebüsche; kalkmeidend auf sauren Rohhumus- und Sandböden.

Verbreitung: Gebirge von NO-EU bis Kaukasus und Pyrenäen, fehlt in den Vogesen, in D nur im Bayerischen Wald, im Voralpenland und in den Alpen; gelegentlich angepflanzt.

Schwarze Heckenkirsche *Lonicera nigra* F. GEISSBLATTGEWÄCHSE

Merkmale: Sommergrüner, aufrechter, kleiner Strauch mit dünnen, gebogenen, von Mark erfüllten Zweigen, Höhe 1-2 m. Blätter gegenständig, 2-5 mm lang gestielt, 4-6 cm lang, schmal oval bis elliptisch, spitz, glattrandig, oberseits glänzend, unterseits bläulich, auf den Hauptnerven flaumig behaart. Blüten paarweise auf etwa 4 cm langem Stiel in den oberen Blattachseln, Krone hellrosa, 5-zählig, deutlich 2-lippig, mit enger, etwa 1 cm langer Kronröhre; Blütezeit IV-VI. Früchte kugelige Doppelbeeren, oft ungleich groß, schwarz, bläulich bereift, giftig; Fruchtreife ab VII.

Standort: Schattige Waldränder, krautreiche Bergmischwälder, Halden, Wegsäume und Gebüsche.

Verbreitung: Gebirge in M.-, S- und O-EU; nur selten auch als Ziergehölz angepflanzt.

Wissenswertes: Wegen ihrer nahezu schwarzen, saftigen Beeren nennt man die S.H. regional auch Tintenbeere, wegen der Giftigkeit der Beeren auch Teufelsbeere.

Rote Heckenkirsche *Lonicera xylosteum* FAM. GEISSBLATTGEWÄCHSE

Merkmale: Sommergrüner, reich verzweigter Strauch, 1-3 m hoch; Triebe behaart; Zweige hohl, ohne Mark. Blätter gegenständig, kurz gestielt, 3-6 cm lang, oval, schwach anliegend weichhaarig. Blüten paarweise in den Blattachseln, Krone 2-lippig, weißlich, außen rötlich; Blütezeit V-VI. Früchte (Doppelbeeren) erbsengroß, dunkelrot, glänzend, saftig, schwach giftig; Fruchtreife ab VII.

Standort: Laub- und Nadelmischwälder mit krautigem Unterwuchs, Schlagfluren, Gebüsche.

Verbreitung: M.-EU bis M.-Asien, fehlt im nördlichen D; häufig als Ziergehölz oder zur Befestigung von Böschungen verwendet.

Wissenswertes: Der lateinische Artname *xylosteum* bedeutet Beinholz. Er verweist einerseits auf das beinharte, feste Holz, das man früher für Drechslerarbeiten verwendete, andererseits auf die an Hohlknochen erinnernden Äste und Zweige.

Alpen-Heckenkirsche *Lonicera alpigena* FAM. GEISSBLATTGEWÄCHSE

Merkmale: Sommergrüner, nur wenig verzweigter, aufrechter Strauch, 1-3 m hoch; Triebe 2-kantig, wenig behaart; Zweige hohl, kantig. Blätter gegenständig, gestielt, bis zu 10 cm lang und 5 cm breit, spitz, länglich elliptisch, glattrandig. Blüten paarweise auf 2-5 cm langem Stiel in den Blattachseln, Krone 2-lippig, trichterförmig, rötlich; Blütezeit V-VII. Früchte (Doppelbeeren) glänzend hochrot, giftig; Fruchtreife ab VIII.

Standort: Hochstauden- und Schlagfluren, krautreiche Bergmisch- und Schluchtwälder, Säume und Wege, meist auf kalkreichem Boden.

Verbreitung: Gebirge von M.- und S-EU, von den Pyrenäen bis zum Balkan, in den Alpen bis in etwa 2300 m Höhe; in D nordwärts nur bis zur Donau.

Wissenswertes: Die Blüten werden von Bienen und Wespen besucht, die Früchte gern von Singvögeln und Baumschläfern geerntet.

Wald-Geißblatt *Lonicera periclymenum* FAMILIE GEISSBLATTGEWÄCHSE

Blätter gegenständig

Merkmale: Sommergrüner, rechtswindender Schlingstrauch, reich verzweigt und ziemlich dichtlaubig, 4-5 m hoch. Blätter 4-6 cm lang, spitz oder leicht gerundet, länglich oval, ohne gegenseitige Verwachsungen, oberseits dunkelgrün, unterseits bläulich. Blüten zu mehreren in endständiger Dolde, Krone 2-lippig, bis zu 6 cm lang, vor der Öffnung rötlich, nach dem Aufblühen gelb, mit der Bestäubung merklich nachdunkelnd, Staubblätter und Griffel so lang wie der Kronsaum; Blütezeit V-VIII. Früchte (Beeren) dicht stehend, kugelig, oft ungleich groß, hochrot, glänzend, schwach giftig; ab VIII.

Standort: Hecken, Gebüschsäume, Waldränder, Schlagfluren, Heiden.

Verbreitung: In EU von S-Skandinavien bis in den Mittelmeerraum (N-Afrika) weit verbreitet; häufig auch als Ziergehölz angepflanzt.

Wissenswertes: Besonders gegen Abend duften die Blüten des W. intensiv. Sie werden vorzugsweise von langrüsseligen Nachtfaltern (insbesondere von Schwärmer-Arten) besucht und dabei auch bestäubt.

Verwandt: **Tataren-Heckenkirsche** *Lonicera tataricum,* sommergrün, stark verzweigt, 2-4 m hoch; Blätter stumpf oval, am Grund herzförmig; Blüten paarig, Kronen hellrot oder weiß, oft gestreift, 2-lippig Blütezeit V-VI; Doppelbeeren blutrot glänzend, giftig; stammt aus O-EU und W-Asien, wird häufig an Straßen gepflanzt.

Garten-Geißblatt *Lonicera caprifolium* FAMILIE GEISSBLATTGEWÄCHSE

Merkmale: Sommergrüner, rechtswindender Schlingstrauch, oft mehr als 5 m hoch. Blätter kurz gestielt bis sitzend, breit oval, bis zu 10 cm lang, stumpf, oberseits matt dunkelgrün, unterseits heller und bläulich, obere Blätter am Grund paarweise verwachsen, am Zweigende so stark, dass sie regelrechte elliptische Teller bilden. Blüten mit 3 cm langer, trichteriger Kronröhre, Kronzipfel 2-lippig umgebogen, cremeweiß, mitunter auch rötlich; Blütezeit V-VII. Beeren (kleines Bild oben) rundlich, hochrot, giftig; Fruchtreife VIII-IX.

Standort: Lichte Wälder, sonnige Gebüsche.

Verbreitung: Ursprünglich in SO-EU vom Balkan bis zum Schwarzmeergebiet; in M.- und W-EU an vielen Stellen eingebürgert.

Wissenswertes: Die Blüten des G., das auch Jelängerjelieber genannt wird, beginnen abends stark zu duften und bieten Nachtfaltern Nahrung.

Gew. Schneebeere *Symphoricarpos albus* F. GEISSBLATTGEWÄCHSE

Merkmale: Sommergrüner Strauch mit Ausläufern, 1-2 m hoch; Triebe anfangs fein behaart; Zweige dünn, schwach kantig, markig oder hohl, bogig überhängend. Blätter gegenständig, kurz gestielt, 4-6 cm lang und bis 4 cm breit, an Langtrieben oft deutlich größer, rundlich elliptisch, oberseits dunkelgrün, unterseits heller bläulich grün, meist kahl. Blüten zu mehreren in achsel- oder endständigen Ähren, Krone 4-6 mm lang, glockig, weißlich oder rötlich; Blütezeit VI-VII. Früchte beerenartige Steinfrüchte mit schwammigem Fruchtfleisch, kugelig, 1-1,5 cm dick, weiß, ungenießbar, giftverdächtig; Fruchtreife ab IX.

Standort: Saum von Nadelwäldern, Auengehölze.

Verbreitung: Heimisch in N-Amerika; häufig als Parkgehölz und auf Friedhöfen angepflanzt, stellenweise verwildert und eingebürgert.

Wissenswertes: Zu Beginn des 20. Jh. wurde die G.S. nach EU eingeführt. Die am meisten verwendete Gartenvarietät mit völlig kahlen Blättern und größeren Früchten (auch »Knallerbsen« genannt) wird auch oft als eigene Art *S. rivularis* aufgefasst.

Schwarzer Holunder *Sambucus nigra*

Merkmale: Sommergrüner, breitbuschiger Großstrauch, 3-7 m hoch, seltener auch kleiner Baum mit krummem, rauborkigem Stamm bis 9 m Höhe; Äste und Zweige aufrecht oder bogig nach außen überhängend; Triebe graubraun, kahl, Zweige mit zahlreichen, großen, länglichen Korkwarzen (Rindenporen, Lentizellen) und weißem Mark.
Blätter gegenständig, lang gestielt, 10-25 cm lang, an der Basis mit länglichen, von Nebenblättern abzuleitenden, grünen Nektardrüsen, 5- bis 7-zählig unpaarig gefiedert, Fiedern fast sitzend, bis zu 8 cm lang und 3,5 cm breit, elliptisch, lang zugespitzt, gesägt, auf der Oberseite mattgrün, unterseits zuletzt kahl und heller grün, beim Zerreiben aromatisch duftend.
Blüten klein, scheibenförmig flach, cremeweiß, sehr zahlreich in großen, flach ausgebreiteten, bis 8 cm messenden Schirmrispen, mit starkem, sehr angenehmem Duft; Blütezeit V-VI.
Früchte kugelige Steinfrüchte (in Norddeutschland Fliederbeeren genannt), 3-4 mm dick, auf hellroten Fruchtstielen, schwarzrot mit purpurrotem Saft, essbar; Fruchtreife ab VIII.
Standort: Waldränder, Feldgehölze, Ufer und Zäune, Feldscheunen, Ruinen- und Abraumgelände, Bahndämme, Böschungen; Siedlungsfolger, insofern auch zuverlässiger Stickstoffzeiger.
Verbreitung: In EU weit verbreitet, ferner Kleinasien und Kaukasus; in den Alpentälern bis in etwa 1200 m Höhe; vielfach auch in Fruchtsorten gepflanzt, außerdem als Ziergehölz mit abweichender gelbgrüner Blattfärbung sowie in einer extrem schmalblättrigen Form oder mit geschlitzten bzw. doppelt gefiederten Blättern; in der Normalform nicht selten in Parks und Gärten.

Wissenswertes: Der S.H. hat große Bedeutung als Heilpflanze und als Fruchtstrauch. Seine getrockneten Blüten und Früchte werden nach wie vor gegen Katarrhe und sonstige Beschwerden der Atemwege sowie gegen Fieber verwendet. Bereits die Menschen der Jungsteinzeit sammelten die schmackhaften Früchte, wie man an den Samenfunden in ausgegrabenen Siedlungen feststellen konnte. Auch mancherlei Geschichten ranken sich um den S.H. Judas soll sich nach biblischer Überlieferung daran erhängt haben, wovon angeblich der strenge Geruch der Blätter herrührt. Eine fast nur auf Holunder wachsende Pilzart heißt danach auch Judasohr. Den Germanen war der Strauch besonders heilig, als Hausstrauch sollte er die bösen Geister bannen. Sein Name ehrt Frau Holle (die der nordischen Göttin Freya entspricht), was auch in der mundartlichen Bezeichnung Hollerbusch deutlich wird.
Die duftenden Blüten werden vor allem von Fliegen und kleinen Käfern bestäubt, die auf den flachen Schirmrispen umherlaufen. Holunderpollen werden jedoch großteils auch vom Wind verfrachtet und sind bekanntermaßen Mitauslöser von Pollenallergien. Die Winterknospen weisen eigenartigerweise keine schützenden Knospenhüllen auf. Daher stehen die bereits im Frühherbst fertigen Blattanlagen während der kalten Jahreszeit halb geöffnet im Freien. Die reifen Früchte werden sehr gern von Vögeln geerntet. Vögel besorgen auch die Verbreitung der Art, indem sie die Samen mit dem Kot wieder ausscheiden.

Ähnlich: Der **Kanadische Holunder** *S. canadensis* unterscheidet sich vom Schwarzen Holunder durch seine bis zu 25 cm breiten Doldenrispen und nur wenige, aber große Lentizellen an den Zweigen. Er wird gelegentlich als Fruchtgehölz in Plantagen gezogen.

Trauben-Holunder, Roter Holunder *Sambucus racemosa* GEISSBL.

Merkmale: Sommergrüner, mäßig verzweigter, locker belaubter Strauch mit aufrechten oder etwas überhängenden Ästen und Zweigen, 1-4 m hoch; Triebe kahl; Rinde hell braungrau, mit zahlreichen großen Korkwarzen; Mark rostbraun. Blätter gegenständig, lang gestielt, 10-25 cm lang, meist 5-zählig unpaarig gefiedert, Fiedern schmal lanzettlich, 5-8 cm lang, schlanker als beim Schwarzen H. (⇨S. 378), oberseits matt dunkelgrün, unterseits bläulich und nur wenig flaumig behaart, im Austrieb oft rötlich purpurn, im Herbst bleichgelb; beim Zerreiben einen starken, etwas unangenehmen Geruch verströmend. Blüten klein, hellgelb, mit den Blättern erscheinend, angenehm duftend, sehr zahlreich in gedrungenen, aufrechten, ca. 5-8 cm langen Rispen; Blütezeit IV-V. Steinfrüchte kugelig, etwa erbsengroß, scharlachrot, saftig; Fruchtreife ab VII.

Standort: Liebt sonnige bis halbschattige Standorte auf nährstoffreichen Lockerböden; lichte Gebüsche und Nadelforste, Nadelwälder, Schlagfluren, Säume, Flurgehölze und Wegränder.

Verbreitung: M.- und S-EU, in Skandinavien nur aus Kulturen verwildert; ferner Vorderasien bis N-China; meist in den unteren und höheren Mittelgebirgslagen, in den Alpen bis in 1400 m Höhe.

Wissenswertes: Regional wird der T. auch Berg-Holunder oder Hirsch-Holunder genannt. Das Fruchtfleisch ist nur nach Erhitzen essbar. Man verwendet es meist lediglich zur Farbverschönerung von Säften und Kompott. Die Steinkerne sollte man nicht verzehren, denn sie sind wie die übrigen Pflanzenteile leicht giftig und können starken Brechreiz hervorrufen. Vögeln hingegen macht das Gift nichts aus und viele Arten tun sich an den reifen Früchten des T. gütlich. Insofern ist die Art ein wichtiges Vogelschutzgehölz.

Die 3. heimische H.-Art, der Zwerg-H. oder Attich *S. ebulus,* ist kein Gehölz, sondern eine Staude.

Moosglöckchen *Linnaea borealis* FAMILIE GEISSBLATTGEWÄCHSE

Merkmale: Immergrüner, zierlicher, fast krautig aussehender Zwergstrauch mit fadenförmigen, aber verholzten Stängeln, nur bis 15 cm hoch. Blätter gegenständig, kurz gestielt, 0,25-1 cm lang, spitz oder abgerundet, wenig gekerbt, ledrig derb, spärlich behaart, unterseits hellgrün. Blüten jeweils paarweise endständig auf 3-8 cm langem Stängel, nickend, Krone 6-9 mm lang, glockig-trichterförmig, zartrosa, dunkler geadert; Blütezeit VII-IX.

Standort: Moosreiche Nadelwälder und Zwergstrauchheiden auf sauren Rohhumusböden.

Verbreitung: Hochgebirge in EU von den Pyrenäen bis zum Ural, N-Asien, N-Amerika; fehlt in D, in den Alpen bis in 2000 m Höhe.

Wissenswertes: Der wissenschaftliche Name des M. ehrt den berühmten schwedischen Botaniker Carl von Linné (1707-1778), der auf vielen Porträts mit dieser Pflanze abgebildet ist.

Keuschbaum *Vitex agnus-castus* FAMILIE EISENKRAUTGEWÄCHSE

Merkmale: Sommergrüner Strauch mit aufrechten, 4-kantigen, grau filzig behaarten Ästen und Zweigen, die beim Zerreiben aromatisch duften, Höhe bis 3 m. Blätter gegenständig, handförmig 5- bis 7-zählig gefiedert, Fiedern 5-10 cm lang, glattrandig, oberseits kahl, unterseits graufilzig. Blüten zahlreich in einer dichten, endständigen Ähre, Krone bis 8 mm lang, röhrig-trichterig, hellviolett, selten auch rosa oder weißlich; Blütezeit VII-VIII. Steinfrüchte 3-4 cm dick, beißend scharf schmeckend; ab IX.

Standort: Bachauen, Kiesbänke, Flussufer, Waldsäume, Küstenfelsen; meist auf Kalk.

Verbreitung: Mittelmeerraum von Spanien bis zum Balkan, ferner Krim und Zentralasien.

Wissenswertes: Der enorm scharfe Geschmack der Früchte, die gebietsweise als Pfefferersatz dienten, sollte angeblich jede sexuelle Lust unterdrücken, was den Namen Mönchspfeffer erklärt.

Chinesischer Bocksdorn
Lycium chinense NACHTSCHATTENGEW.

Merkmale: Sommergrüner, ästiger Strauch mit überhängenden Zweigen, bis 4 m hoch; klettert gelegentlich als Spreizklimmer. Blätter wechselständig, kurz gestielt, an Kurztrieben in Büscheln, 10-14 cm lang, lanzettlich. Blüten bis 1,5 cm breit, Kelch 3- bis 5-zähnig, Krone trichterig, purpurn; Blütezeit VI-IX. Früchte ovale, bis zu 2,5 cm lange Beeren, scharlachrot; Fruchtreife ab VIII. Ganze Pflanze giftig!
Standort: Trockengebüsche, Böschungen.
Verbreitung: Heimisch in N-China; in M.-EU gelegentlich als Zierstrauch angepflanzt, in S- und W-EU an vielen Stellen eingebürgert.
Ähnlich: **Gewöhnlicher Bocksdorn** *Lycium barbarum*, Blätter nur 3-5 cm lang, Blütenkronen purpurviolett mit dunkler geaderten Zipfeln; Hecken, Gebüsche; heimisch in China, in M.-EU eingebürgert.

Bittersüßer Nachtschatten
Solanum dulcamara NACHTSCHATTENG.

Merkmale: Sommergrüner Halbstrauch mit liegendem, aufsteigendem oder kletterndem Stängel, zumindest im unteren Drittel verholzt, 0,5-4 m hoch; Triebe und Zweige rundlich, manchmal undeutlich kantig. Blätter wechselständig, lang gestielt, einfach lanzettlich oder an der Basis mit 1-2 fiederartigen Lappen, kahl. Blüten 1-2 cm breit, Krone blauviolett, mit 5 zurückgeschlagenen Zipfeln, Staubblätter chromgelb, kegelig zusammengeneigt; Blütezeit VI-VIII. Beeren 0,7-1 cm lang, anfangs grünlich, dann gelborange, reif scharlachrot, giftig; Reife ab VII.
Standort: Ufer, feuchte Wälder, Hecken.
Verbreitung: In EU weit verbreitet.
Wissenswertes: Vom B.N. sind Rassen bekannt, die sich im Giftgehalt der anfangs süßlich, dann sehr bitter schmeckenden Beeren unterscheiden.

Großes Immergrün *Vinca major*
FAMILIE IMMERGRÜNGEWÄCHSE

Merkmale: Immergrüner Halbstrauch mit kriechenden, an den Knoten wurzelnden Sprossen und aufsteigenden oder herabgebogenen Zweigen, bis 1 m lang; Blüten tragende Teile aufrecht und bis 30 cm hoch. Blätter gegenständig, ledrig, lanzettlich, bis zu 9 cm lang, zum Zweigende hin größer, an der Basis schwach herzförmig, am Rand bewimpert. Blüten bis zu 5 cm breit, hellblau bis blauviolett, mit kurzer Röhre und breiten, mühlradartigen Zipfeln; Blütezeit III-V (auch IX-X).
Standort: Schattige Wälder und Auengehölze.
Verbreitung: Westliches Mittelmeergebiet; wird in wintermilden Lagen in M.-EU gärtnerisch als Frühblüher (Bodendecker) verwendet und ist gebietsweise eingebürgert.

Ähnlich: **Kleines Immergrün** *V. minor*, bis 20 cm hoch, Blätter kahl, Blüten blau; Wälder, Hecken; W- und südl. M.-EU.

Oleander *Nerium oleander*
FAMILIE IMMERGRÜNGEWÄCHSE

Merkmale: Immergrüner, aufrechter Strauch mit geraden Ästen und Zweigen, 2-4 m hoch. Blätter kurz gestielt bis sitzend, zu 2-4 in Quirlen, 5-15 cm lang und bis 3 cm breit, lanzettlich, derb ledrig, mit kräftigem Mittelnerv, am Rand etwas umgerollt. Blüten etwa 3 cm breit, ohne besonderen Duft, 5 Kronzipfel, rechtswendig schief abgeschnitten, flach ausgebreitet, weiß, rosa oder rot; Blütezeit VI-X. Pflanze in allen Teilen sehr giftig!
Standort: Felsige Abhänge, Schotterbetten.
Verbreitung: Stammt aus den S-Alpen; heute im Mittelmeergebiet weit verbreitet und häufig in Sorten angepflanzt, in M.-EU nicht winterfest.
Wissenswertes: Die Blüten werden gern von Nachtfaltern angeflogen und sind Futterpflanze der Raupe des Oleanderschwärmers (kleines Foto rechts). Die giftigen Inhaltsstoffe des O. (Alkaloide) verwendet man in standardisierten Herzarzneien.

Herzblättrige Kugelblume
Globularia cordifolia KUGELBLUMENGEW.

Merkmale: Immergrüner, dichte Rasen bildender Spalierstrauch mit kriechenden, teilweise nur an der Basis verholzten Zweigen, nur Blüten tragende Zweige aufrecht, bis 10 cm hoch. Blätter rosettig, 4-7 mm lang, lanzettlich, vorn leicht herzförmig eingebuchtet. Blüten in halbkugeligem, 1-1,5 cm breiten Köpfchen, Einzelblüten 5-zipfelig, Krone 2-lippig, um 7 mm lang, blaulila; Blütezeit VI-VII.
Standort: Felsdurchsetzte Rasen, Felsspalten, Humusdecken über Felsen auf Kalkböden.
Verbreitung: Hochgebirge in M.- und S-EU, von den Pyrenäen bis zum Balkan, im Schweizer Jura und den Kalkalpen zerstreut, bis in etwa 2000 m.
Wissenswertes: Die Blütenköpfchen sind ähnlich wie bei den Korbblütlern von einer vielteiligen grünen Hülle umgeben.

Echter Lavendel *Lavandula officinalis*
FAMILIE LIPPENBLÜTENGEWÄCHSE

Merkmale: Immergrüner, stark ästiger Strauch mit aufsteigenden, steifen, runden Ästen, die kantige Kurztriebe tragen, Höhe etwa 1 m; alle Teile der Pflanze aromatisch duftend. Blätter gegenständig, schmal lanzettlich bis linealisch, bis 5 cm lang, stumpf, randlich leicht eingerollt, beidseitig graufilzig, mitunter auch unbehaart. Blüten lippenförmig, kurz gestielt, Kelch graufilzig bis bläulich, Krone lavendelblau, Kronröhre den Kelch nur wenig überragend; zahlreich in aufrechten, lang gestielten, ährenartigen Blütenständen mit mehreren Scheinquirlen; Blütezeit VI-VIII.
Standort: Sonnige Trockenhänge auf steinigem, flachgründigem Boden, gern auf Kalk.
Verbreitung: Westl. Mittelmeergebiet, von der Ebene bis in 1700 m Höhe; häufig als Zierstrauch.
Wissenswertes: Der Kreuzungsbastard mit dem ähnlichen **Breitblättrigen L.** *L. latifolia*, Lavandin genannt, wird in S-Frankreich (Provençe) zur Gewinnung von Lavendelöl angebaut.

Ysop *Hyssopus officinalis*
FAMILIE LIPPENBLÜTENGEWÄCHSE

Merkmale: Teilweise immergrüner, ästiger Halbstrauch mit liegenden oder aufrechten Ästen und kantigen Zweigen, um 60 cm hoch; alle Teile der Pflanze beim Abstreifen oder Zerreiben angenehm aromatisch duftend. Blätter kreuzgegenständig, nur an Kurztrieben büschelig, sitzend, bis 5 cm lang, linealisch bis schmal lanzettlich, stechend zugespitzt. Blüten zahlreich in endständigen, ährenartigen, einseitswendigen Blütenständen aus mehreren Scheinquirlen, Kelch 5-zähnig mit langen Grannenspitzen, Krone 2-lippig, kräftig blau, selten auch violett, rötlich oder reinweiß; Blütezeit VII-IX.
Standort: Offene, trockene, steinige Hänge.
Verbreitung: Stammt aus dem Mittelmeergebiet; seit langem als Würz- und Arzneipflanze in Gartenkultur gehalten, durch Verwilderung auch in M.-EU vielerorts eingebürgert.

Rosmarin *Rosmarinus officinalis*
FAMILIE LIPPENBLÜTENGEWÄCHSE

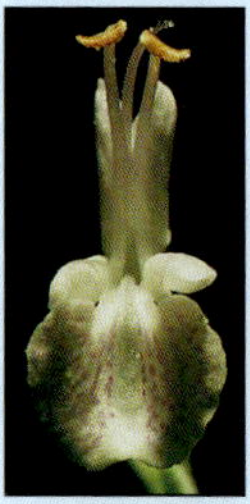

Merkmale: Immergrüner, dicht verzweigter Strauch mit aufrechten oder aufsteigenden Ästen, 1-2 m hoch. Blätter kreuzgegenständig, derb, ledrig, sitzend, bis 4 cm lang, am Rand umgerollt, vorn gerundet, nicht stechend, oberseits dunkelgrün und matt glänzend oder leicht runzelig, unterseits weißfilzig mit zahlreichen Sternhaaren, beim Zerreiben stark aromatisch duftend. Blüten zu wenigen in achselständigen Scheinquirlen, 2-lippig, Kelch glockig, Krone weißlich bis hellblau, manchmal auch violettblau, den Kelch überragend, Oberlippe weit zurückgebogen; Blütezeit I-IV.
Standort: Trockene, sonnige Hänge auf Kalkgestein, lichte Gebüsche, Waldsäume.
Verbreitung: Mittelmeergebiet (Typpflanze der Macchien); häufig in Kräutergärten gezogen.
Wissenswertes: R. ist unentbehrlicher Bestandteil der Kräutermischung »Herbes de Provençe«.

Echter Salbei *Salvia officinalis*

FAMILIE LIPPENBLÜTENGEWÄCHSE

Merkmale: Immergrüner, reichästiger Halbstrauch mit liegenden oder heruntergebogenen Ästen, von denen krautige, dicht belaubte Zweige aufsteigen, Höhe um 50 cm. Blätter kreuzgegenständig, überwiegend wintergrün, derb, gestielt, glattrandig oder fein gekerbt, runzelig, oberseits graugrün und anfangs dicht behaart, unterseits weißfilzig, sortenabhängig vor allem im Winter rötlich bis violett überlaufen. Blüten zu 1-5 in Scheinquirlen, Kelch braunrot, 2-lippig, Krone bis 3,5 cm lang, violettblau; Blütezeit VI-VII. Alle Pflanzenteile duften beim Zerreiben angenehm aromatisch.

Standort: Steinige Hänge, Brachen, Wegsäume.

Verbreitung: Ursprünglich im westlichen Mittelmeergebiet; häufig als Heil- und Würzkraut angepflanzt, verwildert in M.-EU nur selten.

Echter Thymian *Thymus vulgaris*

FAMILIE LIPPENBLÜTENGEWÄCHSE

Merkmale: Immergrüner, reichästiger Halbstrauch mit aufrechten oder aufsteigenden Ästen und Zweigen, Höhe bis 40 cm. Blätter kreuzgegenständig, bis 1 cm lang, Blattränder nach unten umgeschlagen, oberseits graugrün, unterseits dicht weißlich samthaarig. Blüten zu mehreren büschelig in den Blattachseln neuer Triebe, daher scheinbar kopfig gehäuft an den Zweigenden, Kelch 2-lippig, Krone rötlich bis hellviolett; Blütezeit V-X. Alle Teile der Pflanze duften beim Zerreiben sehr aromatisch.

Standort: Stark besonnte, steinige Abhänge und trockene Felsheiden.

Verbreitung: Westl. Mittelmeergebiet, vielfach angepflanzt und gelegentlich aus Gärten verwildert.

Wissenswertes: Der E. T. ist schon seit dem Altertum als Aromapflanze geschätzt und in Gartenkultur.

Feld-Thymian, Quendel

Thymus pulegioides LIPPENBLÜTENGEW.

Merkmale: Formenreicher, sommergrüner Zwergstrauch mit kriechenden oder aufsteigenden, an den Knoten meist bewurzelten Sprossen, oft nur an der Basis verholzt, blühende Zweige 4-kantig und aufrecht, an den Kanten kurzhaarig. Blätter gegenständig, kurz gestielt, oval bis spatelig, 0,6-2 cm lang, beidseits kahl. Blüten an den Zweigenden kopfig gedrängt, Kronen etwa 6 mm lang, purpurn bis hellrosa; Blütezeit VI-IX.

Standort: Sand- und Halbtrockenrasen, Magerweiden, Heiden, Felsfluren, trockene Wiesen, sandig-steinige Böden.

Verbreitung: In EU weit verbreitet, in den Alpen bis in etwa 1800 m Höhe; in D die häufigste Form der schwer unterscheidbaren Kleinartengruppe.

Wissenswertes: Die alte Heil- und Gewürzpflanze ist noch gelegentlich in Kräutergärten zu finden. Alle ihre Teile duften beim Zerreiben aromatisch.

Mäusedorn *Ruscus aculeatus*

FAMILIE LILIENGEWÄCHSE

Merkmale: Immergrüner Kleinstrauch mit starr aufrechten Ästen, um 1 m hoch. Die dunkelgrünen, wie Laubblätter aussehenden Organe sind stark abgeflachte und verbreiterte, unangenehm stachelspitzige Seitenzweige (sog. Flachsprosse), die in der Achsel der winzigen, schuppenförmigen eigentlichen Blätter sitzen. Blüten zweihäusig verteilt, um 2 mm breit; Blütezeit III-IV. Beeren korallenrot, 1-1,5 cm dick, ungenießbar; ab IX.

Standort: Gebüsche, halbschattige Wälder.

Verbreitung: S-EU, Kanarische Inseln; in W-Frankreich und Großbritannien aus Gartenkultur verwildert und eingebürgert.

Bäume

Bäume in der Übersicht

Baumtypen

Viele Nadel- und Laubbäume kann man schon von weitem anhand ihrer kennzeichnenden Kronenform zuordnen. Die Zusammenstellung zeigt jeweils typische Vertreter der im Buch vorgestellten großen Gruppen.

Nadeln und Zapfen

An den Nadelblättern der Nacktsamer lässt sich oft die Gattung oder sogar die Art erkennen. Bei einigen urtümlichen Arten sind die Nadeln zu weichen Schuppen umgestaltet. Zusammen mit den Zapfen, den entwicklungsgeschichtlichen Vorläufern der Früchte, bilden Nadeln wichtige Bestimmungshilfen.

Laubblätter

Wie die Nadeln der Nadelgehölze sind die flächigen Blätter der Bedecktsamer gleichsam Visitenkarten der Laubbäume. Ihre Formen reichen von einfachen Umrissen mit glattem Rand bis zu ornamental gelappten oder zusammengesetzten Blättern. Bei etlichen Bäumen reicht selbst dem Laien nur das Blatt zur sicheren Gattungs- oder Artbestimmung, z.B. bei den Kastanien oder beim Tulpenbaum.

Baumblüten

Die windbestäubten Blüten, z.B. die der Eichen, sind meist einfach und unscheinbar, die von Tieren bestäubten dagegen blumig, farbig und duftend. Die Übersicht zeigt Beispiele der wichtigsten Gruppen.

Baumfrüchte

Die Früchte der meisten Arten eignen sich sehr gut zu einer sicheren Artbestimmung. Ausnahmen bilden z.B. die winzigen Flugsamen der Pappeln und Weiden. Viele Baumfrüchte sind essbar, einige giftig.

Baumtypen

Gewöhnliche Fichte S. 406

Wald-Kiefer
S. 416

Riesenmammutbaum
S. 432

Sal-Weide S. 462

Stiel-Eiche S. 482

Feld-Ulme S. 492

Apfelbaum
S. 506

Sommer-Linde
S. 536

Gewöhnliche
Esche S. 544

Nadeln und Zapfen

Gewöhnliche Fichte S. 406

Weiß-Tanne S. 400

Europäische Lärche S. 414

Serbische Fichte S. 408

Japanische Lärche S. 414

Atlas-Zeder S. 430

Tränen-Kiefer S. 424

Riesen-Lebensbaum S. 440

Lawsons-Scheinzypresse S. 464

Nadeln und Zapfen

Silber-Weide S. 460
Purpur-Weide S. 462
Ölbaum S. 546
Apfelsinenbaum S. 554
Südl. Zürgelbaum S. 496
Tulpen-Magnolie S. 556
Feld-Ulme S. 492
Hainbuche S. 474
Grau-Erle S. 472
Baum-Hasel S. 476
Ess-Kastanie S. 480
Hänge-Birke S. 468
Moor-Birke S. 468
Gewöhnl. Schwarz-Pappel S.454
Silber-Pappel S. 452
Zitter-Pappel S. 454
Spitz-Ahorn S. 528
Silber-Ahorn S. 528

Laubblätter

Hänge-Birke S. 468
Schwarz-Erle S. 470
Zitter-Pappel S. 454
Hainbuche S. 474
Baum-Hasel S. 476
Flügelnuss S. 466
Zürgelbaum S. 496
Feld-Ulme S. 492
Spitz-Ahorn S. 528
Berg-Ahorn S. 524
Gew. Traubenkirsche S. 504
Wild-Apfel S. 506
Gewöhnliche Mehlbeere S. 514
Mispel S. 498
Kultur-Mandel S. 502
ROSENGEWÄCHSE

Ess-Kastanie S. 480
Rot-
Buche
S. 478
Stiel-Eiche
S. 482
Walnussbaum S. 466
Gew. Esche S. 544
Winter-Linde S. 538
Manna-Esche
S. 544
Sommer-
Linde S. 536
Sal-Weide S. 462
Blasenesche S. 548
1
2
Robinie
S. 516
Tulpen-
baum
S. 558
Blauglockenbaum S. 550
Rote Ross-
kastanie
S. 534
(1) Judasbaum S. 522
(2) Trompetenbaum S. 550

Baumfrüchte

Baumfrüchte

Weiß-Tanne *Abies alba*

Merkmale: Immergrüner Nadelbaum mit geradem, kräftigem Stamm, bis 50 m hoch; Krone in der Jugend kegelförmig, im Alter eher abgeflacht, bei frei stehenden Exemplaren bis zum Grund beastet; Äste fast waagrecht oder leicht hängend, nur in der Wipfelregion steil aufrecht.
Nadeln bis zu 3 cm lang, abgeflacht, biegsam, stumpf, oberseits dunkelgrün, auf der Unterseite mit zwei hellen Streifen (Spaltöffnungsreihen), meist 2-zeilig gescheitelt, sitzen den Zweigen mit einem rundlichen Fuß an und haben eine Lebensdauer von ungefähr 8-10 Jahren.
Blüten einhäusig verteilt; nur im obersten Kronenteil an 2-jährigen Zweigen; Knospen rötlich braun gefärbt, nicht harzend; Blütezeit IV-V.
Zapfen aufrecht, bis 10 cm lang, anfangs grünlich, zur Reifezeit blassbraun. Die Schuppen lösen sich einzeln von der Spindel ab, sodass man niemals vollständige Zapfen unter den Bäumen findet.
Standort: Wichtiger Waldbaum, in Höhen zwischen 400-1000 m zusammen mit Buche, Berg-Ahorn, Wald-Kiefer und Fichte, oft bestandsbildend im Tannen-Buchen-Mischwald bzw. im Tannen-Fichtenwald des Berglands, jedoch nur selten in Reinbeständen.
Verbreitung: Von den Pyrenäen über das französische Zentralmassiv, die Vogesen, den Schwarzwald und die Alpen (mit Ausnahme der Zentralalpen) bis zu den Karpaten und auf die Balkan-Halbinsel in großen, inselartigen Vorkommen, außerdem in einem kleinen Gebiet auf Korsika und im nördlichen Apennin; oft auch außerhalb des natürlichen Verbreitungsgebiets forstlich kultiviert, erwies sich dort jedoch als wenig widerstandsfähig gegen Luftschadstoffe, Schädlinge und Klimastress.
Wissenswertes: Tannenholz harzt nicht, ist sehr hell und schwindet beim Trocknen nur wenig. Deshalb stellt es ein ideales Konstruktionsholz dar und wird vielfach auch für den Bau von Musikinstrumenten verwendet, beispielsweise für Orgelpfeifen oder Saiteninstrumente. An den Beständen der W., vor allem denen des Schwarzwalds, wurde man in den 1970er-Jahren erstmals auf (neuartige) Waldschäden und das Phänomen des Baumsterbens aufmerksam, da diese Art gegen Rauchgase und andere Schadstoffe aus der Luft außerordentlich empfindlich ist. W. werden am natürlichen Standort bis zu 600 Jahre alt und gehören zu den imposantesten heimischen Baumarten – das höchste je vermessene Exemplar maß knapp 70 m. Im Unterschied zu ihren Verwandten pflanzt man W. nur selten als Ziergehölze in Gärten oder Parkanlagen an.
Die Umgangssprache trennt in der Regel nicht streng zwischen Tanne und Fichte, obwohl die botanischen Unterschiede erheblich sind. Meist wird die Bezeichnung Tanne als Typbegriff für Tannen- und Fichtenarten verwendet. So genannter Tannenhonig geht auf die zuckerreichen Ausscheidungen von Blattläusen zurück, die an den Zweigen und Nadeln dieser Bäume saugen.

Die aufrecht am Zweig stehenden Zapfen verlieren ihre Schuppen noch am Baum, nur die Spindel bleibt übrig.

Zapfen-Spindeln

♀

♂

Nordmann-Tanne *Abies nordmanniana* FAMILIE KIEFERNGEWÄCHSE

Merkmale: Immergrüner, bis zu 60 m hoher Nadelbaum mit anfangs schmaler, kegelförmiger, später zunehmend säuliger Krone, aber fast immer spitzem Wipfel; obere Äste weniger steil als bei Weiß-Tanne; Stamm bis über 1 m dick mit dunkler Plattenborke.
Nadeln 2-3 cm lang, vorn gerundet oder leicht ausgerandet, oberseits gefurcht und glänzend dunkelgrün, unterseits mit 2 weißen Spaltöffnungsbändern; mit rundlichen Haftscheiben an den Zweigen stehend, schraubig oder undeutlich 2-zeilig angeordnet; beim Zerreiben angenehm duftend.
Blütenknospen nicht harzend; Blütezeit IV-V.
Zapfen zylindrisch, bis 5 cm breit und 20 cm lang, harzig, lange Zeit grünlich, reif mittelbraun; dünne, zipfelige Deckschuppen zwischen den dickeren Samenschuppen vorragend, zurückgeschlagen; Zapfenreife X.
Standort: In Bergwäldern zwischen 900-2000 m Höhe auf feuchten, aber nicht staunassen Böden in Reinbeständen oder zusammen mit anderen Nadel- sowie Laubbaumarten.
Verbreitung: Wichtiger Waldbaum in der nordöstlichen Türkei und im westlichen Kaukasus; in M.-EU zunehmend in Forstkulturen oder als dekorativer Parkbaum angepflanzt.
Wissenswertes: Die nach ihrem Hauptverbreitungsgebiet auch als Kaukasus-Tanne bezeichnete Art wurde um 1840 von dem finnischen Botaniker A. Nordmann entdeckt und zunächst in England kultiviert. Die stattlichen Bäume, die in M.-EU als Parkgehölz oder in Forstkulturen allerdings die 30 m-Marke bisher nicht überschritten haben, sind als Weihnachtsbäume sehr beliebt, da sie das Trockenklima warmer Wohnstuben deutlich besser vertragen als die heimischen Fichten.

Riesen-Tanne *Abies grandis* FAMILIE KIEFERNGEWÄCHSE

Merkmale: Immergrüner Nadelbaum bis 50 m Höhe, mit schlanker, kegelförmiger Krone und spitzem Wipfel; Äste quirlartig am Stamm angeordnet, waagrecht abstehend, im Alter leicht hängend.
Nadeln mittel- bis dunkelgrün, 2-6 cm lang, flach, schraubig gestellt, regelmäßig 2-zeilig gescheitelt, zweigoberseits kürzer als auf der Unterseite.
Blütenknospen schwach harzend; Blütezeit IV-V.
Zapfen bis zu 4 cm breit und 10 cm lang, Deckschuppen von außen nicht erkennbar.
Standort: In Reinbeständen oder zusammen mit anderen Nadelbaumarten von der Küstenregion bis in Höhenlagen um 1500 m.
Verbreitung: Die Heimat der R. sind die Nadelwälder des westlichen N-Amerikas, vor allem auf Vancouver-Island und im Küstengebirge von British Columbia bis NW-Kalifornien. 1830 kam sie erstmals nach EU, wo sie seither stellenweise forstlich oder als Parkgehölz verwendet wird.
Wissenswertes: Die R. trägt ihren Namen zu Recht, denn sie ist die größte Art ihrer Gattung. In ihrer Heimat erreicht sie sogar knapp 100 m Höhe. Solche Exemplare sind heute jedoch sehr selten und fast nur noch in Nationalparkgebieten anzutreffen. Die in M.-EU kultivierten Exemplare weisen (bisher) höchstens etwa die Hälfte dieser Wuchshöhe auf. Bemerkenswert ist die dicke, dunkel braungraue, bei alten Bäumen tief gefurchte und in kleine Schuppen aufgelöste Borke. Die recht weichen Nadeln, die am Rand leicht nach unten eingerollt sein können, verströmen beim Zerreiben einen angenehm aromatischen Duft. Angesichts der imposanten Größe des Baums bleiben die Zapfen mit ihren 6-8 (höchstens 10) cm Länge relativ klein. Wie alle Tannen ist auch diese Art einhäusig, d.h., männliche Blüten und weibliche Blütenstände entwickeln sich auf der gleichen Pflanze. Üblicherweise treten sie jedoch nur im oberen Kronenteil auf, sodass man sie fast nur mit dem Fernglas erkennen kann.

Edel-Tanne *Abies procera*

Merkmale: Immergrüner Nadelbaum bis 60 m Höhe, mit kegel- bis säulenförmiger Krone; Rinde anfangs glatt silbrig grau, später rissig und graubraun.

Zapfen bis zu 25 cm lang und 9 cm breit

Nadeln 2-3,5 cm lang, stumpf, dicht spiralig, aufwärts gekrümmt und gescheitelt; grüngrau bis dunkelgrün, beidseits mit helleren Spaltöffnungsbändern.
♂ Blüten anfangs karminrot gefärbt, später zunehmend gelb; Blütezeit V-VI.
Zapfen groß, senkrecht auf stärkeren Ästen im Innern der Krone; reif hellbraun, mit helleren, weit herausragenden, zurückgebogenen Deckschuppen.
Standort: Feuchte Bergwälder in Höhenlagen zwischen 900 und 1800 m, meist in Mischbeständen mit anderen Nadelbäumen wie Douglasien, Weymouth-Kiefer oder weiteren Tannen-Arten.
Verbreitung: Küstengebirge des westlichen N-Amerikas von Washington bis N-Kalifornien.
Wissenswertes: In M.-EU wird diese Art forstlich selten, dagegen häufiger als dekoratives Parkgehölz verwendet. Besonders verbreitet ist die mit kräftig blaugrünen Nadeln ausgestattete 'Glauca'-Form. Die E. entwickelt die größten Zapfen aller Tannen, die zudem durch die weit zwischen den massiven Samenschuppen herausragenden Deckschuppen auffallen. In ihrer Heimat wird diese Art über 600 Jahre alt. Entdeckt hat sie im Jahre 1825 der Forschungsreisende David Douglas, nach dem später eine nahe verwandte Gattung als Douglasie benannt wurde. Die umgangssprachliche Bezeichnung »Edeltanne«, die man auch auf den Weihnachtsbaummärkten findet, meint in den seltensten Fällen exakt diese Art, sondern gewöhnlich die auffällig blaugrünen Gartenformen verschiedener Fichten-Arten.

Spanische Tanne *Abies pinsapo*

Merkmale: Immergrüner, bis zu 30 m hoher Nadelbaum, im Umriss breit pyramidenförmig, mit abstehenden, unten hängenden Ästen.

Nadeln 1-2 cm lang; schraubig rings um die Zweigachse angeordnet; steif, aber nicht spitzig; im Querschnitt 4-kantig, an der Basis verbreitert; beidseits mit hellen Spaltöffnungsbändern.
Blütezeit IV-V.
Zapfen bis zu 5 cm breit und 12 cm lang, unreif purpurn, später braun; Deckschuppen von außen nicht sichtbar.
Standort: Kalkböden im Gebirge oberhalb 1000 m, meist in Reinbeständen oder in Gesellschaft mit immergrünen Eichen.
Verbreitung: Nur in einem kleinen Gebiet in SO-Spanien in den Kalkgebirgsketten um die Stadt Ronda. Dort wichtiger Holzlieferant und daher stellenweise auch forstlich angebaut.
Wissenswertes: Die nach ihrer Heimat auch Andalusische Tanne genannte Art ist in ihrem Ursprungsgebiet durch langfristige Übernutzung relativ selten geworden. Der größte geschützte Bestand befindet sich in einem Nationalpark in der Sierra de las Nieves. Gärtnerisch verwendet werden gelegentlich auch die schwer unterscheidbaren Bastarde mit der Nordmann-Tanne oder mit der Griechischen Tanne.

Ähnlich:
Griechische Tanne *Abies cephalonica*, bis zu 30 m hoch, mit breiter, rundlicher Krone; Nadeln 2-3 cm lang, an den Zweigen dicht und schraubig angeordnet, steif und stechend spitz, oberseits glänzend dunkelgrün; beheimatet in Kalkgebirgen von SO-EU; selten als Ziergehölz verwendet.

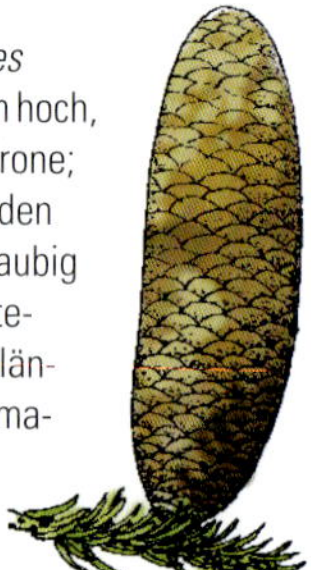

Form 'Glauca'

Gewöhnliche Fichte *Picea abies*

Merkmale: Immergrüner Nadelbaum, meist 30-50, ausnahmsweise bis 70 m hoch, mit regelmäßiger Krone und meist hängenden Ästen; Rinde kupferfarben bräunlich, fein geschuppt, löst sich nur wenig vom Stamm ab.
Nadeln 1-2,5 cm lang, starr, spitz, dunkelgrün, schraubig gestellt und meist wenig gescheitelt, im Querschnitt 4-kantig, allseits mit einem feinen, hellen Spaltöffnungsband.
♂ Blüten über die ganze Krone verteilt, erst rot, später gelb; ♀ Blütenstände nur im oberen Kronenbereich, rötlich, stehend; Blütezeit IV-V.
Zapfen hellbraun, herabhängend, bis 15 cm lang.
Standort: An Stellen mit lockerem, humosem, winterkaltem Boden in feuchtem Klima, oft in Reinbeständen oder in gemischten Gesellschaften; Flachwurzler; wichtiger Rohhumusbildner.
Verbreitung: In mehreren Formen von M.-EU bis O-Asien; europäische Rasse im Alpen- und Voralpenraum, Schwarzwald, Harz, Thüringer Wald, Schweizer Jura und Bayerischen Wald sowie in den Karpaten, in Skandinavien und N-Russland beheimatet. Durch forstlichen Anbau ist die G.F. heute auch weit außerhalb ihres natürlichen Areals verbreitet.
Wissenswertes: Die wegen ihrer kupferbraunen Rinde auch Rot-Fichte oder «Rottanne» genannte Art ist heute in M.-EU der am weitesten verbreitete und mit Abstand häufigste Baum sowie einer der wichtigsten Nutzholzlieferanten. Als relativ anspruchslose Art gedeiht er auch auf verarmten Böden. Seine weite Verbreitung verdankt er den umfangreichen Aufforstungen, die man im frühen 18. Jh. auch in den nördlichen Mittelgebirgen unternahm, um die durch Übernutzung ruinierten Wälder durch neue Bestände zu ersetzen. Das helle Fichtenholz verwendet man häufig im Haus- und Möbelbau, die Abfälle für Spanplatten sowie zur Zellstoffgewinnung für die Papierindustrie.
Die G.F. wird meist um 200, in den Alpen auch bis zu 400 Jahre alt. Mit teilweise über 50 m Wuchshöhe gehört sie zu den höchsten heimischen Baumarten. Im O ihres natürlichen Verbreitungsgebiets wird sie von der sehr ähnlichen Orient- oder **Kaukasus-Fichte** *Picea orientalis*, abgelöst. Nach dem Abnadeln bleiben bei den Fichten im Unterschied zu den Tannen immer winzige, vorragende Schuppen stehen, sodass sich die kahlen Zweige rau wie eine Feile anfühlen.
Der Fichtenzapfen ist ein weiblicher Blütenstand. Jede Einzelblüte besteht aus einem flachen Fruchtblatt, das später zur kompakten Samenschuppe verholzt, sowie aus ihrem häutig bleibenden Tragblatt, der Deckschuppe. Sowohl bei den Fichten wie bei den Tannen sind die beiden auch im Reifezustand gut voneinander zu unterscheiden, während sie bei anderen Nadelhölzern (z.B. Kiefern) zu einer einheitlichen Zapfenschuppe verwachsen. Die fettreichen Samen, die sich aus den Zapfen lösen und mit ihrem häutigen Flügel als Drehschraubenflieger langsam zu Boden sinken, sodass der Wind sie weit verfrachten kann, sind eine wichtige Nahrung für Waldtiere.

Serbische Fichte *Picea omorika*

Merkmale: Immergrüner, gewöhnlich bis etwa 30 m hoher Nadelbaum mit auffallend schlanker, spitzer Krone; Äste kurz, dicht, waagrecht abgespreizt oder leicht hängend.
Rinde braunorange gefärbt, in feine Schuppen gefeldert.
Nadeln flach, 1-2 cm lang, biegsam, an noch jungen Bäumen spitz, schraubig um die Triebachse gestellt, auf der Unterseite leicht gescheitelt, oberseits dunkelgrün, unterseits mit 2 helleren Spaltöffnungsbändern, drehen an manchen Zweigen ihre Unterseite nach oben.
♂ Blüten nur gut 1 cm groß, vor dem Stäuben karminrot, ♀ Blütenstände kaum größer, zunächst hellrot; Blütezeit V.
Zapfen nur 4-6 cm lang, harzig; im unreifen Zustand blauviolett, in der Reife braun gefärbt; Schuppen breit gerundet, zumeist dicht anliegend; Zapfenreife noch im 1. Jahr.
Standort: Sommerkühle Gebirgswälder vor allem auf Kalkböden in Höhen von 700-1400 m, oft in Mischbeständen mit Gewöhnlicher Fichte, Weiß-Tanne, verschiedenen Kiefern, Rot-Buche, Berg-Ahorn und anderen Waldbäumen.

Verbreitung: Heimisch nur in einem kleinen Gebiet zwischen Bosnien und Serbien (Tara-Gebirge) sowie in einer weiteren Verbreitungsinsel in Montenegro. Als beliebtes Gartengehölz überall angepflanzt und häufig.
Wissenswertes: Die erst 1875 entdeckte S.F. ist heute in den Vor- und Hausgärten in M.-EU wesentlich häufiger als in ihrem Ursprungsgebiet. Sie erwies sich als bemerkenswert unempfindlich gegen Rauchgase, die andere Bäume stark schädigen, und eignet sich daher auch hervorragend für Bepflanzungen in Industrieregionen und Stadtzentren. In ihrem heutigen natürlichen Areal gilt sie als tertiärzeitliches Relikt, hat sie hier doch die Kaltzeiten überdauert, konnte jedoch anschließend ihr ursprüngliches Areal nicht mehr zurückgewinnen. Vor den Eiszeiten war die Art, wie Fossilfunde belegen, auch nördlich der Alpen weit verbreitet.

Ähnlich:

Engelmann-Fichte *Picea engelmannii*, bis zu 30 m hoch, mit auffallend schlanker Krone aus kurzen, abstehenden Ästen; Nadeln bis zu 2,5 cm lang, 4-kantig, schraubig gestellt, zum Triebende gerichtet, sehr spitzig; Zapfen bis zu 6 cm lang, Zapfenschuppen anders als bei der Serbischen Fichte nach vorn hin verschmälert und unregelmäßig gezähnt. In den Gebirgen des westlichen N-Amerikas weit verbreitete Art, in EU nur in größeren Sammlungen angepflanzt, oft auch in einer blaugrün benadelten 'Glauca'-Form zu sehen.

Sitka-Fichte *Picea sitchensis*

FAMILIE KIEFERNGEWÄCHSE

Merkmale: Immergrüner, bis zu 60 m hoher Nadelbaum mit kegelförmiger, im Alter zunehmend breiter Krone und kräftigem, in Ausnahmefällen über 2 m dickem Stamm; Äste beinahe waagrecht in Scheinquirlen; Zweige leicht hängend und glänzend gelb. Nadeln bis zu 2,5 cm lang, schlank, starr, stechend spitz, im Querschnitt 4-kantig und unterseits gekielt, auf allen Seiten mit feinen Spaltöffnungsbändern; Ansatzstelle der Nadeln (Nadelkissen) sehr rau. Blüten rötlich (♂) oder grünlich (♀); Blütezeit V. Zapfen 3 cm breit und bis zu 8 cm lang, mit gewellten, am Rand gezähnten, etwas wirr gestellten, papierartig dünnen und unregelmäßig aussehenden Schuppen, in der Reife weißlich hellgelb.

Standort: Küstennahe Wälder auf nassen, nährstoffarmen Böden in regen- oder nebelfeuchtem Klima, im Gebirge bis in 1000 m Höhe aufsteigend; häufig in Reinbeständen.

Verbreitung: Ursprünglich nur im pazifischen Küstengebirge von SW-Alaska bis NW-Kalifornien; als Forstbaum heute vor allem in Großbritannien, Dänemark und N-D weit verbreitet und häufig; auch als Ziergehölz in Parks und Gärten.

Wissenswertes: Benannt wurde die äußerst anspruchslose und selbst auf nährstoffarmen Sandböden sehr raschwüchsige S. nach der Stadt Sitka auf der gleichnamigen Insel in SW-Alaska. Im Handel heißt sie oft fälschlich »Blautanne«.
In ihrem natürlichen Verbreitungsgebiet bildet sie imposante Baumgestalten aus, die insbesondere durch ihre dicken Stämme auffallen. Einzelne Exemplare können hier bis zu 800 Jahre alt werden. Wegen ihrer geringen Bodenansprüche und ihrer Windfestigkeit stellt die S. heute in vielen Regionen von EU ein wichtiges Forstgehölz dar.

Stech-Fichte *Picea pungens*

FAMILIE KIEFERNGEWÄCHSE

Merkmale: Immergrüner, bis zu 30 m hoher Nadelbaum mit breit pyramidaler, sehr dichter Krone; Stamm bis zu 1 m dick; Stämme junger Bäume unten immer schräg oder wechselnd gebogen. Nadeln etwa 1 cm lang, sichelförmig, schraubig gestellt, auf der Zweigunterseite undeutlich gescheitelt, 4-kantig, starr, stechend spitz, bei der Wildform matt grün, bei Gartenformen vorwiegend bläulich weiß. ♂ Blüten gelb; ♀ in aufrechten rötlichen Zäpfchen, nur im Wipfelbereich; Blütezeit V. Zapfen 7-11 cm lang, hängend, harzend.

Standort: Gebirge, vor allem an Fließgewässern.

Verbreitung: Ursprünglich im südwestlichen N-Amerika, heute in zahlreichen Gartenformen kultiviert und beliebtes Ziergehölz.

Wissenswertes: Die helle Färbung der Gartenform, die oft als »Blaufichte« bezeichnet wird, beruht auf einer dicken Wachsauflage der Nadeln.

Ähnlich:
Von der **Schimmel-Fichte** *Picea glauca*, die in N-Amerika bis zur polaren Baumgrenze vordringt, sieht man in EU fast nur die »Zuckerhutfichte« (Foto unten), eine dicht benadelte Zwergform. Die graugrün gefärbten, knapp 2 cm langen Nadeln der Wildform duften beim Zerreiben stark nach Schwarzer Johannisbeere.

Junge Zapfen

Reife Zapfen

Kanadische Hemlock *Tsuga canadensis* FAMILIE KIEFERNGEWÄCHSE

Merkmale: Immergrüner, mitunter mehrstämmiger Nadelbaum bis 30 m Höhe mit unregelmäßiger, breiter Krone; Zweige und Gipfeltrieb leicht überhängend.
Nadeln flach, zur Spitze hin allmählich verschmälert, 1-2 cm lang, matt dunkelgrün, unterseits mit 2 hellen Spaltöffnungsbändern; an jeder Zweigseite in 2-3 Reihen, von denen die mittlere häufig mit der Unterseite nach oben weist.
Blüten einhäusig verteilt, ♂ nur 3 mm groß, grünlich gelb; ♀ etwas größer, grünlich; Blütezeit IV-V.
Zapfen eiförmig, etwa 1 cm breit und bis 2,5 cm lang, in der Reife braun; mit wenigen, breiten Samenschuppen, Deckschuppen nicht sichtbar; reifen im 1. Jahr, fallen aber erst im 2. Jahr ab.

Standort: Auf feuchten, nährstoffreichen Lockerböden von der Ebene bis in etwa 1600 m Höhe.
Verbreitung: Ursprünglich im nordöstlichen N-Amerika von Kanada (Ontario) bis zum nördlichen Georgia; in EU nur gelegentlich forstlich verwendet, aber oft als Parkgehölz angepflanzt.
Wissenswertes: Die überaus dekorative und schattenverträgliche K.H. erreicht in ihrer Heimat ein Alter von bis zu 1000 Jahren.

Ähnlich:
Westliche Hemlock
Tsuga heterophylla, Nadeln linealisch, auf der Zweigunterseite bis zu 2 cm lang, auf der Oberseite nur 1 cm; Zapfen bis 2,5 cm lang; vielfach in Parks und Gärten angepflanzt.

Küsten-Douglasie *Pseudotsuga menziesii* FAMILIE KIEFERNGEWÄCHSE

Merkmale: Bis zu 50 m hoch wachsender, immergrüner Nadelbaum mit kegelförmiger, regelmäßiger Krone; Äste in gleichmäßigen, etagenartigen Scheinquirlen waagrecht abstehend.
Rinde bei jüngeren Bäumen glatt, dunkel- bis grüngrau, mit waagrechten Harzblasen; bei älteren Exemplaren zunehmend rissig, zuletzt schwarzbraun gefärbt.
Nadeln 2-4 cm lang, flach, weich, aber zäh, schlank, kaum zugespitzt, oberseits dunkelgrün, unterseits mit 2 silbrigen Spaltöffnungsreihen; duften beim Zerreiben stark nach Orangen.
Blüten einhäusig verteilt; ♂ Blüten in gelblichen Zäpfchen, diese zu mehreren an den Zweigenden; ♀ Blüten als pinselartige Zäpfchen mit rötlichen Schuppen an den Zweigspitzen; Blütezeit V.
Zapfen hängend, 3 cm breit und bis zu 8 cm lang, in der Reife hellbraun; mit geraden, nicht zurückgeschlagenen, 3 zipfeligen Deckschuppen, die weit zwischen den Samenschuppen herausragen.
Standort: Auf nährstoffreichen, feuchten, tiefgründigen Böden; oft in Reinbeständen.
Verbreitung: Küstennahe Gebirge des pazifischen N-Amerikas von British Columbia bis S-Kalifornien; in EU in großem Umfang forstlich kultiviert und häufig in Parks oder Gärten als Ziergehölz.
Wissenswertes: Die höchste bisher vermessene (und leider auch gefällte) Douglasie maß 133 m. In der Regel jedoch bleiben auch sehr alte Exemplare, die durchweg Stammdurchmesser von 3-4 m erreichen, mit höchstens 60-70 m deutlich unter dieser Höhe. Eine gärtnerisch häufig verwendete Varietät namens 'Glauca' zeichnet sich durch silbergraue Nadeln aus. Das Holz wird unter der Bezeichnung »Oregon Pine« gehandelt und ist in den äußeren Stammbereichen sehr hell, im Kern rötlich. Es schwindet beim Trocknen nur wenig und eignet sich deshalb besonders als Konstruktionsholz für den Haus- und Schiffsbau.

Europäische Lärche *Larix decidua*

FAMILIE KIEFERNGEWÄCHSE

Merkmale: Bis zu 40 m hoher, sommergrüner Nadelbaum mit schlanker, anfangs kegelförmiger, später säulenförmiger Krone und ziemlich dichtem, regelmäßigem Geäst; Rinde zunächst glatt graubraun, im Alter tief rissig geschuppt.
Nadeln weich, schlank, unterseits mit vortretender Mittelrippe, 2-3 cm lang; zu 20-40 in Kurztrieben oder einzeln und dicht an den Langtrieben stehend; im Austrieb hellgrün, später dunkler grasgrün; nicht stechend, auf der Unterseite mit 2 helleren Spaltöffnungsbändern.
Blüten einhäusig verteilt; ♂ Blüten meist an den 2-jährigen Kurztrieben; ♀ Blütenstände aufrecht, kräftig karminrot, erscheinen vor den Nadeln an mindestens 3-jährigen Kurztrieben; Blütezeit III-IV.
Zapfen bis zu 2,5 cm breit und 5 cm lang, unreif purpurn-grün, Deckschuppen nicht sichtbar, Rand der Samenschuppen wenig oder gar nicht umgebogen; bleiben mehrere Jahre an den Zweigen stehen und fallen mit den Zweigen ab.
Standort: Auf kalkhaltigen oder mäßig sauren Böden im winterkalten Klima nahe der Waldgrenze im Hochgebirge.
Verbreitung: Bestandsbildend oder in Mischbeständen in den Zentralalpen, den Sudeten und der Tatra, in O-Polen auch im Tiefland. Durch Forstkultur weit über das natürliche Areal hinaus überall in EU verbreitet.
Wissenswertes: Die Lärche ist der einzige heimische Nadelbaum, der nach herbstlichem Farbenzauber mit kräftigem Goldgelb seine Nadelblätter einzeln abwirft. Außer in Forstkulturen sieht man Lärchen auch sehr häufig als Parkgehölze. Sie vertragen jedoch das von Abgasen belastete Klima der Städte und Industrieregionen nicht.
Das im Kern rötliche Holz der E.L. ist sehr beständig und wurde früher viel im Wasserbau verwendet. Heute sind Lärchenholzfurniere sehr gefragt.

Japanische Lärche *Larix kaempferi*

FAMILIE KIEFERNGEWÄCHSE

Merkmale: Sommergrüner, bis zu 40 m hoher Nadelbaum mit geradem Stamm und meist hängenden Ästen.
Rinde schuppig, rötlich braun, an Zweigen und Trieben dunkelbraun bis bräunlich purpurn, grau bereift; ermöglicht auch im Winter eine Unterscheidung von der Europäischen Lärche mit ihren strohgelben Trieben.
Nadeln weich, 2-3 cm lang, zu 30-60 in flachen, weit ausgebreiteten Kurztriebbüscheln, oberseits blaugrün, unterseits mit 2 hellgrauen Spaltöffnungsbändern; im Herbst goldgelb.
Blüten einhäusig verteilt; ♀ Blütenstände zahlreich an älteren Kurztrieben; Blütezeit III-IV.
Zapfen unreif gelblich braun, in der Reife dunkelbraun, Deckschuppen nicht sichtbar, Samenschuppen deutlich nach außen umgebogen.
Standort: In Gebirgswäldern auf nährstoffreichen, tiefgründigen Böden.
Verbreitung: Ursprünglich nur in Japan, seit längerer Zeit in erheblichem Umfang forstlich angebaut, häufig auch als Park- und Gartengehölz.
Wissenswertes: Die J.L. ist gegen städtische bzw. industrielle Rauchgase etwas widerstandsfähiger als ihre europäische Verwandte. Sie wird deswegen gern bei der Aufforstung von Deponiegelände und älteren Halden oder bei anderen Rekultivierungsmaßnahmen in Industrieregionen verwendet. Im Holz ist sie der Europäischen Lärche überaus ähnlich. Das äußere Splintholz ist anfangs sehr hell, dunkelt aber rasch nach. Wegen seiner Beständigkeit eignet es sich vor allem als Konstruktionsholz im Hausbau, wird aber auch als Furnier oder Massivholz in der Möbeltischlerei verwendet.
Seit dem frühen 19. Jh. ist aus EU die **Hybrid-Lärche**, ein spontaner Kreuzungsbastard aus J.L. und Europäischer Lärche, bekannt. Sie steht in allen wichtigen Merkmalen zwischen ihren Elternarten und wird oft zusammen mit diesen gepflanzt.

Wald-Kiefer, Föhre *Pinus sylvestris*

FAMILIE KIEFERNGEWÄCHSE

junger Zapfen

Merkmale: Immergrüner Nadelbaum bis 30 m, selten bis 40 m Höhe; Krone anfangs kegelförmig, später unregelmäßig abgeflacht und schirmartig ausgebreitet; Stamm unter dem Kronenabschnitt gerade, oben oft gekrümmt.
Rinde rot- bis orangebraun, im unteren Stammbereich in größere, dunkel braungraue Platten mit tiefen, schwärzlichen Rissen zerteilt.
Nadeln 3-8 cm lang, blau- oder graugrün, manchmal leicht schraubig gedreht, kurz zugespitzt, nicht besonders steif, am Rande fein gezähnt; je 2 pro Kurztrieb, bleiben meist 2-3 Jahre am Zweig.
Blüten einhäusig verteilt; ♂ Blüten hellgelb, zahlreich in Büscheln beieinander stehend; ♀ Blütenstände hellrot bis purpurrot, meist zu 2 am oberen Ende von Langtrieben; Blütezeit IV-V.

Zapfen bis zu 5 cm breit und 8 cm lang, unreif grünlich, reif (erst im 2. Jahr) dunkelbraun; geöffnet mit zurückgebogenen, weit klaffenden Schuppen.
Standort: Vorzugsweise auf mäßig trockenen Lockerböden, auf Lehm-, Sand- und Kalkböden oft bestandsbildend; in den Nordalpen bis in 1600 m, in den Zentralalpen bis in 2200 m Höhe.
Verbreitung: Europ. Hoch- und Mittelgebirge, schottisches Hochland, Skandinavien, N-Türkei, Zentral- und O-Asien; in D v.a. im NO, im Münsterland und Oberrheingebiet; durch forstlichen Anbau weit über natürliches Areal hinaus verbreitet.
Wissenswertes: Die auch Gewöhnliche Kiefer oder Wald-Föhre genannte Art zeigt das größte geschlossene Verbreitungsgebiet ihrer Gattung und lässt zwischen SW-EU und O-Asien mehrere geographische Rassen unterscheiden.

Zirbel-Kiefer, Arve *Pinus cembra*

FAMILIE KIEFERNGEWÄCHSE

Merkmale: Immergrüner Nadelbaum, bis 25, selten auch 35 m Wuchshöhe, mit breiter, säulenförmiger, im Alter unregelmäßiger Krone; Äste kurz und gedrungen, Zweige an den Enden steil aufsteigend; Triebe dicht filzig behaart.
Rinde anfänglich glatt grüngrau, später bräunlich gefärbt, längsrissig geschuppt.
Nadeln 5-8 cm lang, spitz, nur etwa 1 mm dick; außen dunkelgrün, auf der Innenseite graugrün, zu jeweils 5 an Kurztrieben sitzend.
Blüten einhäusig verteilt; ♂ Blüten beim Stäuben gelb, ♀ Blütenstände rötlich; Blütezeit V-VI.
Zapfen bis zu 7 cm breit und 12 cm hoch, unreif blaugrün, im reifen Zustand rötlich braun; aufrecht auf den Zweigen stehend; Schuppen rundlich, öffnen sich erst im 3. Jahr nach der Blüte.
Standort: Auf sauer-humosen Steinböden in kaltkontinentalem Klima, kaum unter 1700 m Höhe. Lichtholz, d.h. braucht zum Gedeihen viel Licht.
Verbreitung: In EU nur in den Alpen und Karpaten sowie mit einer anderen Unterart vom Ural bis Sibirien; forstlich unbedeutend, in Parks und Gärten nur selten angepflanzt.
Wissenswertes: Die kantigen, ungeflügelten, etwa 1 cm langen Samen der Z. werden als Zirbelnüsse bezeichnet und sind essbar. Sie enthalten etwa 40% fettes Öl. Man erntet sie aus aufgelesenen Zapfen, die man im Backofen mäßig erhitzt und damit zum Klaffen bringt.
Das technisch wertvolle, anfangs helle, später stark nachdunkelnde Arvenholz wurde im Alpenraum häufig zum Hausbau verwendet, eignet sich aber auch als Schnitz- und Drechslerholz. Durch Übernutzung wurden die Bestände dieser Art örtlich stark dezimiert.
Die Z. ist die einzige mitteleuropäische 5-nadelige Kiefer. Von allen heimischen Kiefern erreicht sie mit rund 1000 Jahren das höchste Alter. In den Alpen bildet sie bei etwa 3000 m die Waldgrenze.

Schwarz-Kiefer *Pinus nigra*

Merkmale: Stattlicher, bis 40 m hoher, immergrüner Nadelbaum, in der Jugend mit regelmäßiger, später zunehmend abgeflachter, offener und weit ausladender Krone.
Rinde bei alten Bäumen tief rissig und grob gefeldert, braungrau bis schwarzbraun, meist auch an Ästen und Zweigen rußig dunkel (namengebendes Merkmal).
Nadeln (Foto unten) 10-15 cm lang, kräftig, starr, dunkel- bis schwarzgrün, manchmal leicht gedreht, zu jeweils 2 (selten 3) an einem Kurztrieb.
Blüten einhäusig verteilt, ♂ Blüten hellgelb, ♀ Blütenstände zu 1-4 beieinander, aufrecht an den Triebspitzen stehend; Blütezeit V-VI.
Zapfen mit sehr kurzem Stiel, bis 6 cm breit und 9 cm lang, hellbraun; öffnen sich erst im 2. Jahr.
Standort: Wichtiger waldbildender Baum auf flachgründigen Böden in trockenen Lagen der Kalkgebirge in S-EU.
Verbreitung: Mehrere Rassen mit inselartig zergliedertem Verbreitungsgebiet von N-Afrika, S-Spanien, Korsika, S-Frankreich, O-Österreich und dem Balkan bis zum Schwarzmeergebiet; darüber hinaus durch forstlichen Anbau weit verbreitet und auch als Park- oder Gartenbaum sehr beliebt.
Wissenswertes: Die genaue Abgrenzung der einzelnen geographischen Rassen ist schwierig, da sie fließende Übergänge bilden. In D ist die **Österreichische S.**, die Unterart *P. nigra* ssp. *austriaca*, als Ziergehölz am weitesten verbreitet. Sie entspricht in ihrem Erscheinungsbild den oben beschriebenen Merkmalen und kann in ihrem südeuropäischen Ursprungsgebiet etwa 500 Jahre alt werden. Das reichlich vorhandene Harz in Rinde und Holz wurde früher durch Anschneiden gewonnen und durch Destillation in flüchtiges Terpentinöl und festes Kolophonium (Destillationsrückstand) getrennt. Wegen seines Harzreichtums wird das gelbliche Holz nur selten in der Schreinerei verwendet. Holzabfälle nutzt man gewöhnlich zur Zellstoffgewinnung.

Ähnlich:
Korsische oder **Kalabrische Schwarz-Kiefer** *Pinus nigra* ssp. *laricio*, graugrüne, leicht gedrehte Nadeln, 8-16 cm lang, etwas stechend, bis 6 cm lange Zapfen, sehr lockere, breite Krone. S-Italien, Sizilien, Korsika. In z.T. zwergwüchsigen Gartenformen verbreitet.
Spanische oder **Pyrenäen-Schwarz-Kiefer** *Pinus nigra* ssp. *salzmannii*, sehr dünne, biegsame Nadeln, 9-14 cm lang, nicht stechend, Zapfen bis 8 cm lang, schmale, kegelförmige Krone. S-Frankreich, S- und O-Spanien.
Dalmatinische Schwarz-Kiefer *Pinus nigra* ssp. *dalmatica*, mit nur 4-7 cm Länge relativ kurze Nadeln, sehr starr, etwas gedreht, Zapfen bis 4,5 cm lang, breit kegelförmige Krone. Küste und Inseln von Slowenien bis NW-Dalmatien. Mehrere Gartenformen für Parks.

♀ Blütenstände

Berg-Kiefer *Pinus mugo*

Merkmale: Formenreicher, immergrüner Nadelbaum oder Nadelstrauch, je nach Wuchsform ein- oder mehrstämmig, aufrecht oder liegend; als Baum bis zu 25 m hoch mit breiter, kegelförmiger Krone auf dickem Stamm; Äste bei den Baumformen regelmäßig in Scheinquirlen, bei den Sträuchern eher unregelmäßig angeordnet; Rinde im Alter dickborkig, längsrissig grauschwarz.
<u>Nadeln</u> 2-8 cm lang, steif, dunkelgrün, zu je 2 in einer langen, aschgrauen Nadelscheide. <u>Blüten</u> einhäusig verteilt; ♂ Blüten hellgelb, als Manschette an der Basis der Triebe sitzend; ♀ Blütenstände karminrot, zu 1-4 unterhalb der Langtriebenden; <u>Blütezeit VI</u>. <u>Zapfen</u> geöffnet etwa 6 cm breit und fast ebenso lang; reifen erst im 2. Jahr.
Standort: Auf flach- oder tiefgründigen, basischen oder mäßig sauren, nährstoffarmen Böden der oberen Gebirgsstufe, meist in Reinbeständen.
Verbreitung: Gebirge in S- und M.-EU; inselartig zergliedertes Areal von Pyrenäen über Zentralmassiv, Schwarzwald, Fichtelgebirge, Bayerischen Wald und Karpaten bis zum Balkan, stellenweise auch in den Abruzzen.
Wissenswertes: Innerhalb dieser vielgestaltigen Art lassen sich drei Unterarten unterscheiden. Die als **Latsche, Leg-Föhre, Knieholz** oder **Krummholz** bezeichnete Form (ssp. *mugo*) wächst als liegender Großstrauch mit überaus elastischem Astwerk. Sie kommt im bayerischen Alpenvorland auch unter 500 m vor und steigt in den Alpen bis in fast 2500 m Höhe, wo sie den Krummholz- oder Latschengürtel an der Gehölzgrenze bildet. Die mitunter auch als selbstständige Art aufgefasste **Haken-Kiefer** (ssp. *uncinata*) ist ein bis zu 25 m hoher Baum. Sie wächst vor allem im westlichen Teil des Verbreitungsgebiets. Man findet sie bestandsbildend beispielsweise in den Schweizer Zentralalpen. Namengebendes Merkmal sind die mit einem kurzen Haken versehenen, sehr dicken Schuppenschilde der Samenschuppen. Die **Spirke** (ssp. *rotundata*, Foto unten) steht der Haken-Kiefer gestaltlich nahe. Sie tritt hauptsächlich im östlichen Teil des Verbreitungsgebiets (Schwarzwald, Bayerischer Wald, Erzgebirge) auf sauren Moorböden auf. Als Baum wird sie 8-10 m hoch und ist oft mehrstämmig, als Großstrauch entwickelt sie liegende, an den Enden aufsteigende Äste wie die Latsche.

Weymouth-Kiefer, Strobe *Pinus strobus*

Merkmale: Immergrüner, überaus stattlicher Nadelbaum bis 50 m Wuchshöhe mit zunächst schmal kegelförmiger, später zunehmend unregelmäßiger und offener Krone; Äste häufig gebogen; Rinde zimtfarben oder graubraun, mit tiefen, dunkelgrauen Rissen grob gefeldert.

Nadeln 5-15 cm lang, dünn und biegsam, bläulich grün, fein gezähnt, zu je 5 büschelig auf Kurztrieben beieinander stehend.

Blüten einhäusig verteilt; ♂ Blüten gelblich, in Büscheln; ♀ Blüten rötlich grün; Blütezeit IV-V.

Zapfen bananenartig gekrümmt, hängend, 20 cm lang, geöffnet bis 5 cm breit; Schuppen harzig, klaffen in der Reife weit auf, reifen erst im 2. Jahr.

Standort: Humusarme, tiefgründige, feuchte Böden in niederschlagsreichem Berglandklima, bis in 1200 m Höhe oft in Reinbeständen.

Verbreitung: Ursprünglich in den Bergwäldern der Appalachen im nordöstlichen N-Amerika von Quebec bis South Carolina; in EU vielfach forstlich kultiviert sowie als dekoratives Parkgehölz gepflanzt. Es gibt von der W. eine ganze Reihe gärtnerischer Zuchtformen, darunter auch eine Zwergform, die nur 1,5 m hoch wird.

Wissenswertes: In ihrer Heimat wird die White Pine genannte Art bis 80 m hoch und 500 Jahre alt. Sie ist die größte Vertreterin ihrer Gattung im atlantischen N-Amerika. Die weißen Siedler haben die ehemals großen Bestände arg dezimiert, weil sich das feste Holz hervorragend zum Haus- und Möbelbau verwenden lässt. Benannt ist sie nach dem britischen Lord Weymouth, auf dessen Ländereien die schon im 16. Jh. nach EU eingeführte Art großflächig angepflanzt und auch erstmals genauer untersucht wurde.

Ähnlich:

Gelb-Kiefer *Pinus ponderosa*, bis 25 cm lange Nadeln in langer, graubrauner Scheide, meist zu dritt an einem Kurztrieb; Zapfen bis 8 cm breit und 15 cm lang, mit kräftigem, aufgebogenem Dorn auf den Schuppenschilden. Wichtigste Kiefer im pazifischen N-Amerika von Kanada bis Zentralmexiko, von der Ebene bis ins Hochgebirge (2700 m); in EU vor allem in Parks gepflanzt. Holz sehr fest und dicht.

Jeffreys Kiefer *Pinus jeffreyi*, mit schmaler, lockerer Krone und bis 25 cm langen, starren und spitzen Nadeln, graugrün, am Rand fein gezähnt, zu je 3 büschelig am Kurztrieb; Zapfen bis 10 cm breit und bis 20 cm lang, auf den Schuppenschilden mit aufwärts gebogenem Dorn. Wichtige, bestandsbildende Art im Bergland (1500-2800 m) des pazifischen N-Amerika; in EU winterhart und daher für den Forstanbau geeignet, aber meist nur als Parkbaum angepflanzt.

Dreh-Kiefer *Pinus contorta,* vielgestaltiger Baum, meist bis 30 m hoch mit breiter, rundlicher Krone und geradem Stamm; Nadeln nur 4-7 cm lang, zu je 2 am Kurztrieb, steif, charakteristisch gedreht (namengebendes Merkmal), gelb- bis dunkelgrün; Zapfen 2 cm breit und 5 cm lang, leicht schief, mit langem, aufwärts gebogenem Dorn auf den Zapfenschilden; beheimatet im westlichen N-Amerika, von der Ebene bis ins Gebirge; in EU zunehmend forstlich oder als Parkbaum verwendet.

unge Triebe

Tränen-Kiefer *Pinus wallichiana*
FAMILIE KIEFERNGEWÄCHSE

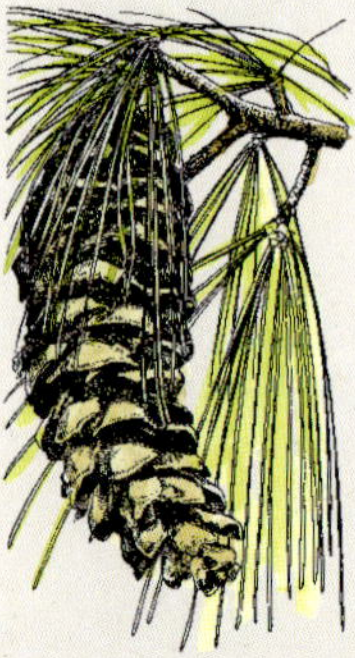

Merkmale: Immergrüner, bis zu 50 m hoher Nadelbaum mit breiter, offener Krone; Nadeln bis 20 cm lang, weich, hängend, graugrün, zu jeweils 5 auf Kurztrieben; Zapfen 25 cm lang, geöffnet bis 8 cm breit, hängend, hellbraun, harzig; leere Zapfen oft mehrere Jahre am Baum verbleibend.
Standort: Tiefgründige, mäßig saure bis basische Böden im Bergland.
Verbreitung: Ursprünglich nur im Himalaja, in EU vielfach als Park- und Gartengehölz angepflanzt.
Wissenswertes: Namengebendes Merkmal sind die zahlreichen glänzenden Harztropfen auf den noch unreifen, blaugrünen Zapfen.

Mädchen-Kiefer *Pinus parviflora*
FAMILIE KIEFERNGEWÄCHSE

Merkmale: Bis 30 m hoher, immergrüner Nadelbaum mit offener Krone und schwarzgrauer Rinde; Nadeln 3-6 cm lang, kantig, deutlich gedreht, bläulich grün bis tiefgrün, zu je 5 büschelig auf Kurztrieben stehend; Zapfen 3 cm breit und bis 7 cm lang, harzig, mit wenigen, ledrigen, stark klaffenden Schuppen.
Standort: Auf Feuchtböden im Gebirge.
Verbreitung: Ursprünglich in Japan; in EU nur in mehreren, meist blaunadeligen Gartenformen kultiviert; wird auch als Bonsai gezogen.
Wissenswertes: Ebenso wie bei der Tränen-Kiefer bleiben bei der M. die leeren Zapfen meist mehrere Jahre lang am Geäst.

Schlangenhaut-Kiefer *Pinus leucodermis*
FAMILIE KIEFERNGEWÄCHSE

Merkmale: Bis zu 20 m hoher, immergrüner Nadelbaum mit grauer, schuppiger Rinde; Äste nach dem Abfallen der Kurztriebe schlangenhautartig gefeldert; Nadeln 7-10 cm lang, dunkelgrün, dicht, zu je 2 an Kurztrieben; diese an den Zweigenden gehäuft; Zapfen 5-8 cm lang, zunächst blaupurpurn, in der Reife purpurbraun, Schuppen mit dornartigem Fortsatz.
Standort: Meist auf Kalkverwitterungsböden im Bergland von 800-1800 m Höhe; Lichtholz.
Verbreitung: Balkan (Montenegro, Albanien und N-Griechenland) sowie S-Italien (Kalabrien).
Wissenswertes: Die der Schwarz-Kiefer ähnliche Art wächst in M.-EU sehr langsam und wird daher gern als Ziergehölz in Gärten angepflanzt.

Rumelische Kiefer *Pinus peuce*
FAMILIE KIEFERNGEWÄCHSE

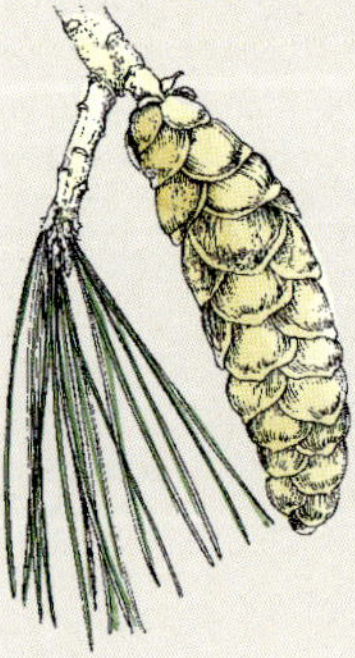

Merkmale: Immergrüner, bis zu 20 m hoher Nadelbaum mit schmaler Krone; Rinde kleinschuppig und schwarzbraun; Äste aufsteigend; Nadeln 7-10 cm lang, biegsam, dunkelgrün, zu je 5 büschelig am Kurztrieb stehend; Zapfen kurz gestielt, bis zu 12 cm lang und 5 cm breit, Schuppen ohne Dornen, gewöhnlich harzfleckig, öffnen sich noch am Baum.
Standort: Mäßig nährstoffreiche Verwitterungsböden im Bergland bis in 2000 m Höhe.
Verbreitung: W-Balkan bis N-Griechenland.
Wissenswertes: Die auch Mazedonische Kiefer genannte Art gilt wie die Serbische Fichte als Relikt aus der Tertiärzeit. Gärtnerisch wird sie nur in geringem Maß verwendet.

Merkmale: Stattlicher, immergrüner, bis zu 35 m hoher Nadelbaum mit anfangs pyramidenförmiger, später breiter und offener Krone sowie meist gekrümmtem Stamm.

Rinde bei jungen Bäumen noch hellgrau, später schwärzlich rotbraun und in plattige, annähernd rechteckige Felder zergliedert.

Nadeln bis zu 25 cm lang und 2,5 mm dick, steif, spitz, grüngrau, zu je 2 auf Kurztrieben büschelig beieinander stehend; Kurztriebe bei jungen Exemplaren zuweilen auch 3-nadelig.

♂ Blüten goldgelb, über die jüngeren Triebe verteilt; ♀ Blütenstände grünlich; Blütezeit IV-V.

Zapfen geschlossen bis 8 cm breit und 20 cm lang, nur am Grund schief, unreif grün, reif glänzend mittelbraun, sehr kräftig und schwer, mit kurzem, grauem Fortsatz auf den Schuppenschilden; reifen im 2. Jahr und bleiben anschließend noch mehrere Jahre lang am Gezweig, fallen aber schließlich als Ganzes ab.

Standort: Nährstoffarme, mäßig saure Sandböden in Küstennähe (Braundünen), auf Korsika und in N-Sardinien auch auf flachgründigem Silikatgestein, von der Ebene bis in etwa 1000 m Höhe, häufig bestandsbildend.

Verbreitung: Westliches Mittelmeergebiet, portugiesische und französische Atlantikküste, stellenweise in N-Afrika (Marokko); in Südafrika und neuerdings auch in Großbritannien in großem Umfang forstlich verwendet, Versuchsanbau in den Niederlanden; in M.-EU sonst nur selten in Parks zu sehen, da die Art zu wenig winterfest ist.

Wissenswertes: Die auch oft als Meerstrand-K. bezeichnete Art bestimmt entlang der Meeresküste in vielen Gebieten das Bild der Landschaft. Sie eignet sich hervorragend zur Dünenbefestigung. Wegen des beträchtlichen Harzgehalts wird ihr gelbliches Holz in der Tischlerei nur wenig verwendet, häufiger dagegen als außerordentlich beständiges Konstruktionsholz, beispielsweise für Sportboote. Eine große Bedeutung hatte und hat gebietsweise die Gewinnung von Harz durch Anschneiden oder Abheben der Rinde. Aus dem ausfließenden Material gewann man nach Destillation zum einen Terpentinöl, zum anderen festes Kolophonium (Geigenharz), mit dem sich die Streichbögen von Saiteninstrumenten glätten lassen. Die besonders großen Zapfen, die denen der Pinie (➪S. 428) sehr ähnlich sehen, sind als Dekorationsmaterial beliebt. Man verwendet sie in der Floristik auf Kränzen und in Gestecken.

Ähnlich:

Aleppo-Kiefer *Pinus halepensis,* ein immergrüner, meist nur bis zu 15 m hoher Nadelbaum mit gekrümmtem Stamm und offener, breiter, von wenigen kräftigen Ästen getragener Krone; in dichten Beständen oft auch nur strauchförmiger Wuchs; Rinde anfangs silbergrau, später rötlich braun und rissig gefeldert; Nadeln 5-9 cm lang, gerade, weich, gedreht, frisch grün, zu je 2 an einem Kurztrieb sitzend, meist nur im vorderen Bereich der Zweige; Zapfen einzeln oder zu 2-3 an kurzen Stielen, 4 cm breit und bis zu 12 cm lang, bleiben mehrere Jahre an den Zweigen. Im gesamten Mittelmeergebiet verbreitet, ausgenommen auf Sardinien, Kreta, Zypern und an der nördlichen Adria. In Griechenland wird das Harz der A. bei der Weinbereitung (Retsina) verwendet.

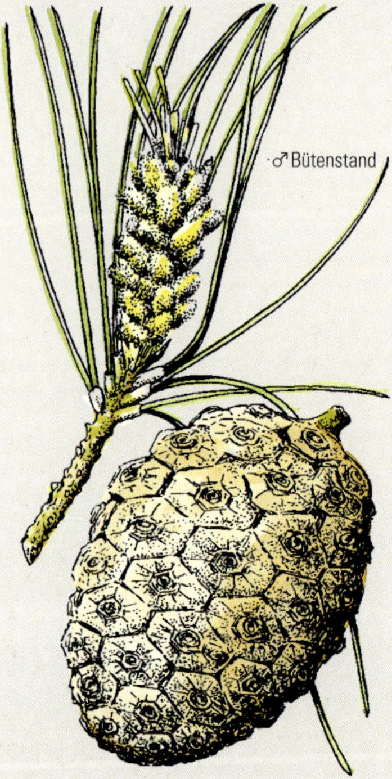

Merkmale: Stattlicher, immergrüner Nadelbaum, Wuchshöhe bis 30 m, mit breiter, schirmförmiger Krone auf langem, meist geradem Stamm; Äste steil aufgerichtet; Rinde bei alten Exemplaren graubraun, längsrissig, löst sich typischerweise in länglichen Platten ab.

Nadeln 12-20 cm lang und fast 2 mm breit, stechend spitz, graugrün bis dunkelgrün, in etwa 1 cm langen, braungrauen Nadelscheiden; zu jeweils 2 (selten 3) büschelig am Kurztrieb stehend. ♂ Blüten gelb, in Form kleiner, ovaler Zäpfchen zahlreich als Manschette um die Triebbasis angeordnet; ♀ Blütenstände meist einzeln, blass gelbgrün gefärbt; Blütezeit VI-VII.

Zapfen bis 15 cm lang, geöffnet bis 10 cm breit, ziemlich schwer; zur Reifezeit glänzend hellbraun oder rötlich braun; reifen erst im 3. oder 4. Jahr nach der Blüte; Samen bis zu 2 cm groß, dunkelbraun bis schwarz. Beim Abfallen der Zapfen bleiben deren unterste Schuppen am Zweig zurück.

Standort: Bevorzugt lockere, sandig-kiesige, mäßig saure oder leicht basische Böden in Küstennähe; charakteristische Art der immergrünen Hartlaubvegetation, bildet für gewöhnlich nur lichte Bestände.

Verbreitung: Im Mittelmeergebiet von SO-Spanien bis zum mittleren Italien sowie von Albanien bis zur Türkei und zum Libanon; fehlt an der nördlichen Adria, auf Korsika und auf vielen griechischen Inseln; durch Anpflanzung auch außerhalb des natürlichen Areals weit verbreitet.

Wissenswertes: Pinien sind neben Ölbäumen, Stein-Eichen und Zypressen die Charakterbäume des mediterranen Südens. Ihre großen Zapfen wurden in vielen antiken Bildwerken symbolhaft verarbeitet und zieren noch heute in stilisierter Form viele Haus- und Gartenpforten.

Die länglichen, stark ölhaltigen und nussähnlich schmeckenden Pinienkerne sind ähnlich wie die Arven-Samen essbar. Sie werden als so genannte Piniennüsse gehandelt und geben eine sehr nahr- und schmackhafte Zutat zu vielen Gerichten der mediterranen Küche (französisch »pignons«, italienisch »pinoli«). Sie liegen auf den massiven Samenschuppen in grubigen Vertiefungen und tragen bei der Reife einen schmalen, funktionslosen Flügelsaum. Bei anderen Arten dieser Gattung dient ein solcher Flügel als wirksame Verbreitungshilfe. So werden beispielsweise bei der heimischen Wald-Kiefer (⇨S. 416) die reifen Samen aus dem geöffneten Zapfen als Schraubenflieger am eigenen Propeller entlassen und vom Wind über eine gewisse Distanz verdriftet. Die fluguntüchtigen Piniensamen sind dagegen auf eine Verbreitung durch Tiere angewiesen.

In M.-EU lässt sich die formschöne Pinie wegen ihrer mangelnden Frosthärte gärtnerisch nicht einsetzen. Freilandexemplare sieht man nur südlich der Alpen, die nördlichsten im Gebiet der oberitalienischen Seen. Das helle, überaus feste, nahezu harzfreie und mit seiner Maserung sehr ausdrucksstarke Pinienholz wird vorzugsweise in der Möbeltischlerei verwendet sowie als Bauholz für Türen, Fensterrahmen und Treppenstufen.

Atlas-Zeder *Cedrus atlantica*

Merkmale: Im Alter ein imposanter, immergrüner Nadelbaum bis etwa 40 m Höhe, mit lockerer, anfangs sehr gleichmäßiger, später zunehmend breit ausladender Krone; Gipfeltrieb nicht überhängend, aber häufig zur Seite gebogen; Äste schräg aufrecht; Rinde dunkel graubraun, plattenartig gefurcht.

Nadeln 1-3 cm lang, spitz, steif, an den Langtrieben einzeln, an Kurztrieben zu 30-40 büschelig stehend; allseits mit helleren Spaltöffnungsstreifen, die auf der Unterseite besonders auffallen; dunkelgrün bis bläulich grün gefärbt.

Blüten einhäusig verteilt; ♂ Blüten sehr zahlreich an älteren Kurztrieben, zylindrisch, bis 5 cm lang, leicht gekrümmt, hell bräunlich gelb, mitunter leicht rötlich; ♀ Blütenstände zunächst sehr klein, grünlich gefärbt; Blütezeit IX-X.

Zapfen 5 cm breit und 7 cm lang, eiförmig, vorn eingedellt, aufrecht auf den Zweigen stehend. Bei der Reife im 3. Jahr lösen sich die Schuppen einzeln ab, während die Zapfenspindeln noch Jahre lang an den Zweigen verbleiben.

Standort: Bevorzugt auf kalkreichen, wasserdurchlässigen Böden im Gebirge, vor allem zwischen 1600- 2500 m Höhe.

Verbreitung: Ursprünglich im westlichen N-Afrika (Atlasgebirge zwischen Algerien und Marokko); als Parkgehölz und dekorativer Hausbaum sehr beliebt und daher vielfach auch in M.-EU, insbesondere im Rheinland, angepflanzt.

Wissenswertes: Atlas-Zedern erreichen in ihrer Heimat ein Alter bis etwa 900 Jahre. Früher gewann man in Marokko aus dem Holz durch trockene Destillation das aromatisch duftende Zedernholzöl für die Kosmetik und für besondere technische Anwendungen (beispielsweise Immersionsöl für die Mikroskopie). Die natürlichen Bestände der Art wurden dadurch stark übernutzt und dezimiert.

Gärtnerisch werden vor allem die so genannten Blauzedern (Sorten 'Glauca') verwendet, deren Nadeln durch eine besonders starke wachsige Bereifung entlang der Spaltöffnungsreihen blaugrün oder fast weiß erscheinen und dem Baum einen hohen dekorativen Wert verleihen.

Im Unterschied zu den sommergrünen Lärchen (➪S. 414), deren Nadelblätter ebenfalls büschelig an Kurztrieben stehen, sind Zedern immergrün. Ihre Nadelblätter bleiben etwa 4-6 Jahre an den Zweigen. Die einzelnen Nadelbüschel bestehen immer aus Nadeln verschiedener Jahrgänge.

Ähnlich:

Libanon-Zeder *Cedrus libani,* immergrüner, bis zu 35 m hoher Nadelbaum mit breiter Krone aus etagenförmig ausgebreiteten Hauptästen auf einem mächtigen, bis über 2 m dicken Stamm; Nadeln bis zu 3,5 cm lang, spitz, dunkel bläulichgrün, zu 10-20 in Rosettenbüscheln an den Kurztrieben; Blütezeit X. Im Gebirge W-Asiens vom Taurus bis nach Syrien vorkommend, meist oberhalb von 900 m bis zur klimatischen Waldgrenze; natürliche Bestände seit der Antike stark dezimiert; in M.-EU in wintermilden Gebieten (z.B. im Rheinland) häufig in Parks angepflanzt.

Himalaja-Zeder (Foto) *Cedrus deodara,* an ihrem überhängenden Gipfeltrieb und dem breit pyramidalen Wuchs leicht zu erkennen; Nadeln bis zu 6 cm lang, zu 20-30 rosettig in Kurztrieben beieinander stehend. Stammt aus dem westlichen Himalaja, wo sie in Höhen von 1000-4000 m vorkommt; in EU häufig in Parks und Gärten angepflanzt.

Riesenmammutbaum *Sequoiadendron giganteum* SUMPFZYPRESSENG.

Merkmale: Imposanter, bis über 80 m hoher Baum mit dichter, säulenförmiger, im Alter eher offener Krone auf langem, geradem Stamm.
Rinde mit dicker, schwammiger Borke, fuchsrot bis graubraun gefärbt, in langen Streifen tiefrissig.
Blätter schuppenförmig, zugespitzt, 5-10 mm lang, den Trieben anliegend oder abstehend; dunkelgrün bis bläulich grün; beim Zerreiben nach Anis duftend.
Blüten einhäusig verteilt; ♂ Blüten stets einzeln an Triebenden, ♀ einzeln oder zu 2; Blütezeit III-V.
Zapfen bis 4 cm breit und 6 cm lang, starr, reif dunkelbraun; Schuppen mit deutlichem Dornfortsatz.
Standort: Feuchte, nährstoffreiche Verwitterungsböden im Bergland von 1500-2500 m Höhe.
Verbreitung: Westhänge der Sierra Nevada in Kalifornien (USA); in EU vielerorts als Parkbaum angepflanzt.
Wissenswertes: Als kleinsten aller Bäume beschrieb der schwedische Naturforscher Carl von Linné im Jahre 1753 die Kraut-Weide, einen Gehölzwinzling, der kleiner ist als ein Streichholz. Das andere Ende der Skala, die größten Bäume der Welt, kannte Linné noch nicht. Sie wurden erst einige Jahrzehnte später von weißen Missionaren entdeckt. Die auch Bergmammutbäume genannten Baumriesen überspannen mit ihrem Lebensalter von annähernd 3000 Jahren nahezu die gesamte abendländische Geschichte. Das Holzvolumen eines der größten bekannten Exemplare im Sequoia National Park entspricht allein dem Holzertrag von einem halben Hektar Fichtenforst. Die bis zu 50 cm dicke, schwammige Borke ist ein sehr wirksamer Schutz gegen die immer wieder auftretenden, meist von Blitzschlag verursachten Waldbrände.

Küsten-Mammutbaum *Sequoia sempervirens* SUMPFZYPRESSENGEW.

Zapfen unterschiedlicher Reife

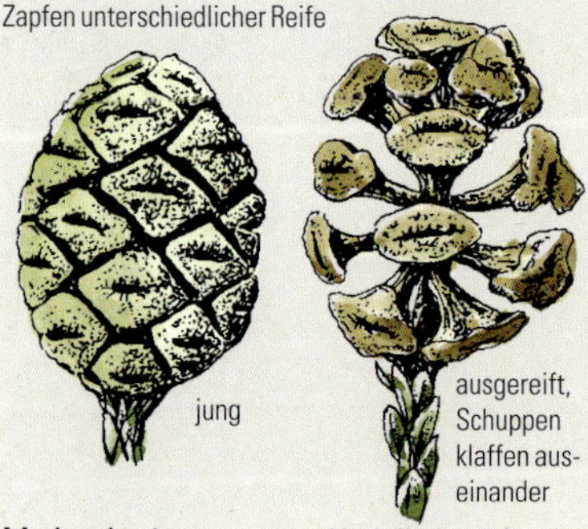

Merkmale: Immergrüner Nadelbaum bis über 100 m Wuchshöhe mit kegelförmiger, im Alter rundlicher Krone auf langem Stamm.
Rinde mit dicker, schwammig faseriger Borke, dunkelbraun bis braunrot, tief gefurcht.
Nadeln bis zu 2 cm lang, an den Langtrieben schraubig gestellt, an den wechselständigen Kurztrieben 2-zeilig gescheitelt, spitz, oberseits dunkelgrün, unterseits graugrün mit 2 deutlichen hellen Längsbändern.
Blüten einhäusig verteilt; ♂ gelb, zu mehreren an den Enden junger Triebe; ♀ Blüten überwiegend an älteren Zweigen; Blütezeit II-III.
Zapfen eiförmig, 2-3 cm lang, in der Reife braun.
Standort: Nährstoffreiche, feuchte Böden in der Ebene, im Bergland höchstens bis in 900 m Höhe.
Verbreitung: In einem nur etwa 800 x 60 km großen und inselartig zergliederten Areal im pazifischen N-Amerika von S-Oregon bis zum mittleren Kalifornien; in wintermilden Gegenden von EU häufig in Parks und Gärten angepflanzt.
Wissenswertes: Wegen des ausdrucksvoll dunkel rotbraunen Holzes, das als Bauholz oder zur Möbelfertigung verwendet wurde, nennt man den K. in Amerika auch Redwood, d.h. Rotholz. Die natürlichen Bestände dieser Art wurden durch Holzeinschlag stark dezimiert. Die immer noch eindrucksvollen Restvorkommen mit vielen Exemplaren deutlich über 100 m Höhe bei Stammdurchmessern bis 5 m stehen heute in Naturschutzreservaten. Aus den Kurztrieben lassen sich bei diesen Bäumen leicht Stecklinge zur ungeschlechtlichen Vermehrung gewinnen.

BIG TREE
HEIGHT
DIAMETER
CIRCUMFERENCE
ESTIMATED AGE

Urweltmammutbaum *Metasequoia glyptostroboides*

Merkmale: Sommergrüner Nadelbaum bis über 30 m Höhe mit regelmäßig kegelförmiger Krone; Stamm dick, unterhalb der Astansätze auffällig eingedellt.
Nadeln flach, spitz und weich, etwa 1-3 cm lang, streng 2-zeilig angeordnet an gegenständigen Kurztrieben; frischgrün, im Herbst kupferrot.
Blüten einhäusig verteilt; Blütezeit IV-V.
Zapfen kugelig, bis 2,5 cm lang; aus nur wenigen, sehr breiten Schuppen; zur Reifezeit dunkelbraun.
Standort: Auf nährstoffreichen, tiefgründigen Böden in schattigen Gebirgswäldern.
Verbreitung: Natürliches Vorkommen nur in einem kleinen Gebiet in SW-China (ungefähr 1500 Exemplare); neuerdings aber überall in EU als dekoratives Park- oder Gartengehölz und sogar als Straßenbaum verwendet.
Wissenswertes: Ein erst 1940 in O-Asien gefundenes Blattfossil aus der Tertiärzeit wurde wegen seiner großen Ähnlichkeit mit dem Blattwerk lebender Mammutbäume als neue Gattung *Metasequoia* beschrieben. Ein Jahr später entdeckte man im Grenzgebiet der Provinz Szechuan ein bis dahin unbekanntes Nadelgehölz, das der in China beheimateten Wasserfichte *(Glyptostrobus)* sehr ähnlich sieht. Bei näherer Prüfung erwies es sich jedoch als ein lebender Vertreter der fossilen Gattung *Metasequoia* und erhielt danach seinen wissenschaftlichen Namen, der wörtlich übersetzt »wasserfichtenähnlicher Urweltmammutbaum« bedeutet.
Ungewöhnlich ist, dass dieser Baum im Herbst nach prächtiger Umfärbung seine Nadelblätter zusammen mit den Kurztrieben abwirft. Man kann die Art leicht über Triebstecklinge vermehren, die im Hochsommer geschnitten werden sollten.

Sumpfzypresse *Taxodium distichum*

FAMILIE SUMPFZYPRESSENGEWÄCHSE

Merkmale: Sommergrüner Nadelbaum bis 40 m Höhe mit anfangs kegelförmiger, später zunehmend breiter und offener Krone; Stamm an der Basis stark breit, verschmälert sich rasch und läuft dann gleichmäßig in die Wipfelregion aus.
Nadeln flach, weich, bis zu 2 cm lang, hellgrün; an den wechselständigen Kurztrieben 2-zeilig gescheitelt, an Langtrieben einzeln; im Herbst fuchsbraun; fallen mitsamt den Kurztrieben ab.
Blüten einhäusig verteilt; ♂ Blüten zahlreich in hängenden Blütenständen an den Zweigenden, gelblich oder purpurfarben; ♀ Blüten zu winzigen grünen Zäpfchen vereint; Blütezeit IV-V.
Zapfen kugelig, um 2 cm lang; grün, später braun.
Standort: Flussnahe, sumpfige Ufer- und Überschwemmungsbereiche mit staunassem Boden.
Verbreitung: Südöstliches N-Amerika von Florida bis Delaware, westlich bis zum Mississippi-Gebiet und O-Texas; in EU häufig als Ziergehölz in großen Parkanlagen an Teichufern gepflanzt.
Wissenswertes: Die S. ist hervorragend auf Staunässe eingerichtet: Ihre oberen, waagrecht verlaufenden Wurzeln bilden aufrechte Auswüchse, welche das Wasser bzw. den Stauhorizont im Boden bis zu 1 m überragen. Diese bis zu 30 cm dicken so genannten Atemknie dienen der zusätzlichen Sauerstoffversorgung der tieferen Wurzeln. Die weit verbreiteten Vorfahren der S., deren Blattfossilien von heutigen Exemplaren kaum zu unterscheiden sind, lebten vor ca. 15 Mio. Jahren auch in EU. Es waren wichtige Braunkohlebildner.

Am Heimatstandort, mit Louisianamoos

Lawsons Scheinzypresse *Chamaecyparis lawsoniana*

Die kugeligen Zapfen sitzen einzeln an den Triebenden. Sie bestehen aus nur jeweils 4 Paar Schuppen.

Merkmale: Immergrüner, bis zu 60 m hoher Baum mit dichter, schmaler, kegelförmiger Krone; Leittrieb gewöhnlich überhängend; frei stehende Exemplare bis zum Boden beastet; Zweige abgeflacht, fächerförmig ausgebreitet, hängend.
Blätter schuppenförmig, den Trieben dicht anliegend, gegenständig in 4 Längszeilen, die flächenständigen Blätter kürzer als die randständigen; stumpf oder spitz, oberseits dunkelgrün, unterseits graugrün mit weißen Strichen und Linien.
Blüten einhäusig verteilt; ♂ Blüten zahlreich an den Zweigenden, karminrot; ♀ Blütenstände grünlich gefärbt; Blütezeit III-IV.
Zapfen kugelig, knapp 1 cm groß, zunächst blaugrün, zur Reifezeit hell rötlich braun gefärbt.
Standort: Feuchte Lehmböden von der Ebene bis ins Gebirge (1700 m), oft in Reinbeständen.
Verbreitung: Pazifisches N-Amerika von S-Orgeon bis N-Kalifornien; in EU vielfach in Parks, auf Friedhöfen und in großen Gärten angepflanzt.
Wissenswertes: Die auch als Oregonzeder bekannte L. S. ist die am häufigsten als immergrünes Ziergehölz angepflanzte Zypressen-Art, da sie sich als sehr anspruchslos erweist. Es sind zahlreiche Gartenformen bekannt, die sich vor allem in der Blattfärbung und in der Kronengestalt unterscheiden. Beliebt sind beispielsweise die kräftig blaugrünen 'Glauca'-Formen.
Die Zweige aller Sorten führen ein ätherisches Öl mit giftigen Bestandteilen (Thujon, Sabinen) und duften beim Zerreiben leicht nach Petersilie. Darin unterscheiden sie sich von den eher fruchtig duftenden Lebensbäumen (➪S. 440-443).

Ähnlich:

Nootka-Scheinzypresse *Chamaecyparis nootkatensis,* im Wuchs sehr regelmäßig kegelförmig; Zweige unterseits einheitlich grün ohne weißes Muster, duften beim Zerreiben äußerst unangenehm; die schuppenförmigen Blätter sehr spitz, die kantenständigen stehen im oberen Teil der Zweige ab; natürliche Vorkommen im pazifischen N-Amerika von Alaska bis Oregon; vielfach als Ziergehölz angepflanzt.

Sawara-Scheinzypresse *Chamaecyparis pisifera,* wegen ihrer kleinen Kugelzapfen auch Erbsenfrüchtige S. genannt; Zweige unterseits mit großen weißen Flecken, riechen beim Zerreiben scharf nach Harz; Schuppenblätter mit abstehenden Spitzen; Heimat Japan; in vielen silber- und goldfarbenen oder büschelig verzweigten Gartenvarietäten, häufig auch als Zwergformen, angepflanzt.

Hinoki-Scheinzypresse *Chamaecyparis obtusa,* auch Feuer-S. genannt, mit dicht stehenden Schuppenblättern, deren Spitzen einwärts gekrümmt sind, oberseits dunkelgrün, unterseits graugrün mit weißen Streifen, duften beim Zerreiben leicht nach Eukalyptus; Heimat Japan; als Wildform in EU selten zu sehen, aber in vielen, darunter auch buschigen und zwergwüchsigen Gartenformen angepflanzt.

Mittelmeer-Zypresse *Cupressus sempervirens*

Merkmale: Immergrüner, bis über 20 m hoher Baum, entweder mit schlanker, dichtkroniger Säulengestalt ähnlich einem geschlossenen Regenschirm, oder mit breiter, offener Krone; Stamm zumeist schon in geringer Höhe in mehrere starke Äste aufgelöst.

Rinde längsrissig, graubraun, auch an älteren Bäumen recht dünn, löst sich in Längsstreifen ab.

Blätter schuppenförmig, den nur 1-2 mm dicken Zweigen eng anliegend, stumpf gerundet, dunkelgrün, beim Zerreiben ohne auffälligen Duft.

Blüten einhäusig verteilt; ♂ Blüten hellgelb, sehr zahlreich an den Zweigenden; ♀ Blütenstände unscheinbar grünlich; Blütezeit III.

Zapfen kugelig, bis zu 4 cm lang, mit breitem Höcker auf den Schuppen; zunächst grün, in der Reife rötlich braun, Schuppen weit auseinander klaffend (in der Zeichnung rechts).

Standort: Kalkhaltige oder mäßig saure, wasserdurchlässige Böden von der Ebene bis in etwa 1300 m Höhe.

Verbreitung: Natürliche Vorkommen nur im östlichen Mittelmeergebiet von Griechenland bis Kleinasien und Syrien; heute im gesamten Mittelmeerraum häufig angepflanzt.

Wissenswertes: Die zu Alleen, als Hausbaum, auf Friedhöfen oder in kleinen Hainen angepflanzte Z. wird auch oft Italienische Z. genannt, angesichts ihrer Herkunft eine unkorrekte Bezeichnung. Allerdings wurde die Art schon in der Antike auch nach Italien gebracht. In vielen Gegenden pflanzt man sie als Windschutz für Obstkulturen, so etwa in der Provence, wo Vincent van Gogh sie auf vielen seiner Zeichnungen und Gemälden festgehalten hat. Die schlanke Säulenform ist eine bereits vor langer Zeit entstandene erbfeste Varietät, die wegen ihrer ornamentalen Wirkung seit Jahrhunderten der breitkronigen Wildform vorgezogen wird. Letztere findet aber in Wiederaufforstungen bevorzugte Verwendung, weil sie auch auf stärker erodierten Böden gedeiht.

Zypressenholz war wegen seiner beachtlichen Beständigkeit schon im Altertum als Werkstoff sehr beliebt. Man zimmerte daraus Schiffe und Häuser, verwendete es aber auch häufig für die Herstellung von Möbeln und den verschiedensten Gebrauchsgegenständen.

Ähnlich:

Arizona-Zypresse *Cupressus arizonica,* bis 20 m hoch, schlank säulenförmig, mit kurzen, dicken, horizontal abgespreizten Ästen; Zweige von ihren Achsen nahezu rechtwinklig abstehend; Schuppenblätter graugrün, liegen den kantigen Zweigen nicht eng an; duften beim Zerreiben leicht nach Grapefruit; südwestliches N-Amerika; in M.-EU in verschiedenen Formen als Park- oder Gartengehölz angepflanzt.

Virginischer Wacholder *Juniperus virginiana,* auch Rotzeder oder Bleistiftzeder genannt, bis zu 30 m hoher Baum mit schlanker, säulenförmiger Krone; Blätter als graugrüne Schuppen sowie an vielen Zweigen auch als Nadeln in 3-zähligen Wirteln, duften beim Zerreiben charakteristisch nach Seife; atlantisches N-Amerika, in M.-EU vor allem als sehr schlankwüchsige Gartenform 'Skyrocket' verbreitet.

Monterey-Zypresse *Cupressus macrocarpa* FAM. ZYPRESSENGEWÄCHSE

Merkmale: Immergrüner, bis über 20 m hoher Nadelbaum, anfangs sehr dichtkronig mit regelmäßiger Säulengestalt, im Alter oft mit weit ausladender, offener und unregelmäßiger Krone; Zweige kantig, etwa 1-1,5 mm dick.

Blätter schuppenförmig, gut 1,5 mm lang, stumpf, den Zweigachsen nicht allzu dicht anliegend, dunkel- bis kräftig grün; beim Zerreiben angenehm nach Zitrone duftend.

Blüten einhäusig verteilt, unscheinbar; Blütezeit III.

Zapfen 2,5-4 cm lang, reif glänzend rötlich braun, mit 8-12 harten, stumpfen Schuppen, die in der Mitte einen flachen, dornigen Höcker tragen.

Standort: Trockene, steinige, flachgründige Böden im Küstenbereich.

Verbreitung: Ursprünglich nur mit ca. 1500 Exemplaren auf wenigen Hektar Fläche an der kalifornischen Küste (Monterey-Halbinsel und Point Lobos bei Carmel); heute als dekoratives Ziergehölz nahezu weltweit verbreitet; in M.-EU nicht winterhart, im nordwestlichen EU und in den Mittelmeerländern dagegen häufig zu sehen.

Wissenwertes: In vielen europ. Küstenregionen wird die M. als Windschutz rund um Häuser, an Kliffkanten oder zur Bodenbefestigung in Dünen gepflanzt. In manchen Regionen, etwa in Wales und der Bretagne, bestimmt sie heute bereits das Bild der Landschaft.

Riesen-Lebensbaum *Thuja plicata* FAMILIE ZYPRESSENGEWÄCHSE

Merkmale: Immergrüner, bis zu 50 m hoher Baum mit anfangs schmal kegelförmiger Krone, die zunehmend unregelmäßig und v.a. an der Basis recht breit wird; Stamm bei alten Exemplaren über 2 m dick; Borke rötlich bis dunkelbraun, löst sich in Längsstreifen oder kleineren Platten ab; Zweige abgeflacht, waagrecht abstehend, oberseits glänzend grün, unterseits graugrün, beim Zerreiben fruchtig nach Ananas duftend.

Blätter um 3 mm lang, schuppenförmig, dicht am Zweig anliegend, stumpf oder mit kurzer Spitze.

Blüten einhäusig verteilt; ♂ Blüten klein, gelblich, sehr zahlreich an den Zweigenden; ♀ Blütenstände grünlich oder zart rötlich; Blütezeit III-IV.

Zapfen auf kurzem, gekrümmtem Stiel, aufrecht, 1-2 cm lang, mit 5-6 Paar elastischer, in eine kurze Spitze auslaufender Schuppen; reif braun.

Standort: Feuchte, nährstoffreiche Böden an Flussufern und Schattenhängen, von der Ebene bis ins Gebirge, im S des Verbreitungsgebiets bis in 2100 m Höhe; selten in großen Reinbeständen.

Verbreitung: Beheimatet im pazifischen N-Amerika von S-Alaska bis N-Kalifornien; in M.-EU gern als Park- und Ziergehölz angepflanzt.

Wissenswertes: In seinem Ursprungsgebiet wird der R. über 500 Jahre alt. Die Indianer verwendeten die Stämme u.a. für ihre berühmten Totempfähle. Der weitere Artname Westliche Rotzeder bezieht sich auf das im Kern rötliche Holz, das außerordentlich beständig und gut zu bearbeiten ist. Man fertigt daraus bis heute z.B. Schindeln, Paneele, Stützbalken und Segelmasten.

Monterey-Halbinsel

eife und junge Zapfen

Merkmale: Immergrüner Baum bis 20 m Wuchshöhe mit kegelförmiger, dichter Krone und kurzen, abgespreizten Ästen; oft schon vom Boden an mehrstämmig oder von weit unten an verzweigt; Rinde dünn, hell rötlich braun, faserig, mit schmalen Längsrissen; Zweige auffallend abgeflacht und horizontal gestellt.
Blätter schuppenartig, an den Haupttrieben bis zu 6 mm lang, an den Seitentrieben etwa 3 mm, stumpf oder leicht zugespitzt, an den Zweigflanken gekielt, auf den Flächen mit auffallender Harzdrüse; oberseits matt dunkelgrün, unterseits gelblich grün; duften beim Zerreiben angenehm nach Äpfeln mit Gewürznelken.
Blüten einhäusig verteilt; ♂ Blüten zahlreich, jeweils an den Zweigenden stehend, gelblich gefärbt; ♀ Blütenstände rötlich; Blütezeit III-V.
Zapfen länglich, aufrecht stehend, ledrig, bis zu 1,2 cm lang mit 4-5 Paar gegenständiger, sehr ungleich großer Schuppen; zur Reifezeit braun.
Standort: Tiefgründige Feuchtböden in Gebirgslagen bis etwa 900 m, vielfach in Reinbeständen.
Verbreitung: Östliches N-Amerika vom Gebiet der großen Seen ostwärts bis Maine und New York; in EU sehr häufig als Friedhofsgehölz oder Gartenhecke angepflanzt.
Wissenswertes: Die in Amerika auch Weißzeder (Northern White Cedar) genannte Art ist vermutlich die erste nordamerikanische Baumart, die man nach EU eingeführt und hier gärtnerisch verwendet hat. Bereits 1536 wurden Exemplare aus Paris bekannt.
Die langsamwüchsigen Lebensbäume erreichen ein Alter von bis zu 400 Jahren. Sie besitzen ein recht festes, aber relativ leichtes Holz und wurden daher von den Indianern bevorzugt für Einbäume verwendet. Die weißen Siedler nutzten das Holz für den Hausbau. Alle Teile der Pflanze sind wegen ihres Gehalts an Thujon, einem Bestandteil des ätherischen Öls, überaus giftig. Aus den Zweigen gewann man früher das ätherische Öl für medizinische Zwecke.
In EU sind eine Reihe von Gartenformen mit z.T. von der Wildform abweichender Blattfärbung verbreitet und beliebt. In Heckenpflanzungen vertragen sie einen regelmäßigen Schnitt. *Thuja*-Hecken bieten der heimischen Tierwelt allerdings nur wenig Nist- und Nahrungsmöglichkeiten. Daher sind sie ökologisch längst nicht so wertvoll wie Hecken aus heimischen Laubhölzern. Weil sie aber einen sehr wirksamen Sichtschutz darstellen, werden sie insbesondere in Neubaugebieten häufig angepflanzt.

Ähnlich:
Morgenländischer Lebensbaum *Thuja orientalis,* immergrün, bis zu 30 m hoch, meist jedoch weit darunter bleibend; schmale, kegelförmige Krone mit steil aufwärts gerichteten Ästen, oft vom Boden weg mehrstämmig; Zweige abgeflacht, frisch- bis gelbgrün; Schuppenblätter den Zweigen eng anliegend, sich deutlich überlappend, bis 7 mm lang, beim Zerreiben schwach, aber angenehm obstartig duftend; Pflanze einhäusig, ♂ Blüten hellgelb, zahlreich an den Zweigenden, ♀ Blütenstände unscheinbar grünlich; Blütezeit III-IV; Zapfen bis zu 1,5 cm lang, anfangs bläulich grün, in der Reife dunkelbraun, die 6 Zapfenschuppen mit einem hornartigen, nach hinten gekrümmten Fortsatz; Heimat China; bei uns in mehreren (auch zwergwüchsigen) Varietäten angepflanzt.

Junge Zapfen

Merkmale: Immergrüner Baum bis 50 m Höhe mit rundlich ovaler, breit kegeliger und fast immer auffallend ebenmäßiger Krone; Äste dick, zu jeweils 4-5 quirlständig, waagrecht ausgebreitet, wenig verzweigt, an den Enden leicht bogig aufsteigend, nur im oberen Kronenteil aufgerichtet; Stamm gerade, mit auffallend gefelderter graubrauner Schuppenborke.

Blätter breit lanzettlich bis oval, mit ihrem Grund an der Zweigachse herablaufend, bis 4 cm lang und an der Basis fast ebenso breit, abstehend, lang zugespitzt, dick, ledrig derb, dunkelgrün.

Blüten zweihäusig verteilt; ♂ Blüten rötlich gelb, in etwa 10 cm langen Büscheln an den Zweigenden, bleiben auch nach dem Abblühen noch lange an den Zweigen; ♀ Blütenstände anfangs kugelig und etwa nussgroß; Blütezeit VI-VIII.

Zapfen bis 17 cm dick, aufrecht, bis ins 2. Jahr nach der Bestäubung grünlich, erst im 3. Jahr bräunlich und reif, lösen sich auf dem Zweig in einzelne Schuppen auf; Samen nussgroß, braun, essbar, reich an Stärke und fettem Öl, im Geschmack an Pinienkerne u. Zirbelnüsse erinnernd.

Standort: Feuchte, wasserdurchlässige Lehmböden in niederschlagsreichen Lagen, meist in Höhen von 800-1800 m.

Verbreitung: Die C.A. ist auf den Westhängen der argentinischen und chilenischen Anden beheimatet, etwa zwischen dem 37. und 40. Breitengrad. Im Mittelmeergebiet, in W-EU und in besonders wintermilden Gegenden von M.-EU, z. B. im deutschen Rheinland, wird die Art vielfach als dekoratives Parkgehölz angepflanzt.

Wissenswertes: Die ersten Exemplare der auch Chile- oder Andentanne genannten Art soll der britische Schiffsarzt und Forschungsreisende A. Menzies von einer Expedition an die Pazifikküsten N-Amerikas mitgebracht haben. Bei einem Festessen wurden ihm dort die nussähnlichen, ihm noch unbekannten Araukariensamen serviert, von denen er kurzerhand einige in die Tasche steckte. Araukariensamen sind bei den Indianern S-Amerikas unter dem Namen »pinones« beliebter Bestandteil des Speisezettels. Neuerdings sind sie auch in M.-EU in Delikatessengeschäften zu bekommen.

Die C.A. bildete einst an den westlichen Andenabhängen zusammen mit den dort ebenfalls heimischen Südbuchen sehr urtümlich anmutende Wälder. Während sie den Ureinwohnern stets als heiliger Baum galt, wurde sie von den Weißen durch übermäßigen Holzeinschlag stark dezimiert. Heute ist sie durch das Washingtoner Artenschutzabkommen geschützt.

Die entwicklungsgeschichtlich sehr alte Familie der Araukariengewächse umfasst heute nur noch zwei Gattungen. Weltweit sind 18 Araukarien-Arten bekannt, die auf die Südhalbkugel beschränkt sind. Die meisten davon (13 Arten) kommen endemisch auf der Pazifik-Insel Neukaledonien vor, eine auf der Norfolk-Insel (bei uns als topfkultivierte »Zimmertanne« bekannt), die restlichen Arten verteilen sich auf Neu-Guinea, NO-Australien und S-Amerika. Noch in der Kreidezeit waren Araukarien auch auf der Nordhemisphäre verbreitet, wie Fossilfunde belegen.

Samen mit rotem Samenmantel

Merkmale: Immergrüner Nadelbaum bis zu 15 m Höhe mit anfangs breit kegelförmiger, später zunehmend offener und unregelmäßiger Krone, frei stehende Bäume häufig schon vom Boden weg mehrstämmig; Rinde tief gefurcht oder fetzenartig zerrissen, mit graubrauner Schuppenborke.
Nadeln 2-4 cm lang und bis 3 mm breit, abgeflacht, biegsam, ledrig, spitz, an aufrechten Zweigen schraubig angeordnet, sonst 2-zeilig gescheitelt, oberseits glänzend dunkelgrün, unterseits einheitlich hellgrün, Spaltöffnungsbänder nicht besonders auffällig, vortretende Mittelrippe immer deutlich erkennbar.
Blüten zweihäusig verteilt; ♂ Blüten kugelig bis oval, zahlreich an der Unterseite vorjähriger Zweige, beim Stäuben hellgelb; ♀ Blüten einzeln, unauffällig bräunlich gelb; Blütezeit II-III.
Samen einzeln, zugespitzt, bläulich schwarz, zur Reifezeit von einen fleischigen, leuchtend karminroten Samenmantel umgeben.
Standort: Tiefgründige, lockere, nährstoffreiche Böden; nie im Reinbestand, sondern immer einzeln oder gruppenweise im Unterwuchs von Buchen- und Mischwäldern, von der Ebene bis in etwa 1500 m Höhe.
Verbreitung: Portugal, W-Frankreich, Britische Inseln, S-Skandinavien, Baltikum, mitteleurop. Mittelgebirge, Alpen, Karpaten, Korsika, Sardinien und nördl. Balkan, ferner in Verbreitungsinseln im nördl. Kleinasien und im Kaukasus.
Wissenswertes: Alle Teile der Pflanze mit Ausnahme des Samenmantels sind stark giftig: Sie enthalten verschiedene nervenwirksame Alkaloide. Insbesondere für Pferde sind Eibenzweige überaus schädlich, während Rinder und andere Pflanzen fressende Haustiere weniger empfindlich auf das Gift reagieren. Der fleischig schleimige Samenmantel schmeckt süßlich, allerdings mit stark kratzendem Beigeschmack. Von Drosseln und verschiedenen Kleinsäugern wird er dennoch mit Vorliebe verzehrt.
Anders als bei den Zypressen und Lebensbäumen führen die Nadeln der Eiben keine Harzkanäle und verströmen daher beim Zerreiben auch keinen aromatischen Duft. Die ♀ Blüten enthalten nur eine einzige Samenanlage und sind nicht wie etwa bei den Kieferngewächsen als Blütenstände mit Deck- und Samenschuppen aufgebaut. Streng genommen zählen die Eiben demnach zwar zu den Nadelhölzern, aber nicht zu den Koniferen (Zapfenträgern).
Eiben können über 1000 Jahre alt werden. In den heutigen Wirtschaftswäldern sind sie jedoch überaus selten. Die ältesten Eiben in D finden sich im Allgäu. Auffallend dickstämmige, meist als Naturdenkmäler geschützte Exemplare sind zumeist aus der Verwachsung mehrerer Einzelstämme hervorgegangen. Wesentlich häufiger als in freier Natur sieht man Eiben in Parks und Gärten. Außer den offenkronig wachsenden Formen gibt es auch mehrere Sorten mit kompakter Säulengestalt sowie zwergwüchsige Rassen. Aus dem harten und sehr elastischen Holz fertigte man früher vor allem Armbrüste, Bögen und Speere, später auch Werkzeugstiele und Furniere. **RL, §!**

Japanische Nusseibe *Torreya nucifera*

FAMILIE EIBENGEWÄCHSE

Merkmale: Immergrüner Nadelbaum, bis 25 m hoch, mit kegelförmiger, breiter Krone und waagrecht abstehenden Ästen; Nadeln abgeflacht, stechend spitz, bis zu 3 cm lang, 2-zeilig gescheitelt, oberseits dunkel-, unterseits heller grün; zweihäusig; Blüten unauffällig grünlich, Blütezeit V-VII; Samen hellbraun, in einem fleischigen, grünlichen Samenmantel, essbar.

Standort: Auf feuchten, nährstoffreichen Böden in der unteren Gebirgsstufe.

Verbreitung: Japan; im Mittelmeergebiet häufig als Parkgehölz gepflanzt, in D meist nur in großen Sammlungen zu sehen.

Wissenswertes: Nach dem unangenehm harzigen Geruch der zerriebenen Nadeln nennt man diese Gattung auch Stinkeibe.

Kalifornische Nusseibe *Torreya californica*

FAM. EIBENGEWÄCHSE

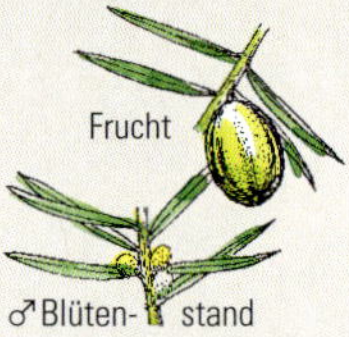

Merkmale: Immergrüner Nadelbaum bis etwa 20 m Höhe mit rundlicher oder kegelförmiger Krone, Äste quirlartig abstehend; Nadeln abgeflacht, bis 7 cm lang, spitz, oberseits glänzend dunkelgrün, unterseits heller mit 2 grauen Spaltöffnungsbändern, 2-zeilig gescheitelt, beim Zerreiben sehr unangenehm riechend; Pflanze zweihäusig; Blüten unauffällig, Blütezeit V-VI; Samen 3-4 cm lang, in einem grünlichen, dunkel gefleckten Samenmantel eingeschlossen, essbar.

Standort: Schattige Hänge und Schluchtwälder auf feuchten, nährstoffreichen Lockerböden.

Verbreitung: Küstennahe Gebirge und westliche Abhänge der Sierra Nevada in Kalifornien, von der Ebene bis in 1900 m Höhe; in EU gelegentlich als Parkgehölz gepflanzt.

Steineibe *Podocarpus nivalis*

FAMILIE STEINEIBENGEWÄCHSE

Merkmale: Immergrüner Baum bis 15 m Höhe mit kegelförmiger, schlanker Krone, oft vom Boden weg mehrstämmig; Nadeln steif, 2-4 cm lang, spitz, abstehend, dunkelgrün, unterseits heller mit 2 graublauen Spaltöffnungsbändern, undeutlich 2-zeilig gescheitelt; Blüten zweihäusig verteilt, unscheinbar gelblich; Blütezeit V-VI; Samen in einer gestielten, fleischigen, grünlichen Hülle, sehen unreifen Pflaumen ähnlich.

Standort: Lockere, nährstoffreiche Böden in niederschlagsreichen Bergwäldern.

Verbreitung: Beheimatet in Chile und Argentinien; in Großbritannien und den Mittelmeerländern in größeren Parks angepflanzt.

Wissenswertes: Die bei uns wenig bekannten Steineiben sind in der Hauptsache in den Feuchtwäldern der Südhemisphäre zu Hause, dazu auch in N-China und S-Japan. Insgesamt umfasst die bedeutende Gattung rund 100 Arten.

Harringtons Kopfeibe

Cephalotaxus harringtonia KOPFEIBENG.

Merkmale: Immergrüner, bis zu 10 m hoher Baum mit offener, rundlicher Krone auf schlankem Stamm; Nadeln flach, 3-5 cm lang, steif, zugespitzt, oberseits glänzend dunkelgrün, unterseits heller mit silbergrauen Spaltöffnungsbändern, v-förmig gescheitelt und fast gegenständig; Pflanze zweihäusig; ♂ Blüten zahlreich auf der Unterseite vorjähriger Zweige, ♀ Blütenstände sehr klein, Blütezeit V; Zapfen mit nur jeweils 1 Samen, der aus den wenigen Schuppen hervorragt.

Standort: Feuchte, lockere, nährstoffreiche Böden in der unteren Gebirgsstufe.

Verbreitung: Japan, China und Korea.

Wissenswertes: In Parks und Gärten in M.-EU wächst H.K., die von weitem einer besonders großnadeligen Gewöhnlichen Eibe (⇨S. 446) ähnelt, meist nur als großer Strauch. Gärtnerisch wird auch oft eine Säulenform verwendet.

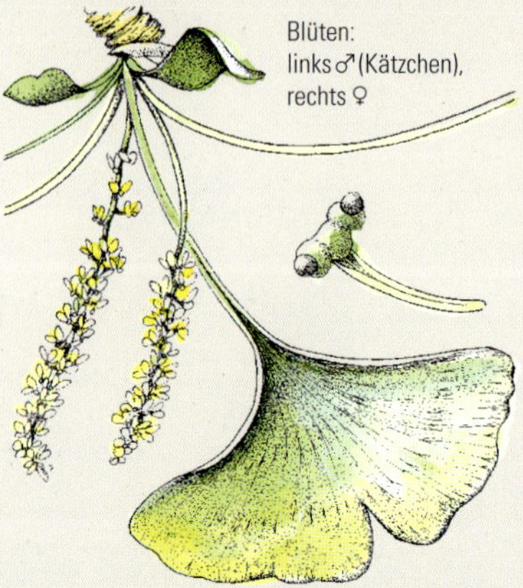

Merkmale: Sommergrüner Baum bis 30 m Wuchshöhe mit anfangs schlanker, später zunehmend rundlicher, aber immer sehr offener Krone auf kräftigem, mitunter schon nahe der Basis in mehrere steile Hauptäste geteiltem Stamm; Zweige spitzwinklig abstehend, auffällig in Langtriebe und stark gestauchte, nur etwa 2 cm messende Kurztriebe gegliedert; Rinde braungrau, tiefrissig gefurcht oder mit netzartiger Struktur.

Blätter an den Langtrieben einzeln stehend, an den Kurztrieben in Büscheln, lang gestielt, Spreite bis zu 10 cm lang, flach, weich, fächerförmig, 2-lappig oder 2-spaltig, an den Langtrieben meist tiefer geteilt, mit gabelteiligen Blattnerven, frischgrün, im Herbst vor dem Laubfall goldgelb.

Blüten zweihäusig verteilt; ♂ Blüten in hängenden Kätzchen, ♀ Blüten unscheinbar, zu mehreren in den Blattachseln; Blütezeit III-V.

Samen steinfruchtähnlich (innere Lage der Samenschale verholzt, äußere fleischig), zur Reife goldgelb. Der Samenmantel riecht beim Zerquetschen unangenehm nach Buttersäure.

Standort: Lockere, tiefgründige, nährstoffreiche Böden; gewöhnlich in Mischbeständen mit anderen Laubhölzern.

Verbreitung: Natürliche Vorkommen in mehreren Verbreitungsinseln in China; weltweit häufig als dekoratives Parkgehölz gepflanzt, in Großstädten zunehmend auch als Straßenbaum.

Wissenswertes: Der deutsche Arzt und Botaniker Engelbert Kämpfer, der im frühen 17. Jh. viele Jahre in Ostasien lebte, dort ausgedehnte Forschungsreisen unternahm und für EU sehr viele Gehölze entdeckte, sah alte Exemplare des seltsamen G. erstmals in Japan an Tempelanlagen. Von diesen stammen fast alle heute in EU angepflanzten Ginkgobäume ab. Die Art ist allerdings in Japan nicht heimisch, wie man inzwischen weiß. Die heute als natürliche Bestände aufgefassten Vorkommen in China wurden jedoch erst viel später entdeckt.

Der G. ist gewissermaßen eine Klasse für sich, der einzige heute noch lebende Vertreter der Ginkgoopsida, einer Pflanzenklasse innerhalb der Nacktsamer. Noch im Erdmittelalter waren seine Vorfahren weltweit, d.h. auch in EU und N-Amerika verbreitet, wie Fossilfunde beweisen. Die schon immer flächig entwickelten und nicht nadelförmigen Blätter waren bei den fossilen Formen jedoch häufig stärker geschlitzt. Ein besonders ursprüngliches Merkmal ist ihre ausgeprägte Gabelnervatur, die man sonst bei keinem Vertreter der Laubgehölze, sondern nur bei Farnpflanzen findet. Aufgrund dieses und weiterer urtümlicher Kennzeichen wertet man den G. als so genanntes »lebendes Fossil«.

Ähnlich wie die Farnpflanzen und die ebenfalls zu den Nacktsamern gestellten Palmfarne (Cycadeen) kommen beim G. frei bewegliche, begeißelte männliche Spermazellen vor. Die Bestäubung erfolgt im Frühjahr zur Blütezeit. Die Befruchtung der großen Eizellen in den ♀ Blüten findet jedoch erst im September statt. Eigenartigerweise entwickelt sich der Embryo erst nach dem Abfallen der goldgelb ummantelten Samen. In China und Japan bereitet man aus den frischen oder gerösteten Samen verschiedene Gerichte zu.

Berühmt wurde der G. in EU nicht zuletzt durch ein Gedicht Goethes, das dieser 1815 unter dem Eindruck eines Heidelberger Exemplars schrieb und später in dem Gedichtzyklus »West-östlicher Diwan« veröffentlichte. Neuerdings werden G. auch in D (Oberrheingebiet) in Plantagen kultiviert, da man in ihren Blättern einen Inhaltsstoff entdeckt hat, der die Gehirndurchblutung fördert.

Silber-Pappel, Weiß-Pappel *Populus alba*

Merkmale: Sommergrüner Baum bis 30 m Wuchshöhe mit hoher, offener und meist weit ausladender Krone auf geradem Stamm, an der Basis häufig mit Schösslingen bzw. Wasserreisern.
Rinde an jungen Bäumen glatt und hellgrau mit Leisten aus rautenförmigen Korkwarzen, an älteren Bäumen dunkelgrau mit Leisten und Furchen.
Blätter wechselständig, lang gestielt, 6-10 cm lang und um 5 cm breit, im Umriss breit dreieckig und in 3-5 größere Lappen gegliedert; im Austrieb wie die jungen Zweige zunächst beidseits filzig behaart, später auf der Oberseite glänzend dunkelgrün und nur noch unterseits dicht weißfilzig behaart (namengebendes Merkmal).
Blüten zweihäusig verteilt; vor dem Laubaustrieb erscheinend; Deckblätter der Einzelblüten zottig bewimpert, ♂ Kätzchen 3-7 cm lang, hängend, anfangs karminrot gefärbt, beim Stäuben zunehmend blasser; ♀ Kätzchen 3-5 cm lang, grünlich gelb getönt mit roten Narben; Blütezeit III-IV.
Früchte mit weißhaarigen Flugsamen ab V.

Standort: Feuchte, tonige und nährstoffreiche Locker- und Schwemmlandböden in Talauen und an Seeufern.

Verbreitung: Von W-EU (Portugal) bis zum Himalaja, in manchen Regionen jedoch nur lückenhaft; stellenweise auch in N-Afrika entlang der Mittelmeerküste; im Gebirge bis in 1500 m Höhe; fehlt von Natur aus im nordwestlichen EU, wird hier jedoch häufig angepflanzt.

Wissenswertes: Mit ihren im Hochsommer zweifarbigen Blättern gehört die S. zweifellos zu den attraktivsten heimischen Laubgehölzen und wird entsprechend häufig in Alleen und Parkanlagen gepflanzt. An der Küste schätzt man ihre Windfestigkeit und verwendet sie daher häufig in Hecken. Sie ist besonders raschwüchsig, kann aber dennoch ein Alter von über 400 Jahren erreichen und mächtige Stämme bis über 2 m Durchmesser entwickeln. Das weiche, im Kern gelbliche Holz wird gern zu Schnitzarbeiten herangezogen und z.B. zu Holzschuhen, früher auch zu Löffeln oder Reißbrettern verarbeitet.
Obwohl die S. wie alle Pappel-Arten windblütig ist, werden zumindest die männlichen Kätzchen von Bienen angeflogen, die den reichlich vorhandenen Pollen einsammeln.

Ähnlich:
Grau-Pappel *Populus* x *canescens,* bis zu 30 m hoch, mit rundlicher, offener Krone; Rinde dunkelgrau bis schwärzlich; Blätter lang gestielt, im Umriss dreieckig bis angenähert kreisförmig, mit großen, bogigen Zähnen und seichten Blattbuchten, anfangs beidseitig silbrig behaart, später oberseits glänzend dunkelgrün, unterseits filzig grauweiß; einhäusig; Blütezeit III-IV. Die G. ist ein erbfester Bastard aus der Silber-Pappel und der Zitter-Pappel (➪S.454). Im gemeinsamen Verbreitungsgebiet der Elternarten findet man sie überall. An der Küste wird sie oft für Windschutzpflanzungen verwendet (»Marschpappel«).

Zitter-Pappel, Espe *Populus tremula*

Merkmale: Sommergrüner Baum, bis zu 30 m hoch, mit lichter, rundlicher, weit ausladender Krone auf geradem Stamm.

Rinde anfangs grau mit markanten Streifen aus Korkwarzen (Lentizellen), später schwarzgrau und längsrissig, jedoch kaum gefurcht oder gefeldert. Blätter wechselständig, lang gestielt, im Umriss nahezu kreisförmig oder leicht oval mit stumpfen Zähnen und seichten Buchten; nur kurz nach dem Austrieb leicht behaart, sonst völlig kahl; oberseits matt graugrün, unterseits hell bläulich grün, im Herbst goldgelb verfärbt (Foto rechts unten). Blüten zweihäusig verteilt; Tragblätter der Einzelblüten geteilt, grau bewimpert; ♂ Blüten in schlaff hängenden, bis 10 cm langen, purpurroten Kätzchen; ♀ Kätzchen grünlich; Blütezeit III-IV; Fruchtreife ab V.

Standort: Trockene, nährstoffarme Schutt- und Rohböden, daher häufiges Pioniergehölz in Kiesgruben und Steinbrüchen, an Bahnanlagen oder vergleichbaren, bevorzugt kalkfreien Lockerböden in sonniger Lage.

Verbreitung: Ganz EU von Portugal bis N-Skandinavien und Kleinasien, ausgenommen in S-Italien; in M.-EU überall häufig, von der Ebene bis in über 1000 m Höhe im Gebirge; meist in Mischbeständen mit anderen Laubgehölzen.

Wissenswertes: Die bräunlichen, an den verlängerten ♀ Kätzchen heranreifenden Kapseln setzen schon im Frühsommer eine große Menge winziger Samen frei, die an weißen Flughaaren sitzen und vom Wind wolkenweise verfrachtet werden. Die enorme Reichweite dieser Leichtgewichte erklärt, warum die Z. neben der Weiß-Birke und der Sal-Weide immer als erste zur Stelle ist, wenn es um die Besiedlung frisch angeschütteter, noch vegetationsfreier und nur mäßig nährstoffversorgter Böden geht. Daher tritt sie besonders häufig auch in Schlagfluren, an Wegrändern oder auf Brachland auf. Als Erosionsschutz pflanzt man sie auch gern an Straßenböschungen oder zur Aufforstung von Halden. Die Lebenserwartung der Z. liegt allerdings nur bei etwa 100 Jahren.

Die auffallend lang gestielten, runden Blätter bewegen sich beim leisesten Lufthauch und beginnen auf geradezu sprichwörtliche Art zu »zittern wie Espenlaub«. Die Ursache dafür ist in den langen Blattstielen zu suchen, die nicht in der Ebene der Blattspreite, sondern senkrecht dazu abgeflacht sind, sodass nur eine kleine, nicht besonders tragfähige Verbindungsstelle bleibt.

Das gelbliche Holz der Z. ist schlagfrisch wegen des hohen Wassergehalts ziemlich schwer, nach dem Trocknen jedoch sehr leicht und zudem einfach zu bearbeiten. Man verwendet es zur Herstellung von Faserplatten und Sperrholz, für Zündhölzer und für Flechtarbeiten.

Die harzigen Knospen liefern den Bienen reichlich Kittharz, so genanntes Propolis, das sie zum Abdichten von Ritzen und Fugen in den Stock eintragen.

Gewöhnliche Schwarz-Pappel *Populus nigra*

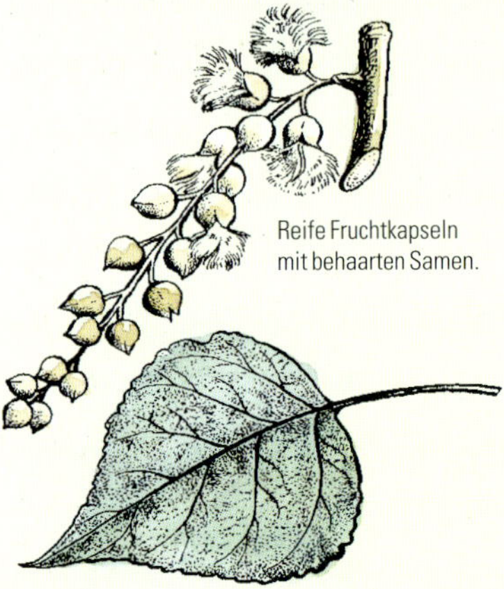

Reife Fruchtkapseln mit behaarten Samen.

Merkmale: Sommergrüner Baum bis über 30 m Höhe mit offener, meist sehr breiter, bei alten Exemplaren unregelmäßiger Krone auf geradem Stamm; große, aufrechte Äste häufig schon in geringer Höhe vom Stamm abgehend; im Alter mit dicker, tiefrissiger, dunkelgrauer bis schwärzlicher Borke (namengebendes Merkmal).
<u>Blätter</u> lang gestielt, Spreite im Umriss mehr oder weniger rautenförmig bis dreieckig mit verlängerter Spitze, am Rand fein gezähnt, zuerst schwach behaart, später kahl und auf der Oberseite glänzend dunkelgrün, ohne Drüsen am Stielansatz.
<u>Blüten</u> zweihäusig verteilt; erscheinen geraume Zeit vor dem Laubaustrieb; ♂ Kätzchen schlaff hängend, 5-9 cm lang, mit rötlichen Staubblättern, später zunehmend grauweiß; ♀ Kätzchen kürzer, grünlich; <u>Blütezeit III-IV</u>; Fruchtreife ab V.
Standort: Feuchte, nährstoffreiche, tiefgründige Locker- und Schwemmböden der Flussauen.
Verbreitung: Von SW-EU über das gesamte M.-EU bis nach Zentralasien; fehlt natürlicherweise im nördlichen D und in Skandinavien, auch in diesen Regionen jedoch örtlich angepflanzt.
Wissenswertes: Die G.S. ist ein charakteristischer Baum der Tieflagen und in M.-EU ursprünglich vor allem entlang der großen Flüsse (Maas, Rhein, Weser, Elbe, Donau) anzutreffen. Der ausgesprochen imposante Baum, der durchaus bis zu 300 Jahre alt werden und Stämme von 2 m Dicke entwickeln kann, ist aber auch als Park- und mancherorts sogar als Flurgehölz anzutreffen. Ähnlich wie andere heimische Pappel-Arten bildet er Wurzelsprosse aus, sodass in den Auen oft dichte, ausgedehnte Bestände dieser Pappel entstehen. Die zur Reifezeit bräunlichen, länglich ovalen Kapseln, die an den verlängerten ♀ Kätzchen sitzen, geben beim Öffnen große Mengen winziger Samen frei. Diese hängen an weißen Flughaaren und werden in wattigen Flocken vom Wind weit verdriftet. Dennoch erobert die G.S. nicht so rasch Neuland wie die verwandte Zitter-Pappel.
An den langen Blattstielen sieht man nicht selten knotige, bis zu 2 cm dicke Anschwellungen. Sie werden von der Spiralgallenlaus hervorgerufen, einem winzigen Insekt, dessen Larven sich vom Pflanzengewebe ernähren. Die unter dem Einfluss von Laushormonen im Lauf des Sommers anschwellende Galle verursacht eine auffällige Drehung des Blattstiels. Vor dem Laubfall im Herbst schlüpfen aus den Gallen neue Gallenläuse, die im Boden überwintern und im nachfolgenden Frühjahr die frischen Blätter befallen.
Das helle, ziemlich leichte, aber feste Holz der G.S. verarbeitet man zu Möbeln, vielerlei Schnitzwerk, Küchengeräten oder Holzschuhen und zu Zellstoff für die Papierindustrie.

Ähnlich:
Pyramiden-Pappel *Populus nigra* 'Italica', auch Säulen-P. genannt, ist eine vermutlich in Vorderasien oder in Mittelitalien entstandene Mutation der Schwarz-Pappel, bei der die Äste steil senkrecht stehen, sodass sich eine säulenförmige Krone ergibt. Man pflanzt sie häufig in Alleen, als Sichtschutz um Industriebetriebe und Sportanlagen oder als Solitär in Parks.

♂

Flugsamen

Gewöhnl. Balsam-Pappel

Populus balsamifera WEIDENGEWÄCHSE

Merkmale: Sommergrüner, bis 30 m hoher Baum mit schmaler Krone, ausgebreiteten Ästen und reicher Wurzelbrut; Winterknospen groß, klebrig, stark duftend; Blätter eiförmig, zugespitzt, 8-13 cm lang, ledrig, am Rand leicht gekerbt und fein gewimpert, unterseits anfangs rötlich, später bläulich grau; Blütenstände (Kätzchen) bis zu 15 cm lang; Blütezeit III-IV.

Standort: Feuchte Lockerböden in Talauen und auf Flussbänken.

Verbreitung: Nördliches N-Amerika; in Parks und Forstwäldern auch in M.-EU angepflanzt.

Wissenswertes: Der Artname bezieht sich auf das aromatische, gelbe Knospenharz. Die forstlich als Nutzholzlieferanten angebauten Bäume sind meist Kreuzungen mit anderen Pappel-Arten.

Westliche Balsam-Pappel

Populus trichocarpa WEIDENGEWÄCHSE

Merkmale: Sommergrüner, in seiner Heimat bis zu 60 m hoher Baum mit breiter Krone; Triebe leicht kantig; Blätter nach dem Austrieb zunächst klebrig, eiförmig bis länglich rautenförmig, 10-15 cm lang und bis 10 cm breit, am breitesten etwa in der Spreitenmitte, am Grund gestutzt oder schwach herzförmig, oberseits dunkelgrün, unterseits weißlich bis silbrig blaugrau; ♀ Blütenstände (Kätzchen) reif bis zu 20 cm lang; Blütezeit III-IV; Kapseln dicht behaart (wichtigstes Erkennungsmerkmal).

Standort: Feuchte Schwemmböden in Auen, oft in Reinbeständen an Flussufern u. auf Sandbänken.

Verbreitung: Westliches N-Amerika von S-Alaska bis N-Kalifornien; in M.-EU in mehreren Sorten u. Kreuzungen mit verwandten Arten angepflanzt.

Kanadische Pappel *Populus* x *canadensis*

FAMILIE WEIDENGEWÄCHSE

Merkmale: Sommergrüner, sehr formenreicher Baum bis 30 m Höhe mit langschäftigem, geradem Stamm und breiter, offener Krone; Blätter 7-10 cm lang und 6-9 cm breit, Spreite zugespitzt, am Grund je nach Sorte gerade oder tief herzförmig, mit 1-2 Drüsen, am Rand nach dem Austrieb noch bewimpert; Blütezeit III-IV.

Standort: Ufernahe, lockere Schwemmböden.

Verbreitung: Überall in M.-EU forstlich angebaut, gelegentlich auch in Schutzpflanzungen oder als Straßenbaum verwendet.

Wissenswertes: Die K.P. ist ein überaus raschwüchsiger Bastard aus der heimischen und der Amerikanischen Schwarz-Pappel. Die zahlreichen heute angepflanzten Sorten sind schwer voneinander zu unterscheiden. Als Holzlieferant werden sie in ihrer Zuwachsleistung von keiner anderen Laubholzart übertroffen.

Amerikan. Schwarz-Pappel

Populus deltoides F. WEIDENGEWÄCHSE

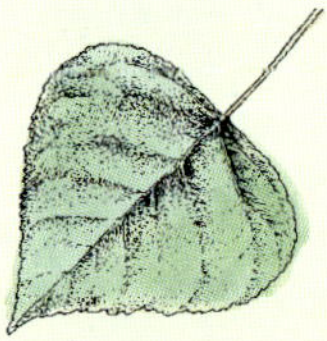

Merkmale: Sommergrüner, bis über 40 m hoher Baum mit breiter, offener Krone auf durchgehend schlankem Stamm und spitzwinklig aufsteigenden Ästen; Blätter lang gestielt, 10-18 cm lang und bis zu 10 cm breit, zugespitzt, am Rand dicht bewimpert und grob kerbig gesägt, am Grund flach gestutzt oder schwach herzförmig eingeschnitten, am Stielansatz mit 2-4 rötlichen Drüsen; Blüten zu Kätzchen beieinander stehend, ♀ in der Blüte bis zu 10 cm, reif bis zu 30 cm lang; Blütezeit III-IV.

Standort: Lockere Schwemmböden in Flussauen.

Verbreitung: Südöstliches N-Amerika; in EU vielfach in verschiedenen Sorten angepflanzt.

Wissenswertes: Wegen der starken Samenproduktion nennt man diesen Baum in seiner Heimat auch Cottonwood (»Baumwollholz«). Er ist Elternart vieler forstlich verwendeter Kreuzungen und in der Wildform bei uns nur selten zu sehen.

Silber-Weide *Salix alba*

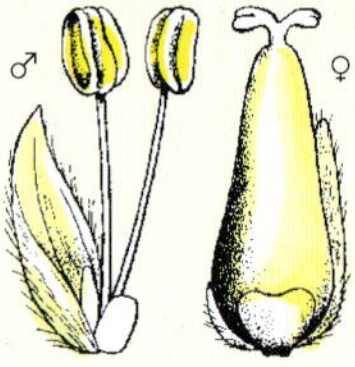

Einzelblüten

Merkmale: Sommergrüner, bis 20 m hoher Baum mit breiter, offener, im Alter meist unregelmäßiger Krone auf dickem, schon unmittelbar über dem Boden in mehrere kräftige Hauptäste aufgeteiltem Stamm; Rinde an den biegsamen Trieben gelblich mit dunkleren Korkwarzen, später graubraun und tiefrissig.
Blätter kurz gestielt, 5-12 cm lang und bis 2 cm breit, im Umriss lanzettlich, am Rand fein gezähnt und drüsig, anfangs auf beiden Seiten anliegend seidig behaart, später oberseits dunkelgrün und fast kahl, unterseits bleibend behaart und graugrün bis bläulich, selten völlig kahl.
Blüten zweihäusig verteilt, unmittelbar vor dem Laubaustrieb erscheinend; ♂ Kätzchen aufrecht oder gebogen aufsteigend, 4-6 cm lang, gelblich, Einzelblüte mit 2 Nektardrüsen; ♀ Kätzchen ebenfalls aufgerichtet, 3-5 cm lang, Einzelblüte mit nur einer Nektardrüse; Blütezeit IV-V; Fruchtreife mit reicher Samenproduktion ab VI.
Standort: Periodisch überschwemmte, staunasse und nährstoffreiche Lockerböden von Bächen und Flussauen, vor allem im Tiefland; Leitart der so genannten Weichholzaue (Baumweidenaue); im Gebirge nur unterhalb von 1000 m.
Verbreitung: Überall in W- und M.- EU verbreitet; fehlt von Natur aus in Skandinavien und Großbritannien, dort jedoch schon seit langem eingebürgert; ferner in N-Afrika (Atlasgebirge), Klein- und Vorderasien bis zum Kaspischen Meer heimisch.

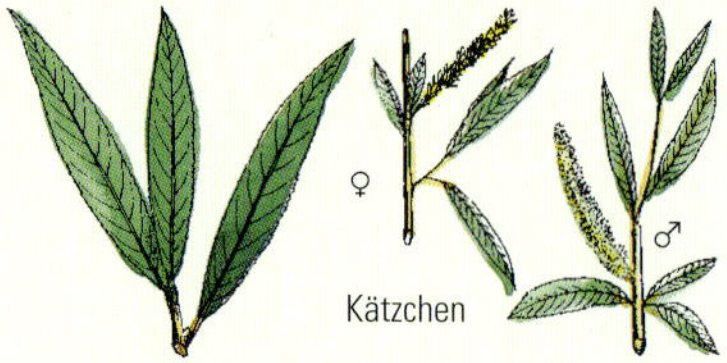

Wissenswertes: Entlang von größeren natürlichen Fließgewässern bestimmt die S. oft zusammen mit der Schwarz-Pappel das Bild der Landschaft. Sie baut galerieartige Bestände auf, die man fachlich als Weichholzaue oder Baumweidenaue bezeichnet. Durch ihr stark verzweigtes und weit reichendes Wurzelwerk trägt sie wirksam zum Uferschutz bei, weil sie Abschwemmungen und sonstige Erosionsschäden mindert. Vielerorts hat man die natürlichen Auenwälder allerdings durch Monokulturen aus Hybridpappeln (⇨ S.458) oder durch Uferbefestigungen mit Mauern bzw. Steindeckwerk ersetzt. Gelegentlich sieht man die S. auch angepflanzt in großen Anlagen, wo sie meist die Parkgewässer säumt. Sie wird an die 300 Jahre alt und bildet Stämme bis zu 2 m Durchmesser aus. Ihr Holz ist weich und technisch kaum verwendbar. Von größerem Wert sind hingegen die sehr biegsamen, rutenförmigen Zweige, die man v.a. für Flechtarbeiten (Körbe) verwendet.

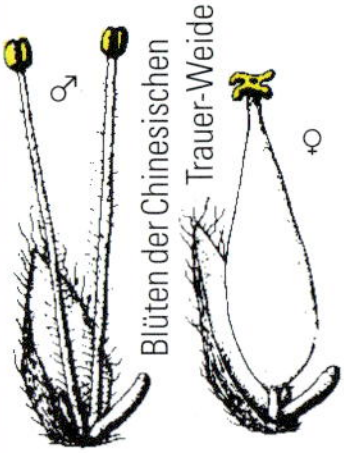

Blüten der Chinesischen Trauer-Weide

Ähnlich:
Trauer-Weide *Salix alba* 'Tristis' (Foto), eine der vielen Gartenformen der Silber-Weide; Zweige dünn, schlaff herabhängend, gelb berindet; Blätter unterseits dicht seidig behaart; häufig in Parks und großen Gärten als Zierbaum gepflanzt.
Chinesische Trauer-Weide *Salix babylonica*, Zweige olivbraun bis rötlich braun berindet, Blätter kahl, sonst sehr ähnlich der T., aber weniger frosthart und daher bei uns seltener angepflanzt.

Kopfweiden entstehen nach Rutenschnitt

Bruch-Weide *Salix fragilis*

FAMILIE WEIDENGEWÄCHSE

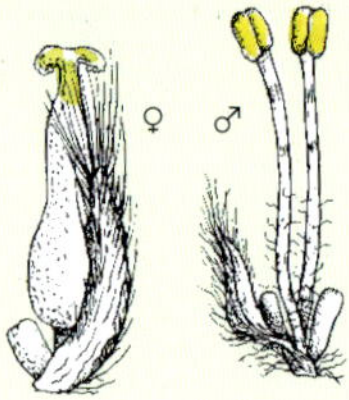

Merkmale: Sommergrüner, bis zu 15 m hoher Baum oder Großstrauch, Krone breit und offen; Zweige glänzend gelblich oder braun.
Blätter 8-18 cm lang, bis 4 cm breit, lang zugespitzt, ebenso wie die Zweige stets kahl; oberseits mattgrün, unterseits hellgrün mit vortretendem Mittelnerv, am Rand knorpelig gezähnt.
Blüten zweihäusig verteilt; Blütenstände zusammen mit den Laubblättern erscheinend; ♂ Kätzchen lang gestielt, bis 5 cm lang, gelblich; ♀ Kätzchen sehr schlank, bis 7 cm lang; Blütezeit III-V.
Standort: Von der Ebene bis in Mittelgebirge auf periodisch überschwemmten, kiesigen Böden von Flussauen, oft zus. mit anderen Weiden.
Verbreitung: In EU und W-Asien weit verbreitet; auch weit außerhalb des natürlichen Verbreitungsgebiets angepflanzt.

Wissenswertes: Im naturnahen Wasserbau verwendet man sehr gern die B., weil sie mit ihrem dichten Wurzelwerk die Ufer wirksam befestigt. Ihre nur wenig biegsamen Zweige eignen sich nicht für Flechtarbeiten. Weil sie mit hörbarem Knacken abbrechen, wird die Art volkstümlich auch oft als Knack-Weide bezeichnet.

Ähnlich:
Purpur-Weide *Salix purpurea*, Strauch oder kleiner Baum bis 6 m Höhe; Zweige biegsam, auf der Lichtseite vor allem im Winter purpurrot; Blätter lanzettlich, spitz, bis 12 cm lang, oberseits grün, unterseits heller graugrün.

Korb-Weide *Salix viminalis*

FAMILIE WEIDENGEWÄCHSE

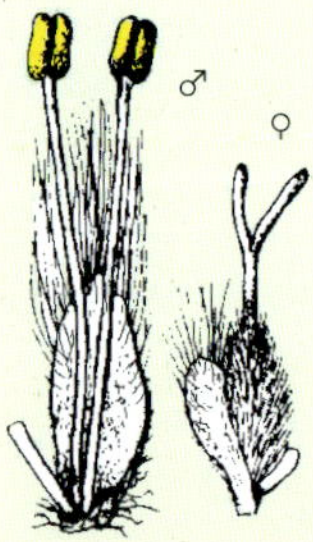

Merkmale: Sommergrüner Großstrauch oder kleiner Baum bis 10 m Höhe, Zweige bräunlich grün, anfangs grau filzig behaart, später kahl.
Blätter 12 cm lang und bis 1,5 cm breit, vorn lang zugespitzt, am Grund keilförmig, oberseits dunkelgrün, unterseits dicht silbrig behaart, am Rand gewellt und eingerollt.
Blüten zweihäusig verteilt, schon vor dem Laub erscheinend; sowohl ♂ wie ♀ Kätzchen dick, an die 3 cm lang, aufrecht stehend; Blütezeit III-IV.

Standort: Auengebüsche und -wälder an stehenden und fließenden Gewässern auf tonigen bis sandigen, nährstoffreichen Böden; im Bergland bis in Höhen von etwa 700 m.

Verbreitung: Von den Pyrenäen über ganz M.-EU bis Sibirien.
Wissenswertes: Nach einem Rückschnitt bildet die K. bis über 2 m lange, dünne und sehr biegsame Gerten oder Ruten, die sich leicht entrinden lassen. Schon im Altertum verwendete man die einjährigen Zweige zu Flechtarbeiten, vor allem zur Herstellung von Körben oder Sitzen. In den Wein- und Obstbaugegenden nutzte man die dünnen Weidenzweige als Bindegut. Um genügend Material zur Verfügung zu haben, wurde die K. mancherorts entlang von Bächen und Flüssen in langen Reihen angepflanzt. Durch regelmäßigen Rückschnitt können die Bäume keine arttypische Krone aufbauen, sondern bilden dicke Stämme mit kopfig verdicktem Ende (Kopfweiden).

Sal-Weide *Salix caprea*

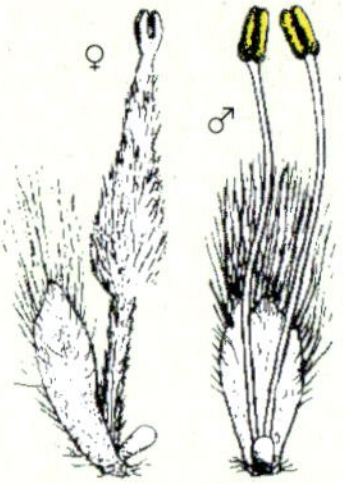

Merkmale: Sommergrüner Großstrauch o. Baum bis 10 m Höhe mit breiter Krone und längsfurchiger, grauschwarzer Rinde; Zweige grüngrau, anfangs noch hell behaart, sehr biegsam, dünn bleibend.
Blätter wechselständig, gestielt, 4-12 cm lang und bis 6 cm breit, elliptisch, am Grund rundlich, vorn spitz, am Rand gewellt bis unregelmäßig gezähnt, oberseits dunkelgrün, unterseits graugrün und bleibend dicht flaumig behaart; Nebenblätter unauffällig.
Blüten zweihäusig verteilt; Blütenstände lange vor den Laubblättern erscheinend; ♂ Kätzchen oval, bis 3 cm lang, im Aufblühen silbrig fellhaarig (daher »Kätzchen«), beim Stäuben hellgelb; ♀ Kätzchen unscheinbar grünlich, Fruchtknoten behaart; Blütezeit III-IV; Fruchtreife ab V.

Standort: Häufig als Pioniergehölz auf Brachen, an Wald- und Wegrändern sowie in Steinbrüchen, oft auch mit anderen Strauch- und Baumweiden im Saum von Stillgewässern; Lichtholz mit rascher Jugendentwicklung.

Verbreitung: Überall in EU (außer Portugal), in den Alpen bis in 2000 m Höhe; in S-EU ausschließlich im Gebirge; ferner in W- und NO-Asien.

Wissenswertes: Die S. ist ein Vertreter der Breitblattweiden, die im Unterschied zu den Schmalblattweiden nicht unmittelbar in Flussauen wachsen, sondern wechselfeuchte, höher gelegene Standorte bevorzugen. Trotz ihrer vergleichsweise schmucklosen Blüten ist die S. auf Insektenbestäubung eingerichtet: Nicht nur die ♂, auch die ♀ Blüten besitzen eine Nektardrüse, bieten den Besuchern also Flüssignahrung an. In ♂ Blüten finden Insekten zusätzlich proteinreiche Pollen, die klebrig sind und nicht vom Wind verbreitet werden. Als besonders frühzeitig und reich blühendes Gehölz stellt die S. die wichtigste Trachtpflanze der Bienen im Frühjahr dar. Daher ist das Schneiden von Schmuckreisig verboten.
Ein typisches Merkmal fast aller Weiden ist die rasche Bewurzelung von Stecklingen, die auch bei der S. gelingt, selbst noch an armdicken Hölzern. An Zweigstücken lässt sich dabei eindrucksvoll die innere Polarisierung zeigen: Aus der spitzenwärts gelegenen Schnittstelle entwickeln sich immer nur neue Blatttriebe, aus der unteren Wunde jeweils nur Wurzelanlagen.
Die Rinde der S. enthält einen nach dem wissenschaftlichen Gattungsnamen Salicin genannten Stoff, aus dem sich mit einem chemischen Verfahren Acetylsalicylsäure herstellen lässt, die Hauptkomponente des Schmerz- und Fiebermittels Aspirin. Das wenig beständige Holz der S. wird bestenfalls als Zuschlag in der Spanplattenherstellung oder für die Zellstoffgewinnung verwendet. Der ökologische Nutzen des Baums ist ungleich größer. Von seinen Blättern ernähren sich z.B. die Raupen etlicher Schmetterlingsarten wie Trauermantel, Großer Fuchs und Großer Schillerfalter.

Gewöhnlicher Walnussbaum *Juglans regia* FAM. WALNUSSGEWÄCHSE

Blatt unpaarig gefiedert, insg. 20-40 cm lang

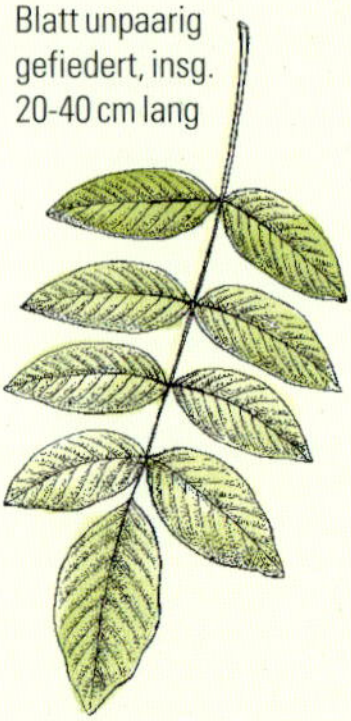

Merkmale: Sommergrüner Baum bis 25 m Höhe mit breiter, gewölbter Krone; Stamm meist schon in geringer Höhe in mehrere Äste gegabelt; Rinde anfangs glatt und grau, später tiefrissig und braungrau.
Blätter wechselständig, mit 5-9 ledrigen Fiederblättern, die bis zu 12 cm lang sind u. beim Zerreiben nach Terpentin duften.
Blüten einhäusig verteilt; ♂ Blüten in 3-10 cm langen, abwärts gekrümmten, gelbgrünen Kätzchen; ♀ Blüten unauffällig, hellgelb, an den Enden jüngerer Zweige; Blütezeit IV-V; Reife der grünen Steinfrüchte ab X.
Standort: Bevorzugt auf tiefgründigen, nährstoffreichen, kalkhaltigen Böden.

Verbreitung: Ursprünglich nur vom Balkan bis SW-Asien; seit der Römerzeit auch nördlich der Alpen weit verbreitet und oft als Zier- oder Fruchtbaum gepflanzt; heute auch in den USA gepflanzt.
Wissenswertes: Botanisch gesehen ist eine Walnuss keine Nuss, sondern der verholzende Kern einer Steinfrucht mit fleischiger, grüner Schale. Der essbare Teil ist der ölreiche Samen. Das braunrote, dunkel gemaserte Holz wird zu Furnieren verarbeitet.

Ähnlich:
Schwarznuss *Juglans nigra,* Blätter lang, mit 9-17 Fiedern, die jeweils 5-11 cm lang und unterseits flaumig behaart sind, Endfieder mitunter fehlend. Heimat östliches N-Amerika; bei uns gelegentlich angepflanzt.

Kaukasische Flügelnuss *Pterocarya fraxinifolia* F. WALNUSSGEWÄCHSE

Merkmale: Sommergrüner, bis 20 m hoher Baum mit dichter, gewölbter Krone; Stamm kurz und dick, mit kräftigen, aufrechten Hauptästen; Baum oft auch mehrstämmig; Rinde grau, netzartig längsrissig; jüngere Zweige mit gekammertem Mark gefüllt; Winterknospen groß und auffällig, ohne schützende Hülle, kurz behaart, rost- oder zimtbraun gefärbt.
Blätter wechselständig, unpaarig gefiedert (Endfieder fehlt mitunter), 20-45 cm lang, Anzahl der Fiedern 7-27, jeweils 5-12 cm lang, 2-5 cm breit, ungestielt, gezähnt, zugespitzt, oberseits dunkelgrün und kahl, unterseits entlang der Mittelrippe mit Sternhaaren besetzt; im Herbst goldgelb.
Blüten einhäusig verteilt; Blütenstände mit dem Laub erscheinend; ♂ Kätzchen gelblich, 8-12 cm lang; ♀ Kätzchen bis 15 cm lang, grünlich, zur Fruchtzeit auf ca. 50 cm verlängert; Blütezeit IV-V. Früchte 2-3 cm breit, mit 2 halbkreisförmigen Flügeln, die an Elefantenohren erinnern.
Standort: Auf nährstoffreichen Lockerböden in Bergwäldern.
Verbreitung: Vom Kaukasus bis zum nördlichen Iran; in M.-EU vor allem in wintermilden Gegenden als Parkgehölz oder Straßenbaum angepflanzt, doch sehr empfindlich gegen Spätfröste.
Wissenswertes: Die K.F. ist anhand ihrer namengebenden Flügelnüsse, die in großer Zahl an den beträchtlich verlängerten Kätzchenachsen sitzen, unverkennbar. Im Unterschied zu den Steinfrüchten des Walnussbaums stellen ihre Früchte tatsächlich Nüsse dar, d.h. der einzelne Samen ist von einer gänzlich verholzten Schale umgeben.

Hänge-Birke, Weiß-Birke *Betula pendula*

Blatt mit Fruchtstand

Merkmale: Sommergrüner, bis 20 m hoher Baum mit anfangs kegeliger, später rundlicher, hoher oder unregelmäßiger Krone; Äste kurz, Zweige dagegen lang und schleierartig hängend, dunkel rotbraun berindet.

Rinde am Stamm glatt, silbrig weiß, mit dunkleren Querbinden, im Alter an der Stammbasis durch tiefe, schwarze Risse gefeldert.

Blätter wechselständig, lang gestielt, im Umriss dreieckig mit langer, schlanker Spitze, am Rand regelmäßig doppelt gesägt, beidseits kahl.

Blüten einhäusig verteilt; ♂ Kätzchen 3-6 cm lang, vor dem Aufblühen bräunlich, stäubend hellgelb; ♀ Kätzchen 2-3 cm lang, an den Zweigenden unterhalb der ♂ Blütenstände, grünlich mit dunkelroten Narben, später braun; Blütezeit III-V; Nussfrucht 2-3 mm lang, häutig umrandet.

Standort: In lichten Laubgehölzen, Gebüschen und Feldholzinseln, an Waldlichtungen und Wegrändern; anspruchslos, daher auch auf Roh- und Steinböden; Lichtholz; in M.-EU eher Begleitart, im N von EU auch bestandsbildend.

Verbreitung: Ganz EU mit Ausnahme des hohen Nordens und der Südränder der mediterranen Halbinseln, in S-EU nur im Gebirge, in den Alpen bis 1800 m Höhe; häufigste Birkenart in EU.

Wissenswertes: Die Nüsse der H. sind extreme Leichtgewichte und werden vom Herbstwind weit verfrachtet. Die vor oder gerade mit dem Laubaustrieb aufblühenden ♂ Kätzchen setzen enorme Mengen Blütenstaub frei, der bei empfindlichen Personen starke allergische Reaktionen auslöst. Birkenholz ist sehr hell und findet in der Möbelherstellung Verwendung. Es besitzt außerdem den höchsten Heizwert unter den heimischen Hölzern. Die Blätter enthalten medizinisch wirksame Stoffe und werden in der Homöopathie ebenso wie in der Volksmedizin eingesetzt.

Moor-Birke *Betula pubescens*

Blatt mit Fruchtstand

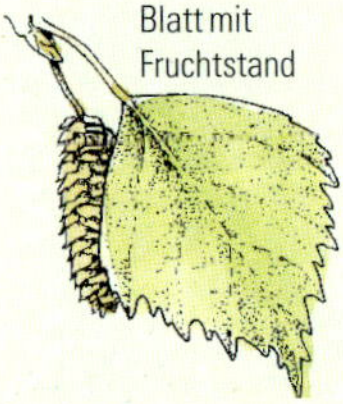

Merkmale: Sommergrüner Großstrauch oder Baum bis 25 m Höhe mit schlanker, offener, oft mehrteiliger Krone; Äste aufsteigend oder abstehend, Zweige nicht herabhängend; junge Zweige dicht flaumig behaart, später verkahlend.

Rinde glatt, weißgrau bis hellbraun, mitunter auch silbrig; anders als bei der Hänge-Birke an der Stammbasis gewöhnlich ohne auffällige Felderung durch schwarze Risse und Leisten.

Blätter gestielt, meist nur einfach gesägt; im Umriss rautenförmig, in der Spreitenmitte am breitesten; unterseits auf den größeren Blattnerven und in den Nervenwinkeln flaumig behaart.

Blüten einhäusig verteilt, erscheinen mit dem Laub; ♂ Kätzchen ungestielt, schlaff hängend, beim Stäuben hellgelb; ♀ Kätzchen gestielt, aufrecht, grünlich mit roten Narben; Blütezeit IV-V.

Standort: Auf staunassen, feuchten, mäßig nährstoffreichen Lehm-, Sand- und Moorböden.

Verbreitung: Von W- bis NO-EU; fehlt im Mittelmeergebiet; in den Alpen bis in 2000 m Höhe; im Gebirge jedoch meist nur strauchförmig.

Wissenswertes: Ähnlich wie die Weiden bastardieren auch die Birken sehr stark, wo verschiedene Arten gemeinsam vorkommen. Ebenso sind die in Parks und Gärten angepflanzten Birken oft Hybriden oder deren Rückkreuzungen mit einer der Elternarten. Insbesondere bei der M. werden reinerbige Exemplare nur selten gepflanzt.

Eine auf Blockhalden und in Hangmooren der Mittelgebirge vorkommende, meist als Großstrauch wachsende Form der M. mit bräunlicher Rinde wird auch als Karpaten-Birke bezeichnet.

Herbstfärbung

♂

Fruchtstände

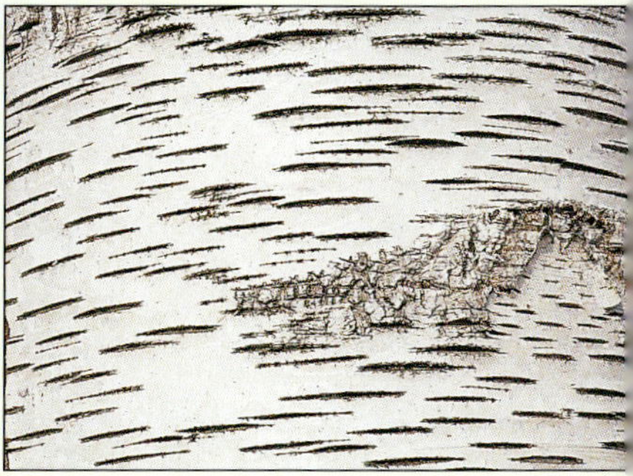

Schwarz-Erle *Alnus glutinosa*

Oben: Laubblatt mit Einbuchtung am Vorderende; beiderseits der Mittelrippe 5-8 gegenständige Nerven. Links oben: Langgestreckte männliche und rundliche weibliche Kätzchen. Links unten: Reife schwarzbraune Fruchtstände.

Merkmale: Sommergrüner, bis 25 m hoher Baum mit breiter Krone und hoch reichendem Stamm, oft von Grund an mehrstämmig; Äste gebogen, aufrecht oder waagrecht ausgebreitet; Rinde bräunlich grau, an älteren Stämmen schwarzgrau und längsrissig; Zweige kahl, Triebe grünlich, mit orangegelben Korkwarzen (Lentizellen).

Blätter wechselständig, gestielt, im Umriss breit keilförmig, im vorderen Spreitendrittel am breitesten, vorn meist deutlich eingebuchtet, seltener gerundet oder undeutlich zugespitzt, am Rand wellig gesägt; oberseits glänzend dunkelgrün, unterseits heller mit gelblichen Haarbüscheln in den Nervenwinkeln; nach dem Austrieb klebrig.

Blüten einhäusig verteilt; ♂ Kätzchen zu 2-3, anfangs purpurn, beim Stäuben dann hellgelb und 6-10 cm lang, schlaff herabhängend; ♀ Kätzchen länglich oval, purpurn, zu 2-8 an Zweigenden unterhalb der ♂ Kätzchen, öffnen sich geraume Zeit vor dem Laubaustrieb; Blütezeit II-IV.

Fruchtstände zapfenartig; zwischen den verholzten Tragblättern geflügelte Nussfrüchte.

Standort: Kalkmeidend; gern auf zeitweilig überschwemmten Auen- und Lehmböden, auch auf Kies- und Sandböden, in Moor- und Nasswiesen; häufiges Saumgehölz an Bachufern oder bestandsbildend in Bruchwäldern.

Verbreitung: Überall in EU mit Ausnahme des nördlichen Skandinaviens; vom Tiefland bis ins höhere Bergland, in den Alpen jedoch selten oberhalb von 1200 m.

Wissenswertes: Die Feinwurzeln der S. gehen eine innige Lebens- und Betriebsgemeinschaft mit bestimmten Bakterien ein, die zur Bindung von Luftstickstoff befähigt sind und diesen somit für den Baum verfügbar machen. Außerdem gewährleisten sie über einen im Detail noch unbekannten Mechanismus die Sauerstoffversorgung der Wurzeln auch im staunassen Boden.

Die ♀ Blüten der Erlen verwachsen zu kompakten, verholzten, starren Fruchtständen, die an einen Koniferenzapfen erinnern. Erst im Frühjahr des Folgejahrs fallen die kleinen geflügelten Nussfrüchte heraus und werden vom Wind verdriftet. Da sie eine Weile schwimmfähig sind, können sie auch über fließendes Wasser verbreitet werden. Daraus erklärt sich der dichte Erlensaum an fast allen kleineren Fließgewässern, der im Kulturgrünland häufig das Bild der Landschaft bestimmt. Die leeren Fruchtstände bleiben noch mehrere Jahre an den Zweigen. Man verwendet sie in der Kranzbinderei als Dekorationsmaterial.

Mit ihren tief reichenden Hauptwurzeln stabilisieren die S. die Uferkanten und verhindern dadurch Erosionsschäden durch reißende Hochwasser. Daher pflanzt man sie auch gern als sichernde Ufergehölze an.

Das Holz der S. ist orangegelb gefärbt (Foto unten), dunkelt mit der Zeit aber zu einem kräftigen Orangerot nach, weshalb der Baum fälschlich auch oft Rot-Erle genannt wird. Das Holz dient vorwiegend zur Herstellung von Möbeln.

Grau-Erle, Weiß-Erle *Alnus incana*

Fruchtstände

Merkmale: Sommergrüner, 10-20 m hoher Großstrauch oder Baum, gewöhnlich mehrstämmig, mit breiter, dichter, kegelförmiger Krone; Rinde glänzend hellgrau bis silbergrau (namengebendes Merkmal), kaum rissig, mit dichten Folgen ringförmig angeordneter Korkwarzen (Lentizellen); junge Zweige anfangs leicht behaart, später kahl, mit bräunlichen oder rötlichen Korkwarzen; Winterknospen deutlich gestielt.

Blätter wechselständig, gestielt, oval bis rundlich, vorn leicht zugespitzt, an der Basis gerundet; 7-10 cm lang; beidseits der Hauptrippe mit 7-12 (fast) gegenständigen Blattnerven, am Rand doppelt gesägt, oberseits matt dunkelgrün, unterseits bläulich grün und anfangs grau behaart, später zunehmend kahl oder nur noch auf den Blattnerven flaumig, nicht klebrig.

Blüten einhäusig verteilt; ♂ Kätzchen in Gruppen zu 3-5 an den Zweigenden, beim Stäuben bis zu 10 cm lang, hellgelb und schlaff; ♀ Kätzchen zu 2-8 beieinander stehend, rötlich; Blütezeit III-IV. Die ♀ Kätzchen entwickeln sich zur Reifezeit zu zapfenartigen Fruchtständen, die deutlich kürzer gestielt sind als bei der Schwarz-Erle.

Standort: Kalkliebend, auf zeitweilig nassen, jedoch nicht ständig überstauten Sand-, Kies- und Schotterböden, meist entlang von Fließgewässern und auf Wildbachgeschieben im Gebirge, in den Alpen auch auf Moränenschutt bis 1600 m.

Verbreitung: In M.-, N- und O-EU weit verbreitet, fehlt im nordwestlichen Tiefland, in D an der Westgrenze der natürlichen Verbreitung.

Wissenswertes: Die G. bevorzugt zwar nährstoffreiche Böden, kann aber auch unterversorgte Rohböden erfolgreich besiedeln und wird deshalb im Landschaftsbau zur Befestigung und Rekultivierung von Bergbauhalden und zur Böschungsbegrünung an neuen Straßen auch außerhalb ihres Verbreitungsgebiets angepflanzt, zumal sie sehr rasch wächst und ihr Höhenwachstum meist schon mit etwa 15 Jahren abschließt. Spezielle Stickstoff bindende Bakterien, die in den Feinwurzeln des Baums leben, leisten dem Boden durch Nährstoffanreicherung zusätzliche Dienste. Außerdem entwickelt die G. reichlich Wurzelbrut und kann sich bei Rückschnitt über Stockausschlag hervorragend regenerieren.

Das Holz der G. ist weniger beständig als das der nahe verwandten Schwarz-Erle und wird trotz seiner intensiven Orangefärbung heute seltener genutzt. Früher fertigte man daraus oft Schuhleisten, Spielsachen und allerlei Drechslerarbeiten.

Ähnlich:

Herzblättrige Erle *Alnus cordata,* Blätter mit kurzer Spitze, an der Basis herzförmig eingeschnitten, oberseits glänzend dunkelgrün, unterseits in den Nervenwinkeln bräunlich behaart; in Italien weit verbreitet, in M.-EU gelegentlich als Ziergehölz angepflanzt.

Rot-Erle, Oregon-Erle *Alnus rubra,* Blätter spitz, am Grund rundlich, leicht gelappt, jederseits mit 10-15 Seitennerven, oberseits matt dunkelgrün, unten blau oder blaugrün, mitunter rotbraun behaart; westliches N-Amerika von Alaska bis Kalifornien; bei uns gelegentlich in Parks und Gärten als Ziergehölz angepflanzt.

Hainbuche, Weißbuche *Carpinus betulus*

Fruchtstand

Merkmale: Sommergrüner Baum bis 25 m Höhe mit reich verzweigter, anfangs pyramidaler, im Alter breiter, rundlicher Krone; Stamm oft mit ovalem Querschnitt und bei älteren Exemplaren stärker gedreht oder auffallend wulstig; Rinde glatt, dunkelgrau, mit flachem, hellerem Netzwerk gefeldert; Winterknospen liegen den Zweigen eng an.

Blätter wechselständig, gestielt, 4-10 cm lang, schmal eiförmig mit kurzer Spitze, doppelt gesägt, Spreite ziehharmonikaartig gefaltet, kahl, beidseits frischgrün, vor dem Laubfall gelblich.

Blüten einhäusig verteilt; mit dem Laub erscheinend; ♂ Kätzchen bis 7 cm lang, schlaff, an Kurztrieben; ♀ Kätzchen an Langtrieben, mit lockeren, bleichgrünen Tragblättern; Blütezeit IV-V; Nussfrucht an der Basis eines 3-lappigen Flugorgans.

Standort: Vorzugsweise auf frischen, tiefgründigen, nährstoffreichen, humosen Böden.

Verbreitung: Von den Pyrenäen über das gesamte M.-EU und S-Skandinavien bis nach W-Asien; in D vom Tiefland bis auf rund 1000 m im Gebirge.

Wissenswertes: Die manchmal auch Hagebuche genannte H. erträgt regelmäßigen Schnitt und eignet sich daher gut für dichte Heckenpflanzungen. Außerdem regeneriert sie sich leicht durch Stockausschläge und wird deswegen auch in der Niederwaldwirtschaft eingesetzt. Das helle Holz (Weißbuche!) ist sehr leicht, reißt beim Trocknen jedoch stark auf und wird daher kaum als Bauholz oder für die Möbelherstellung verwendet.

Hopfenbuche *Ostrya carpinifolia*

Fruchtstand

Merkmale: Sommergrüner Großstrauch oder bis 20 m hoher Baum mit breiter, rundlicher, dichter Krone; Rinde dunkelbraun, glatt oder schuppig, an den noch jüngeren Zweigen grünlich braun mit helleren Korkwarzen; Winterknospen vom Zweig winkelig abstehend, spitz, mit verklebten Schuppen.

Blätter wechselständig, gestielt, an der Basis abgerundet, vorn spitz, fein doppelt gesägt mit langen Spitzen, nicht ziehharmonikaartig gefaltet, sondern weitgehend glatt, oberseits dunkelgrün, unterseits blasser und auf den Nerven behaart, an den Zweigen 2-zeilig angeordnet.

Blüten einhäusig verteilt; mit dem Laub erscheinend; ♂ Kätzchen zu 3-5, beim Stäuben grünlich gelb, schlaff, bis 10 cm lang; ♀ Kätzchen geöffnet 3-5 cm lang; Blütezeit IV-V; Fruchtstand bleichgrün, zapfenähnlich; Nussfrüchte mit Haarbüschel an der Spitze, in einer 12-15 mm langen, blasenartig aufgetriebenen Hülle steckend.

Standort: Auf lockeren, wasserdurchlässigen, oft kalkreichen Böden in verschiedenen Wärme liebenden Laubwaldgesellschaften des unteren Berglands ab etwa 300 m Höhe.

Verbreitung: S-EU von S-Frankreich über den Balkan bis nach Kleinasien; in den südlichen Alpen bis in rund 1200 m Höhe.

Wissenswertes: Während sie in ihrer Heimat ein wichtiger waldbildender Baum ist, kann man die H. in M.-EU allenfalls als Parkgehölz im wintermilden Klima der Weinbauregionen sehen. Ihr Name leitet sich von den auffallenden, recht dekorativen Fruchtständen ab, die an die zapfenartigen Gebilde des Hopfens erinnern und auch nach dem Laubfall noch eine Weile am Gezweig bleiben. Die Nussfrüchte werden von Tieren, in ihrer aufgeblähten Hülle aber ebenso vom Wind verbreitet. Das recht harte, zähe Holz verarbeitet man ähnlich wie das der nahe verwandten Hainbuche zu Werkzeuggriffen oder zu Holzkohle.

Baum-Hasel *Corylus colurna*

Merkmale: Sommergrüner, bis zu 20 m hoher Baum mit breiter, kegeliger, meist stumpfer Krone und regelmäßiger, bei jungen Exemplaren nahezu quirlständiger, breit abstehender Beastung.

Rinde an jungen Zweigen dicht drüsig behaart, an den Ästen und Stämmen dagegen graubraun, korkig, vielfach schuppig gefeldert und zerrissen.

Blätter wechselständig, gestielt, meist nach unten hängend, 8-12 cm lang und fast ebenso breit (breiteste Stelle im oberen Drittel der Spreite), an der Basis herzförmig eingebuchtet, vorn kurz zugespitzt, Rand doppelt gesägt oder andeutungsweise gelappt, Blattspreite sehr fest, oberseits glänzend grün, unterseits heller und nur auf den Hauptnerven behaart.

Blüten einhäusig verteilt; bereits lange vor dem Laubaustrieb erscheinend; ♂ Kätzchen in Gruppen an den Zweigenden, bis zu 12 cm lang, schlaff herabhängend, beim Stäuben hellgelb; ♀ Kätzchen kurz, in dicken Knospen geborgen, zur Blütezeit an den büschelig herausragenden, karminroten Fadennarben erkennbar; Blütezeit II-IV.

Nussfrucht bis zu 2 cm lang, dickschalig, von einer derben, drüsig behaarten, klebrigen Hülle mit tief zerteilten Zipfeln eingefasst, die zunächst hellgrün, später bräunlich grau ist; Fruchtreife ab IX.

Standort: Bergwälder auf lockeren, möglichst nährstoffreichen Böden.

Verbreitung: Ursprünglich nur im südöstlichen EU und in Kleinasien; in zunehmendem Maß auch bei uns als raschwüchsiger Straßen- und Parkbaum angepflanzt.

Wissenswertes: Die B. ist die einzige Vertreterin ihrer nicht allzu artenreichen Gattung, die ausschließlich baumförmig wächst. Da die verschiedenen Haselnuss-Arten sich in der Belaubung nur wenig voneinander unterscheiden, sind zur sicheren Bestimmung die reifenden Früchte erforderlich. Im Unterschied zu der nur als Großstrauch wachsenden heimischen Hasel, auch Wald-Hasel genannt (*Corylus avellana*, ⇨S. 246), stecken die meist sehr zahlreich entwickelten Nüsse der B. in einer zähen, zur Reifezeit bräunlichen Hülle mit vielen schmalen, weit zurückgebogenen Zipfeln. Sie lassen sich nur sehr schwer aus dieser Hülle lösen. Die Nüsse sind essbar und schmecken ebenso wie die heimischen Haselnüsse.

Seltener sieht man in Parkanlagen auch einen baumförmigen Bastard zwischen der B. und der heimischen Wald-Hasel. Er steht in den Blattmerkmalen zwischen den Elternarten.

Die vor allem als Backzutat gehandelten Haselnüsse stammen gewöhnlich von einer weiteren südosteuropäischen Hasel-Art, der strauchförmig wachsenden Lamberts-Hasel (*Corylus maxima*, ⇨Band »Strauchgehölze«) aus Kleinasien. Bei dieser Art ist die Fruchthülle fast doppelt so lang wie die Nuss, vorn tütenförmig verengt und an den Vorderkanten nur in geringem Maß zerschlitzt. Der Strauch wird hierzulande in mehreren Sorten angebaut. Unter anderem ist eine sehr attraktive, tief dunkelrot belaubte Varitetät unter der Bezeichnung »Blut-Hasel« als Park- und Gartengehölz weit verbreitet.

Frucht mit noch geschlossener Hülle

Rot-Buche, Gewöhnliche Buche *Fagus sylvatica* BUCHENGEWÄCHSE

Merkmale: Sommergrüner, 20-30 m hoher Baum mit breiter, rundlicher, ziemlich regelmäßiger Krone, Stamm spätestens in der Kronenmitte in mehrere starke Äste geteilt.
Rinde am Stamm auch bei alten Exemplaren glatt oder wenig aufgeraut, bleigrau, an den Zweigen dagegen dunkel rötlichbraun mit einzelnen helleren Korkwarzen (Lentizellen).
Blätter wechselständig, gestielt, länglich elliptisch, 5-10 cm lang, 4-7 cm breit, mit 5-7 starken Seitennerven jederseits der Hauptrippe, an der Basis keilförmig, am Rand leicht gewellt und nach dem Austrieb lang bewimpert, oberseits glänzend dunkelgrün, unterseits auf den Hauptnerven und in den Winkeln dazwischen leicht behaart.
Blüten einhäusig verteilt, mit der Belaubung erscheinend; ♂ Blütenstände lang gestielt, halbkugelig; ♀ Blüten zu jeweils 2 in kurz gestielter, meist aufrechter, grüner Hülle; Blütezeit IV-V.
Nussfrucht (= Buchecker) rund 2 cm lang, glänzend dunkelbraun, zu 2-4 in einer 4-klappigen, verholzten, stacheligen Hülle sitzend.
Standort: Auf basischen oder mäßig sauren, frischen, nährstoffreichen, tiefgründigen Böden; nicht in Gebieten mit starker sommerlicher Trockenheit; vom Tiefland bis in etwa 1500 m Höhe; Leitart der Buchenwälder.
Verbreitung: Von N-Spanien über das gesamte M.-EU und S-Skandinavien bis Schwarzmeergebiet, im südlichen EU überwiegend im Bergland.

Wissenswertes: Im Frühjahr fallen in den Buchenwäldern die Keimpflanzen der R. mit ihren beiden großen, halbrunden Keimblättern auf. Die Bucheckern keimen nur unter der Laubstreu, da sie zu den Dunkelkeimern gehören. Ihr fettes Öl ist reich an ungesättigten Fettsäuren und gilt als wertvolles Speiseöl.
Das feste, im Unterschied zur helleren Hainbuche rötliche Holz (namengebendes Merkmal) verwendet man für Möbel, im Hausbau (Treppenstufen, Parkettriegel) und zur Herstellung von Musikinstrumenten (Klavier, Orgel). Früher wurde die R. fast nur zur Brennholzgewinnung genutzt.
Eine häufig gepflanzte rotlaubige Gartenform ist unter der Bezeichnung »Blutbuche« im Handel.

Ähnlich:
Orientalische Buche *Fagus orientalis,* mit dunkelgrauer Rinde und deutlich gefurchtem Stamm; Blätter schmal, verkehrt eiförmig, vorn zugespitzt, 7-11 cm lang, glattrandig oder seicht gewellt, mit 8-12 starken Seitennerven jederseits der Hauptrippe; vertritt in den Laubwaldgebieten von SO-EU (Bulgarien) und Vorderasien (bis Nordiran) die Rot-Buche; in M.-EU nur in großen Parks und Sammlungen zu sehen.

Antarktische Scheinbuche, Südbuche *Nothofagus antarctica,* kleiner, sommergrüner Baum; jüngere Zweige flach 2-zeilig gestellt; Blätter dunkelgrün, länglich eiförmig ohne Spitze, nur etwa 3 cm lang, mit gekerbtem Rand; Frucht becherartig, viel kleiner als Buchecker. Die A.S. vertritt auf der Südhalbkugel die Gattung *Fagus*, im Bergland S-Amerikas ist sie eine wichtige waldbildende Baumart; in NW-EU forstlicher Versuchsanbau, in D vor allem als Park- und Gartengehölz angepflanzt.

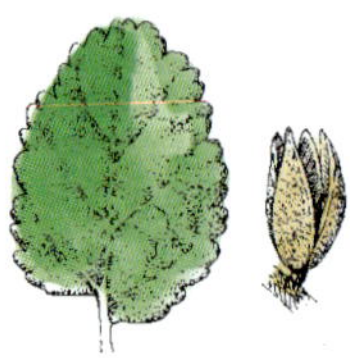

Herbstfärbung

Keimlinge

Reife Bucheckern

Ess-Kastanie, Edel-Kastanie *Castanea sativa* FAM. BUCHENGEWÄCHSE

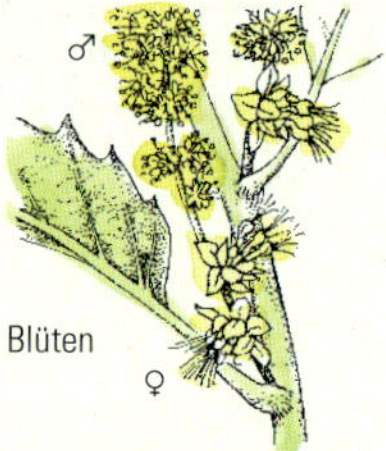

Merkmale: Sommergrüner, bis über 30 m hoher Baum mit breiter, dichter, gewölbter Krone aus dicken, kurzen Ästen; Stamm bis über 2 m dick, häufig schon in geringer Höhe über dem Boden in kräftige, steil aufgerichtete oder horizontal abstehende Hauptäste geteilt, oft etwas gedreht wachsend.

Rinde anfangs glatt rötlich grau bis braun, später dunkelbraun und an älteren Bäumen von einem dichten Netzwerk aus starken, erhabenen Leisten und tiefen Rissen überzogen.

Blätter wechselständig, häufig an den Zweigen auch 2-zeilig ausgebreitet; 10-30 cm lang, länglich lanzettlich, an der Basis breit keilförmig, vorn schlank zugespitzt, am Rand mit groben, nach vorn weisenden Zähnen, in die jeweils ein kräftiger Seitennerv ausläuft; oberseits glänzend dunkelgrün, unterseits blasser grün; Blattspreite ledrig, vollständig unbehaart.

Blüten einhäusig verteilt; ♂ Blüten beim Stäuben hellgelb, jeweils zu mehreren in kopfigen Teilblütenständen, diese zu etwa 15 cm langen, abstehenden oder gebogenen Kätzchen zusammengefasst, sehr angenehm duftend; ♀ Blütenstände in Gruppen zu 2-3 an der Basis der ♂ Kätzchen, von einer dicht beblätterten Hülle umgeben, aus der nur die weißen Narben ragen; Blütezeit VI-VII.

Nussfrucht bis zu 3 cm lang, zu 1-3 in einem spitz und dicht bestachelten, hellgrünen Fruchtbecher eingeschlossen, der aus den Tragblättern der Einzelblüten hervorgeht und sich zur Reifezeit mit 4 breiten Zipfeln öffnet; Fruchtreife ab IX.

Standort: Der sehr lichtliebende Baum wächst auf lockeren, tiefgründigen, nährstoffreichen, oft kalkhaltigen Lehmböden in sommerwarmen Gebieten. In ihrer südeuropäischen Heimat steigt die E. bis zur Laubwaldgrenze auf.

Verbreitung: Ursprünglich nur von Spanien über den Südalpenraum bis zum Balkan und nach Kleinasien verbreitet, in N-Italien bis in 1400 m Höhe. In wintermilden Gebieten von M.-EU kann man den Baum in großen Parks und Sammlungen sehen, im Rheinland kommt er auch aus Kultur verwildert vor. Auch in ihrer Heimat bildet die E. selten Reinbestände, wird jedoch häufig in lichten kleinen Hainen oder Gruppen angepflanzt.

Wissenswertes: Die Blüten öffnen sich erst relativ spät nach Abschluss der Belaubung. Sie sind sehr auffällig und verändern durch ihre große Zahl das Erscheinungsbild des Baums. Planmäßige Bestäuber sind Insekten, vor allem Hautflügler wie Bienen oder Hummeln. Nach einiger Zeit trocknet jedoch der anfangs klebrige Pollenkitt ein, sodass die Pollenkörner dann einzeln schwebefähig sind und auch vom Wind verfrachtet werden können.

Nördlich der Alpen war die E. vermutlich nie zu Hause. Die Römer haben sie zusammen mit dem Weinbau und mit anderen Kulturpflanzen hierher gebracht. In Gegenden ohne strenge Winterfröste hat sie sich als beständig erwiesen. Ihre Früchte (Maronen) reifen hier allerdings nur selten aus. Im Hauptverbreitungsgebiet stellte die Frucht früher, vor der Einführung des Kartoffelanbaus, ein wichtiges Grundnahrungsmittel dar. Ihre dicken Keimblätter enthalten viel Stärke und nur wenig Fett. Bis heute verwendet man die delikaten Nussfrüchte in der Küche für verschiedene Gerichte, beispielsweise für Suppen oder als Püree. Oft werden sie auch geröstet auf Weihnachtsmärkten angeboten. Vor dem Rösten muss man die harte Schale mit einem schmalen Schnitt aufschlitzen, weil die erhitzten Maronen sonst leicht explosionsartig zerplatzen.

Die tief wurzelnde E.-Bäume können bis zu 2000 Jahre alt werden. Besonders dickstämmige Exemplare sind aus Sizilien, vor allem aus der Ätna-Region, bekannt. Das harte Holz der Bäume wurde zeitweise für der Herstellung von Möbeln und im Hausbau verwendet.

Stiel-Eiche, Sommer-Eiche *Quercus robur* FAMILIE BUCHENGEWÄCHSE

Eicheln lang gestielt, in vergleichsweise flachem Fruchtbecher

Merkmale: Sommergrüner, bis 40 m hoher Baum mit breiter, hoher, im Alter ziemlich unregelmäßiger Krone aus starken, gedrehten Ästen; Stamm meist schon in geringer Höhe über dem Boden in mehrere Hauptäste geteilt und im Unterschied zur nahe verwandten Trauben-Eiche (⇨S. 484) daher nicht als langer Schaft bis in den oberen Kronenraum zu verfolgen.

Rinde hellgrau bis braungrau, schon an jüngeren Exemplaren in ein dichtes Netzwerk aus Leisten und Furchen gegliedert; an jüngeren Zweigen grünlich grau mit kleinen Korkwarzen.

Blätter wechselständig, kurz gestielt bis fast sitzend, 10-12 cm lang und bis 8 cm breit, im Umriss verkehrt eiförmig, jederseits mit 5-7 etwas ungleich rundlichen Lappen und Buchten, die ungefähr bis zur Spreitenmitte eingeschnitten sind und sich nicht exakt gegenüberstehen (wichtiger Unterschied zur Trauben-E.), Spreite am Grunde deutlich geöhrt; oberseits matt dunkelgrün, unterseits heller, kahl.

Blüten einhäusig verteilt, kurz vor oder zusammen mit den Laubblättern erscheinend; unscheinbar grünlich; ♂ Kätzchen 2-4 cm lang, vielblütig, in Büscheln an den Zweigenden schlaff herabhängend; ♀ Blüten klein, zu 1-5 in gestielten, aufrecht stehenden Ähren; Blütezeit IV-V.

Früchte (Eicheln) eiförmig, bis zu 2 cm lang; mit dem unteren Drittel in einem schuppigen, flachen, lang gestielten Fruchtbecher sitzend; zu 2-3 beieinander stehend; zunächst grün, in der Reife rotbraun, in frischem Zustand mit dunkleren grünen bzw. braunen Längsstreifen.

Standort: Frische, mäßig saure bis kalkhaltige, tiefgründige und lockere Böden vor allem in Flussniederungen, im Tiefland und im Hügelland.

Verbreitung: Von Portugal und N-Spanien über das gesamte M.- und NW-EU bis zum südlichen Skandinavien, außerdem auf der Apenninen-Halbinsel und im nördlichen Balkan bis zum Schwarzmeergebiet und zum Kaukasus; in D vom Norddeutschen Tiefland bis in ungefähr 1000 m Höhe in den Nordalpen.

Wissenswertes: Die Namen des Baums gehen auf seine lang gestielten Eicheln bzw. den im Vergleich zur Trauben-Eiche früheren Laubaustrieb zurück. In Blattgestalt und Wuchsform entspricht die S. am ehesten dem Bild der urigen, knorrigen und wuchtigen Wotanseiche, die als »Deutsche Eiche« Eingang in mancherlei (fragwürdige) Symbolvorstellungen gefunden hat. Sie kann bis etwa 1000 Jahre alt werden (sehr selten auch noch älter: in Westfalen ist ein Exemplar von etwa 1400 Jahren Alter bekannt), beendet aber schon mit ungefähr 150 Jahren ihr Höhenwachstum.

Auf den Eichenblättern entwickeln sich unter dem Einfluss verschiedener Gliederfüßer häufig charakteristische Gallen, beispielsweise die recht farbintensiven, stark gerbstoffhaltigen Galläpfel, aus denen man früher die Rohstoffe für Schreibtinte (Eisensalze der Gallussäure = Eisengallustinte) gewann. Die Inhaltsstoffe aus der Rinde jüngerer Bäume nutzte man lange Zeit zum Gerben von Leder – die Wirtschaftsform des Eichenschälwalds (Niederwaldwirtschaft) prägte in vielen Gegenden das Erscheinungsbild der ortsnahen Gehölze. Die nahrhaften Eicheln, die botanisch zu den Nussfrüchten zählen, dienten als wichtiges Mastfutter für die Schweine.

Das feste Holz der S., das vor allem zur Möbelherstellung verwendet wird, ist von dem der Trauben-Eiche nicht zu unterscheiden. Mit seinen bis zu 0,4 mm breiten Gefäßen, die man am verarbeiteten Werkstück mit bloßem Auge erkennen kann, gehört es zu den ringporigen Hölzern. Das Wasser wird im Baumstamm nur in den jeweils 3-5 äußeren Zuwachsringen transportiert.

Trauben-Eiche, Winter-Eiche *Quercus petraea* F. BUCHENGEWÄCHSE

Eicheln kurz gestielt

Merkmale: Sommergrüner Baum, 30-40 m hoch, mit großer, gewölbter, oft etwas unregelmäßiger Krone auf geradem, ziemlich langschäftigem Stamm, der im Unterschied zu dem der Stiel-Eiche (⇨S. 100) gut bis in den oberen Kronenbereich zu verfolgen ist.

Rinde zunächst glatt und kahl, mittelgrau bis braungrau, später an stärkeren Ästen und am Stamm mit dicker Borke, die mit einem dichten, regelmäßigen Netzwerk aus Leisten und Rippen überzogen ist.

Blätter wechselständig, bis zu 2,5 cm lang gestielt, Spreite 8-12 cm lang und bis zu 5 cm breit, im Umriss verkehrt eiförmig, an der Basis keilförmig verschmälert, vorn rundlich, ziemlich regelmäßig und fast symmetrisch jederseits mit 5-9 rundlichen Lappen und Buchten; oberseits matt dunkelgrün, unterseits heller, kahl.

Blüten einhäusig verteilt, zusammen mit dem Laub erscheinend, jedoch in der Regel etwa 2 Wochen später im Jahr als bei der Stiel-Eiche; ♂ Kätzchen schlaff an den Zweigenden hängend, beim Stäuben gelblich grün gefärbt; ♀ Blüten zu 1-5 in sitzenden, d.h. ungestielten Blütenständen zusammengefasst; Blütezeit V.

Früchte (Eicheln) im Unterschied zu denen der Stiel-Eiche ohne grünlich braune Längsstreifen; stecken zu etwa einem Viertel bis Drittel in einem Fruchtbecher, der entweder nur sehr kurz gestielt oder völlig ungestielt ist; kommen noch im 1. Jahr zur Reife.

Standort: Die Wärme und Trockenheit liebende Art kommt vor allem auf lockeren, tief- bis mittelgründigen Stein- und Lehmböden in wintermilden Gebieten vor. Sie bildet Rein- oder Mischbestände in der Hügel- und unteren Gebirgsregion bis in etwa 700 m Höhe, in den S-Alpen bis in 1300 m Höhe. Die T. stellt die Leitart des Eichen-Hainbuchenwalds dar.

Verbreitung: Von N-Spanien bis zu den Britischen Inseln und S-Skandinavien, auf der Apenninen-Halbinsel sowie auf dem Balkan bis Bulgarien, in M.-EU überall häufig; wird auch oft als Parkbaum oder forstlich angepflanzt.

Wissenswertes: Die beiden heimischen Eichen-Arten, die T. und die Stiel-Eiche, sind sehr nahe miteinander verwandt und bilden im gemeinsamen Verbreitungsgebiet fruchtbare Bastarde, die in ihren Merkmalen zwischen den Elternarten stehen. Diese Übergangsformen waren der Grund, dass Carl von Linné, der »Vater der Pflanzensystematik«, im 18. Jh. die beiden Eichen-Arten nicht als zwei getrennte Arten erkannte.

Die T. kann 500-800 Jahre alt werden. Im Freistand ist sie bis zur Stammbasis beastet, im geschlossenen Baumbestand erst in größerer Höhe. Für Schälfurniere sind besonders die langschäftigen, unten unbeasteten Stämme gesucht. Im forstlichen Anbau unterpflanzt man die Bestände der T. daher mit Rot-Buche oder anderen Laubhölzern, die Schatten ertragen.

Das ringporige Holz ist wegen seiner Beständigkeit, Dichte und Festigkeit vor allem für die Herstellung von Möbeln und Weinfässern überaus gefragt. Seine Poren sind so groß, dass man sie im Anschnitt mit bloßem Auge erkennen kann. Es handelt sich um die alljährlich im Frühholz, d.h. in den im Frühjahr gebildeten Holzschichten, angelegten Wasserleitbahnen (Tracheen).

Zerr-Eiche *Quercus cerris*

Merkmale: Sommergrüner Baum bis 35 m Höhe mit anfangs breit pyramidaler, später gewölbter und etwas unregelmäßiger Krone auf langschäftigem Stamm; Rinde auch an jüngeren Bäumen gefurcht und später zunehmend plattig zerrissen.
Blätter wechselständig, gestielt, Spreite 8-12 cm lang und 5-8 cm breit, im Umriss länglich elliptisch, mit ungleich großen und tiefen Buchten gelappt; nach dem Austrieb rauhaarig, später kahl, fühlen sich jedoch immer rau an; oberseits dunkelgrün, unterseits graugrün; bleiben im Herbst nach dem Umfärben bis zum nachfolgenden Frühsommer an den Zweigen. Blüten einhäusig verteilt; ♂ Kätzchen schlaff herabhängend, bis zu 8 cm lang, beim Stäuben gelblich; ♀ Blüten zu 1-4 mit sehr kurzem Stiel an den Zweigenden stehend; Blütezeit IV-V. Früchte (Eicheln) reifen erst im 2. Jahr nach der Blüte, sitzen etwa bis zur Hälfte in einem Becher mit abstehenden, groben Schuppen.

Standort: Nährstoffreiche Böden vom Tiefland bis in mittlere Gebirgslagen um 800 m Höhe.

Verbreitung: Bildet Rein- oder Mischbestände mit anderen Eichen-Arten in S-EU von Frankreich südlich des Alpenrands bis nach Kleinasien, fehlt auf der Iberischen Halbinsel sowie auf Korsika und Sardinien; in D im Kaiserstuhlgebiet (Oberrhein) eingebürgert; außerhalb des natürlichen Verbreitungsgebiets gelegentlich forstlich angebaut oder als dekoratives Parkgehölz gepflanzt.

Wissenswertes: Ein besonders kennzeichnendes Merkmal dieser Art sind die fadenförmigen Knospenschuppen, die bis zum nächsten Laubaustrieb bestehen bleiben. Das harte, feste Holz der Z. wird im Gegensatz zu dem der Stiel- und Trauben-Eiche nur selten zur Möbelherstellung verwendet, da es sich vergleichsweise schlecht bearbeiten lässt und außerdem beim Trocknen stärker schwindet. Im Verbreitungsgebiet des Baums fertigte man aus dem Holz Eisenbahnschwellen oder Werkzeugteile für die Landwirtschaft.

Ähnlich:

Ungarische Eiche *Quercus frainetto*, bis 25 m hoch, Blätter verkehrt eiförmig, an der Basis geöhrt, jederseits mit 6-10 ungleich großen Blattlappen, davon die größten ihrerseits lappig bis gezähnt, oberseits dunkelgrün, unterseits graugrün mit einzelnen Sternhaaren; Eicheln bis zur Hälfte im Fruchtbecher; SO-EU, stellenweise forstlich angebaut, häufiges Parkgehölz.

Blätter bis 20 cm lang

Blätter 6-12 cm lang

Flaum-Eiche *Quercus pubescens*, bis 20 m hoch, oft jedoch mehrstämmig und strauchartig mit unregelmäßiger, offener Krone; Blätter wechselständig, unregelmäßig gebuchtet, nach dem Austrieb beidseitig weich behaart, später auf der Oberseite verkahlend; von Frankreich über Italien und den Balkan bis Kleinasien an warmen, trockenen Standorten; in D im Ober- und Mittelrheingebiet sowie im Saaletal.

Pyrenäen-Eiche *Quercus pyrenaica*, bis 20 m hoch, im Aussehen der Zerr-Eiche sehr ähnlich, jedoch ohne fädige Anhängsel an den Knospenschuppen; Blätter unterschiedlich tief gelappt, am Grund keilförmig oder leicht geöhrt, oberseits dunkel- bis graugrün, unterseits mit gelblichem Filz aus Sternhaaren, treiben erst Anfang VI aus; Bergwälder in SW-EU, in M.-EU in Parkanlagen.

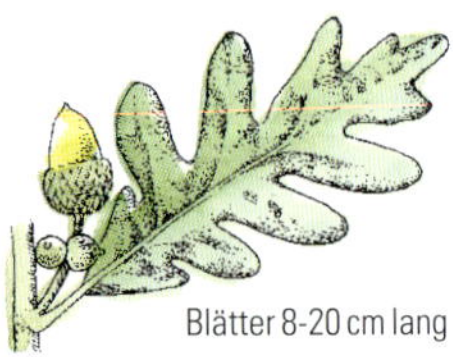

Blätter 8-20 cm lang

Rot-Eiche *Quercus rubra*

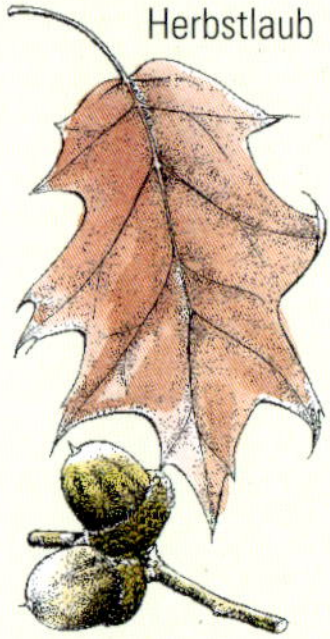

Merkmale: Sommergrüner, bis zu 5 m hoher Baum; Blätter gestielt, 10-25 cm lang, vorn spitz, jederseits mit 3-5 spitzzipfeligen Lappen, die höchstens bis zur Mitte der Spreite eingeschnitten sind, oberseits matt dunkelgrün, unterseits blassgrün mit braunen Haarbüscheln; Blütezeit V; Eicheln dick.
Standort: Wälder der Hügel- und Bergregion.
Verbreitung: Östliches N-Amerika von Neuschottland bis Texas; in EU vielfach als Forstgehölz oder Parkbaum angepflanzt.
Wissenswertes: Wie fast alle nordamerikanischen Eichen-Arten färbt sich die R. im Gegensatz zu den heimischen Arten im Herbst prächtig karmin- oder zinnoberrot um.

Ähnlich:
Scharlach-Eiche *Quercus coccinea,* Blätter gelappt mit breiten Buchten, bis 15 cm lang, unterseits mit braunen Haarbüscheln, im Herbst intensiv rot; östliches N-Amerika; in EU Parkbaum.

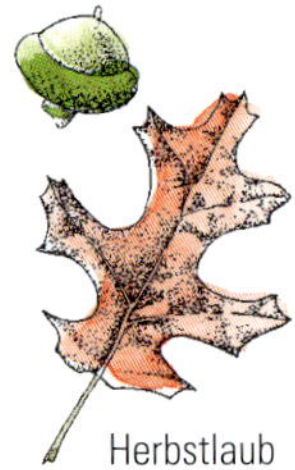

Sumpf-Eiche *Quercus palustris,* Blätter 8-15 cm lang, auf jeder Seite mit 2-4 breiten, 3-zipfeligen Lappen, oberseits glänzend dunkelgrün, unterseits mit grauen Haarbüscheln, im Herbst rötlich; östliches u. mittleres N-Amerika; in EU Parkbaum.

Stein-Eiche *Quercus ilex*

Merkmale: Immergrüner, bis zu 25 m hoher Baum mit dichter, breiter Krone aus dicken, gerade aufsteigenden Hauptästen auf meist kurzem Stamm; Rinde schwärzlich, kantig gefeldert.
Blätter wechselständig, gestielt, 4-10 cm lang und bis 5 cm breit, im Umriss länglich oval, an der Basis gerundet, vorn spitz, ganzrandig gewellt oder dornspitzig, oberseits anfangs filzig, später kahl und glänzend dunkelgrün, auf der Unterseite beständig graufilzig; ledrige Beschaffenheit; bleiben jeweils etwa 2-3 Jahre an den Zweigen.
Blüten einhäusig verteilt; ♂ Kätzchen gelblich grün, schlaff herabhängend; ♀ Blüten zu 1-3 beieinander, klein und unscheinbar; Blütezeit V-VI.
Standort: Humusreiche, tiefgründige, meist auch kalkhaltige Lockerböden.
Verbreitung: Westliches Mittelmeergebiet, N- und W-Afrika, von der Ebene bis ins Gebirge (in S-Spanien bis 1100 m, im Atlas bis über 2200 m), Leitart der mediterranen Hartlaubvegetation und des immergrünen Steineichenwalds; in D in wintermilden Gebieten (z.B. Rheinland) gelegentlich als dekorativer Parkbaum angepflanzt.
Wissenswertes: Die ursprünglich großflächigen Steineichenwälder des Mittelmeergebiets wurden schon in der Antike durch Übernutzung verwüstet. Auf erodierten, an Feinerde armen Hängen ist die Wiederaufforstung sehr schwierig. Hier hat sich als Ersatz die strauchreiche Macchie ausgebreitet. Das Holz der S. ist dicht und schwer. Man verwendete es früher als Konstruktionsholz.

Herbstfärbung

Kork-Eiche *Quercus suber*

FAMILIE BUCHENGEWÄCHSE

Merkmale: Immergrüner Baum bis 15 m Wuchshöhe mit unregelmäßiger, offener Krone auf meist krummem Stamm.
Blätter gestielt, 4-7 cm lang, elliptisch bis oval, ganzrandig und seicht gebuchtet bis gewellt oder aber dornig gezähnt, oberseits glatt und dunkelgrün, unterseits grauweiß filzig, ledrig.
Blüten einhäusig verteilt; ♂ Kätzchen bis 4 cm lang, hellgelb in dichten Büscheln, ♀ Kätzchen kurz, aufrecht, unscheinbar; Blütezeit V; Eicheln bis über die Hälfte im Fruchtbecher.
Standort: Auf steinigen, trockenen, mäßig nährstoffreichen Böden in warmen Klimaten.
Verbreitung: Westliches Mittelmeergebiet. Zur Korkgewinnung wird der frostempfindliche Baum auch außerhalb des ursprünglichen Verbreitungsgebiets im Mittelmeerraum häufig angepflanzt.
Wissenswertes: Zur Gewinnung des Werkstoffs Kork werden die natürlichen Bestände der K. ausgelichtet und dann in einem halbnatürlichen Zustand belassen, wobei sich überaus artenreiche Lebensräume entwickeln. Das erste Abschälen der etwa 5-8 cm dicken Korkschicht (kleines Foto unten), die sich außerhalb der eigentlichen Rinde entwickelt, erfolgt an etwa 20-jährigen Bäumen, danach erneut alle 6-12 Jahre. Korkgewebe ist keineswegs eine Sonderbildung der K., bei dieser nur extrastark ausgeprägt. Die Zellwände der Korkzellen sind durch den Stoff Suberin so imprägniert, dass sie kein Wasser durchlassen.

Erdbeerbaum *Arbutus unedo*

FAMILIE HEIDEKRAUTGEWÄCHSE

Im Herbst gleichzeitig Blüten (rechts) und reife Früchte (links)

Merkmale: Immergrüner kleiner Baum oder Großstrauch von 3-10 m Höhe mit dichter, rundlicher Krone aus kurzen Ästen auf gekrümmtem Stamm; Rinde anfangs rötlich braun, später zunehmend graubraun, auffallend schuppig zerrissen.
Blätter wechselständig, an den Zweigenden büschelig gedrängt, 5-10 cm lang, länglich elliptisch, ganzrandig oder fein gezähnt, kahl, ledrig, oberseits glänzend dunkelgrün, unterseits blasser; Blattstiel rötlich und behaart.
Blüten zwittrig, mit krugförmiger, cremeweißer Krone und kurzem, grünlichem Kelch, zu mehreren in hängenden Rispen; Blütezeit X-XII.
Beeren 2 cm dick, warzig, kräftig rot, essbar, aber von fadem, säuerlichem Geschmack.
Standort: Auf flachgründigen, trockenen, steinigen und kalkarmen Böden, oft in Küstennähe; in immergrünen Wäldern und Macchien, stellenweise auch als Ziergehölz angepflanzt.
Verbreitung: Westliches Mittelmeergebiet, entlang der Atlantikküste nördlich bis Irland; wichtige Leitart der mediterranen Hartlaubvegetation.
Wissenswertes: Im Spätherbst erscheinen die einem Maiglöckchen recht ähnlichen Blüten zusammen mit den attraktiv gefärbten, anfangs orangegelben Früchten, die an eine Erdbeere erinnern. Obwohl sie nicht besonders schmackhaft sind (die wissenschaftliche Artbezeichnung *unedo* bedeutet: ich esse nur eine), bereitet man daraus in manchen Gegenden des Mittelmeerraums Marmeladen und Liköre zu.

Blüten
und Früchte

Feld-Ulme *Ulmus minor*

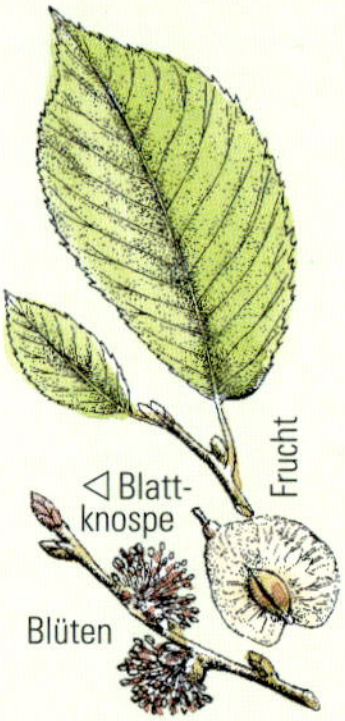

Merkmale: Sommergrüner, bis über 30 m hoher Baum mit meist schlanker, dichter Krone auf langem, geradem Stamm, gelegentlich auch mehrstämmig. Rinde graubraun, geht mit zunehmendem Alter in eine dicke, tief gefurchte und gefelderte Borke über.

Blätter wechselständig, gestielt, an den Zweigen überwiegend flach 2-zeilig angeordnet, Spreite länglich oval, 6-10 cm lang und 5-8 cm breit, jederseits mit 10-12 Seitennerven, vorn spitz, an der Basis schief und daher stark asymmetrisch (wobei der längere Blattgrund immer zum Zweig weist), am Rand gesägt; oberseits glänzend dunkelgrün und kahl, unterseits heller mit bräunlichen Haarbüscheln und behaarter Mittelrippe; erinnert im Umriss an den Blattschnitt der Hainbuche.

Blüten vor dem Laub erscheinend; meist zwittrig; in kugeligen, sitzenden Blütenständen; Einzelblüten mit unscheinbarer Blütenhülle; Blütezeit III-IV.

Nussfrüchte breit geflügelt, Flügelrand vorn bis zur Frucht eingeschnitten.

Standort: Auf nährstoffreichen, wechselfeuchten Schwemmlandböden; Leitart der Hartholzaue entlang der größeren Fließgewässer.

Verbreitung: Vom südwestlichen EU bis zum Kaukasus; häufig in Parks oder als Straßenbaum angepflanzt.

Wissenswertes: Besonders in Zusammenhang mit ihrem Holz wird die F. auch oft Rot-Rüster genannt, ein älterer wissenschaftlicher Name lautet *Ulmus carpinifolia*. In jüngerer Zeit sind viele Exemplare dieses Baums Opfer einer um 1920 aus N-Amerika in die Niederlande eingeschleppten Pilzerkrankung geworden, die vom Ulmensplintkäfer übertragen wird und die Wachstumszone des Holzes zerstört. Gesunde Bäume können bis zu 600 Jahre alt werden und prägen vielerorts auf Dorf- und Kirchplätzen, als Alleen oder einzeln in freier Flur das Bild der traditionellen Kulturlandschaft, nach Infektion mit dem Erreger sterben die Ulmen jedoch in kurzer Zeit ab. Bisher ist eine Bekämpfung der Erkrankung nicht möglich.

Ulmen- oder Rüsterholz gehört zu den ringporigen Hölzern, d.h. in jedem Jahrring wird nur ein Kranz besonders weiter Wasserleitungsbahnen angelegt. Diese sind im Stammquerschnitt als Poren sichtbar. Rüsterholz ist sehr fest und schwindet beim Trocknen kaum. Das Holz der F. gilt dabei als besonders wertvoll. Man fertigte daraus Sportgeräte, Sitzmöbel und Bodenbeläge.

Von der F. gibt es mehrere abweichende Wuchsformen mit hängenden Zweigen oder Kugelkronen, die ausschließlich gärtnerisch verwendet werden. Außerdem sind Bastarde mit der Berg-Ulme bekannt, die nur schwer von den Elternarten zu unterscheiden sind.

Ähnlich:

Englische Ulme *Ulmus procera*, der Feld-Ulme sehr nahe stehend, oft nur als deren Varietät angesehen; stattlicher Baum bis zu 35 m Höhe mit langem, geradem Stamm; Blätter breit oval, asymmetrisch, 5-9 cm lang und 3-7 cm breit, vorn kurz zugespitzt, am Rand scharf gesägt, oberseits im Unterschied zum glatten Laub der Feld-Ulme rau, unterseits dagegen gleichmäßig weißlich behaart mit weißen Haarbüscheln in den Nervenwinkeln; junge Zweige ebenfalls behaart, häufig mit Korkleisten; geflügelte Nussfrucht 1-1,7 cm breit, zwischen dem eingekerbten vorderen Flügelrand und der Nuss bleibt ein schmaler Saum stehen; überaus reiche Wurzelbrut, auf den Britischen Inseln, der Heimat der Art, daher sehr häufig in Flurhecken und Alleen, ersetzt dort weitgehend die Feld-Ulme; sonst in EU gelegentlich in Parks und Gärten gepflanzt.

Blüten

Früchte

Flatter-Ulme *Ulmus laevis*

Blattlänge 7-12 cm

Merkmale: Sommergrüner, bis zu 30 m hoher Baum mit lockerer und unregelmäßiger Krone, Stamm lang und gerade. Rinde anfangs rotbraun, später zunehmend graubraun und borkig mit tiefen Längsrissen u. Feldern. Blätter wechselständig, sehr kurz gestielt, an den Zweigen 2-zeilig angeordnet; stark asymmetrisch, auf der längeren Spreitenhälfte mit 12-18 Seitennerven, spitz, am Rand doppelt gesägt mit einwärts gekrümmten Spitzen; oberseits dunkelgrün, unterseits dicht graugrün behaart, fühlt sich weich an.
Blüten zwittrig; in büschelförmigen Blütenständen, lang gestielt und herabhängend (Artname!), lange vor dem Laub erscheinend; Blütezeit III.
Nussfrüchte geflügelt mit bewimpertem Saum, der oben v-förmig eingeschnitten ist.
Standort: Wechselfeuchte, gelegentlich auch staunasse Lehm- und Tonböden in der Hartholzaue der großen Flüsse.
Verbreitung: Von W-EU bis zum Ural, fehlt auf den Britischen Inseln, in Skandinavien sowie auf den großen Halbinseln südlich der europäischen Faltengebirge; in D hauptsächlich im Gebiet von Donau und Rhein; gelegentlich auch als Park- oder Straßenbaum angepflanzt.
Wissenswertes: Die F. gehört zu den am frühesten blühenden Baumgehölzen der heimischen Flora. Sie ist wie ihre Verwandten windblütig, dennoch fliegen auch Pollen sammelnde Bienen und andere Hautflügler ihre Blüten an. Ein auffallendes Merkmal, das bei den übrigen heimischen Ulmen-Arten nicht auftritt, sind die dicht büscheligen Zweigausschläge im unteren Stammbereich.
Für die bei der Feld-Ulme (⇨S. 492) erwähnten Pilzerkrankung ist die F. etwas weniger anfällig.

Berg-Ulme *Ulmus glabra*

FAMILIE ULMENGEWÄCHSE

Blattlänge 10-16 cm

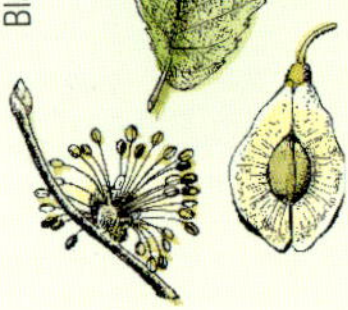

Merkmale: Sommergrüner, 30-35 m hoher Baum mit hoher, gerundeter Krone auf langem, bis etwa zur Kronenmitte reichendem Stamm.
Rinde anfangs glatt und silbrig grau ähnlich der Rot-Buche, später in eine längsrissige, graubraune Borke übergehend.
Blätter kurz gestielt, verkehrt eiförmig bis breit oval, 10-16 cm lang, mit schlanker Spitze oder breit 3-zipfelig; Rand ungleichmäßig gesägt; Spreite oberseits mattgrün und sehr rau, auf der Unterseite in den Nervenwinkeln behaart.
Blüten zwittrig; büschelige Blütenstände vor dem Laub erscheinend, kurz gestielt; Blütezeit III-IV.
Nussfrucht rundum von einem breiten Hautsaum umgeben, der bereits vor dem Laubaustrieb als Photosyntheseorgan entwickelt ist.
Standort: Frische bis feuchte, tiefgründige, nährstoffreiche Böden in Schluchten und an schattigen Hängen; in den Alpen bis in 1400 m Höhe.
Verbreitung: Von NW-EU und dem mittleren Skandinavien bis zum Ural, auch südlich der Alpen auf den großen Halbinseln; nur selten als Park-, Straßen- oder Forstbaum verwendet.
Wissenswertes: Die nach ihrem hellen Holz auch Weiß-Rüster genannte Art ist ein charakteristischer Begleiter im Buchenwald. Am Alpenrand kommt sie häufig zusammen mit Fichte und Berg-Ahorn vor. Ihr festes, elastisches Holz verarbeitet man zu Sportgeräten und Gewehrschäften. Aus dem schön gemaserten Wurzelholz werden Drechselarbeiten wie Pfeifenköpfe oder Griffe gefertigt.

von links: Feld-, Flatter-, Berg-Ulme

Blüten

Früchte

Blüten

Früchte

Südlicher Zürgelbaum *Celtis australis*

FAMILIE ULMENGEWÄCHSE

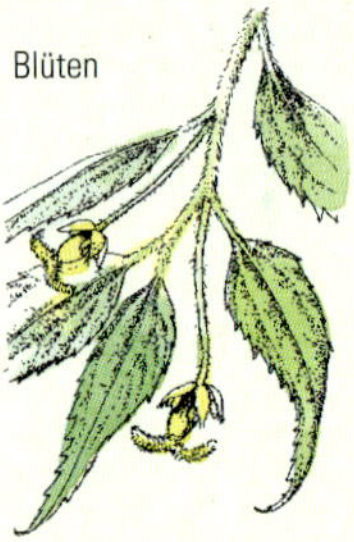

Merkmale: Sommergrüner, bis zu 25 m hoher Baum mit lockerer, mitunter einseitig überhängender Krone auf geradem Stamm; Rinde glatt und hellgrau wie bei der Rot-Buche.
Blätter wechselständig, gestielt, schmal oval bis lanzettlich, an der Basis gerundet und schief, 5-15 cm lang, vorn mit schlanker, zur Seite gebogener Spitze, am Rand scharf gezähnt, auf der Oberseite glänzend dunkelgrün und rau, auf der Unterseite blasser und fein weißlich behaart.
Blüten unscheinbar, zwittrige auf langen Stielen einzeln in den Blattachseln, daneben auch ♂ Blüten in kleinen Büscheln; Blütezeit III-IV.
Steinfrüchte lang gestielt, kugelig, etwa 1 cm dick, in der Reife braunrot bis schwarz, essbar.

Standort: Steinige, humus- und nährstoffarme Böden an sonnigen Hängen, meist vergesellschaftet mit Wärme liebenden Arten wie Flaum-Eiche, Manna-Esche und Hopfenbuche.

Verbreitung: Von N-Afrika und S-Spanien über den Südalpenraum, Italien und den Balkan bis nach Kleinasien; gelegentlich auch in anderen wintermilden Gebieten als Obst- und Straßenbaum angepflanzt.

Wissenswertes: Die schmackhaften Steinfrüchte werden in Südtirol Zürgeln genannt und zu verschiedenen Süßspeisen verarbeitet.
Wie bei den nahe verwandten Ulmen-Arten ist das Holz sehr fest, aber elastisch. Es wurde früher gern für Wagenräder, Naben und Deichseln verwendet. Die Rinde des Baums liefert einen gelben Farbstoff für Textilien.
Im Tertiär vor rund 15 Mio. Jahren war die Gattung *Celtis* in EU auch nördlich der Alpen verbreitet, wie Blattfossilien aus Tonschichten belegen, die beim Braunkohlentagebau freigelegt wurden.

Kaukasische Zelkove *Zelkova carpinifolia*

FAMILIE ULMENGEWÄCHSE

Merkmale: Sommergrüner, bis zu 10 m hoher Baum oder Großstrauch mit dichter, ovaler Krone auf kurzem, auffallend längsgefurchtem Stamm; Rinde graugrün bis hellbraun, glatt, blättert mit kleinen rundlichen Flecken ab, darunter gelborange.
Blätter wechselständig, kurz gestielt, im Umriss elliptisch, 5-10 cm lang und bis 5 cm breit; jederseits mit 7-12 kräftigen Seitennerven, die in grobe, nach vorn weisende Blattrandzähne auslaufen; an der Basis abgerundet oder leicht herzförmig und nahezu symmetrisch, vorn kurz zugespitzt; oberseits dunkelgrün und etwas rau, unterseits auf beiden Seiten der Mittelrippe weiß behaart.
Blüten einhäusig verteilt, unauffällig auf kurzen Stielen in den Blattachseln; ♂ Blüten rund 5 mm groß, mit Büscheln von Staubgefäßen, ♀ Blüten kleiner, weiter an den Triebspitzen; Blütezeit IV.
Steinfrüchte bräunlich, um 5 mm dick, mit mehreren Kanten und Leisten; ungenießbar.

Standort: Lockere, mäßig nährstoffreiche, frische Böden in Bergwäldern.

Verbreitung: Östlicher Kaukasus und Iran; außerhalb dieses natürlichen Verbreitungsgebiets vor allem im Mittelmeerraum als Ziergehölz angepflanzt, in M.-EU nur selten anzutreffen.

Wissenswertes: Während die meisten Vertreter der Ulmengewächse asymmetrische Blattgestalt aufweisen, sind die fiedernervigen Blätter der K.Z. recht ebenmäßig. Sie erinnern im Spreitenumriss an die heimische Hainbuche.
Zelkoven kamen im milden Klima vor den Eiszeiten auch nördlich der Alpen vor, wie Funde fossiler, in der Originalsubstanz erhaltener Blätter aus den Deckschichten der Braunkohleflöze belegen. Heute beschränkt sich die nur noch 4 Arten umfassende Gattung auf W-Asien. In EU ist sie nur auf Kreta mit einer meist strauchförmig wachsenden, sehr kleinblättrigen Art vertreten.

Mispel *Mespilus germanica*

FAMILIE ROSENGEWÄCHSE

Merkmale: Sommergrüner kleiner Baum oder Strauch bis 6 m Wuchshöhe mit breiter Krone aus wenigen, kräftigen Ästen; Rinde anfangs graubraun, glatt, später plattig aufgelöst und tiefrissig, Triebe filzig behaart.

Blätter wechselständig, sehr kurz gestielt oder sitzend, 5-12 cm lang und bis 4 cm breit, länglich oval bis elliptisch, an der Basis keilförmig, vorn kurz zugespitzt, ganzrandig oder allenfalls fein gezähnt mit Drüsen; Spreite durch eingesenkte Blattnerven leicht runzelig, oberseits glänzend dunkelgrün, unterseits filzig behaart.

Blüten bis zu 6 cm breit mit 5 reinweißen Kronblättern, die von den schmalen grünen Kelchblättern überragt werden; Blütezeit V.

Früchte birnenförmig, 2-3 cm lang, in der Reife bräunlich, mit 5 bleibenden, freien Kelchzipfeln.

Standort: Lichtholz auf nährstoffreichen, lockeren Böden in Gebüschen und an Waldrändern.

Verbreitung: Von W-Asien bis S-EU, in M.-EU als dekoratives Obstgehölz kultiviert und stellenweise verwildert.

Wissenswertes: Der wissenschaftliche Name dieser Art täuscht: Die Mispel ist kein ursprünglich germanisches Gehölz, sondern kam erst mit den Römern in die Region nördlich der Alpen. Im Lauf der Jahrhunderte wurde sie hier vielfach zum geographischen Namensbestandteil, so z.B. bei Schloss Mespelbrunn im Spessart.

Aus den mehligen Mispelfrüchte kann man Marmeladen oder Obstwein bereiten, doch sollte man sie erst nach Frosteinwirkung ernten. Vorher enthalten sie große Mengen Gerbstoffe.

Quitte *Cydonia oblonga*

FAMILIE ROSENGEWÄCHSE

Merkmale: Sommergrüner Baum oder großer Strauch bis 8 m Höhe mit breiter, flacher Krone aus sparrig abstehenden Ästen, junge Zweige filzig behaart, Rinde glatt, braungrau, an sehr alten Exemplaren kleinschuppig gefeldert.

Blätter wechselständig, Blattstiel bis 2 cm lang, filzig behaart, Spreite länglich oval bis elliptisch, an der Basis abgerundet, vorn spitz, 7-10 cm lang und bis 7 cm breit, ganzrandig, oberseits matt dunkelgrün, unterseits heller und filzig behaart.

Blüten einzeln oder selten zu 2 an den Zweigenden, geöffnet bis zu 6 cm breit, mit 5 reinweißen oder rosa geäderten Kronblättern, Staubbeutel meist 20 in mehreren Reihen, gelb; Blütezeit V-VI.

Früchte ziemlich groß und schwer, birnen- oder apfelförmig, anfangs filzig, später glatt, grünlich gelb, angenehm würzig duftend.

Standort: Bevorzugt auf kalkhaltigen, tiefgründigen, lockeren Böden in warmem Klima.

Verbreitung: Ursprünglich W-Asien; in der Türkei und in N-Afrika eingebürgert, in M.-EU vor allem in Weinbauregionen kultiviert, selten verwildert; auch als Ziergehölz in Parkanlagen gepflanzt.

Wissenswertes: Bei den »Goldenen Äpfeln der Hesperiden« aus der griechischen Sage handelte es sich wohl um Quitten, ebenso bei dem berühmten Liebesapfel der Venus. In der Antike waren diese Früchte nämlich sehr beliebt und weit verbreitet, Äpfel und Birnen hingegen noch weitgehend unbekannt und nicht zu ihrer heutigen Größe herangezüchtet. Die etwas holzigen Quitten sind roh ungenießbar, man verwendet sie nur in Zubereitungen, z.B. als Marmelade, Mus oder Obstwein.

Vogel-Kirsche, Süß-Kirsche *Prunus avium* FAMILIE ROSENGEWÄCHSE

Merkmale: Sommergrüner, bis 30 m hoher Baum mit schmaler, hoher Krone auf schlankem, langschäftigem Stamm; Rinde glatt, rötlich braungrau, etwas glänzend, mit breiten Querbinden. Blätter wechselständig, bis 4 cm lang gestielt, verkehrt eiförmig bis länglich oval, spitz, an der Basis 2-4 große rote Nektardrüsen, gezähnt, oberseits glatt, glänzend dunkelgrün, unterseits heller, in den Nervenwinkeln mit Haarbüscheln. Blüten kurz vor dem Laub erscheinend, lang gestielt, 5 reinweiße Kronblätter; Blütezeit IV-V. Steinfrucht kugelig, etwa 1 cm dick, hoch- bis dunkelrot, genießbar; Fruchtreife ab VII.

Standort: Auf frischen bis feuchten, nährstoffreichen Böden; oft als Pioniergehölz auf Brachen und Lichtungen sowie an Waldrändern.

Verbreitung: Von N-Spanien bis zum Kaukasus, in M.-EU überall verbreitet und häufig angepflanzt.

Wissenswertes: Die V. ist die Stammform der Süß-Kirsche und von verwilderten Exemplaren der Kultursorten nicht leicht zu unterscheiden. Verglichen mit dem Kulturobst sind ihre Früchte jedoch recht klein und unergiebig. Das Laub der V. färbt im Herbst zu flammendem Karminrot um.

Sauer-Kirsche *Prunus cerasus* FAMILIE ROSENGEWÄCHSE

Merkmale: Sommergrüner kleiner Baum oder großer Strauch bis 8 m Höhe mit breiter, offener Krone auf niedrigem Stamm; Rinde rötlich braun, nur wenig glänzend; Blätter wechselständig, 3-8 cm lang und bis zu 5 cm breit, fest, am Stielansatz ohne oder mit nur wenigen grünlichen Nektardrüsen; Blüten zusammen mit dem Laub erscheinend, lang gestielt, zu 2-6 in Büscheln, mit 5 kreisrunden, reinweißen Kronblättern; Blütezeit IV-V; Steinfrucht glatt, rot.

Standort: Lockere, etwas sandige Lehmböden.

Verbreitung: Ursprünglich in SO-Asien; in M.-EU in mehreren Sorten angebaut.

Wissenswertes: Bekannte Sorten der S. sind z.B. Schattenmorellen und Maraschinokirschen.

Grannen-Kirsche *Prunus serrulata* FAMILIE ROSENGEWÄCHSE

Merkmale: Sommergrüner, bis zu 10 m hoher Baum mit dichter, vielästiger Krone; Rinde rötlich braun mit zahlreichen kupferbraunen Querbinden; Blätter wechselständig, gestielt, 6-15 cm lang, meist kahl, scharf gesägt, oft in Grannenspitzen auslaufend; Blüten kurz vor dem Laub erscheinend, zu 3-7 in sitzenden bis verlängerten Schirmtrauben mit grünen oder rötlichen Hochblättern, Kronblätter rosa oder rötlich, oft gefüllt und steril; Blütezeit IV-V.

Standort: Ursprünglich in Bergwäldern.

Verbreitung: Beheimatet in Japan; in EU in zahlreichen Sorten als Ziergehölz angepflanzt.

Wissenswertes: Diese vereinfachend auch als Japanische Zierkirschen bezeichneten Garten- und Parkgehölze stellen eine komplizierte Sammelart mit unzähligen Sorten dar.

Kultur-Mandel *Prunus dulcis*

FAMILIE ROSENGEWÄCHSE

Merkmale: Sommergrüner kleiner Baum oder Strauch bis 6 m Höhe mit breiter Krone auf kurzem, oft krummem Stamm; Blätter wechselständig, 4-12 cm lang, unterhalb der Spreitenmitte 2-4 cm breit, länglich oval, an beiden Enden verschmälert, an der Basis meist mit typischer V-Falte; Blüten erscheinen vor dem Laub, einzeln oder zu 2, bis zu 5 cm breit, meist kräftig rosa gefärbt; Blütezeit II-IV; Steinfrüchte 3-4 cm lang, gründgrau, behaart, mit trockenem Fruchtfleisch.

Standort: Bevorzugt offene Standorte auf lockeren, wasserdurchlässigen Böden.

Verbreitung: Ursprünglich in Vorderasien; schon seit der Antike im Mittelmeergebiet in Kultur und vielfach angepflanzt.

Wissenswertes: Die Wildform enthält in ihren Samen (= Mandeln) das giftige Blausäureglykosid Amygdalin. Aus den weitgehend glykosidfreien Mandeln der Kulturform stellt man beispielsweise Marzipan her.

Kultur-Aprikose *Prunus armeniaca*

FAMILIE ROSENGEWÄCHSE

Merkmale: Sommergrüner kleiner Baum oder größerer Strauch bis 10 m Wuchshöhe mit offener, breiter Krone auf niedrigem Stamm; Blätter wechselständig, lang gestielt, breit oval bis rundlich, vorn spitz, 5-10 cm lang und bis 9 cm breit, kahl; Blüten erscheinen vor dem Laub, einzeln oder zu 2, fast sitzend, bis zu 2,5 cm breit, Kronblätter weiß oder blassrosa, Kelch kürzer als Krone; Blütezeit III-IV; Steinfrüchte kugelig, samtig behaart, kräftig gelb, Steinkern glatt.

Standort: Sonnige, offene Stellen auf lockeren, mäßig nährstoffreichen Böden.

Verbreitung: Stammt aus Zentralasien und China, im Mittelmeergebiet in vielen Sorten kultiviert, auch im nördlichen M.-EU anbaufähig, verwildert hier jedoch nicht.

Wissenswertes: In manchen Gegenden nennt man die Aprikosen auch Marillen. Die Früchte werden nicht nur als Obst verzehrt, sondern auch zu Spirituosen verarbeitet.

Kultur-Pfirsich *Prunus persica*

FAMILIE ROSENGEWÄCHSE

Merkmale: Sommergrüner, meist nur 3-8 m hoher Baum oder Strauch mit offener, breiter Krone; Blätter wechselständig, gestielt, schmal oval, 5-15 cm lang, oberhalb der Spreitenmitte 2-4 cm breit, kurz zugespitzt, fein gezähnt, glatt, kahl; Blüten erscheinen vor dem Laub, zu 1-2 beieinander stehend, bis zu 3,5 cm breit, Kronblätter weißlich oder kräftig rosa, auf der Innen- und Außenseite gleichfarbig; Blütezeit III-V; Steinfrüchte kugelig, 4-8 cm dick, mit samtiger Schale, Steinkern tief grubig gefurcht.

Standort: Auf mittelgründigen, lockeren, nicht allzu trockenen Böden.

Verbreitung: Vermutlich stammt die Wildform aus China bzw. Zentralasien. Schon seit langem wurden verschiedene Sorten herausgezüchtet, die auch nördlich der Alpen anbaufähig sind.

Wissenswertes: Pfirsichbäume sind heute weltweit verbreitet. Verwilderte Exemplare verlieren im Lauf der Zeit ihre für die jeweilige Sorte typischen Merkmale und nähern sich im Aussehen wieder der Wildform an.

Kultur-Pflaume *Prunus domestica*

FAMILIE ROSENGEWÄCHSE

Merkmale: Sommergrüner, bis zu 15 m hoher Baum mit schmaler, offener Krone auf geradem, schlankem Stamm; Blätter wechselständig, an den Kurztrieben büschelig gedrängt, gestielt, verkehrt eiförmig, 3-8 cm lang und 2-5 cm breit, fein gekerbt bis gesägt, anfangs beidseitig behaart, später auf der Oberseite kahl; Blüten erscheinen mit dem Laub, zu 2-3 beieinander stehend, kurz gestielt, Blütenkrone bis zu 4 cm breit, reinweiß, am Außenrand unregelmäßig gezähnt, Blütezeit III-IV; Steinfrüchte länglich rundlich, 2-7 cm lang, je nach Sorte verschieden gefärbt; Steinkern glatt.

Standort: Auf mittelgründigen, mäßig nährstoff- bis stickstoffreichen Lehm- und Sandböden.

Verbreitung: Herkunft nicht gesichert; heute auf fast allen Kontinenten in zahllosen Sorten kultiviert.

Wissenswertes: Pflaumen, Zwetschgen, Reineclauden oder Mirabellen sind nur einige Formen aus dem vielfältigen Sortenbild der K. An Waldrändern oder auf Brachland in der Umgebung von Obstgärten finden sich nicht selten verwilderte Exemplare dieses Obstgehölzes.

Gewöhnliche Traubenkirsche *Prunus padus* FAM. ROSENGEWÄCHSE

Blattlänge 5-9 cm, Breite 3-7 cm

Merkmale: Sommergrüner, bis 15 m hoher Baum, seltener auch Großstrauch, mit kegelförmiger, schlanker, gewölbter Krone und überhängenden Zweigen auf schlankem Stamm; Rinde auffallend dunkelbraun bis schwärzlich.

Blätter wechselständig, gestielt, im Umriss elliptisch, zugespitzt, an der Basis rundlich mit 1-3 grünlichen Nektardrüsen, matt dunkelgrün, meist kahl. Blüten mit dem Laub erscheinend, meist zu 20-40 in 7-12 cm langen, oft hängenden oder abwärts gebogenen Trauben; geöffnet bis zu 2 cm breit, Kronblätter reinweiß, fein gezähnt, Blütezeit IV-V. Steinfrucht kugelig, etwa 8 mm dick, schwarzrot.

Standort: Feuchtes Schwemmland in Talauen mit tiefgründigen, nährstoffreichen Böden.

Verbreitung: Fast in ganz EU, stellenweise jedoch nur lückenhaft; ferner in Vorder- und O-Asien; vielfach als Park- und Straßenbaum gepflanzt; Schattenholz; tritt im Gebirge (in den Alpen bis 1600 m) meist in der strauchförmigen Wuchsform auf.

Wissenswertes: Die Früchte schmecken frisch leicht bitter, man kann sie aber als Wildobst zu Marmeladen oder Säften verarbeiten. Schon die Menschen der Steinzeit sammelten und verzehrten sie in Mengen, wie Steinkernfunde in ehemaligen Siedlungen belegen.

Spätblühende Traubenkirsche *Prunus serotina* F. ROSENGEWÄCHSE

Blattlänge 5-12 cm, Breite 3-5 cm

Merkmale: Sommergrüner, bis zu 20 m hoher Baum mit offener, etwas unregelmäßiger Krone auf langem, schlankem Stamm mit geraden, abstehenden Ästen; Rinde braungrau, anfangs mit schmalen Querbinden, später unregelmäßig rissig und gefeldert.

Blätter gestielt, elliptisch, an beiden Enden verschmälert, am Grund mit 1-2 roten Nektardrüsen bestückt, am Rand fein gezähnt mit leicht einwärts gekrümmten Spitzen, ledrig fest, oberseits glänzend frischgrün bis dunkelgrün, auf der Unterseits etwas blasser, kahl.

Blüten nach dem Laub erscheinend, zu 20-40 in bis 15 cm langen, oft hängenden, dichten Trauben beieinander stehend, reinweiß; Blütezeit V-VI.

Früchte (Steinfrüchte) bis zu 1 cm dick mit glattem Steinkern; in der Reife schwarzrot; essbar.

Standort: Lockere, flach- bis mittelgründige und nicht allzu trockene Böden. Lichtholz.

Verbreitung: Stammt aus dem östlichen N-Amerika; in M.-EU vielfach als Straßenbegleitgrün oder in Industriegelände angepflanzt.

Wissenswertes: Die S. T. war eine der ersten nach EU eingeführten Laubbaumarten aus N-Amerika. Bereits 1629 tauchten einige Exemplare in englischen Gärten auf. Heute ist sie im Landschaftsbau sehr beliebt, zumal sie hinsichtlich ihres Standorts nicht allzu wählerisch ist und mit ihrer Wurzelbrut Schutthalden oder frisch angeschnittene Böschungen wirksam befestigt.
Die Früchte sind zwar genießbar, aber unergiebig, da sie nur wenig Fruchtfleisch ansetzen.

Wild-Apfel, Holz-Apfel *Malus sylvestris*

FAMILIE ROSENGEWÄCHSE

Merkmale: Sommergrüner kleiner Baum oder Großstrauch bis zu 10 m Höhe mit dicht beasteter Krone und überhängenden Ästen auf meist niedrigem, gekrümmtem Stamm; die nicht blühenden Zweige meist in Sprossdornen endend; Rinde anfangs graubraun und glatt, später borkig, rissig und unregelmäßig gefeldert.
Blätter wechselständig, 2-4 cm lang gestielt, breit oval bis fast rundlich, 4-10 cm lang und bis zu 6 cm breit, vorn spitz, an der Basis abgerundet oder breit keilförmig, am Rand gekerbt bis fein gezähnt, nach dem Austrieb zunächst dicht behaart, später nur noch unterseits auf den Blattnerven spärlich behaart.
Blüten zu mehreren endständig an Kurztrieben, gestielt, bis zu 4 cm breit, Kronblätter außen tief rosa, innen reinweiß oder zart rosa, Griffel an der Basis miteinander verwachsen; Blütezeit IV-V.
Apfelfrüchte nur 2-4 cm dick, kugelig, gelblich grün, auf der Sonnenseite oft leicht gerötet; Fruchtfleisch holzig und säuerlich schmeckend.
Standort: Nährstoffreiche, lockere, gut durchfeuchtete Lehm- u. Steinböden in besonnter Lage.
Verbreitung: Von EU bis W-Asien weit verbreitet, in D zerstreut von der Ebene bis in etwa 1000 m Höhe in den Alpen, aber nirgendwo häufig; gelegentlich auf Waldlichtungen oder an Bestandsrändern für die Wildäsung angepflanzt.
Wissenswertes: Die Bezeichnung Holz-Apfel weist auf die wenig schmackhaften Früchte mit ihrem holzig derben Fruchtfleisch hin. Doch die Menschen der Steinzeit haben sie eifrig gesammelt und offenbar gern verzehrt, wie Funde aus Pfahlbausiedlungen zeigen.

Kultur-Apfel *Malus domestica*

FAMILIE ROSENGEWÄCHSE

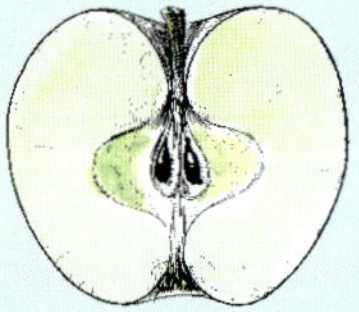

Merkmale: Sommergrüner Baum bis zu 10 m Wuchshöhe mit breiter, runder, oft sehr dichter Krone und abstehenden Ästen auf geradem Stamm; Zweige nicht in Sprossdornen endend; Rinde braungrau, anfangs glatt, später stark rissig gefeldert.
Blätter wechselständig, gestielt, breit bis länglich oval, spitz, an der Basis abgerundet oder breit keilförmig, fein gezähnt, unterseits bleibend weichhaarig.
Blüten unmittelbar vor dem Laubaustrieb erscheinend, jeweils zu 5-10 als Büschel am Ende eines Kurztriebs; Blütenstiele weißfilzig behaart; Blütenkrone bis zu 5 cm breit, Kronblätter auf der Außenseite rötlich gefärbt, innen reinweiß oder hellrosa getönt; Blütezeit IV-V.
Apfelfrüchte bis über 10 cm dick, je nach Sorte in der Reife grünlich, gelb oder rot.
Standort: In Streuobstwiesen und Gärten, aber auch in Plantagen häufig angepflanzt.
Verbreitung: In den gemäßigten Klimazonen aller Erdteile. Der Apfelbaum ist nach Orangen und Bananen weltweit der am meisten angebaute Fruchtbaum.
Wissenswertes: Der K. stellt eine der wenigen Obstarten dar, deren Wildform Bestandteil der heimischen Flora ist. Verwilderte Exemplare der Kultursorten lassen sich nur schwer vom Wild-Apfel unterscheiden. Ein zuverlässiges Unterscheidungsmerkmal sind allenfalls dessen nur wenig behaarte Laubblätter.
Das heutige Sortenbild des K. ist überaus vielfältig und kaum noch zu überblicken. Viele neuere Standardsorten wie z.B. Cox Orange oder Boskoop sind nicht Ergebnis gezielter Züchtung, sondern gehen auf Zufallsfunde aus Plantagen zurück.
Heute baut man meist pflege- und ernteleichte Niedrigstämme an. Dabei gehören dorfnahe alte Streuobstwiesen mit hochstämmigen Apfelbäumen zu den wertvollsten, weil besonders artenreichen Lebensräumen unserer Kulturlandschaft, die vor allem für Vögel und Fledermäuse von gro-

Wild-Birne, Holz-Birne *Pyrus pyraster*

FAMILIE ROSENGEWÄCHSE

Merkmale: Sommergrüner Baum oder größerer Strauch bis 15 m Wuchshöhe mit kegelförmiger, hoher, reichästiger und dichter Krone; Kurztriebe häufig in Sprossdornen endend; Rinde in jungen Jahren glatt graubraun, mit zunehmendem Alter des Baums schuppig gefeldert.
Blätter wechselständig, bis zu 7 cm lang gestielt, Spreite 3-7 cm lang, breit elliptisch, sehr kurz gespitzt, an der Basis abgerundet oder herzförmig, am Rand fein gesägt; oberseits glänzend dunkelgrün, unterseits leicht bläulich.
Blüten lang gestielt, zu meist 3-7 an den Zweigenden; Kelch behaart, Kronblätter reinweiß oder leicht rosa getönt; Staubbeutel vor dem Öffnen dunkelrot; die 5 Griffel im Unterschied zur Apfelblüte bis zur Basis hinab frei, d.h. nicht verwachsen; Blütezeit IV-V.
Die Frucht (Birne) stellt eine aus Achsengewebe hervorgehende Apfelfrucht dar. Sie ist bis zu 4 cm lang, gelblich braun und holzig hart.
Standort: Auf unterschiedlichen Böden, meist in sonnigen Lagen; vorwiegend in Mischbeständen mit anderen Laubgehölzen; vom Tiefland bis in etwa 1000 m Höhe.
Verbreitung: In EU mit Ausnahme der nördlichen Länder weit verbreitet, aber nirgendwo häufig; oft auch als Wildäsung angepflanzt.
Wissenswertes: Am besten kann man die heimische W. an ihren auffallend dünnstieligen und ziemlich kleinen, zudem wenig schmackhaften Früchten von eventuell verwilderten Exemplaren der Kultursorten unterscheiden. In dem Fruchtfleisch sind große Mengen so genannter Steinzellnester enthalten, Grüppchen von Zellen mit extrem verdickter und verhärteter Zellwand. Diese machen die Birnen sehr fest, was im Namen Holz-Birne zum Ausdruck kommt. Erst spät im Herbst werden die Früchte etwas mürber.

Kultur-Birne *Pyrus communis*

FAMILIE ROSENGEWÄCHSE

Merkmale: Sommergrüner, bis 20 m hoher Baum mit schmaler, kegelförmiger, im Umriss meist birnenförmiger Krone; Zweige oder Kurztriebe nicht in Sprossdornen endend.
Blätter wechselständig, gestielt, breit elliptisch, 5-8 cm lang, nach dem Austrieb behaart, später kahl, am Rand fein gesägt.
Blüten lang gestielt in Büscheln an den Zweigenden, Kronblätter reinweiß, leicht nach Fisch duftend (Trimethylamin); Blütezeit IV-V.
Birnenfrucht über 5 cm lang, im Unterschied zur Wild-Birne dickstielig, sehr schmackhaft.
Standort: In verschiedenen Zuchtsorten in Streuobstwiesen, Hausgärten und Plantagen sowie entlang von Flurwegen häufig angepflanzt.
Verbreitung: Heute in gemäßigten Klimaten weltweit verbreitet.
Wissenswertes: Die heute in vielen Sorten angebauten Kulturbirnen haben von den Wildformen die eigenartigen Steinzellnester in ihrem Fruchtfleisch behalten, die den Kulturäpfeln fehlen. Man spürt sie beim Verzehr als leicht raue, etwas sandige Gebilde. Allerdings sind sie längst nicht

so kompakt und dicht angeordnet wie bei den harten Früchten der Wild-Birne. An der Sortenvielfalt der Birnen sind außer der heimischen auch mehrere vorderasiatische Wildformen beteiligt.
Birnbaumholz ist überaus fest und dicht. Im frischen Zustand sehr hell, dunkelt es nach der Verarbeitung stark nach. Früher fertigte man daraus bevorzugt Mess- und Zeicheninstrumente sowie Druckstöcke für Holzschnitte.

Eberesche, Vogelbeere *Sorbus aucuparia*

Merkmale: Sommergrüner, meist kleiner Baum bis zu 15 m, selten auch bis 20 m Höhe mit unregelmäßiger, überwiegend offener, rundlicher oder ovaler Krone.
Rinde zunächst graubraun, später mit prägnantem Leistenmuster aus Korkwarzen (Lentizellen), an alten Bäumen schuppig gefeldert.
Blätter wechselständig, bis zu 3 cm lang gestielt, unpaarig gefiedert, gesamte Spreite bis zu 20 cm lang und 11 cm breit; 9-17 Fiederblättchen, diese bis zu 6 cm lang und 2 cm breit, nur an der Basis (höchstens im unteren Viertel) ganzrandig, zur Spitze hin jedoch scharf gezähnt, oberseits fast kahl, unterseits oft dicht behaart oder ebenfalls kahl; Blattspindel zwischen den Fiedern rinnig eingetieft; Laubfärbung im Herbst tief orangefarben bis blutrot.
Blüten rund 1 cm breit, zahlreich in flachen Schirmrispen beieinander stehend; Kronblätter cremeweiß, zahlreiche Staubblätter; schwach nach Fisch riechend; Blütezeit V-VI, gelegentlich auch noch einmal im Spätsommer.
Früchte ihrem Aufbau nach Apfelfrüchte, kugelig, bis zu 8 mm dick, in der Reife korallenrot; essbar, mitunter aber von bitterem Geschmack.

Standort: Auf nährstoffreichen, frischen, sauren bis mäßig basischen Lehm- und Steinböden; lichtliebendes Gehölz.

Verbreitung: Von N-Spanien bis zum Kaukasus weit verbreitet, fehlt in S-EU; in D vom Tiefland bis in die Alpen, dort bis in etwa 2000 m Höhe; häufig als Ziergehölz in Parks und Gärten oder als Straßenbaum gepflanzt, zur Blütezeit und im Fruchtschmuck gleichermaßen dekorativ.

Wissenswertes: Die kleinen, meist mehrsamigen Früchte sind keine echten Beeren, sondern ähnlich wie Äpfel aus Achsengewebe entstanden. Sie erfreuen sich bei Singvögeln großer Beliebtheit, insbesondere bei Drosseln, Staren, Finken und sogar Rotkehlchen. Daher rührt der alte Name Vogelbeere. Doch auch verschiedene Kleinsäuger wie z.B. Bilche und Eichhörnchen verzehren die leuchtend roten Früchte gern. Als Wildobst sind sie jedoch nur bedingt geeignet, da sie in der Regel unangenehm schmeckende Gerbstoffe enthalten. Innerhalb der formenreichen Art gibt es jedoch die so genannte Mährische Eberesche, eine Sorte, deren Früchte weitgehend gerbstofffrei sind und sich zudem durch einen hohen Vitamingehalt auszeichnen. Diese Form wurde zu Beginn des 19. Jahrhunderts bei Spornau/Mähren von einem Hirten entdeckt. Er beobachtete, dass die Vögel von den Früchten eines bestimmten Baums besonders frühzeitig naschten, und fand beim Kosten, dass diese Beeren im Unterschied zu den meisten anderen Vogelbeeren überhaupt nicht herb schmeckten. Nachzuchten jener Lokalform sind heute überall im Anbau, vor allem in Gebirgslagen, die sich klimatisch für anderen Obstbau nicht eignen.
Vogelbeerbäume werden zumindest im Gebirge bis zu 150 Jahre alt. Das dauerhafte, schwer spaltbare Holz verwendet man heute gern für Schäl- und Messerfurniere in der Möbeltischlerei. Früher diente die Holzkohle daraus zur Herstellung von Sprengpulver.
Von dem wissenschaftlichen Gattungsnamen *Sorbus* leitet sich die Substanzbezeichnung Sorbit bzw. Sorbitol ab, ein zuckerähnlicher Stoff, der in allen Teilen der Pflanze enthalten ist. Man verwendet ihn u.a. zur Kariesvorsorge in Süßwaren.

Speierling *Sorbus domestica*

Merkmale: Sommergrüner, bis zu 20 m hoher Baum mit breiter, rundlicher, oft etwas unregelmäßiger und dicht beasteter Krone.

Rinde anfangs glatt graubraun, später ähnlich wie an alten Birnbäumen borkig, vielfach zerrissen und in kleine, rechteckige Schuppen gegliedert.

Blätter wechselständig, bis zu 5 cm lang gestielt, unpaarig gefiedert, gesamte Blattspreite bis zu 25 cm lang und 10 cm breit, mit 13-21 Fiedern, diese bis zu 5 cm lang und 2 cm breit, länglich elliptisch, scharf gezähnt, jedoch im unteren Drittel immer ganzrandig (wichtiger Unterschied zu der sehr ähnlichen Eberesche, ⇨S. 510!); auf der Oberseite frischgrün, gewöhnlich kahl, unterseits meist nur auf den Hauptnerven behaart.

Blüten um 1,5 cm breit, cremeweiß, in großer Zahl in flachen oder kegelförmigen, bis zu 10 cm breiten Schirmrispen beieinander stehend; angenehm duftend; Blütezeit V-VI.

Früchte im botanischen Sinn Apfelfrüchte, lang gestielt, 2-3 cm lang, gelbgrün oder rotbräunlich, dunkler oder heller gepunktet, auf der Sonnenseite jeweils stärker gerötet; essbar.

Standort: Bevorzugt auf mäßig trockenen, meist kalkhaltigen, sommerwarmen, steinigen Lehm- oder Tonböden; Lichtholz, nur in Mischbeständen mit anderen Wärme liebenden Laubholzarten.

Verbreitung: Von NW-Afrika über die Iberische Halbinsel und den Balkan bis nach Kleinasien weit verbreitet; in D vor allem in Weinbauregionen angepflanzt, dort gelegentlich verwildert.

Wissenswertes: Die angenehm duftenden, appetitlich gefärbten Früchte des S. ähneln in der Form mal mehr einem kleinen Apfel, mal mehr einer Birne und werden im Volksmund Männlein (Apfelform) und Weiblein (Birnenform) genannt. Erst nach längerer Lagerung werden sie etwas teigig und dann als Obst genießbar. Frisch geerntet schmecken sie dagegen fade und säuerlich. Die schon im Altertum vor allem im Mittelmeerraum in Kultur genommene Art war über Jahrhunderte hinweg ein wichtiger Obstbaum. Nördlich der Alpen verwendet man den Saft der Früchte noch heute speziell bei der Apfelweinherstellung, entweder direkt oder zur reifenden Nachgärung. Speierlingmost verbessert nicht nur den Geschmack, sondern auch die Haltbarkeit des Apfelweins und ist für diesen Zweck einfach unentbehrlich. Regional, z.B. im Elsass, brennt man aus vergorenem Speierlingmost auch einen Obstschnaps (Sorbette).

Unlängst zum »Baum des Jahres« gewählt, hat der S. nicht nur unter Naturfreunden, sondern auch bei Gartenliebhabern eine neue Wertschätzung erfahren. Als dekoratives Schmuckgehölz wird er heute in Parks und Gärten zunehmend wieder angepflanzt. Die Anzucht der Bäume aus Samen erweist sich jedoch aus bisher unbekannten Gründen als recht schwierig, es kommt immer wieder zu hohen Ausfällen.

Das feste, zähe Holz des S. verwendete man früher gern für Drechslerarbeiten, beispielsweise für die Holzgewinde von Keltern und anderen Pressen. In den Früchten ist wie bei allen übrigen Vertretern der Gattung *Sorbus* die Substanz Parasorbinsäure enthalten. Durch eine geringfügige chemische Umwandlung entsteht daraus Sorbinsäure, ein vielfach verwendeter Konservierungsstoff für Lebensmittel.

Gewöhnliche Mehlbeere *Sorbus aria*

FAMILIE ROSENGEWÄCHSE

Merkmale: Sommergrüner Baum bis 12 m Höhe mit breiter, rundlicher Krone und feinschuppiger, grauer Rinde.
Blätter wechselständig, ungeteilt, kurz gestielt, Spreite 6-9 cm lang und bis 6 cm breit, länglich oval, an der Basis keilförmig, ungleich doppelt gesägt, jedoch nicht gelappt, oberseits glänzend dunkelgrün, unterseits dicht silbrig behaart.
Blüten bis 1,5 cm breit, reinweiß oder cremeweiß, in gewölbten Schirmrispen; Blütezeit V-VI.
Früchte dem Aufbau nach Apfelfrüchte; trockenmehlig, bis 1,5 cm lang, eiförmig, hochrot.
Standort: Bevorzugt lockere, sommerwarme, trockene, mäßig saure oder kalkhaltige Böden im Saum von Gebüschen und Wäldern; Lichtholz.
Verbreitung: Von N-Afrika über die Iberische Halbinsel bis zum nördl. Balkan; in D vor allem in der Mittelgebirgsregion, in den Alpen bis in 1500 m Höhe; häufiger Park- oder Straßenbaum.
Wissenswertes: Die fade schmeckenden Früchte hat man in Notzeiten gesammelt und getrocknet zu Mehl verarbeitet – daher der Name der Art. Im Herbst werden sie von den Vögeln und Kleinsäugern kaum gefressen und bleiben am Baum. Als so genannte Wintersteher bieten sie den Tieren später im Jahr eine wichtige Nahrungsreserve.

Ähnlich:
Berg-Mehlbeere *Sorbus mougeotii*, Blätter leicht gelappt, 8-12 Seitennervenpaare; selten in Vogesen, Allgäu, S-Alpen. **Schwedische Mehlbeere** *Sorbus intermedia* (Foto), Blätter stärker gelappt, mit 7-9 Seitennervenpaaren; Ostseeraum, S-Skandinavien; oft angepflanzt.

Elsbeere *Sorbus torminalis*

FAMILIE ROSENGEWÄCHSE

Merkmale: Sommergrüner Baum bis zu 20 m Wuchshöhe oder großer Strauch; Krone breit und locker; Rinde dunkelgrau, zunächst glatt, später zunehmend borkig, klein geschuppt und gefeldert.
Blätter wechselständig, lang gestielt, Spreite im Umriss breit oval, ahornartig in 6-10 breite, nach vorn kleinere Lappen geteilt und unregelmäßig gezähnt; oberseits glänzend dunkelgrün, unterseits nach dem Austrieb noch fein behaart, später gänzlich kahl; fest; im Herbst tiefrot verfärbt.
Blüten bis zu 1,5 cm breit, cremeweiß, zahlreich in flachen Schirmrispen; Blütezeit V-VI.
Früchte dem Aufbau nach kleine Apfelfrüchte, bis zu 1,5 cm dick, länglich kugelig, hell bräunlich rot, mit helleren o. dunkleren Korkwarzen gepunktet.
Standort: Gern auf sommerwarmen, trockenen, flachgründigen Böden in der Gesellschaft anderer Wärme liebender Laubgehölze in Felsgebüschen und lichten Eichenbeständen.
Verbreitung: Von NW-Afrika und W-EU bis zum Kaukasus, fehlt im nördlichen EU; in D nur in der wärmeren Mittelgebirgsregion (Weinbaugebiet); gelegentlich auch weit außerhalb des natürlichen Verbreitungsgebiets als Ziergehölz oder Straßenbaum angepflanzt.
Wissenswertes: Die E. ist innerhalb der arten- und formenreichen Gattung *Sorbus* eine der wenigen Arten, die nicht zur Bastardierung unter Bildung unübersichtlicher Formenkreise neigt – ganz im Gegensatz zur Mehlbeere.
Die wenig auffälligen Früchte der E. sind essbar. Früher verwendete man sie ähnlich wie die der Mehlbeere in gemahlener Form als Brotzusatz. Außerdem dienten sie in der Volksmedizin wegen ihres Gerbstoffgehalts als Heilmittel bei Darmerkrankungen. Aus dem festen, dichten Holz des Baums fertigte man früher unter anderem Flöten und wissenschaftliche Instrumente.
Nicht zuletzt wegen seines prächtigen Herbstlaubs verdient dieses dekorative, bislang aber wenig verwendete Gehölz im Garten- und Landschaftsbau mehr Beachtung.

Merkmale: Sommergrüner, bis zu 25 m hoher Baum mit offener, lichter, nach oben an Breite zunehmender Krone, die immer ein wenig unregelmäßig, mitunter einseitig schief ist; Stamm oft schon in geringer Höhe über dem Boden in große Hauptäste geteilt. Rinde anfangs glatt und bräunlich, mit zunehmendem Alter an Stamm und Ästen tiefrissig und wulstig sowie von gewundenen Längsfurchen dicht durchzogen.
Blätter wechselständig, rund 3 cm lang gestielt, Spreite bis zu 25 cm lang und 10 cm breit, unpaarig gefiedert; die 11-17 Fiederblätter etwa 3 cm lang, kurz gestielt, oval, ganzrandig, vorn undeutlich eingeschnitten und in eine sehr feine Stachelspitze verlängert, oberseits matt- bis frischgrün, unterseits hell graugrün, kahl; Nebenblätter gewöhnlich zu langen, spitzen Dornen umgebildet. Der Austrieb erfolgt erst im späten Frühjahr, dafür tritt auch das Umfärben (nach Gelb) und der herbstlichen Laubfall entsprechend spät ein.
Blüten zahlreich in hängenden, bis 15 cm langen Trauben; Einzelblüten mit gelblichem Kelch und reinweißer Krone, bis zu 2 cm groß, sehr angenehm duftend; Blütezeit VI.
Früchte 5-10 cm lange Hülsen, ledrig, hell- oder dunkelbraun, flach, zwischen den Samen leicht eingeschnürt; bleiben lange an den Zweigen.
Standort: Vorzugsweise auf nährstoffreichen, lockeren, tiefgründigen Böden.
Verbreitung: Ursprünglich im östlichen N-Amerika (Neuengland-Staaten bis Georgia); in vielen Teilen EU und der übrigen Welt eingebürgert und oft als Parkgehölz oder Straßenbaum gepflanzt.
Wissenswertes: Englische Kolonisten entdeckten die Art 1607 im Gebiet des heutigen Jamestown/Virginia. Der Hofgärtner Ludwigs XIII., Jean Robin, brachte ihn um 1640 nach Frankreich. Ihm zu Ehren nannte Linné 1753 die Gattung *Robinia*.

Die dekorativen, nektarreichen Blüten sind eine äußerst reiche Bienentracht und ergeben einen sehr hellen Honig. Die hübschen, den echten Akazien ähnlichen Blätter senken sich in der Dunkelheit herunter und legen außerdem ihre Fiedern zusammen. Dieses Merkmal teilen sie mit vielen krautigen Vertretern ihrer Familie. Alle Teile des Baums, insbesondere aber die Samen, sind durch Alkaloide giftig, vor allem für Pferde.
Das feste, widerstandsfähige Holz verwendeten die ersten Siedler in N-Amerika gern zum Hausbau. Später fertigte man daraus vor allem Werkzeuggriffe und Sportgeräte (Speerschäfte, Barrenholme, Ruder, Kletterwände), aber auch Treppenstufen und Bodenbeläge.
Heute sind von der R. mehrere Gartenformen bekannt, darunter auch gelblaubige und solche mit ungefiederten Blättern. Als Straßenbaum besonders beliebt ist eine sterile Form mit dichter, rundlicher Krone, die man gärtnerisch als »Kugelakazie« bezeichnet. Die Wildform wird häufig auf Schutt- und Rohböden angepflanzt, da sie nicht nur einen wirksamen Erosionsschutz bietet, sondern mit ihren Wurzelknöllchen erheblich zur Bodenverbesserung beiträgt. Die Wurzelknöllchen sind Sonderbildungen der Wurzeln, die unter dem Einfluss bestimmter Bodenbakterien entstehen. Die Bakterien dringen in die Wurzelwucherungen ein und leben hier von ihrer Wirtspflanze, versorgen sie im Gegenzug jedoch mit wertvollen düngenden Stickstoffverbindungen.

Schnurbaum *Sophora japonica*

Blattlänge bis 25 cm

Früchte und Blüten

Merkmale: Sommergrüner, bis zu 25 m hoher Baum mit breiter, runder, mitunter offener und mehrteilig erscheinender Krone auf kurzem Stamm; Rinde dunkel graubraun, im Alter zunehmend borkig gerunzelt und breit gefurcht.

Blätter wechselständig, lang gestielt, unpaarig gefiedert, die 7-17 Fiedern oval, ganzrandig, vorn verschmälert und mit kurzem Spitzchen; oberseits matt dunkelgrün, unterseits bläulich und fein behaart; treiben erst spät im Frühjahr aus und werfen ihre Nebenblätter frühzeitig ab.
Blüten in end- oder blattachselständigen, bis zu 25 cm langen aufrechten Rispen (Mehrfachtrauben); Einzelblüten mit grünlich weißem Kelch und gelblich weißer Krone; Blütezeit VII-VIII.
Früchte (Hülsen) 5-8 cm lang, zwischen den Samen auffällig eingeschnürt, springen nicht auf.
Standort: In Bergwäldern auf lockerem, mäßig nährstoffreichem, wasserdurchlässigem Boden.
Verbreitung: Ursprünglich SW-Asien; vielfach als dekorativer Straßen- und Parkbaum angepflanzt.
Wissenswertes: Wegen seiner Unempfindlichkeit gegen längere sommerliche Trockenheit pflanzt man den S. in Frankreich und England gern in städtischen Alleen an. In D sieht man die auch Pagodenbaum genannte Art meist nur in Parks.

Amerikanisches Gelbholz *Cladrastis lutea* SCHMETTERLINGSBLÜTENG.

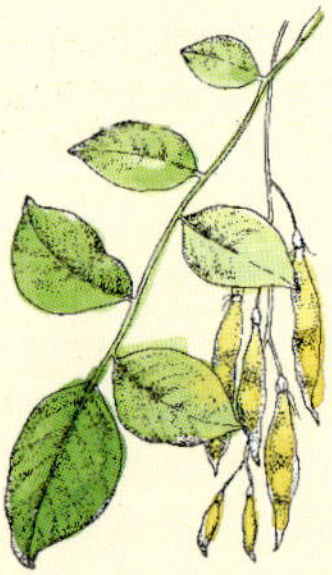

Merkmale: Sommergrüner, bis zu 15 m hoch wachsender Baum mit rundlicher, gewölbter Krone; Rinde glatt, grau, ähnelt der Rot-Buche (⇨S.478). Blätter wechselständig, 3-5 cm lang gestielt, unpaarig gefiedert, insgesamt bis zu 30 cm lang, die 7-11 Fiederblättchen kurz gestielt, bis zu 6 cm lang, ganzrandig, stehen sich an der Hauptrippe nicht exakt gegenüber; Herbstfärbung ein leuchtendes Gelb. Blüten zahlreich in 25-30 cm langen, hängenden Trauben, Kronen weiß, seltener rötlich, angenehm duftend; Blütezeit VI-VII. Früchte (Schoten) 6-10 cm lang, hängend, zwischen den Samen etwas eingeschnürt.
Standort: Bevorzugt auf kalkhaltigem, frischem, tiefgründigem Boden; verträgt Schatten.
Verbreitung: Ursprünglich nur im östlichen Teil von N-Amerika (Virginia bis Georgia); in EU zunehmend als Straßen- und Parkbaum gepflanzt.
Wissenswertes: Der ausgesprochen dekorative Baum blüht auch in seinem Ursprungsgebiet nur unregelmäßig alle 3-5 Jahre. Aus seinem gelblichen Holz gewinnt man einen Textilfarbstoff.

Ähnlich: **Mimose** oder **Silber-Akazie** *Acacia dealbata* MIMOSENGEWÄCHSE, immergrüner, bis 12 m hoher Baum mit breiter Krone; Blätter mehrfach gefiedert: 10-12 Paar Fiedern, an denen wiederum jeweils 30-40 Paar 3-4 mm lange Fiederchen, bläulich grün; Einzelblüten klein, hellgelb, zahlreich in 3-4 mm breiten, kopfigen Blütenständen, diese in großen Rispen; ursprünglich SW-Australien und Tasmanien, im Mittelmeergebiet häufiges Ziergehölz, beliebter Blütenschmuck zur Karnevalszeit.

Gleditschie *Gleditsia triacanthos* FAMILIE JOHANNISBROTGEWÄCHSE

Merkmale: Sommergrüner, bis zu 40 m hoher Baum mit schlanker, nach oben verbreiterter, lichter Krone; Äste relativ dünn, aufsteigend.

Rinde dunkel graubraun, anfangs glatt, später borkig in größere Platten gefeldert, mitunter an älteren Bäumen mit auffallenden Büscheln langer, starrer, verzweigter Dornen besetzt.

Blätter wechselständig, einfach oder doppelt gefiedert mit 20-30 bzw. 8-14 Fiedern, diese je 2 cm lang, oval, im vorderen Drittel leicht kerbig gesägt, kahl, glänzend frischgrün.

Blüten ein- oder zweihäusig verteilt, in grünlich gelben, hängenden Trauben; ♂ Blüten gelblich, ♀ Blüten unscheinbar; Blütezeit V-VI.

Früchte (Hülsen) bis zu 40 cm lang und 3 cm breit, ledrig, dunkelbraun, leicht schraubig gedreht.

Standort: Auf feuchten, lockeren, nährstoffreichen Schwemmlandböden an Flussufern.

Verbreitung: Stammt aus dem zentralen N-Amerika (Ontario bis Texas); in EU häufig in einer dornenlosen Gartenform in großen Parks oder als Straßenbaum angepflanzt.

Wissenswertes: Die stattlichen Früchte, nach denen diese Art auch Lederhülsenbaum heißt, enthalten ein süßlich schmeckendes Mark, das im Ursprungsgebiet des Baums gern vom Vieh und von Kleintieren verzehrt wird. Aus den großen Samen fertigte man zeitweilig Perlenketten.

Johannisbrotbaum *Ceratonia siliqua* FAMILIE JOHANNISBROTGEWÄCHSE

Merkmale: Immergrüner, bis zu 10 m hoher Baum mit dichter, rundlicher Krone auf kurzem, gedrungenem, wulstigem Stamm; Rinde anfangs glatt, später borkig längsrissig.

Blätter wechselständig, bis zu 5 cm lang gestielt, paarig gefiedert mit zumeist 6-8 ovalen Fiederblättern, vorn stumpf oder leicht ausgerandet, derb, auf der Oberseite glänzend dunkelgrün, unterseits graugrün getönt.

Blüten gewöhnlich zweihäusig, selten einhäusig verteilt; Einzelblüten klein und unscheinbar, ohne Kronblätter, zu kätzchenartigen, abstehenden Trauben zusammengefasst; Blütezeit VIII-XI.

Früchte als Hülsen ausgebildet, bis zu 20 cm lang und 3 cm breit, sichelförmig; zusammen mit den Blüten im Gezweig hängend.

Standort: Bevorzugt auf kalkreichen, trockenen, flachgründigen, lockeren Steinböden.

Verbreitung: Ursprünglich im östlichen Mittelmeergebiet; heute im gesamten Mittelmeerraum häufig angepflanzt und zusammen mit Mandel- und Ölbäumen oder Pistazien in Sorten kultiviert, in Hausgärten als Schattenspender beliebt.

Wissenswertes: Die schokoladenbraunen Hülsen enthalten ein essbares, angenehm süß schmeckendes, fettarmes und an Kohlenhydraten reiches Fruchtfleisch, aus dem man für diätetische Zwecke einen Schokoladenersatz herstellt. Der Saft wird auch ausgepresst und zu einem alkoholischen Getränk vergoren, die unreif geernteten Früchte werden als Viehfutter verwendet. Die glänzend braunen, einheitlich großen und fast alle genau 0,18 g schweren Samen wurden früher als Juwelen- und Goldgewicht genutzt. Die (heute allerdings anders festgelegte) Gewichtseinheit »Karat« ist das arabische Wort für Kern. In Notzeiten hat man aus den Samen Kaffee-Ersatz hergestellt. Gemahlen dienen sie heute als Bindemittel für Süßwaren (Johannisbrotkernmehl).

Judasbaum *Cercis siliquastrum*

FAMILIE JOHANNISBROTGEWÄCHSE

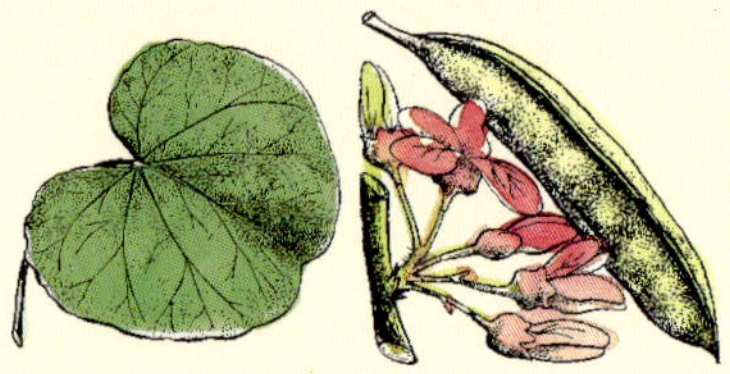

Merkmale: Sommergrüner Baum oder großer Strauch bis 10 m Wuchshöhe mit breiter, offener, nur wenig verzweigter Krone; Rinde dunkelbraun bis schwärzlich, fein gestreift, leicht rau gefeldert. Blätter wechselständig, gestielt, Spreite zum Blattstiel stark abgewinkelt, im Umriss annähernd kreisrund, an der Basis herzförmig, bis zu 10 cm lang, mit handförmigem Verlauf der Hauptnerven, kahl, oberseits matt dunkelgrün, unterseits leicht bläulich grün, am Rand leicht gewellt. Blüten erscheinen vor dem Laub, gestielt, zu je 3-8 in kleinen Büscheln am Stamm oder an den größeren Ästen, mit 5-zähnigem Kelch und kräftig rosaroter, 1-2 cm langer Krone, deren obere 3 Kronblätter deutlich schmaler sind als die beiden nach unten weisenden; Blütezeit III-IV.
Hülsenfrüchte 5-9 cm lang, mit schlanker, aufgesetzt wirkender Spitze, in der Reife bräunlich, manchmal auch karminrot.
Standort: Auf mäßig trockenen, meist kalkhaltigen, mittelgründigen Böden.
Verbreitung: Östliches Mittelmeergebiet von der Adria bis W-Asien; häufig als dekoratives Ziergehölz angepflanzt und verwildert, auch in D in den Weinbauregionen als Park- und Gartengehölz.
Wissenswertes: Der J. bietet ein eindrucksvolles Beispiel für die so genannte Stamm- oder Astblütigkeit, die besonders bei subtropischen bis tropischen Gehölzen sehr verbreitet ist und in der europäischen Flora eher eine Ausnahme darstellt: Die auffälligen und sehr attraktiven Blüten(stände) entwickeln sich nur am mehr- bis vieljährigen Holz. Man bezeichnet diese Erscheinung als Kauliflorie (Blüten am Stamm) bzw. Ramiflorie (an Ästen).

Katsurabaum *Cercidiphyllum japonicum*

FAMILIE KUCHENBAUMGEWÄCHSE

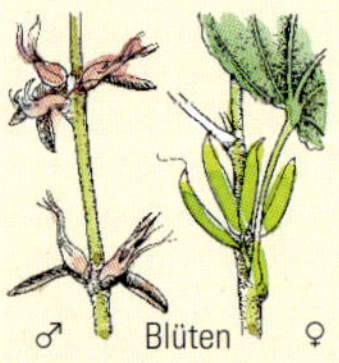

Merkmale: Sommergrüner Baum oder Großstrauch bis 12 m Höhe mit länglicher, kegelförmiger, oft ziemlich lichter Krone aus steil aufragenden Ästen; Rinde braungrau, zunächst glatt, später rau netzadrig oder fein gefeldert.
Blätter sehr früh im Jahr austreibend; an Langtrieben gegenständig, Blattstiele bis zu 6 cm lang, meist dunkelrot; Spreite fast rechtwinklig zum Blattstiel stehend, breit oval bis rundlich, handnervig, an der Basis tief herzförmig eingeschnitten, vorn spitz; am Rand fein gezähnt oder aber glattrandig; kahl, oberseits mattgrün, unterseits bläulich getönt.
Blüten zweihäusig verteilt, noch vor dem Laub erscheinend; unauffällig, rötlich, zu mehreren in den Achseln der Blattknospen; Blütezeit IV.
Balgfrüchte hellgrün, krallenartig gekrümmt.
Standort: In lichten Gebüschen auf lockerem, humosem, nährstoffreichem Boden.
Verbreitung: Stammt aus O-Asien (Japan und China); in EU nicht selten in Gärten und Parks als dekoratives Ziergehölz angepflanzt.
Wissenswertes: Neben den Langtrieben weist das Zweigsystem des K. auch Kurztriebe auf, an denen die Blätter etwas länglicher ausfallen und stets einzeln stehen. Die unscheinbaren weiblichen Blüten bestehen nur aus einem einzigen Fruchtblatt, das sich zur Reifezeit zu einer vielsamigen Balgfrucht mit flachen, geflügelten Samen entwickelt. Die Blätter färben ziemlich rasch von Mattgrün nach Lachsrosa und zuletzt Goldgelb um. Kurz vor dem Laubfall duften sie schwach, aber angenehm nach Lebkuchen, weshalb die Art auch Kuchenbaum genannt wird.
Die Familie der Kuchenbaumgewächse umfasst nur diese eine Art und nimmt innerhalb der Blütenpflanzen eine recht isolierte Stellung ein. Mit ihrer Häufung von entwicklungsgeschichtlich ursprünglichen Merkmalen zeigt sie zwar mancherlei Anklänge an die Magnolien- und die Zaubernussgewächse, ohne jedoch mit diesen näher verwandt zu sein.

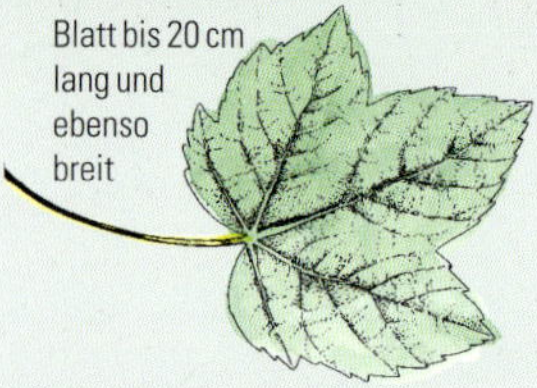

Merkmale: Bis zu 40 m hoher, meist stattlicher Baum mit breiter, gewölbter Krone auf kräftigem Stamm; entwickelt sich vor allem im Freistand zu prächtigen Exemplaren.
Blätter gegenständig, mit langen, rötlichen Blattstielen, meist 5-lappig, die vorderen 3 Lappen ungefähr gleich groß, die beiden unteren manchmal nur angedeutet; auf der Oberseite dunkelgrün, auf der Unterseite graugrün, kahl.
Blüten gewöhnlich zwittrig, klein und unscheinbar gelblich grün, in hängenden, etwa 10 cm langen, vielblütigen Rispen, öffnen sich nach dem Laubaustrieb, nektarreich; Blütezeit IV-V.
Früchte 3-5 cm lange, geflügelte Nussfrüchte, die paarweise zusammenhängen und dabei ungefähr einen rechten Winkel einschließen; in einem hängenden Büschel beieinander stehend.
Standort: Meist in Buchenmischwäldern und schattigen Hangwäldern, im Gebirge bis zur Waldgrenze aufsteigend; wichtiger Waldbaum, aber selten in Reinbeständen.
Verbreitung: Überall in EU verbreitet; in mehreren Formen auch im Tiefland als Straßen- oder Parkbaum angepflanzt.

Wissenswertes: Die großflächigen, symmetrisch aufgebauten Blätter verfärben sich im Herbst goldgelb bis karminrot, insbesondere nach einigen kalten Oktobernächten.
Die geflügelten Früchte der Ahorne lösen sich nach der Reife einzeln aus dem Fruchtstand, fallen herab und beginnen dabei eine charakteristische, den freien Fall abbremsende Drehbewegung, weshalb man sie als Schraubenflieger bezeichnet. So können sie leichter vom Wind erfasst und verdriftet werden. Sie keimen im Frühjahr und bilden an Wegrändern oder im Parkrasen oft dichte Bestände. Die beiden einfachen, glattrandigen Keimblätter und das nachfolgende Blattpaar sehen noch völlig anders aus als die handförmigen Folgeblätter (kleines Foto oben).
Der Blütennektar sowie der nach Blattlausbefall reichlich gebildete Honigtau, die zuckerhaltigen Ausscheidungen der Blattläuse, werden von Bienen und Hummeln gern gesammelt. Das harte, dauerhaft hell bleibende Ahornholz verwendet man unter anderem zu Schnitzereien, für Parkette und im Musikinstrumentenbau (vor allem für Gitarren und Violinen).

Ähnlich: **Rot-Ahorn** *Acer rubrum* (unten), die beiden unteren Blattlappen nur schwach angedeutet, Mittellappen; stammt aus dem atlantischen N-Amerika, in EU vor allem wegen des karminroten Herbstlaubs (»Indian summer«) gepflanzt.

Flügelfrüchte schmal, in spitzem Winkel

Flügelfrüchte breit, in spitzem Winkel

Griechischer Ahorn *Acer heldreichii* (oben), Blätter tiefer eingeschnitten als beim Berg-Ahorn, unterseits bläulich grün mit dichten weißlich bräunlichen Haarbüscheln in den Winkeln der Blattnerven; Bergwälder des Balkans.

Herbstfärbung

Feld-Ahorn *Acer campestre*

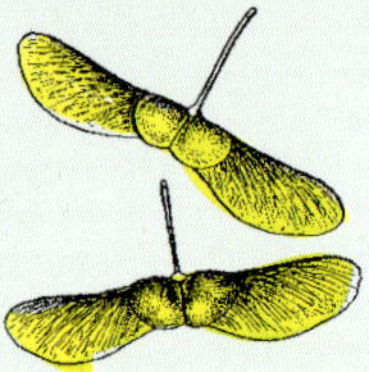

Merkmale: Sommergrüner, kleiner Baum bis zu 10 m Höhe (selten auch höher) mit breiter, rundlicher Krone auf niedrigem, meist gekrümmtem Stamm; mitunter auch mehrstämmiger Großstrauch; Rinde dunkel graubraun, anfangs glatt, später zunehmend rissig gefeldert, Zweige manchmal mit auffälligen Korkleisten.
Blätter gegenständig, Blattstiel mit Milchsaft, bis 6 cm lang, grün, Blattspreite 5-9 cm lang und meist etwas breiter, 5-lappig buchtig geteilt, an den Enden abgerundet, am Rand wenig gekerbt oder undeutlich gezähnt; oberseits matt dunkelgrün, unterseits heller, kahl.
Blüten erscheinen mit dem Laub, zu 10-25 in kurzen, abstehenden oder aufrechten Rispen, diese mit eingeschlechtigen oder zwittrigen Einzelblüten, nektarreich, gelblich grün; Blütezeit V.
Spaltfrucht aus 2 geflügelten Nüssen, die Flügel geradlinig zueinander im Winkel von 180 Grad.

Standort: Liebt frische bis feuchte, nährstoffreiche, mittelgründige Lehmböden, meist in Mischwäldern, Feldgehölzen oder Saumgebüschen, an Wegrändern und in Hecken.

Verbreitung: Von N-Afrika bis W-Asien, in M.-EU überall außer im N der Britischen Inseln und in Skandinavien; in D v.a. in der Mittelgebirgsregion, in den Alpen bis in etwa 1000 m Höhe.

Wissenswertes: Der F. besitzt eine sehr gute Fähigkeit zum Stockausschlag und ist daher als Flur- oder Heckengehölz verbreitet. Der volkstümliche Name Maßholder (von »maß« = Matte, Wiese) geht darauf zurück. Mittelalterliche Steinmetze verwendeten seinen Blattumriss gern als Schmuckmotiv für Säulenkapitelle.

Burgen-Ahorn, Französischer Ahorn *Acer monspessulanum*

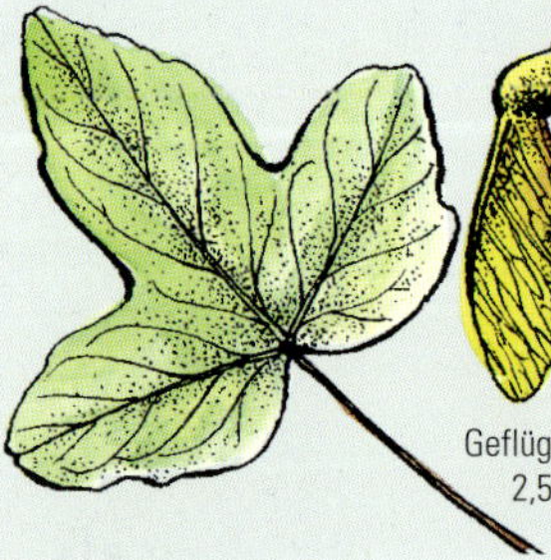

Geflügelte Früchte 2,5 cm lang

Merkmale: Sommergrüner, kleiner Baum bis 10 m Höhe mit offener, lichter, wenigästiger Krone auf schlankem, krummem Stamm, oft auch als großer Strauch wachsend; Rinde dunkelgrau, anfangs glatt, später zunehmend feinrissig.
Blätter gegenständig, Blattstiele 3-6 cm lang, rötlich; Blattspreite bis zu 6 cm lang und 8 cm breit, mit 3 ungefähr gleich großen, rundlich ovalen, glattrandigen Lappen, an der Basis leicht herzförmig, nach dem Austrieb weichhaarig, später kahl; im Herbst kräftig gelb bis dunkelrot gefärbt.
Blüten meist zwittrig, mit dem Laub erscheinend, lang gestielt in überhängenden Rispen, unscheinbar gelblich grün, nektarreich; Blütezeit IV-V.
Nussfrüchte paarweise zusammenhängend, Flügel überlappend, sodass ihre Außenkanten nahezu parallel zueinander verlaufen, rötlich.

Standort: Auf trockenen, mäßig sauren bis kalkhaltigen, nährstoffarmen, flachgründigen und steinigen Böden, meist in Felsgebüschen und auf Trockenhängen; Lichtholz.

Verbreitung: Vor allem im südlichen EU und im Mittelmeergebiet; in D nur in isolierten Vorkommen im Nahe-, Mittelrhein- und Moseltal, selten auch angepflanzt.

Wissenswertes: Der deutsche Name verweist auf die stetigen Vorkommen dieser Art an den zahlreichen Burgruinen des Rheinlands. Nach der ungewöhnlichen Blattform wird die Art auch oft Dreilapp-Ahorn genannt. In seinen mitteleuropäischen Verbreitungsinseln bleibt der Baum immer kleiner als in seiner mediterranen Heimat. Bemerkenswert ist seine Unempfindlichkeit gegen sommerliche Trockenheit.

Blütenstände

Blütenstände

Spitz-Ahorn *Acer platanoides* — FAMILIE AHORNGEWÄCHSE

Merkmale: Sommergrüner, bis zu 30 m hoher Baum mit rundlicher, dichter Krone auf geradem, schlankem Stamm, oft auch von Grund an mehrstämmig; Rinde dunkel graubraun, anfangs glatt, später rissig mit feinen Leistenmustern.
Blätter gegenständig; Blattstiel 3-20 cm lang, oberseits rötlich, enthält Milchsaft; Blattspreite 10-15 cm lang und ebenso breit, handförmig in 5-7 ungleich große Lappen geteilt, mit weiten Bögen und schlanken Spitzen; oberseits glänzend dunkelgrün, unterseits leicht bläulich, kahl, im Herbst kräftig goldgelb bis rötlich verfärbt.
Blüten vor dem Laub erscheinend, eingeschlechtige und zwittrige in der gleichen doldigen Rispe vereint, gelbgrün, nektarreich; Blütezeit III-VI.
Früchte (Nussfrüchte) geflügelt, paarweise zusammenhängend, bilden einen stumpfen Winkel.
Standort: Auf frischen bis mäßig feuchten, nährstoffreichen und tiefgründigen Böden in Hang- und Schluchtwäldern; verträgt Halbschatten.
Verbreitung: Von S-Frankreich (Pyrenäen) bis zum Ural, fehlt in Großbritannien und auf den Mittelmeerinseln; in D vom Tiefland bis in etwa 1000 m Gebirgshöhe; außerhalb des natürlichen Verbreitungsgebiets häufig in Parks und Alleen angepflanzt und verwildert.
Wissenswertes: Als Nutzholz hat der S. wenig Bedeutung, als früher und starker Nektarproduzent ist er jedoch hoch geschätzt. Versuchsweise hat man aus den Stämmen wie bei nordamerikanischen Arten im Frühjahr Zuckersaft gewonnen. Die häufigen schwarzen »Tintenklekse« auf den Blättern werden von einem Pilz hervorgerufen.

Silber-Ahorn *Acer saccharinum* — FAMILIE AHORNGEWÄCHSE

Merkmale: Sommergrüner, bis zu 30 m hoher Baum mit rundlicher, offener Krone auf geradem, schlankem Stamm; Rinde graubraun, auch an älteren Exemplaren glatt oder wenig gefeldert.
Blätter gegenständig, Spreite 7-15 cm lang und fast ebenso breit, tief 5-lappig mit engen Buchten und kurzen Spitzen, oberseits frischgrün, unterseits fein silbrig behaart, im Herbst kräftig gelb.
Blüten lange vor dem Laub erscheinend, einhäusig verteilt, unscheinbar, ♂ kurz-, ♀ langgestielt; werden vom Wind bestäubt; Blütezeit II-III.
Standort: Auengehölz auf Schwemmlandböden in Flussniederungen und an Seeufern.
Verbreitung: Im östlichen und zentralen N-Amerika von den großen Seen bis Texas; in EU häufig als Park- und Straßenbaum gepflanzt.
Wissenswertes: Obwohl der S. ein typischer Bewohner feuchter Flussauen ist, verträgt er die sommerliche Trockenheit im städtischen Umfeld sehr gut. Auffallend sind die karminroten Narben der ♀ Blüten. In seiner Heimat nutzt man den Baumsaft zur Zuckergewinnung (Ahornsirup).

Ähnlich: **Zucker-Ahorn** *Acer saccharum*, Blatt mit 5-11 annähernd dreieckigen Lappen (Umriss von der kanadischen Nationalflagge bekannt), kräftig karminrote Herbstfärbung; im O von N-Amerika; in EU gelegentlich als Zierbaum in Parks gepflanzt. In Amerika wird der Blutungssaft aus angebohrten Stämmen zur Zuckergewinnung verwendet.

Fächer-Ahorn *Acer palmatum*

FAMILIE AHORNGEWÄCHSE

Merkmale: Sommergrüner kleiner Baum bis 8 m Höhe mit wenigästiger, breiter, offener Krone auf kurzem, meist krummem Stamm, gelegentlich auch mehrstämmig; Rinde rötlich braun bis graubraun, im Alter zunehmend längsstreifig.
Blätter gegenständig, Blattstiel 3-5 cm lang, Spreite 5-10 cm lang und fast ebenso breit, mit 5-7 (selten auch 9) schlanken, lang zugespitzten Lappen, die tief bis über die Spreitenmitte eingeschnitten und fächerförmig ausgebreitet sind.
Blüten nach dem Laub erscheinend; rötlich grün, in abstehenden o. aufrechten Rispen; Blütezeit V-VI. Nussfrüchte paarweise, die Flügel schließen einen stumpfen Winkel zwischen sich ein.

Standort: Im Ursprungsgebiet auf frischen, mittelgründigen, nährstoffreichen Böden in Laubmischbeständen der Bergwälder.
Verbreitung: Ursprünglich O-Asien (Japan und Korea); heute in zahlreichen Gartenformen fast weltweit verbreitet und auch in D häufig als Ziergehölz zu sehen.
Wissenswertes: Als relativ kleinwüchsige Art ist der F. gärtnerisch außerordentlich beliebt, insbesondere seiner prachtvollen roten Herbstfärbung wegen. Die vielen Sorten und Varietäten unterscheiden sich vor allem in Blattschnitt und -färbung. Gemeinsam ist ihnen das 5- bis 7-teilige Grundmuster, wobei die Blattlappen bis zum Blattstiel reichen und eine handförmige Fiederung vortäuschen können oder fallweise an die Blätter von Hahnenfuß erinnern. Die sichere Unterscheidung des F. von weiteren ähnlichen Ahornen aus O-Asien ist nicht immer einfach. Mitunter sieht man die schmucken Bäume auch als kunstvoll zugeschnittene Bonsais.

Schneeball-Ahorn *Acer opalus*

FAMILIE AHORNGEWÄCHSE

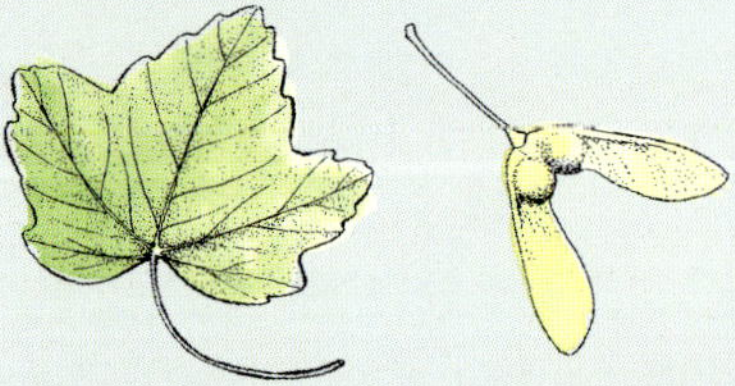

Merkmale: Sommergrüner, 15-20 m hoher Baum mit offener, breiter Krone auf gedrungenem, kurzem Stamm; Rinde anfangs rötlich grau, später zunehmend mit groben, randlich aufgebogenen Schuppen, die nach dem Abfallen orangebraune Flecken hinterlassen.
Blätter gegenständig; Blattstiel 10-15 cm lang, oberseits rötlich, ohne Milchsaft; Blattspreite deutlich 5-lappig, davon die vorderen 3 besonders breit, grob und unregelmäßig gezähnt, Blatt insgesamt bis zu 12 cm lang und 14 cm breit; oberseits dunkelgrün, unterseits weich behaart (zumindest entlang der Hauptnerven).
Blüten mit den Blättern erscheinend, hellgelb, lang gestielt in hängenden Rispen; Blütezeit IV.
Früchte (Nussfrüchte) an dickem, oft gebogenem Stiel, mit rosa-grünlichen bis rotbraunen Flügeln, die ungefähr einen rechten Winkel einschließen.
Standort: Auf mittelgründigen, nährstoffreichen Böden in Bergwäldern.
Verbreitung: Gebirge des westlichen Mittelmeergebiets (Italien, Spanien), nördlich der Alpen nur im Schweizer Jura.
Wissenswertes: Die nach ihrer Blattform auch Schneeballblättriger A. bzw. nach der Hauptverbreitung Italienischer A. genannte, recht formenreiche Art wird in D nur selten als Ziergehölz angepflanzt. Im Mittelmeerraum ist sie jedoch oft in Parkanlagen zu sehen. Im natürlichen Verbreitungsgebiet kommen weitere, zum Teil sehr ähnlich aussehende Arten vor, die als Parkgehölze jedoch nur eine untergeordnete Rolle spielen.
Der S. gehört zu denjenigen Ahorn-Arten, die sich auf Insektenbestäubung spezialisiert haben. Trotz ihrer wenig auffälligen Färbung werden seine kleinen, teils eingeschlechtigen, teils zwittrigen Blüten eifrig von Bienen angeflogen, da sie reichlich süßen Nektar produzieren.

Herbstfärbung

Tataren-Ahorn, Steppen-Ahorn *Acer tataricum* AHORNGEWÄCHSE

Merkmale: Sommergrüner kleiner Baum oder großer Strauch bis 7 m Höhe mit offener, wenigästiger Krone auf niedrigem Stamm; Rinde bräunlich, glatt, im Alter zunehmend heller gestreift.

Blätter gegenständig, lang gestielt, Spreite eiförmig, 6-10 cm lang, meist ungelappt, manchmal mit 1-2 undeutlichen randlichen Lappen, an der Basis abgerundet oder v-förmig eingeschnitten, vorn stumpf oder kurz zugespitzt; oberseits mattgrün, unterseits zumindest entlang der Hauptnerven behaart; im Herbst leuchtend orangerot.

Blüten erst nach dem Laub erscheinend, zahlreich in aufrechten oder ausgebreiteten Rispen; Einzelblüten unscheinbar klein, weißlich, vorwiegend zwittrig, angenehm duftend; Blütezeit IV-V.

Früchte (Nussfrüchte) mit intensiv roten Flügeln, paarweise zusammenhängend. Die Flügel schließen einen spitzen Winkel ein, sodass ihre Außenkanten annähernd parallel verlaufen.

Standort: Kalkhaltige, trockene, feuchte, nährstoffreiche Böden an Flussufern und an felsigen Hängen; vom Tiefland bis in die Bergregion.

Verbreitung: Vom südöstlichen EU bis zum Ural; nördlich der Alpen häufig als Parkgehölz, gelegentlich auch als Straßenbaum angepflanzt.

Wissenswertes: Schon im sommerlichen Fruchtschmuck sieht dieser Ahorn recht dekorativ aus, erst recht in der herbstlichen Farbenpracht. Hinsichtlich der Blattgestalt stellt er in seiner umfangreichen Verwandtschaft ebenso wie die folgende Art eine Ausnahme dar. An Schösslings-Langtrieben können die Blätter allerdings bisweilen deutlich 3-lappig sein und sind dann von manch anderen Ahorn-Arten schwer unterscheidbar.

Eschen-Ahorn *Acer negundo* FAMILIE AHORNGEWÄCHSE

Merkmale: Sommergrüner Baum mit bis zu 15 m Wuchshöhe; Krone anfangs schlank und offen, später breit und gewölbt, Stamm schlank und gerade; Rinde zunächst hellgrau, dann zunehmend bräunlich und längsrissig.

Blätter gegenständig, 7-15 cm lang, unpaarig gefiedert (eine Ausnahme innerhalb der Gattung), die meist 5 Fiederblättchen kurz gestielt, nur Endfieder länger gestielt, jeweils 5-10 cm lang, zugespitzt, an der Basis gerundet, mit angedeuteter Lappung, am Rand scharf gezähnt; oberseits hellgrün, unterseits blassgrün und mitunter behaart, im Herbst blassgelb verfärbt.

Blüten vor dem Laub erscheinend, zweihäusig verteilt; schmucklos, ♂ Blüten in dichten, rötlichen Büscheln, ♀ in hängenden, grünlichen Rispen, werden vom Wind bestäubt; Blütezeit IV.

Nussfrüchte mit schmalen Flügeln in lockeren Rispen, sichelförmig gekrümmt, schließen einen spitzen Winkel ein, in der Reife hellbraun.

Standort: Wechselfeuchte, nährstoffreiche Böden in Flussniederungen und Talauen, im Bergland bis in 2400 m Höhe.

Verbreitung: Stammt aus dem zentralen und südöstlichen N-Amerika (New York bis Texas); heute auch in seiner Heimat vielfach angepflanzt, in EU häufig als Parkgehölz zu sehen.

Wissenswertes: Unter den vielen ungewöhnlichen Merkmalen dieser Ahorn-Art sind auch die weißen Winterknospen hervorzuheben. Gärtnerisch wird gern eine Form mit grün-weiß gezeichneten (panaschierten) Blättern verwendet. E. sind überaus raschwüchsig und gedeihen auch im städtischen Umfeld zufriedenstellend. Gelegentlich verwildern sie in Grünstreifen an Straßen und Bahnanlagen oder an Flussufern.

Blütenstand

Gewöhnliche Rosskastanie *Aesculus hippocastanum*

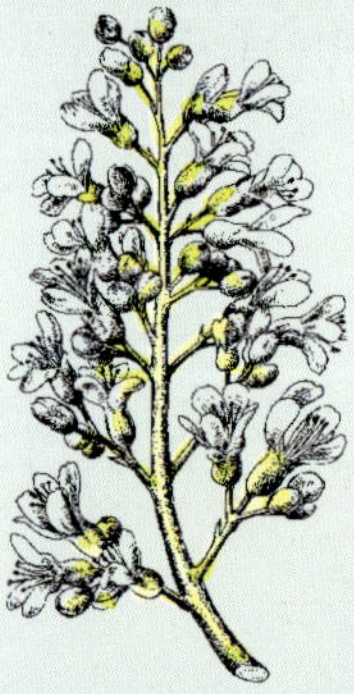

Die Blüten an der Basis des Blütenstands sind zwittrig, die weiter oben rein männlich. Die beiden oberen der 5 weißen Kronblätter zeigen ein dunkleres Farbmal.

Merkmale: Sommergrüner, bis zu 25 m hoher Baum mit hoher, dichter, regelmäßiger Krone auf meist kurzem, gedrungenem, nicht selten etwas gedreht wachsendem Stamm; Rinde anfangs hellbraun und glatt, später zunehmend dunkel- bis schwarzbraun und in gröbere Platten gefeldert; Triebe fast fingerdick, bräunlich, mit helleren Korkwarzen besetzt; Endknospen auffallend groß, vor dem Austrieb stark klebrig.

Blätter gegenständig; Blattstiel bis zu 20 cm lang, grünlich, am Grund stark verbreitert, hinterlässt nach dem Laubfall eine große, dreieckige bis hufeisenförmige Blattnarbe; Spreite bis zu 25 cm lang und fast ebenso breit, handförmig gefiedert, die 5-7 Fiederblätter verkehrt eiförmig, breiteste Stelle im vorderen Drittel (Unterschied zur Rotblühenden Rosskastanie), an der Basis keilförmig, sitzend; oberseits dunkelgrün, im Herbst leuchtend goldgelb, zersetzen sich als Streu sehr rasch.

Blüten zahlreich in aufrecht stehenden, dichten Blütenständen (Scheinrispen); Blütezeit V.

Kapselfrüchte 5-6 cm dick, grünlich, dicht und kräftig bestachelt, mit 1-3 glänzend rotbraunen Samen, den allbekannten Kastanien.

Standort: Auf nährstoffreichen, frischen bis feuchten, lockeren Lehmböden in Bergwäldern.

Verbreitung: Ursprünglich nur im nördlichen Balkan, heute überall in EU sowie in N-Amerika angepflanzt und stellenweise eingebürgert.

Wissenswertes: Die weiß blühende G.R. gelangte um 1570 von Konstantinopel nach Wien. Daher vermutete man lange Zeit die Türkei als Heimat dieser Baumart. Erst 1879 hat man die natürlichen Vorkommen in N-Griechenland entdeckt. Wegen ihrer stattlichen Blütenstände wurde die leicht zu kultivierende und rasch wachsende G.R. schon bald überall in EU als Parkbaum angepflanzt. Sie ist heute das typische Gehölz von Dorfplätzen, Stadtparks, Schulhöfen und Biergärten und damit solchermaßen populär, dass ihre fremdländische Herkunft gar nicht mehr wahrgenommen wird.

Seinen Namen erhielt der Baum nach seiner traditionellen Verwendung als Heilpflanze: In der Türkei sollen damit Hustenerkrankungen von Pferden kuriert worden sein. Reife Kastanien sind leicht giftig. Sie enthalten Saponine und Flavonglykoside, die zur Behandlung von Gefäßerkrankungen eingesetzt werden.

Die auffälligen Blüten zeigen gleich nach dem Aufblühen, solange sie Nektar bilden, ein hellgelbes Farbmal. An den folgenden Tagen versiegt die Nektarproduktion und das Farbmal verfärbt sich zugleich über Ziegelrot nach Tiefpurpurn. Sobald das Signal gleichsam auf Rot steht, fliegen keine Bienen oder Hummeln die Blüten mehr an.

Ähnlich:

Die **Rotblühende Rosskastanie** *Aesculus* x *carnea,* ist eine Kreuzung aus der meist strauchförmig wachsenden, leuchtend rot blühenden nordamerikanischen Pavie *(Aesculus pavia)* und der Gewöhnlichen Rosskastanie. In der Regel dient Letztere als Unterlage zur Veredelung.

Knospen grünlich grau, Blätter derb, dunkelgrün, mit kurz gestielten Fiedern, die jeweils in der Mitte am breitesten und am Rand gekerbt sind; Blüten in langen, aufrecht stehenden Rispen, uneinheitlich fleischrot, Blütezeit VI; Fruchtkapsel entweder mit nur ganz wenigen oder gar keinen Stacheln; in EU häufig in Parks und an Straßenrändern angepflanzt.

Merkmale: Sommergrüner, bis zu 40 m hoher Baum mit breiter, rundlicher, dichter Krone auf langem, geradem Stamm; Rinde anfangs dunkelgrau oder braungrau mit feinem Netzwerk, später zunehmend borkig mit dichten Rippen und Leisten, bei alten Exemplaren auch mit dicken Maserknollen.

Blätter wechselständig, 3-5 cm lang gestielt, Blattspreite 7-12 cm lang und fast ebenso breit, leicht unsymmetrisch herzförmig, mit schlanker Spitze, kerbig gezähnt, oberseits matt frischgrün, unterseits etwas blasser, mit weißen Haarbüscheln in den Winkeln der Hauptnerven (wichtiges Unterscheidungsmerkmal zur Winter-Linde).

Blüten erst nach dem Laub erscheinend, zu 2-6 in hängenden Rispen, Blütenstandsachse von der Mitte bis zur Basis mit einem schmalen Tragblatt verwachsen; Blütenhülle gelblich weiß, Staubblätter 20-25, Griffel unbehaart; Blütezeit VI.

Früchte (Nussfrüchte) kugelig, knapp 1 cm dick, derb, graufilzig, mit 3-5 deutlichen Längsrippen.

Standort: Bevorzugt auf sickerfrischen, nährstoff- und basenreichen, lockeren Böden in krautreichen Schluchtwäldern; Leitart des Buchen-Linden-Bergwalds; Schattenholz.

Verbreitung: Von SW- über M.- bis nach SO-EU (Schwarzmeergebiet), fehlt von Natur aus nur auf den Britischen Inseln und in Skandinavien, dort jedoch wie in vielen anderen Gebieten der Welt eingebürgert; häufig als Forst-, Park- oder Straßenbaum angepflanzt.

Wissenswertes: Die S. bildet keine zusammenhängenden Reinbestände wie Buchen oder Eichen, sondern tritt gewöhnlich nur als Begleitart in verschiedenen Waldgesellschaften auf. Außerhalb der forstlichen Verwendung pflanzt man sie wegen ihrer beeindruckenden Kronenform schon lange auf Plätzen und in Alleen an. Sie kann bis etwa 1000 Jahre alt werden. Obwohl sie im Vergleich zur nahe verwandten Winter-Linde (⇨S. 538) eher eine Baumart der Gebirge ist, kann man sie heute auch weit außerhalb ihres eigentlichen Verbreitungsgebiets antreffen.

Das gelblich weiße, ziemlich weiche und biegsame Holz ist wegen seiner gleichmäßigen Struktur hervorragend zu bearbeiten und wird deswegen sehr gern für Holzbildwerke und Schnitzarbeiten, für den Musikinstrumentenbau und in der Modelltischlerei herangezogen. Der feste, zähe Linden-Bast aus der Rinde wurde früher in großem Umfang für Matten, Seile und Bindegut im Gartenbau benützt. Die Lindenblüten enthalten neben ätherischem Öl auch Flavonoide, Gerb- und Schleimstoffe. Man verwendet sie in medizinischen Tees als schweißtreibendes Hausmittel bei fiebrigen Erkältungskrankheiten sowie zur vorbeugenden Aktivierung der körpereigenen Abwehrkräfte. In der Homöopathie behandelt man damit auch Allergien und rheumatische Beschwerden. Gesammelt werden die Lindenblüten stets zusammen mit ihrem bleichgrünen Tragblatt. In der Natur dient dieses nach der Fruchtreife als Flugorgan zur Windverbreitung der Früchte. Ein weiteres begehrtes Produkt ist schließlich auch der Lindenhonig. Er enthält nicht nur den Nektar aus den Blüten, sondern auch den von Blattläusen ausgeschiedenen Honigtau.

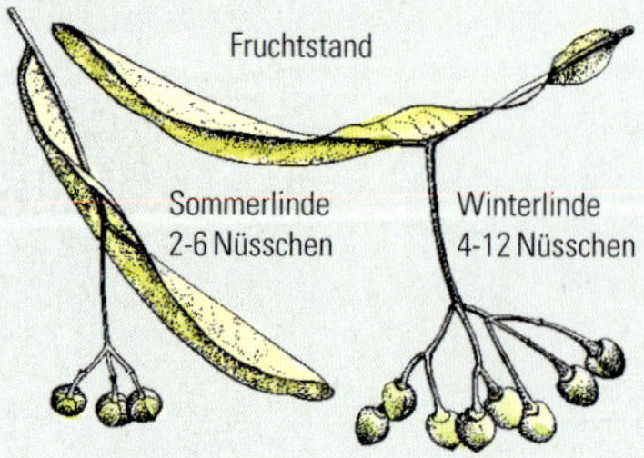

Winter-Linde *Tilia cordata*

Merkmale: Sommergrüner, großer Baum bis 30 m Höhe mit dichter, breiter, gewölbter Krone auf kräftigem, geradem Stamm.
Blätter wechselständig, 2-5 cm lang gestielt, Blattspreite rundlich herzförmig und leicht unsymmetrisch, bis zu 8 cm lang und fast ebenso breit, nur an Wasserreisern größer, am Rand gesägt; oberseits dunkelgrün, unterseits bläulich getönt, mit bräunlichen Haarbüscheln in den Winkeln der Hauptnerven (wichtiges Unterscheidungsmerkmal zur Sommer-Linde, ⇨ S. 536).
Blüten nach dem Laub erscheinend, zu 4-12 in hängenden Rispen, weißlich; Blütezeit VI-VII, d.h. deutlich später als bei der Sommer-Linde.
Früchte (Nussfrüchte) kugelig, nur etwa 6 mm dick, relativ dünnschalig, meist kahl, ohne hervortretende Rippen oder nur schwach kantig.

Standort: Frische, sommerwarme, basenreiche, tiefgründige Böden vor allem in verschiedenen Eichenwaldgesellschaften; gelegentlich in Reinbeständen, üblicherweise aber Mischbaumart.

Verbreitung: Von SW-EU (Pyrenäen) bis zum Ural, in Skandinavien nur im südlichen Teil, fehlt in Irland u. Schottland, auf dem S-Balkan und den großen Mittelmeerinseln; in D vom Tiefland bis ins Gebirge, in den Alpen bis in 1500 m Höhe.

Wissenswertes: Das natürliche Areal der W. ist mehr als doppelt so groß wie das der Sommer-Linde und reicht im NO und O viel weiter in kontinentale Klimagebiete hinein. Nur in wenigen Gegenden in D gibt noch es größere Reinbestände. Sonst ist die Linde aus unseren Wäldern wirtschaftsbedingt verdrängt worden, findet aber heute im Bestandsaufbau wieder vermehrt Interesse. Nur im Freistand entwickelt sie ihre malerische, dichte Kronengestalt, im Wald bleibt die Krone eher schmal. Außerdem blüht der Baum nur im Freistand fast jährlich.
In der Holzqualität sowie der medizinischen Verwendung sind die beiden Schwesterarten völlig gleichwertig. Linden reagieren empfindlich auf Luftverschmutzung und verschwinden daher immer mehr aus dem Bild der Dörfer und Städte, obwohl sie von Natur aus über 1000 Jahre alt werden können, wie so manche urkundlich bezeugte Gedenk- oder Gerichtslinde demonstriert. Mit ihrer tief reichenden Herzwurzel ist die Linde gegen Windwurf recht stabil.

Ähnlich:
Holländische Linde *Tilia* x *hollandica*, eine im gemeinsamen Verbreitungsgebiet von Sommer- und Winter-Linde spontan entstandene fruchtbare Kreuzung; Blätter relativ groß wie bei der Sommer-Linde, mit bläulich graugrüner Unterseite (Foto) wie bei der Winter-Linde, Haarbüschel in den Blattnervenwinkeln gelblich; Früchte etwa 8 mm groß, undeutlich kantig und behaart; übertrifft die Elternarten sowohl in der Wuchshöhe (bis 40 m) wie in der Üppigkeit der Krone, daher schon seit langem als Blickfang auf Dorfplätzen, in Stadtparks oder an anderen exponierten Stellen im Siedlungsraum gepflanzt.

Gewöhnliche Silber-Linde *Tilia tomentosa*

Merkmale: Sommergrüner, bis zu 30 m hoher Baum mit tief ansetzender, regelmäßiger, schlanker oder gewölbter, nach oben verbreiterter Krone auf kräftigem Stamm; Rinde anfangs grünlich grau, in späteren Jahren graubraun, erst im Alter von einem feinen, gleichmäßigen, sehr flachen Leisten- und Furchenmuster überzogen.

Blätter wechselständig, 2-3,5 cm lang gestielt, Blattspreite 7-12 cm lang und ebenso breit, im Umriss rundlich herzförmig, gewöhnlich etwas asymmetrisch, mit kurzer Spitze, am Rand gezähnt mit nach vorn weisenden Spitzen, aber ohne Grannen; oberseits nach dem Austrieb zunächst leicht rau behaart, dann zunehmend kahl und dunkelgrün, unterseits bleibend dicht weißfilzig behaart (namengebendes Merkmal), ohne Haarbüschel in den Nervenwinkeln, im Herbst goldgelb verfärbt.

Blüten nach dem Laub erscheinend, zu 6-9 in hängenden Doldenrispen; neben vielen fruchtbaren auch sterile Staubblätter, Fruchtknoten filzig behaart; starker, angenehmer Duft; Blütezeit VII.

Nussfrüchte länglich, meist nur zu dreien, etwa 6 mm dick, schwach gerippt; Fruchtstandsachse bis zum Grund mit dem Tragblatt verwachsen.

Standort: Mittelgründige, nährstoffreiche, meist kalkhaltige, trockene Stein- und Lehmböden in Laubmischwäldern; überwiegend Mischbaumart, bildet selten Reinbestände.

Verbreitung: Südöstliches EU bis Vorderasien, aber auch weit außerhalb des natürlichen Areals als Park- und Alleebaum angepflanzt.

Wissenswertes: Von den bei uns häufiger anzutreffenden Linden blüht die G.S. am spätesten im Jahr. Die Blüten locken mit ihrem starken Duft viele Hautflügler an, insbesondere Hummeln. Ihr Nektar ist jedoch, vermutlich wegen abweichender Zuckerzusammensetzung, für die heimischen Hummeln und Bienen unverträglich: Sie taumeln nach ihrer süßen Mahlzeit lange am Boden umher und gehen schließlich zugrunde.

Im Vergleich zu ihren heimischen Schwesterarten, der Winter- und der Sommer-Linde, ist die G.S. gegenüber Luftverschmutzung und sommerlicher Trockenheit relativ unempfindlich. Daher verwendet man sie in den Städten gern als Straßen- und Parkbaum. Oft sind diese Exemplare allerdings nicht »kernecht«, wie der Gärtner sagt, sondern auf der Winter-Linde als Unterlage veredelt, was die unterschiedliche Borkenbildung im unteren Stammbereich und im Kronenteil zeigt.

Ähnlich: **Hängende Silber-Linde** *Tilia petiolaris,* oft nur als Varietät der oben stehenden Art und nicht als eigene Spezies angesehen; unterscheidet sich durch ihre 5-6 cm lang gestielten, oft schlaff herabhängenden Blätter, ihre überhängenden Zweige bei relativ schlanker Krone und das schmal spatelförmige Tragblatt des Fruchtstands; stammt wie die vorige Art aus SO-EU bis Vorderasien, wird insbesondere in städtischen Parks in M.- und S-Europa häufig angepflanzt; im Erscheinungsbild ebenso dekorativ wie die Gewöhnliche Silber-Linde, färbt ähnlich goldgelb um.

Hybrid-Platane *Platanus x hispanica*

Merkmale: Sommergrüner, bis zu 30, selten auch 40 m hoher Baum mit breiter, hoher, gewölbter Krone auf dickem, geradem, bis in den oberen Kronenraum zu verfolgendem Stamm; Rinde zunächst einheitlich graubraun oder hellbraun, löst sich später in handgroßen, dünnen, plattigen Stücken ab und hinterlässt gelbe Flecken; Triebe blassgrün bis bräunlich, filzig behaart.

Blätter wechselständig (Unterschied zu ähnlich belaubten Ahorn-Arten mit gegenständigen Blättern), 5-10 cm lang gestielt, Spreite 15-20 cm lang und bis 25 cm breit, handförmig 3- bis 5-lappig, die vorderen Lappen breit dreieckig, höchstens bis zur Spreitenmitte eingeschnitten, mit ungleich großen, spitzen Zähnen, im Umriss einem Spitz-Ahorn (⇨S. 528) ähnlich, fest und beinahe ledrig, oberseits dunkelgrün, unterseits zumindest auf den Hauptnerven und in den Nervenwinkeln weißlich behaart, fallen im Herbst ohne besondere Verfärbung ab.

Blüten einhäusig verteilt, mit dem Laub erscheinend, unscheinbar, jedoch zahlreich in je 2 kugeligen, meist lang gestielten, hängenden Teilständen, Blütezeit V; zur Fruchtzeit 3-4 cm dick und 15-20 cm lang gestielt, bleiben lange am Zweig.

Standort: Bevorzugt mittel- bis tiefgründige, wechselfeuchte Böden.

Verbreitung: In M.-EU überall häufig in Parks und an Straßen gepflanzt.

Wissenswertes: Dieser auch Ahornblättrige P. genannte Baum wird heute mehrheitlich als Kreuzung aus der Morgenländischen und der Abendländischen Platane angesehen. Diskutiert wird auch, ob es sich dabei nur um eine Kulturvarietät einer dieser beiden Arten handelt. Für die Hybridnatur spricht, dass die Blüten- bzw. -fruchtstandkugeln überwiegend paarweise angelegt werden, während es bei den mutmaßlichen Elternarten jeweils nur 1 bzw. 3 Kugeln sind.

Im Stadtklima erweist sich die H. als wüchsig und stabil. Hier ist sie mit ihrem großflächigen, dichten Laub als sommerlicher Schattenspender sehr beliebt. Regional erzieht man die Krone durch Stutzen der Äste zu ähnlich flachen Schirmen wie z.B. bei Linden. Das austreibende Laub wird gelegentlich von einem Pilz infiziert und vertrocknet dann fahlbraun. Die aus Reserveknospen austreibenden Ersatzblätter entfalten sich normal.

Ähnlich: **Morgenländische Platane** *Platanus orientalis*, Rinde löst sich in größeren Platten ab, Blätter tief 5- bis 7-lappig, bis über die Spreitenmitte eingeschnitten, Blüten- und Fruchtkugeln meist zu dreien; Herkunft Türkei und Balkan, in S-EU häufig als Schattenbaum gepflanzt, nördlich der Alpen nur selten in größeren Parks.

Abendländische Platane *Platanus occidentalis*, Stamm gabelt sich meist schon in geringer Höhe in mehrere starke Äste, Rinde löst sich in kleinen Schuppen ab, Blätter breit 3-lappig mit flachen Buchten, Mittellappen stets breiter als lang, glattrandig, Blüten- und Fruchtkugeln meist einzeln; auf Feuchtböden an Fluss- und Seeufern im zentralen und westlichen N-Amerika; in EU gelegentlich in Parks angepflanzt.

Gewöhnliche Esche *Fraxinus excelsior* FAMILIE ÖLBAUMGEWÄCHSE

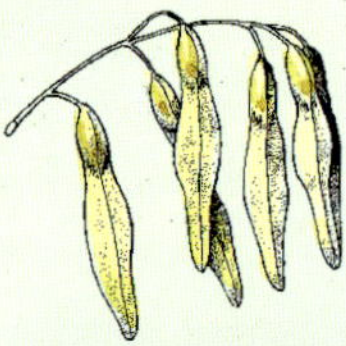

Fruchtstand △ Blattknospe ▽

Blattlänge 20-25 cm

Merkmale: Sommergrüner, bis zu 40 m hoher Baum mit schlanker oder breit gewölbter Krone auf langem, geradem Stamm; Rinde anfangs hellgrau und glatt, später zunehmend borkig und mit breiten Rippen längsrissig; Winterknospen spitz, tiefschwarz (erkennbar im kleinen Foto oben).

Blätter gegenständig, unpaarig gefiedert, die 9-13 Fiedern oval länglich, spitz, am Rand gezähnt, oberseits mattgrün, unterseits heller und entlang der Mittelrippe rotbraun behaart.
Blüten ein- oder zweihäusig verteilt, vor dem Laub erscheinend, zwittrig o. eingeschlechtig, unscheinbar grünlich, in dichten Rispen; Blütezeit IV.
Nussfrüchte schmal geflügelt, hellbraun, bleiben als Wintersteher lange am Baum, werden als Drehschraubenflieger vom Wind verdriftet.
Standort: Vorzugsweise auf sickerfrischen, nährstoffreichen Böden in Auen von Bächen und Flüssen sowie in Schluchtwäldern; Lichtholz.
Verbreitung: Fast in ganz EU außer in großen Teilen der Iberischen Halbinsel und Skandinaviens, im S nur im Gebirge, im O bis zum Schwarzen Meer; häufig als Park- o. Straßenbaum gepflanzt.
Wissenswertes: Die G.E. gehört zu den hochwüchsigsten heimischen Laubgehölzen. Sie ist windblütig. Ihr helles, festes Holz verarbeitet man zu Furnieren, Sportgeräten und Biegeformteilen.

Manna-Esche, Blumen-Esche *Fraxinus ornus* F. ÖLBAUMGEWÄCHSE

Blattlänge 15-20 cm

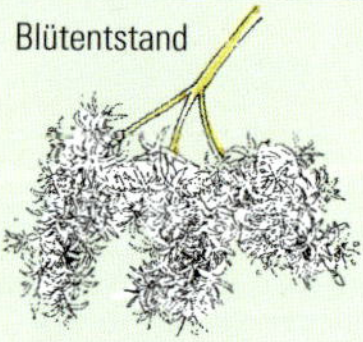

Blütentstand

Merkmale: Sommergrüner, bis zu 25 m hoher Baum oder großer Strauch mit lockerer, rundlicher Krone; Rinde dunkelgrau bis schwärzlich, ohne ausgeprägtes Leisten- und Rippenmuster (wichtiges Unterscheidungsmerkmal zur Gewöhnlichen Esche); Winterknospen graubraun.
Blätter gegenständig, unpaarig gefiedert, die in der Regel 7-9 Fiederblättchen länglich oval, zugespitzt, gezähnt, bis zu 6 cm lang und etwa 2 cm breit; oberseits mattgrün, unterseits entlang des Hauptnervs bräunlich wollig behaart.
Blüten nach dem Laub erscheinend, zahlreich in dichten, hängenden Rispen; mit 4 weißen, bis zu 6 mm langen Kronblättern; angenehm duftend; Blütezeit V; Nussfrüchte sehr schmal geflügelt.
Standort: Sonnig-trockene Hänge mit mäßig nährstoffreichen, flach- bis mittelgründigen, oft kalkhaltigen Böden; wichtige Leitart Wärme liebender Waldgesellschaften im südöstlichen EU.
Verbreitung: In mehreren Verbreitungsinseln in O-Spanien, S-Frankreich, den südlichen Alpen und Italien, auf dem Balkan und in Kleinasien; in S-EU und dem südl. M.-EU häufig als Ziergehölz angepflanzt, in D im Oberrheingebiet eingebürgert.
Wissenswertes: Vor der Zeit von Rohr- und Rübenzucker sammelte man den eingetrockneten Blutungssaft angeschnittener Stämme und Äste, das süß schmeckende Manna (mit der Hauptkomponente Mannitol, einem medizinisch verwendeten mehrwertigen Alkohol). Deswegen baute man den Baum in manchen Regionen sogar in Plantagen an. Dieses für viele Ölbaumgewächse typische Kohlenhydrat ist übrigens nicht identisch mit dem biblischen Manna.
Blumen-Esche nennt man den Baum wegen seiner schmucken, von Insekten bestäubten Blüten.

Ölbaum *Olea europaea*

Blätter ledrig derb

Merkmale: Immergrüner Baum bis 15 m Höhe mit lichter, unregelmäßiger, zumeist ausgebreiteter Krone; Stamm kurz und gekrümmt, wächst gewöhnlich stark gedreht, bei sehr alten Bäumen innen hohl und löchrig durchbrochen oder zusammengedrückt erscheinend; Rinde anfangs hell silbrig grau mit feinem Furchenmuster, im Lauf der Jahre zunehmend plattig rau und dunkelbraun.

Blätter gegenständig, sitzend oder kurz gestielt, 2-8 cm lang und bis 1,5 cm breit, lanzettlich, vorn spitz, an der Basis lang keilförmig, glattrandig, Ränder leicht nach unten eingerollt; oberseits matt dunkel graugrün, auf der Unterseite grauweiß oder hellbräunlich behaart.

Blüten eingeschlechtig oder zwittrig, klein und unscheinbar, mit 4-teiliger, weißlicher, zur Mitte hin hellgelber Krone, 2 Staubblättern und oberständigem, aus 2 Fruchtblättern verwachsenem Fruchtknoten; zu mehreren in langen, aufrechten Rispen in den Blattachseln; angenehm duftend; werden vom Wind bestäubt; Blütezeit VI-VIII.

Früchte (Oliven) 1-3 cm lang, mit ölhaltigem Fruchtfleisch und sehr hartem Steinkern, in der Reife bräunlich bis schwarz glänzend.

Standort: Trockene, lockere, steinige bis mittelgründige, oft kalkhaltige Böden; wichtigste Leit- und Charakterart der immergrünen mediterranen Hartlaubvegetation.

Verbreitung: Von der Atlantikküste der südlichen Iberischen Halbinsel und NW-Afrika (Marokko) bis nach Israel; vielfach angepflanzt, in N-Italien u.a. am Gardasee.

Wissenswertes: Der Ölbaum kann mehrere hundert Jahre, in Ausnahmefällen sogar um die 2000 Jahre alt werden. Er ist eine aus dem Vorderen Orient stammende Nutzpflanze, die man im östlichen Mittelmeergebiet schon vor mehr als 5000 Jahren in Kultur genommen hat. Die Ölfrucht oder Olive war neben Weinstock und Feigenbaum eine der Verheißungen des Alten Testaments – die Juden fanden sie im Gelobten Land bereits als Kulturpflanze vor. Die fast überall im Mittelmeerraum in der Macchie oder in anderen felsbewohnenden Gehölzen vorkommende Wildform ist ein im Aussehen ähnlicher kleiner Baum, jedoch mit bedornten Zweigen, kleineren Blättern und bitteren, kleinen Steinfrüchten.

Die Oliven erntet man im Herbst (X-XII) vor der Vollreife von Hand. Nach dem Zermahlen wird in einer kalten Pressung das wertvollste Olivenöl gewonnen. Die zweite, warme Pressung liefert ein immer noch als Speiseöl verwendetes Produkt, die dritte, diesmal heiße Behandlung ein nur noch für technische Zwecke geeignetes Öl. Das kalt und warm abgepresste Öl enthält zu etwa 65 % die Glyceride der Ölsäure neben ungefähr 10 % ungesättigten Fettsäuren (Linol- und vor allem Linolensäure). Die Speiseoliven stammen oft von besonderen Kultursorten des Ö. Sie werden durch Einlegen in alkalische Kochsalzlösung von den Bitterstoffen des Fruchtfleisches befreit und anschließend mit verschiedenen Gewürzen aromatisiert. Von einem einzigen Ölbaum lassen sich etwa 60 kg Oliven ernten, die rund 9 l Olivenöl ergeben. Die Bäume tragen jedoch nur jedes 2. Jahr. Mehr als 95 % der Welternte stammen heute aus den Mittelmeerländern, der Rest aus Kalifornien (USA), S-Afrika und Australien.

Olivenernte

Götterbaum *Ailanthus altissima*

FAMILIE BITTERESCHENGEWÄCHSE

Merkmale: Sommergrüner, bis 25 m hoher Baum mit lockerer, unregelmäßiger, breiter Krone.
Blätter wechselständig, 40-70 cm lang, mit rötlicher Hauptrippe (Blattspindel), unpaarig gefiedert, die 11-19 Fiedern je etwa 5-15 cm lang, länglich oval, glattrandig, an der Basis keilförmig oder mit 2-4 ungleich großen Zähnen, die je eine große Drüse aufweisen; oberseits glänzend dunkelgrün, unterseits blasser, meist kahl, beim Zerreiben unangenehm riechend.
Blüten ♂ oder zwittrig, unscheinbar klein, grünlich gelb, zahlreich in 15-20 cm langen, locker verzweigten, endständigen Rispen; Blütezeit VI-VII.
Nussfrüchte 2-seitig geflügelt, etwa 4 cm lang.

Standort: Auf lockeren, wasserdurchlässigen, mäßig nährstoffreichen, aber häufig kalkhaltigen Böden in Wärmegebieten; Lichtholz.
Verbreitung: Ursprünglich in Auenwäldern und auf Schwemmlandböden in O-Asien (China); vielfach als Park- und Straßenbaum angepflanzt und heute vielerorts in EU und in N-Amerika eingebürgert; in D bisher fast nur im Bereich größerer Städte.
Wissenswertes: Die großen, zur Reifezeit ab dem Spätsommer hochroten Fruchtstände sehen von weitem aus wie üppige Blumensträuße. Außerdem erwies sich der G. als bemerkenswert widerstandsfähig gegen Abgasbelastung und sommerliche Trockenheit. Beides prädestiniert ihn als städtisches Ziergehölz. Die reiche Produktion von Samen, die als Schraubenflieger vom Wind verdriftet werden, trug dazu bei, dass sich die Art auch auf Schuttgelände, Industriebrachen sowie im Saum großer Verkehrswege immer mehr ausbreitete. Im unbelaubten Zustand kann man den G. am orangegelben Mark seiner Zweige erkennen.

Blasenesche *Koelreuteria paniculata*

FAMILIE SEIFENBAUMGEWÄCHSE

Merkmale: Sommergrüner Baum bis ungefähr 15 m Wuchshöhe, mit kugeliger oder kuppelförmiger Krone und schlankem Stamm, oft auch mehrstämmig.
Blätter wechselständig, 20-35 cm lang; unpaarig, z.T. auch doppelt gefiedert, die 7-17 Fiederblättchen oval, 3-8 cm lang, an der Basis gelappt, klein gezähnt; oberseits matt dunkelgrün, unterseits etwas heller getönt, Herbstfärbung kräftig gelb.
Blüten zwittrig, etwa 1 cm breit, mit 4 schmalen, chromgelben Kronblättern; in großer Zahl in bis zu 50 cm hohen, lockeren, aufrechten oder abstehenden Rispen vereinigt; Blütezeit VII.
Frucht eine 3-klappige Kapselfrucht, vorn spitz, mit Stielbucht, zur Reifezeit auffällig lampionartig aufgebläht und rotbraun gefärbt.

Standort: Auf warmen, trockenen, lockeren Böden.
Verbreitung: Beheimatet in SO-Asien (Japan, China, Korea); in M.-EU oft als Parkgehölz gepflanzt.
Wissenswertes: Die B. präsentiert sich im Blüten- und Fruchtschmuck als gleichermaßen attraktiv und wurde schon um 1750 aus ihrem asiatischen Ursprungsgebiet nach M.-EU eingeführt. Trotz ihrer Herkunft aus wärmeren Klimaten ist sie hier ausreichend winterhart. Neben der Wildform gibt es auch einige Gartenvarietäten mit stärker eingeschnittenen oder gar gelappten Fiedern. Wissenschaftlich benannt wurde die Art nach dem erfolgreichen württembergischen Pflanzenzüchter Josef Gottlieb Kölreuter.
Die aufgeblähten Kapseln enthalten je 3 schwarze, etwa erbsengroße Samen, die in katholischen Gegenden früher zu Rosenkränzen aufgefädelt wurden. Die B. ist der einzige in M.-EU häufiger in Gartenkultur verwendete Vertreter der Seifenbaumgewächse. Diese bedeutende Familie umfasst nahezu ausschließlich Gehölze, darunter auch zahlreiche Lianen, und ist in den Tropen und Subtropen mit über 2000 Arten vertreten.

Trompetenbaum *Catalpa bignonioides* FAM. TROMPETENBAUMGEWÄCHSE

Merkmale: Sommergrüner Baum bis 20 m Höhe mit offener, breiter Krone auf kurzem Stamm; Blätter gegenständig oder (häufiger) zu dritt wirtelig, lang gestielt, 10-20 cm lang und ebenso breit, herzförmig bis breit oval oder schwach gelappt mit 2 seitlichen Zipfeln, unterseits weichhaarig, beim Zerreiben unangenehm riechend; Blüten 3-5 cm breit, in aufrechten Rispen, Blütezeit VI-VII; Kapselfrüchte schmal und bis zu 30 cm lang, hängend.

Standort: Auf lockeren, sommerwarmen Böden.

Verbreitung: Stammt ursprünglich aus dem südöstlichen N-Amerika; in M.-EU vielfach als Ziergehölz in Parks und Gärten angepflanzt.

Wissenswertes: Die weißen, glockigen Blüten zeigen im Inneren ein gelbes Farbmal, das als übergroße Staubblattattrappe gestaltet ist. Sobald der Nektar in der Blüte nach einigen Tagen versiegt, schlägt es von Gelb nach Rot um. Die Blüte erscheint den rotblinden Hautflüglern dann nur noch einheitlich weiß und wird nicht mehr angeflogen. In Gärten sieht man gelegentlich weitere ähnliche T.-Arten oder deren Hybriden.

Blauglockenbaum *Paulownia tomentosa* FAM. BRAUNWURZGEWÄCHSE

Merkmale: Sommergrüner Baum bis 20 m Höhe mit breiter, offener Krone auf geradem Stamm; Blütenknospen auffallend zimtbraun, schon im Winter am Baum; Blätter gegenständig, bis zu 40 cm lang gestielt, Blattspreite 15-30 cm lang, breit herzförmig oder schwach gelappt, beidseits behaart; Blüten glockig mit hellvioletter, röhriger Krone, 4-6 cm lang, hängend, zahlreich in aufrechten, bis zu 30 cm hohen Rispen; Blütezeit V; Kapselfrüchte grünlich, spitz.

Standort: Auf sommerwarmen, lockeren Böden.

Verbreitung: Stammt aus dem mittleren und nördlichen China; in wintermilden Gebieten auch in EU gern als dekorativer Parkbaum angepflanzt, im östlichen N-Amerika eingebürgert.

Wissenswertes: Der B. ist eine der wenigen Gehölzgattungen, die man im botanischen System zu den Braunwurzgewächsen (=Rachenblütlern) und damit in eine fast ausschließlich aus krautigen Arten bestehende Pflanzenfamilie stellt. Seine stark duftenden Blüten, die noch vor dem Laubaustrieb erscheinen, sind recht kurzlebig. Im Ursprungsgebiet des Baums fertigt man aus seinem Holz Schuhsohlen und Sandalen.

Amberbaum *Liquidambar styraciflua* FAMILIE ZAUBERNUSSGEWÄCHSE

Merkmale: Sommergrüner, bis 25 m hoher Baum; Blätter wechselständig, etwa 6-10 cm lang gestielt, Spreite 10-15 cm lang und ebenso breit, meist 5-lappig, sternförmig, fein gezähnt, oberseits dunkelgrün, unterseits mit Haarbüscheln in den Nervenwinkeln, beim Zerreiben überaus angenehm duftend, im Herbst eine prachtvoll karminrote Färbung annehmend. Blüten einhäusig verteilt, unscheinbar grünlich (♂) oder gelblich (♀), in kugeligen Köpfchen; Blütezeit V; Kapselfrüchte in 2-3 cm dicken Kugeln, bleiben den Winter über am Baum hängen.

Standort: Wechselfeuchte Auen- und Talböden; häufige Pionierart auf Waldlichtungen.

Verbreitung: Stammt aus dem südwestlichen N-Amerika; oft als Park- und Straßenbaum gepflanzt.

Wissenswertes: Das schlagfrische Holz enthält unter der Rinde ein angenehm duftendes Harz, aus dem man früher Kaugummi herstellte. Die Blätter des A. erinnern an Ahorn, sind aber wechselständig. Das feste, helle Holz wird in N-Amerika u.a. im Innenausbau, für Möbel, Kisten und Fässer verwendet.

Schwarzer Maulbeerbaum *Morus nigra* FAMILIE MAULBEERGEWÄCHSE

Merkmale: Sommergrüner Baum bis 18 m Höhe mit breiter Krone auf niedrigem, oft jedoch sehr dickem und gedreht wachsendem Stamm; Rinde dunkelbraun, anfangs glatt, später faserig gefurcht und knotig verdickt.
Blätter wechselständig, bis zu 2,5 cm lang gestielt, Spreite bis zu 20 cm lang, im Umriss breit herzförmig, vorn mit kurzer, schlanker Spitze, am Rand groß gezähnt und an der Basis unregelmäßig (mitunter auch nur einseitig) gelappt, oberseits rauhaarig, unterseits flaumig oder kahl.
Blüten einhäusig verteilt, unscheinbar bleichgrün, zahlreich in kurzen, gedrungenen Ähren in den Blattachseln, ♂ Blütenstände länger gestielt als die ♀; Blütezeit V-VI.
Früchte (Maulbeeren) erinnern im Aussehen an längliche Brombeeren, bis zu 2,5 cm lang, in der Reife purpurn bis schwarzviolett.
Standort: Vorzugsweise auf kalkhaltigen, lockeren, steinigen Böden an besonnten Hängen.
Verbreitung: Stammt vermutlich aus Zentralasien, wird jedoch schon seit langem kultiviert und verwildert häufig; in wintermilden Gegenden auch in M.-EU angepflanzt.
Wissenswertes: Schon im Altertum wurde der S.M. im Mittelmeergebiet und Vorderen Orient als Fruchtlieferant kultiviert. Seine ursprüngliche Heimat ist heute nicht mehr festzustellen. Seit dem 16. Jh. pflanzte man ihn zunehmend auch in M.-EU an, vor allem in Kloster- und Pastoratsgärten. Bis heute ist er in den Weinbauregionen relativ häufig zu sehen, z.B. im Oberrheingebiet oder in den südlichen Landesteilen von Österreich.
Die schwarzroten, sehr saftreichen und süßen Maulbeeren sind Früchte, die ausnahmsweise nicht aus dem Fruchtknoten, sondern aus der fleischig gewordenen Blütenhülle hervorgehen. Botanisch gesehen ist die einzelne Maulbeere ein Fruchtstand mit einsamigen Nüssen, die jeweils von einer saftigen Hülle umgeben sind. Sie schmecken anfangs fade säuerlich und sind erst im Zustand der Vollreife genießbar. In ihrem Hauptverbreitungsgebiet verarbeitet man sie zu Marmeladen, Gelees, Säften oder Obstwein. Der dunkelrote Saft wird teilweise zum Nachfärben blasser Rotweine verwendet.
Das feste, dunkle Holz des S.M. diente früher in der Kunsttischlerei nicht selten zu Einlegearbeiten (Intarsien), das stark gemaserte Wurzelholz wurde für verschiedene Drechselarbeiten (etwa Pfeifenköpfe oder Schachfiguren) herangezogen.

Weißer Maulbeerbaum *Morus alba* FAMILIE MAULBEERGEWÄCHSE

Merkmale: Sommergrüner Baum bis 15 m Höhe, mit gewölbter, offener Krone auf gedrungenem Stamm; Blätter wechselständig, ungeteilt oder mit mehreren ungleich großen Lappen, oberseits glatt; Blüten ein- oder zweihäusig verteilt, in gestielten grünlichen Kätzchen; Blütezeit V-VI; Früchte weiß bis hellrosa; essbar, etwas fade.
Standort: In Gärten und Alleen angepflanzt.
Verbreitung: Stammt aus China; mit der Zucht von Seidenspinnerraupen, die sich ausschließlich von ihren Blättern ernähren, nach M.-EU eingeführt.

Feigenbaum *Ficus carica*

FAMILIE MAULBEERGEWÄCHSE

Merkmale: Sommergrüner, bis zu 10 m hoher Baum oder großer Strauch mit offener Krone auf kurzem, knorrigem, gedreht wachsendem Stamm; Rinde anfangs glatt hell graubraun, später zunehmend braun und rissig. Blätter wechselständig, 5-8 cm lang gestielt, Spreite 20-30 cm lang und fast ebenso breit, ledrig, handförmig in 3-5 ungleich große, nach vorn verbreiterte Lappen geteilt, undeutlich gezähnt, oberseits rauhaarig, unterseits blasser und nur auf den Hauptnerven weißlich behaart. Blüten sehr klein, im Inneren eines krugförmigen, grünlichen Blütenstands mit schmaler Öffnung für die Bestäuber; Blütezeit III-VII. Früchte (Feigen) grün, violett oder schwarz, stellen fleischig verdickte Blütenstandsachsen dar.

Standort: Steinige, trockene, sommerwarme Böden in Gebüschen an Felshängen.

Verbreitung: Stammt aus SW-Asien, schon seit dem Altertum im Mittelmeerraum kultiviert, heute weltweit verbreitet, auch in D in wintermilden Gebieten angepflanzt.

Wissenswertes: Während die Wildform der Feige einhäusig ist, treten Kulturformen meist zweihäusig auf. Eine Form der Kulturfeige, die so genannte Holz- oder Bocksfeige, liefert keine genießbaren Früchte, sondern nur die erforderlichen Pollen. Diese werden ausschließlich von einer kleinen Gallwespe in die weiblichen Blütenstände der Hausfeige übertragen. Das Insekt benötigt für seine eigene Entwicklung zumindest bei den Wildfeigen noch einen dritten Blütenstandstyp mit kurzgriffeligen ♀ Blüten (= Nachfeigen). Heute gibt es allerdings auch Feigen-Rassen, die ganz ohne Bestäubung essbare Feigen hervorbringen.

Apfelsinenbaum, Orangenbaum *Citrus sinensis*

MAULBEERGEWÄCHSE

Merkmale: Immergrüner Baum oder größerer Strauch bis 10 m Höhe mit kegeliger oder rundlicher Krone; Blätter wechselständig, breit lanzettlich, mit schmal geflügelten Blattstielen, ledrig, oberseits glänzend dunkelgrün; Blüten einzeln zu 3-5 in den Blattachseln, mit 5 weißen Kronblättern und zahlreichen hellgelben Staubblättern; angenehm duftend; Blütezeit II-VI; Früchte (Orangen) aus botanischer Sicht Beeren, relativ glattschalig; Fruchtfleisch besteht aus zahlreichen sog. Safthaaren, von angenehmem Geschmack.

Standort: In Kultur benötigt die Pflanze lockere, etwas steinige, kalkhaltige und gut wasserdurchlässige Lehmböden. Darüber hinaus stellt sie keine besonderen Ansprüche.

Verbreitung: Stammt aus SO-Asien, im Mittelmeergebiet seit dem 16. Jh. in großem Umfang kultiviert; in M.-EU nicht winterhart, nur gelegentlich als Kübelpflanzen in großen Gärten zu sehen.

Wissenswertes: Die **Bitterorange** oder **Pomeranze** *Citrus aurantium*, die man wegen des ätherischen Öls ihrer Blüten und außerdem als Marmeladenfrucht kultiviert, hat breitere Blattspreiten und Stielflügel, ist dem A. aber in den übrigen Merkmalen sehr ähnlich.

Ähnlich: **Zitronenbaum** *Citrus limon*, 2-5 m hoher Strauch oder kleiner Baum, Äste kräftig bedornt, Blätter lanzettlich, Spreite vom wenig geflügelten Stiel deutlich abgesetzt, gekerbt bis gezähnt, Blüten außen purpurn überlaufen, innen reinweiß, anhand der reifenden Früchten unverwechselbar; häufig kultiviert.

Tulpen-Magnolie *Magnolia x soulangiana*

Merkmale: Sommergrüner Baum oder großer Strauch bis zu 6 m Wuchshöhe mit ausladender Krone auf kurzem, meist krummem Stamm; Rinde anfangs glatt, braungrau, später feinrissig.
Blätter wechselständig, kurz gestielt, verkehrt eiförmig bis elliptisch mit kurzer Spitze, 12-20 cm lang und bis zu 6 cm breit, ledrig, glattrandig; oberseits matt frischgrün, unterseits heller und wenig behaart.
Blüten schon vor dem Laub erscheinend, endständig an den Zweigen, aufrecht, auch noch nach dem Öffnen glockig zusammengeneigt, innen reinweiß, außen rötlich überlaufen, an der Basis mitunter rotviolett gefärbt; Blütezeit IV-V.
Kapselfrucht mit roten Samen, die in der Reife an langen Samenstielchen heraushängen (Zeichnung).

Standort: Meist auf wasserdurchlässigen, mäßig nährstoffreichen und leicht sauren Lockerböden.

Verbreitung: Ausschließlich aus der Gartenkultur bekannt, heute in M.-EU die am weitesten verbreitete Magnolie.

Wissenswertes: Die T. entstand um 1820 im Park von Soulange-Bodin als Kreuzung der chinesischen Yulan-Magnolie *(M. denudata)* und der ebenfalls aus O-Asien stammenden Purpur-Magnolie *(M. liliiflora)*. Unterdessen sind von ihr mehrere Kulturvarietäten verfügbar, die sich vor allem in der Blütenfarbe unterscheiden, darunter die nach dem bedeutenden rheinischen Gartenkünstler des 19. Jh. Peter Joseph Lenné benannte Sorte 'Lennéi', deren Blüten auf der Außenseite dunkel purpurrot sind, oder die reinweiße 'Lennéi Alba'. Auch die beiden dekorativen Eltern-Arten werden gelegentlich in Parkanlagen angepflanzt.
Magnolien sind heute in EU nicht mehr heimisch, ihre Vorfahren starben hier während der letzten Eiszeit aus. Die als Gartenformen oder Kreuzungseltern verwendeten Arten stammen alle entweder aus O-Asien oder aus N-Amerika.

Ähnlich:

Gurken-Magnolie *Magnolia acuminata*, sommergrüner, bis zu 24 m hoher Baum mit gewölbter, pyramidaler Krone aus aufrechten oder abgespreizten Ästen; Stamm schlank und gerade; Blätter wechselständig, bis 25 cm lang und 12 cm breit, elliptisch, mit schlanker, aufgesetzter Spitze, glattrandig oder leicht gewellt, oberseits frischgrün und nur nach dem Austrieb behaart, unterseits bleibend weichhaarig; Blüten einzeln an den Zweigenden, bis zu 9 cm breit, glockig, mit 6 grünlich oder hellgelben Blütenblättern; Blütezeit V-VI; Fruchtzapfen mit vielen dunkelroten Kapsel, jede mit 2 Samen, die sich an Schleimfäden abseilen; ursprünglich östliches N-Amerika, in EU manchmal als Park- oder Straßenbaum gepflanzt.

Immergrüne Magnolie *Magnolia grandiflora*, immergrüner, bis zu 20 m hoher Baum mit dichter, kegelförmiger Krone aus kurzen Ästen; Blätter bis zu 20 cm lang und 7 cm breit, oberseits glänzend dunkelgrün (erinnern an einen Gummibaum), unterseits rostbraun behaart; Blüten bis zu 20 cm breit (gehören zu den größten Baumblüten überhaupt), reinweiß, angenehm duftend, einzeln an den Zweigenden; Blütezeit VI-VIII; Heimat südöstliches N-Amerika, dort in feuchten Talauen; in D nicht winterhart, in S-EU jedoch häufig in Parks und Gärten.

Frucht

Samen

Tulpenbaum *Liriodendron tulipifera*

FAMILIE MAGNOLIENGEWÄCHSE

Merkmale: Sommergrüner, bis zu 40 m hoher Baum mit breiter, dichter Krone; Rinde grau bis bräunlich, an älteren Exemplaren borkig mit regelmäßigem Netzmuster.

Blätter wechselständig, 10-12 cm lang gestielt, Spreite 10-15 cm lang und 12-20 cm breit, in 4 Lappen geteilt, vorn gerade abgeschnitten oder leicht ausgerandet, an der Basis breit gerundet; oberseits frischgrün, unterseits etwas heller, kahl, im Herbst prächtig goldgelb oder orangerot.

Blüten nach dem Laub erscheinend, die 6 Blütenhüllblätter außen an Basis und Spitze bläulich grün, dazwischen hellgelb, innen am Grund mit kräftig orangegelbem Farbmal; Blütezeit IV-V.

Fruchtstände hellbraun, zapfenartig.

Standort: Auf feuchten, aber wasserdurchlässigen, mittel- bis tiefgründigen und nährstoffreichen Böden an Berghängen.

Verbreitung: Ursprünglich im östlichen N-Amerika von den Neuenglandstaaten bis N-Florida, von der Ebene bis ins Gebirge, in den Appalachen bis in 1200 m Höhe. In EU häufig in Parks oder großen Gärten angepflanzt.

Wissenswertes: Die Blüten erinnern an eine gelbe Tulpe. Wie bei dieser ist die Blütenhülle nicht in Kelch- und Kronblätter gegliedert, sondern besteht aus gleichartigen Hüllblättern. Die Blütenteile sind jedoch nicht in einzelnen Kreisen angeordnet, sondern bilden an der Blütenachse Spiralen – eine Anordnung, die als entwicklungsgeschichtlich sehr ursprüngliches Merkmal gilt.

Kakipflaume *Diospyros kaki*

FAMILIE EBENHOLZGEWÄCHSE

Merkmale: Sommergrüner Baum bis 12 m Höhe mit rundlicher, breiter und meist ziemlich dichter Krone auf rundem, geradem Stamm; Rinde anfangs glatt dunkelbraun, später zunehmend borkig und längs gefurcht oder geschuppt mit hell braungrauen Platten.

Blätter wechselständig oder angenähert gegenständig, 1-2 cm lang gestielt, Spreite 6-15 cm lang und bis zu 7 cm breit, länglich eiförmig, vorn spitz, an der Basis abgerundet oder keilförmig; oberseits dunkelgrün, unterseits dicht behaart und heller.

Blüten einhäusig verteilt, klein, ♂ Blüten überwiegend in kleinen Büscheln, ♀ Blüten einzeln; 4-zählig, mit großem, grünem Kelch und blass- bis schwefelgelber Krone; Blütezeit VI.

Früchte in botanischem Sinn Beeren, mit stark vergrößerten Kelchblättern, erinnern an Tomaten, 4-7 cm dick, kräftig orangegelb bis gelbbraun gefärbt, Reifezeit X-XI.

Standort: Bevorzugt in Kultur lockere, lehmig-sandige, nur mäßig humusversorgte Böden, die jedoch regelmäßig bewässert werden müssen; als Parkgehölz wenig anspruchsvoll und auf Lockerböden problemlos zu halten.

Verbreitung: Stammt ursprünglich aus O-Asien (Japan, China); in den Mittelmeerländern und weltweit in den Subtropen häufig in Plantagen angebaut; in M.-EU nur in besonders wintermilden Gebieten als seltenes Parkgehölz zu sehen.

Wissenswertes: Das weiche Fruchtfleisch ist nur im Zustand der Vollreife genießbar, wenn es schon fast puddingartig weich geworden ist. Neue Marktsorten, vor allem die aus Israel stammende Sorte 'Sharon', die im Herbst auch in M.-EU häufig angeboten wird, haben ein etwas festeres und für den Versand geeigneteres Fruchtfleisch, das im Geschmack an Pflaumen erinnert. Man verwendet Kakipflaumen am besten ohne Schale als Frischobst oder als Zutat zu Quarkspeisen oder Obstsalat.

Chinesische Hanfpalme *Trachycarpus fortunei* PALMENGEWÄCHSE

Merkmale: Immergrüner Baum bis zu 15 m Höhe mit schlankem Stamm; Blätter bis 1 m lang gestielt, Spreite fächerförmig, 60-100 cm lang mit etwa 25 Strahlen, die fast bis zu Basis getrennt sind; Blüten einhäusig verteilt, klein, gelblich, in 2-4 Rispen, die in weitem Bogen aus dem Blattschopf heraushängen; Blütezeit V-VI; Früchte klein, kugelig, in der Reife blauschwarz.
Standort: Lockere, flachgründige Sandböden.
Verbreitung: Stammt aus O-Asien (S-China, Japan, Myanmar), seit dem 19. Jh. auch im Mittelmeerraum als Park- und Straßenbaum verbreitet.
Wissenswertes: In M.-EU wird die C.H. oft als eine bis zu 5 m hohe Kübelpflanze kultiviert.

Kanarenpalme *Phoenix canariensis* FAMILIE PALMENGEWÄCHSE

Merkmale: Immergrüner Baum bis 25 m Höhe, mit unverzweigtem, relativ gedrungenem, geradem Stamm; Blätter 2-5 m lang, frischgrün, gefiedert, die 160-200 Fiedern bis zu 50 cm lang; Blüten zweihäusig verteilt, klein, gelblich, in bis zu 2 m langen, bogig überhängenden Rispen; Blütezeit III-VI; Früchte (Beeren) gelbbräunlich, ungenießbar.
Standort: Steinige, humusarme Lockerböden.
Verbreitung: Stammt von den Kanarischen Inseln, heute im gesamten Mittelmeergebiet als Park- und Straßenbaum verbreitet.
Wissenswertes: Der große, dichte Blattschopf kann bis zu 200 gefiederte Blätter umfassen.

Dattelpalme *Phoenix dactylifera* FAMILIE PALMENGEWÄCHSE

Merkmale: Immergrüner Baum bis 25 m Höhe mit schlankem, oft gekrümmtem oder bogig überhängendem Stamm; Blätter zu 30-50 im Schopf, 2-4 m lang, gefiedert, graugrün, die 140-180 Fiederblätter bis zu 40 cm lang; Blüten zweihäusig verteilt, klein, zahlreich in großen Rispen; Blütezeit II-VI. Die essbaren, bis zu 7 cm langen Früchte (Datteln) sind im botanischen Sinn Beerenfrüchte mit einem sehr harten Kern.
Standort: Lehmig-sandige, lockere Böden.
Verbreitung: Stammt vermutlich aus W-Asien; heute in den Tropen weltweit und auch im Mittelmeergebiet häufig gepflanzt.
Wissenswertes: Zur Gewinnung eines reichen Fruchtansatzes hängt man in Dattelpflanzungen ein paar männliche Rispenteile in die Kronen der weiblichen Bäume (Windbestäubung!).

Zwergpalme *Chamaerops humilis* FAMILIE PALMENGEWÄCHSE

Merkmale: Immergrüner, 2-5 m hoher Baum, ein- oder von Grund an mehrstämmig; Blätter fächerförmig, Blattstiel stachelig gezähnt, 60-100 cm lang, Spreite 50-90 cm lang, mit 12-20 graugrünen Strahlen; Blüten zweihäusig verteilt, klein, gelblich, zahlreich in gedrungenen Rispen (Foto oben links); Blütezeit IV-VI; Beerenfrüchte (Foto oben rechts) rotbraun, ungenießbar.
Standort: Auf trockenen, steinigen bis mittelgründigen Sandböden, bildet z.T. dichte Gebüsche.
Verbreitung: Entlang der westlichen Mittelmeerküste, fehlt jedoch in Frankreich.

Blütenstände

Fruchtstände

Fruchtstände

Blütenstände

Glossar der Fachbegriffe

Zur genaueren formalen Kennzeichnung von Gestaltmerkmalen bzw. Grundorganen der Pflanze in den Artbeschreibungen sind einige Fachbegriffe unumgänglich. Die wichtigsten sind:

Achsel oberer Winkel zwischen dem Blattstiel und seinem Zweig, auch Winkel zwischen zwei größeren Blattnerven

Achselbüschel Haarbüschel im Winkel zwischen größeren Blattnerven

Apfelfrucht Scheinfrucht, bei der das Fruchtfleisch nicht aus dem Fruchtknoten, sondern aus einhüllendem Achsengewebe entsteht. Beispielsweise beim Holz-Apfel

Arillus fleischiger Samenmantel, beispielsweise bei Eibe oder Ginkgobaum

Ausgekehlt wechselständige, achselähnliche rinnenförmige Vertiefungen am Stamm unterhalb der Hauptäste, beispielsweise beim Urwelt-Mammutbaum

Bedecktsamer hochentwickelte Verwandtschaftsgruppen der Blütenpflanzen, bei denen die Samenanlagen in einem Fruchtknoten aus verwachsenen Fruchtblättern eingeschlossen sind

Blattbucht Vertiefung bzw. Einschnitt zwischen zwei Spreitenlappen

Blattöhrchen öhrchenförmige Anhänge oder Lappen am Blattgrund, z.B. bei der Stiel-Eiche

Blattspreite flächiger Anteil eines Laubblattes

Blattspur Narben bzw. Ansatzstellen abgeworfener Blätter am Zweig

Blattvene auch als Blattader oder Blattrippe bezeichnetes Leit- und Verstärkungsgewebe in der Blattspreite

Büschel Bündel von Nadelblättern oder anderen Organen am Zweig

Cupula rundliches Becherorgan, in dem sich die Bucheckern oder Eicheln entwickeln

Dolde Blütenstandsform mit Blüten, deren Stiele alle vom gleichen Achsenpunkt ausgehen

Doldenrispe flach ausgebreiteter, doldenartiger Blütenstand, bei dem sich die äußeren Blüten zuerst öffnen, häufig auch als Scheindolde bezeichnet

Dorn spitz auslaufende Sprossachse

dreizählig gefiedert Blattspreite mit drei Fiedern

eiförmig ovaler Blattspreitenumriss mit dem breitesten Spreitenteil in der unteren Hälfte

einfach Blattspreite ist ungeteilt

eingeschlechtige Blüte Blüte, die nur Staub- oder nur Fruchtblätter enthält

einhäusig rein männliche und weibliche Blüten(stände) kommen getrennt auf dem gleichen Individuum vor, wie beim Haselstrauch

Fieder Teil eines zusammengesetzten = gefiederten Blattes, oft auch Blattfieder oder Blättchen genannt

Flaum Behaarung aus kurzen, weichen, dichten Einzelhaaren

Flügelfrucht Frucht mit anhängendem Segelorgan, beispielsweise bei den Ahorn-Arten

gebuchtet Blattrand verläuft in größeren Bögen

gefiedert zusammengesetztes Blatt, dessen ursprünglich einheitliche Blattspreite sich in einzelne, regelmäßig angeordnete Portionen (= Blattfiedern oder Fiedern) aufgeteilt hat

gegenständig zwei Blätter stehen sich am gleichen Blattknoten direkt gegenüber

gekämmt regelmäßige Ausrichtung von Nadelblättern beidseits eines Triebs, oft auch als gescheitelt bezeichnet

gekerbt Blattrandgestaltung mit stumpfen, nur wenig vorspringenden Zähnen oder Spitzen

gesägt Blattrandgestaltung mit meist spitzen Zähnen

gestutzt Abruptes Vorderende einer Blattspreite, sieht aus wie abgeschnitten

glattrandig Blattrand ohne auffällige Gestaltung mit Kerben, Buchten oder Zähnen, gelegentlich auch als ganzrandig bezeichnet

Habitus Gesamterscheinungsbild eines Gehölzes

handförmig Blattgestalt, bei die Hauptnerven oder Blattspreitenlappen von einem Punkt nach allen Seiten abstrahlen wie die Finger einer Hand

herzförmig Form des Blattumrisses, meist mit weiter Stielbucht

Hochblatt umgestaltetes Blattorgan im Bereich der Blüten oder Blütenstände; bei manchen Arten wie sind sie wesentlich auffälliger als die eigentlichen Blütenblätter.

Hybride Kreuzungsprodukt bzw. Bastard zwischen Vertretern, die nicht der gleichen Art angehören, wird im wissenschaftlichen Namen durch ein Kreuzungszeichen angegeben

Infloreszenz Fachausdruck für Blütenstand

Karpell Fachausdruck für Fruchtblatt

Kätzchen dichter, meist langer und hängender Blütenstand mit schmucklosen männlichen oder weiblichen Blüten

kegelförmig Wuchsform vieler Baumarten, unten meist schmal und mit parallelen Flanken, nach oben zunehmend spitz

keilförmig besondere Form der unteren Blattspreite, verschmälert sich übergangslos in den Blattstiel

Kelch meist grünliche, becherförmige, aus den Kelchblättern zusammengesetzte äußere Schutzhülle der Blüte

Kopfbaum spezielle Wuchsform von Linden, Weiden und Pappeln, die durch regelmäßige Entnahme des Astwerks bis auf den Stammansatz entsteht

Krone oberer Teil eines Strauches oder Baumes, umfasst das Ast- und Blattwerk; bei der Blüte bezeichnet die Krone die Gesamtheit aller Kronblätter

lanzettlich Spreitenform im Umriss einer Lanze, beispielsweise bei schmalblättrigen Weiden-Arten

Lappung Blattgestalt, breite, durch große Buchten gegliederte Blattspreite

Leittrieb Haupttrieb der Krone, die das Längenwachstum übernimmt, kann auch seitlich überhängen und damit ein wichtiges Erkennungsmerkmal bieten

Lentizellen korkige, warzige, meist auch farblich abgehobene Erhebungen am Zweig, sind porös und dienen der Luftversorgung der tiefeeren Rindengewebe

Mark weiches, meist unverholztes Gewebe im Inneren von Zweigen

Mittelrippe Hauptblattnerv, meist spreitenmittig

Nabel helle, meist rundliche Marke an einem Samen, kennzeichnet dessen Ansatzstelle an der Fruchtwand

Nacktsamer ursprüngliche Verwandtschaftsgruppe innerhalb der Blütenpflanzen, bei denen die Samenanlagen frei auf den unverwachsenen Fruchtblättern liegen

Rachis Mittelrippe eines Fiederblattes oder Hauptachse eines Blütenstands

Rispe Komplexer Blütenstand, bei dem die zahlreichen Einzelblüten auf verzweigten Seitenästen sitzen

Samenanlage fertiler Teil des Fruchtblattes bzw. Fruchtknotens, bildet nach der Befruchtung den Samen

säulenförmig Wuchsform mancher Bäume, beispielsweise der Pyramiden-Pappel, mit dichter, schlanker Krone aus nahezu senkrecht gestellten Hauptästen

Scheide meist bleiche, am Grunde angebrachte Umhüllung beispielsweise der Nadelbündel von Kiefern

schief Blattgestalt, bei der Blattgrund unsymmetrisch ausfällt, wie bei Linden und Ulmen

sitzend Blattspreite ohne deutlichen Stielansatz

Spreite größter, flächiger Teil eines Laubblattes, oft von einem Blattstiel getragen

Stachel Spitzer Auswuchs der Rinde (z. B. bei Rosen, Brombeeren)

Stängel unverholzte Sprossachse einer krautigen Pflanze

Steinfrucht Besondere Fruchtform, die innere Fruchtwandschicht entwickelt sich bei der Reife zu einer steinharten Hülle

Stiel achsenförmiges Tragorgan einer Blüte oder einer Frucht, im Unterschied zum Stängel = Sprossachse(nabschnitt)

Stielchen Befestigung eines Fiederblattes an der Hauptrippe

Stipeln Nebenblätter, meist an der Basis des Blattstiels

Stoma Spaltöffnung, nadelstichfeine und mikroskopisch kleine Öffnung meist auf der Blattunterseite, dient dem Gasaustausch der Blätter mit dem umgebenden Luftraum

Traube Blütenstand mit gestielten Einzelblüten auf unverzweigten Seitenästen

verkehrt eiförmig Blattgestalt mit dem breitesten Spreitenteil in der vorderen Hälfte

versenkte Blattadern bei Betrachtung von der Oberseite erscheinen die Blattadern in die Blattspreite abgesenkt, beispielsweise bei Hasel oder Hainbuche

wechselständig Blätter stehen entlang einer Zweigachse allein am Blattknoten bzw. bilden zusammen eine aufsteigende Spirale

Wimpern lange, weiche Behaarung am Blattrand

Wirtel an einem Blattknoten sitzen mehr als zwei Blattorgane, auch als Blattquirle bezeichnet

Wulst vorspringende, meist halbsäulenförmige Verstärkung eines Stammes, die sich in den Wurzelanlauf fortsetzt, beispielsweise bei der Rot-Buche

zusammengesetzt Blattform, die aus mehreren deutlich getrennten Blattfiedern besteht

zweifach gefiedert auch doppelt gefiedert genannt, abgeleitete Blattgestalt mit Blattfiedern, die ihrerseits gefiedert sind

zweihäusig ausschließlich männliche und weibliche Blüten erscheinen getrennt auf verschiedenen Individuen

zwittrig männliche und weibliche Organe sind in der gleichen Einzelblüte kombiniert

Register der deutschen Pflanzennamen

Die mit * gekennzeichneten Seitenangaben beziehen sich auf die Farbzeichnungen in den Übersichtstafeln.

Register der wissenschaftlichen Pflanzennamen

Bildquellen

Beispiel der Bildzählung:

1	2
3	4
5	6

Fotos: Die Ziffer vor dem Punkt bedeutet die Seite im Buch, die Ziffer nach dem Punkt die Bildposition auf der Seite. Die Zählung läuft wie die Artenfolge der linken Textseiten von links nach rechts und von oben nach unten.

Einleitung, Aufmacherseiten:

A. Bärtels: 9, 23; **Dr. B. P. Kremer:** 5; **A. Limbrunner:** 20; **T. Muer:** 27, 31, 34; **M. Pforr:** 2, 7, 11, 18, 19, 26, 28, 29.1, 35, 212/213; **H. Reinhard:** 13, 25.1, 25.2, 30, 33, 36/37, 388/389; **H. Schrempp:** 29.2; **P. Zeininger:** 15.

Wildblumen:

Dr. H. Bellmann: 65.1; **Dr. G. Ewald:** 55.6, 57.6, 65.4, 70.2, 71.2, 71.4, 75.2, 81.5, 101.2, 111.3, 115.5, 123.4, 127.5, 127.6, 141.2, 141.5, 147.1, 149.1, 157.1, 159.1, 175.4, 183.5, 196.2, 197.1, 205.1, 207.1, 209.5, 211.3, 211.4; **Dr. R. König:** 49.1, 53.4, 55.3, 71.5, 71.6, 72.2, 73.5, 73.6, 75.4, 77.4, 82.2, 85.1, 85.2, 87.6, 92, 93.1, 99.2, 103.3, 108, 111.1, 119.5, 121.1, 126, 131.2, 141.4, 145.1, 151.5, 152.1, 163.1, 163.4, 175.3, 177.2, 177.6, 181.1, 187.1, 191.6, 196.1, 198.2, 202.2, 207.2, 210.2, 211.2; **Dr. B. P. Kremer:** 52, 54.1, 54.2, 60.3, 66.1, 74, 86.1, 88, 94, 98, 122.1, 122.2, 136.2, 137.1, 144.1, 150.2, 152.2, 152.3, 164.1, 164.3, 180, 183.4, 192.1, 193.3, 198.1, 210.1; **A. Limbrunner:** 117.4, 121.2, 163.3, 183.6, 185.4, 196.3, 197.2, 197.4, 199.6, 209.2; B. Münker: 67.5, 105.2, 139.4, 207.3, 211.5; **M. Pforr:** 49.2, 51.2, 51.4, 51.5, 53.5, 55.5, 57.3, 57.5, 59.5, 61.1, 61.2, 61.3, 61.4, 62.1, 62.3, 63.1, 63.2, 65.3, 65.5, 65.6, 67.1, 67.3, 67.6, 69.3, 69.4, 69.5, 73.2, 73.4, 83.2, 87.1, 89.3, 90, 91.3, 93.2, 93.4, 95.1, 95.2, 95.3, 97.1, 99.5, 100.1, 101.3, 103.1, 103.4, 103.6, 104.1, 104.2, 105.1, 105.4, 107.2, 111.4, 113.1, 113.4, 113.5, 113.6, 115.2, 115.6, 117.1, 119.3, 120.3, 123.1, 124.1, 125.2, 127.4, 129.2, 129.6, 135.1, 135.2, 135.3, 135.4, 136.1, 137.2, 137.4, 137.5, 139.1, 139.2, 141.6, 143.1, 143.2, 143.5, 145.2, 145.3, 145.5, 147.2, 147.3, 147.4, 149.4, 151.3, 153.1, 153.2, 153.3, 153.4, 154, 155.1, 155.2, 155.3, 155.4, 159.2, 161.3, 161.4, 165.4, 167.1, 169.2, 171.2, 171.4, 173.3, 175.1, 175.6, 177.4, 179.1, 179.3, 181.2, 181.5, 182, 185.1, 185.3, 185.5, 187.4, 187.5, 188, 189.1, 189.2, 189.4, 191.5, 193.5, 195.1, 195.3, 197.3, 199.1, 199.2, 199.4, 201.1, 201.4, 202.1, 203.1, 203.3, 205.2, 205.6, 206.2, 209.1, 209.3, 210.3, 211.1; **H. Reinhard:** 51.3, 51.6, 53.1, 57.1, 61.5, 71.1, 75.3, 75.6, 77.3, 79.4, 81.4, 83.3, 91.1, 99.4, 100.2, 103.2, 109.2, 117.2, 127.3, 131.3, 147.5, 147.6, 149.3, 151.1, 151.2, 151.4, 163.5, 165.1, 167.3, 169.4, 175.2, 183.2, 187.6, 189.3, 191.1, 191.4, 193.2, 193.4, 195.4, 199.5, 201.3, 203.4, 205.5, 209.4, 211.6; **J. Schimmitat:** 97.2, 97.3, 97.5; **H. Schrempp:** 49.3, 49.4, 53.3, 57.4, 59.3, 60.1, 60.2, 60.4, 61.6, 62.2, 62.4, 63.4, 65.2, 69.2, 69.6, 70.1, 71.3, 72.1, 75.1, 75.5, 77.2, 78.1, 78.2, 79.2, 80.2, 81.2, 81.3, 83.4, 85.4, 86.2, 86.3, 87.2, 87.3, 87.4, 87.5, 89.2, 89.4, 93.3, 95.4, 99.6, 101.1, 101.4, 107.3, 107.4, 109.1, 109.3, 109.4, 110, 113.2, 115.1, 115.3, 117.3, 119.6, 121.3, 123.2, 124.2, 127.1, 127.2, 129.1, 129.4, 129.5, 131.1, 131.4, 133.1, 133.2, 133.3, 133.4, 133.5, 137.6, 140, 141.3, 143.4, 143.6, 157.3, 157.4, 157.5, 163.2, 163.6, 164.2, 165.3, 166, 167.2, 168, 171.1, 171.3, 173.4, 175.5, 177.5, 178, 179.2, 179.4, 181.4, 183.3, 185.6, 191.3, 193.1, 195.5, 195.6, 197.6, 203.2, 204, 205.3, 206.1, 207.4; **G. Steinbach:** 55.2, 63.3, 66.2, 67.2, 77.1, 79.3, 82.1, 85.3, 91.2, 91.4, 99.1, 103.5, 111.2, 115.4, 119.4, 120.2, 120.4, 125.1, 125.3, 125.4, 137.3, 143.3, 144.2, 150.1, 157.2, 157.6, 159.3, 161.2, 169.1, 181.3, 183.1,

185.2, 187.3, 191.2, 192.2, 193.6, 197.5, 209.6; **P. Zeininger:** 51.1, 53.6, 55.1, 55.4, 57.2, 80.1, 97.4, 97.6, 99.3, 105.3, 107.1, 113.3, 121.4, 123.3, 139.3, 139.5, 139.6, 141.1, 159.4, 161.1, 167.4, 169.3, 173.1, 173.2, 173.6, 177.1, 177.3, 181.6, 195.2, 201.2, 205.4; **P. Zeininger/M. Kühn:** 59.1, 59.2, 73.1, 73.3, 79.1, 81.1, 83.1, 89.1, 120.1, 149.2, 165.2, 187.2; **W. Zepf:** 53.2, 59.4, 59.6, 67.4, 69.1, 81.6, 119.1, 119.2, 129.3, 145.4, 173.5, 199.3.

Sträucher:
X. Finkenzeller: 347.4; **K. Janke:** 253.6, 253.7, 287.2; **R. König, IBIS:** 358.2; **Dr. B. P. Kremer:** 224.2, 224.3, 226.2, 230.1, 230.2, 234.1, 248.1, 248.2, 261.4, 262.2, 267.3, 272.3, 274, 282.1, 290.1, 291.2, 296.2, 305.1, 305.4, 318.1, 318.2, 319.2, 345.1, 354.1, 356.2, 362.1, 363.6, 370.1, 384.2; **K. Lauber:** 291.5; **H. E. Laux:** 257.1, 277.1, 277.4, 313.1, 313.2, 313.3, 323.3, 343.3, 345.5, 351.1, 361.2, 374; **G. Lopez-Gonzales:** 235.4, 253.3, 253.4, 261.3, 313.4, 317.3, 319.3, 319.4, 350.2; **H. Schrempp:** 277.3; **Liersch, Schrempp:** 345.6; **S. Seidl:** 235.1, 255.2, 303.5, 327.3, 347.1, 356.1, 357.3, 359.3; **G. Steinbach:** 239.2, 248.3, 282.2, 286.1, 332.1, 335.3, 354.4, 373.4.
Alle anderen Fotos (410): **Manfred** und **Elisabeth Pforr**.

Bäume:
A. Bärtels: 403.4, 403.5, 406, 409.3, 411.2, 423.1, 425.2, 427.1, 433.3, 443.1, 443.2, 447.3, 449.1, 449.2, 449.3, 451.1, 451.3, 457.1, 459.2, 459.4, 475.3, 475.4, 487.1, 495.1, 495.6, 497.2, 497.3, 501.1, 505.3, 513.3, 517.1, 517.3, 519.1, 519.4, 521.2, 523.6, 527.3, 529.3, 531.3, 531.5, 532.1, 532.2, 532.3, 545.5, 549.3, 552, 553.1, 556.1, 556.2, 559.1, 559.3, 561.3; **Dr. G. Ewald:** 427.2, 429.2, 461.3, 462.2, 481.3, 485.4, 491.2, 493.2, 509.3, 523.5, 537.3, 546; **Dr. R. König:** 403.3, 408.2, 413.4, 419, 421.2, 421.3, 425.3, 427.3, 429.1, 429.3, 435.4, 439, 441.3, 442, 459.3, 467.3, 467.5, 469.2, 477.3, 479.5, 481.2, 484, 489.4, 491.1, 505.2, 511.3, 512, 519.2, 525.3, 532.5, 541.2, 549.2, 551.5, 555.4, 561.1, 561.4; **Dr. B. P. Kremer:** 408.1, 418, 433.4, 441.1; **A. Limbrunner:** 420, 471.1, 475.1, 483.1, 510, 557.1; **B. Münker:** 547.1; **M. Pforr:** 401.1, 401.2, 401.3, 401.4, 403.1, 407.1, 407.2, 409.1, 409.2, 409.4, 410, 411.3, 413.2, 413.3, 413.5, 415.1, 415.2, 415.3, 415.4, 415.5, 417.1, 417.3, 417.5, 423.2, 423.3, 433.2, 433.5, 435.2, 435.3, 437.2, 437.3, 446, 447.2, 453.1, 454, 455.2, 455.3, 457.3, 460, 461.1, 461.2, 462.1, 464.2, 465, 467.2, 467.4, 468, 469.1, 469.3, 469.4, 469.5, 470, 471.2, 471.3, 473.1, 473.3, 475.2, 477.2, 479.1, 479.2, 479.3, 479.4, 483.2, 483.3, 487.3, 489.1, 489.3, 494, 495.2, 495.4, 495.5, 497.1, 500, 502.4, 502.5, 505.4, 507.1, 509.1, 509.2, 511.2, 515.3, 517.2, 519.3, 521.1, 523.2, 523.4, 527.1, 527.2, 529.1, 529.2, 531.1, 535, 539.2, 539.3, 541.1, 541.3, 545.2, 547.2, 551.6, 553.2, 557.2, 557.3, 558, 560.1, 560.2; **H. Reinhard:** 405.1, 405.2, 405.3, 411.1, 411.4, 413.1, 425.4, 430, 435.1, 437.1, 441.2, 443.3, 445, 447.1, 451.2, 459.1, 487.2, 491.3, 493.1, 498, 499.1, 499.2, 499.3, 501.4, 502.1, 502.2, 502.3, 502.6, 507.2, 508, 514, 521.3, 521.4, 523.3, 525.1, 525.2, 527.4, 529.4, 531.2, 532.4, 545.3, 545.4, 549.4, 551.1, 551.2, 551.3, 551.4, 553.3, 555.1, 555.2, 559.4, 561.2; **H. Schrempp:** 401.5, 403.2, 407.3, 416, 417.2, 417.4, 421.1, 425.1, 431, 433.1, 449.4, 453.2, 453.3, 453.4, 455.1, 456, 457.2, 457.4, 463.1, 463.2, 463.3, 466 467.1, 473.2, 474, 477.1, 481.1, 485.1, 485.3, 489.2, 490, 493.3, 495.3, 501.2, 507.3, 509.4, 513.1, 513.2, 515.1, 515.2, 515.4, 516, 523.1, 531.4, 532.6, 538, 539.1, 545.1, 549.1, 555.3, 559.2; **G. Steinbach:** 407.4, 462.3, 463.4, 464.1, 485.2, 501.3, 505.1, 507.4, 511.1, 524, 537.1, 537.2, 544.

Grafiken:
Fritz Wendler (Wildblumen), **Hans Held** (Sträucher und Bäume) und **Reinhild Hofmann** (Wildblumen, Sträucher und Bäume sowie sämtliche Übersichtstafeln).
Die Piktogamme fertigte **Helmuth Flubacher** nach Vorlagen des Autors an.

Die Illustratoren

Hans Held (†), geb. 1914, studierte an der Akademie der Bildenden Künste in München bei Prof. Emil Preetorius. Held konstruierte Flugkörper, produzierte Filme, zeichnete, malte, modulierte und lehrte auf seinem »Rosenhof« bei Weilheim in Oberbayern.

Reinhild Hofmann, geb. 1946, studierte an der Kunstakademie in München Naturwissenschaftliche Illustration bei Nüssl. Seit 1980 zeichnet sie für die größte deutsche Gartenzeitschrift und illustrierte rund 100 pflanzenkundliche Bücher.

Fritz Wendler (†), geb. 1941, gewann mit seinem umfangreichen Werk weniger Jahre internationale Anerkennung und trug wesentlich zum Erfolg von »Steinbachs Naturführer« bei.

Der Herausgeber

Gunter Steinbach (†), geb. 1938, studierte Bildende Künste in Hamburg, war ein Jahrzehnt im Verlagswesen tätig und lebte 1978 bis 2002 auf seinem Einödhof im Allgäu. Dort widmete er sich praktisch und publizistisch der heimischen Natur.

Genehmigte Lizenzausgabe für
Verlagsgruppe Weltbild GmbH, Steinerne Furt, 86167 Augsburg

Umschlaggestaltung: Diplom-Grafikdesignerin Regina Bocek, München
Umschlagmotiv: mauritius images
Gesamtherstellung: Offizin Andersen Nexö Leipzig GmbH, Zwenkau
Printed in the EU
978-3-8289-3448-1

2013 2012 2011
Die letzte Jahreszahl gibt die aktuelle Lizenzausgabe an.